EUCLIDIS OPERA OMNIA

ΕΥΚΛΕΙΔΗΣ

エウクレイデス全集

ELEMENTA VII-X

第2巻
原論VII−X

斎藤 憲―――[訳・解説]

東京大学出版会

The Complete Works of Euclid, Vol.2
The Elements VII–X
Japanese Translation and Commentary
by Ken SAITO
University of Tokyo Press, 2015
ISBN978-4-13-065302-2

1270 年頃のアラビア語『原論』写本．ダブリンのチェスター・ビーティ図書館所蔵 (Ar 3035)．命題 VIII.13 と VIII.14 の図版が見える．VIII.13 の図版には，文字のラベルとともに数値が記されている．数値については本文参照．

なお，写本では赤いインクも使われていて，図版中のすべての直線と，本文中で命題の終わりを示す記号，命題番号，および「それの証明は」という意味の証明開始の決まり文句が赤色で記されている．

『エウクレイデス全集』総序

エウクレイデス（英語読みでは，ユークリッド）という名前を聞いて，数学を思い浮かべる読者は多いだろう．「数学では証明に苦しめられたから嫌いだ」と思う人もいれば，「証明して，きちんと答えが出るから数学が好きだった」と思う人もいるかもしれない．いずれの感想を持つにせよ，数学に証明はつきものであると考える点は共通している．「数学を語るとは証明を語ることである．数学の本質は証明にあり，『証明のない数学』とは形容矛盾に他ならない」と言われるほどまでに，両者は一体化している．実は，この数学のイメージは現在に特有のものではなく，その歴史的起源をはるか古代のギリシャ数学，その集大成であるエウクレイデスの『原論』にまで遡る．そして古来，学問一般の理想形態は論証された知識の集成体にあるとみなされたこともあり，『原論』は学問的方法の典型を示すものとして広く学び継がれてきた．

「『原論』を書いたギリシャの数学者」というのが，エウクレイデスに関する日本人の常識的なイメージであろう．そしてイメージはそれに尽きるのかもしれない．彼の著作で今まで邦訳されたものは『原論』1 冊のみであり，『原論』がエウクレイデスのイメージを作ってきたという事情がまずある．その本邦初訳（『ユークリッド原論』，共立出版，1971）は中村幸四郎・寺阪英孝・伊東俊太郎・池田美恵の 4 氏による共同作業として今からほぼ 40 年も前になされたものである．この間にエウクレイデスを含めギリシャ数学史の研究は画期的な進展をみせた．そうした成果を踏まえたうえで，新たな『原論』の翻訳が必要とされる状況になっている．今回の邦訳はそうした新たな状況に応えようとするものである．

そればかりではない．「数学」という言葉が指し示す内容にも関わっている．古来あった日本語の「算学」に代えて，明治期に「数学」という訳語が作られた．それは西欧語の元になるラテン語の「マテーマティカ」に対応するものであり，ラテン語はまたギリシャ語の「マテーマタ」に遡る．「マテーマタ」は「学ぶ」を意味する動詞「マンタノー」に由来し,「学ばれるべきことども」つまり「学問」一般を指している.そのイメージは我々が現在イメージする「数学」(mathematics) よりは広かった.以下で述べる全集の著作リストから明らかなように,エウクレイデスの学問的関心は算術・幾何学という純粋数学のみならず,天文学・視覚論(光学)・音楽など多岐に渡っていた.つまりその関心領域は,アリストテレスにおいて「数学的な諸学問のうちでより自然学的なもの」と呼ばれ,中世ヨーロッパにおいては数学と自然学の間の「中間的学問」(scientiae mediae) と呼ばれたものに及んでいる.その実態を正確に把握し,また我々の自身の数学イメージの拡大に資するためにも,エウクレイデスの学問的活動の全体像を知ることが必要とされるのである.エウクレイデスについて,『原論』だけではなくその『全集』を出版する意義はここにある.また広く世界を見ても,『エウクレイデス全集』の近代語訳はいまだなされておらず,今回の邦訳がまさに世界最初の近代語訳全集となるであろう.それは我々にとって大きな栄誉である.

エウクレイデスの全体像は,デンマークの偉大な古典学者ハイベアとドイツの学者メンゲを編纂者とする『エウクレイデス全集』(トイブナー叢書,1883–1916) に示されている.現在においてもこれを凌ぐ定本はない.その構成は以下の通りである.

第 1 巻『原論 I–IV 巻』(I.L. ハイベア編,1883)
第 2 巻『原論 V–IX 巻』(I.L. ハイベア編,1884)
第 3 巻『原論 X 巻』(I.L. ハイベア編,1886)
第 4 巻『原論 XI–XIII 巻』(I.L. ハイベア編,1885)
第 5 巻『原論 XIV–XV 巻として伝承されたもの及び原論への古注(本文批判的序文と付録付き)』(I.L. ハイベア編,1888)
第 6 巻『デドメナ(古注及びマリノスの注釈付き)』(H. メンゲ編,1896)
第 7 巻『オプティカ,テオンによるオプティカ改訂版,カトプトリカ(古注付き)』(I.L. ハイベア編,1895)
第 8 巻『ファイノメナ,音楽関係文書』(H. メンゲ編,1916)
『断片』(I.L. ハイベアの収集と配列,1916)
[第 9 巻『補遺:エウクレイデス原論の最初の 10 巻へのアナリティウス

の注釈』(M. クルツェ編, 1899)]

本全集における翻訳の底本はこのハイベア－メンゲ版である. 各著作の翻訳テクストは基本的にこの底本に基づいているので, 本文に付された別証明(本文訳では「別の仕方で」)も今回はすべて翻訳してある. しかし, 底本の本文に完全に忠実あるいは隷属的ではないことは述べておかねばならない. ハイベア以後の科学史研究の進展を考慮して, 異なるテクストの読みを採ったり, 著作内部の配列法を変えるなどの変更を加えた場合がある(詳細は各巻の凡例や訳者解説を参照). なお底本には本文末尾に膨大な古注(スコリア)が付されているが, 今回は重要なものをいくつか訳注や解説に加えるに留め, 本全集には採録していない. 著作の順序は底本にしたがっている. 本全集の構成と各巻の訳者・解説者は以下の通りである.

第1巻『全体解説,「原論」I–VI巻』(三浦伸夫解説, 斎藤憲訳・解説)
第2巻『「原論」VII–X巻』(斎藤憲訳・解説)
第3巻『「原論」XI–XV巻, 原論解説』(斎藤憲訳・解説, 三浦伸夫解説)
第4巻『デドメナ』(斎藤憲訳・解説)
『オプティカ[A], オプティカ[B], カトプトリカ』
(高橋憲一訳・解説)
第5巻『ファイノメナ』(鈴木孝典訳・解説)
『カノーンの分割, ハルモニア論入門』(片山千佳子訳・解説)

次に本全集の特徴をいくつか述べておきたい. まず翻訳について. 翻訳の基本方針は以下の通りである.

[1] 原典に忠実な訳を心がけた. その意味するところは基本的に2つある. 第1に, 現代の数学用語への安易な置き換えを避けることであり, たとえば, 約数や倍数に代えて「部分」や「多倍」とした. これはギリシャ的な数概念への注意を喚起したかったからであり, またそれが「1と多」という哲学的問題あるいは文化的文脈との関連を有することを訳文に留めて示唆したかったからである. また, 通約不能量に代えて「非共測量」としたのも, 同じ趣旨に基づくものである.

第2に, 原文の論理の流れを保つために, 日本語で可能な限り頭から訳すように努めた. またこの関連で, ギリシャ語の小辞もできる限り訳し, 論理的な関係を明確に再現するよう努めた.
[2] 新たな訳語を作り出す場合，訳語の選定にあたっては訳者全員で討議を重ねたが，最終的には著作担当訳者の決定に委ねた.
[3] 底本出版以後になされたギリシャ・アラビア・中世ヨーロッパ科学史研究の成果を積極的に取り入れた.
[4] 翻訳の前提条件として，個々の著作の真作性問題についてハイベアとメンゲの通説的見解を批判的に検討し，底本とは違ったテクスト提示方法を採用した場合もある.

次に，全体解説と訳者解説について．第1巻の全体解説では，エウクレイデスの人物，著作（散逸著作やアラビア語での残存著作のみならず，偽作をも含む）について述べた．これは，通俗的なエウクレイデス神話を正すとともに，エウクレイデスの学問的活動の全貌を読者に示すことになるだろう．真作とみなされる個々の著作への訳者解説は本文テクストの前に各巻ごとに付し，著作内容の概観を与えて読者の便を図るとともに，ギリシャ・アラビア・中世ラテンでのテクスト伝承史や理論展開史について最新の情報を提供した．ただし，『原論』についてはやや例外的に扱ったところがある．必要に応じて個々の命題への解説を直後に加えたばかりでなく，所収された『原論』諸巻の命題内容をグループ分けした「概要」を各巻の冒頭につけた．また，平行線公準などの重要トピックや複数の巻にまたがる比例論の位置付けなどは『原論』全体への解説に回し，第3巻の末尾に付した．この二重あるいは三重の解説によって，読者は本文テクストをさまざまな角度から多層的に理解できるであろう．

索引と参考文献については，各巻ごとに付すこととした．専門的な術語については，その初出を索引中の命題番号で示してあるので，ご活用願いたい．参考文献は，各訳者の責任のもとに，その分野の関連文献を網羅的に収録するよう努めた.

本全集の翻訳に訳者たちはそれぞれ最大限の努力を傾けた．その成果については読者の判断に委ねるほかないが，私たちの思いの一端をここに述べさせていただきたい.

20世紀の末に日本政府は「科学技術創造立国」を旗印に掲げて21世紀に

乗り出した．昨今は，大学および高等教育の内容・制度の改革をめぐって賛否両論が戦わされている．21 世紀の日本が果たして右肩上がりの成長を維持し得るのかどうか，大いに危惧される状況である．しかし，これは何も世紀の変わり目に特有の現象ではない．西洋の科学を本格的に取り入れた明治維新以降，日本は科学の成果と応用のみに短兵急であったと言えるだろう．日本人の科学理解が，科学とは異なるはずの技術の理解と同一化する傾向があるのもその反映と言えるだろう．またたとえ「消化吸収」という場面ではかつてかなりの成功を収めたとしても，その成功は「創造」の場面でも通用するとは限らない．「数学とは何だろうか」，あるいはもっと一般的に「科学とは何だろうか」という原初的な問いにもっと向かい合う必要があるのではないか．そうした際に，科学を歴史的な文脈から理解する能力を十分養うことは，大きな助けとなるだろうと訳者たちは信じている．「人間は過去を見つつ後ずさりしながら未来に突入していく」のだとすれば，歴史的な考察は科学といえども無視できないし，むしろ科学は歴史から学ばねばならないであろう．5 名の訳者と 1 名の編集者の協働になる本全集の出版が，歴史的な思考と能力を養ううえで読者にとって有益となることを願っている．とくに「理数科離れ」を起こしつつあるといわれる若い世代に，原典と向かい合う経験が新たな問いを触発し，新たな展望を開くことを期待している．

最後に，本全集の出版を企画された東京大学出版会へ謝辞を申し述べたい．困難な出版事情のもと，こうした学術書の出版が大きな冒険であることは訳者一同等しく認めるところである．年 2–3 回の定例研究会・検討会を準備し，本全集の編集担当者として 8 年余にわたり尽力された丹内利香さんにはとくに感謝したい．ありがとう．彼女の持続的な支援と笑みをたたえた叱責がなければ，怠惰な訳者たちの努力が実を結んでこの日を迎えられたかどうか心許ないからである．また，図版の作成については菊地原洋平氏の手をわずらわした．記して感謝したい．

2007 年 9 月 訳者を代表して

高橋憲一

凡例

全巻に関して

[1] 本全集の底本として，ハイベア－メンゲ版『エウクレイデス全集』（トイブナー叢書，1883–1916）を用いた．『全集』の書誌情報については本全集の訳者総序あるいは巻末の文献一覧を参照されたい．

[2] 幾何学的な図に使われるギリシャ文字の転写法としては，TLG (Thesaurus Linguae Graecae) のベータコードを採用した．各文字とローマ字との対応は，大文字を例にして示せば以下のようになっている．

ギリシャ文字	Α	Β	Γ	Δ	Ε	Ζ	Η	Θ	Ι	Κ	Λ	Μ
ローマ字転写	A	B	G	D	E	Z	H	Q	I	K	L	M

ギリシャ文字	Ν	Ξ	Ο	Π	Ρ	Σ	Τ	Υ	Φ	Χ	Ψ	Ω
ローマ字転写	N	C	O	P	R	S	T	U	F	X	Y	W

なお，数詞の中に残っている次の3つのギリシャ文字について，ベータコードは# 2のようにコード化し，1文字をあてていないので，本全集では次のように転写している．

ギリシャ文字	ϛ	ϙ	ϡ
ローマ字転写	6	J	V

[3] 訳文における括弧の使用については次の通りである．

< ··· >：底本が削除を指示している箇所．

{···}：テクストに脱落があると考えられる箇所．

[···]：底本の校訂者が後世の挿入と考えた箇所．

〔···〕：訳者による補足．

なお，ダッシュ (——) も訳者によるもので，原文にはない (⇒ 本全集第 1 巻 §5.2.4).

[4] 固有名のカタカナ表記では，ギリシャ語の長音は原則としてこれを無視し，慣例を優先させた．ギリシャ文字の Θ と X は，T や K と同様に，「タ行」や「カ行」で表記した．文字 Φ のカタカナ表記には「パ行」と「ファ行」の 2 つの方式があるが，本全集では後者の方式を採用した．文字 Π との区別が可能になるからである．たとえば，アンティポンではなくアンティフォン，アリストパネスではなくアリストファネスとなる．

なお，アラビアの人名等については，アラビア語のカナ表記にはさまざまな方式があり，どれも一長一短であるので，各訳者および解説者の判断で適当と思われるものを採用した．

固有名以外の単語をカタカナ表記する場合には，長音を音引で表した．たとえば，グノモンではなく，グノーモーンとなる．

[5] 文献への言及は著者名と刊行年によるオーサー (author)・デート (date) 方式を基本とした．たとえば，原著については [Vitrac 1996]，邦語文献あるいは邦語訳については [斎藤 1997] あるいは [チェントローネ 1996] とする．とくに頁数を指示する場合には年代の後に [斎藤 1997, 81] のように記した．なお，ff. は「以下」を表す略語である．たとえば 98ff. は 98 頁以下を意味する．また著者名を本文に組み込んで「斎藤 [1997, 81] が指摘するように…」と表記した場合がある．いずれにせよ，詳細な書誌情報は巻末の文献一覧から得ることができるので，ご活用願いたい．

[6–1] 図版は原則として底本に基づいて新たに描き起こした．

本巻に関して

[6–2] [6–1] に述べた底本に基づく図と，写本の図に基づいて描き起こした図を並べて示している．すでに刊行された本全集第 1 巻・第 4 巻の原則を変更して，写本の図に基づく図を並置した理由は，第 1 巻で指摘したように底本の図が写本の図と異なることに加えて，本巻に収録された『原論』第 VII 巻から第 X 巻では，底本の図がかえって命題の理解を困難にする場合があり，写本の図が有用と考えられるからである．

スペースの都合で底本の図版を 90 度回転した場合に，そのことを図版のキャプションに小さな三角形を添えて表した．たとえば

（底本の図版▷）

というキャプションは図版を右向き（時計回り）に 90 度回転していることを示している．

一般に写本の図から描き起こす際の原則や，そこで採用した規約については §1.2 を参照されたい．

[7–1] 本巻の解説，脚注では，そこで扱われる数学的概念を簡潔に表現するために，以下の記号を用いた．

整数論（第 VII 巻–第 IX 巻）解説で用いる記号

記号	意味	定義	解説
$a \mid b$	数 a が数 b を測る（a が b の単部分，b が a の多倍）	VII. 定義 3	§2.1.2
$a \nmid b$	数 a が数 b を測らない		
$a \mid b \sim c \mid d$	a が b の単部分であるのと，c が d の単部分であるのが同じ単部分		§2.1.3
	a が b を測り，またそれと等しい〔回数〕だけ c が d を測る（数学的には上と同じ意味）		
$a \perp b$	数 a, b が互いに素	VII. 定義 13	
$a : b = c : d$	（比例関係）a が b に対するように c が d に対する	VII. 定義 21	§2.1.5

なお，文字はすべて正の整数を表すものとし，p はとくに断らない限り素数を表すものとする．

非共測量論（第 X 巻）解説で用いる記号

記号	意味	定義	解説
$a \sim b$	a と b が共測（a, b が直線なら長さにおいて共測）	X. 定義 1	§3.3.1
$a \nsim b$	a と b が非共測	X. 定義 1	§3.3.1
$a \overset{\square}{\sim} b$	直線 a, b が平方において共測	X. 定義 2	§3.3.2
$a \overset{\square}{\nsim} b$	直線 a, b が平方において非共測	X. 定義 2	§3.3.2

[7–2] 証明中で使用された定義や命題は，**[VII.22]**，**[X. 定義 3]** のように，[⋯] の中にそれらの番号を入れ，読者の便宜を図った．ただし，利用される命題などを番号で指示する習慣はギリシャにはないので，これはすべて訳者の解釈であることに注意されたい．なお，『原論』第 I 巻の定義・要請・共通概念の適用は，各巻に頻出して煩瑣になるので，これらの指摘は割愛した（本全集第 1 巻でも，『原論』第 II 巻以降ではこれらの指摘は割愛している）．ただし，第 I 巻の命題の利用はすべて指摘した．

なお，複数の命題をそれと意識せずに利用している場合，利用されている命題が『原論』に現れるものと同じではない場合を示すために以下のような表記を用いている．

[V.11a]，**[V.14a]**，**[VII. 定義 16*]**

各々の具体的内容については，V.11a と V.14a はそれぞれ命題 V.11，V.14（本全集第 1 巻）を，VII. 定義 16* については VII.22 への脚注を参照されたい．

[8] 本巻における『原論』第 VII 巻から第 X 巻の解説は，大きく 3 種類に分けられる．第 1 は翻訳の前に置かれた長大なもので，これらの巻で扱われる整数論と非共測量論を概観するものである．これはさらに第 VII 巻から第 IX 巻の整数論を扱う部分（第 2 章）と，第 X 巻の非共測量論を扱う部分（第 3 章から第 5 章）とに分かれる．第 2 は第 VII 巻から第 X 巻の冒頭に「概要」として付したもので，整数論と非共測量論の定義・命題を内容に応じてグループに分け，その特徴を略述した．第 3 は，原則として各命題の末尾にポイントを落として「解説」として付けたもので，命題の数学的意義を解説することを主眼とした（必要な場合には第 1 の解説の対応箇所への指示を含めた）．た

だし，同種の命題が連続するときは最後の箇所にまとめて解説したので，命題の末尾の解説がない場合には，後に続く命題の最初の解説を参照願いたい．なお，訳語や字句の細かな解説は脚注にまわした．

[9] 解説や脚注などで頻繁に言及する文献については，次のような省略を用いている．

ハイベア版＝『原論』の底本 [Heiberg-Menge 1883–1888, I–V 巻]
共立版＝『原論』の日本語訳 [ユークリッド 1971]
英訳＝ヒースによる『原論』の英語訳 [Euclid 1925]
仏訳＝ヴィトラックによる『原論』のフランス語訳 [Euclide 1990–2001]
伊訳＝アチェルビによるイタリア語のエウクレイデス全集 [Euclide 2007]，およびフライェーゼとマッチョーニによる『原論』のイタリア語訳 [Euclide 1970]（訳者名により区別した）

目 次

『原論』解説
(VII–X巻)

斎藤 憲

本巻に収録された『原論』の第 VII 巻から第 IX 巻までは整数論を，第 X 巻は非共測量を扱う．第 X 巻の非共測量の理論が現代の読者にとって馴染みのないものであることは当然だが，第 VII 巻から第 IX 巻の整数論においても，そこでの基本的な概念，術語，用いられる技法は現代の整数論と相当に異なり，予備知識なしに定義・命題を読み始めるのは，かなり困難である．通読を目指す場合はもちろん，特定の命題のみを調べる必要がある場合でも，凡例と，整数論に関しては §2.1 の「定義と基本概念」に，第 X 巻の非共測量論に関しては第 3 章に目を通しておくことをお勧めしたい．その方が，結局は時間と労力の節約にもなろう．

第1章
底本・写本・図版について

1.1　底本について

1.1.1　底本と命題番号

本全集の底本は凡例でも明記したように，ハイベアによるエウクレイデスの著作の校訂版である．『原論』で整数論を扱う第 VII 巻から第 IX 巻は底本の第 2 巻の後半，非共測量の理論を扱う第 X 巻は第 3 巻に収録されていて，それぞれ 1884 年，1886 年に出版されている．すでに本全集第 1 巻で解説したとおり（第 1 巻 §5.2，pp. 54ff.），このハイベア版の最大の特徴は，アレクサンドリアのテオンの校訂を経ていない伝承を伝える唯一の現存写本である P 写本に基づいたことにある．それ以前の『原論』の刊本はすべて，テオンの校訂に基づく伝承によるものであった．したがって以前の刊本とはところどころで命題番号が異なっている．

具体的には，テオン版とこれに基づく以前の版では，第 VII 巻の命題 19 と 20 の間にもう 1 つ命題があり（以下命題番号はすべて底本のものである），さらに命題 20 と 21 の間にも余分に命題がある．これらはそれぞれ「通称 20」「通称 22」として底本巻末の付録に収録されている．したがって底本の VII.20 は以前の版では VII.21，底本の VII.21 は以前の版では VII.23 であり，第 VII 巻のそれ以降の命題番号は，以前の版では 2 ずつ大きい．

また第 X 巻では，テオン版および以前の刊本では X.12 と X.13 の間と，底本の最後の X.115 の後に，1 つずつ命題がある．そのため底本の X.13 およびそれ以降の命題番号は，以前の版では 1 ずつ大きい．底本第 X 巻最後の命題 X.115 は，以前の版では X.116 であり，さらにその後に，底本では巻末の付録に移された命題 X.117 がある．ただし次に述べるように，本全集では，これらの命題も付録ではなく本文中に収録した．

1.1.2　追加命題，別証明，注釈

底本の校訂者ハイベアは，後世の追加と判断した部分を，本文から切り離して底本巻末の付録に収録している．これには上で述べた VII. 通称 20, 通称 22 や，別証明（VII.31 など），注釈などが含まれる．本全集では第 1 巻 §5.2.5 (p. 62) で説明したように，これらを写本上でそれらが現れる箇所に収録した．ただし，本巻に収録した第 VII 巻から第 X 巻では，とくに第 X 巻に別証明や補助定理が多数あるため，これらをポイントを落として印刷した．

1.1.3　写本について

『原論』のテクストを伝える写本については本全集第 1 巻で解説したが (pp. 54–56)，ここでは本巻に収録した第 VII 巻から第 X 巻に関連する事項を含めて改めて説明しよう．9 世紀前半の P 写本は，現存写本で最も古いものであるが，それ自体がテオン以前の写本であるわけではなく，テオン版の方が古いテクストを伝えると思われる場合もある．またテオンの校訂は数学的に見ればテクストを改悪しているわけではなく，むしろ混乱した議論を改良する場合もある．テオンはすぐれた数学者であったのだから，これは当然ともいえる．

テオン版諸写本では F 写本（10 世紀）が最良の読みを伝えることが多いが，この写本は損傷がはなはだしく，ページの一部または全部が欠損していることも少なくない．とくに数論諸巻ではその大半，すなわち VII.12 の途中から IX.15 の最後までが欠けていて，F 写本を利用できないことが多い．なお，この欠損部分は後に補修されているが，補修部分の筆跡は 16 世紀のものであり，その読みには資料的価値はほとんどない．ハイベアは，この部分の読みに言及するときは F と区別して φ という記号を用いている．F 写本の読みが確認できない箇所では，テオン版の読みは，基本的に BV の 2 つの写本に基づくことになる．

B 写本は筆写年代が 888 年であることが確定している．現存写本では，9

世紀前半と推定されるP写本に次いで古い写本であるが，そのテクストはF写本と比べて劣ることが多い．しかしF写本が利用できない箇所でテオン版の内容を知るためには，まずこの写本によることになる．また，筆写は非常に丁寧で美しい書体でなされていて，図版も定規を用いて綺麗に描かれている．

V写本（11–12世紀）は他の写本と異なる独自の読みや，補助定理を含むことが多く，また図版も数学的に正確なものとなるように，しばしば変更されている．それなりの数学的能力を持った人物による意図的な編集が行なわれたのであろう．

さらにハイベアはbpqの3つの写本を参照している．b写本（11世紀）は第XI巻の最後の4命題と第XII巻全体で非常に重要なテクストを伝えるが，本巻に収録した第VII巻から第X巻ではとくに注目すべき写本ではない．ハイベアは上で述べた，F写本が欠けている箇所についてb写本の異読を，底本第2巻の序文でまとめて紹介している [Heiberg-Menge 1883–1916, 2:VI以下]．『原論』第X巻を収めた第3巻では，b写本の異読が他の写本の異読とともに脚注に記されている．

p写本はやや遅い12世紀の写本でB写本と共通の読みを与えることが多いが，独自に良いテクストを伝えることは少ない．また，図版はフリーハンドで，欄外に乱雑に描かれている．ハイベアは第VII巻でのみ，p写本の異読を記述している．第VIII巻以降ではp写本の代わりにq写本（12世紀）の異読を，上述のb写本の異読とともに校訂版の序文で紹介している．

なお，第X巻ではpq写本のどちらも用いられず，PFBVbの5つの写本の他に，ごく一部でL写本を利用している[1]．

1.1.4 写本の異読について

本全集はハイベアの校訂版を底本とし，個別の写本の異読は紹介していないが，底本とテオン版諸写本の読みが大きく異なる場合には，脚注でテオン版の読みを紹介した．ただしその目的はテクストの異同を網羅的に報告することでなく，P写本とテオン版との相違の程度と，テオン版の校訂の特徴について読者の理解の便を図ることである．

[1] これはブリティッシュ・ミュージアム所蔵の写本のパリンプセストである．写本番号はcod. Mus. Bri., Add. 17211.

1.2　図版について

1.2.1　整数論諸巻での印刷本の図版

凡例 [6–1], [6–2]で述べたように，本巻ではすべての命題に対して，底本の図版に基づいて描き起こした図版と，写本の図版に基づく図版の両方を示している．利用したのは基本的に P 写本の図版である．別証明など P 写本に欠けているものについては適宜他の写本を利用し，その旨明記した．本全集第 1 巻では原則として，底本としたハイベアによる校訂版の図版から描き起こした図版のみを示していたので，これは図版に関する原則の変更を意味する．以下，本巻に収録した整数論および非共測量論の図版について説明し，この変更の理由と目的を明らかにしよう．

すでに本全集第 1 巻 (pp. 64ff.) で指摘したように，本全集の底本としたハイベア校訂版での『原論』の図版は写本の図版に基づくものではなく，そこには資料的価値はまったくない．

本全集第 1 巻の『原論』第 I 巻から第 VI 巻では，ハイベア版の図版はアウグストのギリシャ語版『原論』[August 1826–29] の図版を，時には間違いも含めて丸写ししたものであった．本巻収録の第 VII 巻から第 X 巻について見ると，まず第 X 巻は多くの場合にアウグストの図版を使っている[2]．しかし整数論の第 VII 巻から第 IX 巻では事情が異なる．これらの巻の底本の図版は，写本の図版とも，先行する印刷版の図版とも異なるのである．

1703 年のグレゴリー版を見ると，第 VII 巻の図版では数を表す直線が点線とされている．点線の点の個数は，その命題が成り立つ実例となるような数となっていた．さらにその数がアラビア数字で点線の傍らに印刷されている．ただし，帰謬法の証明のために導入される，具体的な数値を設定しえない数だけは実線で描かれている[3]．

[2]ただし，アウグストが，巻末に図版をまとめていることもあって，しばしば複数の命題に 1 つの図版を使っているのに対し，ハイベアは個々の命題の傍らに図版を描いている．たとえば X.17–18, X.19–21, X.54–59 のそれぞれの命題グループに対してアウグスト版では，1 つの図版が使われる．なおここでの命題番号はハイベア版のもので，アウグスト版の命題番号はこれより 1 つ大きい（§1.1.1 参照）．

[3]第 X 巻でも，X.5 のように直線と整数が混在する図版では，整数だけが点線で表され

第 VIII 巻に入ると，グレゴリーは点線を描くことをやめ，命題中に現れる A, B などの文字の傍らに，その実例となる数を数字で書くだけになる[4]．ただし帰謬法の証明において導入される数だけは相変わらず実線で描かれている．下図（右）にグレゴリー版の命題 VIII.1 の図版の写真を示す．

このような図版の起源を探ると，1570 年代のコンマンディーノによるラテン語訳 (1572)，イタリア語訳 (1575) に遡る[5]．ただしコンマンディーノは第 VIII 巻，第 IX 巻でも，数を表す点線を描いている．なお，実線は帰謬法で導入される数の他に，点の個数を数の大きさに一致させるのが面倒な大きな数（たとえば 27 や 54 など）に対しても使われている．

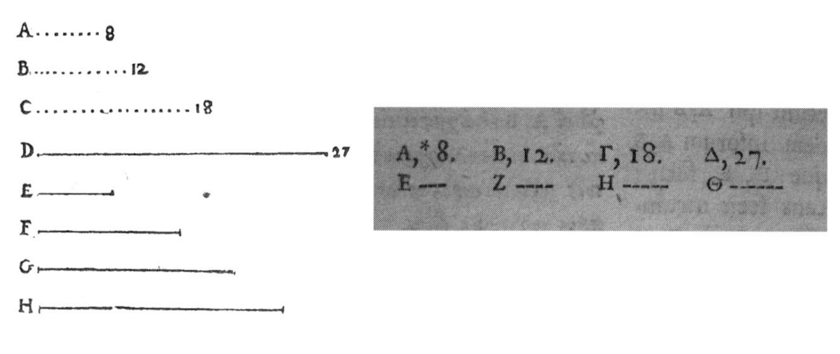

命題 VIII.1 の図版．コンマンディーノ版（左）およびグレゴリー版（右）

ペイラール版 (1814–18) はグレゴリー版の図版を継承し，第 VII 巻では数字つきの点線，第 VIII 巻と第 IX 巻では命題中の文字と数字を使っている．

これに対して，アウグスト版 (1826–29) は，グレゴリー版が第 VIII 巻以降で利用した簡略化した記法を第 VII 巻の最初から利用している．しかし底本

る．

[4]点線による表示をやめた理由は，それが煩雑なことに加え，第 VIII 巻以降の命題では，第 VII 巻の命題 VII.1 のように 2 数の和や差が図版の上で直線の和や差で表されることがないためではないかと推測される．

ただし，命題 IX.21–35 では点線による表示が使われる．これらの命題における偶数・奇数の扱いは，点線で表示するとうまく表せるからであろう．

[5]コンマンディーノによるこれら 2 つの版は同じ図版を用いている．なお，最初期の刊本，すなわち 1482 年のカンパヌス版や 1505 年のザンベルティによるラテン語訳，1533 年のグリュナエウスによるギリシャ語初版などは，写本と同様にすべての数が実線によって表されている．これらの版については本全集第 1 巻 p. 40 を参照．

の校訂者ハイベアは，整数論ではアウグストの図版は採用せず，写本と同じく，すべての数を直線（実線）で表している[6]．ところがハイベアの図版は写本に基づくものではない．

1.2.2　整数論諸巻での写本の図版

その違いを説明するには，まず写本における整数論諸巻の図版の特徴を説明する必要がある．これらの巻における図版は，幾何学を扱う第 VI 巻までの部分と違って，それほど大きな役割を持つわけではない．命題 VII.1 のように，2 数（あるいは 2 量）の和や差が図の中の直線の和や差で表されている場合は，図にそれなりの役割があるが，多くの命題では，たとえば VII.3 のように，個々の数や量に文字が割り当てられているだけで，図がテクストに特別な情報を付け加えるわけではない命題も少なくない．

ただしこのような命題でも，たとえば VIII.2 のように，図の配置が，そこに現れる量の関係に対応し，命題の理解に役立つように工夫されていることがある．VIII.2 では 2 数 A, B，3 数 G, D, E，4 数 Z, H, Q, K がそれぞれ連続して比例する（p.188 の図を参照）．図だけからこの関係を知ることはできないが，テクストからこのことを知れば，図の配置はそれを記憶にとどめて，命題の残りの部分を読むのに非常に役立つ．その一方で，図の中の直線の長さは，IX.3, 8 などのわずかな例外を除けば，すべてが互いに等しく，直線の長さは数の大小を表す役割を負っていない．

1.2.3　ハイベアによる数論諸巻の図版とその失敗

ところがハイベアが新たに描いた底本の図版は，これとまったく逆の特徴を持つ[7]．ほとんどの場合，数を表す直線はアルファベット順，すなわち本文中で数が現れる順に並べられていて，直線の配置によって数の関係を表すという意図は見られない．その一方で直線の長さは互いに違っていて，たとえば $A : B = G : D$ で B を表す線が A を表す線より長ければ，D を表す線は

---

[6] 唯一の例外は IX.36 である．本巻に収録した図版から分かるように，数 ZH を表す線の一部が点線となっている．これは，より大きい数により長い線を対応させる底本の方針にもかかわらず，スペースの都合のために，M の 2 倍である ZH に M より長い線を対応させることができなかったためであろう．

[7] ここで「新たに描いた」と述べたのは，筆者の知る限り，ハイベアの図版の手本になったと思われる図は，写本にも以前の刊本にも見当たらないからである．

G を表す線より長く，たいていは長さの間に比例関係が成立するように描かれている．したがって，ハイベアは直線の長さによって数の大きさを表そうとしていたことが分かる．しかし，たとえば順次 2 倍（あるいはそれ以上）になっていく数の列を，本当にその数の数値に比例する長さの直線で表すことは現実には不可能である．順次 2 倍になる数を 4 個並べるだけで，最後の数は最初の数の 8 倍になる．これほど長さの違う直線を 1 つの図の中に描くことは難しいし，実際底本の図版もそこまではしていない[8]．

数を表す直線の配置ではなく，長さに意味を持たせようとしたハイベアの試みは，根本的な資料である写本に忠実でないうえに，数学的内容の理解を助けるという点でも，明白な失敗であった．本巻で写本の図版と底本の図版を並べて示したのは，写本の図版の方が命題の理解に役立つことが多いからである．『原論』の整数論では，新たに導入される数に新しい記号が割り当てられる．たとえば A と B の積が AB でなく，まったく別の記号 G で表される．このような方式は，複雑な命題では大きな記憶の負担となる．写本の図版は，直線の配置によって数の間の比例関係などを表すことで，このような記憶の負担を軽減している．ハイベアがこの点に留意しなかったのはまことに残念である．

1.2.4 本巻で掲載した図版について

以上のような事情で本巻では，各命題の図版を，底本（ハイベア版）に基づくものと，最も重要なギリシャ語写本である P 写本に基づくものの両方を掲載した[9]．すでに本全集第 1 巻，第 4 巻においても，底本の図版が写本の図版に直接基づくものでなく，そこから大きくかけ離れたものである場合もあることは折に触れて指摘したが，基本的には底本の図版を掲載した．その理由としては，基本的に翻訳は底本に従うべきであるということの他に，『原論』第 I 巻から第 VI 巻のような幾何学の命題の理解には，写本の図版よりも底本の図版のほうが便利なことが多いこと，さらに写本の図版に関する訳者の

[8] たとえば IX.36 では A, B, G, D はそれぞれ 2, 4, 8, 16 であり，ZH はなんと 496 である．

[9] 理想的には主要写本の図版を比較校訂すべきであるが，写本によって図版が異なるときにどのように「校訂」を行なうべきかという原則は確立していない．そのため便宜的に最良のテクストを与えることの多い P 写本の図版を採用した．

研究が進んでいなかったことがあった．

しかし，整数論では，本文の理解を助ける写本の図版の工夫が，底本の図版では完全に無視されており，原資料である写本の図版を紹介することが，読者の理解を助けることにもなるため，写本の図版も再現して掲載することとした．

1.2.5　図版の再現における原則

写本の図版を再現するといっても，図のゆがみや線のかすれ，読みにくいラベル（点や線の名前）までを忠実に再現したのでは，図が見にくいだけである．そこで本巻では線の太さは一定とし，またラベルは大体の位置だけを写本どおりに再現し，大きさを統一した同一のフォントで表現することとした．

さらに，図が手描きであることに起因する不規則性は排除した．すなわち，ほぼ同じ長さの直線が，ほぼ平行に並んでいるときは，平行で同じ長さの直線を描く意図があったものと想定して，直線の長さを統一し，それらをすべて平行に描いた．同様に，複数の直線それぞれにつけられたラベルの位置に多少のずれがあっても，それらがほぼ直線の中央にあれば，同じ位置にラベルを置く意図があったものと見なして，ラベルを再現している．基本的な原則は，可能な限り描画した書記の意図を推定して，もし書記が正確に図を描く道具を手にしていたら描いていたであろうと思われる図を再現する，ということである．

もちろんこのような方針での描画は，ある程度主観的にならざるを得ない．たとえば，ほぼ正方形であるが，縦横の長さが多少異なる図形が描かれている場合，どの程度の違いまでは正方形を意図したものと解釈し，どの程度違ったら長方形を意図したものと解釈するのか．この種の問題はあらゆる状況で生じる．

他にも再現図では，次のような規約を採用したので留意されたい．

- 写本の図版には単位を表すために，小さな丸の下に大文字のミューを書いた記号 $\overset{\circ}{\mathcal{M}}$ が見られる．ミューは単位を意味する語モナス (μονάς) の頭文字である．§2.1.1 で説明するように，『原論』では 1 は数でなく単位と呼ばれていた．なお，単位は，命題のテクストの中で単に単位と呼ばれる場合と，単位にも名前が与えられる場合があるが，この後者の場合には，図版においても，記号$\overset{\circ}{\mathcal{M}}$の傍らにさらに点の名前が書かれることになる．この記号はP写本ではVII.15–17, 37, 38, VIII.9, 10, IX.3, 8–11, 32，X.5, 6に見られる．ただしその一部，とくに第IX巻のものは，書体などから見て，後から追加されたように見える．底本の図版ではすべて削除されている．

- ギリシャ文字を本全集の原則でラテン文字に書き換えた．
- 直線の端点や途中の点に印が付けられている場合は（途中の点の場合は，その点に名前が付けられていることが多い）直線に直角な短い線を加えることで表現した．
- ラベルの大きさを統一したことは上で述べたとおりである．なお，写本の図ではラベルは非常に小さいことが多いが，本巻の再現図では，ラベルはかなり大きめになっているため，狭い場所にラベルが書かれているときには再現が困難である．そのため図の位置をずらした場合もある．たとえばX.61–65では直線ABと下の長方形（X.61では上の長方形）の間隔を拡大してラベルD, K, M, N, Hのための場所を確保している[10]．
- 底本ではレイアウトの都合もあって，縦長の図版が多い．凡例［6–2］でも説明したように，本書ではスペースの都合上，底本の図版を90度回転して再現した場合がある．この場合は図版の下のキャプションに「(底本の図版$^{\triangleright}$)」のように小さな三角形を添えた．この例では三角形が右向きであり，これは右向き（時計回り）に90度回転したことを示す．

したがってこの翻訳で再現した写本の図版は，正確なコピーというよりは，一定の規約に基づいた転写の試みである．今後図版の転写についての規約が確立することを期待したい．

1.2.6 補説：命題の実例を示す図版中の数値について

また，整数論の命題では，写本の図版にその命題の実例となる数値が書かれていることが多い（以下に述べるような事情で本全集の図版には，これらの数値は記入していない）．これらの数値はギリシャ語写本にもアラビア語写本に

[10] この命題群の中でX.60はもともと直線ABと下の長方形の間隔が広い．

も見られるが，すべての写本に数値があるとは限らない．図版の点の名前とは異なる筆跡で後から追加されたことが明らかな数値もあり，ギリシャ語写本にアラビア数字で数値例が書かれていることもある．

記入された数値は写本によって異なるが，複数の写本に共通な数値が見出され，ある写本の数値が別の写本に写されたと考えられる場合もある．これらの状況から見て，命題の実例となる数値は，中世以降に加筆されたもので，それがさらに筆写されることもあったと考えられる．

なお，アラビア語写本にも同様な数値が見られる．口絵に収録した写真は，命題 VIII.13 の図版であり，各々の数を表す文字の上方に，数値例がアラビア数字で書かれている（ただしその書体は現在でもアラビア世界で用いられているもので，西欧に伝わって，我々が用いているものとは異なる）．上の段には右から 2, 4, 8（ギリシャ語写本とは左右が逆である），中段には右から順に 4, 8, 16, 32, 64 とあり，下段の右 4 個は右から順に 8, 16, 32, 64 である．下段右から 5, 6 番目に再び 64, 128 と書かれているが，これは誤りであろう．ここは 128, 256（そして数値が書かれていない一番左の数が 512）となるはずである．実際，この命題は，前のページにも同じ図があり，そこには 128, 256, 512 という数字が書かれている．

また口絵写真にある命題 VIII.14 の図版の数値は上段右から 4, 8, 17．下段右から 2, 4 である．上段の 17 はもちろん 16 でなければならない．

1.2.7　写本の図版の起源と写本間の異同について

なお，現存写本の図版がどこまで古い時代に遡るものか（そして端的にエウクレイデス本人に遡るものか），という問いに答えることは難しい．しかし，現存写本の図版が共通の原型に基づくと考えられる場合は少なくない．上で述べた整数論における図版の直線の配置は，ギリシャ語写本とアラビア語写本に共通であることが多い[11]．簡単に断定はできないが，現存図版の原型は遅くとも古代末期には存在していて，一部がその後の編集で変更されたと考えられよう．

[11] しかし両者に異なる特徴もある．たとえば第 X 巻の図版は命題 X.14 まですべて縦の線であるが，X.15, 16 では横の線と縦の線が使われている（同様の図は VII.28 にもある）．この特徴はすべてのギリシャ語写本に共通であるが，アラビア語写本にはない．

第2章 数論諸巻解説

『原論』の第 VII 巻から第 IX 巻までの 3 つの巻は整数論を扱う．その内容は現代の数学で初等整数論と呼ばれるものの一部分に対応する．そこでこれらの巻は『原論』の数論諸巻 (arithmetical books) と呼ばれることが多く，本全集でもこの表現を用いるが，この表現はまた多くの誤解の原因でもある．

端的に言えば，『原論』の整数論は我々が知っている初等整数論，あるいはその一部ではなく，かなり異なった基礎概念と技法の上に構築された独特な数学的世界なのである．こう言うのは，たとえば『原論』における「数」が 2 以上の自然数を意味し，「1」は「数」でなく「単位」と呼ばれる (VII. 定義 1, 2)，といった単なる形式的な相違を指しているのではない．この特異な定義は読者に強い印象を与えるが，実際の証明の議論に必ずしも大きな影響を与えているわけではない．ギリシャ整数論の従来の解説は，ギリシャ数学全般を哲学的に解釈する傾向と相俟って，一読して目につく形式的な問題に多くの労力を割き，実際に証明に使われる概念と技法の分析は十分とはいえなかった．以下の解説では『原論』の数論諸巻における基本的な概念と技法を明らかにすることを目指す．

2.1 定義と基本概念

2.1.1 単位と数

『原論』の整数論諸巻において「数」は「単位を合わせた多」(VII. 定義 2) と定義される．この定義は，これに先行する「単位」の定義 (VII. 定義 1)

> 単位とは存在するものの各々がそれによって「一」と言われるものである．

とともに，古代から多くの哲学的思索と注釈の対象となってきた[1]．しかしこれらの定義は数学的には何ら具体的な議論や探求の方法を示唆するわけでなく，この定義が後の議論に及ぼす効果は，要するに我々が「自然数」と呼ぶものを議論の対象とすることを読者に了解させること，1は「単位」と呼ばれ，「数」という呼び名は2以上の自然数のみを指すことの2点に尽きるであろう．

なお，1（単位）を「数」に含めないことは，実際の証明の議論の場面では必要以上に煩雑な場合分けの原因となることもあれば（しかし，証明の中で「単位」と「数」との区別が厳密に守られていない箇所もないわけではない），逆に「数」というだけで数1を除外することができて便利な場合もあるので，この術語が，数学的には不便であるにもかかわらず哲学的要請によって使われていると断定するわけにはいかない．

2.1.2　最も基本的な操作：測る

『原論』の整数論において最も基本的な操作は，加法でも乗法でもなく，「測る」ことである．AとBの2つの数があったときに，小さい方のBを大きい方のAから繰り返し取り去っていったときに，最後に残りがなくなる場合に，BはAを「測る」と言われる（μετρεῖ，辞書に載る一人称単数形はμετρέω）．たとえばBが2でAが6ならばBはAを測ることになる．現代的に言えばこのときBはAの約数であり，AはBの倍数である[2]．

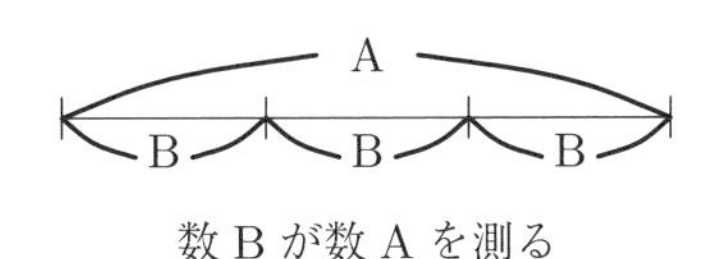

数Bが数Aを測る

[1] ここでは紹介しないので，関心のある読者は英訳や仏訳の解説を参照されたい．

[2] なお，相互差引（いわゆるユークリッドの互除法，§2.2.1を参照）を扱うVII.1–3では，差引の結果余りが出る場合に「GDがBZを測って，それ自身より小さいZAを残すとしよう」のような表現が用いられ，とくに余りが出ない場合にはκαταμετρεῖという語が使われる．これは「測り切る」と訳した．この語はVII. 定義3–5にも現れる．

第VII巻冒頭の23個の定義の中で,「測る」という言葉は他の術語の定義に用いられるが (定義3–5), それ自身は定義されていない. ここで「測る」という我々にとって馴染みの薄い言葉が, 定義が不要であるほど (あるいは定義ができないほど) 基本的な術語であることは,『原論』の整数論が, 我々の初等整数論とまったく異なった基礎から出発するものであることを示唆している. 実際,「測る」ことに関する次の性質も証明なしで用いられている (記号については凡例 [7–1] を参照).

$$\mathrm{A} \mid \mathrm{B} \ \text{かつ}\, \mathrm{B} \mid \mathrm{C} \Rightarrow \mathrm{A} \mid \mathrm{C} \tag{2.1}$$

$$\mathrm{A} \mid \mathrm{B} \ \text{かつ}\, \mathrm{A} \mid \mathrm{C} \Rightarrow \mathrm{A} \mid (\mathrm{B} \pm \mathrm{C}) \tag{2.2}$$

これらの性質が命題として証明もされず, 公準として要請されることもなかったことは, その必要性が感じられなかったほどに,「測る」という操作が基本的なものであったことを示唆している.

「BがAを測る」ことに対応する現代の術語を探せば「BがAを割り切る」ということになる. しかし,「割り切る」という術語は, 除法を前提とする. そして現代においては除法は乗法の逆演算として定義されているから, 乗法の定義がその前提となり, 乗法は加法の繰り返しとして定義されるから, さらに加法の定義が前提となる. つまり我々にとっては「割り切る」という術語は加法, 乗法, 除法が順に定義された後にはじめて使用可能になるものである. しかし『原論』では「測る」という語が定義なしで用いられる最も基本的な操作を指し, この操作が数論諸巻の論理構造を支えている.「割り切る」という訳語は現代数学の中で「測る」ことに対応する概念を与えるものではあるが,『原論』の整数論の理解を逆に妨げるものである. このため, 本書では, 耳慣れない用語ではあるが, 一貫して「測る」という語を用いた.

2.1.3 単部分と複部分について

「単部分」という術語は「測る」ことに基づいて第VII巻定義3で定義される. すなわち, 数Aが数Bを測るとき, AはBの単部分である[3].「単部分」

[3] ここで「単部分」と訳した語メロス μέρος は, 単に「部分」を意味する語の単数形であり,『原論』第I巻の共通概念 (公理) 8「全体は部分より大きい」における「部分」と同じ語である. しかし第I巻の共通概念では「メロス」は全体の任意の一部分を指すが, こ

は現代の整数論の「約数」に相当するが異なる概念である．a が b の約数であることは乗法によって定義される．すなわち $b = aq$ となる整数 q が存在するとき a は b の約数である．これに対して単部分は乗法という演算より先に，測るという操作によって定義される．またこの定義では「小さい数が大きい数の」という限定がついているため，任意の数 n について，n 自身は n の単部分ではない（VII. 定義 23 を参照）．

続く定義 4 では「複部分」（ギリシャ語では「単部分」の複数形）が定義される．これは，小さい数が大きい数の単部分（約数）でなければ複部分であるというだけのものである．たとえば 4 は 20 の単部分である．4 を 5 回加えると 20 になり，したがって 4 は 20 を測るからである．これに対して，たとえば 8 は 20 の複部分である．この呼び方は，8 が 20 の単部分 4 を複数集めたものであることによるのであろう．

なお，複部分と訳した語メレー（単部分「メロス」の複数形）に，別の訳語を当てた場合が 2 つある．

1. 複部分を単部分に分割して「メレー」と呼ぶ場合は「複数の単部分」と訳した．具体的には命題 VII.6 の解説を参照．
2. 単部分の総和を複数形の「メレー」と呼ぶ場合は「単部分〔の和〕」と訳した．これは完全数を定義する VII. 定義 23 に現れる．

2.1.4 補足：単位は単部分であるか

なお複部分の定義は，2 つの数の，小さい方が大きい方を測らないという条件のみから成る．したがって，たとえば 7 は 20 より小さく，7 は 20 の単部分でないから，定義によって 7 は 20 の複部分である．これは暗に 7 を 1 の 7 倍と考えること，したがって 1 が 20 の単部分であることを示唆する．しかし VII. 定義 1, 2 によって 1 は単位であり数でない．そして VII. 定義 3 の表現は，単部分を数に対してのみ定義していて，単位を除外しているから，定義を厳密に適用すれば単位 1 は単部分でない．しかしこの種の「厳密性」が実際の議論において不都合であることは容易に想像できる．

こでは大きい数 B のちょうど何分の 1 かになる数 A だけが「メロス」である．これと同様の用例は本全集第 1 巻所収の第 V 巻定義 1「量が量の，小さい方が大きい方の部分であるのは，〔小さい方が〕大きい方を測り切るときである」に見られる．

『原論』の整数論諸巻を綿密に分析していくと,「単位は数であるか」という問題にしばしば出会うことになる.簡単にこの問題に答えておこう.実際に『原論』の証明を見ていくと,そこで「数」とされている対象が,実は単位でありうることはしばしば起こり,そのことは必ずしも明示されているわけではない.『原論』の証明で「単位」である1と,「多」である2以上の「数」を区別することには必ずしも意味がなく,かえって不便である場合もある.そしてそのような場合には,実際に区別はなされていないのである.

この意味では「単位」と「数」の区別は,端的に言ってしまえば哲学者を満足させるだけのものであり,数学的には無意味である.『原論』の整数論は,現代の初等整数論と,確かに異なるものである.しかしその重要な相違は,たとえば「単位」と「数」といった定義の文言ではなく,実際の証明の議論の中に現れるものである.その具体例は,本巻の命題とその解説から明らかになろう.

2.1.5 同じ単部分・複部分と比例の定義:VII. 定義21

しかし,単部分,複部分という術語は,それ自体ではあまり大きな意味を持たない.これらが重要なのは,「同じ単部分」,「同じ複部分」という概念が存在するからである.これは数に対する比例の定義(第VII巻定義21)そのものと言ってもよい重要な概念であり,整数の比例に関する定理の証明(VII.4–14)は,これなしには理解できない.そこで比例を定義した定義21をとりあげて解説する.

比例という関係は『原論』第V巻定義5で定義されているが,そこで対象となっているのは直線や平面図形のような幾何学量である.これに対して,第VII巻では整数のみを対象とする別の定義が与えられる[4].

> VII. 定義21: 数が比例するとは,第1が第2の,第3が第4の等多倍であるか,同じ単部分であるか,同じ複部分であるときである.

この定義に現れる術語のうち単部分・複部分は,上で述べたようにVII. 定義3, 4で定義されている.また等多倍と訳した表現はVII. 定義5で定義さ

[4]なお,第VII巻の定義には「比」という術語は現れない.詳しくは§2.2.2を参照.

れた「多倍」が「等しい回数」を意味する副詞 ἰσάκις を伴って使われるものである．

すでに第 V 巻で用いられた「等多倍」という概念をまず説明しよう[5]．第 1 から第 4 までの数を a, b, c, d として，たとえば a が b の 3 倍で，c が d の 3 倍なら，「a が b の，c が d の等多倍である」ことになる．代数記号を使って書けば，適当な自然数 n によって

$$a = nb \text{ かつ } c = nd \tag{2.3}$$

と表されることである．

次に a が b の，c が d の「同じ単部分」であるという表現であるが，これも，その使われ方から判断すると，「等多倍」と同様であることが分かる．たとえば a が b を 3 回測り，c が d をやはり 3 回測れば「a が b の，c が d の同じ単部分である」ことになる．代数的な表現では当然

$$b = na \text{ かつ } d = nc \tag{2.4}$$

となる．さらに，a, c が b, d の「同じ複部分」であるとは，b, d の同じ単部分 e, f があり，a, c が e, f の「同じ多倍」であることを意味する．代数的には

$$a = me,\ b = ne \text{ かつ } c = mf,\ d = nf \tag{2.5}$$

となる．

そして等多倍，同じ単部分，同じ複部分のいずれかに該当すれば，4 数 a, b, c, d は比例するというのが VII. 定義 21 である[6]．

「同じ単部分」の表現が実際に使われる場面での訳語は基本的に，「A が B の単部分であるのと，G も D の同じ単部分である」，「A は B の単部分であり，それは G が D の単部分〔であるの〕と同じ〔単部分〕である」のどちらかとした（原文の表現の違いを多少なりとも反映させた）．「同じ複部分」につい

---

[5]本全集第 1 巻 p. 145 を参照.

[6]ここで，VII. 定義 3, 4 によれば，a が b の複部分であることは $a < b$ の場合にのみ定義されている．そうなると，ここでの比例の定義では，たとえば a が b の 2 分の 3 倍で c も d の 2 分の 3 倍であるような場合が扱われていないことになる．厳密に言えば，これはこの定義の論理的な欠陥なのであるが，このような文字通りの厳密性にこたえることが必要であるとは考えられていなかったのであろう．

ても同様である[7].

解説においては，凡例［7–1］で示したように，A が B の単部分であることを A | B で表す．さらに A が B の単部分であるのと，C が D の同じ単部分であることを A | B ∼ C | D で表すことにする．

さて，同じ単部分ないし複部分を表すためには，上で利用した m, n のように，小さい数が大きい数を測る回数を明示するのが分かりやすい．これは我々にとっては割り算の商にあたる．しかしエウクレイデスは，比例に関係する命題の証明 (VII.4–14) では，この「測る回数」m, n を直接明示することはない．そのためこの部分のテクストは非常に読みにくい[8]．この「測る回数」を表す記号（文字）は『原論』でも後で導入される（たとえば VII.21)．それなのになぜ VII.14 以前では「測る回数」が明示されないのか，現代の読者は理解に苦しむことになる．この問題については後で説明を試みたい (§2.5.1).

2.1.6　多倍の定義：VII. 定義 16

『原論』の整数論では数の乗法は「多倍する」(πολλαπλασιάζω) という動詞で表現される．数 a が数 b を多倍して数 c を作るなら

$$c = \overbrace{b + \cdots + b}^{a\text{ 個}} \tag{2.6}$$

と表すことができる (VII. 定義 16)．すなわち b の a 倍である．ここではこれを ab で表すので（通常の積 ab の理解と逆かもしれないが）了解いただきたい．

なお，こうして定義された「多倍」が交換則を満たすこと，すなわち「a が b を多倍した」結果と，「b が a を多倍した」結果とが等しいことは，VII.16 で証明される．その証明については §2.5.2 で解説する．

---

[7] この訳文の表現は，比例する数が A, B, G, D のように 1 つの記号で表されるときはよいが，それがたとえば「AB, DE 両方〔の和〕」のように長い表現になると，比例の対応関係がやや分かりにくい．しかしつねにこの定型的な表現で翻訳した．

[8] 本全集第 1 巻 p. 145 も参照.

2.2　第 VII 巻解説

2.2.1　相互差引（ユークリッド互除法）：VII.1–3

第 VII 巻は 2 数が互いに素である条件，および 2 数の最大公約数を求める命題で幕を開ける[9]．ここで使われるのは相互差引，一般にユークリッド互除法として知られる技法である．

与えられた 2 数に対し，すぐ次で説明する，いわゆるユークリッドの互除法を適用した結果，最後に単位 1 が残るならば最初の 2 数は互いに素であり (VII.1)，途中で割り切れる（『原論』の言葉では「測り切れる」）ならば，その最後の数が 2 数の最大公約数である (VII.2)．

2 つの命題の骨格をなす議論は同じであるので，VII.2 について説明しよう．与えられた 2 数 AB, GD (AB>GD) の最大公約数を求めたい．そのためには大きい方の数 AB から小さい方の数 GD を取り去ることを繰り返す．その結果，ちょうど残りがなくなった場合は GD が AB を「測る」と言われる．この場合は AB が GD の多倍（倍数）であり，GD が求める最大公約数である．

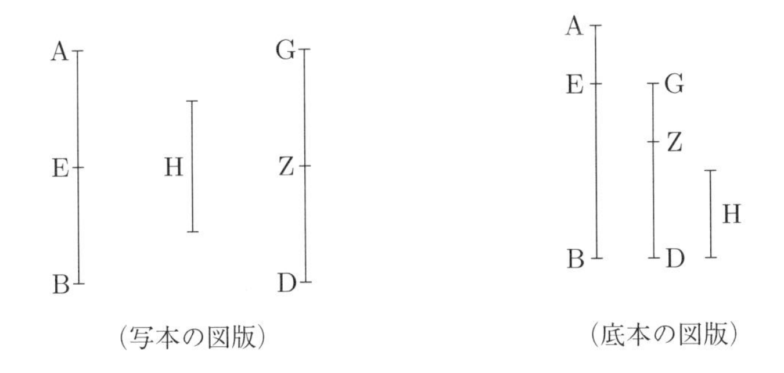

（写本の図版）　（底本の図版）

そうならずに，最後に GD より小さい余り AE が残ったとする．この場合，GD は「BE を測って AE を残す」と言われる[10]．残った AE は GD より小さ

---

[9] 命題中の訳語として「最大公約数」ではなく，テクストにより忠実な「最大共通尺度」を用いているが，解説では「最大公約数」の表現を用いる．

[10] 底本の図では差し引かれた BE が GD にちょうど等しいが，一般には BE は GD の何倍かである．

いので，今度は残りのAEをGDから繰り返し取り去る．そしてAEより小さいGZが残るとする．後は同じ操作の繰り返しで，次はGZをAEから繰り返し取り去る．操作の対象となる整数は$AB > GD > AE > GZ$のように順次減少していくから，最後の余りが1（単位）になるか，そうなる前に残り（たとえばGZ）が，直前の残り（たとえばAE）を測り切るかどちらかであり，この操作は有限回で終結する．前者がVII.1，後者がVII.2の場合である[11]．

この操作は相互差引（ギリシャ語ではアンテュファイレシス ἀνθυφαίρεσις）と呼ばれた[12]．相互差引が何回目で終わり，最後の残りがどのような数（または単位）であるかは，最初に与えられた2数によって決まる．エウクレイデスは不定の回数を不定のものとして表現することはせず，たとえばVII.2では2回目の余りGZが直前のAEを測り切るとして証明を進める．このような議論は「準一般的」と呼ばれる[13]．

この操作自体は単純である．重要なことは次の2点である．

(1)AB, GDの任意の公約数Hをとると（すなわちHを，ABとGDの両方を測る任意の数とすると），Hは順次生じる余りAE, GZ, ⋯ を測る．

(2) 最後の余りGZ（直前の余りAEを測り切る余り）が，最初の2数AB, GDの両方を測る．

実際，VII.1, 2の議論の大半はこの2つの性質を証明することに費やされている．そしてこの(1)(2)から，GZがAB, GDの最大公約数であることがすぐに得られる[14]．

説明をかねて，実際に2数をとって相互差引を実行してみよう．たとえば996と132をとると，次のように相互差引が行なわれ，最後に余り12が直前の余り60を測り切ることで相互差引は終結する．

---

[11]ただし，この手続きが必ず有限回で終結することは，明確に述べられてはいない．この点で，VII.31で順次減少する数（自然数）の列が限りなく続くことはありえないと明言されていることは興味深い．すなわち，VII.1, 2とVII.31は同じ基準で編集されていないのである．VII.31の解説を参照．

[12]アンタナイレシス ἀνταναίρεσις という表現もある．相互差引については，とくに比例の定義と関連づける議論を本全集第1巻 pp. 127ff. で批判した．

[13]本全集第1巻 p. 80 参照．

[14]最後の余りが1（単位）になるVII.1では，AB, GDの公約数は1に限られる（『原論』では単位1は数でないので，公約数は存在しない）ので，AB, GDは互いに素であることが証明されることになる．

$$996 - 132 \times 7 = 72$$
$$132 - 72 \times 1 = 60$$
$$72 - 60 \times 1 = 12$$
$$60 - 12 \times 5 = 0$$

まず (1) であるが，ある数 H が 996 と 132 の両方を測るなら，最初の関係から右辺の余り 72 をも測ることが分かる（§2.1.2 の式 (2.2) 参照）．そこで H は 132 と 72 の両方を測るから，2 番目の関係から H は 60 をも測る．以下同様にして，(1) が確認できる．

次に上の (2) の性質を確認するには，この相互差引の関係を最後から逆順に，次のように書き換えると分かりやすい．

$$60 = 12 \times 5$$
$$72 = 60 \times 1 + 12$$
$$132 = 72 \times 1 + 60$$
$$996 = 132 \times 7 + 72$$

ここで最初に書かれた式は，相互差引の最後に出て来た余り 12 が 60 を測ることを表す．するとその次の（相互差引の操作ではその直前の）関係から 12 は 72 をも測る．60, 72 の両方を 12 が測るから，次の式から 12 は 132 をも測る．同様に，最後の式から 12 は 996 を測る．これで最初の 2 数の両方が 12 によって測られることが分かる．

なお，この命題では，与えられた数が AB のように 2 文字で表されている．これは図からも分かるとおり，その数に別の数を加えたり差し引いたりする操作を，図の上で表現する場合に用いられる．そのような操作を図で表現する必要がない場合は，H のように 1 文字で 1 つの数を表すことになる．

2.2.2　比例と多倍に関する基本定理の概要：VII.4–19

第 VII 巻冒頭の相互差引（ユークリッドの互除法）による議論は，全体の構成から見るとやや孤立している．これに続くのは，第 VII 巻の命題 4 から 19 を占める一群の定理であり，これらは比例と多倍（乗法）に関するものである．この定理群はさらに3つの部分に分けられる．最初の命題4 10は補助定理であり，同じ単部分と同じ複部分に関するさまざまな命題が証明される．これを利用して続く命題11–14で比例に関する基本的な命題が証明される．その後の命題15–19は，比例に関する命題で，2数の積（多倍）と関連するものを扱う[15]．

比と比例について

4数が比例する条件はVII. 定義21で定義されているが，比については定義のどこにも言及がない．第VII巻には比の定義がないのである．しかしVII.14には「同じ比にある」という表現が「比例する」と同じ意味で使われている．2数に対して比$a:b$を考えることができること，2つの比$a:b$と$c:d$が「同じ」であることは，4数a,b,c,dが比例することに他ならないと了解されていたことが分かる[16]．

比例に関する基本的定理と第V巻との相違：VII.11–14

比例に関する命題に戻ろう．まずVII.11–14の4個の命題を代数的記号を用いて簡単に書けば順に次のようになる．

$$a:b=c:d \Rightarrow a:b=(a-c):(b-d) \tag{VII.11}$$

$$a:b=c:d=\cdots \Rightarrow a:b=(a+c+\cdots)\ :\ (b+d+\cdots) \tag{VII.12}$$

$$a:b=c:d \Rightarrow a:c=b:d \tag{VII.13}$$

$$a:b=a':b',\ \ b:c=b':c' \Rightarrow a:c=a':c' \tag{VII.14}$$

これらは第V巻の幾何学量の比例に関する命題のV.19, V.12, V.16, V.22にそれぞれ対応する[17]．

---

[15]『原論』では乗法に相当する表現は「多倍する」(VII. 定義16)であり，2数の積は「…から生じる数」（VII. 定義17など）と言われる．翻訳ではこの表現を用いるが，解説においては「乗法」や「積」という術語を用い，代数的な記法も適宜用いる．

[16]第V巻の比の定義は次のようなものである．

> 比とは，同種の2つの量の大きさに関する何らかの関係である（V. 定義3）．

しかしこの定義を実際に証明の中で使うことは不可能であり，実際，この定義が使われることはない．証明における数学的議論の基礎を与えるという意味では，比の定義は，第V巻にも存在しないのである．この問題については本全集第1巻p. 144およびp. 367を参照．

[17]等順位比に関する命題は第V巻，第VII巻の両方にあるが，比の順序が逆になる乱比例に関する定理

ここで注目されるのは，第 V 巻にはもっと基本的な，一見自明な命題が含まれるのに，それらが第 VII 巻には存在しないことである．すなわち次のような命題である．

$$a = b \Rightarrow a : c = b : c,\ \ c : a = c : b \tag{V.7}$$

$$a : c = b : c \text{ または } c : a = c : b \Rightarrow a = b \tag{V.9}$$

$$a : b = e : f,\ \ c : d = e : f \Rightarrow a : b = c : d \tag{V.11}$$

これらの性質は第 VII 巻から第 IX 巻でも実際には使われているのだが，証明はされていない．この点では第 V 巻の方が厳密であると言えよう[18]．

2 数の積と比例：VII.15–19

この後に，VII.15 を利用して積の交換則にあたる VII.16 が証明される．本巻の解説では，この性質を単に $ab = ba$ のように表すが，正確には次のように表現するべきである．

$$\overbrace{b + \cdots + b}^{a\text{ 個}} = \overbrace{a + \cdots + a}^{b\text{ 個}} \tag{2.7}$$

ここでたとえば a 個とは正確には「数 a の中にある単位の個数」である．そして多倍の定義により，この左辺は「a が b を多倍した」ものであり，右辺は「b が a を多倍した」ものである (VII. 定義 16)．

この後に 2 数の多倍（積）を前提とした比例の定理が続く．

$$ab : ac = b : c \tag{VII.17}$$

$$a : b = b' : c',\ \ b : c = a' : b' \Rightarrow a : c = a' : c' \tag{V.23}$$

は第 V 巻にしかない．

[18]他に第 V 巻にあって第 VII 巻にない命題としては，比の不等（大小）に関する命題や，幾何学的議論で頻繁に用いられる比の合併，分離，転換などの操作に関連するものがある．以下に第 VII 巻に対応命題を持たない第 V 巻の命題をあげる．

$$a > b \Rightarrow a : c > b : c,\ \ c : b > c : a \tag{V.8}$$

$$a : c > b : c \Rightarrow a > b \tag{V.10}$$

$$c : b > c : a \Rightarrow a > b \tag{V.10}$$

$$a : b = c : d \Rightarrow (a - b) : b = (c - d) : d \tag{V.17}$$

$$a : b = c : d \Rightarrow (a + b) : b = (c + d) : d \tag{V.18}$$

$$a : b = c : d \Rightarrow a : (a - b) = c : (c - d) \tag{V.19 系}$$

$$ac : bc = a : b \tag{VII.18}$$

$$a : b = c : d \Leftrightarrow ad = bc \tag{VII.19}$$

『原論』の「多倍」の概念は上の (2.7) で示したように，整数の中の単位の個数を前提にするので，幾何学量には適用できない．したがって第 V 巻にはこれらに厳密な意味で対応する定理は存在しない．しかし 2 数の積と，2 直線で囲まれる長方形（または平行四辺形）を対応するものと考えることにすれば，VII.17, 18 には VI.1 が，VII.19 には VI.16 が広い意味で対応することになる[19]．実際，平面数 (VII. 定義 17) の概念はこのような類推があったことを示す．

2.2.3 同じ比を持つ 2 数で最小の数：VII.20–22

第 VII 巻の後半は，素数や互いに素な数の性質を扱うが，そこで最も重要なのが，同じ比を持つ 2 数で最小の数に関する命題 VII.20–22 である．これらは間違いなく第 VII 巻で最も重要な命題であり，続く第 VIII 巻以降の議論に不可欠なものである．たとえば 2 と 3，4 と 6，8 と 12 などは同じ比を持つ 2 数であるが，その中で 2 と 3 が最小の 2 数である．ここで証明されるのは次のことである．

- 同じ比を持つ 2 数で最小のものは，同じ比を持つ〔他の〕数を測る (VII.20)．
- 同じ比を持つ 2 数のうちで，互いに素なものは最小である (VII.21)．
- 同じ比を持つ 2 数のうちで，最小のものは互いに素でもある (VII.22)．

とくに VII.21 と VII.20 を合わせると，

- 2 数が互いに素ならば，これと同じ比を持つ数を〔それぞれ〕測る．

同じことを式で書けば

$$a \perp b \ \text{かつ}\ a : b = c : d \Rightarrow a \mid c \ \text{かつ}\ b \mid d \tag{2.8}$$

[19] VI.1 および VI.16 の言明は以下のとおり．

VI.1：同じ高さの下にある三角形および平行四辺形は，互いに対するように，〔それらの〕底辺が互いに対する．
VI.16：もし 4 直線が比例するならば，〔比例の〕両端項に囲まれる長方形は内項に囲まれる長方形に等しい．そしてもし両端項に囲まれる長方形が内項に囲まれる長方形に等しいならば，4 直線は比例することになる．

となる．これがこの後頻繁に使われる重要な性質である．実は (2.8) と，次の性質 (2.9) とは論理的には同値である．

$$a \mid bc \text{ かつ } a \perp b \Rightarrow a \mid c \tag{2.9}$$

実際，(2.8) から (2.9) を導くことができ，逆に (2.9) から (2.8) が導かれる[20]．

我々が学ぶ初等整数論では，(2.9) の方が馴染みのある基本的命題である．それは『原論』で多用される (2.8) と論理的には同値なのだが，だから『原論』の整数論と現代の初等整数論が同じものだということにはならない．

最大の相違は，『原論』が種々の命題の探求において，数を因数に（究極的には素因数に）分解するというアプローチをとらない点にある．素因数分解を考えれば問題が容易に解決する場面で，『原論』では (2.8) を利用することが多いのである[21]．実際，第 VIII 巻以降で VII.20, 21 の少なくとも一方が利用される命題は VIII.1, 4, 8, 20, 21, IX.12, 16, 17, 19, 36 と多数あるが，上の (2.9) に近い VII.24, 30 を利用する命題は IX.14, 15 のみである．『原論』のこの特徴については §2.6.1 で再度とりあげる．

2.2.4　互いに素な数と素数の性質：VII.23–32

第 VII 巻で最も重要な VII.20–22 の後には，互いに素な数，および素数の性質に関する命題が続く．その概要を次に示す（記号については凡例［7–1］を参照）．

$$a \perp b,\ \ c \mid a \Rightarrow c \perp b \tag{VII.23}$$

$$a \perp c,\ \ b \perp c \Rightarrow ab \perp c \tag{VII.24}$$

$$a \perp b \rightarrow a^2 \perp b \tag{VII.25}$$

$$a \perp c,\ \ a \perp d,\ \ b \perp c,\ \ b \perp d \Rightarrow ab \perp cd \tag{VII.26}$$

---

[20] (2.8) から (2.9) の証明．$a \mid bc$ かつ $a \perp b$ とする．a が bc を測るから d 回測るとすると $ad = bc$ が成り立つ．これより $a : b = c : d$ (VII.19)．条件より $a \perp b$ であるから，(2.8) により $a \mid c$．

(2.9) から (2.8) の証明．$a : b = c : d$ かつ $a \perp b$ とする．比例関係から $ad = bc$ を得るから (VII.19)，$a \mid bc$．そして $a \perp b$ であるから，(2.9) により $a \mid c$．そして $a : c = b : d$ でもあるから $b \mid d$ も成り立つ．

[21] この種の議論の典型例として，数論諸巻の最後の命題である IX.36 があげられる．

$$a \perp b \Rightarrow a^2 \perp b^2,\ a^3 \perp b^3, \cdots \qquad \text{(VII.27)}$$

$$a \perp b \Leftrightarrow (a+b) \perp a \qquad \text{(VII.28)}$$

$$p \nmid a \Rightarrow p \perp a \qquad \text{(VII.29)}$$

$$p \mid ab \Rightarrow p \mid a \text{ または } p \mid b \qquad \text{(VII.30)}$$

これらの命題は我々にも分かりやすいものである．とくに VII.24, 29, 30 などは我々にとって整数論の基礎となる重要な命題である．しかし『原論』ではこれらが後に利用されることはそれほど多くない．上で述べたように，その代わりに VII.20, 21 が利用されるのである．

この後に次の 2 命題が続く．

- VII.31：あらゆる合成数は何らかの素数によって測られる．
- VII.32：あらゆる数は，素数であるか，あるいは何らかの素数によって測られる．

これらの命題は素因数分解に関連するように見えるが,『原論』における役割は必ずしも明らかでない．VII.32 はその後利用されることがないし，VII.31 はその語法などから，後の追加の可能性がある．詳しくは VII.31 の解説を参照されたい．

2.2.5 第 VII 巻の残りの命題

最小公倍数など：VII.33–36

最大公約数の求め方は第 VII 巻の冒頭で論じられるが，最小公倍数の求め方に関する命題は，この巻の終わり近くで示される (VII.34, 36)．ここでは補助定理として，与えられた複数の数（3 個以上でもよい）と同じ比を持つ最小の数の組の求め方 (VII.33)，また 2 数の最小公倍数が任意の公倍数を測ること (VII.35) も証明される．

単部分（約数）と，同じ呼び名の数：VII.37–39

第 VII 巻の最後の VII.37–39 は，きわめて単純な内容であるが，その術語は現代の，とくに日本の読者には理解しにくい．それは「数と同じ呼び名の単部分」「単部分と同じ呼び名の数」というものである．たとえば数 12 は，数 3 によって測られる．このとき 12 は「3 分の 1」という単部分を持つ（すなわち 12 の 3 分の 1 は整数である）というのが命題 VII.37 の主張である[22]．この命題の逆が VII.38 で主張される．そして数 3 に対して，3 分の 1 という部分が，「同じ呼び名の単部分」と言われる[23]．

したがってこれらの命題は，数学的には乗法の交換則 VII.16 の言い換えということになる．しかしこれらの命題が後で用いられることはないので，その意義は明らかではない．後世の追加である可能性も排除できない．

2.3　第 VIII 巻解説

第 VIII 巻のテーマは連続して比例する数である．これは現代の術語では等比数列にあたるが，第 VIII 巻が等比数列を扱うと述べることは適切ではない．その関心は与えられた 2 数の間に連続して比例する数（数とはもちろん整数を指す）が存在するための条件に集中している．

たとえば 8, 12, 18, 27 は連続して比例する．すなわち 8 と 27 の間には 2 つの比例中項数が「落ちる」ことになる．ここでは $8 = 2^3$, $27 = 3^3$ であるから，$12 = 2^2 \cdot 3$ と $18 = 2 \cdot 3^2$ が比例中項数となることが了解できる．実は 2 数の間に 2 つの比例中項数が入るのは，この例のように 2 数がともに立方体数であるか，あるいは 2 つの立方体数の等多倍である場合に限られる (VIII.2 系)．そして第 VIII 巻では比例中項数の存在を軸として，連続して比例する数についてさまざまな命題が証明される．

その目的については大雑把に言って 2 つの解釈がある．非共測量の理論に

---

[22] これは決して同語反復ではない．すなわち，

1. 数 12 が数 3 によって測られる．
2. 数 12 がその 3 分の 1 という部分を持つ（3 つの互いに等しい整数に分けられる）．

という 2 つの命題は，論理的に同じでない．前者は $12 = 3 + 3 + 3 + 3$ となっていることを意味し，後者は何かある整数（実は 4）の 3 倍が 12 であるということである（すなわち $12 = 4 + 4 + 4$）．前者から後者が帰結するということが命題の主張である．

それぞれの内容は下の図のように表すこともできる．

[23] ギリシャ語で 3 は τρεῖς，3 分の 1 は τρίτος である．後者は「3 番目」という序数詞でもある．これらが「同じ呼び名」と言われている．英語ならば three と third である．

関係するという解釈と，音楽論に関係するという解釈である．

ただし第 VIII 巻全体の構成はやや散漫であり，全体が統一した構想のもとに書かれたようには見受けられない．以下，もう少し詳しく見ていこう．

2.3.1　連続比例する数の条件：VIII.1–10

最初の 10 個の命題 VIII.1–10 でとくに重要な命題は VIII.2 と VIII.8 である．

命題 VIII.2 は，与えられた比から，好きなだけの（個数の）連続比例する数で，最小のものを構成する方法を示す．その具体的内容は簡単で，与えられた比を最小の数で表し A : B とする．最小の数の組だから A と B は互いに素である．ここから

$$\mathrm{A}^2,\ \ \mathrm{AB},\ \ \mathrm{B}^2$$

$$\mathrm{A}^3,\ \ \mathrm{A}^2\mathrm{B},\ \ \mathrm{AB}^2,\ \ \mathrm{B}^3$$

を構成していくと，何個でも連続比例する数が作れて，しかもその両端の数は互いに素なので (VII.27)，これより小さい数の組は存在しない．

この命題は，与えられた比で連続比例する数を順次構成する具体的方法を示すだけでなく，その後の命題の証明に利用できるツールを提供する点で重要である．次に述べる命題 VIII.8 の証明はその一例である．

命題 VIII.8 は，2 数 A, B の間に連続比例する数が落ちるとき，それが何個であっても，A, B と同じ比を持つ任意の 2 数の間に，同じ個数の数が連続比例して落ちることを主張する．

第 VIII 巻全体の解釈は，この命題の解釈にかかってくる．まず，非共測量との関係で考えてみよう．VIII.8 は実は大変強い主張を含む命題である．この命題の意味するところを現代的に表現すれば次のようになる．有理数 $\dfrac{m}{n}$ の k 乗根 $\sqrt[k]{\dfrac{m}{n}}$ が有理数になるのは，$\dfrac{m}{n}$ を約分して既約分数にしたときに，分子と分母がともに k 乗数となるとき，すなわち約分した結果が $\dfrac{m}{n}=\dfrac{p^k}{q^k}$ となるときに限られる．

ギリシャ数学の枠組みの中でもこの命題は非常に興味深い帰結をもたらす．たとえば正方形の辺 s と対角線 d が非共測であること（現代的に言えば $\sqrt{2}$ が

無理数であること）は，この命題を用いれば次の議論で簡単に証明できる[24]．

> 辺 s と対角線 d に対しては $s:d=d:2s$ であるから，もし $s:d=m:n$ となる整数 m,n があれば，$m:n=n:2m$ となる．すると m と $2m$ の間に 1 つの比例中項数 n が落ちるから，命題 VIII.8 により，$m:2m$ と同じ比を持つ 1 と 2 の間にも 1 つの比例中項数が入ることになる．これは明らかに不可能であるから，$s:d=m:n$ を満たす整数 m,n は存在しない．

このように，VIII.8 をはじめとする第 VIII 巻の命題が，非共測性に関する探求と関係があるという見方は一定の説得力がある．これはソイデンの主張である[25]．

2.3.2　音楽論との関係

一方，VIII.8 を音楽論と関係づける意見があり，それを後押しする資料もある．エウクレイデスに帰される『カノーンの分割』（本全集第 5 巻所収）は，ピュタゴラス派の音楽論を伝える著作であるが，次のような命題を含む．

> 命題 3：単部分超過の音程に関しては，1 つであれまた複数であれ，いかなる中項数も比例して間に落ちることはない．

まず，単部分超過比（音程）について説明しよう．単部分超過比とは，比の 2 項の差が，それらの 2 項の単部分（§2.1.3）であるような比である[26]．たとえば 6 対 4 の比を考えると，2 項の差は 2 であり，これは 6 と 4 の単部分であるから 6 対 4 は単部分超過比である．『カノーンの分割』では原則として「比」(λόγος) という語は使われず，「距離」(διάστημα) という語が使われるので（さらに本全集ではこの「距離」という語は「音程」と訳される），「単部分超過比」(ἐπιμόριος λόγος) ではなく，上の引用にあったように「単部分超過の音程」(ἐπιμόριον διάστημα) と訳されることになる．

---

[24] なお，この場合には VIII.7 を利用することもできる．

[25] §2.6.3 を参照．

[26] 差がどちらか一方の項の単部分ならば他の項の単部分であることは明らかである．

証明は，まず単部分超過の音程と同じ比にある最小の2数をとる．するとその差は必ず1になる[27]．したがって，これら2数の間に比例中項数が落ちることはない．そして『カノーンの分割』のテクストは，多少違う表現ではあるが，VIII.8を引用する．

> 最小の数の間に比例中項数が落ちるのと同じ〔個数〕だけ，同じ比を持つ数の間にも比例〔中項〕数が落ちることになる．

単部分超過比をなす最小の2数の間に比例中項数が落ちない以上は，この命題のおかげで，同じ比を持つどんな数の間にも比例中項数が落ちないことになる．これが『カノーンの分割』命題3の議論である．

実は多くの音程は単部分超過である．オクターブ(2 : 1)，五度(3 : 2)，四度(3 : 2)も，全音(9 : 8)もそうである．したがってこれらの音程はどれも，数比（整数比）を前提とする限りは正確に2等分できないということになる．このような音楽論の議論がVIII.8の背景にあるという考えは有力である．

なおこの命題はプラトンと同時代のタラスのアルキュタスが証明したものであるとされている．ボエティウス（480頃–524頃）が著書『音楽教程』において，アルキュタスの証明を紹介しているのである[28]．その議論は基本的に『カノーンの分割』命題3と同じものであり，単部分超過比をなす2数と同じ比を持つ最小の2数の差が1になることの説明が議論の大半を占め，最後に簡単に，それ〔最初の数で表された単部分超過比〕と同じ比を持つ2数の間にも，その比を等しく分ける数を置くことはできない，と述べられる．この主張はアルキュタスがVIII.8と同等の命題を知っていたことを示唆する．なお，このことから『原論』第VIII巻自体をアルキュタスに帰する見解もあるが，十分な根拠があるものとは思われない（§2.6.3，とくに脚注56を参照）．

音楽論と第VIII巻の関係では他に『カノーンの分割』命題2に，VIII.7が引用されていることも指摘される．このようなわけで，『原論』第VIII巻の構成と音楽論の発展の間に何らかの関係があったとする解釈が有力である．

---

[27] 2数の差が1より大きい「数」であるとすると，単部分超過の定義により，この差が2数を測り，2数は互いに素でないことになる．しかし同じ比を持つ数のうちで最小の2数は互いに素であるからこれは不可能である(VII.22)．

[28] [Boethius 1867, 285–286]．英語訳は[Boethius 1989, 103–105]．

なお，最初の 10 個の命題のうち，VIII.5 は合成比に関する命題であり，その後用いられることがない（VI.23 に相当する）．

2.3.3　正方形数，立方体数と比例中項：VIII.11–17

続いて，正方形数と立方体数（平方数，立方数）と比例中項の関係が議論される．VIII.11 は，2 つの正方形数の間に 1 つの比例中項数が入ること，正方形数の比は辺の比の 2 倍比であることを主張し，続く VIII.12 は同様の内容を立方体数について述べる．これら 2 命題のうち VIII.11 は X.9 で利用される．しかしこのただ 1 つの例を別にすれば，これら 2 命題は後で利用されることはない．その理由は，ここで現れる正方形数，立方体数をもっと一般的な相似平面数，相似立体数に拡張した同様の命題が述べなおされ (VIII.18, 19)，それが後で利用されるからである．しかも拡張された命題 VIII.18, 19 の証明に VIII.11, 12 が利用されるわけでもない．

VIII.14–17 は正方形数（立方体数）が他の正方形数（立方体数）を測るとき（測らないとき）に，その辺も辺を測る（測らない）ことを述べる．この証明は VIII.6, 7 を利用する．これは連続比例する数があるとき，前の数が後に出てくる数を測る条件を論じている．しかし VIII.6, 7, 14–17 はその後利用されることがなく，論理的連関から見るとやや孤立している．

2.3.4　相似平面数，相似立体数と比例中項数：VIII.18–21

上で述べたように，VIII.18, 19 は相似平面数（相似立体数）の間に 1 つ（2 つ）の比例中項数があり，相似平面数（相似立体数）の比が対応辺の比の 2 倍比（3 倍比）になることを証明する．これらは幾何学における相似図形に関する定理に対応するものと見ることもできる[29]．

これらの命題は続く命題の証明に利用されるが，その利用の仕方には論理的に見て問題があることが知られている．それを見ていこう．

[29]『原論』の幾何学の諸巻における対応定理は次のとおり．相似平面図形の比が対応辺の 2 倍比になることは，相似三角形 (VI.19)，相似多角形 (VI.20) に対して証明され，また円については「円の比は直径上の正方形の比」(XII.2) という表現で述べられる．相似立体図形の比が対応辺の 3 倍比であることは，相似平行六面体 (XI.33)，相似三角錐 (XII.8)，相似円柱・円錐 (XII.12)，球（XII.18，直径の 3 倍比）について述べられる．

2.3.5 相似平面数，相似立体数をめぐる混乱：VIII.22–26

VIII.22 は，3 数が順次比例し，最初の数が正方形数ならば第 3 の数も正方形数であることを示す．VIII.23 は立方体数に関して類似の性質を証明する．これらは後に，IX.8 の証明でも使われる重要な命題である[30]．この証明は相似平面数（相似立体数）に関する命題 VIII.18, 19 に依存するが，論理的に欠陥がある（詳しくは VIII.23 の解説を参照）．

第 VIII 巻を締めくくるのは，相似平面数（相似立体数）が互いに対して持つ比は正方形数（立方体数）が互いに対して持つ比である，という 2 命題 (VIII.26, 27) である．これらの命題は，間に 1 つ（2 つ）の比例中項数が落ちる 2 数の比が，本質的に正方形数（立方体数）どうしの比であることを示して，この巻の最初の VIII.2 にいわば立ち戻ることになる．ところがこれらの命題が続く第 IX 巻の当然使われるべき箇所で使われないという問題があり，第 VIII 巻の末尾と第 IX 巻の間に論理的な齟齬が存在する．このことは続く第 IX 巻の解説で検討しよう．

2.4 第 IX 巻解説

第 IX 巻は整数論に関する最後の巻となるが，第 VIII 巻以上に種々の命題が雑然と集められている印象が強い．まず第 IX 巻全体を大きく 3 つの部分に分けることができよう．

- IX.1–20 は第 VIII 巻までで扱われた題材を種々の形で展開する，いわば落ち穂拾い的な命題であり，後述するようにいくつかのグループに分けられる．なお，その中でもきわだって孤立した命題 IX.7 および IX.15 はこの解説では扱わない．その内容については命題本文を参照されたい．
- IX.21–34 は，それ以前の命題にまったく依存せずに，半ば直観的な偶数・奇数論を展開している．その議論は小石やおはじきのようなものを並べて考えると理解しやすい．ベッカーがピュタゴラス派の整数論の名残りであると断定して以来 [Becker 1936]，その解釈が受け継がれている

[30] IX.8 は，単位から順次比例する数（代数的に表現すれば $1, a, a^2, a^3, a^4, \cdots$）を考え，奇数番目が正方形数，$4, 7, 10, \cdots$ 番目が立方体数であることを示す．

が，それを直接証明する資料があるわけではない．ここではよく使われる「小石の数論」(pebble arithmetic) という名称で呼ぶことにする．

- 最後に完全数に関する命題 IX.35, 36 が第 IX 巻を締めくくる．IX.36 を現代的に述べれば「$2^p - 1$ が素数ならば $2^{p-1} \cdot (2^p - 1)$ は完全数である」ということになる．その証明の準備として，IX.35 では等比数列の和に関する定理が証明される．

2.4.1　落ち穂拾い的な命題：IX.1–20

相似平面数，立方体数の積：IX.1–6

第 IX 巻の最初の 6 個の命題は，次のようなものである．

- IX.1：2 つの相似平面数の積は正方形数である．
- IX.2：2 数の積が正方形数ならば，それらは相似平面数である (IX.1 の逆)．
- IX.3：立方体数の平方は立方体数である（次の IX.4, 5 の補助定理）．
- IX.4：2 つの立方体数の積は立方体数である．
- IX.5：立方体数と，ある数の積が立方体数ならば，その数も立方体数である（IX.4 の逆）．
- IX.6：ある数の平方が立方体数ならば，その数も立方体数である（IX.3 の逆）．

たとえば IX.4 は，2 つの立方体数を a^3, b^3 と書いてしまえば，この命題は

$$a^3 b^3 = (ab)^3$$

という，指数法則の自明な帰結となってしまう．このような命題の存在は，因数の積としての数という概念が『原論』では希薄であったことを示している．この点については §2.6.1 で再び論じる．

ここで『原論』の論証構造という点から見て興味深いのは，これら一群の命題が第 VIII 巻の最後の一群の命題を利用できるのに，それを利用していないことである．

IX.4 の証明はまず，2 つの立方体数 A, B に対して，A の平方をとる（これも立方体数であることを証明する補助定理が IX.3 である）．そして，立方体数と比例中項数に関する命題 VIII.19 と VIII.23 を利用して結論を得る．ところがこの議論はすでに VIII.25 で行なわれていて，VIII.25 を利用すれば VIII.19,

23 を使うよりももっと短く IX.4 を証明できるのである．これは奇妙なことである．IX.5, 6 の証明も同様に，VIII.25 を利用すれば議論が短縮できる[31]．

またIX.1, 2 は正方形数に関する命題で，立方体数に関する命題 IX.4, 5 に対応するものであるが，厳密に対応する命題を書くならば

- IX.1*：2 つの正方形数の積は正方形数である．
- IX.2*：正方形数と，ある数の積が正方形数ならば，その数も正方形数である．

というものが期待されるが，実際に証明されている命題は上に見るように，これよりも一般的な命題である．その証明は IX.4, 5 とまったく同じ構造をしている．おそらくは，IX.4, 5 と同じ議論で証明できる最も一般的な命題を証明したのであろう．IX.1, 2 の両方の証明には VIII.8, 18 が用いられ，さらに IX.1 には VIII.22 が，IX.2 には VIII.20 が用いられている．しかし IX.1 に VIII.24, 26 を，IX.2 には VIII.11 を適用すれば証明はもっと簡単になる[32]．

要約すれば，第 IX 巻の冒頭のこれらの命題は，第 VIII 巻の最後の命題群 VIII.24–27 を利用する代わりに，それらを証明する時に用いた議論を再び繰り返しているのである．このことはさまざまに解釈できるが，少なくとも，第 VIII 巻の最後の命題群と第 IX 巻の冒頭の命題群は，同時に同じ著者によって構想されたのではないことは確かであろう．

単位から順次比例する数と正方形数，立方体数：IX.8–10

第 IX 巻の次のグループは，命題 8 から 10 の 3 つであり，これらは単位からはじまり順次比例する数，現代的に言えば等比数列 $1, a, a^2, a^3, \cdots$ に含まれる正方形数，立方体数に関するものである．その内容は次のようにまとめられる．このような数〔の列〕の

- $3, 5, 7, \cdots$ 番目（以後 1 つおき）は正方形数，
- $4, 7, 10, \cdots$ 番目（以後 2 つおき）は立方体数，
- $7, 13, \cdots$ 番目（以後 5 つおき）は正方形数かつ立方体数である（以上 IX.8）．
- 単位の次の数が正方形数（立方体数）ならば，すべての数が正方形数（立方体数）である (IX.9)．

[31]なお，IX.6 はそれ以外にも冗長な議論があり，テオン版で議論が修正されている．詳細はこの命題を参照．

[32]IX.1 への脚注 6 を参照．

- そうでないならば，上の IX.8 で述べられた数以外の数は正方形数（立方体数）ではない (IX.10).

その証明は VIII.22, 23 に基づくものである[33].

この命題群，とくに命題 IX.8 は数学的帰納法による議論であると言われることがあるが，これは現代の我々の知識を過去の文献に読み込む典型的な誤りであると訳者は考える．『原論』における帰納法の問題については §2.6.2 で改めて論じる．

なお「単位から順次比例する数」を $\mathrm{A}, \mathrm{A}^2, \mathrm{A}^3, \mathrm{A}^4, \cdots$ のように指数によって表せば，これらの命題は自明である．逆に『原論』にはこのような数の累乗（巾）という概念が欠けていたと考えるべきであろう（§2.6.1 の解説を参照）.

単位から順次比例する数と素数の関係：IX.11–14

IX.11 は VIII.6, 7 で扱った題材に戻り，順次比例する数の列で前の項が後の項を測ることについて論じる．IX.11 を多少現代的に述べれば次のようになる．単位 1 から始まる数が順次比例するならば，$m < n$ のとき，m 番目の数は n 番目の数を測り，その測る回数（割り算の商）もこの順次比例する数のどれかである（さらにこの数が $n - m + 1$ 番目の数であることが IX.11 系で述べられる）[34].

続く IX.12 は，やはり単位 1 から始まり順次比例する数をとりあげ，その最後の数を素数 p が測るとき，単位の直後の 2 番目の数も同じ素数によって測られることを述べる．これは次の命題 IX.13 で利用される．IX.13 は，次のことを主張する．単位から順次比例する数（現代的に表せば $1, p, p^2, p^3, \cdots, p^N$）において，$p$ が素数ならば，最後の数 p^N は，ここに現れる数以外の数によっては測られない（すなわち p^N の約数は p^k の形のものに限る）．この IX.13 は，完全数に関する命題 IX.36 において，約数を数え上げるために必要となる．

ところが IX.12, 13 の証明は非常に混乱している．詳細は命題の翻訳と解説に譲るが，混乱の原因は，これらの命題の起草者に数学的帰納法の観念がないことにあると言えよう．明らかに繰り返しとして省略できる箇所で，同じ

---

[33] ただし IX.10 は VIII.24, 25 を利用するので，IX.8, 9 とは成立事情を異にする可能性がある．IX.10 の解説を参照.

[34] 順次比例する数を $1, a, a^2, a^3, \cdots, a^N$ とすれば，m 番目は a^{m-1}，n 番目は a^{n-1} であるから，n 番目の数は m 番目の数の a^{n-m} 倍である．そして a^{n-m} はこの列の $n - m + 1$ 番目に現れる.

議論を繰り返し記述しているからである．この，手際が良いとは言い難い議論をエウクレイデスのものとして受け入れるべきかどうかは判断が難しい[35]．

IX.14は素因数分解の一意性に最も近い定理である．しかしそう解釈するするには無理があることを後に述べる (§2.6.1)．

第3，第4比例項の存在条件：IX.16–19

与えられた2数の第3比例項，または与えられた3数の第4比例項が存在する（すなわち整数になる）ための条件を吟味する一群の命題が続く．

まずIX.16は，互いに素な2数に対して，第3比例項は存在しない（整数にならない）ことを主張する．ところが続くIX.17–19では，この問題の本質が理解されていないため，とくに最後の命題IX.19は混乱に陥っている．3数a, b, cが与えられたとき，第4比例項となる数dが存在すれば$a : b = c : d$より$ad = bc$を得るから，dが存在するための必要十分条件はaがbcを測ること，すなわち$a \mid bc$である．また2数a, bが与えられて第3比例項となる数cが存在するための必要十分条件は，同様に考えて$a \mid b^2$である．

ところが『原論』の命題は，まずIX.16, 17で第3，第4比例項となる数が存在しないための，特殊な十分条件（必要でない）を扱う．それは第3比例項に対しては$a \perp b$であり (IX.16)，第4比例項に対してはa, b, cが順次比例し，かつ$a \perp c$となることである (IX.17)．これら自体は正しい命題であるが，与えられた2数，3数に対して第3，第4比例項となる数が存在するための必要十分条件とはあまり関係がない．

ところが続く命題IX.18, 19では，一般に第3，第4比例項となる数が存在するための条件を探求するが，直前の命題IX.16, 17の条件に引きずられて，あまり意味のない場合分けを行なっている．とくにIX.19では議論が混乱に陥っている．これらの命題が当初から『原論』に含まれていたのか，簡単には判断できないが，少なくともIX.18, 19は，「調べること ἐπισκέψασθαι」という特殊な命題の言明から見ても，後の注釈に由来する可能性が高い．

[35]これを後世の追加として排除するならば，IX.36でIX.13を利用していると思われる部分をどう解釈するかという問題も生じる．IX.36自体を後世の追加と考えるのも大胆であるが一貫した解釈であろう．IX.36の解説も参照．

素数の個数：IX.20

IX.20 は，素数が無数にあることを証明する命題として有名である．『原論』の言葉遣いにもう少し忠実になるならば，素数の個数としてどんな個数が提示されたとしても，素数はそれよりたくさんある，ということになろう．これはあまりに有名な定理であるが，これを利用する命題があるとは考えられず，基本命題集としての『原論』にふさわしいかどうかは疑問の余地がある．実際この命題は第 IX 巻の他の命題とまったく関連を持たず，また議論の途中で「合成数は何らかの素数によって測られる」こと (VII.31) を明示的に利用している．そしてこの命題 VII.31 はその証明中の特異な表現から，後世の追加である可能性が払拭できない（詳しくはこの命題の解説を参照）．このようなわけで，『原論』に最初からこの有名な定理が含まれていたとは断言できない．とはいえ，この定理が古代ギリシャ数学の重要な成果であることは間違いない．

2.4.2　小石の数論：IX.21–34

IX.21–34 はそれ以前とまったく異なるスタイルで異なる内容を扱う．この部分が他の部分と異なった起源・来歴を持ち，たまたま現存する『原論』のテクストで第 IX 巻の一部を占めるに至ったという想定に反対する人はいないだろう．

その異なった起源・来歴とは何なのかを直接示す資料はないが，ベッカーの見解が広く受け入れられている [Becker 1936]．それは 2 つの主張からなる．ベッカーはまずこれらの命題が小石（ψῆφοι，単数形は ψῆφος）を並べて整数の性質を探求した，初期の整数論の成果であり，ピュタゴラス派に由来するものであると主張し，次に数学的分析から，第 IX 巻末尾の完全数に関する命題 IX.36 の証明に，この「小石の数論」の命題が利用可能であるとした．現存テクストでは IX.36 はこれら「小石の数論」の命題を利用していないが，これは後の（たとえば『原論』の編集者エウクレイデスの）書き換えの結果であるという．

この主張は広く受け入れられてきたが，多少の限定が必要であると訳者は考える．まずギリシャにおける整数論の発展の初期段階に，小石を配列することが探求や説得・証明の手段とされていて，その残滓が『原論』のこの箇所に見られるという主張については，絶対的な証拠はないが，明確に否定する根拠もなく，蓋然性の高い想定として受け入れることはできよう．しかし，これがピュタゴラス派のものであるという主張には根拠が乏しい．これについては後で論じる (§2.6.3)．次に，これらの命題 IX.21–34 が完全数の命題 IX.36 で利用可能であるという数学的議論は，あくまで論理的再構成ではあるが，かなりの説得力がある．それでは IX.36 の現存テクストに見られる証明は，いつごろ作られたものなのだろうか．従来は，エウクレイデス以降に『原論』のテクストの編集・改変があったという当然のことがあまり意識されず，現存テクストがそのままエウクレイデスが執筆したものであるかのように考えられてきたが，IX.36 のテクストには，その原著者をめぐって検討の余地があるように思われる（IX.36 冒頭の言明への脚注 64 を参照）．

以下，命題 IX.21–34 が，小石を並べることで証明できるというベッカーの説明を見てみよう [Becker 1936, 538].

まず次の図は最初の命題

> IX.21：「もし偶数が好きなだけ〔の個数〕合わせられるならば，全体は偶数である．」

を小石を使って証明する図である．最初の (1) で個々の偶数が，同数の白・黒の石で表されている．これを全部合わせると，やはり白と黒の石の数が同じになるので，全体の和が偶数であるということになる．

(1) ○○●●　○○○●●●　○○○○○●●●●●　○●

(2) ○○●●○○○●●●○○○○○●●●●●○●

(3) ○○○○○○○○○○○●●●●●●●●●●●

ベッカーのもう1つの図は

> IX.30：「もし奇数が偶数を測るならば，その半分をも測ることになる．」

の証明の説明である．これは奇数3が偶数を測るという状況であり，白・黒を合わせた石全体の個数が最初の偶数である．石が3行並んでいるのが，奇数3が全体を測ることを意味する．全体が偶数であるから，横に並んだ石の列数は偶数である[36]．したがって，左側の白い石は全体の半分であり，これが 3 で測られることは明らかである．

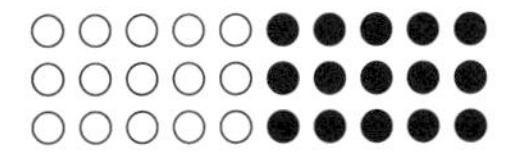

なかなか説得力のある説明であるが，この石の並べ方は純粋に数学的な再構成である．なお，これらの命題が，完全数に関する命題 IX.36 でどのように利用されうるかについては，この命題の脚注 69 を参照されたい．

ベッカーはこのような「小石の数論」が存在したと考え，それをピュタゴラス派に結びつけているが，その根拠となる資料的裏付けは意外に乏しい．ベッカー以後の研究者も，ベッカーの数少ない例を繰り返し引用している．それを概観しておこう[37]．

1. エピカルモスの劇の断片．

   さて，ひとが奇数個の，なんなら偶数個の小石の集まりに，1 つの小石をつけ加えるとか，あるいは現にあるものの 1 つを取り去るとかする場合，それでもやはり小石の数は前と同じだと思うかね．（ディオゲネス・ラエルティオス『ギリシア哲学者列伝』3.10．岩波文庫．加来彰俊訳）

2. アリストテレス『形而上学』 1092b10–14．

   あたかもエウリュトスが，どの数はどの事物の数（たとえば或る数は人間の数，他の或る数は馬の数）であるときめたような仕方，すなわち，ひとが三角や四角の図形に数をあてがったように，各々の生物〔人間とか馬とか〕の輪郭を型どるのに幾つかの小石を使い，その小石の数によってそれら各々の数を決めたような仕方でか？（『アリストテレス全集』．岩波書店．出隆訳）

3. アリストテレス『自然学』 203a10–15．

---

[36]横に奇数個の列が並んでいれば IX.23 によって，全体が奇数になるからである．なお，ベッカーは奇数倍の偶数 (VII. 定義 10) のような術語が，図のような長方形に小石を並べたものを指していると考えている．

[37]ベッカーはフィロラオス断片 (DK44B11) もあげているが，これは後世の偽作という結論が出ているので省略する [Huffman 1993, 347ff.].

> またかれら〔ピュタゴラスの徒〕は無限なものを偶であるとした（というのは，偶は，これが断ち切られ，奇に包み込まれると，存在するものどもに無限性を分け与える，というのだから．そしてこのことの証拠として，数に関して起こるつぎの事実があげられた．すなわち，もしグノーモーンを一のまわりに置いてゆけば，またこれを離して〔二のまわりに〕置いてゆけば，そこに生じるそれぞれの形〔図形〕は，或る〔後者の〕場合では常に異なり，或る〔前者の〕場合では1つ〔同じ〕である，という事実が）．（『アリストテレス全集』．岩波書店．出隆，岩崎允胤訳[38]）

エピカルモスは紀元前5世紀はじめに活躍した喜劇作家であり，出身地はシチリアのシュラクサイとする説が比較的有力である．この断片から，小石を並べて奇数・偶数を論じることが，喜劇の観客にとっても馴染みがあることだったと考えることができる（そうでないと劇中の台詞として意味がない）．しかしその議論のレベルがどの程度のものだったのかは分からない．なお，エピカルモスがピュタゴラス派に属していたという伝承があるが，これはプルタルコスによるヌマ王の伝記に初めて現れる．それはローマの伝説的な王であるヌマとピュタゴラスとの関係を述べる文脈である[39]．しかしプルタルコスはローマでピュタゴラス主義が復活・流行した後の作家であり，彼が依拠した資料や伝承が信頼できるとは限らない．しかもここではエピカルモスがピュタゴラス派に属していたと述べられているに過ぎず，それを根拠に小石の数論をピュタゴラス派が発展させたとするのは牽強付会というものであろう．

アリストテレスの『形而上学』の記述で重要なのは，エウリュトスの荒唐無稽な議論ではなく，「ひとが三角や四角の図形に数をあてがったように」という一節である．下図のように，三角形数や正方形数を図によって表す議論は，現存文献では紀元後1–2世紀のニコマコス以降にしか見られないが，同様の議論がすでにアリストテレスの時代にあったことが，この一節から示唆される[40]．

---

[38]訳文中「曲尺」を「グノーモーン」に変更した．
[39]『ヌマ伝』第8節 [プルタルコス 2007, 190]．
[40]図はニコマコス『数論入門』第2巻第8章，第9章に基づく [Nicomachus 1866, 89–90], [Nicomachus 1926, 242].

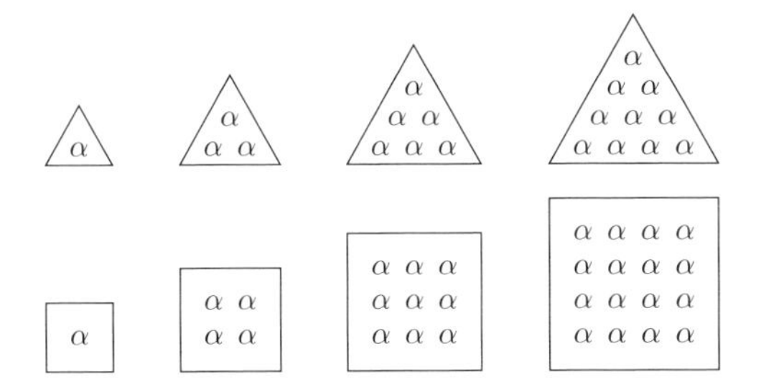

一方『自然学』の記述は，次のような図で説明されることが多い．左の図のように 1 個の小石の周りにグノーモーンを置いていくとつねに正方形ができるが，右の図のように最初の小石が 2 個だと，できるのは長方形で，その形はつねに異なる[41]．この説明が正しいかどうかはさておき，『自然学』が紹介する神秘的な議論と，『原論』IX.21–34 の，半ば直観的とはいえ数学的な証明の議論との極端な対照は印象的である．

2.4.3　完全数をめぐる定理：IX.35, 36

『原論』の整数論の最後を飾るのは完全数に関する命題 IX.36 である．その内容を現代的に要約すれば次のようになる．和 $1 + 2 + 2^2 + \cdots + 2^{p-1}$，すなわち $2^p - 1$ が素数ならば，

$$T = 2^{p-1}\cdot(2^p - 1)$$

は完全数である．すなわちこの数 T の単部分（T より小さい T の約数）の和が，T に等しい．

T の単部分にはまず，1 から始まる 2 倍の比例にある数 $1, 2, \cdots, 2^{p-1}$ があり，また素数 $2^p - 1$（以下この素数を Q と書く）から始まり，2 倍の比例にある数 $Q, 2Q, \cdots, 2^{p-2}Q$ とがある[42]．

---

41 [アリストテレス 1968–73, 3:411ff.] の『自然学』のこの箇所への訳注を参照．
42 $2^{p-1}Q$ は T それ自身となるので除外される．

この命題の証明は2つの部分からなる．まず上で列挙した単部分（約数）の和がTになることを示す．このためには公比が2の等比数列の和$1+2+2^2+\cdots+2^{p-1}=2^p-1$が必要である．これは公比が2に限らない一般的な形で直前の命題IX.35で証明されている．次に，Tの単部分が上で列挙したものに限られることの証明が続く．この部分の議論は我々から見るとかなり冗長で分かりにくい．その理由はエウクレイデスが完全数Tを

$$T=\overbrace{(2\cdot 2\cdot\ \cdots\ \cdot 2)}^{(p-1)\,\text{個}}Q$$

という素因数の積として把握していないことにあると思われる．詳細は命題IX.36とその解説，および§2.6.1を参照されたい．

ベッカーは，完全数Tの約数の数え上げに，上で検討した「小石の数論」の命題が利用可能であることを指摘し，これが完全数に関する命題IX.36の本来の証明であったと考えた．たとえばIX.30を繰り返し用いれば，Tの奇数の約数は$Q=2^p-1$の約数になることが分かる．この数は素数であるから，結局Tは$Q=2^p-1$以外に奇数の約数を持たない．これはたしかに説得力のある議論であるが，他のタイプの約数については「小石の数論」の命題がそのまま使えるわけではないことに注意する必要はあろう[43]．

また，現存するテクストでは「小石の数論」(IX.21–34)の後に完全数の命題IX.36が置かれているにもかかわらず，そこではIX.21–34は利用されない．それならばIX.21–34はなぜ残されたのかという疑問も生じる．

ともかく，現存命題の間には，『原論』での実際の論証における論理的依存関係の他にも，さまざまな論理的関係を見出すことが可能である．そこから『原論』に至る数学の歴史的展開をあれこれ想像するのは魅力的な作業である．ベッカーの論文は，「小石の数論」の解釈の試みであると同時に，このような作業がギリシャ数学史研究の中心的なテーマであった20世紀前半の研究の雰囲気を伝えるものでもある．

[43] これに対してベッカーは約数の数え上げの議論の再構成を与えている [Becker 1936, 539–540]．しかしその議論は代数記号を多用するもので，やや現代的すぎるように思われる．

2.5　整数論における特徴ある議論

以上で『原論』の整数論諸巻の構成と内容を概観したが，一部の命題の議論は詳細な検討に値する．本節では，比例に関する命題の基礎になる，等多倍に関する議論と，多倍（乗法）の交換則の証明をとりあげて検討する．先を急ぐ読者はこの節を飛ばしていただいてもよい．

2.5.1　比例と多倍の命題：証明の検討

同じ単部分と同じ複部分：比例の補助定理 VII.4–10

まず，比例に関する命題 VII.11–14 の証明の本質的な部分は，「同じ単部分」および「同じ複部分」についての議論を展開する VII.4–10 にある．その内容は，代数的に表現すると非常に単純であるが，実際に命題を読むと非常に分かりにくい．命題 VII.5 を例にとって，その内容と証明の構成を見ていこう．

> VII.5：もし数が数の単部分であり，別の数が別の数の同じ単部分であるならば，両方〔の和〕も両方〔の和〕の単部分になり，それは1つ〔の数〕が1つ〔の数〕の単部分〔であるの〕と同じ〔単部分〕になる．

これは命題冒頭の「言明」であるが，これに続く「提示」の部分で，数 A が数 BG の単部分であり，別の数 D が数 EZ の同じ単部分である，という前提が述べられる．前に述べたように (§2.1.5)，「同じ単部分」という術語は定義されていないが，その意味は明確であり，代数的に表現すれば，$m\mathrm{A} = \mathrm{BG}$ と書いたとき，同じ数 m に対して $m\mathrm{D} = \mathrm{EZ}$ となるということである．ここでは写本の図版よりも底本の図版のほうが命題を理解しやすいので，底本の図版を掲げる．

（底本の図版）

証明すべき結論は，A + D が BG + EZ の単部分であること，しかもそれが，A が BG の単部分であるのと同じ単部分である，ということである．これを代数的に記述すれば

$$m\mathrm{A} = \mathrm{BG},\ \ m\mathrm{D} = \mathrm{EZ}$$

のとき

$$m(\mathrm{A} + \mathrm{D}) = \mathrm{BG} + \mathrm{EZ}$$

が成り立つ，ということになる．

『原論』の議論で我々を当惑させるのは，m にあたる数に何かの記号が割り当てられて明示的に表現されないことである．議論の中では，A が BG の単部分であることは，BG を A に等しい単部分 BH, HG に分割することによって表現される．ここでは BG は 2 つの単部分に分けられているから，$m = 2$ として準一般的な証明をしていることになる．すると D が EZ の単部分であるから，EZ も EQ, QZ に分割され，その各々が D に等しい．A と D が「同じ単部分」であるという事実は「BH, HG の個数は EQ, QZ の個数に等しい」という言葉で表現される．

すると BG と EZ の和は BH + EQ と HG + QZ とに分けられる．この各々は A + D に等しい．その個数は BG の中の A の個数と同じなので[44]，$m(\mathrm{A} + \mathrm{D}) = \mathrm{BG} + \mathrm{EZ}$ が成り立つことになる．

6 個の命題 VII.5–10 は，すべてこの方法で証明される．VII.6 はここで見た VII.5 で A が BG の複部分である場合を扱う．VII.7, 8 は VII.5, 6 の和

[44] ここでのギリシャ語の表現は関係詞を用いたもので「個数」に相当する単語はない．英語の as many ⋯ so many ⋯ という表現に対応する．

を差に置き換えたものである．VII.9 は，VII.5 と同じ前提で，今度は A と D の関係，BG と EZ の関係が同じである（同じ単部分または複部分である）ことを示す．VII.10 は VII.9 の前提を「同じ複部分」に変えたものである．

以上 6 個の命題が，この直後に続く比例に関する命題 VII.11–14 の準備であることはすぐに分かる．たとえば VII.9, 10 であるが，比例の定義が「同じ単部分または複部分」であることを考えれば，これら 2 つの命題は実質的に比例における中項の交換可能性

$$a : b = c : d \Rightarrow a : c = b : d$$

を証明していることになる．実際，この性質は VII.13 で示されるが，その証明は非常に短く，実質的には VII.9, 10 によって証明がなされることを確認するに過ぎない．

同様に VII.5, 6 は VII.11 の，VII.8, 9 は VII.12 の証明の実質的な部分に相当する．最後に等順位比の比例を証明する VII.14 は，VII.13 によって比例の中項を交換して非常に簡単に証明される[45].

比例の議論の特徴：なぜ単部分・複部分の個数を明示しないのか

そこで我々を当惑させるのは，本質的な証明を担う VII.4–10 の分かりにくさである．その原因の少なくとも一部は，テクストの表現にある．上で説明した VII.5 では「同じ単部分」という前提から

$$m\mathrm{A} = \mathrm{BG}, \quad m\mathrm{D} = \mathrm{EZ}$$

が成り立つ．m は BG の単部分 A が BG を測る回数，すなわち BG に含まれる A の個数であり，それが同時に D が EZ を測る回数でもある．しかし m に相当する記号は『原論』のテクストにはない．

さらに当惑することには，この「測る回数」に文字を割り当てて議論することが決して不可能ではなかったことである．このような回数を表す文字は，まず命題 VII.16 に現れる（この命題の解説で詳しく解説している）．さらに命題 VII.21 に至って，次のような表現が出現する．

[45]第 V 巻での等順位比の命題 V.22 では，比例を構成する量の次元が異なる場合があるので，このような証明は不可能である．

> GがAを測るのと等しい〔回数〕だけDもBを測る．そこで，
> GがAを測る〔回数〕だけ，単位がEの中にあるとしよう．

という議論がある．ここではGがAを測る回数，別の言葉で言えば，Aの中に含まれるGの個数を表すために新たにEという文字を導入している[46]．

したがって一連の命題VII.4–10では，測る回数を表す文字が使われていないが，その導入が不可能だったわけではない．あえてそうしなかった理由があったと想定しなくてはならない．

そこでVII.5の議論に「測る回数」mを導入して議論の書き換えを試みよう．命題の前提は

$$m\mathrm{A} = \mathrm{BG}, \ \ m\mathrm{D} = \mathrm{EZ}$$

であり，証明すべきことは

$$m(\mathrm{A}+\mathrm{D}) = \mathrm{BG}+\mathrm{EZ}$$

である．この証明すべき関係は，

$$\overbrace{(\mathrm{A}+\mathrm{D})+\cdots+(\mathrm{A}+\mathrm{D})}^{m\,個} = \overbrace{\mathrm{A}+\cdots+\mathrm{A}}^{m\,個}+\overbrace{\mathrm{D}+\cdots+\mathrm{D}}^{m\,個} \tag{2.10}$$

に他ならない．この関係は一見自明に見える．しかし「式(2.10)は明らかに成り立つ」という議論は厳密な証明を提供するであろうか．もちろんこの関係が正しいことは直観的に明らかである．しかし明らかだと言うだけで片付けてよいなら，そもそもVII.5のような命題をわざわざ定式化して証明する意味がない．

等式(2.10)が成立する根拠は何であろうか．それは，$\mathrm{A}+\cdots+\mathrm{A}$の中のAの個数，$\mathrm{D}+\cdots+\mathrm{D}$の中のDの個数が互いに等しいことである．そして個数が等しいことの結果として，左辺の和$(\mathrm{A}+\mathrm{D})+\cdots+(\mathrm{A}+\mathrm{D})$を作ったときにAとDのどちらかが余ることはなく，さらにこの和の中の$(\mathrm{A}+\mathrm{D})$の中の個数も，最初のAやDの個数に等しいということになる．この，個数が等しいという事実はmという同じ文字が両辺に現れていることで表現されている．しかしこの式で，文字mは式の上方に但し書きとして付け加えられ

[46]現代の初等整数論では，EはAをGで割ったときの商ということになる．

ていて，直接の代数的操作の対象になっていないことに注意しよう．要するに文字 m は，「個数が等しい」という言葉を記号で置き換えただけのものであり，形式的な代数計算の規則に従う数式の要素ではない．したがってこの文字 m を含む等式 (2.10) は，代数計算の規則だけでは扱えず，これに関する議論は，「A と D の個数が等しい」といった自然言語による議論と比べて，厳密性において優れているわけではないことに注意が必要である．

実際，A と D の個数が等しいということは，まさに『原論』のテクストが言葉で述べていることに他ならない．『原論』の証明は，BG を A に等しい BH, HG に分割し，EZ を D に等しい EQ, QZ に分割する．「同じ単部分」という条件から，BH, HG の個数は EQ, QZ の個数に等しい．ただ，m という文字の代わりに 2 個の場合を例にとって議論を行なっているだけである．この，A, D に等しいものを 2 個ずつとる操作が，上の数式で

$$\overbrace{\mathrm{A}+\cdots+\mathrm{A}}^{m\,\text{個}}+\overbrace{\mathrm{D}+\cdots+\mathrm{D}}^{m\,\text{個}}$$

と表したものに相当する．このように A と D の個数を文字 m で表したからといって，m が形式的な規則で扱える数式の要素でない以上，この表現が『原論』の表現よりも厳密というわけではない．結局，個数が等しいと言葉で述べることと，同じ文字 m を使って m 個と書くこととは，論理的厳密性においては大差ないのである．

たしかに『原論』では分割の数を 2 個にいわば「決め打ち」している点で一般性に劣る．しかしこれは『原論』に頻出する「準一般的」な議論であり，2 個でない場合も同様な議論が成り立つことを読者が「了解」することが求められている．このことが厳密性を損なうというのなら，m を用いた数式で途中の項を省略して「$\cdots$」と表し，省略された項を読者が「了解」することを求めることも，厳密性を損なっていると言わざるを得ない．しかもギリシャに数式による表現はなかったのだから，VII.5 の証明において，「同じ回数」を表す文字 m を導入するメリットがないと判断されたとしても不思議はない．

それならばどうすれば厳密性が確保できるのであろうか．現代の我々から見れば，それは個数 m に関する帰納法による他はない．この命題で証明すべき式 (2.10) は現代的には乗法の分配則であり，帰納法を使えば厳密に証明で

きる．すなわち $m=1$ のときは両辺とも $\mathrm{A}+\mathrm{D}$ であるから等式の成立は明らかであり，ある m に対してこの式が成立するならば $m+1$ に対して成立することは簡単に示されるのである．

『原論』でもこういう証明をすべきだったというのではない．むしろ，こういう証明が『原論』に存在しないという事実こそが，『原論』における数学的帰納法の欠如，少なくとも「多」にかかわる議論における有効な証明技法として帰納法があるという認識の欠如を示しているのであろう．なお，数学的帰納法が『原論』に存在したのかという問題については §2.6.2 で改めて論じる．

2.5.2　乗法の交換則：VII.15, 16

数の乗法に対しては交換則が成り立つ．『原論』の「多倍」について言えば，a が b を多倍したもの（すなわち b を a 回加えたもの）と，b が a を多倍したもの（a を b 回加えたもの）とは等しい (VII.16)．このことは直観的には明らかであり，次のように長方形に並べたものの数を数えればすぐに分かる．

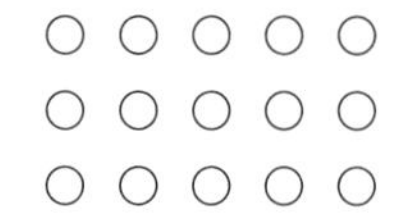

横に並んだ行ごとに数えれば全体の個数は $5+5+5$ 個，すなわち 3×5 個であり，列ごとに数えれば $3+3+3+3+3$ 個，すなわち 5×3 個である[47]．これは何行何列に並べても同じことだから，一般に $ab=ba$ が成り立つのは当然である．

しかし『原論』の証明は，基本的には比例の中項の交換 (VII.13) と同様の議論に基づく．ここで「同様」と述べたのは，VII.13 は直接には用いられていないからである．その基本的な考えは次のようなものである．$ab=c$ であるならば，b を a 回加えて c になるのだから，b は c を a 回測る．一方，単位 1 は a を a 回測る．ゆえに

$$1:a=b:c$$

が成り立つ．ここで中項を入れ替えれば

[47] §2.1.6 の乗法の定義を参照．

$$1 : b = a : c$$

となる．すなわち，単位 1 が b を測るのと同じ回数だけ a が c を測る．これは a を b 回加えたものが c であるということで，$ba = c$ を意味する．

以上の説明は，命題 VII.16 の証明と大筋では一致する．ところが具体的に見て行くと，VII.16 は中項の交換を保証する VII.13 を用いず，次のような命題 VII.15 を用いる．

> VII.15：もし単位が何らかの数を測り，またそれと等しい〔回数〕だけ別の数が別の何らかの数を測るならば，交換されても，単位が第 3 の数を測るのと等しい〔回数〕だけ第 2 も第 4 を測ることになる．

我々の記号で書けばこれは，

$$1 \mid a \ \sim \ b \mid c \Rightarrow 1 \mid b \ \sim \ a \mid c$$

となる．これを用いて VII.16 は次のように証明される．

> VII.16（証明の概要）：$ab = c$（a が b を多倍して c を作っている）とすると，b は c を a 回測る．一方単位 1 は a を a 回測るから，
>
> $$1 \mid a \ \sim \ b \mid c$$
>
> したがって VII.15 により
>
> $$1 \mid b \ \sim \ a \mid c$$
>
> これを再び多倍の定義によって読み替えれば，b が a を多倍して c を作っていることになる．

この証明なら VII.13 を利用するのと何ら変わらないように我々には思われ，VII.15 をわざわざ証明する理由が見あたらない．実際，『原論』の命題の論理的関係を詳細に分析したミュラーは，「彼〔エウクレイデス〕が命題 15 を導入して，命題 16 の証明でこれに依拠した理由はまったく明らかでない」と説明を諦めている [Mueller 1981, 74].

しかも，もっと重要なことがある．我々にとっては乗法の交換則 VII.16 は基本的な定理であり，これがひとたび証明されれば，その証明に用いた補助定理 VII.15 を利用する必要はもはやない．つまり命題 15 は命題 16 の証明のためだけにある局所的な補助定理であるように見える．ところが『原論』ではこの後，命題 16 を利用すれば十分な箇所で，どう見ても命題 15 を利用していると考えねばならない箇所が少なくとも 3 箇所ある[48]．つまり，『原論』の論理構成では，VII.15 は VII.16 を証明するための局所的な補助定理ではなく，VII.16 と同等かそれ以上に基本的な定理なのである．

2.6 整数論諸巻に関する 3 つの問題

以上で『原論』第 VII 巻から第 IX 巻までの整数論を概観したが，これらの巻の内容に関連して，しばしば論じられる 3 つの問題について解説しておこう．その最初の 2 つは特定の理論・技法の存在にかかわるものである．すなわち，素因数分解の一意性は『原論』で証明されているのか，そして数学的帰納法が『原論』にあったのか，という問題である．最後の 3 つめの問題として，数論諸巻がギリシャ数学の発展の中でどのように位置づけられるかということについて考察する．

結論を先に言ってしまえば，最初の 2 つの問題に対しては，従来の研究とは逆に，否定的に答えざるを得ない．もっとはっきり言えば素因数分解の一意性や数学的帰納法が『原論』に見出せるという主張は，近代以降の数学に相当する内容を過去の数学に探そうとする，歴史研究の不適切な方法論がもたらす一種の幻想に過ぎない．このようなアプローチは，『原論』の適切な理解を妨げてきた点でまことに有害であった．そして，数論諸巻の歴史的位置づけについては，残念ながらあまり意味あることは言えない．従来は，現存資料の乏しさから見ると，驚くほど精密な議論がなされてきたが，これまた一種の幻影に過ぎず，我々が知ることはそれほど多くないことを認識すべきである．

---

[48] その 3 箇所とは VII.21, 24, 33 である [Mueller 1981, 74].

2.6.1　素因数分解の一意性をめぐって

現代の初等整数論では，素因数分解の一意性が基本的な定理である．すなわち任意の自然数は素数の積で表され，その表現は積の順序の違いを別にすれば一意的である．

ところが『原論』にはこれに相当する定理はない．あえて内容的に最も近い命題を探せば IX.14 ということになるが，これは素因数分解の一意性よりも，かなり弱い定理である．英訳者ヒースはこれを素因数分解の一意性の定理と考えているが，ミュラーも指摘するようにこの解釈には無理がある [Mueller 1981, 99–100][49].

しかしここではもっと重要な事実を指摘すべきである．それは『原論』においては，そもそも数を素因数の積として表すというアプローチが稀にしか見られず，素因数分解という観念自体が実質的に存在しないということである．

仏訳者ヴィトラックはこの命題 IX.14 に関連して，「エウクレイデスが 3 数の積を直接導入することは決してない」と指摘している（仏訳 2:433）．これは重要である．たしかに立方体数や立体数は 3 数の積である．しかし，実際にこれらの数が扱われる場面を検討すると，3 数の積といっても，もとの 3 数が同時に考察されることはない．たとえば IX.3 では立方体数 A の辺を G としているが，G を 3 回掛けて A になるという表現はなされていない．その代わりに，G がそれ自身を多倍して D を作り（すなわち D は G の平方），そして G が D を多倍して A を作っているのである．数式で書けば立方体数 A の辺が G であることは，$A = G \cdot G \cdot G$ と一気に表現されることはなく，$G \cdot G = D$, $G \cdot D = A$ と 2 つの関係に分けて表現されるのである．

さらに別の例として IX.8–10 をあげよう．たとえば IX.8 は次のような命題である（詳細はこれらの命題の翻訳を参照）.

> もし単位から，好きなだけの〔個数の〕数が順次比例するならば，まず単位から 3 番目は正方形数であり，1 つおき〔の数〕も〔そうである〕．（以下略）

[49] タイスバクは，この命題 IX.14 では，素数の 2 乗以上の因数を含む場合が扱われていないことを指摘している [Taisbak 1971, 108ff.].

これは我々にとっては $a^{2n}=(a^n)^2$ という，指数法則の簡単な応用でしかない．しかしこれらの命題はまったく異なるアプローチをとる．まずこれらの命題の対象は，a^n のような数の累乗ではなく，単位から始まる連続比例する数なのである．したがってここで累乗，すなわち同じ数を何回か掛けた積は，公式には扱われていないことになる．

同じ数の積（累乗）でなく，異なる数の積の場合を見てみよう．VII. 定義18は，3数の積を立体数とする．しかし実際に立体数を扱う命題，たとえばVIII.19を見ると，3数の積が直接議論に用いられてはいない．この命題では，立体数Aの辺はG, D, Eであるとされているが，AとG, D, Eとの関係は，GがDを多倍してKを作っていて，EがKを多倍してAを作っている，という形で表現される．議論の途中で補助的に導入される2つの立体数N, Cも同様であり，このことが議論を冗長にし，見通しを悪くしている（詳細はこの命題の翻訳および解説を参照）．同様の例としてはVII.27, VIII.2, 4, 13をあげることができる[50]．

なお，ここで問題にしている命題IX.14で考察されているのは実質的には「複数の素数の積」であるのに，それが「〔複数の〕素数によって測られる最小の数」と表現されていて，3つ以上の数の積への直接的な言及が巧妙に避けられていることも指摘する価値があろう．この表現はIX.20にも共通する．

以上の議論を次のようにまとめることができる．『原論』の整数論は乗法（多倍）を定義している．ある数が別の数（あるいはそれ自身）を多倍して生じるもの（積）はまた1つの数であるから，多倍という操作を繰り返すことによって，3つ以上の数の積（または数の3乗以上の累乗）を作ることは当然可能であり，実際VIII.2では，任意個の連続比例する数を構成するために，多倍が繰り返し行なわれる．

しかし上で幾つかの命題について確認したように，3つ以上の数を掛けて得られた数が，3つ以上の因数を持つ数として考察されて，証明に利用されることはないのである．

---

[50] 立体数に関しては，命題IX.7の意義が不明であると以前から指摘されている[Mueller 1981, 96]．この命題は，合成数と別の（第3の）数との積が立体数になるという，立体数の定義そのものと思われることをわざわざ証明していて，しかも前後の命題の文脈から孤立していて，2度と使われることがないからである．しかし，3つ以上の数の積という概念が明確でなかったために，立体数の定義VII. 定義18を補足するためにこの命題の必要性が感じられたという説明も可能であろう．

したがって，数が因数の積であり，究極的には素因数の積であるという認識は『原論』にはなかったということになる．少なくともそういう認識が有効な探求や証明の手段として活用されていないことは確実である．すると素因数分解の一意性が『原論』で証明されているか，という問いはそもそも意味をなさない．あえてこの問いに答えるなら，素因数分解の一意性について云々する以前に，『原論』では 3 つ以上の数の積を考えることがないので，素因数分解という観念そのものが成立しえなかったということになろう[51]．

以上の議論につけ加えて，上の §2.4.3 で検討した，完全数に関する命題 IX.36 の後半の長く難解な議論を指摘することができよう．これは完全数の単部分（約数）の和を計算した後で，他の単部分が存在しないことを証明する議論であったが，素因数分解という観念があれば，ずっと容易に証明できるものである．

2.6.2　数学的帰納法をめぐって

『原論』に数学的帰納法があったのか，という問いにどう答えるべきかを考察しておこう．数学的帰納法の適用例としてよくあげられるのは命題 IX.8 である．イタールは，数論諸巻で帰納法が利用される命題として VII.3, 27, 36, VIII.2, 4, 13, IX.8, 9 をあげ，さらに無限降下法による議論として VII.31, IX.10, 12, 13 をあげている[52]．

---

[51] なお 3 つ以上の数の積を一般的に定義するには，乗法の結合則 $((ab)c = a(bc))$ が必要である．しかし『原論』の議論で 3 数の積が直接用いられない原因が，結合則が証明されていないことにあったと断定するわけにはいかない．確かに『原論』は乗法の結合則に言及しない．しかし，テクストから我々が知ることができるのは，3 つ以上の数の積を『原論』が直接扱うことがない，ということだけで，それが必要なかったのか，あえて避けられていたのかは分からないし，仮に避けられていたとしても，その理由は明らかでない．テクストの解釈に，後世の数学の概念を安易に持ち込むことは避けねばならない．

なお，仮に乗法の結合則が証明すべき関係として認識されていれば，その証明は『原論』の枠内でそれほど困難でなかったはずである．実際，VII.17 により $a : c = ba : bc$ が成り立ち，そして VII.16 より $ba = ab$ であるから $a : c = ab : bc$ を得る．これに VII.19 を適用すれば $a(bc) = (ab)c$ が示される．したがって，乗法の結合則が証明できなかったのではなく，それを証明しようとする動機がなかったと考える方が妥当なように思われる．

[52] [Itard 1961, 73ff.]．ただしイタールは，近代的な定式化，すなわち「この性質は $n = 2$ に対して成立し，さらに，ある数に対して成立するならばその次の数に対しても成立する」という表現は『原論』には見られないことも指摘している．

この問題は近年再びとりあげられている．IX.8 の議論が数学的帰納法であるという解釈にウングルが異議を唱え [Unguru 1991]，これに対してファウラーが反論し [Fowler 1994]，ウングルが再反論 [Unguru 1994] している．ともかく両者とも現在のような明確な帰納法の定式化がなかったことでは一致している．

たしかにこれらの命題では同じ議論の繰り返しによって命題が証明される．しかしこれを数学的帰納法としてしまうには，2つの問題点がある．まず，証明の議論を素直に読むと，どの数（場合）に対しても，同じ議論を最初から繰り返すことによって，証明ができると考えているように思われる（例としてIX.8の解説を参照）．次に，帰納法で証明されているとされる性質の多くは，非常に単純な議論であり，帰納法が，複雑な議論を簡単にしたり，証明の厳密性を増したりする役割を果している場合は見出せない．

したがってここで使われる数学的帰納法は，複雑で困難な議論を容易にするような有効な証明技法ではない．そして，数学的帰納法が議論の厳密化や単純化に役立ちうる場面では，帰納的議論は利用されていないのである

その一例として，本解説の§2.5.1で論じた命題VII.5をあげることができよう．この命題の課題は，代数的に述べれば乗法の分配法則であり，もう少し抽象的に述べれば，いかに厳密性を損なわずに「多」というものを扱うかということであった．現代の我々は，この課題が数学的帰納法によってうまく解決できることを知っている．しかし『原論』ではそのようなアプローチはとられていない．数学的帰納法が，多数の（あるいは不定個の）対象，すなわち「多」を扱うための有効な証明技法として認識されてはいなかったのである．

したがって，命題IX.8の議論が数学的帰納法であるか，などということはさして重要ではない．VII.5で帰納法が用いられていないということから帰結する明白な事実は，ギリシャ数学における帰納法の役割が，近代以降の数学とは比較にならないほど小さいものであったということである[53]．

そもそも，帰納的推論そのものは数学に限らず，どこにでも見つけることができる．砂山のパラドックス (sorites paradox) とまとめられる各種の議論はギリシャに始まる．有名な禿頭のパラドックス（髪の毛が1本の人は禿である．2本でも禿である．それでは何本あったら禿でないのか，といった議論）もその一例である．帰納的思考はギリシャに存在したし，そしておそらくどの文化にも存在した．ギリシャ数学における数学的帰納法について論じるならば，帰納法が，どの程度に有効で強力な証明手法として活用されていたかを

[53]これにIX.35における等比数列の和の導出に帰納法が用いられていないことを付け加えてもよいだろう．

問わねばならない．残念ながらこれまでの論者は皆，数学的帰納法があったかなかったかという問いの形に惑わされて，議論の探求・証明のツールとしての帰納法の有効性・重要性を評価することを忘れていたのである[54]．

2.6.3 数論諸巻の歴史的位置付けについて

『原論』数論諸巻，すなわち第 VII 巻から第 IX 巻が，いつ，誰によって書かれたのかはよく分かっていない．この問題についてはヴィトラックが『原論』仏訳の解説で簡潔にまとめている（仏訳 2:287–289）．ここではそれをさらに要点だけ紹介し，筆者の見解は脚注で補足する．

ソイデンは第 X 巻の非共測量の理論との関係で第 VII 巻，第 VIII 巻を解釈した [Zeuthen 1910]．実際 VIII.8 は整数の n 乗根が有理数になるための条件を定めるものと解釈できる．非共測量の理論を発展させたのはテアイテトスであるという伝承に依拠して，ソイデンは第 VII 巻，第 VIII 巻をテアイテトスのものとした．

一方ヒースは数論諸巻をピュタゴラス派のものと考えた（英訳 2: 294–295）．その根拠の 1 つには音楽論との関係がある．たとえば VIII.7 はピュタゴラス派の音楽論を伝える『カノーンの分割』命題 2 で引用されている．

ヴァン・デル・ヴァルデンはヒースの議論を発展させ，さらに数論諸巻を 3 つの部分に分けた [ヴァルデン 1984]．ピュタゴラス派による第 VII 巻，アルキュタスによる第 VIII 巻，古い理論である「小石の数論」に基づく IX.21 以降である．

ノールは，第 VII 巻の議論を詳細に分析し，その一部をピュタゴラス派でなく，テアイテトスに帰した．第 VIII 巻以降についてはヴァン・デル・ヴァルデンの主張を踏襲した [Knorr 1975][55]．

ヴィトラックは，利用できる資料〔が少ないこと〕を考えると，研究者によっ

---

[54]蛇足ながら後世の展開を付け加えれば，ギリシャ以降の数学の歴史において帰納的議論が徐々に重要性を増していくことが確認される．数列の和のような，帰納的議論が容易かつ有効に適用できる場面での帰納的議論は中世以降見られるようになり，16 世紀のマウロリコを経て，パスカルが数学的帰納法の原理をはじめて明確に述べることになる．そのパスカルにしても，帰納法が適用できる議論すべてに帰納法を適用しているわけではない．さらに時代を下ってペアノが自然数の定義に数学的帰納法を用いるに至って（ペアノの公理），帰納法は「多」の存在そのものを基礎付ける方法となるのである．

[55]ただしこれは彼の最初の著作であり，その後もこの見解のままであったとは思われない．

て見解が異なることは驚くにあたらないとし，特定の立場を表明することを控えている．ただ，第 VII 巻については，その完成度の高さから見て，たとえその内容に古いものを含むにしても，第 VII 巻自体が古い時期のものであるというヴァン・デル・ヴァルデンの見解には反対している．第 VIII 巻については，命題 VIII.8 までの部分と音楽論との関係は本当らしいと見ている[56]．

[56]ヴィトラックの立場を物足りないと感じる向きもあろうが，資料の現状を考えれば，これが妥当な態度であろう．筆者が付け加えるならば，とくに第 VIII 巻，第 IX 巻には，文体や術語，論理的関係から見て，後に追加したと思われる部分が少なくない．それがこれらの巻を分かりにくくしている．

ヴァン・デル・ヴァルデンは第 VIII 巻全体を，さしたる根拠もなくアルキュタスの著作と断定し，この巻が第 VII 巻に比べて論理的に散漫であることを，次のようにアルキュタスの個人的な資質に帰している．

> アルキュタスは，第 VIII 巻でも，他の現存している断片でも，論理の厳密な要求を満たそうという空しい試みをつづけながら，常に論理なるものになじんでいないことが分かるのである．[ヴァルデン 1984, 206]

しかしこのような議論には根拠がない．我々の手にする古代の文献は，つねに多くの人の手を経て，筆写・編集されたもので，原本と同じものとは限らないという文献学の初歩がここでは無視されている．資料への批判的検討を欠く著作が，長い間古代数学史の基本文献とされてきたことには驚かざるを得ない．この著者の数学者としての名声ゆえにその歴史的著作をも無条件に信頼するのは考えものである．

第3章

第X巻解説
概念・術語と「根本的問題」

3.1 長大だが単純な第X巻

『原論』第X巻は，全13巻の中でも最も長大で難解な巻であると言われる．シモン・ステヴィンがこの巻を「数学者の十字架」と形容したことは多くの翻訳・解説で繰り返し引用されてきた[1]．たしかにこの巻は長大である．本全集で底本としたハイベアの刊本は『原論』全13巻が4冊に収められているが，その3冊目全体が第X巻にあてられていて，命題数は115個に及ぶ（次に命題数が多いのは第I巻で48個の命題を含む）[2]．

しかし，この巻が難解であるというのは端的に誤解である．他の巻が幾何学，比と比例，あるいは整数論をかなり包括的に扱い，必然的に多様な命題を含むのに対し，この第X巻は非共測量という単一の主題を扱う．主題が単一なだけでない．この巻の目的は実質的に，ある1つの問題を解くことなのである．これをノールは第X巻の「根本的問題」(fundamental problem) と呼んだ [Knorr 1985].

ただ1つの問題に集中しているため，第X巻の構成は『原論』の中で最も単純である．幾つかの基本的概念を理解し，独特の言い回しに慣れれば，第X巻を読むことは，むしろ容易である．

---

[1] 英訳 3:9, 仏訳 3:11 など．

[2] 後世の追加である第XIV巻，第XV巻はハイベア版では古注とともに5冊目に収められている．

3.2 根本的問題とは：現代的表現

それではそのただ 1 つの「根本的問題」とはどのようなものだろうか．それを説明するにはまず，非共測量に関する基本的な定義や術語，エウクレイデスが利用した幾つかの技法を説明する必要があるのだが，ここでは現代の読者に手っ取り早くイメージを与えるために，不正確であることを承知の上で，現代的な記号による説明を試みよう．

m, n $(m > n)$ を自然数として，

$$\sqrt{m} \pm \sqrt{n} \tag{3.1}$$

の形の式を考えよう．m, n は平方数であってもかまわないが，この式はこれ以上単純化できないものとする[3]．この式を平方すると $m + n \pm 2\sqrt{mn}$ となる．これは $\sqrt{(m+n)^2} \pm \sqrt{4mn}$ と書けるから，

$$M = (m+n)^2, \;\; N = 4mn \tag{3.2}$$

と置けば M, N は自然数で，

$$(\sqrt{m} \pm \sqrt{n})^2 = \sqrt{M} \pm \sqrt{N} \tag{3.3}$$

となる（$M > N$ であることは容易に確認できる）．すなわち (3.1) の形の式は平方しても，同じ形の式になる．

それでは，この逆は成り立つだろうか．すなわち自然数 M, N $(M > N)$ を与えたとき，(3.3) を満たす自然数（または有理数）m, n を見出すことができるだろうか．これが第 X 巻で扱われる「唯一の問題」の，現代的な表現である．

多くの読者にとっては，これは二重根号を外す問題として馴染みがあろう．もちろんその答えは「いつもできるとは限らない」というものである．適当な m, n を先にとって (3.2) によって M, N を決めればこの問題は肯定的に

[3] たとえば $\sqrt{2} + \sqrt{8} = \sqrt{2} + 2\sqrt{2} = 3\sqrt{2}$ であるが，このようなことがない場合だけを考える．なお m, n を自然数に限定せず，正の有理数としたほうが『原論』の内容に近いが，ここでは単純に自然数と考える．

解ける．しかし任意の自然数 M, N に対して (3.3) を満たす自然数 m, n が見つかるとは限らない．

『原論』第 X 巻は，この問題が肯定的に解けるための M, N の条件を特定するとともに，そうでない場合に (3.3) の $\sqrt{m}, \sqrt{n}$ がどのような量になるかを探求し，問題を 6 つの場合に分ける．これは式 (3.1) の符号の正負によって，つまり 2 つの量の和／差によって別々に扱われるので $6 + 6 = 12$ 個の場合があることになる．そのため『原論』第 X 巻は大きく 3 つの部分に分けられる．すなわち，(1)「根本的問題」を扱うのに必要な命題の準備 (X.1–35), (2)「根本的問題」の和の場合 (X.36–72)，(3)「根本的問題」の差の場合 (X.73–110) である．

以上が, 現代的な記号を用いた簡略な（そして必然的に不正確な）第 X 巻の説明である．以下ではエウクレイデスの定義と術語を用いて，この内容をもっと正確に提示し，同時に彼が用いる技法についても説明することにしよう．

3.3　基本的な概念と術語

根本的問題をエウクレイデスの表現に即して説明するために，その理解に必要な内容に限定して，第 X 巻で定義・利用される概念や定理を解説する．第 X 巻の各命題に即した解説は改めて §4.3 以下で行なう．

3.3.1　共測と非共測：X. 定義 1

まず基本になるのは「共測」および「非共測」という概念である．

2 つの同種の量 a, b を考える．第 X 巻でいう「量」とは具体的には直線，または長方形および正方形である[4]．a, b と別の同種の量 e があって，e が a

---

[4]「量」と訳したのはギリシャ語の「メゲトス」(μέγεθος) であり，その意味は「大きさ」である．これはラテン語 magnitudo を経て英語では magnitude と訳される．当然「大きさ」という訳語のほうが原義に忠実であるが，訳文が非常に読みにくくなるため，便宜的に「量」という訳語を用いている．この語は直線，平面図形，立体図形などの「大きさ」を，種類を特定せずに指示したい時に用いられ，具体的な幾何学の議論には現れない．しかしこの語が指す対象は特定はされないにせよ，何らかの幾何学的図形の「大きさ」であり，加減乗除のような演算が定義された抽象的な「数量」を意味するのではない．「メゲトス」が現代的な意味での「数量」でないことについては本全集第 1 巻 §8.5.2 を参照．

『原論』でこの語が現れるのは，第 X 巻の他は比と比例を扱う第 V 巻だけである．なお第 XII 巻にも用例があるが (XII.2)，これは後世に追加された部分と考えられる．

と b の双方を測るとき，すなわちある自然数 m, n に対して

$$a = me, \quad b = ne \tag{3.4}$$

が成り立つとき，a と b は共測であるという[5]．逆に，a と b の両方を測るような e が存在しないとき，a と b は非共測であるという (X. 定義 1)．別の言い方をすると，2 量が共測であるとは，その比が 2 整数の比として表されることであり，非共測であるとは，その比が 2 整数の比として表されえないことである (X.5–8)[6]．

たとえば正方形の 1 辺とその対角線のように，非共測な量が存在するということがギリシャ数学の重要な成果の 1 つであるが，『原論』第 X 巻では非共測な量が存在することは自明なこととされていて，そのことの証明は見られない[7]．したがって『原論』第 X 巻は非共測量が存在することを当然の前提として，それについて論じていることになる[8]．

3.3.2 長さ（平方）において共測・非共測：X. 定義 2

例として正方形の 1 辺 s とその対角線 d を考えよう．2 直線 s と d は互いに非共測だが，s 上の正方形と d 上の正方形を考えてみる．すると d 上の正方形は s 上の正方形のちょうど 2 倍になる[9]．したがって s 上の正方形と d 上の正方形は共測である．このように，2 直線の上に描かれた正方形が共測であるとき，それらの直線は「平方において共測」であると言われる (X. 定義

[5]この説明から分かるように，「p が q を測る」とは，q が p の整数倍であることをいう．この術語は『原論』では定義されないが，第 V 巻の比例論，第 VII 巻の整数論において不可欠な基本的な概念である（§2.1.2 を参照）．定義の必要がないほど基本的な概念であったとも言えよう．

[6]現代の我々には比 $a:b$ の値 $\dfrac{a}{b}$ が有理数のとき a と b は共測であり，無理数のとき非共測である，という説明が分かりやすいだろう．ただしエウクレイデスには比の値という概念も，有理数・無理数という概念もないので，このような説明は分かりやすくとも，正確ではない．

[7]ハイベア以前の刊本の最後の命題 117 は，正方形の 1 辺とその対角線が互いに非共測であることを証明するものであるが，ハイベア版ではこの命題は本文から削除されている．本全集ではこの命題を命題 [117] として収録しているが，語法の点からもこれが後の追加であることは確実である．§4.5.5 も参照．

[8]非共測量の発見に関しては本全集第 1 巻 §7.1 を参照．そこで論じたように，非共測量の発見がピュタゴラス派にとって一種のスキャンダルであったといった俗説は信頼に値しない．

[9]この性質はプラトンの『メノン』（84d 以下）で与えられた正方形を 2 倍にするために利用される．次頁の図で，斜めの対角線で囲まれる正方形は，左下の太枠で囲まれる正方形の 2 倍である．

2)．これに対して直線自体が共測であることを強調するときに「長さにおいて共測」という表現も用いられる．上述のように 2 量が共測であるとは，その比が 2 整数の比として表されることであるから，2 直線が長さにおいて共測であれば，当然平方においても共測である．しかしこの逆は必ずしも成り立たない．またこの後で見るように，平方においても非共測である 2 直線も当然存在する[10]．

以上で述べた関係を簡潔に表現するために，本書では次の記号を導入する．2 量 a, b が共測であることを $a \sim b$ で表す．a, b が直線のとき，この記号は「長さにおいて共測」であることを意味する．共測でないときは $a \nsim b$ と表す．さらに a, b が直線であるとき，それらが平方において共測であることを $a \overset{\square}{\sim} b$，共測でないことを $a \overset{\square}{\nsim} b$ で表す．

この記号および，記号 $q(a)$（直線 a 上の正方形）を用いると，ここで述べたことは次のようにまとめられる（凡例［7–1]）．

$$
\begin{aligned}
a \overset{\square}{\sim} b &\iff q(a) \sim q(b) \text{ (X. 定義 2)} \\
a \sim b &\implies a \overset{\square}{\sim} b \text{ は必ず成り立つ} \\
a \overset{\square}{\sim} b &\implies a \sim b \text{ とは限らない}
\end{aligned}
$$

3.3.3　可述と無比：X. 定義 3, 4

ここまでの定義は 2 量の共測・非共測の関係に関するものであった．エウクレイデスはさらに，基準となる直線を 1 つとって固定し，それに対する関係によって直線や領域を「可述」と「無比」の 2 種類に分ける (X. 定義 3, 4)．

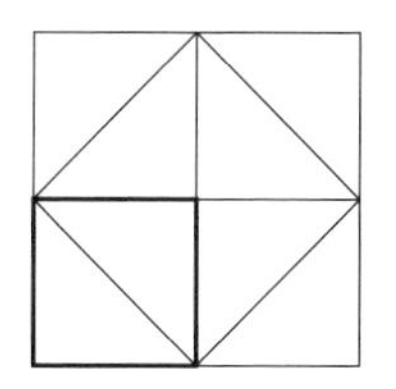

[10]領域（『原論』第 X 巻では「領域」とは長方形または正方形に限られる）に対しては，「長さにおいて共測」「平方において共測」という概念は意味を持たないので，2 つの領域に対してはそれらが共測であるか非共測であるかが論じられるだけである．「平方において」という表現については §3.3.5 を参照．

この 2 つの分類は従来「有理」と「無理」と訳されてきた．しかし残念ながらこの訳語は適切とは言えず，それが第 X 巻の理解を困難にしてきたことは否めない．

『原論』の定義 (X. 定義 3, 4) は晦渋に見えるが，その内容は単純である．まず，ある直線が提起される．この解説では，この直線を基準直線と呼ぶことにする．直線については，基準直線に対して，長さにおいて共測な直線，および平方において共測な直線が「可述」な直線と言われる．一方，領域については基準直線上の正方形と共測な領域が「可述」な領域である．そして可述でない直線・領域は「無比」と名付けられる．

記号でまとめれば，e を基準直線とし，a を直線，A を領域として，

$$a \text{ が可述} \iff a \overset{\square}{\sim} e \iff q(a) \sim q(e)$$
$$A \text{ が可述} \iff A \sim q(e)$$

ということになる．さらにこの定義から，領域 A（正方形とは限らない）を正方形に変形したときの 1 辺を a とすれば，A が可述であることと a が可述であることは同値である．そして無比とは「可述でない」ことと同値である．

これは形式的には単純な定義であるが，現代の我々には次の 2 つの点で理解が困難である．まず，可述／無比という区分は我々の有理（数）／無理（数）という区分に対応するように見えながら微妙に異なること，そして直線と領域に対して可述／無比の定義が異なるように見えることである．

まず最初の点であるが，基準直線 e に対してたとえば $2e$ や $\dfrac{3}{5}e$ が可述であるので，可述＝有理と了解できそうに見える．しかし e と平方において共測な直線も可述であるので，$\sqrt{2}e$ や $\sqrt{\dfrac{3}{5}}e$ も可述直線なのである．したがってエウクレイデスの「可述」と我々の「有理（数）」は同じ概念ではない．さらに現代の読者を混乱させるのは，直線と領域とで「可述」の定義が異なるように見えることである（上であげた 2 つ目の問題である）．領域に対しては，基準直線 e 上の正方形 $q(e)$ と共測な領域だけが「可述」であり，したがって可述な領域とは自然数 m, n によって $\dfrac{m}{n}q(e)$ と表現できるもの，すなわち $q(e)$ の有理数倍の領域であり，ここでは「可述＝基準正方形の有理数倍」という了解が成立する．しかしこのことは，直線と領域に対して「可述」の定義が違うのではないか，という疑問を起こさせる．

この疑問は，我々が抽象的な量という概念に慣れすぎていることから起こるものであるように思われる．我々にとっては直線と領域は，次元は異なるがどちらも幾何学量であり，同種の量の間に「可述」という関係を定義するなら，それは直線に対しても領域に対しても基本的に同じ関係であることを期待する．しかしギリシャ的な理解ではそうではなかっただろう．直線はその上に正方形を作図して，2 直線の比の代わりに正方形の比を考えることができるが，2 つの領域に対して，それらの「平方」を考えることはできない．こういうわけで，たとえば正方形の 1 辺とその対角線という 2 つの直線の関係は，それらの上に正方形を作図すれば，対角線上の正方形が 1 辺の上の正方形の 2 倍という形で「述べる」ことができる．しかし 2 つの領域の比が，辺と対角線の比（現代的に言えば $1 : \sqrt{2}$）であったら，それを「述べられる」形に変更できない．こう考えれば「可述」という術語の定義が，直線と領域とで異なって見えることに問題はないだろう．また上で注意したように，この定義ではある直線が可述であることと，この直線上の正方形が可述であることは同値である．この観点からはこの定義は整合的であるとも言える．

古代人が可述という術語をどのように了解していたかを考察するには，上のような推測によるしかないが，数学的には次のように了解しておけば『原論』第 X 巻を読むのに支障はない．「可述」とはまず領域の共測性によって定義されるものである．基準となる領域，すなわち基準直線上の正方形 $q(e)$ と共測な領域が可述領域である．そして直線に対しては，その直線上の正方形が可述領域であるときに，直線が可述であると言われるのである．

3.3.4 「可述」と「無比」という訳語をめぐって

ここで「可述」と「無比」という訳語について説明しておこう．これらはギリシャ語ではそれぞれ「レートス」（ῥητός, 述べることができる），「アロゴス」（ἄλογος, ロゴスのない）という語であり，従来は「有理」「無理」と訳されてきた．基準直線 e と共測な直線は，たとえば「基準直線がその直線に対して 3 対 5 の比を持つ」といった表現ができるし，平方において共測な直線は「基準直線上の正方形がその直線上の正方形に対して 3 対 5 の比を持つ」といった表現が可能である．したがってこれらの直線を（基準直線 e と長さにおいて共測なものも，平方においてのみ共測なものもまとめて）「レートス」，すなわち「述べることができる」直線と呼ぶことができよう．そしてそれ以外の直線の呼び名が，単純に「レートス」に否定の接頭辞を付けた「アレートス」ではなくて「アロゴス」，すなわち「ロゴスのない」ものと呼ばれた理由は必ずしも明らかでないが，「ロゴス」は言葉，道理，理由，そして数学では「比」という意味であるから，「述べることができる」以外のものを「ロゴスのないもの」，すなわち「アロゴス」と呼ぶことは了解できないわけではない．しかし，ここで否定の接頭辞を付けられた「ロゴス」が「言葉」の意味であって「アロゴス」が「アレートス」と同じく「言葉で表現できないもの」を指すのか，それとも「比」の意味であって「アロゴス」は「比のないもの」を指すのかは定かではない．『原論』第V巻での比の定義を持ち出すまでもなく[11]，2つの直線の間には必ず比を考えることができるのだから「比のないもの」という表現は不自然で，「アロゴス」は「言葉で表現できない」という意味であるようにも思われる．

本全集であえて「無比」という訳語を採用したのは，まず「無理数」を連想させる「無理」という訳は，上で説明したように誤解を招くからであり，また，より正確と思われる「言表不能」のような訳語は，第X巻の本文にきわめて頻繁に現れる術語「アロゴス」の訳としては現実的でない，という事情によるものである．「不可述」「非可述」という訳語も考えられるが，これらの訳は「可述」の単純な否定であり，「レートス」（可述）の否定である「アレートス」にこそふさわしい．こういうわけで，最良の訳語とは思えないが「アロゴス」に対して「無比」という訳語をあてることとし，それが直線を表すか，領域を表すかに応じて「無比直線」「無比領域」と訳すことにした．

以上「可述＝レートス」「無比＝アロゴス」という術語について，数学的，言語的な説明を試みたが，このような，現代から見ると一見不自然な区分がなされたことの理由は，第X巻全体の議論の中で考察するのが最も自然である．第X巻のほんの入り口の定義にとどまって，そこで数学的，あるいは言語学的議論を延々と展開するよりは，実際に第X巻で行なわれる議論において，これらの術語がどのような役割を果たしているのかを見るほうが，理解を深めることができる．基準直線と長さにおいて共測な直線と，平方におい

[11] V. 定義3：比とは，同種の2つの量の大きさに関する何らかの関係である．

てのみ共測な直線を，まとめて「可述」と呼ぶのは乱暴なように思われるが，第 X 巻の議論の中でこの両者の区別が重要である場合は珍しい（2 つの可述直線が，長さにおいて互いに共測かどうかはしばしば重要である．しかしそれらが基準直線と共測かどうかが問題になる場面は限られるのである）．以下，第 X 巻の内容を見ていくにしたがって，可述／無比という定義がこの巻の議論に大変好都合なものであることが見て取れるであろう．

3.3.5　平方において相当する

本巻では「平方において相当する」という耳慣れない表現が頻出する．この表現，および関連する表現について説明しておこう．

「平方において共測」と「デュナミス」

すでに第 X 巻冒頭の X. 定義 2 で「平方において共測」という表現があった．「平方において」と訳したギリシャ語は名詞デュナミス δύναμις の与格デュナメイ δυνάμει である．文字通りは「デュナミスにおいて」ということになる．デュナミスの主な意味は「力，能力」であり，そのためこの表現は『原論』のラテン語では potentia と訳され，英語では in power という訳があてられてきた[12]．ここから派生して，近代語では「力」を意味する語（英：power，仏：puissance など）が巾（累乗）をも意味するようになった．しかし「平方」の意味での「デュナミス」の用例は，この語のもう 1 つの意味「価値」から派生したもので，「力」とは無関係であったと考えられる．語源の議論は後にして，関連する用例を見ていこう．

平方において相当する

「平方において相当する」と訳した表現は，デュナマイ δύναμαι という動詞である．この動詞はその形から容易に想像できるように上述の名詞「デュナミス」の類縁の語であり，「能力がある，できる」あるいは「値する，価値がある」という意味を持つ（後で説明するように，『原論』での用例はこの後者の意味から派生したと考えられる）．

---

[12] バロウによる X. 定義 3（ハイベア版の定義 2 の前半）の訳は次のとおり．

> Right lines are commensurable in power, when the same space does measure their squares [Barrow 1660, 194].

なお，ヒースの英訳では in square と訳されている．

実際の用例は次のようになる．直線を主語，領域を対格の目的語にとって，「主語の直線上の（その直線を1辺とする）正方形が目的語の領域に等しい」ことを意味する．たとえば「GD, DZ に囲まれる長方形に，B が平方において相当する」のように使われる[13]．その意味するところは，「GD, DZ に囲まれる長方形と B 上の正方形が等しい」ということに他ならない．

さらにこの動詞「デュナマイ」の分詞の女性単数形「デュナメネー」(δυναμένη) が名詞的に使われることが多い．女性形となるのは女性名詞「直線」(εὐθεῖα γραμμή) が省略されているからである．分詞「デュナメネー」は，領域を目的語としてとり，「目的語となっている領域に平方において相当する直線」すなわち「その直線上の正方形が，目的語となっている領域に等しいような直線」を意味する．「長方形 AG に平方において相当する直線」のように使われる[14]．これは数学的には「長方形 AG（ここでは AG を対角線とする長方形）に等しい正方形の1辺」を意味するが，「デュナメネー」という語に「正方形の1辺」という意味はない．そこで本巻では「平方において相当する直線」という訳語を用いる．

3.3.6 平方において大きい

上の動詞「デュナマイ」には，さらに次のような用法がある．直線 a を主語とし，対格の目的語に「b より大きいもの」という表現を置き（比較の対象となる b は属格に置かれる），領域 A を与格に置くと（A は，どれだけ大きいかという差を表すことになる），「a 上の正方形は b 上の正方形より A だけ大きい」ことを意味する．本文中では「a は b よりも平方において A だけ大きい」と訳す．以下命題 X.17 から例をあげる．

> 同様に我々は次のことを証明することになる，BG は A よりも，平方において ZD 上の正方形だけ大きい[15]．

この文が述べているのは，BG 上の正方形が A 上の正方形より大きく，その差が ZD 上の正方形に等しいことである．

---

[13] X.23 証明本文の最後，系の直前の部分．ギリシャ語原文は δύναται τὸ ὑπὸ τῶν ΓΔ, ΔΖ ἡ Β· である．

[14] これは X.21 の最後の部分である．ギリシャ語原文は ἡ δυναμένη τὸ ΑΓ である．

[15] ギリシャ語原文は ὁμοίως δείξομεν, ὅτι ἡ ΒΓ τῆς Α μεῖζον δύναται τῷ ἀπὸ τῆς ΖΔ.

なおこの例では，比較される2つの正方形の差の領域も，ある直線上の正方形であるが，この場合はその直線が直接与格に置かれて

> ゆえに，BGはAよりも，平方においてDZだけ大きい[16].

のように述べられることもある．これも同じ命題X.17に見られる用例である．数学的内容は上で引用した文とまったく同じである．こちらの用法は本来は「DZ上の正方形」と書くべきところを誤って単にDZと書いたことから生まれたのかもしれない．

語源の考察

デュナミス（力，能力．または価値）という語は，なぜ「平方，正方形」の意味で使われるに至ったのであろうか．これについてはサボーが主張するように，動詞デュナマイの「$\cdots$ の価値がある」という意味から派生したと考えるのが妥当であろう．サボーは動詞デュナマイがこの意味で使われる用例

> 1シケル〔銀貨〕はアッティカの7オボロス半の価値がある（に相当する）[17].

に言及し，数学におけるデュナミスの用法は，ある長方形をそれと面積が等しい正方形に変形する文脈に限られ，ここでデュナミスは「長方形の平方値(Quadratswert)」を意味すると論じた[サボー 1978, 42].

この解釈は妥当であろう．正方形の意味でのデュナミスの用例が，特定の文脈にしか現れないことも説明できる[18].

サボーはまた，プラトンの対話篇『テアイテトス』での長方形の正方形化に関する議論を詳細に分析し，「正方形の非共測な辺」を「デュナミス」と呼んでいるのは，不正確な術語の使用であると指摘している（『テアイテトス』

---

[16]ギリシャ語原文は ἡ ΒΓ ἄρα τῆς Α μεῖζον δύναται τῇ ΔΖ.

[17]クセノフォン『アナバシス』I.5.6. 原文は ὁ δὲ σίγλος δύναται ἑπτὰ ὀβολοὺς καὶ ἡμιωβέλιον Ἀττικούς· である．サボーは他にデモステネスの第34弁論 *Contra Phormionem* 23.7 に言及している．

[18]数学文献で正方形を指す通常の術語はテトラゴーノン (τετράγωνον) であり，術語「デュナミス」およびその関連語の用例は，上で分析したものに限られる．つまり用法がきわめて限定されているのである．実際，主格形「デュナミス」が正方形，平方の意味で用いられる例は数学文献には見あたらない．「デュナミス」は「平方において」を意味する与格「デュナメイ」の形でしか現れないのである（ただしディオファントスは平方の意味で使っている）．

148a–b）[サボー 1978, 47 および 75–76]．要するに「デュナミス」は（ある長方形に等価な）正方形であり，その辺ではないのである．

本全集での「デュナミス」および関連する術語（動詞「デュナマイ」，その分詞「デュナメネー」）の訳語は，このサボーの議論を踏まえて選択したものである．日本語としての読みにくさは正確さの代償として了承いただきたい[19]．

3.3.7 共測・非共測の基本的な性質

共測性，非共測性と，可述／無比に関する基本的な性質を以下にまとめる．対応する命題があるものには命題番号を付した．基本的な性質は命題としては証明されずに使われる場合もある．

同値関係としての共測性

まず，共測性は現代的な意味での同値関係の1つであり，反射律，対称律，推移律が成り立つ．

反射律：$a \sim a$

対称律：$a \sim b \Rightarrow b \sim a$

推移律：$a \sim b,\ c \sim b \Rightarrow a \sim c$[20]

共測性と非共測性

次に，共測・非共測という関係に対して次の性質が成り立つことも明らかであろう[21]．

$a \sim b,\ b \nsim c \Rightarrow a \nsim c$ (X.13)

$a \sim b \Leftrightarrow a \sim a \pm b$ (X.15)

$a \nsim b \Leftrightarrow a \nsim a \pm b$ (X.16)

---

[19] ここで言及したサボーの議論は [サボー 1978] の第1章「無理性の理論の初期の歴史」の一部をなす．§5.1.1 も参照のこと．この論考でサボーが描く非共測量の歴史の全体像には，訳者が同意できない部分もあるが，術語「デュナミス」に関する分析には賛同する．非共測量の歴史に関する訳者の見解は本全集第1巻第7章を参照．

[20] 我々はこのような性質を「推移律」と考え，a と b，b と c が共測なら，a と c も共測，と理解する．しかし『原論』ではこの性質は「同じ量に対して共測な量は互いに対しても共測である (X.12)」という形で表現される．これは共測性に限らず，現代数学で同値関係と呼ばれるものに共通である．その典型的な例は第I巻共通概念1「同じものに等しいものは互いにも等しい」に見られる．

[21] ただし X.13 はアラビア・ラテンの伝承には現れないので，本来のテクストには存在しなかった可能性がある．

比例との関係

比例する量の間では，共測・非共測の関係も同じになる．

$a : b = c : d$ のとき，

$a \sim b \Leftrightarrow c \sim d$ (X.11)

$a \nsim b \Leftrightarrow c \nsim d$ (X.11)

3.3.8　2 つの可述直線の囲む長方形：可述領域か中項領域か

次に，2 つの可述な直線 a, b によって囲まれる長方形（a, b を 2 辺とする長方形）を考えよう．なお，以下では 2 直線 a, b によって囲まれる長方形を

$$r(a, b) \tag{3.5}$$

で表すことにする．

すると長方形 $r(a, b)$ は，$a \sim b$ のときは可述領域となり (X.19)，$a \nsim b$ のときは無比領域となる (X.21)．

証明の概略を述べておこう．まず $a \sim b$ のとき，直線 a が可述直線であるから，a 上の正方形 $q(a)$ は可述領域である[22]．そして命題 VI.1 により

$$q(a) : r(a, b) = a : b \tag{3.6}$$

が成り立つので，$q(a) \sim r(a, b)$ となる (X.11)．これと $q(a)$ が可述であることから $r(a, b)$ も可述である[23]．

一方, $a \nsim b$ のとき, $r(a, b)$ を考えると, 同様の議論によって今度は $q(a) \nsim r(a, b)$ を得る．正方形 $q(a)$ が可述であることから，$r(a, b)$ は可述でない，すなわち無比領域である[24]．

したがって 2 つの可述直線 a, b が長さにおいて互いに非共測なとき，それらが囲む長方形 $r(a, b)$ は無比領域である (X.21)．ここで，この領域 $r(a, b)$

[22] a が可述直線であるから，X. 定義 3 により a と基準直線 e は平方において共測である．すなわち $q(e) \sim q(a)$．よって X.4 により，$q(a)$ は可述領域である．

[23] 厳密には，$q(a) \sim r(a, b)$ と $q(a) \sim q(e)$ から，X.12 によって $q(e) \sim r(a, b)$ を得て，X. 定義 4 から $r(a, b)$ が可述領域となる．

[24] 以上の議論では，可述直線 a, b が基準直線 e に対して長さにおいて共測か，それとも非共測かは結果に影響がなく，a と b が互いに共測かどうかが問題である．基準直線 e と長さにおいて共測な直線と，平方においてのみ共測な直線の両方を区別せずに，どちらも可述直線とする定義はこの命題を述べるのに都合がよいことが分かる．

に平方において相当する直線 m を考える（すなわち m は，その上の正方形 $q(m)$ が領域 $r(a,b)$ に等しいような直線である）．すると，領域 $r(a,b)$ が無比領域であることから，$q(m)$ も無比領域，したがって m は無比直線である．これが第X巻ではじめて現れる無比直線であり，中項直線と呼ばれる．また中項直線上の正方形 $q(m)$ は中項領域と呼ばれる[25]．

3.3.9　可述領域と中項領域に関する基本的な性質

さて，可述領域と中項領域について知っておくべきことはそれほど多くない．どちらも2つの可述直線 a, b によって囲まれる領域（長方形）$r(a,b)$ である．この領域は $a \sim b$ のときは可述領域に，$a \nsim b$ のときは中項領域になる．さらにこの領域に「平方において相当する直線」，すなわち $q(x) = r(a,b)$ を満たす直線 x が，それぞれ可述直線，あるいは中項直線となる．

したがってある領域が可述領域であるとは，この領域が，互いに共測な2つの可述直線 a, b によって $r(a,b)$ と表せるということである．しかもこの可述直線の一方は任意にとることができる．このことの意味を説明しよう．可述領域 $r(a,b)$ $(a \sim b)$ があるとしよう．ここで別の任意の可述直線 c をとって，この同じ領域を c 上に付置したとしよう．すなわちこの領域 $r(a,b)$ に等しい長方形で，その1辺が c であるものを作図する[26]．このとき得られるもう一方の辺（付置の幅と呼ばれる）を d とする．すると当然 $r(a,b) = r(c,d)$ となるが，d も可述直線であって，しかも c と共測であることが証明できる (X.20)．すなわち，可述領域は，任意の可述直線を1辺とする長方形に変形すると，その長方形の他方の辺も必ず可述直線で，そして2辺が共測になる．

一方，中項領域は，長さにおいて非共測な2つの可述直線に囲まれる領域だから，a, b を可述直線として $r(a,b)$ $(a \nsim b)$ と表すことができる．この領域を，上の可述領域の場合と同様に任意の可述直線 c 上に付置して，領域 $r(c,d)$ に変形すると，d はやはり可述直線であるが，今度は $c \nsim d$ である (X.22)．

以上が『原論』第X巻の導入部分の主要な内容である．これだけの内容を前提にしてはじめて，この解説の最初に述べた『原論』第X巻の「根本的問

[25]数式で表現すれば，4乗根を使って中項直線は $\sqrt[4]{p}e$，中項領域はその平方の $\sqrt{p}e^2$ と表現できる（ただし p は正の有理数）．しかしこのような表現をしてもこの後のエウクレイデスの議論の理解にあまり役立たない．

[26]この操作は領域付置と呼ばれる．詳しくは本全集第1巻 §7.2 を参照．

題」をエウクレイデスの表現に即して説明することができる．

3.4 『原論』第 X 巻の根本的問題

3.4.1 双名直線と切断直線

2 つの可述直線で，長さにおいて非共測なものを考え，それを x, y $(x > y)$ としよう．この 2 直線の和または差 $x \pm y$ は可述直線か，そうでないかを考えてみよう．

そのためには可述直線の定義にしたがって，この直線上の正方形を考え，それが可述（すなわち基準直線上の正方形と共測）かどうかを考えればよい．$x \pm y$ 上の正方形は次のように分解できる (II.4, 7).

$$q(x \pm y) = q(x) + q(y) \pm 2r(x, y)$$

ここで x, y は可述直線だから $q(x), q(y)$ は可述領域，したがって $q(x)+q(y)$ も可述領域である．一方 $x \not\sim y$ より $r(x, y)$ は中項領域で，したがって無比領域であるから，その 2 倍の $2r(x, y)$ も無比領域である．ゆえに $q(x)+q(y)\pm 2r(x, y)$ は可述領域と無比領域の和または差となり，無比領域となる (X.16)[27]．それゆえ $x \pm y$ は無比直線である (X.36, 73)．$x + y$ は双名直線，$x - y$ は切断直線と呼ばれる[28]．

3.4.2 正方形を可述直線上に付置した幅

さて，$x \pm y$（双名直線・切断直線）上の正方形が無比領域であることが示されたが，上の議論から，この正方形の領域は可述領域と中項領域の和または差

[27] しかし命題 X.16 はアラビア・ラテンの伝承には存在しない（本解説の §5.2 を参照）．同様の他の命題とともに，この命題が本来のテクストになかったとするならば，第 X 巻の原著者はこの程度の命題はあえて証明するまでもなく自明であると考えていたことになろう．

[28] 双名直線という訳語はギリシャ語の ἐκ δύο ὀνόματα，すなわち「2 つの名前から〔なる〕」をそのまま訳したものである．英語ではラテン語訳に由来する語 binomial が使われる（西欧各国語でも同様である）．binomial は文字通りは「2 つの名前の」という意味であるが，この語に対しては binomial theorem（二項定理）など，日本語で「二項」の訳語が定着している．ここではあえて原義に戻って「双名」という訳語を用いた．

一方，切断直線を表すギリシャ語 ἀποτομή は分離を表す副詞・前置詞の ἀπό と，切断を意味する名詞 τομή からなる．英語ではそのまま apotome という形が使われる．意味としては切り離された線，ということであるが，切断直線という訳語を採用した．

であることが分かる．次に，この正方形を任意の可述直線 t 上に付置することを考える（図3.1）．可述領域の部分 $q(x)+q(y)$ も，中項領域の部分 $2r(x,y)$ も可述直線 t 上に付置すれば，その幅が可述直線となることは前に見た．それぞれの幅を a, b としよう．なお，図では a を u, v に分割し，$q(x)=r(u,t)$, $q(y)=r(v,t)$ としている．u, v は次の §3.4.3 でこの操作の逆を考えるときに必要になる．したがってこの2つの領域の和または差である正方形を付置した幅は，2つの可述直線 a, b の和または差 $a \pm b$ となる（図3.1を参照）．ここで幅 a は可述領域 $q(x)+q(y)$ を可述直線 t 上に付置した幅だから $a \sim t$, 一方 b は t 上に中項領域 $2r(x,y)$ を付置した幅であるから，$b \nsim t$ である．したがって $a \nsim b$. ゆえに $a \pm b$ は2つの互いに非共測な可述直線の和または差となる．

しかし，非共測な可述直線の和・差とは双名直線・切断直線に他ならない．したがって次の事実が成立する．

> 双名直線・切断直線上の正方形を，可述直線上に付置した幅は，
> それぞれ双名直線・切断直線である (X.60, 97)[29].

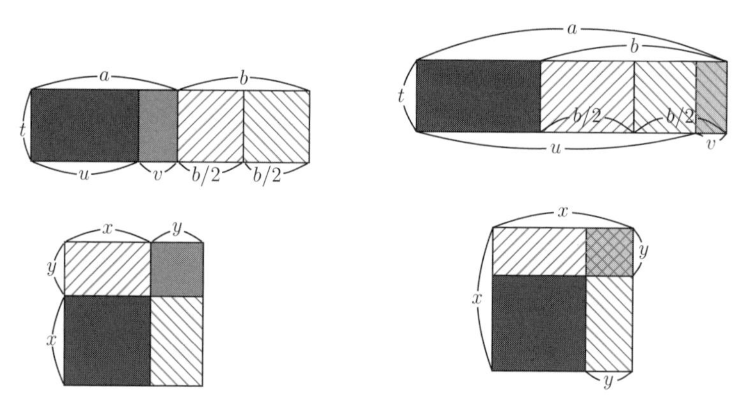

図 3.1　「根本的な問題」の分析：左は和，右は差の場合

[29]双名直線に関する命題が X.60, 切断直線に関する命題が X.97 であるが，これらの命題で述べられる結果はもっと精密であり，それぞれ「第1双名直線」「第1切断直線」となっている．これは，この後に述べる無比直線の分類を踏まえたものである．

3.4.3 『原論』第 X 巻の根本的問題

それでは，この逆は成立するか，という問題を考えよう．すなわち，今度は任意の双名直線・切断直線 $a \pm b$ から出発する．これと，適当な可述直線 t によって囲まれる長方形を考える（図 3.1）．平方においてこの長方形に相当する直線，すなわちこの長方形に等しい正方形の 1 辺 $x \pm y$ は，双名直線・切断直線になると言えるだろうか．

この問いこそが『原論』第 X 巻の全体を貫くテーマであり，ノールが「根本的問題」と呼んでいるものである [Knorr 1985].

そしてそれに対する答えは「その直線は双名直線・切断直線となる場合もあるが，必ずしもそうとは限らない」というものである．『原論』ではさらに，得られる直線が双名直線・切断直線とならない場合の条件を分析することによって，双名直線を含む 6 種類の和の形の無比直線，切断直線を含む 6 種類の差の形の無比直線を得る．以下，その議論の概要を紹介する．

3.4.4 長方形から正方形への変形

再び，可述直線 t および双名直線・切断直線 $a \pm b$ によって囲まれる長方形 $r(t, a \pm b)$ を考え，平方においてこの長方形に相当する直線を考える．これは $x \pm y$ 上の正方形を t 上に付置した先ほどの議論の逆なので，同じ図 3.1 を利用し，長方形 $r(t, a \pm b)$ のうち，$r(t, a)$ の部分が $q(x) + q(y)$ に等しく，$r(t, b)$ の部分が $2r(x, y)$ に等しくなり，全体として

$$r(t, a \pm b) = q(x \pm y) \tag{3.7}$$

が成り立っていると考える．するとまず

$$r\left(t, \frac{b}{2}\right) = r(x, y) \tag{3.8}$$

となることが分かる．また

$$r(t, a) = q(x) + q(y) \tag{3.9}$$

が成り立つが，具体的に x と y を求めるには $r(t, a)$ を $q(x)$ に等しい部分と $q(y)$ に等しい部分に分割しなければならない．先ほどの議論では正方形

$q(x \pm y)$ から出発し，これを $q(x)$, $q(y)$, $2r(x,y)$ に分割して直線上 t に付置したが，そこでは x, y が先に与えられていたから，単純に $q(x)$ と $q(y)$ の和を t 上に付置して幅 a が得られていた．今度は逆の議論をするために長方形 $r(t,a)$ を適切に分解して，$q(x)$ と $q(y)$ に割り当てなくてはならない．

そこで直線 a を u と v に分割し，

$$r(t,u) = q(x), \quad r(t,v) = q(y) \tag{3.10}$$

となるとして，u, v の満たすべき条件を考える．

まず a を u と v に分割したのだから，

$$u + v = a \tag{3.11}$$

次に $r\,(t,u) = q(x)$, $r\left(t, \frac{b}{2}\right) = r(x,y)$, $r(t,v) = q(y)$ が成り立つ．すなわち図3.1の長方形と正方形で，対応する濃さの部分が互いに等しい．これを

$$q(x) : r(x,y) = r(x,y) : q(y) \tag{3.12}$$

に代入すると

$$r(t,u) : r\left(t, \frac{b}{2}\right) = r\left(t, \frac{b}{2}\right) : r(t,v) \tag{3.13}$$

ゆえに

$$u : \frac{b}{2} = \frac{b}{2} : v \quad (\text{命題 VI.1}) \tag{3.14}$$

これを VI.16 によって正方形・長方形の相等関係に変形すれば

$$r(u,v) = q\left(\frac{b}{2}\right) = \frac{1}{4}q(b) \tag{3.15}$$

となる．よって u, v は (3.11) と (3.15) から定められる．これはエウクレイデスにとっては「不足を伴う領域付置」というお馴染みの問題である．すなわち，直線 a 上に，b 上の正方形の4分の1に等しい領域を，正方形だけ不足するように付置すると a が u と v に分けられる（不足を伴う領域付置は『原論』VI.28で扱われている．本全集第1巻 §7.2.2 も参照）．

3.4.5 直線 $x \pm y$ が双名直線・切断直線になる条件

$x \pm y$ が双名直線・切断直線になるのは x と y が可述直線のときである．それは領域 $q(x)$, $q(y)$ が可述領域であることを意味する．$q(x) = r(t, u)$ および $q(y) = r(t, v)$ であり，t は可述直線であるから，$q(x)$, $q(y)$ が可述領域となるのは u, v が可述直線で，しかも t と共測なときである．

この推論を逆にすると，u, v がともに t と長さにおいて共測な可述直線のとき，x と y が可述直線になり，正方形の辺 $x \pm y$ が双名直線・切断直線となることが分かる．そこで，u, v に関するこの条件を扱いやすい形に変形しよう．$u \sim t$ かつ $v \sim t$ ならば $u \sim v \sim u + v \sim t$ となり，$u + v = a$ であるから結局 $u \sim v \sim a \sim t$ となる．したがって $x \pm y$ が双名直線・切断直線となるための条件は，次の 2 つにまとめられる．

- 条件 1：$a \sim u \sim v$
- 条件 2：$a \sim t$

第 1 の条件は与えられた双名直線・切断直線 $a \pm b$ に依存するから，この条件を a, b で表現することを考える．この課題をエウクレイデスは『原論』X.17, 18 において鮮やかに解決している．それを少し違った形で説明しよう．直線 a 上に，b 上の正方形の 4 分の 1 に等しい領域を，正方形だけ不足するように付置すると，直線 a は u と v に分けられる（図 3.2）．ここで a 上の正方形を実際に描き，その 4 辺に u, v で囲まれる長方形を描くと，中央に正方形が残る．この正方形の辺を c とする．4 辺に描いた長方形はそれぞれ $\frac{1}{4}q(b)$ であるから，合わせて $q(b)$ に等しい，これらを辺が a の正方形から除いた残りが中央の正方形 $q(c)$ だから，

$$q(a) - q(b) = q(c) \tag{3.16}$$

が成り立つ．図から $c = u - v = a - 2v$ であるから，もし $a \sim u \sim v$ ならば $a \sim c$ であるし，その逆も成り立つ．したがって上の 2 条件のうち最初の条件は，

- 条件 1′：$a \sim c$
  ただし c は，a 上の正方形と b 上の正方形の差 $q(a) - q(b)$ に，平方において相当する直線である．すなわち $q(c) = q(a) - q(b)$.

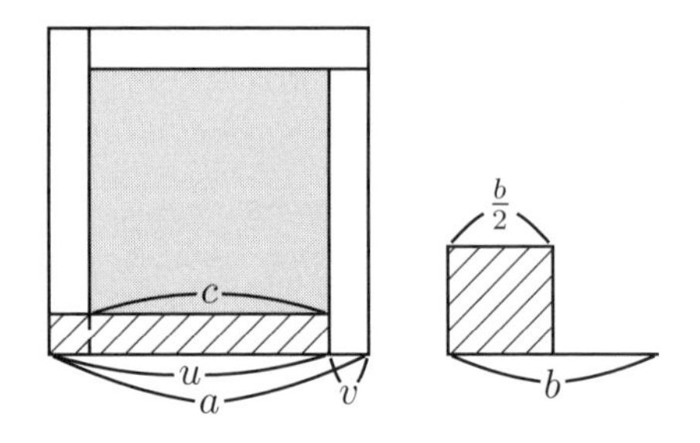

図 **3.2** 命題 X.17, 18 の意味

と書き換えられる (X.17). 逆に $a \not\sim c$ ならば, $a \not\sim u$ かつ $a \not\sim v$ であることが X.18 で証明される.

3.4.6 根本的問題の解決

こうして第 X 巻の「根本的問題」は解決を見た. 議論の流れを振り返っておこう. 双名直線・切断直線 $x \pm y$ が無比直線であることを確認するために, その上の正方形 $q(x \pm y)$ を考えると, それが無比領域であることが確認でき, 双名直線・切断直線は無比直線であることが分かる. ところがここで, この正方形 $q(x \pm y)$ を可述直線 t 上に付置すると, 生じる幅が再び双名直線・切断直線となるという興味深い事実がある.

そこでこの逆が成り立つか, すなわち双名直線・切断直線 $a \pm b$ と可述直線 t で囲まれる長方形に等しい正方形の辺 $x \pm y$ は, 再び双名直線・切断直線となるか, という問題が考えられる[30]. これが『原論』第 X 巻の「根本的問題」であり, 上の条件 $1'$, 2 の両方が満たされるときにこの問題の答えは肯定的であり, $x \pm y$ は双名直線・切断直線である.

エウクレイデスは, 条件 $1'$, 2 が満たされない場合も詳細に分析し, それぞれの場合に $x \pm y$ がどのような性質を持つ直線になるかを述べ, その直線を命名している. 条件 $1'$, 2 の成立／不成立で場合を分ければ 4 通りの場合があるが, 条件 2 についてエウクレイデスは $a \sim t$, $b \sim t$, $a \not\sim t$ かつ $b \not\sim t$ の 3 つの場合を考えているので[31], 結局 6 通りの場合がある. それぞれの場合

[30] エウクレイデスは正方形の辺という表現は決して用いず, 「長方形に平方において相当する直線」と述べていることはすでに注意した.

[31] $a \pm b$ は双名直線・切断直線であるから $a \not\sim b$ である. したがって $a \sim t$ かつ $b \sim t$ と

に双名直線 $a+b$ から直線 $x+y$ が，切断直線 $a-b$ から直線 $x-y$ が生じるので，結局 $x+y$ という和の形の 6 種の無比直線と，$x-y$ という差の形の 6 種の無比直線が生じることになる (X.54–59, X.91–96).

上で得られた 12 種類の無比直線は，後で見るようにそれぞれに名前が付けられるが，本書では，和の形の 6 種の直線を「6 種の和の無比直線」と呼び，差の形の 6 種の直線を「6 種の差の無比直線」と呼ぶことにする．前者は双名直線を，後者は切断直線を含むことになる．さらにこれらをまとめて「6+6 種の無比直線」と呼ぶことにする．

和・差それぞれの場合に生じる無比直線は，最初にとった双名直線・切断直線の満たす条件によって，それぞれ 6 種のうちのどれかになる．その条件によって双名直線・切断直線はそれぞれ 6 種に下位分類されて，第 1～第 6 双名直線，第 1～第 6 切断直線と呼ばれている（次項参照）．これらをまとめて呼ぶときは「6 種の双名直線」「6 種の切断直線」と呼ぶ．上の 6 種の無比直線と混同しないように注意されたい．

3.4.7　$6+6=12$ 種類の無比直線

ここでは上述の 6+6 種類の無比直線の各々について，その性質を確認し，またエウクレイデスがそれらに与えた名称を示していこう．

最初の 3 つの場合：条件 $1'$ が成立

条件 $1'$，すなわち $a\sim c$ が満たされ，したがって $a\sim u\sim v$ である場合を考えよう．このとき条件 2 について

(1) $a\sim t$ かつ $b\nsim t$ （$a\pm b$ は第 1 双名・切断直線[32]），

(2) $b\sim t$ かつ $a\nsim t$ （$a\pm b$ は第 2 双名・切断直線），

(3) $a\nsim t$ かつ $b\nsim t$ （$a\pm b$ は第 3 双名・切断直線）

の 3 つの場合がある．

場合 1　条件 2 について，(1) $a\sim t$ が満たされるとき，上で確認したように x, y はともに可述直線であり，$x+y$ は双名直線，$x-y$ は切断直線である[33].

なることはありえず，この 3 つで重複なくすべての場合が尽くされている．

[32] 双名直線・切断直線の下位分類は第 2 定義，第 3 定義（それぞれ命題 X.47, X.84 の後）で定義されている．

[33] ここで $x\sim y$ となることはありえない．というのは，$x\sim y$ ならば $x\pm y$ は可述直線と

すなわち「根本的問題」が肯定的に解かれる唯一の場合となる (X.54, 91).

このとき $a \pm b$ は第1双名直線・第1切断直線と呼ばれる.

場合 2　次に, (2) $b \sim t$ が満たされるときは, 前提より $a \nsim b$ であるから $a \nsim t$ となる. また $1'$ が成立することより $a \sim u \sim v$ であるから, u, v は可述直線で, しかも $u \nsim t$, $v \nsim t$ である. すると u と t, v と t は長さにおいて非共測な可述直線だから, それらが囲む長方形は中項領域となる (X.21). ゆえに $r(u,t)$, $r(v,t)$ は中項領域である. これらの長方形はそれぞれ正方形 $q(x)$, $q(y)$ に等しいから, これらの正方形も中項領域で, したがって x, y は中項直線である. すると $x \pm y$ は中項直線の和または差となる. エウクレイデスは $x + y$ を双中項直線, $x - y$ を中項切断線と呼ぶ[34]. 正確にはそれぞれ第1双中項直線と第1中項切断線という名称であり, その理由は次の「場合3」で述べることにする.

またこのとき $a \pm b$ は第2双名直線・第2切断直線と呼ばれる.

場合 3　条件 $1'$ が成立して $a \sim u \sim v$ となる最後の場合は, a も b も t と共測でない場合である. この場合, 条件 $a \nsim t$ は上の場合2と同じであるから, 同じ議論により, x, y はともに中項直線である. したがってこの場合も $x \pm y$ は和・差に応じて双中項直線および中項切断線と呼ばれる. 正確には第2双中項直線と第2中項切断線という名前となる.

このとき $a \pm b$ は第3双名直線・第3切断直線と呼ばれる.

ここで, 場合2と場合3で扱われる2つの双中項直線・中項切断線（場合2が「第1」で, 場合3が「第2」）の区別を説明しよう. これは中項直線 x, y の囲む長方形 $r(x,y)$ が可述領域となるか, 中項領域となるかの区別である. ここまでの考察からこの長方形は $r\left(t, \dfrac{b}{2}\right)$ に等しい. そして場合2では $t \sim b$ と仮定しているので, 当然 $t \sim \dfrac{b}{2}$ であり, この領域は長さにおいて共測な可述直線 t と $\dfrac{b}{2}$ によって囲まれることになり, したがって可述領域になる. 場

なり, $q(x \pm y)$ は可述領域となる. これに $r(t, a \pm b)$ が等しく, t が可述直線だから $a \pm b$ も可述直線となる (X.20). これは $a \pm b$ が双名直線・切断直線であるという前提に矛盾する.

[34] 以下の無比直線のギリシャ語原文については §3.4.8 を参照.

合 3 では $t \nsim b$ より，この同じ領域は長さにおいて非共測な可述直線に囲まれることになり，したがって中項領域である．これが場合 2 と場合 3 の相違であり，これを区別するために，$x \pm y$ を構成する 2 つの中項直線 x, y が囲む長方形 $r(x, y)$ が可述領域のとき「第 1」，中項領域のとき「第 2」という呼称を追加している．

後半の 3 つの場合：条件 $1'$ が不成立

次に条件 $1'$ が成立せず，$a \nsim u$, $a \nsim v$ となる場合を考えよう．この場合も条件 2 によって，3 つに場合が分けられる．

(4) $a \sim t$ かつ $b \nsim t$ （$a \pm b$ は第 4 双名・切断直線），

(5) $b \sim t$ かつ $a \nsim t$ （$a \pm b$ は第 5 双名・切断直線），

(6) $a \nsim t$ かつ $b \nsim t$ （$a \pm b$ は第 6 双名・切断直線）

場合 4　$a \sim t$ のとき，$r(u, t) = q(x)$ および $r(v, t) = q(y)$ がどのような領域かは明らかにされないが，その和 $q(x) + q(y)$ は領域 $r(a, t)$ に等しく，$a \sim t$ より，この領域は可述領域である (X.19)．一方，$a \nsim b$ より必然的に $b \nsim t$ であり，領域 $r(b, t) = 2r(x, y)$ は中項領域となる (X.21)．したがって x, y は「それらの上の正方形の和が可述領域，それらが囲む長方形が中項領域」となるような直線である．ただし x, y のそれぞれがどのような直線であるかは述べられない (X.57, 94)．

エウクレイデスは $x + y$ を優直線，$x - y$ を劣直線と名付けている．文字通りの意味は「大きい方の直線」「小さい方の直線」であり，英語では major, minor と訳されている[35]．またこのとき $a \pm b$ は第 4 双名直線・第 4 切断直線と呼ばれる．

場合 5　条件 $1'$ が成立しないことは場合 4 と同じで，今度は条件 2 において，$b \sim t$ のときを考える．x, y の各々は無比直線であるが，それらがどのような直線であるかが特定されないのは場合 4 と同様である．$b \sim t$ より当

[35] 12 種類の無比直線のうち，具体的な直線の性質によらない命名はこの 2 つだけである．この命名の起源について有力な意見は，正五角形の外接円の直径（または半径）を基準直線としたとき，正五角形の対角線が優直線，辺が劣直線となるという事実に着目するものである（本解説の §5.1.3）．対角線は辺より長いので，これらが「大きい方の直線」「小さい方の直線」と名付けられることは自然である．仏訳 3:81–82 を参照．

然 $a \nsim t$ となり，x と y の囲む長方形 $r(x,y) = r\left(\frac{b}{2}, t\right)$ は可述領域，x, y 上の正方形の和 $q(x) + q(y)$ は中項領域となる．エウクレイデスは $x+y$ を「可述領域と中項領域〔の和〕に平方において相当する線」と呼ぶ[36]．これは長すぎるので「可述中項平方線」と呼ぶことにする．$x-y$ は「可述領域と合わせて中項領域を造る線」と名付けられている[37]．ここでは「合可述造中項線」と呼ぶことにする．

またこのとき $a \pm b$ は第5双名直線・第5切断直線と呼ばれる．

場合6　条件 $1'$ が成立せず，また条件2で，a も b も t と非共測な場合である．すると，x, y が囲む長方形が中項領域で，それらの上の正方形の和が中項領域となる．エウクレイデスによる命名は $x+y, x-y$ それぞれに対して「2つの中項領域〔の和〕に相当する直線」および「中項領域と合わせて中項領域を造る線」である．ここではそれぞれ双中項平方線，合中項造中項線という訳語をあてる．

またこのとき $a \pm b$ は第6双名直線・第6切断直線と呼ばれる．

以上が第X巻の「根本的問題」から12種類の無比直線を解説したものであり，このような考察が『原論』第X巻の核をなしていることは疑いない．しかし現存する『原論』のテクストは，以上の説明とはかなり異なる構成をとる．『原論』以来の数学文献のスタイルは，証明において必要になることをあらかじめ準備し，構想・発見の順番とはしばしば逆の順序で叙述を進めるものであるから，実際に『原論』の命題の順序が，訳者による上の解説とかなり異なることは不思議ではない．次章では，6種の和の無比直線を扱う第2部 (X.36–72)，同様に差の無比直線を扱う第3部 (X.73–107) の構成を，それらに共通する準備として位置づけられる第1部の最後のX.27–35とあわせて検討していく．

---

[36] この名称における可述領域とは $2r(x,y)$ を指し，中項領域とは $q(x)+q(y)$ を指す．この2つの領域の和は $q(x+y)$ であり，これに平方において相当する直線は $x+y$ である．

[37] すなわち，$x-y$ 上の正方形に可述領域 $2r(x,y)$ を合わせると，中項領域 $q(x)+q(y)$ が作られる．

3.4.8 6+6 種類の無比直線の名称（まとめ）

上で導入した 6+6 種類の無比直線の名称について，ギリシャ語原文とその翻訳をまとめておこう．本全集で採用した訳語は，最初の日本語訳である共立版とともに，李善蘭とワイリーによる中国語訳に多くを負っている[38]．このことは次の表からも明らかであろう．従来の日本語訳との相違の主な点は，「線分」という表現をすべて「直線」または「線」に変更したこと，またギリシャ語の術語 δυναμένη（平方において相当する直線）を「正方形の辺」と訳すことを避けたことである．

以下にこれらの術語に対する言語と訳語の対照表を掲げる．

表 3.1 可述直線，無比直線，中項直線に対する原語・訳語対照表．

命題	X. 定義 3	X. 定義 3	X.21
ギリシャ語	ἡ ῥητή	ἡ ἄλογος	ἡ μέση
英語 (Heath)	rational	irrational	medial
中国語（李善蘭）	有比例線	無比例線	中線
日本語（共立版）	有理線分	無理線分	中項線分
日本語（本全集）	可述直線	無比直線	中項直線

[38]徐光啓とマテオ・リッチによる中国語訳 (1609) は最初の 6 巻の訳である．李善蘭とワイリーは 1852 年から第 VII 巻以降の翻訳にとりかかり，徐光啓とリッチによる最初の 6 巻の翻訳とあわせて全 15 巻の中国語訳が [李善蘭 1865] として出版されている．この翻訳については [Xu 2005] および [Sarina and Wang 2015] を参照されたい．また李善蘭については [銭 1990, 329–339] にまとまった記述がある．

表 **3.2** 6 種の和の無比直線，および 6 種の差の無比直線に対する原語・訳語対照表.

命題	X.36	X.37	X.38
ギリシャ語	ἡ ἐκ δύο ὀνομάτων	ἡ ἐκ δύο μέσων πρώτη	ἡ ἐκ δύο μέσων δευτέρα
英語 (Heath)	binomial	first bimedial	second bimedial
中国語（李善蘭）	合名線	第一合中線	第二合中線
日本語（共立版）	二項線分	第 1 の双中項線分	第 2 の双中項線分
日本語（本全集）	双名直線	第 1 双中項直線	第 2 双中項直線
命題	X.39	X.40	X.41
ギリシャ語	ἡ μείζων	ἡ ῥητὸν καὶ μέσον δυναμένη	ἡ δύο μέσα δυναμένη
英語 (Heath)	major	side of a rational plus a medial area	side of the sum of two medial areas
中国語（李善蘭）	太線	比中方線	兩中面之線
日本語（共立版）	優線分	中項面積と有理面積の和に等しい正方形の辺	2 つの中項面積の和に等しい正方形の辺
日本語（本全集）	優直線	可述中項平方線	双中項平方線
命題	X.73	X.74	X.75
ギリシャ語	ἡ ἀποτομή	ἡ μέσης ἀποτομὴ πρώτη	ἡ μέσης ἀποτομὴ δευτέρα
英語 (Heath)	apotome	first apotome of a medial straight line	second apotome of a medial straight line
中国語（李善蘭）	斷線	第一中斷線	第二中斷線
日本語（共立版）	余線分	第 1 の中項余線分	第 2 の中項余線分
日本語（本全集）	切断直線	第 1 中項切断線	第 2 中項切断線
命題	X.76	X.77	X.78
ギリシャ語	ἡ ἐλάσσων	ἡ μετὰ ῥητοῦ μέσον τὸ ὅλον ποιοῦσα	ἡ μετὰ μέσου μέσον τὸ ὅλον ποιοῦσα
英語 (Heath)	minor	that which produces with a rational area a medial whole	that which produces with a medial area a medial whole
中国語（李善蘭）	少線	合比中方線	合中中方線
日本語（共立版）	劣線分	中項面積と有理面積の差に等しい正方形の辺	2 つの中項面積の差に等しい正方形の辺
日本語（本全集）	劣直線	合可述造中項線	合中項造中項線

第4章 第X巻の構成

前章では第X巻の「根本的問題」を中心に解説を行なった．本章では命題の順序に沿って第X巻の内容・構成を説明する．ただし「根本的問題」を扱う第2部 (X.36–72) と第3部 (X.73–110) を並行して検討する．

4.1 定義・命題の数と順序

第X巻は4個の定義から始まり，底本としたハイベア版で115個，それ以前の刊本では117個の命題が続く．命題の他に，最初に4個の定義（以前の刊本で11個に分けられていた定義を4個にまとめている），命題47の後に第2定義，命題84の後に第3定義がある（この命題番号はハイベア版のものである）．P写本に基づくハイベア版と，テオン版諸写本に基づく以前の版での命題の異同は次のとおりである．

1. 命題10と11の順序が入れ替わっている．P写本およびハイベア版では命題10の証明に命題11が利用されるという問題があるが，テオンが命題を入れ替えてこの問題を解消したと見ることもできる．

2. ハイベア以前の刊本の命題13はテオン版では本文にあるが，P写本では欄外に別の手で書かれている．ハイベア版はこの命題を本文から外して，「通称13」として巻末付録に移している．そのためハイベア版の命題13は，それ以前の刊本の命題14であり，以下同様に命題115（以前の版の命題116）まで，ハイベア版の命題番号は，以前の刊本より1だけ少ない．

3. テオン版では最後に命題117があった．これは正方形の辺と対角線が非共測であることを示す有名な命題であるが，後世の追加と考えられる[1].

他に多くの系，補助定理，別証明などがあり，そのほとんどは後世の追加と考えられるが，ハイベア版ではその一部が本文に，一部が巻末付録に収録されている．本全集ではすべてを本文に収録して，ハイベア版での場所を脚注で指示し，また区別を容易にするためにハイベア版の巻末付録に収録されたものは，ポイントを小さくしている．

4.2 第X巻の区分

第X巻を大きく区分すると，3つの部分に分けることができる（その後に最後のまとめの命題111，および後に追加された命題が続く）．その3つの部分とは，

- 第1部：術語の定義と準備的な命題 (X. 定義，命題 1–35).
- 第2部：6種の和の無比直線 (X. 命題 36–72，および命題 47 と 48 の間の第2定義).
- 第3部：6種の差の無比直線 (X. 命題 73–110，および命題 84 と 85 の間の第3定義)[2].

一見すると膨大な命題数に圧倒されるが，第X巻の実質的な命題数はずっと少ない．すでに述べたように「根本的問題」は6つの場合に分けられる．そのため第2部，第3部では，本質的には1つの命題を6つの場合に分けて6個の命題として述べている．そのため，これらの部分は6個ずつの命題群に分けられる（2つ以上の場合が1個の命題にまとめられて，1つの命題群の命題数が6個より少ない場合もある）．命題群の数は，和・差それぞれの部分で7個ずつであり，しかも和と差の場合で本質的な違いがあるわけでない．そのため第2部，第3部，すなわち命題番号で36から110までの75個の命題は，実質的には7個の命題を，場合を分けて議論したものにすぎない．

[1] 本全集では命題 X.115 の後に訳出している．

[2] X.111 は和の無比直線と差の無比直線が別のものであることを示す命題で，第2部・第3部全体の締めくくりとなる命題と考えられる．なお，X.112 以降はハイベアも述べるように後に追加された命題である．X.112 への脚注 227 と命題 X.114 への解説を参照．

4.3　第 X 巻第 1 部（定義および命題 X.1–35）

4.3.1　定義：長さにおいて（平方において）共測（非共測），可述と無比

第 X 巻冒頭の 4 個の定義については，すでに §3.3.1–§3.3.3 で説明した．それを簡単にまとめておこう．定義に現れる「メゲトス」（大きさ）という術語は，翻訳の読みやすさを考えて「量」と訳している．第 X 巻においては「メゲトス」は直線か，または正方形か長方形に限られる[3].

まず，ある量 c が 2 量 a, b の両方を測るとき，すなわち代数的に表せば $a = mc$, $b = nc$ となる整数 m, n が存在するとき，a, b は共測であり，そうでないとき非共測である (X. 定義 1)．次に，2 量が直線のとき，それらが「平方において共測（非共測）」という関係が定義される．これはそれら 2 直線の上の正方形が共測（非共測）であることを言う (X. 定義 2).

これら 2 つの定義は，2 量の関係について述べるものであったが，残る 2 つの定義は，1 つの基準直線 e をとって固定し，それに対する直線，領域の関係を述べるものである．e 上の正方形と平方において共測な直線は可述（長さにおいて共測ならもちろん可述直線である）と呼ばれ，そうでない直線は無比と呼ばれる (X. 定義 3)．領域に対しては，e 上の正方形と共測な領域が可述，そうでない領域が無比である (X. 定義 4).

ここでは定義の内容のみを簡単に示したが，その意味については §3.3.1–§3.3.3 を，定義の具体的な文言については翻訳の本文を参照されたい．

4.3.2　非共測性と相互差引：最初の 4 命題

第 X 巻冒頭の 4 個の命題は，相互差引によって与えられた量の最大共通尺度を見出すことを扱う．具体的には与えられた 2 量が共測であるとき，それらの最大共通尺度は X.3 で見出され，これを与えられた共測な 3 量に拡張するのが X.4 である．これと同じことは第 VII 巻冒頭で数（整数）に対して行なわれていて，証明の議論もほとんど同じである．X.3, 4 は実質的に，VII.2,

[3]術語「メゲトス」については p. 61 脚注 4 を参照.

3の対象を，数から量に変えたものである[4].

第X巻の冒頭の4命題は，20世紀の『原論』研究で非常に注目されて議論されてきた．議論の対象となったのは，ここで述べたX.3, 4ではなく，その準備として証明されるX.1, 2である．そこでこれら2命題について説明し，これらをめぐる議論を紹介することにしよう．

なお，最大共通尺度を求める冒頭の4命題は第X巻の論証構造の中では完全に孤立していて，この巻の中でこれらの命題が利用されることがないことを，あらかじめ断っておこう．冒頭4命題は第X巻の当初の計画には入っていなかったかもしれないのである．

X.3は共測な2量の最大共通尺度を見出す問題を扱う．

> X.3：2つの共測な量が与えられたとき，それらの最大共通尺度を見出すこと．

命題中の実際の手続きは，2つの整数の最大共通尺度を見出す命題VII.2と同じで，相互差引の技法が用いられる．ただしこの技法は，順次得られる余りがどこかで直前の余りを測り切って相互差引が終結することを前提としている．

整数論の場合は，順次得られる余りは数であり，それが単調に減少するので，相互差引が途中で終わらなければ最終的には余りが単位1となり，単位はすべての数を測るので，相互差引は必ず終結する[5]．これに対して第X巻では，相互差引の対象が量であるから，相互差引が有限回の操作で終結することは，必ずしも保証されない．もし有限回で相互差引が終結するなら，上に述べたように，与えられた2量の最大共通尺度が得られる．共通尺度が存在することが共測の定義だから，この2量は共測である．すると問題は，もし与えられた2量の相互差引が限りなく続くなら，この2量は非共測であるか，ということになる．この問いに答えるのがX.2である．

> X.2：もし2つの等しくない量が[提示され]，小さい方の量が大

[4]相互差引によって2数の最大共通尺度（最大公約数）を見出す議論の詳細は第VII巻の解説(§2.2.1)を参照．

[5]なお『原論』第VII巻では，単位1と，数（2以上の整数）を分けて考え，相互差引の余りが単位1に至る場合は最初の2数が互いに素であることをVII.1で示し，それ以外の場合をVII.2で扱う．

> きい方の量からつねに相互に取り去られるとき，残される量が決してその直前の量を測り切ることがないならば それらの量は非共測になる．

証明は帰謬法による．もし相互差引が限りなく続く2量が共測なら，それらの共通尺度Eをとる．Eが相互差引で順次得られる余りを必ず測ることは容易に示される．一方でこの2量の相互差引は限りなく続くので，得られる余りはいつかEより小さくなる．するとEはEより小さい余りを測ることになり，これは矛盾である．余りがいつかEより小さくなることは直観的に明らかであるが，これを保証するのがX.1である．

> X.1：2つの不等な量が提示されたとき，もし大きい方から〔その〕半分より大きい量が取り去られ，残された量の半分より大きい量が〔取り去られ〕，このことがつねに起こるならば，何らかの量が残されることになり，それは提示された小さい方の量より小さくなる．

したがって，命題間の論理的依存関係から考えるならば，第X巻の最初の4命題の中心となるのは，共測な2量の最大共通尺度を求める手続きを示したX.3と，それを3量に拡張したX.4である．これらは整数論における VII.2, 3に対応するものであるが，整数の場合と違って2量の相互差引は有限回で終結するとは限らないので，共測な2量の相互差引が有限回で終わることを保証するX.2，さらにその証明に必要な補助定理X.1が最初に追加されている，ということになる．

しかし20世紀における『原論』解釈の伝統は，この最初の2つの補助定理に，はるかに大きな役割を負わせてきた．

まず，X.1は次のX.2で利用されるだけでなく，第XII巻において，帰謬法を2回用いることによって図形の大きさ（面積や体積）の関係を決定する二重帰謬法の議論（いわゆる「取り尽くし法」）において繰り返し利用される[6]．すると，第XII巻の二重帰謬法の議論がエウドクソスに帰されていることか

[6]命題X.1を利用する第XII巻の命題はXII.2,5,10,12,16．しかも第XII巻では，もとの量の半分より大きい量が順次取り去られることが明確に述べられていて，X.1を念頭に置いていることは明らかである．

ら，第 X 巻の冒頭もエウドクソスに結びつく可能性が高い．しかし，X.2 では X.1 の利用が明確に述べられているわけではないことから，この 2 命題の関連を疑問視する意見もある．すなわち，X.2 では，X.1 の適用の前提となる「余りが前の余りの半分より小さいこと」（正確には順次得られる余りが，2 つ前の余りの半分より小さいこと）が述べられていない．

とはいえ，X.1 の証明の議論に立ち入って検討すると（詳細は命題の解説に譲る），この命題とエウドクソスに帰される第 V 巻の比例論との関連が見える．この証明を支えるのは，小さい量 G を多倍していくと，いつか大きい量 AB を超えるという言明である[7]．これと比例を扱う第 V 巻の定義の 1 つ，

> V. 定義 4：2 つの量が互いに対して比を持つと言われるのは，多倍されて互いを超えることができるものである．

との関連は明らかであろう．さらに，この定義の直前には

> V. 定義 3：比とは，同種の 2 つの量の大きさに関する何らかの関係である．

という定義がある．

すると，通常エウドクソスに帰される第 V 巻の比と比例の理論，やはりエウドクソスのものとされる第 XII 巻の二重帰謬法と，第 X 巻冒頭の命題 X.1 とが，すべて「同種の 2 つの量の小さい方の多倍が大きい方を超える」という議論を共有していることになる．そこで第 X 巻もエウドクソスのものであるという想定は魅力的であり，おおむね受け入れられている．

しかし一方で，上で述べたような X.1 と X.2 の関連を疑問視する意見，また第 V 巻をエウドクソスより後のものとする意見（本全集第 1 巻 §8.3 参照）もあり，研究者の意見は錯綜している[8]．そもそも，すでに述べたように第 X 巻冒頭の 4 命題は，X.5 以降の第 X 巻の残りの部分と直接の論理的関連がなく孤立していて，これらがいつ現在のような形で第 X 巻の冒頭に置かれたのかについても確実なことは分かっていない．

---

[7]これは「アルキメデスの原理」の名前で知られるが，この後の説明から明らかなように，すでに『原論』で確立していて，正確にはエウドクソスに帰すべきものである．

[8]詳しくは仏訳の命題 X.1–3 への注釈を参照．

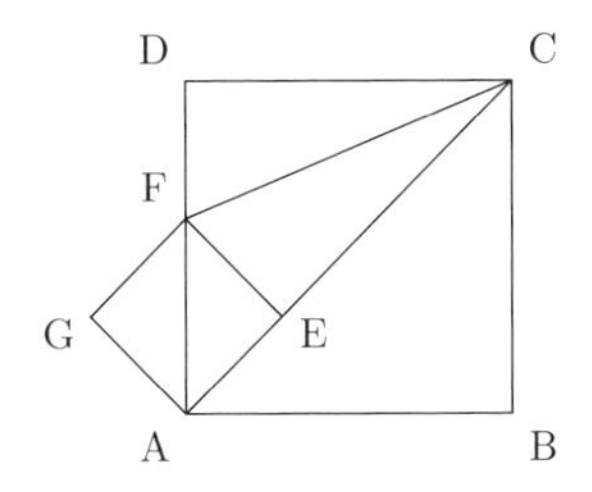

図 4.1 正方形の辺と対角線の相互差引

さて，X.1 以上に 20 世紀のギリシャ数学史研究で重視されたのは X.2 である．これは「相互差引が限りなく続く 2 量は互いに非共測である」ことを述べるが，見方によっては，2 量が非共測であることの判定基準を示すものと見ることもできる．相互差引が無限に続くことは確かめようがないと思われるかもしれないが，正方形の辺とその対角線の相互差引を行なうと，最初の正方形より小さい正方形の対角線と辺が得られて，相互差引がどこまでも続くことが分かる．また正五角形でも同じことが起こる．

ここでは正方形の場合をとりあげよう．詳しい説明と，正五角形の場合の議論は [斎藤 1997, 110ff.] を参照されたい．

図 4.1 で正方形 ABCD の対角線 AC 上に CE = AB となる点 E をとり，E から AC に垂線 EF を立てると AE = EF であり，正方形 AEFG が作図できる．さらに，2 つの三角形 CDF, CEF が合同であり，FD = EF = AE である．

ここで対角線 AC と辺 AB に対する相互差引を試みると，

$$\mathrm{AC} - \mathrm{AB} = \mathrm{AC} - \mathrm{CE} = \mathrm{AE}$$

$$\mathrm{AB} - \mathrm{AE} = \mathrm{AD} - \mathrm{FD} = \mathrm{AF}$$

となる．AF はまだ AE より大きいので，AF からさらに AE を取り去らねばならないが，AF, AE は正方形 AEFG の対角線と辺であるので，最初と同じ状況に戻っていることになる．相互差引が限りなく続くことは明らかである．

このような再構成によって，X.2 は，エウクレイデス以前のある時期に実際に存在した，非共測性の判定基準であったという主張がなされ，さらにはこの「際限なく続く相互差引」が非共測量の発見の契機であったのではないかといった，あまりに想像力豊かな議論が，ギリシャ数学の展開に関する歴史的主張として幅をきかせた時期があった．この議論はさらに，比例関係の定義も相互差引によって定義された時期があったという解釈によっても補強されていた[9]．

しかしこの種の議論は純粋に想像による再構成でしかなく，言うなれば「20世紀のギリシャ数学者」たちの業績に過ぎない．古代にこの種の議論があったことを伝える資料は存在しないことに注意が必要である．また『原論』第X巻の内部では，量の間の相互差引を扱うのはこの命題X.2を含む最初の4個の命題だけであり，これらは第X巻の残りの部分から論理的に完全に孤立している．2量が互いに非共測であることを証明するためにX.2が使われることはないのである．

4.3.3 共測・非共測と整数比：X.5–10

第X巻の実質的な議論は命題X.5に始まる．この命題からX.8までの4命題は，共測な2量の比は数が数に対する比であり，非共測な2量の比は数が数に対する比でない（およびこれらの逆）を示す．ここでいう「数」とは自然数のことに他ならない．これらの命題の内容は（非）共測の定義から明らかであるが，（非）共測という性質と比例を結びつける基本的な定理である[10]．なお，これらの命題の証明では，比例の議論が利用されるが，それは第VII巻の数の比例の定義に基づく．

命題X.9は，共測または非共測な2直線上の正方形の比について，X.5–8の4命題に相当する内容を1つの命題で述べる．すなわち，共測な2直線上の正方形が，正方形数が正方形数に対する比を持ち，非共測な直線上の正方形は，そのような比を持たない（およびこれらの逆）．

これらの命題の利用例を第X巻の中で探すと，まずX.5–8がX.11, 12の証明に利用される．そしてこの2命題は第X巻を通して非常に頻繁に利用される基本的な定理である．しかしこれ以外に，X.5–8およびX.9が直接利用される機会は第X巻では意外に少なく，それは特定の条件を満たす直線を作図

[9]相互差引と比例の定義については本全集第1巻『原論』解説§8.2を参照．

[10]ただし，命題X.7, 8はアラビア・ラテンの伝承には存在しないので，後世の追加である可能性が高い．

する問題，具体的には X.29, 30 と，無比直線を作図する第 3 命題群 X.48–53, 85–90 のみである．

X.10 は定理でなく問題であり，提示された直線に対して，平方においてのみ共測な直線，平方においても共測な直線を見出す．この命題は，直後の命題 X.11 を利用するという論理的問題が指摘されている．テオン版およびアラビア・ラテンの伝承ではこの 2 つの命題の順序は逆になっている[11]．

4.3.4　共測・非共測に関する基本的性質：X.11–18

命題 X.11 から，第 X 巻を通して頻繁に利用される基本的な命題が続く．それらの内容は §3.3.7 でまとめた通りである．ただし，そこでも述べたように，これら以外の，命題として証明されていない基本的な性質も少なくない．

なお, X.14, 17, 18 は他の命題と違って非常に複雑な内容を持つが, X.14 は X.17, 18 を準備する補助定理であり，X.17, 18 は無比直線の分類の議論において必要となる命題である．その内容と意味については §3.4，とくに §3.4.5 で説明した．

4.3.5　可述領域と可述直線：X.19, 20

命題 X.19 は第 X 巻の基本的な概念の 1 つである可述領域，可述直線の基本的な性質を証明する．その結果とともにそこで用いられる技法も，第 X 巻を通して頻繁に用いられる点で重要である．

可述領域とは，基準としてとった直線上の正方形と共測な領域であり (X. 定義 4)，可述直線とは，その上の正方形が可述領域であるような直線であると言い換えることができる (X. 定義 3, 4)．それでは 2 つの可述直線に囲まれる長方形は可述領域であろうか．

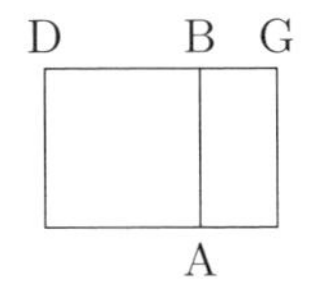

図 4.2　可述直線の囲む領域：命題 X.19 より

[11]第 X 巻では他にも，とくに第 1 部（定義および命題 X.1–35）において，ギリシャ語写本とアラビア・ラテンの伝承との間で命題の有無や順序の違いは少なくない．これらについては §5.2，および命題 X.35 の解説を参照されたい．

これを明らかにするには2つの可述直線 AB, BG が囲む長方形と，それらの一方，たとえばABの上の正方形を比較すればよい．図4.2は命題X.19の図を修正したものである．AB上の正方形 $q(\mathrm{AB})$ と，AB, BGの囲む長方形 $r(\mathrm{AB},\mathrm{BG})$ の比を考えると，

$$q(\mathrm{AB}) : r(\mathrm{AB},\mathrm{BG}) = \mathrm{AB} : \mathrm{BG}$$

が成り立つ．そしてABは可述直線であるから，$q(\mathrm{AB})$ は可述領域である．したがって，もしABとBGが互いに共測なら，この比例関係から $q(\mathrm{AB})$ と $r(\mathrm{AB},\mathrm{BG})$ も互いに共測となり (X.11)，可述領域の定義により，$r(\mathrm{AB},\mathrm{BG})$，すなわち AB, BG の囲む長方形も可述領域である．以上が X.19 の内容である．

この議論は逆も成り立つ．すなわち，同じ図でABを可述直線とし，任意の可述領域――この図には描かれていない――が，ABを1辺とする長方形に変形されて，AB, BGに囲まれる長方形になったとしよう（『原論』の言葉遣いでは，この可述領域がAB上に付置されてBGを幅とする，ということになる[12]）．このときBGはどのような線であろうか．可述領域は互いに共測であるから $q(\mathrm{AB})$ と $r(\mathrm{AB},\mathrm{BG})$ も互いに共測であり，このことからABとBGも共測となる．したがってBGは可述直線で，しかもABと共測である．これが命題X.20である．

これら2つの結果は，この後の中項領域に関する命題とともに，第X巻で頻繁に利用される．また，ここで用いられた証明の技法，すなわち直線上の正方形を考察し，これと他の領域との比を考える技法も，さまざまな形で現れるので，第X巻を読み進める中で自然と記憶することになろう．

4.3.6 中項領域と中項直線：X.21–26

さて，前節で扱った可述直線 AB, BG が互いに共測でない場合は，AB, BG の囲む長方形はどのような領域になるだろうか．これは上と同じ図4.2で考えることができる．比例関係

$$q(\mathrm{AB}) : r(\mathrm{AB},\mathrm{BG}) = \mathrm{AB} : \mathrm{BG} \tag{4.1}$$

[12]領域付置については本全集第1巻§7.2を参照．

も同じであるから, AB, BG が互いに非共測であることから, 長方形 r(AB, BG) も可述領域 q(AB) と非共測である．したがって，領域に関する可述・無比の定義 (X.4) から，AB, BG の囲む長方形は無比領域であり，この無比領域に平方において相当する直線（この長方形に等しい正方形の 1 辺）は無比直線となる (X.21)．この領域は中項領域，直線は中項直線と呼ばれる．

このように，長さにおいて非共測な可述直線 AB, BG の囲む領域は，中項領域と呼ばれる無比領域であるが，逆に任意の中項領域 M を任意の可述直線 AB 上に付置すると，その幅 BG は可述直線であり，AB, BG は長さにおいて非共測である (X.22).

さらに中項直線・中項領域は次の性質を持つ．ただし最初の性質は『原論』の中で明示的に証明されてはいない．

- 2 つの中項直線は長さにおいても，平方においても，共測とは限らない．
- 中項直線に長さにおいて共測な直線は中項直線である (X.23).
- 中項領域に共測な領域は中項領域である (X.23 系).
- 長さにおいて共測な 2 つの中項直線に囲まれる長方形は，中項領域である (X.24).
- 平方において共測な 2 つの中項直線に囲まれる長方形は，可述領域であるか，あるいは中項領域である (X.25).
- 2 つの中項領域の差は可述領域でない (X.26).

なお，X.23 系を，中項直線（中項領域に等しい正方形の 1 辺）に即して言い換えれば

- 中項直線に平方において共測な直線は中項直線である．

ということになる．ただし，X.23 系，X.24 はアラビア・ラテンの伝承には存在せず，後の追加である可能性が高い．

中項直線・中項領域という概念は現代の読者には馴染みのないもので，これらを用いる議論を読むのは最初は容易でないが，可述直線・可述領域とともに第 X 巻では不可欠な概念である．命題 X.22, 25 に典型的な議論が繰り返し現れるので，この 2 つの命題を熟読するのが理解の早道であろう．

4.3.7　特定の条件を満たす2直線を見出す命題：X.27–35

後に現れる無比直線との関連

ここでは，第1部の最後に現れる，特定の条件を満たす2つの直線を見出す（作図する）命題を検討する．そこで与えられる条件は様々であり，2つの直線が可述直線，あるいは中項直線の場合，あるいはそのどちらでもない場合がある．実はここで作図される2つの直線の和または差が，この後に続く第2部，第3部の第1命題群 (X.36–41, X.73–78) において定義される6+6種の無比直線となる．

§3.4.7で列挙した6つの場合に即して述べれば，場合1の双名直線・切断直線は平方においてのみ共測な2つの可述直線の和・差である．これは命題X.10によって見出すことができる．場合2, 3の双中項直線・中項切断線を構成する中項直線は，それぞれX.27, 28，またはX.31, 32で見出される（同じ働きをする命題が複数あることについては後で論じる）．場合4–6の直線を構成する2直線は，それら自体が可述直線でも中項直線でもないが[13]，それらはX.33–35で見出される．そしてこれら3命題の議論においてX.30–32が利用されている[14]．

このように見ていくと命題X.29が残るが，実はこの命題と次のX.30は，一対をなし，両方とも平方においてのみ共測な2つの可述直線を見出す命題である．ただし，見出される2つの可述直線に関して追加される条件があり，それが異なっている．すなわち，

> 「大きい方が小さい方よりも，平方において，それ自身〔大きい方〕に対して長さにおいて共測な直線上の正方形だけ大きい」

ものがX.29，これが「非共測」となるものがX.30である[15]．

続くX.31, 32では，見出す直線が2つの中項直線に変わり，X.31ではこれら2直線の囲む領域は可述領域，X.32では中項領域となる．X.29, 30の叙述にならえば，これらの命題も，上述の条件が「共測」であるか「非共測」

---

[13] その理由は§3.4.7で述べたように，これら後半3つの場合は $a \nsim c$ であるので，$a \nsim u$, $a \nsim v$ となるためであった（図3.1）．

[14] 命題X.30, 31, 32はそれぞれX.33, 34, 35で利用される．

[15] この条件はX.17, 18で扱われたものである．この解説の§3.4.5を参照．

であるかによってそれぞれを 2 つの命題に分けることになるが，「共測」の場合のみを論じ，「非共測」の場合は命題の最後に，同様にできると述べて詳細を省略している．したがって，本質的には X.29+X.30, X.31, X.32 の 3 つの命題があり，それぞれの後半部分（非共測の場合）がそれぞれ X.33, 34, 35 に利用されていることになる．なお，これらの命題の前半部分であるが，X.29 は X.31, 32 に利用される．X.31, 32 自身の前半部が利用される箇所は見あたらない．

アラビア・ラテンの伝承での異同と直線を見出す議論の相違

以上で一見，命題 X.27–35 のすべての命題の意義が説明されたように見えるが，詳細に検討すると様々な問題が見えてくる．まず，X.27, 28 は X.31, 32 とそれぞれ内容が重なる．X.27 は平方においてのみ共測で，可述領域を囲む 2 つの中項直線を見出す問題であるが，X.31 は，上で述べたように，X.27 と同じ条件に加えて「大きい方が小さい方よりも，平方において，それ自身〔大きい直線〕に対して長さにおいて共測な直線上の正方形だけ大きい」ことを満たす 2 直線を求め，さらに本文の最後で，この「共測」という条件を「非共測」に変えても同様に証明される（2 直線が見出される）と述べている．したがって X.31 は X.27 よりも精密な命題であって，しかもその証明に X.27 を利用するわけではないので，論理的に X.27 は不要である．同じことが X.28 と X.32 の間にも言える．

また，ここで論じている命題はすべて何らかの条件を満たす 2 直線を提示するものであるが，提示される直線がどうやって構成されるかを見ると X.27, 28 は「平方においてのみ共測な 2 つの可述直線」から出発する[16]．一方，X.29, 30 では 1 つの可述直線と，2 つの正方形数をとり[17]，そこから比例関係によって他の直線が作図される[18]．これらは明らかに異質な議論であり，このことは X.27, 28 と X.29, 30 のどちらかが後世の追加であることを伺わせる．

[16] 平方においてのみ共測な 2 つの可述直線は X.10 によって見出すことができるが，X.28 では，3 つの可述直線を見出し，そのどの 2 つをとっても平方においてのみ共測であるようにすることが必要である．もちろんこれは可能であるが，具体的な方法は指示されていない．同様な問題は X.29 を利用する X.32 にもある．

[17] ここでとられる 2 つの正方形数には，その差や和が正方形数でないという条件が付されている．詳しくは命題 X.29, 30 を参照．

[18] この 2 つの議論の対照は [Rommevaux-Djebbar-Vitrac 2001, 265–266] で指摘されている．

そして，この後の命題 X.31–35 は直接・間接に X.29, 30 のどちらかに依存しており，アラビア・ラテンの伝承の一部には，X.27, 28 を含まないものがある（この解説の §5.2 を参照）．このことは X.27, 28 が後から追加された可能性を示唆するものである．

4.4　第X巻第2, 3部の構成

第2部・第3部の命題はそれぞれ7つの命題群に分けられる．まずその概要を以下に示し，命題群ごとに説明していく．第2部と第3部は並行した構造を持つので，命題群ごとに，第2部・第3部に共通の説明を行なっていく．

第1命題群 6+6 種類の無比直線の定義と，それらが無比直線であることの証明 (X.36–41, X.73–78).

第2命題群 上で定義した 6+6 種類の無比直線の一意性 (X.42–47, X.79–84).

追加定義 双名直線，切断直線をそれぞれ6種類に細分した定義 (第2定義，第3定義).

第3命題群 上で定義した6種の双名直線，6種の切断直線を見出す (X.48–53, X.85–90).

第4命題群 上の6種の双名直線，6種の切断直線と，可述直線で囲まれる領域に，平方において相当する直線は，上の第1命題群で定義した 6+6 種の無比直線である (X.54–59, X.91–96).

第5命題群 （第4命題群の逆）第1命題群で定義した 6+6 種の無比直線を可述直線上に付置すると，その幅は第2定義・第3定義で定義した6種の双名直線，6種の切断直線である (X.60–65, X.97–102).

第6命題群 第1命題群で定義した 6+6 種の無比直線の各々に共測な直線は同じタイプの無比直線である．この命題群では，2つの双中項直線，2つの中項切断線（和の6種の 2, 3 番目と差の6種の 2, 3 番目）はまとめて扱われるので，命題数は 5+5=10 個となる (X.66–70, X.103–107).

第 7 命題群 可述領域と中項領域の和・差，または 2 つの中項領域の和・差に，平方において相当する直線がどのようなものかを考察する．それは第 1 命題群で定義した 6+6 種の無比直線であり，和または差をとる領域の組み合わせによって 6+6 種すべての無比直線が生じる (X.71, 72, X.108–110)．

4.4.1 中核をなす第 4, 5 命題群

上で述べた「根本的問題」を扱うのが第 2 部・第 3 部の第 4 命題群であり，続く第 5 命題群はその逆の議論を行なう．すなわち可述直線と双名直線（切断直線）によって囲まれる長方形を考え，それに平方において相当する直線が 6+6 種の無比直線になることを示すのが第 4 命題群 (X.54–59, 91–96) である．逆に 6+6 種の無比直線上の正方形を考え，これを可述直線上に付置することによって，付置の幅として 6 種の双名直線と 6 種の切断直線が得られることを示すのが第 5 命題群 (X.60–65, 97–102) である．この 2 つの命題群が第 2 部，第 3 部の核心部である．その数学的内容については，§3.4.7 で解説し，6+6 種の無比直線の名称についてもそこで説明した．

4.4.2 中核命題群に先行する部分：追加定義

第 4 命題群に先行する部分の構成を見ていこう．第 3 命題群は，その直前の追加定義で定義された直線を作図する（『原論』の表現では「見出す」）命題であるので，まず追加定義を見ておこう．

追加定義は第 2 部では命題 47 と 48 の間，第 3 部では命題 84 と 85 の間にあり，第 2 部のものを第 2 定義，第 3 部のものを第 3 定義と呼ぶことにする．これらはそれぞれ 6 個ずつの定義からなり，双名直線・切断直線にそれぞれの下位分類を与え，6 種ずつに分類する．こうして双名直線は第 1 双名直線から第 6 双名直線，切断直線は第 1 切断直線から第 6 切断直線に分類される．

追加定義では，この分類は天下り的に与えられるが，それが必要になる理由は §3.4.7 で説明した通り，第 4 命題群で明らかになる．このような構成はギリシャ数学文献のスタイルの特徴であり，やむを得ないものであるが，とくに第 X 巻のような具体的イメージに乏しい内容を扱う場合には，読者に負

担をかけることになる．

なお，この定義が「提示された可述直線」に依存していて，双名直線・切断直線の分類として不適切ではないかという疑問については，別に§4.6.1で論じる．

4.4.3 第3命題群

追加定義に続く第3命題群 (X.48–53, 85–90) は，定義されたばかりの双名直線・切断直線の下位分類のそれぞれ6種の直線を作図する（『原論』の表現では「見出す」）問題である．このために，まず適当な条件を満たす2数をとって，そこから双名直線・切断直線を構成する2直線を作図する．

この「適当な条件」についてもう少し詳しく述べておこう．前半の3種の直線の作図では，とられた2数の和の，もとの2数のそれぞれに対する比を考える．この和の，一方の数に対する比が，正方形数が正方形数に対する比であり，一方，同じ和の，他方の数に対する比は，正方形数が正方形数に対する比でないような2数をとるところから出発する．後半の3種の直線の作図では，やはり2数をとるが，上述の2つの比のどちらも正方形数が正方形数に対する比でないようにする．ただし，このような2数をとる具体的な方法は示されていない．

第2部，第3部の構成に戻ると，追加定義は第3命題群の直前にあるので，第2部，第3部は追加定義によって始まるのではない．その前に第1・第2命題群が存在する．これはあまり美しい構成とは言えない．いったい追加定義に先行する命題群とはどのようなものなのであろうか．

4.4.4 第1命題群とその問題点

第1命題群 (X.36–41, 73–78) は第4命題群で現れる6+6種の無比直線を天下り的に構成・命名し，それらが無比直線であることを証明する．命題の構成としては，ある特定の条件を満たす2直線の和（第3部では差）を考え，その直線の上の正方形が無比領域であることを示すことによって，直線が無比直線であることを示し，最後にこの直線を命名する．続く第2命題群はこれらの無比直線の一意性を示している．

ここでまず問題になるのは，第1命題群では，第3命題群と違って，対象となる 6+6 種の直線を「見出す」手続きがとられていないことである．第 3 命題群では，特定の条件を満たす 2 数から出発して求める直線が作図されている．ところがこの第 1 命題群では，たとえば「2 つの可述直線で，平方においてのみ共測なものが合わせられるならば」(X.36) のように，特定の条件を満たす 2 直線の存在から議論が始まる．このような 2 直線の存在を仮定してよい根拠を探せば，それは第 1 部最後の X.27–35 にあると考えざるを得ない (これらの命題についてはすでに §4.3.7 で検討した)．すなわち，第 1 命題群と第 3 命題群では，条件を満たす直線を構成する手続きが異なっているのである．

さらに，これら 6+6 種の直線は第 1 命題群で無比直線であることが証明されるが，実際にこれらを得る手続きが第 4 命題群において示されている．その手続きは可述直線と双名直線・切断直線とで囲まれる領域（長方形）を正方形に変形することであり，第 3 命題群で見出した 6 種の双名直線，6 種の切断直線のそれぞれに応じて，正方形の辺として 6+6 種の無比直線が得られる．したがって，第 2 部では双名直線，第 3 部では切断直線だけを第 3 命題群によって作図できれば，他の 5+5 種類の無比直線は，あらかじめ第 1 命題群で構成しておかなくとも，第 4 命題群で生成されるのである．

またこれらの直線が無比直線であることは，双名直線・切断直線が無比直線であることから帰結する[19]．したがって，第 1 命題群のうち，最初の双名直線・切断直線に関する命題 X.36, 73 以外はここで証明しなければならない必然性はないことになる（X.41 の解説を参照）．

4.4.5　第 2 命題群

第 2 命題群 (X.42–47, 79–84) の存在意義にも疑問がある．ここでは，6+6 種の無比直線の一意性が証明されている．正確に言うと，その証明は，6+6 種の無比直線の，任意の 1 種の直線をとると，その直線が，別の形の和または差で表されて，同じ種類の無比直線となることはありえないことが証明されている．もう少し詳しく説明しよう．たとえば図 4.3（左）において，直線

[19]双名直線・切断直線が無比直線であるから，それと可述直線で囲まれる領域は無比領域である（このことは命題 X.21 と同様の議論で示される）．ここで問題にしている直線はいずれも，この無比領域に平方において相当する直線であったから，それらは言うまでもなく無比直線である．

図 4.3 双名直線・切断直線の一意性

ABが第1双中項直線で，AGとGBから成るとしよう(X.43)[20]．このとき，AB上の別の点Dに対して，ABが，ADとDBから成る第1双中項直線にはなりえないことが証明される[21]．なお，これに対応する第3部の差の形の無比直線に関する議論では，図4.3（右）を考える(X.80)．ABは第1中項切断線で，中項直線AGとBGの差として表されている．このとき，別の点Dに対して，$AB = AD - BD$が同じタイプの無比直線にならないこと，すなわち同じ直線ABに対して，2つの付合直線BG, BDが存在しえないことが証明される[22]．

しかしこのことは，6+6種の無比直線の各々に対して証明しなくても，第2部，第3部とも第2命題群の最初の命題（双名直線・切断直線の一意性）だけ証明すれば，他の5+5種類の無比直線の一意性は第5命題群の議論から明らかになる（詳しくは§4.6.2で論じる）．すなわち，第2命題群の命題は，第2部，第3部でそれぞれ最初の命題，すなわち双名直線と切断直線に対する命題(X.42, 79)だけ証明すれば十分なのである．

以上の議論をまとめると，第1命題群，第2命題群のそれぞれ最初の命題（第2部ではX.36, 42，第3部ではX.73, 79）が証明されれば，残りの命題は，それぞれ第4，第5命題群の，いわば系として得られるということになる．しかも第1，第2命題群の結果はその後使われるわけではない．要するに，これら2つの命題群は，双名直線・切断直線に関係する最初の命題だけが不可欠であり，それ以外は論理的には冗長なのである．

---

[20]この図は説明のために写本の図を少々変更してある．

[21]なお，GとDがABの中点に対して対称で，$AG + GB$と$AD + DB$が順序を変えただけの同じ和である場合は考えない．

[22]付合直線についてはX.79の解説を参照．

なお，ここで証明されているのは，6+6種の各々に対して，2つの切り方（差の無比直線では2つの付合直線）によって，同じタイプの無比直線となることがない，ということであり，ある無比直線が，別の分割の仕方によって（別の付合直線によって），別の種類の無比直線になることはありえない，という事実は証明されていない．この事実は命題X.72の最後，およびX.111の最後で説明されている．

仮に冗長な命題が取り除かれたとすると，第2部，第3部の構造が大きく変わる．第2部は双名直線の命名とそれが無比直線であることを証明する命題 (X.36) で始まり，双名直線の分割の一意性の証明 (X.42) が続き，次いで第2定義で双名直線が第1から第6の6種に分類され，それらの作図を示す第3命題群へと続くことになる．少し命題の順序を変えて，第2部が第2定義（現在は X.47 と X.48 の間）で始まるようにすることも可能であろう．

こう考えてくると，第1命題群，第2命題群が後からの追加で，本来は第2部，第3部がそれぞれの追加定義から始まっていたという想定が魅力的に思えてくる．しかし現存テクストによらず，論理上の議論だけから，本来のテクストの内容や後世の追加について推測することは差し控えるべきであろう．

とはいえ，長大な第X巻を最初に読む時の工夫として，論理的に冗長な命題に時間をかけず，核心となる命題になるべく早く到達することは考えてもよいだろう．

4.4.6　中核命題群に続く部分：第6命題群

今度は第X巻の核心的部分の第4，第5命題群の後の命題を見ていこう．第6命題群は，6+6種類の無比直線のどれかと共測な直線は，同じ種類の無比直線であることを示すものである．無比直線が双名直線・切断直線の場合は，その下位分類（第1から第6）も一致する．これは直観的にも明らかな事実である．なお，和の無比直線では第1双中項直線と第2双中項直線がまとめて扱われ，差の無比直線では，第1中項切断線と第2中項切断線がまとめて扱われるため，命題数はそれぞれ1個減って5個ずつになり，この命題群に属する命題は X.66–70, 103–107 となる．

この命題群に対しては，最初の命題，すなわち第2部では双名直線に対する X.66，第3部では切断直線に対する X.103 だけを証明して，この結果と第4，第5命題群の命題を利用して残りの5個を証明することが可能である．実際このような別証明が第3部の2つの命題について伝えられている．

第2部の命題について，もう少し詳しくこの別証明を説明しよう．まず，双名直線と長さにおいて共測な直線は双名直線であることと，さらに双名直線には第1から第6までの6種の下位分類があるが，この点でも同じ分類の双名直線になることが証明されたとしよう (X.66)．次に，他の5種の和の形の無比直線の1つ，たとえば第1双中項直線 a をとり，a と共測な直線 a' を考える．a' が a と同じ種類の無比直線であることを示せばよい．$a \sim a'$ より，それらの上の正方形 $q(a), q(a')$ に対しても $q(a) \sim q(a')$ が成り立つ．そこで可述直線 t 上にこれら2つの正方形を付置した幅をそれぞれ b, b' とすれば，$b \sim b'$．すると第5命題群の命題から，b は6種の双名直線のどれか1つである．ここでは a が第1双中項直線と仮定したから b は第2双名直線である (X.61)．すると b と共測な b' も同じ種類の双名直線であり (X.66)，すると $r(t, b')$ に等しい正方形 $q(a')$ の辺は第4命題群の命題により（この例ではX.55），a と同じ種類の無比直線となる．

実際，このような別証明が，第X巻の巻末，X.115の後に2つだけ収録されている．それらは第3部の命題X.105, 106の別証明である．ヴィトラックらはこれを「領域による証明」と呼んでいる[23]．興味深いことに，アラビア・ラテンの伝承でX.105–107に対して伝えられている証明は，ギリシャ語写本で別証明として現れる「領域による証明」である[24]．

4.4.7　第7命題群

第7命題群は，可述領域と中項領域の和，または2つの中項領域の和（第3部では差）を考え，その領域に平方において相当する直線が6+6種の無比直線となることを示すものである．一見不思議な内容であるが，第X巻の根本的問題を扱う第4命題群は，双名直線・切断直線と可述直線に囲まれる長方形を提示し，これに平方において相当する直線を考察するものであった(§3.4.2参照)．たとえば双名直線は，2つの，長さにおいて非共測な可述直線 a, b $(a > b)$ の和であり，これと，別の可述直線 t が囲む長方形に等しい正方形を考察するのであった．第3部では a と b の和である双名直線の代わりに，これらの差である切断直線が提示される．

実際には，この長方形を，a と t で囲む長方形 $r(a, t)$ と，b と t で囲む長方形 $r(b, t)$ の2つに分けて考察することになる．そしてこの2つの長方形は可述直線 a, b, t のどれか2つに囲まれるから可述領域または中項領域である(X.19, 21)．したがって第4命題群の問題は，

[23] [Rommevaux-Djebbar-Vitrac 2001, 254].
[24] 命題番号はギリシャ語写本のものである．

> 2 つの可述領域または中項領域の和・差に平方において相当する直線はどのような直線か.

と書き換えることができる. これが第 7 命題群の内容に他ならない.

これは第 4 命題群の議論の書き換えにすぎないので, それほどの困難はない. まず, 2 つの領域 (以下 A, B とし $A > B$ とする) が, ともに可述領域のときはその和・差も可述領域なのでわざわざ考察する必要はなく,

(1) 一方が可述領域で他方が中項領域
(2) 両方が中項領域

の 2 つの場合を考えればよい. (1) の場合は,

(1a) 大きい方 A が可述領域で, 小さい方 B が中項領域
(1b) 大きい方 A が中項領域で, 小さい方 B が可述領域

に分けられる. 第 4 命題群と同様に, 2 つの長方形を正方形に組み立て直すことを考える. 2 つの長方形を図 3.1 (p. 74) の $r(a, t)$ と $r(b, t)$ であると考えるとよい. 第 4 命題群では, 大きい方の長方形 $r(a, t)$ は正方形の対角線上の 2 つの小正方形に等しく, 小さい方の長方形 $r(b, t)$ は残りの 2 つの長方形に等しいのであった. そこで (1a) の場合は (X.71 前半, X.108), 2 つの小正方形の和が可述領域 A, 2 つの長方形の和が中項領域 B になる. これは第 4 命題群で 1 番目と 4 番目の場合にあたる. そのどちらになるかを決めるには, 2 つの領域 A, B を可述直線 t 上に付置して得られる幅 a, b に対して, §3.4.7 (p. 79) の条件 $1'$ が成り立つかどうかを見ればよい. すなわち, 領域 $q(a) - q(b)$ に平方において相当する直線 c が a に共測なら 1 番目の場合, 非共測なら 4 番目の場合となる.

次に (1b) の場合は (X.71 後半, X.109), 2 つの小正方形の和が中項領域 A, 2 つの長方形の和が B となり, 第 4 命題群の考察では 2 番目と 5 番目の場合になる. そのどちらになるかは, (1a) と同様の条件で決まる.

最後に (2) 両方の領域が中項領域のときは (X.72, X.110), 第 4 命題群の 3 番目と 6 番目の場合になる.

以上が第 7 命題群の概要である. 命題数が第 2 部で 2 個 (X.71, 72), 第 3

部ではそれより1個多い3個 (X.108–110) である[25].

4.5 第X巻最後の部分

4.5.1 命題X.111と追加命題

本書の底本のハイベア版は第X巻に115個の命題を収めるが，X.111の系で，この巻で扱われた13個の無比直線，すなわち中項直線と6+6種の無比直線が，どれも同じものではないことが述べられ，ここで第X巻の議論は完結する．X.112以降115までの4個の命題は後から追加されたものと見ることができる[26]．さらに，多くの写本では命題115の後にもう1つの命題がある．それは正方形の辺と対角線が非共測であることの証明である．ハイベア版以前の刊本は，命題116（ハイベア版の115）の次にこの命題を命題117として収めるのが常であった．

4.5.2 命題X.111：無比直線の列挙

命題X.111では，第2部で扱われた双名直線と第3部で扱われた切断直線とが同じものにはなりえないこと，すなわち同一の直線が双名直線で，かつ切断直線となることはありえないことが証明される．そして第X巻で現れる13種類の無比直線が列挙される．この命題は第X巻の締めくくりとしてふさわしいもので，本来はこの命題で第X巻が終わっていたものと考えられる．

4.5.3 命題X.112–114：双名直線と切断直線が囲む領域

X.112–114を代数的表現によって説明しよう．双名直線を$a+b$と表そう．双名直線の定義から (X.36)，a, bは互いに共測でない可述直線である．ここで$(a+b)(a-b)=a^2-b^2$が成り立つから，切断直線$a-b$をとり，これ

[25]命題の個数が異なる原因は，第3部で2つの領域の差を扱うので，可述領域と中項領域の差を扱う場合に，可述領域の方が大きい場合 (X.108)，中項領域の方が大きい場合 (X.109) が別々の命題となっているためである．
第2部では，これに相当する場合分けがX.71の内部でなされる．

[26]ただし，アラビア・ラテンの伝承ではX.112–114は存在しないが，X.115は存在し，またX.111の系の順序に違いがある [Rommevaux-Djebbar-Vitrac 2001, 261]．詳しくはそれぞれの命題の解説を参照．

ともとの双名直線で囲む長方形を考えると，それは $a^2 - b^2$ となるから，これは可述領域である (X.114).

切断直線が双名直線とまったく同じ項を持つ $a - b$ でなくとも，双名直線の 2 項に比例し，それと共測である 2 項を持つものであれば，同じ結論が得られる．

この逆も成立する．すなわち，可述領域を双名直線 $a + b$ 上に付置すれば，その幅（得られる長方形の高さ）は切断直線であり，その 2 つの項は双名直線の 2 項と比例し，共測である (X.112)．また，可述領域を切断直線上に付置すれば，その幅は今度は双名直線になり，その 2 項は，やはり切断直線の 2 項に比例し，共測である (X.113).

どの性質も，代数公式 $(a + b)(a - b) = a^2 - b^2$ を利用すれば我々は簡単に理解できる．そして『原論』第 II 巻の命題 II.5, 6 は，少なくとも現代人にとっては，この公式に対応するものである．ところがここで問題にしている X.112–114 の議論では，第 II 巻の命題はまったく利用されない．命題 II.5, 6 はギリシャ数学の広い場面で使われる重要な命題であるから，X.112–114 の著者が誰であったにせよ，II.5, 6 の存在と，その代表的な利用例を知らなかったはずはない．したがって，命題 X.112–114 は，我々が代数的記述で理解するのとはまったく違う形で把握されていたと見ることができよう．

4.5.4　命題 X.115：中項直線から生じる無数の無比直線

命題 X.115 は底本では第 X 巻最後の命題となる．「中項直線から無数の無比直線が生じる」という命題の主張は，実は単純なことである．

中項直線 A と可述直線 B で囲まれる長方形に等しい正方形の 1 辺を G とすれば，G はこれまでのどの無比直線とも違う無比直線であり，さらに G と B で囲まれる長方形に等しい 1 辺を D とすれば，D はさらに別の無比直線であり，このようにして次々と無数の無比直線が作られる．新たに得られた直線，たとえば D がそれまでのどの直線とも異なることは，D 上の正方形を可述直線 B 上に付置して得られる幅が，直前に得られた無比直線 G であることによる ($q(\mathrm{D}) = r(\mathrm{B}, \mathrm{G})$)．これに対して，第 X 巻の議論で得られた 13 種の無比直線上の正方形を可述直線上に付置して得られる幅を考えると，中項直線からは可述直線が，それ以外6+6種の無比直線からは双名直線・切断直線が幅として得られるのであった（X.22および第5命題群のX.60–65, 97–102）．したがってDは以前のどの直線とも異なることになる[27]．

4.5.5 命題X.[117]：正方形の辺と対角線：追加された命題

底本としたハイベア版ではX.115（以前の刊本では116）が最後の命題であるが，以前の刊本ではこの後にもう1つ命題があり，命題117と称されていた．本全集でもこの命題を命題X.117と呼ぶ．

命題X.117は正方形の辺と対角線が長さにおいて非共測であることを証明する．これは重要な結果ではあるが，第X巻全体で展開されてきた無比直線の生成・分類の議論とは明らかに異質なものである．また命題の中で使われる表現などから見ても，これが後に追加されたものであることは明らかである．

具体的な証明はこの命題の翻訳とその解説を参照されたい．

4.6 補足

4.6.1 6種の双名直線，6種の切断直線の分類

分類は「提示された可述直線」に依存するのか

第X巻では，最初の定義の他に，命題X.47の後の第2定義，および命題X.84の後の第3定義が追加されている．これらは双名直線・切断直線をさらにそれぞれ6種に細分するものであるが，そこでこれらの直線を構成する2つの可述直線と，「提示された可述直線」とが長さにおいて共測であるかどうかが分類の基準の一部として採用されている．

ある直線が可述であるかどうかは，第X巻冒頭のX.定義3にあるように，基準直線と長さにおいて，または平方において共測であるかで決まる．ところが，この追加定義でいう「提示された可述直線」は，基準直線とは別にこの定義の中で提示されるものである．すると，どのような可述直線を提示す

[27]あえて代数的に表現すれば次のように述べることができる．eを第X巻定義3の基準となる直線，nを平方数でない数とし，中項直線Aを$\sqrt[4]{n}e$としよう．以下の記述を簡単にするために可述直線Bとしてeそのものをとろう．するとGは$\sqrt[8]{n}e$，Dは$\sqrt[16]{n}e$などとなり，次々と異なる無比直線が得られる．

るかによって，同一の双名直線（切断直線）の分類が異なってしまうのではないか，という疑問が生じる．

具体的な例をあげよう．基準直線を e とし，2 つの，長さにおいて非共測な可述直線 $a = 3e$ と $b = \sqrt{5}e$ を考える[28]．a 上の正方形と b 上の正方形の差に，平方において相当する直線を c とすると[29]，$c = 2e$ であり，これは a と共測である．したがって双名直線 $a + b$ および切断直線 $a - b$ は第 2 定義，第 3 定義によって，6 種の双名直線・切断直線のうち，第 1 から第 3 のどれかになる．仮に a と共測な直線を「提示された直線」とすれば，$a + b$ は第 1 双名直線，$a - b$ は第 1 切断直線である．また b と共測な直線が「提示された直線」ならば $a \pm b$ は第 2 双名直線・第 2 切断直線である．a と b のどちらとも共測でない直線（たとえば $\sqrt{3}e$）を「提示された直線」とすれば，$a \pm b$ は第 3 双名直線・第 3 切断直線である．

最初の a, b の取り方を変えて，$a = 3e, b = \sqrt{2}e$ とすれば，「提示された直線」によって $a \pm b$ は第 4, 5, 6 双名直線（切断直線）のいずれかとなる．

したがって双名直線・切断直線 $a \pm b$ が与えられたとき，それが第 1 から第 3，または第 4 から第 6 の双名直線・切断直線のどちらになるかは，a と b の関係によって決まるが，それぞれの場合に，3 種のどれになるかは a, b そのものには関係なく「提示された直線」によって決まることになる．すると，このような分類が数学的に意味があるのか，という疑問が生じるのは当然である．

分類が問題になる議論の文脈

この疑問に答えるには，第 X 巻でこの分類が実際に適用される文脈を検討する必要がある．双名直線・切断直線の 6 種類の分類は，第 2 部，第 3 部の第 3，第 4，第 5 命題群に現れる．

まず第 X 巻で最も重要な第 4，第 5 命題群を検討しよう．第 4 命題群では，6 種の双名直線・6 種の切断直線と，「提示された直線」とで囲まれる長方形を考え，これに平方において相当する直線が，第 1 命題群で定義された 6+6 種の無比直線の各々になることを示している．

---

[28] ここでは代数的に表現しているが，『原論』の言葉遣いでは a を基準直線の 3 倍の直線，b を平方において基準直線上の正方形の 5 倍の直線，と表現できる．

[29] すなわち，c 上の正方形が，a 上の正方形と b 上の正方形の差に等しいような直線 c．

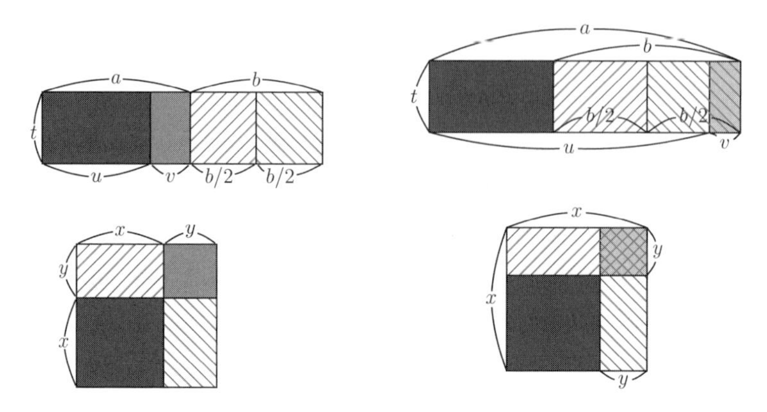

図 4.4　図 3.1（再掲）

ここでは双名直線・切断直線と，ある可述直線 t とで囲む長方形が議論の対象であり，その可述直線が「提示された直線」とされて，それが双名直線・切断直線 $a \pm b$ の構成要素の直線 a や b と共測かどうかによって，双名直線・切断直線の下位分類がなされる．実際，可述直線 t と a, b の共測・非共測性によって，長方形 $r(t,a), r(t,b)$ は異なった種類の領域になるので[30]，長方形 $r(t, a \pm b)$ を考察するという文脈では，「提示された可述直線」t と，双名直線・切断直線の構成要素 a, b の共測性・非共測性による分類は意味がある．

第 5 命題群はこの逆であり，第 1 命題群で定義された 6+6 種の無比直線の各々に対して，その上の正方形を考え，これをある（任意の）可述直線 t 上に付置すると，その幅がそれぞれ 6 種の双名直線・6 種の切断直線になるというものである．ただし双名直線・切断直線の下位分類の基準になる「提示された直線」は，付置がなされる可述直線 t そのものである．ここで注意すべきことは，付置で生じる幅がどの双名直線・切断直線となるかは，可述直線 t の選び方には依存せず，正方形を作る最初の無比直線の種類によって決定されるということである．

その理由は最終的には命題 X.20, 22 に求められる．第 5 命題群では，6+6 種の無比直線上の正方形を，2 つの領域の和または差として考察する．その 2 つの領域とは，「対角線上の 2 つの小正方形の和」および「残りの 2 つの長

[30]可述直線 t, a に対し，長方形 $r(t,a)$ は t, a が共測のとき可述領域，非共測のとき中項領域である (X.19, 21).

方形の和」であった．そしてそれぞれの領域を，与えられた可述直線 t 上に付置する（正方形全体の付置の幅は，この 2 つの領域の付置の幅の和または差となる）．

ここで X.20, 22 が意味を持ってくる．付置される領域が可述領域なら，付置の幅は直線 t に共測であり，中項領域なら付置の幅は直線 t と非共測である．これは t が可述直線でありさえすれば，t の選び方によらない．これが X.20, 22 の内容であった．したがって，これらの幅と t との共測性・非共測性は，もとの 6+6 種の無比直線の性質のみによって決まることであり，t を「提示された直線」として付置の幅が双名直線・切断直線のどの下位分類になるかを議論できることになる．

4.6.2 6+6 種の無比直線の一意性について

ここで，第 2 命題群の解説 (§4.4.5) で先送りした議論，すなわち第 2 命題群で証明される無比直線の一意性の議論の大半は，実はそこで証明する必要がないことを論じておこう．

第 4 命題群で双名直線・切断直線を可述直線上に付置することによって得られる 6+6 種の無比直線は，『原論』のテクストでは第 1 命題群で天下り的に提示され，無比直線であることが証明されて，それぞれに名前が与えられる．さらに第 2 命題群ではそれらが一意であることが証明される．すなわち和の無比直線ならば，同一の直線が 2 つの点で分割されて，どちらの分割でも同じタイプの無比直線になることはなく（ただし同じ直線を $a+b$ と $b+a$ に分割するような，自明な 2 つの分割は除外する），差の無比直線ならば，同一の直線に 2 つの付合直線が存在することはない．

この証明は第 2 命題群 (X.42–47, 79–84) で 6+6 種の個々の命題に対して行なわれるが，実は双名直線・切断直線の一意性を示す最初の命題 (X.42, 79) が示されれば，残りの 5+5 種の無比直線の一意性は，第 5 命題群の議論を利用することによって，双名直線・切断直線の一意性に帰着される．このことを説明しよう．

例として和の 6 種の無比直線の 2 番目にあたる第 1 双中項直線 AB をとり，第 5 命題群の命題 X.61 によって，AB 上の正方形を可述直線 DE 上に付置したときの幅 DH が双名直線（正確には第 2 双名直線）になることが示される

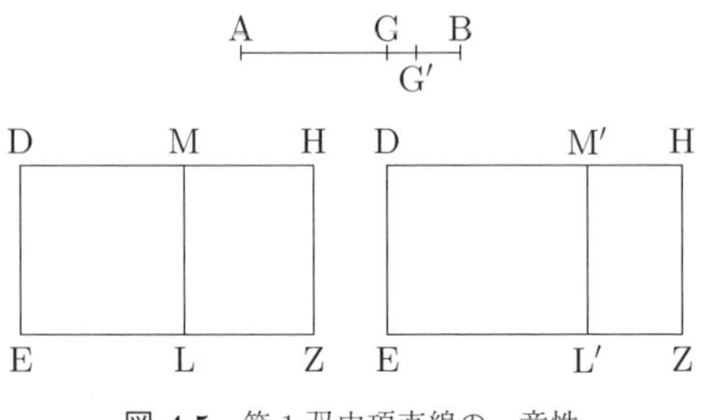

図 4.5　第 1 双中項直線の一意性

議論を見よう（図 4.5).

AB が点 G において 2 つの中項直線 AG, GB に分けられていて，第 1 双中項直線の定義から (X.37)，AG, GB は平方において共測で，AG, GB の囲む長方形は中項領域である．X.61 の議論は次のように進む．まず DE 上に全体 AB 上の正方形に等しい長方形 DZ が付置される．その幅を DH とする．幅 DH は DM と MH に分けられる．点 M を設定する議論は直前の X.60 と同じで，「前の命題と同じことが設定されたとしよう」という表現で詳細は省略される．結論だけ言えば，DM は $q(\mathrm{AG})+q(\mathrm{GB})$ を DE 上に付置した幅であり，MH は残りの $2r(\mathrm{AG},\mathrm{GB})$ を付置した幅である．そして第 1 双中項直線の性質から，DM, MH がともに可述直線で，長さにおいて非共測であることが示され，DH は M において 2 つの名前に分けられる双名直線である．

以上の議論は X.61 の証明に基づく．

この議論を第 1 双中項直線の一意性の証明に利用することを考える．以下は筆者の考案した議論である．AB が G と別の点 G′ で分けられて第 1 双中項直線になると仮定する．そして G の方が G′ よりも AB の中点に近いと仮定しよう（こう仮定しても一般性を失わない)．すると

$$2r(\mathrm{AG},\mathrm{GB}) > 2r(\mathrm{AG}',\mathrm{G}'\mathrm{B}) \tag{4.2}$$

を得る (II.5)．そこで第 1 双中項直線 $\mathrm{AG}'+\mathrm{G}'\mathrm{B}$ 上の正方形を DE 上に付置すると，直線全体は先ほどの $\mathrm{AG}+\mathrm{GB}$ と同じなので全体の幅 DH は同じである．そして先ほどと同様に DH は $q(\mathrm{AG}')+q(\mathrm{G}'\mathrm{B})$ を付置した幅 DM′ と $2r(\mathrm{AG}',\mathrm{G}'\mathrm{B})$ を付置した幅 M′H に分けられるが，ここで (4.2) により，$\mathrm{MH} > \mathrm{M}'\mathrm{H}$ となり，双名直線 DH は 2 つの点 M, M′ で 2 つの名前に分けら

れることになる[31]．双名直線の分割が一意的であれば（このことはX.42で証明される），これは不可能であり，第1双中項直線の分割も一意的である．

このように第5命題群の議論を利用すれば，第2命題群で証明される6+6種の無比直線の一意性は，和と差の無比直線のそれぞれ最初のものであった双名直線・切断直線の一意性に帰着され，第2命題群は和と差（第2部と第3部）で6個ずつの命題を証明する代わりに，1個ずつの命題を証明すれば十分ということになる．

第1命題群では6+6種の直線が無比直線であることが示されるが，この性質は，最初の双名直線・切断直線に対して証明すれば，残りの5+5種の直線については，第4命題群の議論を利用して，双名直線・切断直線の無比性に帰着できることを示した（§4.4.4の議論）．そしてここでは，第2命題群についても同様のことが言えることを示した．この2つのことから想像しうる帰結については§4.4.5で論じた．

以上でひとまず，第X巻の数学的解説を終えることにする．

---

[31] なおここで，$2r(\mathrm{AG}, \mathrm{GB}) < \frac{1}{2}q(\mathrm{AB})$ が成り立つことから $\mathrm{MH} < \frac{1}{2}\mathrm{DH}$ である．すなわちMHはDHの半分より小さく，MH′はそれよりさらに小さいので，MとM′がDHの中点をはさんで左右対称になることはなく，Mにおける分割とM′における分割は本質的に異なる分割である．

第5章

第X巻の成立と伝承

5.1　第X巻の歴史的位置付け

ここまで，出来上がった著作としての第X巻を分析してきたが，ここで展開されている無比直線・無比領域の理論の形成過程については語ってこなかった．なぜなら信頼できる資料がほとんど存在しないからである．

ここで，わずかな現存資料から知られることと未解決の問題について，主にヴィトラックの仏訳の記述を参考に，簡単にまとめておくことにする．

5.1.1　テアイテトスの業績は事実か

非共測量の理論について必ず名前が出てくるのは，テアイテトスである．彼の名前を冠したプラトンの対話篇には，少年テアイテトスが，最晩年のソクラテスに対して，非共測量に関してテオドロスから受けた授業について語る場面がある[1]．このテクストはこう始まる．

> テオドロスは，私たちに，正方形化された図形（デュナミス）のあるものについて描いて示し，正方形化された3〔平方〕尺の図形や，正方形化された5〔平方〕尺の図形が，1〔平方〕尺のものとは長さにおいて共測でないことを示しました．

[1]『テアイテトス』147d–148b.

すでにこの短い一節の解釈・翻訳に多くの議論がある[2]．続く部分でテアイテトスは，ある直線上の正方形が，正方形数となるならば（1 尺四方の正方形のような基準となる正方形の平方数倍，たとえば 4 倍や 9 倍という意味と解される），その直線を「長さ」〔において共測〕と言い，それ以外の数ならば，その直線は「デュナミス」〔において共測〕と言う，という分類を提案してソクラテスに誉められている．

テアイテトスは，整数の面積を持つ正方形の辺を，一般的に 2 つに分類していることになる．そして，テオドロスは 17 尺までの正方形を 1 つずつ議論したとテアイテトスが述べていることと対比させて，これは非共測量の理論におけるテアイテトスの業績であると考えられてきた．そしてテオドロスの個別的な議論とテアイテトスの一般的な方法がそれぞれどのようなものであったかということをめぐって，多くの憶測がなされてきた．その集大成ともいえるのがノールの博士論文 [Knorr 1975] である．

しかし，サボーはこの『テアイテトス』の一節において直線の分類として使われている「長さ」と「デュナミス」というやや不正確な術語は「長さにおいて共測」「デュナミス（平方）において共測」という正確な術語を背景にしてはじめて可能であることを指摘し，ここでテアイテトスが「発見」したという内容は既知のことであったと考えている．すなわち，テオドロスが，非共測な直線について，17 尺の正方形までの例を個別に示したのは，そこから，生徒が自ら教わるべき内容を「発見」するように仕向ける教育上の工夫であり，テアイテトスが新たな発見をしたわけではないというのである．そしてテアイテトスが非共測量について何らかの発見をしたという資料はすべて，プラトンのこの対話篇を根拠にしているのであって，テアイテトスに非共測量に関する業績を帰するのはプラトンの対話篇の誤読に由来する，と主

[2]『原論』第 X 巻での術語「デュナミス」の用法と，その語源については，すでにサボーの論考を引用して説明した (§3.3.6)．ここではプラトンの『テアイテトス』での術語の解釈について補足する．「3 尺のデュナミス」という表現は，1 尺四方の正方形の 3 倍の大きさを持つ正方形を指すが，同時に，1 尺四方の正方形の 3 倍の図形（実際には長方形であろう）を正方形化する操作が行なわれたことを意味している（そうでなければ単に「テトラゴーノン」という語を用いればよい）．続く「長さにおいて共測でない」という表現は，直線に対してのみ意味があり，正方形に対して用いることはできないはずだから，ここで正方形の辺の共測性が論じられていることになる．術語に正確を期すなら，動詞「デュナマイ」の分詞の女性形「デュナメネー」を用いて（§3.3.5 参照），「3〔平方〕尺に平方において相当する直線（デュナメネー）が，1〔平方〕尺に平方において相当する直線と，長さにおいて共測でない」と言うべきである．

張している[3].

やや極端な主張に思えるが，テアイテトスの数学的業績に関する資料は少なく，確実にプラトンの対話篇と独立な具体的な資料を見出すことは確かに困難であり，サボーの意見は傾聴に値する．

しかも，このプラトンの対話篇がテアイテトスの「発見」を語っているにしても，それはせいぜい「長さにおいて共測」と「平方において共測」の区別に関するものであり，『原論』第X巻でそれに対応するものはX. 定義1, 2の2つでしかない．第X巻の大部分を占める，13種類の無比直線の由来については何も分からないのである．

5.1.2 パッポス『「原論」第X巻への注釈』

第X巻の成立について述べる数少ない資料に，紀元後4世紀のパッポスの著作『「原論」第X巻への注釈』がある．これはアラビア語訳でのみ現存する著作で，ここではその英訳 [Pappus 1930] による．

この注釈はその冒頭で，非共測量の研究はテアイテトスによって始められたと述べる．ここにはプラトンの対話篇への言及があり，この証言自体がこの対話篇の誤読に由来するという疑念は捨てきれない（前節のサボーの主張を参照）．しかしこれに続く部分では，エウデモスに依拠して，テアイテトスが長さにおいて共測なデュナミスと非共測なデュナミスを区別した（これはプラトンの対話篇に基づくのであろう）ということの他に，無比直線を，3種類の中項（平均）によって分類したと述べられている．すなわち，中項直線は幾何中項に，双名直線は算術中項に，切断直線は調和中項に関連づけたというのである．

これは数学的には筋が通った話である．中項直線 m は，互いに非共測な2つの可述直線 u, v の囲む領域に「平方において相当する」直線で，$q(m) = r(u, v)$ によって定義されるから (X.21)，この定義から $u : m = m : v$ を得る．すなわち中項直線 m は u, v の幾何中項（すなわち比例中項）である．また双名直線 b は非共測な2つの可述直線 u, v の和であるが，最初に u, v のそれぞれ2倍をとって u', v' とすれば $b = \dfrac{1}{2}(u' + v')$ と書くことができ，u', v' の算術

[3] [サボー 1978, 61–96] を参照.

中項が双名直線である．切断直線を非共測な 2 つの可述直線の調和中項として得ることは，少し厄介な操作になるが可能である[4]．しかしこれを第 X 巻の理論の発展を伝える資料としてそのまま受け入れることは困難と思われる．とりわけ，切断直線を調和平均として得る議論はそれほど簡単ではない．中項直線・双名直線・切断直線を 3 種類の平均に関連づけることができることが見出されたのは後のことで，それがプラトンの対話篇で知られるテアイテトスに帰されたと考えることも可能なように思われる[5]．

5.1.3 正多角形・正多面体論との関連

一方，『原論』の内部で第 X 巻の無比直線の議論が利用されるのは，第 XIII 巻の正多面体論である．命題 XIII.10 では，直径が可述直線の円に内接する正五角形の辺が劣直線であることが証明され，正多面体に関しては，直径が可述直線の球に内接する正二十面体の辺が劣直線であること (XIII.16)，正十二面体の辺は切断直線であることが証明される[6]．

この種の探求，とくに『原論』で繰り返し現れる，正五角形（正十二面体は正五角形に囲まれる）と，その探求に深くかかわる外中比への分割が，第 X 巻の無比直線・無比領域の理論の展開の契機になったことは十分にありうると思われる[7]．

とくに第 X 巻で扱われる無比直線のうち，優直線（文字通りは「大きい方の直線」）と劣直線（文字通りは「小さい方の直線」）という，特異な名前を持つ直線の名称が，円に内接する正五角形に関する議論に由来するという意見は有力である．上で述べたように，直径が可述直線の円に内接する正五角形の辺は「劣直線」であり (XIII.10)，『原論』では証明されていないが，同じ正五角

[4] 2 つの u, v の調和中項を a とすれば $r(a, u+v) = 2r(u, v)$ が成り立つ．我々は代数的な計算によって $a = \dfrac{2uv}{u^2 - v^2}(u - v)$ を得ることができる．また『原論』の議論を用いるなら $2r(u, v)$ は可述領域で (X.19)，これを双名直線 $u+v$ の上に付置した幅が a であるから，X.112 によって a は切断直線である．ただし X.112 はアラビア・ラテンの伝承には存在せず，本来の『原論』にあったかどうかは疑わしい．

[5] 仏訳者のヴィトラックも，3 種類の平均と無比直線の発見を結びつける議論には，パッポスによる編集の可能性などをあげて，留保を表明している．仏訳 3:78–79 を参照．

[6] 劣直線の定義は X.76，切断直線の定義は X.73 にある．この解説の §3.4.7 も参照．

[7] 正五角形に関連する命題は，その作図にかかわる IV.10, 11，正十二面体の議論の準備となる XIII.8–11 があり，正五角形とも関連する外中比への分割（またはそれと等価な作図）は II.11, VI.30, XIII.1–6 で扱われる．そして正十二面体は XIII.17 で作図される．

形の対角線は優直線なのである[8].

もちろん『原論』第X巻における13種類の無比直線（中項直線および6+6種の無比直線）の扱いは，正多角形・正多面体の議論に必要な範囲を越えるものであるが，それは「根本的問題」に関する議論で示したとおり，まとまった形で理論を提示するための形式の整備の結果であると見ることができよう．正多角形・正多面体の議論が何らかの形で第X巻の発展と関連することは間違いないと思われる．

5.2 第X巻のテクストの伝承について

前節では第X巻の成立過程に関する議論を検討したが，今度は，エウクレイデスによって完成したとされるテクストが，現存写本の形で我々に伝わるまでに，どのような変容を蒙った可能性があるかを考えよう．

本全集はハイベアによる校訂版を底本とし，ギリシャ語写本間の異同については，必要に応じてその箇所ごとに解説することを原則とするが，第X巻については底本が依拠したギリシャ語諸写本と，アラビア・ラテンの伝承が大きく異なるという問題があり，これを無視することはできない．このような大きな異同があるということは，現存ギリシャ語写本とアラビア・ラテンの伝承の少なくとも一方が，後世の編集によって内容を変えていることを意味するからである．

ギリシャ語写本の伝承が優れていると信じたかったハイベアには気の毒だが，アラビア・ラテンの伝承の方が，しばしば『原論』の本来の形に近いテクストを伝えることが近年の研究によって確認されている[9].

第X巻に関しては [Rommevaux-Djebbar-Vitrac 2001] が詳細な調査を行なっていて，第X巻におけるギリシャ語写本とアラビア・ラテンの伝承の相違は，この論文からその全貌を知ることができる．

その結論を要点だけ述べれば次のようになる．

[8] 仏訳 3:73–86，とくに 81–82 を参照．

[9] 本全集第1巻の解説 (pp. 56–58) を参照．また『原論』第V巻については本全集第1巻 §8.6 で，アチェルビの研究に依拠して，アラビア・ラテンの伝承が優れている例を示した．この種の研究の発端となったのはノールによる第XI巻の最後の4命題と第XII巻の研究 [Knorr 1996] である．[Vitrac 2012] は最新の研究状況を紹介する．これらの研究は本全集第3巻でも紹介することになる．

1. 第X巻に数多く見られる系・補助定理・注釈，および最後の追加命題X.112–114は，わずかな例外を除いてはアラビア・ラテンの伝承には含まれない．これらは基本的に後世の追加と考えるべきである．

2. アラビア・ラテンの伝承も大きく2つの系統に分かれる（Aグループ，Bグループと呼んでいるので，その呼称を本全集でも利用する）．Aグループには Teheran Malik 3586 など多くのアラビア語写本，トゥーシー版，クレモナのゲラルドのラテン語訳が属し，一方Bグループを構成するアラビア語写本は St. Petersburg C 2145 のみであり，ラテン語訳ではチェスターのロバート版（以前誤ってアデラードに帰され，Adelard II と呼ばれていたもの），それを継承するカンパヌス版がこれに近い[10]．

3. 第X巻冒頭の定義3では，可述直線とは，基準直線に対して「長さまたは平方において」共測な直線であるが，アラビア・ラテンの伝承では，単に基準直線に対して共測な直線が可述と訳されている[11]．

4. 命題X.35までの部分（本巻では第1部と呼んでいる）には，アラビア・ラテンの伝承に存在しない命題，順序の異なる命題が少なくない．これらの相違も，その多くは，現存ギリシャ語写本が後世の改変を受けているためと考えられる．

   ギリシャ語写本と比較して，アラビア・ラテンの伝承のとりわけ注目すべき相違は次のとおりである．なお，命題番号はすべて底本としたハイベア版のものである．

   (a) 命題X.7, 8は存在しない．

   (b) 命題X.10とX.11の順序が逆．

   (c) 命題X.13, 16は存在しない．

   (d) X.17が命題X.14の直後に続く．

---

[10] なお，『原論』アラビア語写本の分類はこれが唯一のものでない．[De Young 2004] は他の巻も検討し，非常に詳細な分類を行なっている．

[11] [Rommevaux-Djebbar-Vitrac 2001] の付録2を参照．この不適切な翻訳は中世ラテン世界での『原論』の伝承に引き継がれている．これについては [ロムヴォー 2014] 参照．

(e) 以上のことから命題X.12, 15は連続するが，この2命題がBグループの一部ではX.9の直後にくる．

(f) 命題X.24, 27, 28はBグループには存在しない．

(g) 命題X.31は2つの場合ごとに別の命題となっている．

(h) 命題X.32は最初の場合はBグループには存在しない．Bグループの一部ではどちらの場合も存在しない．

アラビア・ラテンの伝承に存在しない内容は，そのすべてとは言わないまでも，かなりの部分が本来の『原論』に存在しなかった可能性がある．逆に言えば，これまで我々はギリシャ語写本に基づいて，かなり水増しされた『原論』を読んできたのかもしれない．

5. これに対して，本全集で第X巻第2部，第3部と呼んでいる部分については，補助定理などがアラビア・ラテンの伝承に一切ないことを別とすれば，命題そのものの有無や順序に相違はない．訳者の見るところ，これはこの部分が6個ずつの命題群からなり，論理的に改変が困難な構造を持つからであろう．

6. 第X巻は6個の命題が1つの命題群をなし，よく似た議論が繰り返されるが，一部の命題群では，アラビア・ラテンのBグループで，極端に簡略化されている（たとえば第3部第3命題群のX.85–90）．Bグループがいわば縮約版なのか，逆にAグループとギリシャ語写本の証明が後世の補充なのかという問題が生じるが，この問題についての結論は保留されている．

7. ただし，ギリシャ語写本とアラビア・ラテンの伝承との相違の中には，X.105, 106の証明が，アラビア・ラテンの伝承では，ギリシャ語写本の別証明と同じものであるなど[12]，アラビア・ラテンの伝承が本来の形に近いとは考えにくいものも存在し，第X巻のテクスト伝承は簡単ではない．

[12] これら2命題の別証明は第X巻の最後に収録されている．本巻§4.4.6およびpp. 504ff. 参照．なお，別証明の存在や証明が別の議論で代替されるテクストの異同については[Vitrac 2004]が詳細な研究を行なっている．

論文全体の結論としては，ノールの [Knorr 1996] における主張が，基本的には第 X 巻にもあてはまるとしている．したがって，ギリシャ語写本の内容の一部がアラビア・ラテンの伝承に欠けているのは，その部分が後世の追加だからであり，アラビア・ラテンの伝承は，追加の少ない古い写本の忠実な翻訳である，と説明される．しかし上であげたように，第 X 巻の状況はそれほど単純ではないことも強調している．

なお，アラビア・ラテンの伝承が，A グループと B グループで異なっていて，A グループの内容が現存ギリシャ語写本に一致する場合が少なからずある．この場合は B グループに改変があったと考えるのがテクスト校訂の常道であるが，現存ギリシャ語写本（最も古いものは 9 世紀）に近い内容を持つギリシャ語写本もアラビアに伝わっていたと考えれば，この場合でも B グループが本来に近い形を伝えている可能性がある [Rommevaux-Djebbar-Vitrac 2001, 272–273].

5.3　第 X 巻の研究，解説

第 X 巻解説の冒頭で，シモン・ステヴィンの「数学者の十字架」という言葉を紹介し，訳者はそれを否定した (p. 59)．とはいえ数学史の観点からは，なお解明できていないことは多い．この解説では触れなかったが，第 X 巻で用いられるギリシャ語の表現は，『原論』の他の巻と異なる特徴があり，第 X 巻内部でも語法は均一でない．第 2 部と第 3 部の命題は論理的にほぼ 1 対 1 に対応するが，対応する命題内部に立ち入って，その論証構造や語法を検討すると，必ずしも対応は見られないのである．簡単に言えばこういうことである．第 2 部をコピー・アンド・ペーストして，語句を変更すれば第 3 部のほとんどの命題を作れる（その逆も可能である）のだが，そうはなっていないのである．このような論証や語法のゆらぎは，第 X 巻の成立あるいは伝承の過程に原因があるとも考えられるが，それを解明し，第 X 巻の成立と伝承について整理された結論がいつ得られるかは，明らかでないし，そもそもいずれそういった結論が得られるのかどうかでさえも現時点では確実ではない．その意味でこの巻は，数学者ではなく，数学史の研究者が背負うべき十字架なのかもしれない．

その一方で，数学史の対象として第X巻はきわめて魅力的であるらしく，少なくない研究者がこの巻について著作を発表している．第X巻を読むと，自分が気づいたことを発表したいという衝動を押さえるのは難しいのであろう．この解説では，[Knorr 1985] を全体の解釈の基礎とし，アラビア・ラテンの伝承での異同を [Rommevaux-Djebbar-Vitrac 2001] に基づいて紹介し，仏訳者ヴィトラックの注釈および研究を利用したが，他にも比較的最近のものだけで，[Taisbak 1982], [Murata 1992], [Fowler 1992] があることを付記しておく．

『原論』
VII–X巻

斎藤 憲（訳・解説）

第VII巻

第 VII 巻概要

1. （定義 1, 2） 単位および数の定義.
2. （定義 3–5） 単部分および複部分，多倍の定義.
3. （定義 6–11） 偶数・奇数などの定義.
4. （定義 12–15） 素数，互いに素，合成数，互いに合成的な数の定義.
5. （定義 16–20） 多倍（乗法）の定義．平面数，立体数，正方形数，立方体数の定義.
6. （定義 21, 22） 比例の定義．相似平面数，相似立体数の定義.
7. （定義 23） 完全数の定義.
8. （命題 1–3） 相互差引（ユークリッドの互除法）による最大共通尺度の決定.
9. （命題 4–14） 比例に関する基本的命題の証明.
10. （命題 15–19） 多倍（乗法）と比例との関係に関する定理．多倍の交換則を含む.
11. （命題 20–22） 同じ比を持つ数の組のうちで最小のものについての定理.
12. （命題 23–32） 素数，および互いに素であることについての定理群.
13. （命題 33–36） 複数の数が測る最小の数（最小公倍数）の決定法，およびこれに関する定理.
14. （命題 37–39） 同じ呼び名の単部分，同じ呼び名の数に関する定理群.

1. 整数論での対象である「数」が定義される．なお，数はその定義において「多」であるため，現代的な意味で 2 以上の自然数のみが「数」であり，1 は「単位」と呼ばれる．

2. 「単部分」は約数に，「多倍」は倍数に相当する概念である．「複部分」は比例に関する命題を証明するためにのみ利用される（命題 4–14）．

3. 偶数・奇数，さらに偶数倍の偶数・偶数倍の奇数などの術語が定義されるが，これらは第 IX 巻の命題 21–34（いわゆる小石の数論）にのみ現れる．

4. 素数，互いに素，合成数といった術語が定義される．

5. 多倍（乗法）は，加法の繰り返しとして定義される．平面数，立体数は 2 数，3 数を互いに多倍して得られる数として定義される．とくに同じ数を多倍して得られる数が正方形数，立方体数である．

6. 比例関係は第 V 巻（V. 定義 5）とは別に，「等多倍，または同じ単部分，または同じ複部分」として定義される．なお，単部分，複部分は定義 3, 4 で定義されているが，それらが「同じ」であることの定義はなく，その概念は命題の証明から了解することになる．

   平面数，立体数で，それを構成する数（辺と呼ばれる）が比例するものが相似平面数，相似立体数と呼ばれる．

7. $6 = 1 + 2 + 3$ のように，ある数の単部分の和が，その数自身に等しい数が完全数である．完全数は命題 IX.36 で扱われる．

8. 2 数の最大共通尺度（最大公約数）を，相互差引（ユークリッドの互除法）の手続きで決定し，3 数の最大共通尺度を扱う．

9. 比例に関する基本的命題は，証明の準備として「同じ単部分」「同じ複部分」の性質を論じる部分（命題 4–10）と，それを利用して実際に比例に関する命題を証明する部分（命題 11–14）に分かれる．

10. 多倍（乗法）の交換則が比例の議論を利用して証明され，さらに比例と多倍との関係に関する命題が証明される.

11. これらはきわめて重要な命題である. $3:2=6:4=9:6$ のように, 同じ比を持つ数の組に対して, 最小のものは互いに素で, 他の数の組を測る (割り切る) ことなどが示される.『原論』では, 素数や「互いに素」に関連する証明は, ほとんどこれらの命題に依存して行なわれる.

12. 素数や「互いに素」に関する種々の命題が展開される.

13. 現代の術語での最小公倍数に相当する数を決定する手続きが説明される.

14. 「同じ呼び名」という, 耳慣れない術語が導入され, 関連する定理が証明される. この部分は他の部分から完全に孤立していて, 第 VII 巻の末尾という位置から見ても, 後から追加された可能性がある.

定　義

1. 単位とは存在するものの各々がそれによって「一」と言われるものである.

2. また数とは単位を合わせた多である.

解　説

「単位」および定義 4 の「数」については §2.1.1 を参照.

3. 数が数の, 小さな数が大きな数の, 単部分であるとは, 〔小さな数が〕大きな数を測り切るときである.

4. また測り切らないときは複部分である.

5. また大きな数が小さな数の多倍であるのは, 小さな数によって測り切られるときである.

解　説

「単部分」は約数に相当する概念であるが，「小さな数が大きな数の」という限定がついているため，任意の数は，その数自身の単部分ではない．多倍についても，任意の数はその数自身の多倍でない．

「測り切る」（および「測る」）という術語については §2.1.2 を，「単部分」および定義 4 の「複部分」については §2.1.3 を参照．

6. 偶数とは，2 等分される数である．

7. また奇数とは，2 等分されない数，あるいは単位だけ偶数と異なる数である．

8. 偶数倍の偶数とは，偶数によって偶数〔の中の単位〕ごとに測られる数である．

9. また偶数倍の奇数とは，偶数によって奇数〔の中の単位〕ごとに測られる数である．

[10. 奇数倍の偶数とは，奇数によって偶数〔の中の単位〕ごとに測られる数である.]

11. また奇数倍の奇数とは，奇数によって奇数〔の中の単位〕ごとに測られる数である．

解　説

定義 6 から定義 11 では，偶数，奇数という我々にも馴染みのある術語に加えて，「偶数倍の偶数」などの術語が定義される．これらの術語が現れるのは命題 IX.21–34 の，いわゆる「小石の数論」の部分のみである（小石の数論に関しては §2.4.2 を参照）．この部分を除けば，『原論』第 VII 巻から第 IX 巻までの整数論に「偶数」「奇数」という言葉は一度も現れない．

12. 素数とは，単位によってのみ測られる数である．

13. 互いに素な数とは，共通の尺度としては単位によってのみ測られる数である．

14. 合成数とは，何らかの数によって測られる数である．

15. また互いに合成的な数とは，共通な尺度として何らかの数に測られる数である．

解　説

素数，互いに素，合成数（素数でない数）が定義される．これらの定義は「測る」という概念に依存していて，乗法の定義より先に現れる．

16. 数が数を多倍すると言われるのは，その〔多倍する〕数の中に単位があるのと同じ回数だけ，多倍される数が加えられて何らかの数が作られるときである．

解　説

ここでようやく乗法が加法の繰り返しとして定義される．乗法が議論の対象になるのは VII.15 以降であり，最初に乗法の交換則が証明される．詳しくは §2.5.2 を参照．

なお,命題の証明において,この定義と乗法の交換可能性 (VII.16) が同時に使われる場合は **[VII. 定義 16]**[**VII.16**] とする代わりに **[VII. 定義 16*]** と，アステリスクを付して表示した．詳しい説明は命題 VII.22 への脚注 25 を参照．

17. また 2 数が互いを多倍して何らかの数を作るとき，生じる数は平面数と呼ばれ，また互いに多倍する数はその辺と呼ばれる．

18. また 3 数が互いを多倍して何らかの数を作るとき，生じる数は立体数であり，また互いを多倍する数はその辺と呼ばれる．

19. 正方形数とは，等多倍の等しい数，あるいは 2 つの等しい数に囲まれる数である．

20. また立方体数とは，等多倍の等しい数の等多倍，あるいは 3 つの等しい数に囲まれる数である．

解　説

平面数，立体数，正方形数，立方体数の定義そのものは容易に理解できる．平面数，立体数という術語が現れるのは，この後の定義 22 で定義される相似平面数，相似立体数に関する議論に限られると言ってよい．その概要は §2.3.3 以下を参照．

立体数は「3 数が互いを多倍して何らかの数を作る」ことによって定義されるが，相似立体数に関する議論を別にすれば，3 つ以上の数の積が『原論』の整数論で扱われることはほとんどない．これについては §2.6.1 を参照．

なお，2 数の積である点では平面数（定義 17）と合成数（定義 14）とは同じものであるが，上で述べたように平面数という術語は「相似平面数」に関する議論のみで現れる．これに対して合成数は，その数を測る別の数があるかどうかという観点から名付けられたもので，素数でない数が合成数である．

21. 数が比例するとは，第 1 が第 2 の，第 3 が第 4 の等多倍であるか，同じ単部分であるか，同じ複部分であるときである．

解　　説

『原論』の整数論では比と比例は非常に大きな役割を果す．この定義については §2.2.2 以下の解説を参照されたい．

22. 相似平面数および立体数とは，比例する辺を持つ数である．

解　　説

相似平面数，相似立体数が『原論』で注目されるのは，2 数が相似平面（立体）数であることが，2 数の間に 1 つ（2 つ）の比例中項が存在するための必要十分条件になるからである（VIII.18–21, §2.3.4 を参照）．ただしこの性質を利用する『原論』の議論には混乱が見られる（VIII.22 以下．§2.3.5 を参照）．

23. 完全数とは，その単部分〔の和〕に等しい数である．

解　　説

完全数は $6 = 1 + 2 + 3$, $28 = 1 + 2 + 4 + 7 + 14$ のように，その単部分（約数）の和に等しい数である．完全数に関する議論は数論諸巻の最後の命題 IX.36 に現れる．

1

等しくない 2 数が提示されて，またそれらの小さい方の数が大きい方の数からつねに相互に取り去られるとき，もし残された数が決してその直前の数を測り切ることがなく，単位が残されるに至るならば，最初の 2 数は互いに素になる．

というのは，2つの [等しくない] 数 AB, GD の小さい方の数が大きい方の数からつねに相互に取り去られるとき，残された数が決して直前の数を測り切ることがなく，単位が残されるに至るとしよう．私は言う，AB, GD は互いに素である，すなわち AB, GD を単位のみが測る．

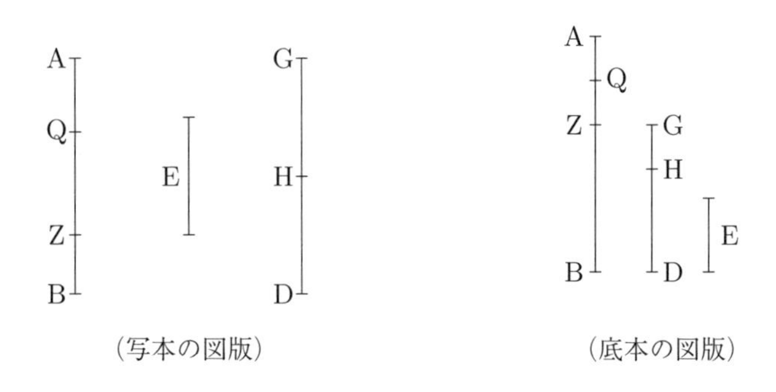

（写本の図版）　（底本の図版）

というのは，もし AB, GD が互いに素でないならば，何らかの数がそれらを測ることになる．測るとし，〔その数を〕E としよう．そしてまず GD が BZ を測って，それ自身より小さい ZA を残すとし，また AZ が DH を測って，それ自身より小さい HG を残すとし，また HG が ZQ を測って，単位 QA を残すとしよう．

すると，E は GD を測り，また GD は BZ を測るから，ゆえに，E は BZ をも測る[1]．また全体 BA をも測る．ゆえに，残りの AZ をも測ることになる．また AZ は DH を測る．ゆえに，E も DH を測る．また全体 DG をも測る．ゆえに，残りの GH をも測ることになる．また GH は ZQ を測る．ゆえに，E も ZQ を測る．また全体 ZA をも測る．ゆえに，〔E は〕残りの単位 AQ をも測り，しかも〔E は〕数である．これは不可能である．ゆえに，数 AB, GD を何らかの数が測ることにはならない．ゆえに，AB, GD は互いに素である．これが証明すべきことであった．

2

互いに素でない 2 数が与えられたとき，それらの最大共通尺度を見出すこと．

---

[1] ここでは E | GD と，GD | BZ から，E | BZ が結論されている．すなわち，測るという術語そのものが定義されていないだけでなく，測ることについての種々の性質も証明なしに使われているのである．これについては §2.1.2 の解説を参照．

互いに素でない与えられた2数をAB, GDとしよう．そこでAB, GDの最大共通尺度を見出さねばならない．

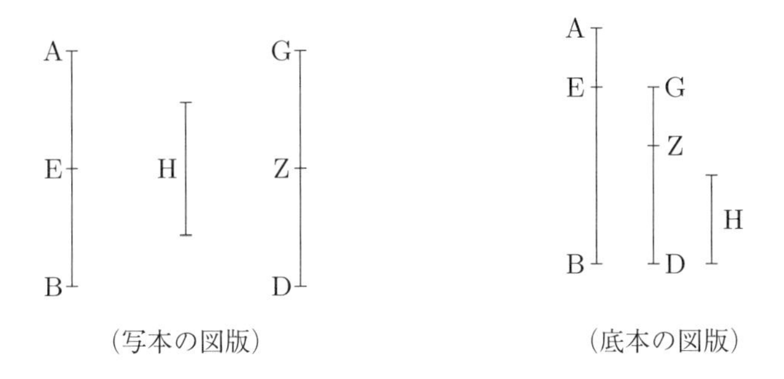

(写本の図版)　(底本の図版)

するとまず，もしGDがABを測るならば，またそれ自身をも測るから，ゆえに，GDはGD, ABの共通尺度である．そして最大でもあることは明らかである──というのはGDより大きいどの数もGDを測ることにはならないから．

また，もしGDがABを測らないならば，AB, GDの小さい方の数が大きい方の数からつねに相互に取り去られるとき，何らかの数が残され，それはその直前の数を測ることになる．というのは，まず単位が残されることにはならない．また，もしそうでない〔すなわち単位が残る〕ならば，AB, GDは互いに素になるが **[VII.1]**，これは仮定されていない．ゆえに，何らかの数が残され，それはその直前の数を測ることになる．そしてまずGDがBEを測って，それ自身より小さいEAを残すとし，またEAがDZを測って，それ自身より小さいZGを残すとし，またGZはAEを測るとしよう．すると，GZはAEを測り，またAEはDZを測るから，ゆえに，GZはDZをも測ることになる．また〔GZは〕それ自身をも測る．ゆえに，全体GDをも測ることになる．またGDはBEを測る．ゆえに，GZもBEを測る．また〔GZは〕EAをも測る．ゆえに，全体BAをも測ることになる．また〔GZは〕GDをも測る．ゆえに，GZはAB, GDを測る．ゆえに，GZはAB, GDの共通尺度である．そこで私は言う，最大でもある．というのは，もしGZがAB, GDの最大共通尺度でないならば，何らかの数が数AB, GDを測ることになり，しかも〔その数は〕GZより大きい．測るとし，〔その数を〕Hとしよう．

するとHはGDを測り，またGDはBEを測るから，ゆえに，HはBEをも測る．また〔Hは〕全体BAをも測る．ゆえに，残りのAEをも測ることになる．またAEはDZを測る．ゆえに，HはDZをも測る．また〔Hは〕全体DGをも測る．ゆえに，残りのGZをも測ることになる．すなわち大きい数が小さい数を〔測る〕．これは不可能である．ゆえに，何らかの数が数AB, GDを測り，しかも〔その数が〕GZより大きいことにはならない．ゆえに，GZはAB, GDの最大共通尺度である．[これが証明すべきことであった.][2]

解　説

第VII巻は与えられた2数の最大共通尺度（最大公約数）を求める方法を示す命題で始まる．2数が互いに素で，最大共通尺度が単位1である場合 (VII.1) と，それ以外の場合 (VII.2) で別々に議論されているが，議論は本質的に同じで，相互差引（いわゆるユークリッドの互除法）が使われる．議論の詳細については§2.2.1を参照．

系

そこでこのことから次のことが明らかである，数が〔別の〕2数を測るならば，それらの最大共通尺度をも測ることになる．これが証明すべきことであった[3].

3

互いに素でない3数が与えられたとき，それらの最大共通尺度を見出すこと．

与えられた互いに素でない3数をA, B, Gとしよう．そこでA, B, Gの最大共通尺度を見出さねばならない．

[2]この命題は最大共通尺度GZを見出す問題であるが，その最後が「これが証明すべきことであった」で終わっている．これは定理の最後の表現である．そのため底本の校訂者ハイベアはこれを挿入と考えたのであろう．

[3]この「これが証明すべきことであった」はP写本にのみ見られ，テオン版にはない．

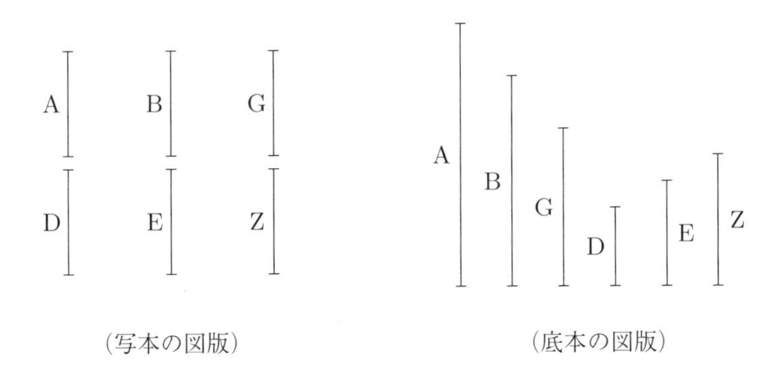

（写本の図版）　（底本の図版）

というのは，2 数 A, B の最大共通尺度 D がとられたとしよう [**VII.2**]．そこで，D は，G を測るか，あるいは測らないかである．はじめに測るとしよう．また〔D は〕A, B をも測る．ゆえに，D は A, B, G を測る．ゆえに，D は A, B, G の共通尺度である．そこで私は言う，最大でもある．というのは，もし D が A, B, G の最大共通尺度でないならば，何らかの数が数 A, B, G を測ることになり，しかも〔その数は〕D より大きい．測るとし，〔その数を〕E としよう．すると，E は A, B, G を測るから，ゆえに，A, B をも測ることになる．ゆえに，A, B の最大共通尺度をも測ることになる [**VII.2 系**]．また A, B の最大共通尺度は D である．ゆえに，E は D を測る．すなわち大きい数が小さい数を〔測る〕．これは不可能である．ゆえに，何らかの数が A, B, G を測り，しかも〔その数が〕D より大きいことにはならない．ゆえに，D は A, B, G の最大共通尺度である．

そこで，D は G を測らないとしよう．最初に私は言う，G, D は互いに素でない．というのは，A, B, G は互いに素でないから，何らかの数がそれらを測ることになる．そこで，A, B, G を測る〔この〕数は A, B をも測り，A, B の最大共通尺度 D をも測ることになる [**VII.2 系**]．また〔この数は〕G をも測る．ゆえに，数 D, G を何らかの数が測ることになる．ゆえに，D, G は互いに素でない．すると，それらの最大共通尺度 E がとられたとしよう [**VII.2**]．すると E は D を測り，また D は A, B を測るから，ゆえに，E は A, B をも測る．また〔E は〕G をも測る．ゆえに，E は A, B, G を測る．ゆえに，E は A, B, G の共通尺度である．そこで私は言う，最大でもある．というのは，もし E が A, B, G の最大共通尺度でないならば，何らかの数が A, B, G を測ることになり，しかも〔その数は〕E より大きい．測るとし，〔その数を〕Z としよう．すると Z は A, B, G を測るから，A, B をも測る．ゆえに，A, B の最大共通尺度をも測ることになる **[VII.2 系]**．また A, B の最大共通尺度は D である．ゆえに，Z は D を測る．また G をも測る．ゆえに，Z は D, G を測る．ゆえに，D, G の最大共通尺度をも測ることになる **[VII.2 系]**．また D, G の最大共通尺度は E である．ゆえに，Z は E を測る，すなわち大きい数が小さい数を〔測る〕．これは不可能である．ゆえに，A, B, G を何らかの数が測り，しかも〔その数が〕E より大きいことにはならない．ゆえに，E は A, B, G の最大共通尺度である．これが証明すべきことであった[4]．

解　説

2 数の最大共通尺度を求める直前の命題 VII.2 を利用して，3 数の最大共通尺度を求める命題である．手続きそのものは単純であるが，得られた数が最大共通尺度であることの証明に議論の大部分が費やされる．とくに，最大であることの証明のために，それより大きい共通尺度（前半では E，後半では Z）の存在を仮定して帰謬法を適用する．これは数論諸巻で繰り返し用いられる論法である．

4

あらゆる数はあらゆる数の，小さい方の数が大きい方の数の，単部分または複部分である．

2 数を A, BG とし，小さい方を BG としよう．私は言う，BG は A の単部分または複部分である．

---

[4]テオン版では「これがなすべきことであった」となっている．なお，一部のテオン版写本には，この後に次のような系がある．

> そこでこのことから次のことが明らかである，もし数が 3 数を測るならば，それらの最大共通尺度をも測ることになる．また同様に，もっと多くの数が与えられて互いに素でないときも，それらの最大共通尺度が見出され．この系も成り立つことになる．

ただしこの系はテオン版でしばしば最良の読みを与える F 写本には含まれない．

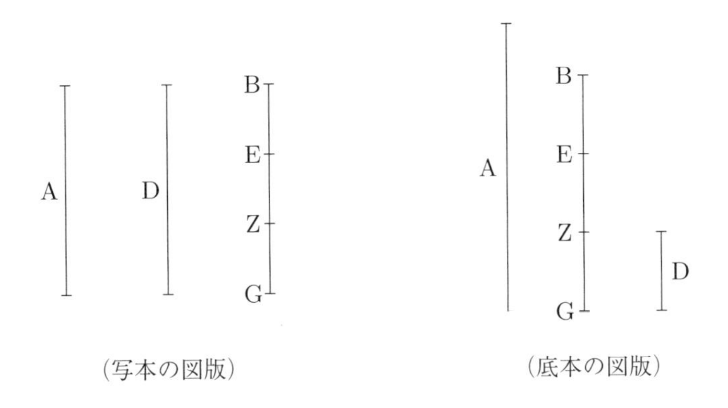

（写本の図版）　（底本の図版）

というのは，A, BG は互いに素であるか，またはそうでない．はじめに A, BG が互いに素であるとしよう．そこで，BG がその中にある単位に分けられたとき，BG の中の各々の単位は A の何らかの単部分になる．したがって，BG は A の複部分である．

そこで，A, BG は互いに素でないとしよう．そこで，BG は A を測るか，あるいは測らないかである．するとまず，もし BG が A を測るならば，BG は A の単部分である．また，もしそうでないならば，A, BG の最大共通尺度 D がとられたとし **[VII.2]**，BG が D に等しい BE, EZ, ZG に分けられたとしよう．そして，D は A を測るから，D は A の単部分である．また D は BE, EZ, ZG の各々に等しい．ゆえに，BE, EZ, ZG の各々も A の単部分である．したがって，BG は A の複部分である．

ゆえに，あらゆる数はあらゆる数の，小さい方の数が大きい方の数の単部分または複部分である．これが証明すべきことであった．

解　　説

本命題から命題 VII.10 までは，同じ単部分，同じ複部分の性質に関する命題が展開される．これらの議論の特徴については，とくに VII.5 をとりあげて §2.5.1 で解説した．

5

もし数が数の単部分であり，別の数が別の数の同じ単部分であるならば，両方〔の和〕も両方〔の和〕の単部分になり，それは 1 つ〔の数〕が 1 つ〔の数〕の単部分〔であるの〕と同じ〔単部分〕になる．

というのは，数 A が [数]BG の単部分であり，別の〔数〕D が別の〔数〕EZ の単部分であり，それは A が BG の単部分〔であるの〕と同じ〔単部分〕であるとしよう．私は言う，A, D 両方〔の和〕も BG, EZ 両方〔の和〕の単部分であり，それは A が BG の単部分〔であるの〕と同じ〔単部分〕である．

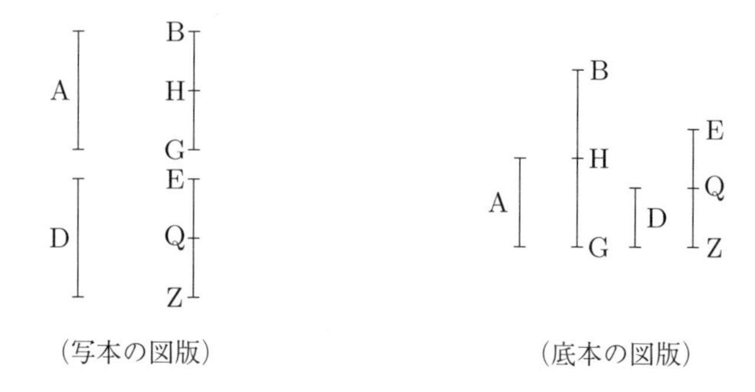

（写本の図版）　（底本の図版）

というのは，A が BG の単部分であるのと，D も EZ の同じ単部分であるから，ゆえに，BG の中にある A に等しい数と同じ〔個数〕だけ，EZ の中にも D に等しい数がある．まず BG が A に等しい BH, HG に分けられたとし，また EZ が D に等しい EQ, QZ に分けられたとしよう．そこで BH, HG の個数は EQ, QZ の個数に等しくなる．そしてまず BH は A に等しく，また EQ は D に等しいから，ゆえに，BH, EQ〔の和〕も A, D〔の和〕に等しい．そこで同じ議論によって，HG, QZ〔の和〕も A, D〔の和〕に〔等しい〕．ゆえに，BG の中にある A に等しい数と同じ〔個数〕だけ，BG, EZ〔の和〕の中にも A, D〔の和〕に等しい数がある．ゆえに，BG が A の多倍であるのと同じ〔回数〕だけ，BG, EZ 両方〔の和〕も A, D 両方〔の和〕の多倍である．ゆえに，A が BG の単部分であるのと，A, D 両方〔の和〕も BG, EZ 両方〔の和〕の同じ単部分である．これが証明すべきことであった．

解　説

本命題の議論については解説の §2.5.1 を参照．

6

もし数が数の複部分であり，別の数が別の数の同じ複部分であるならば，両方〔の和〕も両方〔の和〕の複部分であり，それは1つが1つの複部分〔であるの〕と同じ〔複部分〕になる．

というのは，数ABが数Gの複部分であり，別の〔数〕DEも別の〔数〕Zの複部分であり，それはABがGの複部分〔であるの〕と同じ〔複部分〕であるとしよう．私は言う，AB, DE両方〔の和〕もG, Z両方〔の和〕の複部分であり，それはABがGの複部分〔であるの〕と同じ〔複部分〕である．

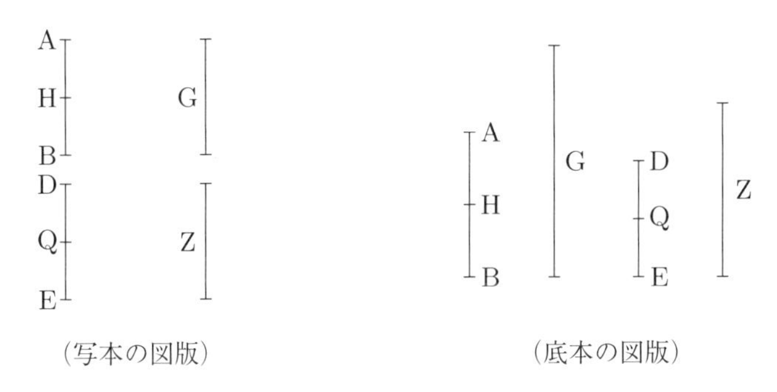

（写本の図版）　（底本の図版）

というのは，ABがGの複部分であるのと，DEもZの同じ複部分であるから，ゆえに，ABの中にあるGの単部分と同じ〔個数〕だけ，DEの中にもZの単部分がある．まずABがGの複数の単部分AH, HBに分けられたとし，またDEがZの複数の単部分DQ, QEに分けられたとしよう．そこでAH, HBの個数はDQ, QEの個数に等しくなる．そしてAHがGの単部分であるのと，DQもZの同じ単部分であるから，ゆえに，AHがGの単部分であるのと，AH, DQ両方〔の和〕もG, Z両方〔の和〕の同じ単部分である **[VII.5]**．そこで同じ議論によって，HBがGの単部分であるのと，HB, QE両方〔の和〕もG, Z両方〔の和〕の同じ単部分である．ゆえに，ABがGの複部分であるのと，AB, DE両方〔の和〕もG, Z両方〔の和〕の同じ複部分である．これが証明すべきことであった．

解　説

本命題ではGの複部分ABがそれを構成する単部分AH, HBに分けられる（DE も同様である）．命題中で「AB が G の複数の単部分 AH, HB に分けられたとし」と訳した部分の「複数の単部分」に相当するギリシャ語は「メレー」であり，これは「メロス＝単部分」の複数形で，通常は「複部分」と訳している．ここでは「メロス＝単部分」が複数あるので，複数形が使われているにすぎず，「複部分」という訳は適切ではないので，訳語を変更した．同様の用例は VII.8, 10, 20, 39 にある．

7

もし数が数の単部分であり，それは〔その単部分は〕取り去られる〔数〕が取り去られる〔数〕の単部分〔であるのと同じ単部分〕であるならば，残りも残りの単部分になり，それは全体が全体の単部分〔であるの〕と同じ〔単部分〕になる．

というのは，数 AB が数 GD の単部分であり，それは〔その単部分は〕，取り去られる AE が取り去られる GZ の単部分〔であるのと同じ単部分〕であるとしよう．私は言う，残りの EB も残りの ZD の単部分であり，それは全体 AB が全体 GD の単部分〔であるの〕と同じ〔単部分〕である．

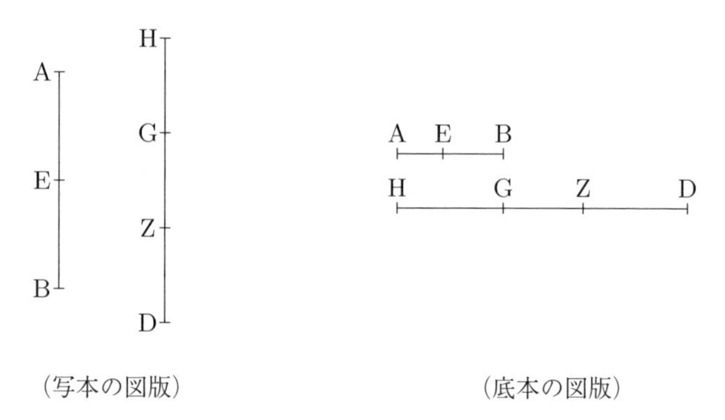

（写本の図版）　（底本の図版）

というのは，AE が GZ の単部分であるのと，EB も GH の同じ単部分であるとしよう．そして，AE が GZ の単部分であるのと，EB も GH の同じ単部分であるから，ゆえに，AE が GZ の単部分であるのと，AB も HZ の同じ単部分である **[VII.5]**．また AE が GZ の単部分であるのと，AB も GD の同じ単部分であると仮定されている．ゆえに，AB は HZ の単部分であり，

〔ABは〕GDの同じ単部分でもある[5]．ゆえに，HZはGDに等しい．共通なGZが取り去られたとしよう．ゆえに，残りのHGは残りのZDに等しい．そして，AEがGZの単部分であるのと，EBもHGの同じ単部分であり，またHGはZDに等しいから，ゆえに，AEがGZの単部分であるのと，EBもZDの同じ単部分である．しかし，AEがGZの単部分であるのと，ABもGDの同じ単部分である．ゆえに，残りのEBも残りのZDの単部分であり，それは全体ABが全体GDの単部分〔であるの〕と同じ〔単部分〕である．これが証明すべきことであった．

8

もし数が数の複部分であり，それは〔その複部分は〕，取り去られる〔数〕が取り去られる〔数〕の複部分〔であるのと同じ複部分〕であるならば，残りも残りの複部分であり，それは全体が全体の複部分〔であるの〕と同じ〔複部分〕になる．

というのは，数ABが数GDの複部分であり，それは〔その複部分は〕，取り去られるAEが取り去られるGZの複部分〔であるのと同じ複部分〕であるとしよう．

私は言う，残りのEBも残りのZDの複部分であり，それは全体ABが全体GDの複部分〔であるの〕と同じ〔複部分〕である．

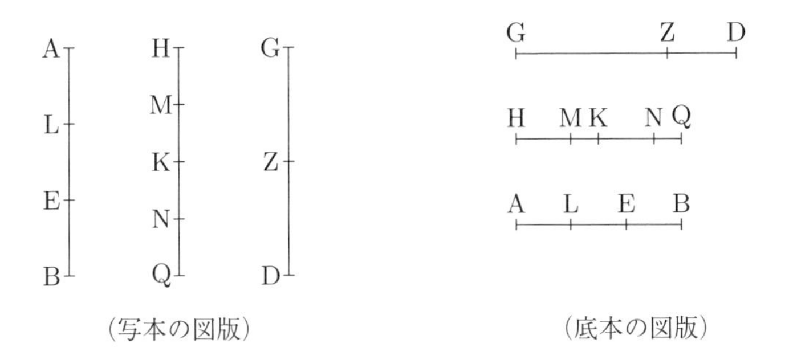

(写本の図版)　(底本の図版)

というのは，ABに等しいHQが置かれたとしよう．ゆえに，HQがGD

[5]この訳では2回目のABを補充したが，これはP写本で省かれ，テオン版では2回とも書かれている．なお，この後にテオン版には次の文がある（P写本では欄外に別の手で追加されている）．「ゆえに，AはHZ, GDの各々の同じ単部分である．」

の複部分であるのと，AE も GZ の同じ複部分である．まず HQ が GD の複数の単部分 HK, KQ に分けられたとし，また AE が GZ の複数の単部分 AL, LE に分けられたとしよう．そこで HK, KQ の個数は AL, LE の個数に等しくなる．そして，HK が GD の単部分であるのと，AL も GZ の同じ単部分であり，また GD は GZ より大きいから，ゆえに，HK も AL より大きい．AL に等しい HM が置かれたとしよう．ゆえに，HK が GD の単部分であるのと，HM も GZ の同じ単部分である．ゆえに，残りの MK も残りの ZD の単部分であり，それは全体 HK が全体 GD の単部分〔であるの〕と同じ〔単部分〕である **[VII.7]**．一方，KQ が GD の単部分であるのと，EL も GZ の同じ単部分であり，また GD は GZ より大きいから，ゆえに，QK も EL より大きい．EL に等しい KN が置かれたとしよう．ゆえに，KQ が GD の単部分であるのと，KN も GZ の同じ単部分である．ゆえに，残りの NQ も残りの ZD の単部分であり，それは全体 KQ が全体 GD の単部分〔であるの〕と同じ〔単部分〕である **[VII.7]**．また残りの MK が残りの ZD の単部分であるのと，全体 HK も全体 GD の同じ単部分であることが証明された．ゆえに，MK, NQ 両方〔の和〕は DZ の複部分であり，それは全体 QH が全体 GD の複部分〔であるの〕と同じ〔複部分〕である **[VII.6]**．また，まず MK, NQ 両方〔の和〕は EB に等しく，また QH は BA に等しい．ゆえに，残りの EB は残りの ZD の複部分であり，それは AB が GD の複部分〔であるの〕と同じ〔複部分〕である．これが証明すべきことであった．

9

もし数が数の単部分であり，別の数が別の数の同じ単部分であるならば，交換されても，第 1 の数が第 3 の数の単部分または複部分であるのと，第 2 の数も第 4 の数の同じ単部分または同じ複部分である．

というのは，数 A が数 BG の単部分であるとし，別の D が別の EZ の単部分であり，それは A が BG の単部分〔であるの〕と同じ〔単部分〕であるとしよう．私は言う，交換されても，A が D の単部分または複部分であるのと，BG も EZ の同じ単部分または複部分である．

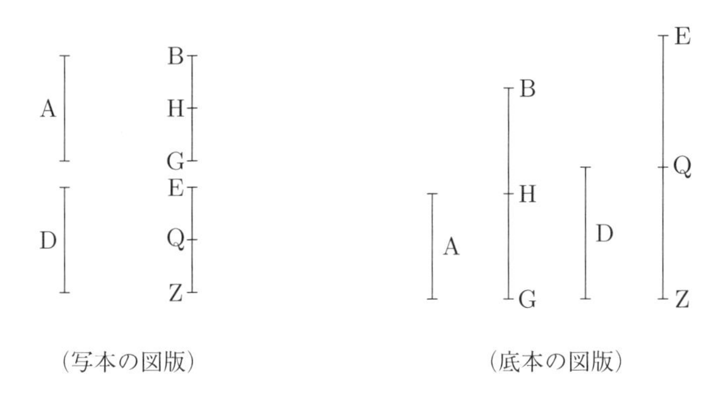

（写本の図版）　（底本の図版）

というのは，A が BG の単部分であるのと，D も EZ の同じ単部分であるから，ゆえに，BG の中にある A に等しい数と同じ〔個数〕だけ，EZ の中にも D に等しい数がある．まず BG が A に等しい BH, HG に分けられたとし，また EZ が D に等しい EQ, QZ に分けられたとしよう．そこで，BH, HG の個数は EQ, QZ の個数に等しくなる．

そして，数 BH, HG は互いに等しく，また数 EQ, QZ も互いに等しく，BH, HG の個数も EQ, QZ の個数に等しいから，ゆえに，BH が EQ の単部分または複部分であるのと，HG も QZ の同じ単部分または同じ複部分である．したがってさらに，BH が EQ の単部分または複部分であるのと，〔BH, HG〕両方〔の和〕BG も〔EQ, QZ〕両方〔の和〕EZ の同じ単部分または同じ複部分である **[VII.5][VII.6]**．また，まず BH は A に等しく，また EQ は D に〔等しい〕．ゆえに，A が D の単部分または複部分であるのと，BG も EZ の同じ単部分または同じ複部分である．これが証明すべきことであった．

10

もし数が数の複部分であり，別の数が別の数の複部分であるならば，交換されても，第 1 の数が第 3 の数の複部分または単部分であるのと，第 2 の数も第 4 の数の同じ複部分または単部分になる．

というのは，数 AB が数 G の複部分であるとし，別の DE が別の Z の同じ複部分であるとしよう．私は言う，交換されても，AB が DE の複部分または単部分であるのと，G も Z の同じ複部分または単部分である．

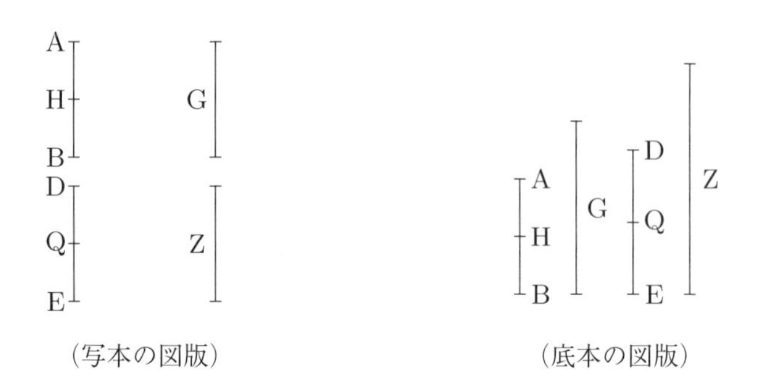

（写本の図版）　（底本の図版）

というのは，AB が G の複部分であるのと，DE も Z の同じ複部分であるから，ゆえに，AB の中にある G の単部分と同じ〔個数〕だけ，DE の中にも Z の単部分がある．まず AB が G の複数の単部分 AH, HB に分けられたとし，また DE が Z の複数の単部分 DQ, QE に分けられたとしよう．そこで，AH, HB の個数は DQ, QE の個数に等しくなる．そして，AH が G の単部分であるのと，DQ も Z の同じ単部分であるから，交換されても，AH が DQ の単部分または複部分であるのと，G も Z の同じ単部分または同じ複部分である **[VII.9]**．そこで同じ議論によって，HB が QE の単部分または複部分であるのと，G も Z の同じ単部分または同じ複部分である．したがってさらに，[AH が DQ の単部分または複部分であるのと，HB も QE の同じ単部分または同じ複部分である．ゆえにさらに，AH が DQ の単部分または複部分であるのと，AB も DE の同じ単部分または同じ複部分である．しかし，AH が DQ の単部分または複部分であるのと，G も Z の同じ単部分または同じ複部分であることが証明された.] [ゆえにさらに,]AB が DE の複部分または単部分であるのと，G も Z の同じ複部分または単部分である．これが証明すべきことであった．

解　説

命題 VII.4 から本命題までは，次の VII.11 以降の，比例に関する命題の証明に利用される補助的な定理である．命題相互の関連については §2.2.2 を，議論の特徴については §2.5.1 を参照されたい．

11

もし全体が全体に対するように，取り去られる数が取り去られる数に対するならば，残りも残りに対して，全体が全体に対するように対することになる．

全体 AB が全体 GD に対するように，取り去られる AE が取り去られる GZ に対するとしよう．私は言う，残りの EB も残りの ZD に対して，全体 AB が全体 GD に対するように対する．

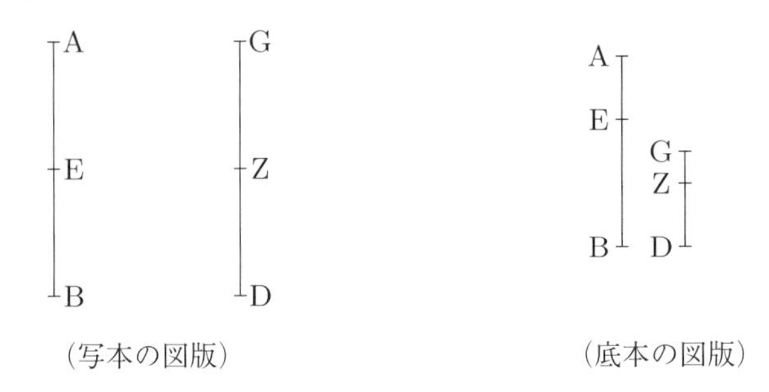

（写本の図版）　（底本の図版）

AB が GD に対するように，AE が GZ に対するから，ゆえに，AB が GD の単部分または複部分であるのと，AE も GZ の同じ単部分または同じ複部分である [**VII. 定義 21**][6]．ゆえに，残りの EB も残りの ZD の単部分または複部分であり，それは AB が GD の単部分または複部分〔であるの〕と同じ〔単部分または複部分〕である [**VII.7**][**VII.8**]．ゆえに，EB が ZD に対するように，AB が GD に対する [**VII. 定義 21**]．これが証明すべきことであった．

12

もし好きなだけの〔個数の〕数が比例するならば，前項の 1 つが後項の 1 つに対するように，前項の全体が後項の全体に対することになる．

好きなだけの〔個数の〕数が比例するとし，それらを A, B, G, D とし，A が B に対するように，G が D に対するとしよう．私は言う，A が B に対するように，A, G〔の和〕が B, D〔の和〕に対する．

[6] ここでの議論では，4 数の比例を定義した VII. 定義 21 のうち，AB が GD の多倍で，AE も GZ の等多倍である場合が抜けている．続く命題 VII.12, 13 でも同様であるが，この後個々には指摘しない．

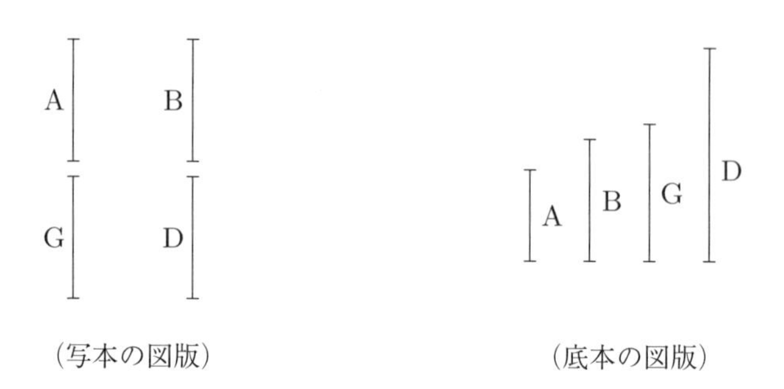

(写本の図版) (底本の図版)

というのは，A が B に対するように，G が D に対するから，ゆえに，A が B の単部分または複部分であるのと，G も D の同じ単部分または複部分である **[VII. 定義 21]**．ゆえに，A, G 両方〔の和〕は B, D 両方〔の和〕の単部分または複部分であり，それは A が B の単部分または複部分〔であるの〕と同じ〔単部分または複部分〕である **[VII.5][VII.6]**．ゆえに，A が B に対するように，A, G〔の和〕が B, D〔の和〕に対する **[VII. 定義 21]**．これが証明すべきことであった．

13

もし 4 数が比例するならば，交換されても比例することになる．

4 数が比例するとし，それらを A, B, G, D とし，A が B に対するように，G が D に対するとしよう．私は言う，交換されても比例することになり，A が G に対するように，B が D に対する．

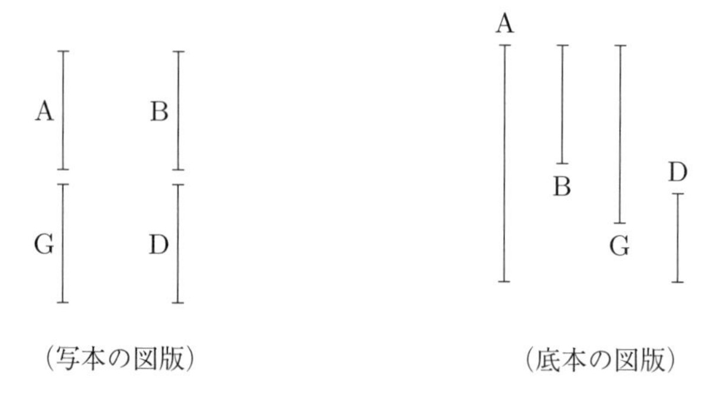

(写本の図版) (底本の図版)

というのは，A が B に対するように，G が D に対するから，ゆえに，A が

Bの単部分または複部分であるのと，GもDの同じ単部分または同じ複部分である [**VII. 定義 21**]．ゆえに交換されて，AがGの単部分または複部分であるのと，BもDの同じ単部分または同じ複部分である [**VII.9**][**VII.10**]．ゆえに，AがGに対するように，BがDに対する [**VII. 定義 21**]．これが証明すべきことであった．

解　説

比例の中項の交換を保証する定理であり，幾何学における命題 V.14 に相当する．

14

もし好きなだけの〔個数の〕数があって，別の，それらと個数が等しい数があり，2つずつとられたとき同じ比にあるならば，等順位においても同じ比にあることになる．

好きなだけの数 A, B, G があり，別の，それらと個数が等しい数で，2つずつとられて同じ比にある D, E, Z があって，まず A が B に対するように，D が E に対し，また B が G に対するように，E が Z に対するとしよう．私は言う，等順位においても比例し，A が G に対するように，D が Z に対する．

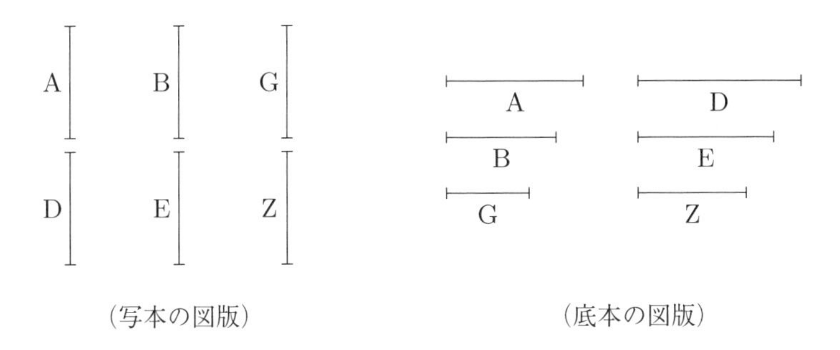

（写本の図版）　　（底本の図版）

というのは，A が B に対するように，D が E に対するから，ゆえに交換されて，A が D に対するように，B が E に対する [**VII.13**]．一方，B が G に対するように，E が Z に対するから，ゆえに交換されて，B が E に対するように，G が Z に対する [**VII.13**]．また B が E に対するように，A が D に対する．ゆえに，A が D に対するように，G が Z に対するのでもある[7]．ゆえに交換されて，A が G に対するように，D が Z に対する [**VII.13**]．これが証明すべきことであった．

解　説

本命題で使われる「等順位」という術語は V. 定義 17 で定義されている．

> V. 定義 17：等順位による比とは，多数の量と，それらと個数が等しい別の一連の量があって，2 つずつとられたときに同じ比にあるとき，最初の一連の量において第 1〔の量〕が最後に対するように，後の一連の量において第 1 が最後に対するときをいう．別の言い方をすれば，中項を除くことによって両端項をとることである．

この術語については本全集第 1 巻 (p. 165, 403) で解説したが，ここでも簡単に説明しておこう．同じ比にある一連の量 a, b, c（個数は何個でもよい）と，それと個数が等しい別の一連の量 a', b', c' を考える．ここで「2 つずつとられたときに同じ比にある」とは，

$$a : b = a' : b' \quad \text{および} \quad b : c = b' : c'$$

が成り立つことをいう．このとき，それぞれの一連の量で最初と最後の量の比，すなわち $a : c$ と $a' : c'$ をとることが「等順位によって」という術語で表される．これらが比例して $a : c = a' : c'$ が成り立つことは「定義」ではなく，「定理」であり，第 V 巻では V.22 で証明される．整数論では「等順位」という術語は定義されていないが，V. 定義 17 と同様に理解すればよい．

命題の内容は V.22 と本命題 VII.14 で違いはないが，証明は大きく異なる．本命題では直前の VII.13 によって比例の中項が交換できるので，これを用いることによって容易に証明ができる．ところが第 V 巻では比を構成する量がすべて同種の量とは限らず，たとえば直線 a, b と領域（平面図形）A, B に対して $a : b = A : B$ のような比例関係が成り立つ場合も考えねばならない．すると，この中項を交換して $a : A = b : B$ のような関係を導くことはできない．比は同種の量の間でしかとれないというのが『原論』の基本的な立場だからである (V. 定義 3, 4)．

そのため V.22 での証明は比例の定義に立ち戻って，やや複雑な議論を展開している（議論の実質的な部分は V.20 にある）．

---

[7] ここでは A : D = B : E と，B : E = G : Z から A : D = G : Z を結論している．この性質は第 V 巻では V.11 で証明されているが，整数の比例を扱う第 VII 巻では，これに対応する命題はない．

15

もし単位が何らかの数を測り，またそれと等しい〔回数〕だけ別の数が別の何らかの数を測るならば，交換されても，単位が第3の数を測るのと等しい〔回数〕だけ第2も第4を測ることになる．

というのは，単位Aが何らかの数BGを測るとし，またそれと等しい〔回数〕だけ別の数Dが別の何らかの数EZを測るとしよう．私は言う，交換されても，単位Aが数Dを測るのと等しい〔回数〕だけBGもEZを測る．

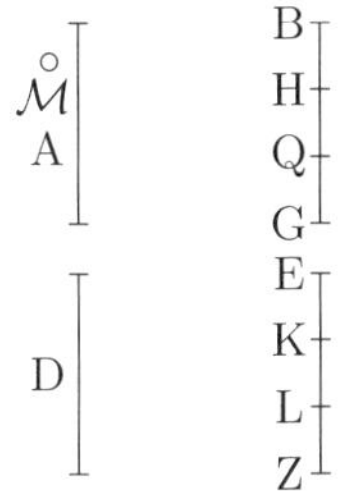

(写本の図版)[8]

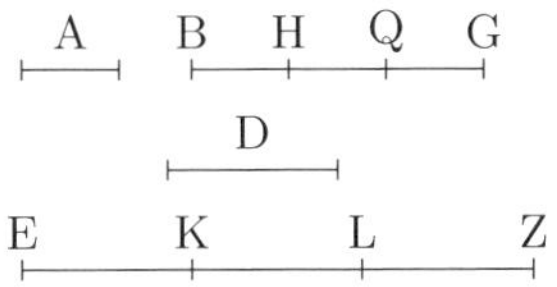

(底本の図版)

というのは，単位Aが数BGを測るのと等しい〔回数〕だけDもEZを測るから，ゆえに，BGの中にある単位と同じ〔個数〕だけEZの中にもDに等しい数がある．まずBGがその中にある単位BH, HQ, QGに分けられたとし，またEZがDに等しいEK, KL, LZに分けられたとしよう．そこで，BH, HQ, QGの個数はEK, KL, LZの個数に等しくなる．そして，単位BH, HQ, QGは互いに等しく，また数EK, KL, LZも互いに等しく，さらに単位BH, HQ, QGの個数は数EK, KL, LZの個数に等しいから，ゆえに，単位BHが数EKに対するように，単位HQが数KLに，単位QGが数LZに対することになる．ゆえに，前項の1つが後項の1つに対するように，前項全体が後項全体に対することにもなる **[VII.12]**．ゆえに，単位BHが数EKに対するように，BGがEZに対する．また単位BHは単位Aに等しく，また数EKは数Dに等しい．ゆえに，単位Aが数Dに対するように，BGがEZに対する．ゆえに，単位Aが数Dを測るのと等しい〔回数〕だけBGもEZを測る **[VII. 定義 21]**．これが証明すべきことであった．

---

[8]図版中の記号 $\mathring{\mathcal{M}}$ については §1.2.5 を参照．

解　説

比例に関する基本的命題の証明は VII.14 で一段落し，今度は比例と多倍（乗法）の関係を扱う命題が始まる．本命題 VII.15 は，多倍（乗法）の順序を入れ替えることができることを保証する VII.16 の証明のための補助定理であり，記号で書けば

$$1 \mid a \sim b \mid c \;\Rightarrow\; 1 \mid b \sim a \mid c$$

を主張する（記号については凡例［7–1］を参照）．

本命題で用いられる「交換されて」という表現は，命題 VII.13 で用いられた，比例関係における中項の交換と同じ表現である．

なお，本命題は単に VII.16 の補助定理であるだけでなく，VII.16 が証明された後にも繰り返し利用される．このことに関しては §2.5.2 の解説を参照．

16

もし 2 数が互いを多倍して何らかの数を作るならば，それらから生じる数は互いに等しくなる[9]．

2 数を A, B とし，まず A が B を多倍して G を作るとし，また B が A を多倍して D を作るとしよう．私は言う，G は D に等しい．

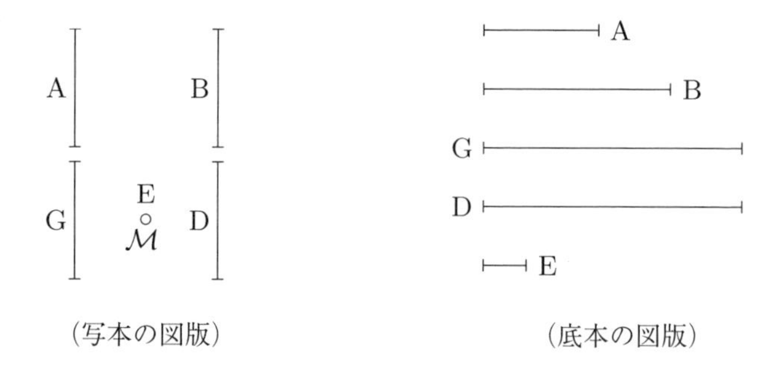

（写本の図版）　（底本の図版）

というのは，A が B を多倍して G を作っているから，ゆえに，B は G を A の中の単位ごとに測る **[VII. 定義 16]**[10]．また単位 E も数 A をその中の単位ごとに測る．ゆえに，単位 E が数 A を測るのと等しい〔回数〕だけ B も G

[9]「… から生じる数」という表現は，多倍（乗法）によって生じる数，すなわち積を意味する．

[10]B が G を A 回測る，という意味である．詳しくはこの命題の解説を参照．

を測る．ゆえに交換されて，単位 E が数 B を測るのと等しい〔回数〕だけ A も G を測る **[VII.15]**．一方，B が A を多倍して D を作っているから，A は D を B の中の単位ごとに測る **[VII. 定義 16]**．また単位 E も数 B をその中の単位ごとに測る．ゆえに，単位 E が数 B を測るのと等しい〔回数〕だけ A も D を測る．また単位 E が数 B を測るのと等しい〔回数〕だけ A も G を測る．ゆえに，A は G, D の各々を等しい〔回数〕だけ測る．ゆえに，G は D に等しい．これが証明すべきことであった．

解　　説

「B は G を A の中の単位ごとに測る」という表現について

本命題で初めて現れるこの表現は，この後頻繁に使われることになる．これは「B は G を測る」(ὁ B τὸν Γ μετρεῖ) という文に，測る回数を表す表現が付加されたものである．ここでは直前で A が B を多倍して G を作っているので，多倍の定義 (VII. 定義 16) によって，G は B を A 回加えたものである．すなわち

$$G = \overbrace{B + \cdots + B}^{A\text{ 個}}$$

である．B で G を測ると A 回測れてちょうど余りがなくなるということでもある．

この「測る回数」を『原論』のテクストは，前置詞 κατά の後に「A の中の単位」(τὰς ἐν τῷ A μονάδας) という語句を置くことで表現している（ここで「単位」の語は複数形であり，A の中にある「単位」全体を考えていることになる)．前置詞 κατά は多様な意味を持つが，この文脈では配分的な意味で使われていて「··· ごとに」という意味と考えるべきである．すなわち文字通りの意味は「A の中の単位ごとに，B が G を測る」ということである．この表現が念頭に置いている内容は，次のような図で表されよう．この図では A = 3 で，B が G を 3 回（つまり A 回）測る．こういうわけで「A の中の単位ごとに測る」という表現が，測る回数（現代的な用語では「商」）を表すことになる．

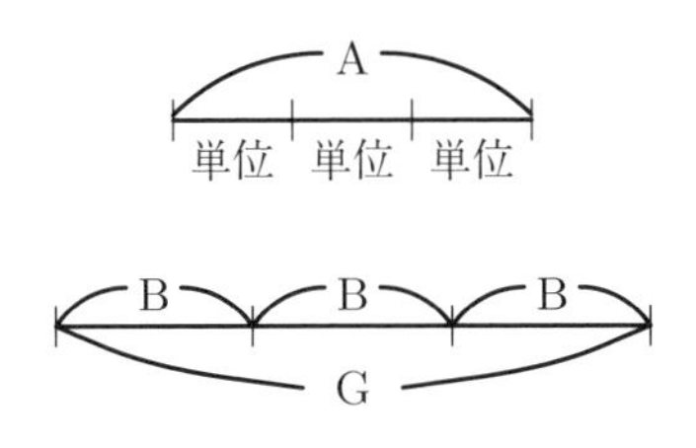

この表現は繰り返し使われるが，命題 IX.11 に至って，「の中の単位」が省略された表現が現れる．すなわち前置詞 κατά が直接に測る

回数を表す数を従えるのである．たとえばIX.12には「EはDを測るからそれをZごとに測るとしよう」(μετρείτω αὐτὸν κατὰ τὸν Z.) という表現が現れる．「Zごとに」という表現はそのままでは意味をなさない．これは「Zの中の単位ごとに」の省略形と解して「それをZ〔の中の単位〕ごとに測るとしよう」と訳した．この形は本巻冒頭のVII.定義8–11にも現れる．

17

もし数が〔別の〕2数を多倍して何らかの数を作るならば，それらから生じる数は多倍された数と同じ比を持つことになる．

というのは，Aが2数B, Gを多倍してD, Eを作るとしよう．私は言う，BがGに対するように，DがEに対する．

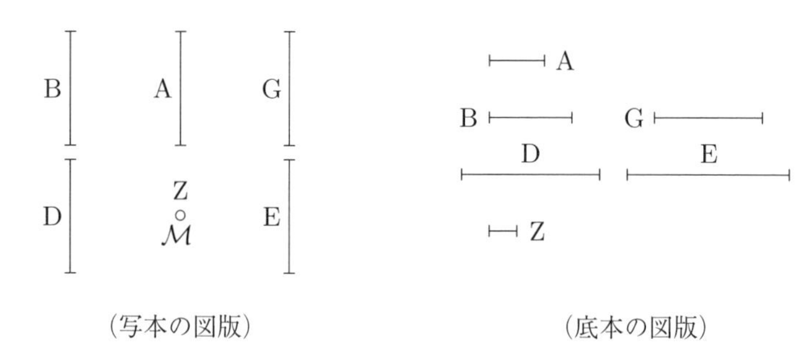

（写本の図版）　（底本の図版）

というのは，AがBを多倍してDを作っているから，ゆえに，BはDをAの中の単位ごとに測る **[VII. 定義 16]**．また単位Zも数Aをその中の単位ごとに測る．ゆえに，単位Zが数Aを測るのと等しい〔回数〕だけBもDを測る．ゆえに，単位Zが数Aに対するように，BがDに対する **[VII. 定義 21]**[11]．そこで同じ議論によって，単位Zが数Aに対するように，GがEに対するのでもある．ゆえに，BがDに対するように，GがEに対するのでもある[12]．ゆえに交換されて，BがGに対するように，DがEに対する **[VII.13]**．これが証明すべきことであった．

[11]同じ回数だけ測るということは，同じ単部分であることを意味し，ここからVII. 定義21によって比例関係が成り立つことが分かる．

[12]V.11に相当する推論である．脚注7を参照．

18

もし2数が何らかの数を多倍して何らかの2数を作るならば，それらから生じる数は多倍する数と同じ比を持つことになる[13].

というのは，2数A, Bが何らかの数Gを多倍してD, Eを作るとしよう．私は言う，AがBに対するように，DがEに対する．

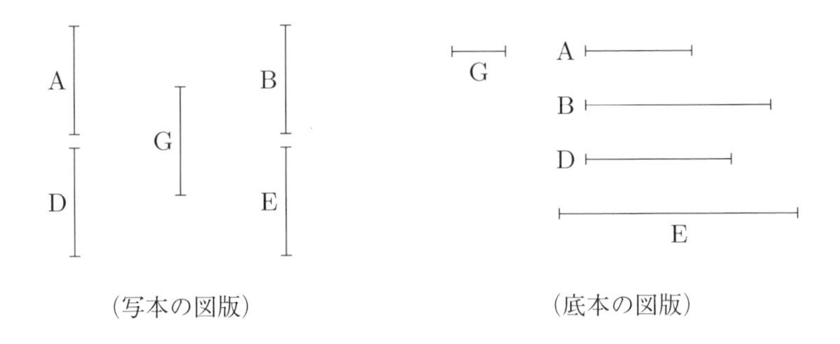

（写本の図版）　（底本の図版）

というのは，AがGを多倍してDを作っているから，ゆえに，GもAを多倍してDを作っている [**VII.16**]．そこで同じ議論によって，GはBを多倍してEを作ってもいる．そこで数Gが2数A, Bを多倍してD, Eを作っている．ゆえに，AがBに対するように，DがEに対する [**VII.17**]．これが証明すべきことであった．

19

もし4数が比例するならば，第1と第4から生じる数は第2と第3から生じる数に等しくなる．そしてもし第1と第4から生じる数が第2と第3から生じる数に等しいならば，4数は比例することになる．

比例する4数をA, B, G, Dとし，AがBに対するように，GがDに対するとしよう．そしてまずAがDを多倍してEを作るとし，またBがGを多倍してZを作るとしよう．私は言う，EはZに等しい．

[13]最初の「2数」は本文に2つと明記されている．後の「2数」は単なる複数形である．文脈から個数が決まる複数形は，文中に個数が述べられていなくてもその個数を補うという，本全集での翻訳の原則に従って「2」を補っている．

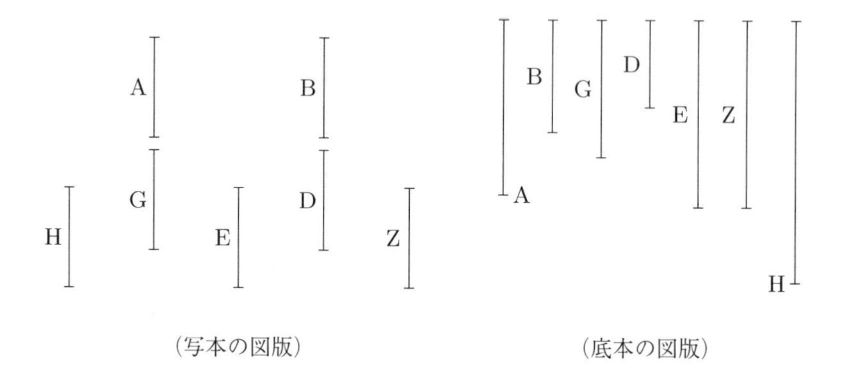

(写本の図版)　　(底本の図版)

というのは，A が G を多倍して H を作るとしよう．すると，A が G を多倍して H を作っていて，また D を多倍して E を作っているから，そこで A は 2 数 G, D を多倍して H, E を作っている．ゆえに，G が D に対するように，H が E に対する [**VII.17**]．しかし，G が D に対するように，A が B に対する．ゆえに，A が B に対するように，H が E に対するのでもある．一方，A が G を多倍して H を作っていて，しかしやはり B も G を多倍して Z を作っているから，そこで 2 数 A, B が何らかの数 G を多倍して H, Z を作っている．ゆえに，A が B に対するように，H が Z に対する [**VII.18**]．しかしやはり A が B に対するように，H が E に対するのでもある．ゆえに，H が E に対するように，H が Z にも対する．ゆえに，H は E, Z の各々に対して同じ比を持つ．ゆえに，E は Z に等しい[14]．

そこで今度は E が Z に等しいとしよう．私は言う，A が B に対するように，G が D に対する．

というのは，同じ設定がなされると，E は Z に等しいから，ゆえに，H が E に対するように，H が Z に対する[15]．しかしまず H が E に対するように，G が D に対し，また H が Z に対するように，A が B に対する．ゆえに，A が B に対するように，G が D に対するのでもある[16]．これが証明すべきことであった．

---

[14]V.9 に相当する議論である．本命題の解説を参照．
[15]V.7 に相当する議論である．本命題の解説を参照．
[16]V.11 に相当する命題を前提とする．第 VII 巻ではこれに対応する命題はない．

解　説

4 数が比例するとき，外項の積は内項の積に等しい（およびその逆），という広く知られた定理である．証明の前半では，同一の数 H が，E, Z の各々に対して同じ比を持つから E と Z は等しいことが利用され，後半では逆に E と Z が等しいから H が E, Z の各々に対して同じ比を持つことが暗黙のうちに利用される．これらの性質は幾何学量の比例を扱う第 V 巻では命題として証明されている（それぞれ V.9 および V.7）．基本的な命題がどこまで証明されるかという点で第 V 巻と第 VII 巻に相違があることについては §2.2.2 の解説を参照．

[通称 20[17]]

もし 3 数が比例するならば，両端の数に囲まれる数は中項の上の正方形数に等しい．そしてもし両端の数に囲まれる数が中項の上の正方形数に等しいならば，3 数は比例する．比例する 3 数を A, B, G とし，A が B に対するように，B が G に対するとしよう．私は言う，A, G から生じる数は B の上の正方形数に等しい．というのは，B に等しい D が置かれたとしよう．ゆえに，A が B に対するように，D が G に対する．ゆえに，A, G から生じる数は B, D から生じる数に等しい [**VII.19**]．また B, D から生じる数は B の上の正方形数に等しい――というのは B は D に等しいから．ゆえに，A, G から生じる数は B の上の正方形数に等しい．

（写本の図版）　（底本の図版）

しかし今度は，A, G から生じる数が B の上の正方形数に等しいとしよう．私は言う，A が B に対するように，B が G に対する．というのは，A, G から生じる数が B の上の正方形数に等しく，また B の上の正方形数は B, D に囲まれる数に等しいから，ゆえに，A が B に対するように，D が G に対する [**VII.19**]．また B は D に等しい．ゆえに，A が B に対するように，B が G に対する．これが証明すべきことであった．

---

[17]直前の命題 19 の特別な場合を扱うが，P, B 写本では欄外に書かれていて，明らかに後の追加である．底本では巻末の付録に納められている．写本の図版はエスコリアル写本 (Esc. 224) に基づくが，写本によっては D（ギリシャ語写本では Δ）が右端にあるもの，D だけが下にあるものなど，さまざまな図がある．

なお，この命題はアラビア・ラテンの伝承には含まれない．実際，底本の編集者ハイベアも指摘するように，カンパヌス版にはこの命題は見あたらず，カンパヌスは VII.20（VII.19 に相当する）への注釈で，この「通称 20」に相当する命題が存在しないことを次のように明確に述べている．「エウクレイデスは次のことを提示していない．連続比例する 3 数について，第 1 を第 3 に掛けたものが中項の平方に等しいこと，そしてもし第 1 と第 3 を掛けたものが中項の平方に等しいならば，それら 3 数は比例すること．」

またアラビア語からのラテン語訳であるゲラルド版にもこの VII. 通称 20 は含まれていない．この後の命題 20 の次の通称 22 も同様である．

解　説

この命題が後世の追加であることは確実であるが，他の命題では稀にしか見られない表現がここで見られることは興味深い．というのは，これらの稀な表現を含む他の命題も，後世の追加である可能性が高いと考えられるからである．

ここでは 2 数の積の意味の (1)「··· に囲まれる数」という表現と，ある数の平方の意味の (2)「··· の上の〔正方形〕数」という表現が注目される．いずれも『原論』の幾何学における表現を数に対して転用したもので，(1) の表現は「2 辺によって囲まれる長方形」を表す幾何学の表現を，冠詞だけ男性形に変更したものである[18]．VII. 定義 19 の後半部分にもこの表現は現れている．これに対して (2) は，『原論』の幾何学諸巻で頻出する「辺 ··· 上の正方形[19]」という表現の，冠詞を中性から男性に変えたものである．

さて，整数が扱われる第 VII 巻から第 X 巻でこれらの表現が使われている箇所は，まず (1) の「囲まれる数」が，この「通称 20」の他には，VII. 定義 19 の後半，そして IX.13, 15 に限られる[20]．IX.13, 15 は，他の観点からも後から追加された疑いのある命題であり（これらの命題の解説を参照)，この稀な表現の存在はこの疑いを確証するものである．そして VII. 定義 19 の後半部分も追加されたものという可能性が考えられる．

一方 (2) の「··· の上の〔正方形〕数」という表現は，IX.12, 13, 15, 18 および X.9 に見られる[21]．ただし X.9 はもともと，「平方において共測」であることの判定基準をめぐって，正方形の比と正方形数の比を問題にする命題であるので，この命題では，表現 (2) が使われることは自然であるとも考えられる．

このように，後世の追加であることが確実である命題の表現を分析し，同じ表現が用いられる箇所を探索することで，現存テクストの成立過程への手掛かりが得られる可能性がある．

20

同じ比を持つ数〔の組〕のうちで最小の数〔の組〕は，それらと同じ比を持つ数〔の組〕を測り，大きい方が大きい方を測るのと等しい〔回数〕だけ小さ

[18]II. 定義 1「あらゆる直角平行四辺形（=長方形）は，直角を囲む 2 辺に囲まれると言われる」を参照.「直角平行四辺形」は中性名詞だが，「数」は男性名詞なので，2 数の積を表すときには冠詞が男性形になる．

[19]この表現はまず，「直線の上に正方形を描く」という形で現れ（命題 I.46「与えられた直線の上に正方形を描くこと」)，次いで命題 I.47（いわゆるピュタゴラスの定理）において「辺 ··· 上の正方形」の形となる．さらに「正方形」を意味する語「テトラゴーノン」が省略された形が命題 II.9 に現れ，この省略形が第 III 巻以降で頻繁に使われる．

[20]他に IX.19 の，一部写本にのみ見られる追加部分，X.28 補助定理にも見られる．これらが後世の追加であることは疑いない．

[21]X.28 補助定理にもこの表現がある．

い方も小さい方を測る．

というのは，A, B と同じ比を持つ数〔の組〕のうちで最小の数を GD, EZ としよう．私は言う，GD が A を測るのと等しい〔回数〕だけ EZ も B を測る．

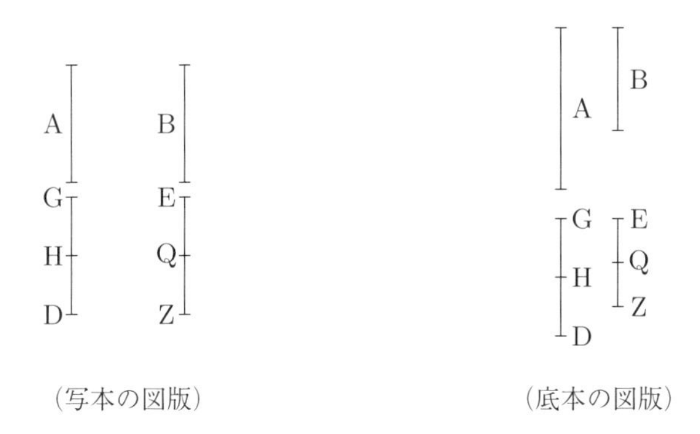

（写本の図版）　（底本の図版）

というのは，GD は A の複部分でない．というのはもし可能ならば，〔複部分で〕あるとしよう．ゆえに，EZ も B の複部分であり，それは GD が A の複部分〔であるの〕と同じ〔複部分〕である **[VII.13**[22]**][VII. 定義 21]**．ゆえに，GD の中にある A の単部分と同じ〔個数〕だけ，EZ の中にも B の単部分がある．まず GD が A の複数の単部分 GH, HD に分けられたとし，また EZ が B の複数の単部分 EQ, QZ に分けられたとしよう．そこで GH, HD の個数は EQ, QZ の個数に等しくなる．そして，まず数 GH, HD は互いに等しく，また数 EQ, QZ も互いに等しく，GH, HD の個数も EQ, QZ の個数に等しいから，ゆえに，GH が EQ に対するように，HD が QZ に対する．ゆえに，前項の 1 つが後項の 1 つに対するように，前項の全体も後項の全体に対することになる **[VII.12]**．ゆえに，GH が EQ に対するように，GD が EZ に対する．ゆえに，GH, EQ は GD, EZ と同じ比にあり，しかもそれらより小さい．これは不可能である——というのは GD, EZ はそれらと同じ比を持つ数〔の組〕のうちで最小であると仮定されているから．ゆえに，GD は A の複部分でない．ゆえに，単部分である **[VII.4]**．EZ も B の単部分であり，それは GD が A の単部分〔であるの〕と同じ〔単部分〕である．ゆえに，GD が A を測るのと等しい〔回数〕だけ EZ も B を測る **[VII.13][VII. 定義 21]**．これ

[22] または VII.9, 10.

が証明すべきことであった．

解　説

同じ比を持つ数とは比例する数のことであり，たとえば 3, 5 と 12, 20 は同じ比を持つ（3 : 5 = 12 : 20 だから）．このような数（複数形なので，数の組と言ったほうが分かりやすい）のうち，最小のものが，同じ比を持つ他の任意の数を測ると主張する．ここでの例では 3 が 12 を，5 が 20 を測る．

約数・倍数の関係に相当する「測る」ことと，比例関係が組み合わされた本命題の定式化は，我々には馴染みの薄いものであるが，次の命題 VII.21 と組み合わされて，『原論』の整数論において非常に強力な技法を提供する．これについては命題 VII.22 の解説を参照．

[通称 22[23]]

もし 3 数と，それらと個数の等しい別の数があり，2 つずつとられると同じ比にあり，またそれらの乱比例が成立するならば，等順位においても同じ比にあることになる．

3 数を A, B, G とし，別の数で，それらと個数が等しいものを D, E, Z とし，2 つずつとられると同じ比にあるとし，またそれらの乱比例が成立し，まず A が B に対するように，E が Z に対し，また B が G に対するように，D が E に対するとしよう．私は言う，等順位においても A が G に対するように，D が Z に対する．

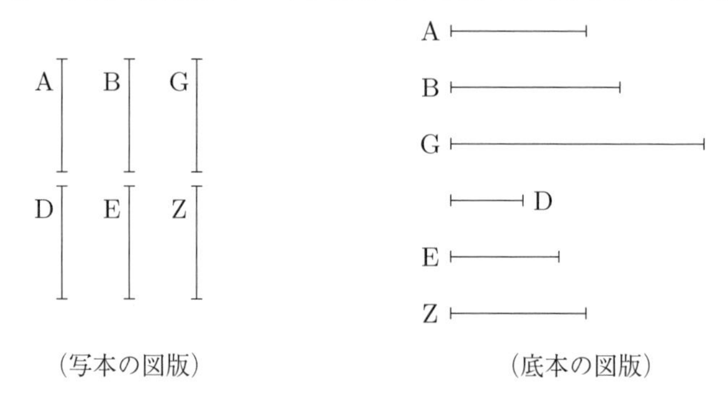

（写本の図版）　（底本の図版）

というのは，A が B に対するように，E が Z に対するから，ゆえに，A, Z から

[23] この命題はテオン版諸写本に見られ，P 写本では欄外に別の手で追加されている．底本では巻末の付録に収められている．写本の図版はエスコリアル写本 (Esc. 224) に基づく．命題 20 と 21 の間に「通称 22」があるのは奇妙だが，テオン版，およびこれに従う従来の刊本では，命題 19 の後に「通称 20」があり，底本の命題 20 は命題 21 であった．したがってその直後にあったこの命題は命題 22 であり，その次の命題（底本の命題 21）は命題 23 であった．この後の第 VII 巻の命題はすべて，我々の底本よりも命題番号が 2 つずつ大きかった．

なお，この「通称 22」もカンパヌス版やゲラルド版には存在せず，カンパヌスはこれとほぼ同等の命題が成立することを注釈で述べている．脚注 17 を参照．

生じる数は B, E から生じる数に等しい [**VII.19**]．一方，B が G に対するように，D が E に対するから，ゆえに，D, G から生じる数は B, E から生じる数に等しい [**VII.19**]．また A, Z から生じる数が B, E から生じる数に等しいことも証明された．ゆえに，A, Z から生じる数も D, G から生じる数に等しい．ゆえに，A が G に対するように，D が Z に対する [**VII.19**]．これが証明すべきことであった．

解　　説

この追加命題は，幾何学量の比例論の命題 V.23 に相当する．A, B, G と D, E, Z に対して乱比例が成立するとは，証明中にもある通り，

$$A : B = E : Z$$

$$B : G = D : E$$

が成り立つことである．このとき

$$A : G = D : Z$$

が成り立つことが命題の主張である．なお乱比例の定義は V. 定義 18 にある．

21

互いに素な数〔の組〕は，それらと同じ比を持つ数〔の組〕の中で最小である．

互いに素な数を A, B としよう．私は言う，A, B はそれらと同じ比を持つ数の中で最小である．

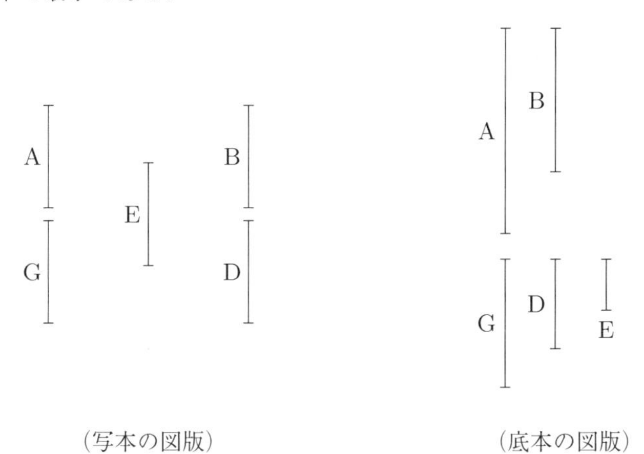

（写本の図版）　（底本の図版）

というのは，もしそうでないならば，何らかの数〔の組〕があって，A, B より小さく，A, B と同じ比にあることになる．それらを G, D としよう．

すると，同じ比を持つ数〔の組〕の中で最小の数〔の組〕は，同じ比を持つ数〔の組〕を測り，大きい方が大きい方を，小さい方が小さい方を〔測る〕，すなわち前項が前項を，後項が後項を〔測る〕から **[VII.20]**，ゆえに，G が A を測るのと等しい〔回数〕だけ D も B を測る．そこで，G が A を測る〔回数〕だけ，単位が E の中にあるとしよう．ゆえに，D も B を E の中の単位ごとに測る．そして，G は A を E の中の単位ごとに測るから，ゆえに，E も A を G の中の単位ごとに測る **[VII.15]**[24]．そこで同じ議論によって，E は B をも D の中の単位ごとに測る．ゆえに，E は A, B〔の両方〕を測り，しかもそれらは互いに素である．これは不可能である **[VII. 定義 13]**．ゆえに，何らかの数〔の組〕が存在して A, B より小さく，しかも A, B と同じ比にあることにはならない．ゆえに，A, B はそれらと同じ比を持つ数のうちで最小である．これが証明すべきことであった．

22

同じ比を持つ数〔の組〕の中で，最小の数〔の組〕は互いに素である．

同じ比を持つ数〔の組〕の中で最小の数〔の組〕を A, B としよう．私は言う，A, B は互いに素である．

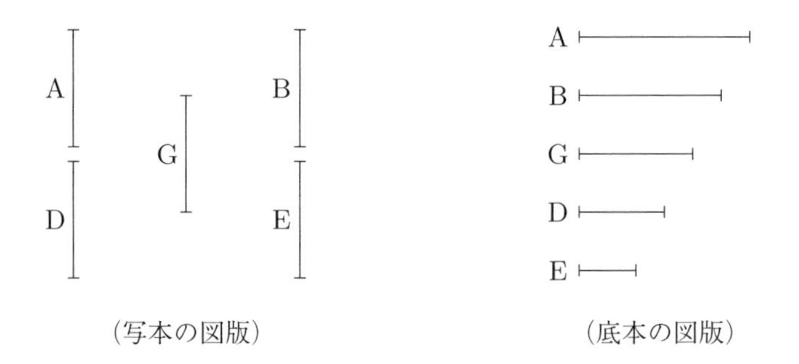

（写本の図版）　　（底本の図版）

[24] この推論には 2 通りの解釈が可能である．(1) まず VII.15 を利用したと考えれば，G が A を E の中の単位ごとに測るから，単位が E を測るのと等しい〔回数〕だけ G も A を測る．ゆえに VII.15 により，E と G を入れ替えて，単位が G を測るのと等しい〔回数〕だけ E も A を測る．ゆえに E は A を G の中の単位ごとに測る．(2) しかし，測るという操作より掛け算に馴染みのある我々にとっては，VII.15 よりも，それを利用して証明される VII.16 を用いて説明したほうが分かりやすい．すなわち，G が A を E の中の単位ごとに測るから，E が G を多倍して A を作っている．したがって VII.16 により，G が E を多倍して A を作っている．すなわち，E は A を G の中の単位ごとに測る．ヒースの英訳ではこの (2) の解釈が採用されているが，ミュラーが指摘するように『原論』の文脈では (1) の議論が自然であろう [Mueller 1981, 76]．§2.5.2 の解説，および仏訳 2:328 も参照．

というのは，もし互いに素でないならば，何らかの数がこれらの数を測ることになる **[VII. 定義 13]**．測るとし，その数を G としよう．そしてまず G が A を測る〔回数〕だけ，単位が D の中にあるとし，また G が B を測る〔回数〕だけ，単位が E の中にあるとしよう．

G は A を D の中の単位ごとに測るから，ゆえに，G は D を多倍して A を作っている **[VII. 定義 16*]**[25]．そこで同じ議論によって，G は E を多倍して B を作ってもいる．そこで数 G が 2 数 D, E を多倍して A, B を作っている．ゆえに，D が E に対するように，A が B に対する **[VII.17]**．ゆえに，D, E は A, B と同じ比にあり，しかもそれらより小さい．これは不可能である．ゆえに，数 A, B を何らかの数が測ることにはならない．ゆえに，A, B は互いに素である．これが証明すべきことであった．

解　説

本命題は直前の命題 VII.21 の逆にあたる．2 つの命題を合わせて，ある〔2 つの〕数〔の組〕が互いに素であることと，それが同じ比を持つ数〔の組〕の中で最小であることが同値であることが証明されるが，2 数が互いに素であることの方が証明しやすいから，実際には VII.21 が頻繁に利用される．その利用はほとんど必ず VII.20 と組み合わせてのものであり，この 2 つの命題の組み合わせは，次の重要な定理と等価である（§2.2.3 を参照）．

$$a \mid bc \text{ かつ } a \perp b \Rightarrow a \mid c$$

別の言い方をすれば，我々が乗法を用いて記述する基本的な定理を『原論』は比例関係を用いて記述していることになる．

23

もし 2 数が互いに素であるならば，それらの 1 つを測る数は残りの数に対

[25] ここで，乗法の定義 (VII. 定義 16) から直接得られるのは，命題 VII.16 の解説で詳しく説明したように，「D が G を多倍して A を作っている」ことである．しかしここでは「G が D を多倍して A を作っている」と述べている．これは暗黙のうちに VII.15（または VII.16）を用いていることになる（前脚注参照）．このような箇所での利用命題の表示は，多倍することの定義 VII. 定義 16 と中項の交換の命題 VII.16 が同時に用いられていることを示すために，アステリスクを付して VII. 定義 16* と表すことにする．

さらにこの箇所に限っては，このように多倍の順序を入れ替えることは必要でさえない．ここでは「D が G を多倍して A を作っている」と述べて，この後の議論で「E が G を多倍して B を作っている」ことを述べれば，命題 VII.18 を用いて D : E = A : B を得ることができるのである．本命題の議論から，多倍の順序の交換が当たり前と考えられていたことが伺える．

して素になる.

互いに素な2数をA, Bとし，またAを何らかの数Gが測るとしよう．私は言う，G, Bも互いに素である.

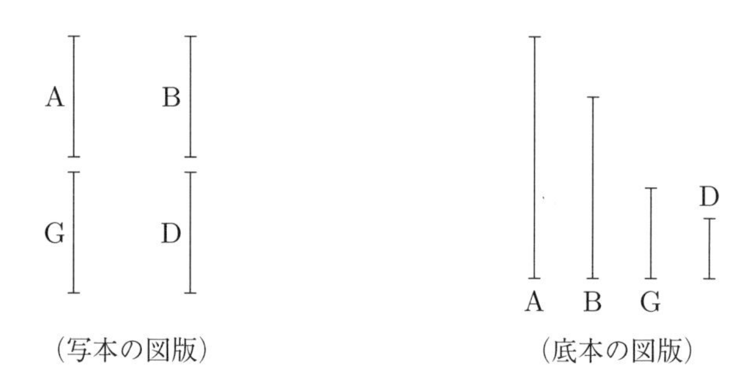

（写本の図版）　（底本の図版）

というのは，もしG, Bが互いに素でないならば，[何らかの] 数がG, Bを測ることになる．測るとし，その数をDとしよう．DはGを測り，またGはAを測るから，ゆえに，DはAをも測る．またBをも測る．ゆえに，DはA, Bを測り，しかもそれらは互いに素である．これは不可能である **[VII. 定義 13]**．ゆえに，数G, Bを何らかの数が測ることにはならない．ゆえに，G, Bは互いに素である．これが証明すべきことであった.

解　　説

本命題からVII.30までは，素数や互いに素な数の性質に関する基本的な定理である．これらの内容は§2.2.4にまとめてある.

24

もし2数が何らかの数に対して素であるならば，それら〔2数〕から生じる数もその数に対して素になる.

というのは，2数A, Bが何らかの数Gに対して素であるとし，AがBを多倍してDを作るとしよう．私は言う，G, Dは互いに素である.

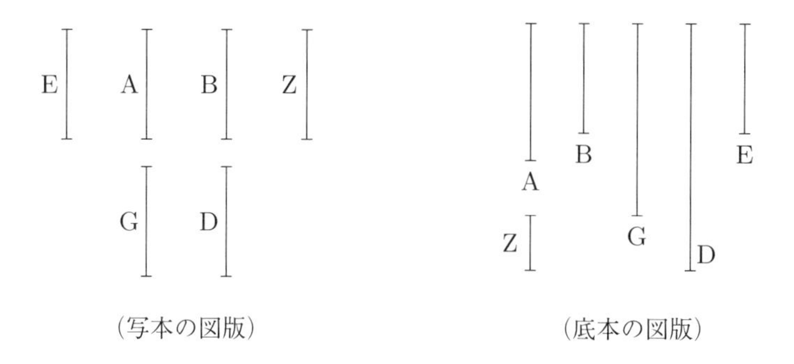

（写本の図版）　（底本の図版）

というのはもしG, Dが互いに素でないならば，[何らかの]数がG, Dを測ることになる．測るとし，その数をEとしよう．そしてG, Aが互いに素であり，またGを何らかの数Eが測るから，ゆえに，A, Eは互いに素である **[VII.23]**．そこで，EがDを測る〔回数〕だけ，単位がZの中にあるとしよう．ゆえに，ZもDをEの中の単位ごとに測る **[VII.15]**．ゆえに，EがZを多倍してDを作っている[26]．しかしやはり，AもBを多倍してDを作っている．ゆえに，E, Zから生じる数はA, Bから生じる数に等しい．また外項に囲まれる数が内項に囲まれる数に等しいならば，4数は比例する **[VII.19]**．ゆえに，EがAに対するように，BがZに対する．またA, Eは〔互いに〕素であり，また素な数〔の組〕は最小でもあり **[VII.21]**，またそれらと同じ比を持つ2数のうちで最小の数は同じ比を持つ数を測り，大きい方が大きい方を，小さい方が小さい方を〔測る〕．すなわち，前項が前項を，後項が後項を〔測る〕 **[VII.20]**．ゆえに，EはBを測る．またGをも測る．ゆえに，EはB, Gを測り，しかもそれらは互いに素である．これは不可能である **[VII. 定義13]**．ゆえに，数G, Dを何らかの数が測ることにはならない．ゆえに，G, Dは互いに素である．これが証明すべきことであった．

[26]この箇所の推論も興味深い．次のような推論の方が我々にとっては自然であろう．まず (1)「EがDを測る〔回数〕だけ，単位がZの中にある」と仮定したのだから，乗法の定義により (2)「ZがEを多倍してDを作っている」が成り立ち，これにVII.16（乗法の交換則）を適用して (3)「EがZを多倍してDを作っている」が得られる．

しかし『原論』のテクストでは (2) の代わりに「ZもDをEの中の単位ごとに測る」(2′) というステップが置かれる．(2′) を乗法の表現で言い換えれば (3) になることは明らかだが，(1) から (2′) を得る推論が我々には分かりにくい．(1) は「単位AがZを測るのと等しい〔回数〕だけEもDを測る」とも言えるから，ここにVII.15を適用して「単位AがEを測るのと等しい〔回数〕だけZもDを測る」を得て，ここから乗法の定義によって (3) が得られると考えられる．脚注24も参照．

25

もし2数が互いに素であるならば，それらの1つから生じる数は残りの数に対して素になる[27].

互いに素な2数をA, Bとし，Aがそれ自身を多倍してGを作るとしよう．私は言う，B, Gは互いに素である．

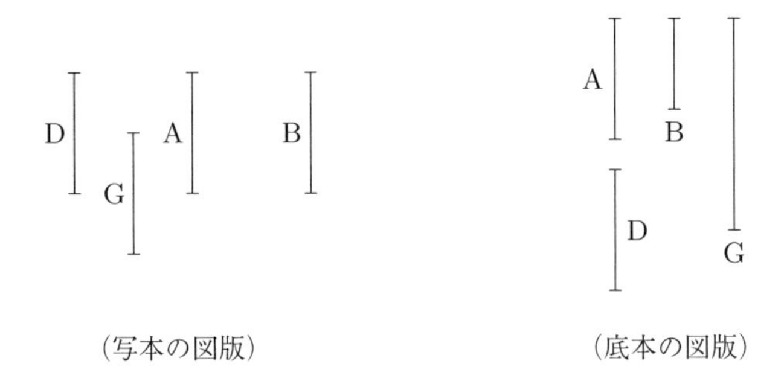

（写本の図版）　（底本の図版）

というのは，Aに等しいDが置かれたとしよう．A, Bは互いに素であり，またAはDに等しいから，ゆえに，D, Bも互いに素である．ゆえに，D, Aの各々もBに対して素である．ゆえに，D, Aから生じる数はBに対して素になる **[VII.24]**．またD, Aから生じる数はGである．ゆえに，G, Bは互いに素である．これが証明すべきことであった．

26

もし2数が2数に対して，最初の2数の両方が後の2数の各々に対して素であるならば，それらから生じる数も互いに素になる．

というのは，2数A, Bが2数G, Dに対して，両方が各々に対して素であるとし，まずAがBを多倍してEを作るとし，またGがDを多倍してZを作るとしよう．私は言う，E, Zは互いに素である．

---

[27]「1つから生じる数」という表現はその数でその数自身を多倍したもの，すなわち数の平方を意味する．なお「2数から生じる数」は2数の積を表す．命題VII.16の脚注9も参照．

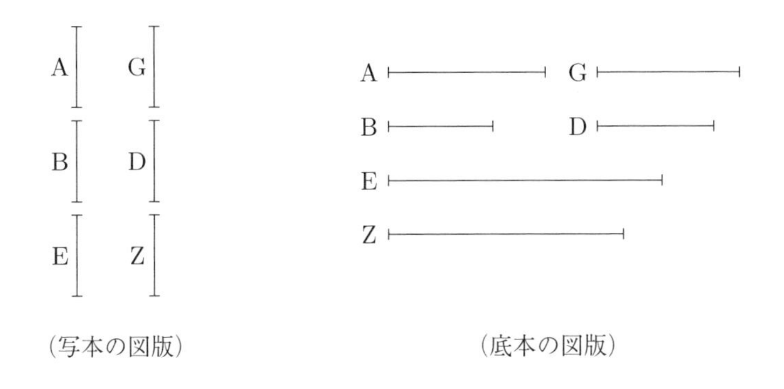

（写本の図版）　　（底本の図版）

というのは，A, B の各々が G に対して素であるから，ゆえに，A, B から生じる数も G に対して素になる [**VII.24**]．また A, B から生じる数は E である．ゆえに，E, G は互いに素である．そこで同じ議論によって，E, D も互いに素である．ゆえに，G, D の各々は E に対して素である．ゆえに，G, D から生じる数も E に対して素になる [**VII.24**]．また G, D から生じる数は Z である．ゆえに，E, Z は互いに素である．これが証明すべきことであった．

27

もし 2 数が互いに素であり，各々がそれ自身を多倍して何らかの数を作るならば，それらから生じる数は互いに素になる．そしてもし最初の 2 数が〔上で〕作られた数を〔それぞれ〕多倍して何らかの数を作るならば，それらも互いに素になる．[そしてつねに両端〔の数〕では同じことが成り立つ[28]]．

互いに素な 2 数を A, B とし，まず A がそれ自身を多倍して G を作り，また G を多倍して D を作るとし，また，まず B がそれ自身を多倍して E を作り，また E を多倍して Z を作るとしよう．私は言う，G, E および D, Z は互いに素である．

[28] ここで「両端」という語が唐突に現れることからも，この一節が後の追加であるというハイベアの見解は妥当であろう．実際，この「両端」という語は，もっと後の命題 VIII.2 で構成される「両端の数」を念頭に置いていると思われ，後代の追加と考えると納得がいく．すなわち，ここでは $\mathrm{D} = \mathrm{A}^3$ と $\mathrm{Z} = \mathrm{B}^3$ が互いに素であることまでが証明されているが，さらに A^4 と B^4，A^5 と B^5 などが「両端の数」であり，これらは互いに素である．実際，これらの数は命題 VIII.2 で両端の数と呼ばれる．

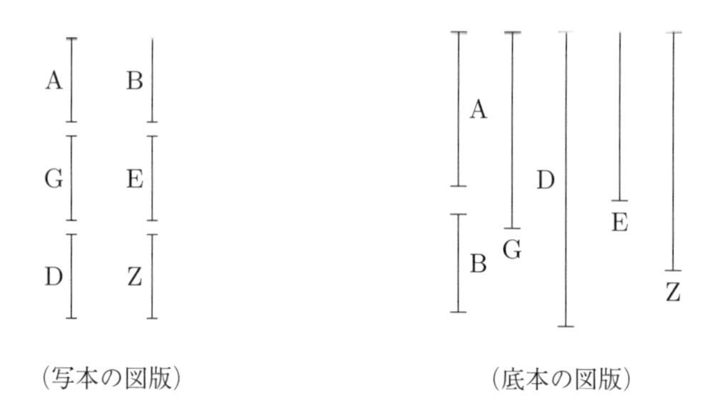

(写本の図版)　(底本の図版)

というのは，A, B は互いに素であり，A がそれ自身を多倍して G を作っているから，ゆえに，G, B は互いに素である **[VII.25]**．すると G, B は互いに素であり，B がそれ自身を多倍して E を作っているから，ゆえに，G, E は互いに素である **[VII.25]**．一方，A, B は互いに素であり，B がそれ自身を多倍して E を作っているから，ゆえに，A, E は互いに素である **[VII.25]**．すると 2 数 A, G は 2 数 B, E に対して，両方が各々に対して素であるから，ゆえに，A, G から生じる数も B, E から生じる数に対して素である **[VII.26]**．そしてまず A, G から生じる数は D であり，また B, E から生じる数は Z である．ゆえに，D, Z は互いに素である．これが証明すべきことであった．

28

もし 2 数が互いに素であるならば，両方〔の和〕もそれらの各々に対して素になる．そしてもし両方〔の和〕がそれら〔2 数〕の何らかの 1 つ〔=任意の 1 つ〕に対して素であるならば，最初の 2 数も互いに素になる．

というのは，2 数で互いに素な AB, BG が合わせられたとしよう．私は言う，両方〔の和〕AG も AB, BG の各々に対して素である．

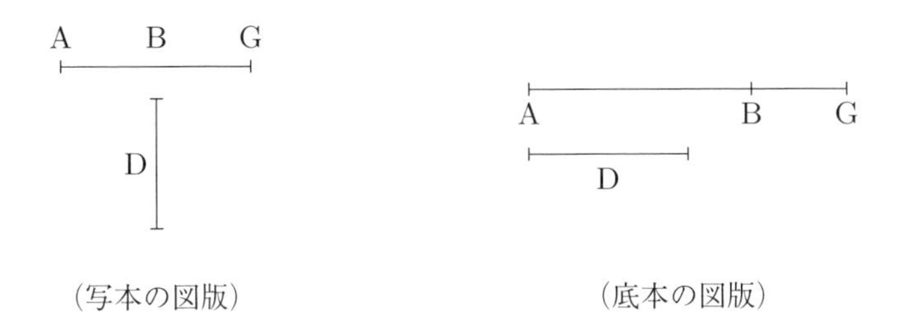

（写本の図版）　　（底本の図版）

というのは，もしGA, ABが互いに素でないならば，何らかの数がGA, ABを測ることになる［**VII. 定義 13**］．測るとし，その数をDとしよう．すると，DはGA, ABを測るから，ゆえに，残りのBGをも測ることになる．また〔Dは〕BAをも測る．ゆえに，DはAB, BGを測り，しかも〔AB, BGは〕互いに素である．これは不可能である．ゆえに，数GA, ABを何らかの数が測ることにはならない．ゆえに，GA, ABは互いに素である．そこで同じ議論によって，AG, GBも互いに素である．ゆえに，GAはAB, BGの各々に対して素である．

そこで今度は，GA, ABが互いに素であるとしよう．私は言う，AB, BGも互いに素である．

というのは，もしAB, BGが互いに素でないならば，何らかの数がAB, BGを測ることになる［**VII. 定義 13**］．測るとし，その数をDとしよう．そして，DはAB, BGの各々を測るから，ゆえに，全体GAをも測ることになる．またABをも測る．ゆえに，DはGA, ABを測り，しかも〔GA, ABは〕互いに素である．これは不可能である．ゆえに，数AB, BGを何らかの数が測ることにはならない．ゆえに，AB, BGは互いに素である．これが証明すべきことであった．

29

すべての素数は，それが測らないすべての数に対して素である．

素数をAとし，〔Aは〕Bを測らないとしよう．私は言う，B, Aは互いに素である．

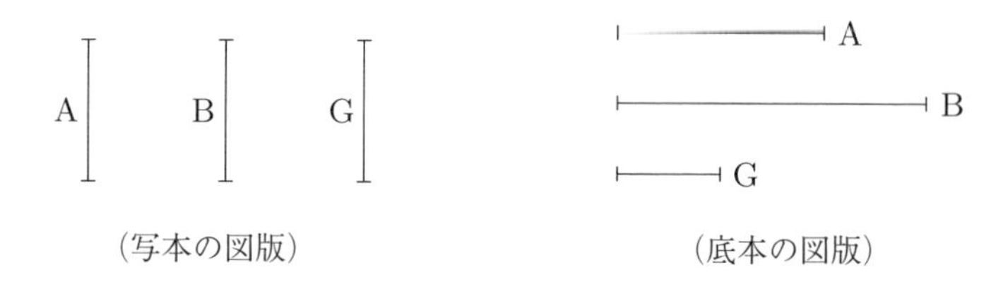

（写本の図版）　（底本の図版）

というのは，もしB, Aが互いに素でないならば，何らかの数がそれらを測ることになる．Gが測るとしよう．GはBを測り，またAはBを測らないから，ゆえに，GはAと同じ数ではない．そしてGはB, Aを測るから，ゆえに，Aをも測り，しかも〔Aは〕素数で，〔Gは〕それ〔A〕と同じ数ではない．これは不可能である **[VII. 定義 12]**．ゆえに，B, Aを何らかの数が測ることにはならない．ゆえに，A, Bは互いに素である．これが証明すべきことであった．

30

もし2数が互いを多倍して何らかの数を作り，またそれらから生じる数を何らかの素数が測るならば，〔その素数は〕最初の数の1つをも測ることになる．

というのは，2数A, Bが互いを多倍してGを作るとし，またGを何らかの素数Dが測るとしよう．私は言う，DはA, Bの1つを測る．

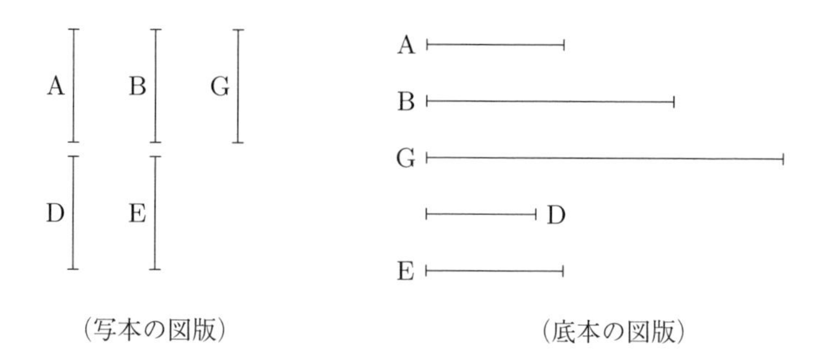

（写本の図版）　（底本の図版）

というのは，〔Dが〕Aを測らないとしよう．そしてDは素数である．ゆえに，A, Dは互いに素である **[VII.29]**．そしてDがGを測る〔回数〕だけ，単位がEの中にあるとしよう．すると，DはGをEの中の単位ごとに測るから，ゆえに，DがEを多倍してGを作っている **[VII. 定義 16*]**[29]．しかしやはり，AもBを多倍してGを作っている．ゆえに，D, Eから生じる数はA, Bから生じる数に等しい．ゆえに，DがAに対するように，BがEに対する **[VII.19]**．またD, Aは〔互いに〕素であり，また素な数〔の組〕は最小でもあり **[VII.21]**，また最小の数は同じ比を持つ数を等しい回数だけ測り，大きい方が大きい方を，小さい方が小さい方を〔測る〕．すなわち，前項が前項を，後項が後項を〔測る〕 **[VII.20]**．ゆえに，DはBを測る．同様に我々は次のことも証明することになる，もし〔Dが〕Bを測らないならば，Aを測ることになる．ゆえに，DはA, Bの1つを測る．これが証明すべきことであった．

解　説

VII.23から本命題までは，素数や互いに素な数の性質に関する基本的な定理である．§2.2.4を参照．

[31 別の仕方で[30]]

合成数をAとしよう．私は言う，〔Aは〕何らかの素数によって測られる．というのは，Aは合成数であるから，数によって測られることになる．そしてそれ〔A〕を測る数で最も小さいものをBとしよう．私は言う，Bは素数である．というのは，もしそうでないならば，合成数である．ゆえに，何らかの数によって測られる．Gによって測られるとしよう．ゆえに，GはBより小さい．そしてGはBを測り，しかし，BはAを測るから，ゆえに，GはAをも測り，しかも〔Gは〕Bより小さい．これは不合理である．ゆえに，Bは合成数でない．ゆえに，素数である．これが証明すべきことであった．

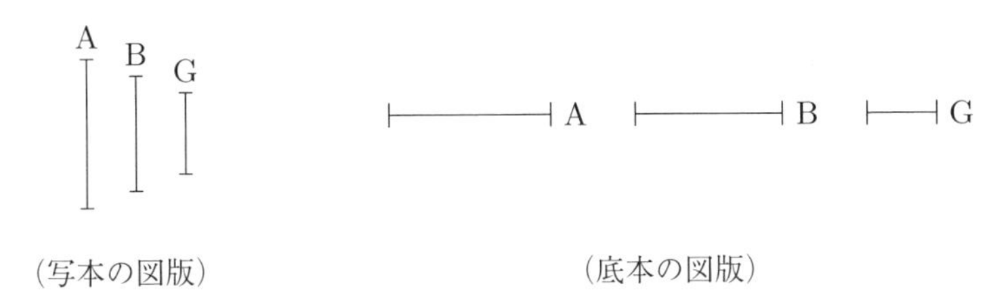

（写本の図版）　　（底本の図版）

[29]「定義 16*」のアステリスクの意味についてはVII.22への脚注25を参照．

[30]テオン版写本にのみ見られる．命題31（テオン版では33）の別証明であるが，その直前に置かれている．図版はV写本による．

31

あらゆる合成数は何らかの素数によって測られる．

合成数をAとしよう．私は言う，Aは何らかの素数によって測られる．

（写本の図版）[31]　（底本の図版）

というのは，Aは合成数であるから，何らかの数がこれを測ることになる[**VII. 定義 14**]．測るとし，その数をBとしよう．そして，まずもしBが素数ならば，命じられたことはなされていることになろう．またもし合成数ならば，何らかの数がこれを測ることになる．測るとし，その数をGとしよう．そして，GはBを測り，またBはAを測るから，ゆえに，GはAをも測る[32]．そしてまず，もしGが素数ならば，命じられたことはなされていることになろう．またもし合成数ならば，何らかの数がこれ〔G〕を測ることになる．そこでこのような検討がなされると，何らかの素数がとられ，これが〔Aを〕測ることになる[33]．というのは，もしとられることにならないならば，数Aを無数の数が測ることになり[34]，それらの1つは別の1つより小さい．これは数においては不可能である．ゆえに，何らかの素数がとられ，その数はその直前の数を測り，数Aをも測ることになる．

ゆえに，あらゆる合成数は何らかの素数によって測られる．これが証明すべきことであった．

[31]P写本の図版は，図に見るように3本の直線が同じ長さだが，他の写本では直前の別証明と同様に直線の長さが異なる．

[32]この推論については解説§2.1.2を参照．

[33]「これが」以降はテオン版では以下の通り．「これが直前の数を測り，これはAをも測ることになる．」ハイベアはテオン版で「測ることになる」(μετρήσει) という語が繰り返されていて，P写本のテクストが最初の μετρήσει で終わっていて，意味的にやや舌足らずであることから，P写本が2つの μετρήσει の間を飛ばして書写された可能性を指摘している．なおこの現象は書写においてしばしば起こることで homoioteleuton と呼ばれる．

[34]この「無数の」という表現については本命題の解説を参照．

解　説

本命題の主張する内容は明らかであるが，後世の追加であると考えられるいくつかの理由がある．まず，その文体はかなり特異である．「このような検討がなされると」という表現の「検討」(ἐπίσκεψις) という語は，この箇所以外では「検討する，調べる」という意味の動詞の形で IX.18, 19 に現れるのみである[35]．

またそのすぐ後には「もし」という条件節内で「とられることにならない」という直説法未来形が用いられるが，これも『原論』では稀な表現で，他には I.4, I.8, III.24, IX.33, X.16, X.21 補助定理などに見られるのみである．

しかも I.4 のこの部分は後世の挿入の可能性が高い（本全集第 1 巻 p. 191 脚注 11 参照）．また I.8，III.24 は興味深いことに，数学的に I.4 と並行した議論を展開する箇所である．I.4 の問題の箇所は「2 直線が重なり合わないことになるならば」という議論であるの対し，I.8, III.24 では，2 つの線（折れ線または円弧）が重ならずに「もし交差することになるならば」という議論が展開されていて，テーマの共通性は明らかである．そして X.16 はアラビア・ラテンの伝承にはほとんど現れない命題であり，X.21 補助定理は第 X 巻に数多くある後世の追加の 1 つである．したがって「条件節内の直説法未来」の多くは後世の追加であり，本命題の議論もエウクレイデス自身まで遡りえない可能性が高い．

さらに本命題の議論が後世のものであることを示唆する独特な語法がもう 1 つある．命題の最後近くに「無数の (ἄπειροι) 数」という表現が現れるが，「限りがない，無限の」を意味する形容詞 ἄπειρος は『原論』では比較的稀な語であり，しかもその用例の大半は第 I 巻で，無限に伸びた直線を指すものである[36]．本命題のように個数が無数（あるいは無限）であるという意味でこの語を用いる例は，整数論ではこの 1 箇所と，明らかに後世の追加である VII.39 注釈のみであり，他には第 X 巻で X. 定義 3，X.115 に見られるのみである．X.115 は明らかに後世の追加であるから，結局『原論』全体で「無数」の意味で形容詞 ἄπειρος が用いられるのは，本命題 VII.31 と，X. 定義 3 のみである．すると X. 定義 3 の，冗長な表現も後世の編集の結果であって，本来の『原論』のテクストは「無数」の意味で ἄπειρος を使うことはなかったということも十分に考えられよう[37]．

また，本命題で「無数」という語が現れる文脈は，順次小さくなる数（正整数）の列は限りなく続きえないという議論であるが，このことは相互差引を用いる VII.1, 2 では当然のこととして，あえて述べら

---

[35] これら 2 命題も別の理由で後世の追加と考えられる．IX.19 の解説を参照．

[36] 第 I 巻での用例は以下の通り．直線を無限に (εἰς ἄπειρον) 延長するという形で用いられるのが，平行線の定義 (I. 定義 23)，平行線公準 (I. 要請 5)，この要請を用いる命題 I.29, 44 である．この他に直線が無限に伸びていることを表す用例は I.12, I.22 にある．

[37] もっとも，用例が稀なのはそもそも『原論』の議論において「無数」ということに言及する機会が稀である結果にすぎないのかもしれない．

れていない（p. 22，脚注 11）．このような議論の相違も，本命題が後世の追加と考えれば容易に説明できる．

本命題が後世の追加であると考えられる根拠は以上のようなものである．この議論は決定的でないにしても，少なくとも，本命題を根拠にして『原論』の整数論の特徴を論じることは避けるべきであろう．

32

あらゆる数は，素数であるか，あるいは何らかの素数によって測られる．

数を A としよう．私は言う，A は素数であるか，あるいは何らかの素数によって測られる．

（写本の図版）　（底本の図版）

すると，まずもし A が素数ならば，命じられたことはなされていることになろう．またもし合成数ならば，何らかの素数がこの数を測ることになる [**VII.31**]．

ゆえに，あらゆる数は，素数であるか，あるいは何らかの素数によって測られる．これが証明すべきことであった．

解　説

命題としてはきわめて単純である．もし直前の命題 VII.31 が，上で論じたように後世の追加ならば，本命題もまた後世の追加ということになろう．

33

好きなだけの〔個数の〕数が与えられたとき，それらと同じ比を持つ数のうちで最小の数を見出すこと．

好きなだけの〔個数の〕与えられた数があるとし，それを A, B, G としよう．そこで，A, B, G と同じ比を持つ数のうちで最小の数を見出さねばならない．

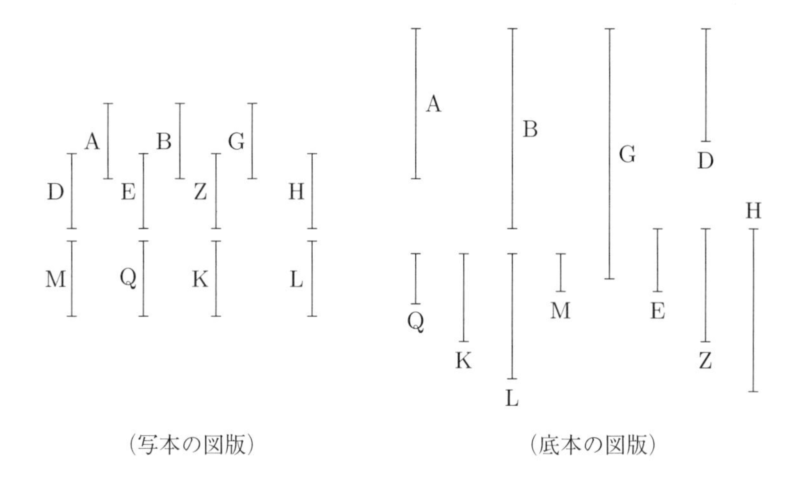

（写本の図版）　　（底本の図版）

というのは，A, B, G は互いに素であるか，あるいはそうでないかである．すると，まず A, B, G が互いに素であるならば，それと同じ比を持つ数のうちで最小である **[VII.21]**[38].

また，もしそうでないならば，A, B, G の最大共通尺度 D がとられたとし **[VII.3]**[39]，D が A, B, G の各々を測る〔回数〕だけ，単位が E, Z, H の各々の中にあるとしよう．ゆえに，E, Z, H の各々も A, B, G の各々を D の中の単位ごとに測る **[VII.15]**．ゆえに，E, Z, H は A, B, G を等しい〔回数〕だけ測る．ゆえに，E, Z, H は A, B, G と同じ比にある[40]．そこで私は言う，最小でもある．というのは，もし E, Z, H が A, B, G と同じ比を持つ数〔の組〕のうちで最小でないならば，[何らかの] 数〔の組〕があって E, Z, H より小さく，しかも A, B, G と同じ比にあることになる．それらを Q, K, L としよう．ゆえに，Q が A を測るのと等しい〔回数〕だけ K, L の各々も B, G の

[38] VII.21 は互いに素な 2 数について証明されていたが，それがここでは 3 つ以上の数に拡張されて用いられている．

[39] VII.3 は 3 数の最大共通尺度を見出すものであった．ここでは数の個数は任意であるので，VII.3 が暗黙のうちに拡張されていることになる．なお，テオン版では VII.3 を任意個の数の最大共通尺度に拡張する系がある．VII.3 への脚注 4 を参照（以上，ハイベアの注釈による）．

[40] この議論は直観的には明らかであるが，これを直接保証する命題はない．仮に議論を補うならば，まず VII. 定義 21 によって E : A = Z : B = H : G を得て，そこから VII.13 によって E : Z = A : B, Z : H = B : G を導くか，または E, Z, H が A, B, G を測る関係を乗法によって書き換えて VII.17 を使うことなどが考えられる．

各々を測る．またQがAを測る〔回数〕だけ，単位がMの中にあるとしよう．ゆえに，K, Lの各々もB, Gの各々をMの中の単位ごとに測る．そして，QはAをMの中の単位ごとに測るから，ゆえに，MもAをQの中の単位ごとに測る **[VII.15]**[41]．そこで同じ議論によって，MはB, Gの各々をもK, Lの各々の中の単位ごとに測る．ゆえに，MはA, B, Gを測る．そして，QはAをMの中の単位ごとに測るから，ゆえに，QがMを多倍してAを作っている **[VII. 定義 16*]**．そこで同じ議論によって，EもDを多倍してAを作っている．ゆえに，E, Dから生じる数はQ, Mから生じる数に等しい．ゆえに，EがQに対するように，MがDに対する **[VII.19]**．またEはQより大きい．ゆえに，MもDより大きい **[VII. 定義 21]**[42]．そして〔Mは〕A, B, Gを測る．これは不可能である――というのはDはA, B, Gの最大共通尺度であると仮定されているから．ゆえに，何らかの数〔の組〕があって，E, Z, Hより小さく，しかもA, B, Gと同じ比にあるということはない．ゆえに，E, Z, HはA, B, Gと同じ比を持つ数のうちで最小である．これが証明すべきことであった．

解　説

本命題は任意個の与えられた数に対して，それらと同じ比を持つ最小の数を求める方法を与えるが，実際にこの後本命題が使われる場面では，与えられた数の個数はつねに2つである (VII.34, VIII.3, 20)．なお，VIII.6, 8では任意個の順次比例する数と同じ比を持つ最小の数をとるが，これは本命題ではなく，VIII.2が適用されていると考えられる．

議論は次のように2つの部分からなる．まず与えられた数A, B, Gが互いに素であるときは，A, B, G自身が求めるものである．そうでないときは，A, B, Gの最大共通尺度Dをとり，DがA, B, Gを測る回数（DがA, B, Gを割って得られる商）E, Z, Hをとる．

34

2数が与えられたとき，それらが測る最小の数を見出すこと．

与えられた2数をA, Bとしよう．そこで，それらが測る最小の数を見出

[41]脚注24を参照．

[42]4数が比例するとき，前項と後項の大小は一致する．このことは比例の定義VII. 定義21から明らかであろう．なおこの性質は，第V巻でも第VII巻でも明示的に証明されていない．本全集第1巻の命題V.14の解説を参照．

さねばならない.

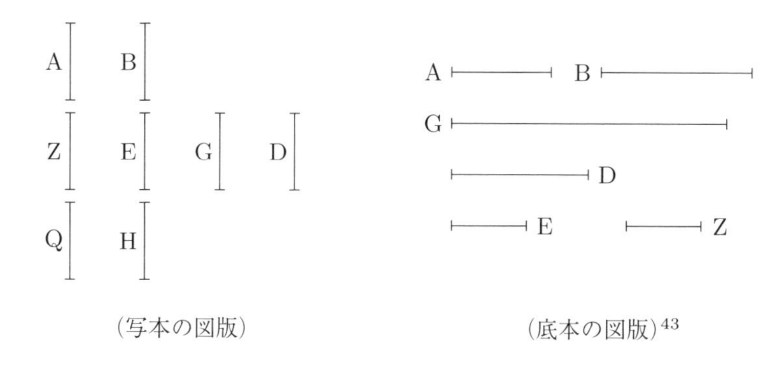

（写本の図版）　（底本の図版）[43]

というのは，A, B は互いに素であるか，あるいはそうでないかである．はじめに A, B が互いに素であるとし，A が B を多倍して G を作るとしよう．ゆえに，B も A を多倍して G を作っている **[VII.16]**．ゆえに，A, B は G を測る．そこで私は言う，〔G は〕最小でもある．というのは，もしそうでないならば，何らかの数を A, B が測ることになり，しかもその数は G より小さい．D を測るとしよう．そして A が D を測る〔回数〕だけ，単位が E の中にあるとし，また B が D を測る〔回数〕だけ，単位が Z の中にあるとしよう．ゆえに，まず A が E を多倍して D を作っていて，また B が Z を多倍して D を作っている **[VII. 定義 16*]**．ゆえに，A, E から生じる数は B, Z から生じる数に等しい．ゆえに，A が B に対するように，Z が E に対する **[VII.19]**．また A, B は〔互いに〕素であり，また素な数〔の組〕は最小でもあり **[VII.21]**，また最小の数は同じ比を持つ数を等しい回数だけ測り，大きい方が大きい方を，小さい方が小さい方を〔測る〕**[VII.20]**．ゆえに，B は E を測る，すなわち後項が後項を〔測る〕．そして，A が B, E を多倍して G, D を作っているから，ゆえに，B が E に対するように，G が D に対する **[VII.17]**．また B は E を測る．ゆえに，G も D を測る **[VII. 定義 21]**，すなわち大きい数が小さい数を〔測る〕．これは不可能である．ゆえに，A, B が何らかの数を測り，しかもその数が G より小さいことはない[44]．ゆえに，G は A, B によって測られ

[43]底本では 2 つの場合に応じて 2 つの図がある．2 番目の図への脚注 46 を参照．
[44]テオン版ではこの後に「A, B が互いに素であるときは」と追加されている．

る最小の数である[45].

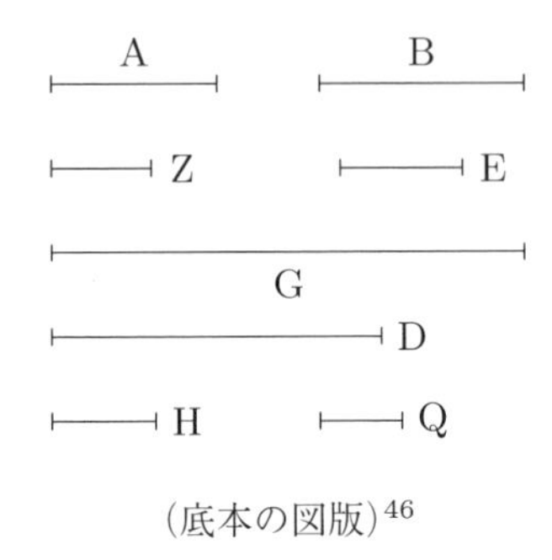

(底本の図版)[46]

そこで，A, B は互いに素でないとし，A, B と同じ比を持つ数のうちで最小の数 Z, E がとられたとしよう **[VII.33]**．ゆえに，A, E から生じる数は B, Z から生じる数に等しい **[VII.19]**．そして A が E を多倍して G を作るとしよう．ゆえに，B も Z を多倍して G を作っている．ゆえに，A, B は G を測る．そこで私は言う，〔G は A, B が測る数の中で〕最小でもある．というのは，もしそうでないならば，何らかの数を A, B が測ることになり，しかも〔その数は〕G より小さい．D を測るとしよう．そしてまず A が D を測る〔回数〕だけ，単位が H の中にあるとし，また B が D を測る〔回数〕だけ，単位が Q の中にあるとしよう．ゆえに，まず A が H を多倍して D を作っていて，また B が Q を多倍して D を作っている **[VII. 定義 16*]**．ゆえに，A, H から生じる数は B, Q から生じる数に等しい．ゆえに，A が B に対するように，Q が H に対する **[VII.19]**．また A が B に対するように，Z が E に対する．ゆえに，Z が E に対するように，Q が H に対するのでもある．また Z, E は最小であり，また最小の数は同じ比を持つ数を等しい回数だけ測り，大きい方が大きい方を，小さい方が小さい方を〔測る〕**[VII.20]**．ゆえに，E は H を測る．そして A が E, H を多倍して G, D を作っているから，ゆえに，E が H に対するように，G が D に対する **[VII.17]**．また E は H を測る．ゆえに，G も D を測る **[VII. 定義 21]**，すなわち大きい数が小さい数を〔測る〕．これは不

[45]逐語訳すれば「G は最小〔の数〕であって，A, B によって測られる」．

[46]これが底本で 2 つ目の図版で，A, B が互いに素でない場合に対する．写本では，欄外に加筆された図を別にすれば，この命題でも他の命題と同様，命題のテクストの最後に 1 つだけ図が描かれている．

可能である．ゆえに，A, B が何らかの数を測り，しかも〔その数が〕G より小さいことにはならない．ゆえに，G は A, B によって測られる最小の数である[47]．これが証明すべきことであった．

解　　説

与えられた 2 数によって測られる最小の数，すなわち最小公倍数を求める問題である．まず 2 数 A, B が互いに素である場合が扱われ，この場合は 2 数 A, B の積 G が求める数となる．2 数が互いに素でない場合は，まず 2 数 A, B と同じ比にある最小の数 Z, E がとられる．すると A, E の積 G は B, Z の積に等しいが，この G が求める数である．

その証明は，どちらの場合もほぼ同じで，帰謬法による．G より小さく，A, B によって測られる数 D があるとし，$\mathrm{A}m = \mathrm{B}n = \mathrm{D}$ となる m, n をとると $\mathrm{A} : \mathrm{B} = n : m$ となる．なおここで m, n と書いた数は A, B が互いに素な前半の議論ではそれぞれ E, Z であり，A, B が互いに素でない後半ではそれぞれ H, Q である．以下，前半では A, B が互いに素であることから，$\mathrm{B} \mid m$ (VII.21, 20)．ここで $\mathrm{AB} = \mathrm{G}$, $\mathrm{A}m = \mathrm{D}$ より $\mathrm{B} : m = \mathrm{G} : \mathrm{D}$ であり，よって $\mathrm{G} \mid \mathrm{D}$．これは $\mathrm{D} < \mathrm{G}$ に反する．

後半では A, B と同じ比にある最小の数 Z, E がとられているので，$\mathrm{Z} : \mathrm{E} = \mathrm{A} : \mathrm{B} = n : m$ であり，前と同様の議論で $\mathrm{E} \mid m$ を得て，ここから前半と同様に矛盾が帰結する．

本命題で得られた「A, B によって測られる最小の数」(最小公倍数) を l と置き，A, B の最大共通尺度 (最大公約数) を g と置けば，積 gl が A, B の積に等しいことはよく知られた性質である．しかし『原論』ではこのことは述べられない．このことからも，『原論』の整数論が積と因数を基盤に組み立てられているのではないことが確認される．

35

もし 2 数が何らかの数を測るならば，それら 2 数によって測られる最小の数も，その数を測ることになる．

というのは，2 数 A, B が GD を測るとし，また〔A, B の測る〕最小の数を E としよう．私は言う，E も GD を測る．

[47] 逐語訳すれば「G は最小〔の数〕であって，A, B によって測られる」．

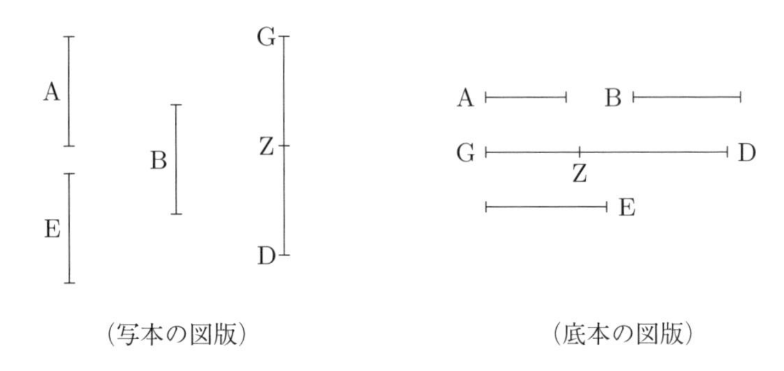

(写本の図版)　　(底本の図版)

というのは，もしEがGDを測らないならば，EがDZを測って，それ自身より小さいGZを残すとしよう．そしてA, BはEを測り，またEはDZを測るから，ゆえに，A, BもDZを測ることになる．また〔A, Bは〕全体GDをも測る．ゆえに，残りのGZをも測ることになり，しかも〔GZは〕Eより小さい．これは不可能である．ゆえに，EがGDを測らないことはない．ゆえに，測る．これが証明すべきことであった．

36

3数が与えられたとき，それらが測る最小の数を見出すこと．

与えられた3数をA, B, Gとしよう．そこでこれらが測る最小の数を見出さねばならない．

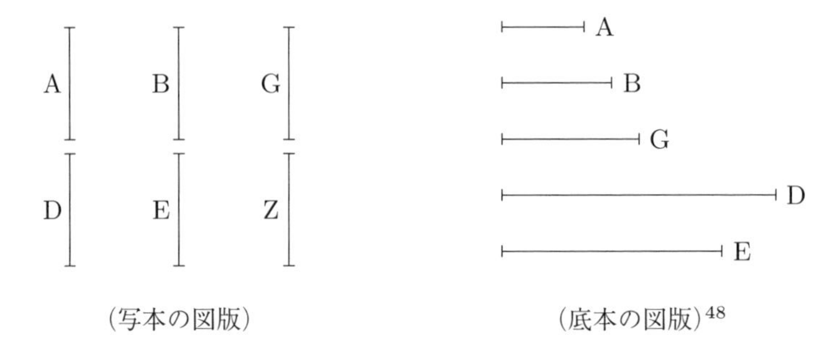

(写本の図版)　　(底本の図版)[48]

というのは，A, Bによって測られる最小の数Dがとられたとしよう **[VII.34]**.

---

[48]本命題でもVII.34と同様，底本では2つの場合に応じて2つの図がある．

そこでGはDを測るか，あるいは測らないかである．はじめに測るとしよう．またA, BもDを測る．ゆえに，A, B, GはDを測る．そこで私は言う，〔Dは〕最小でもある．というのは，もしそうでないならば，[何らかの]数をA, B, Gが測ることになり，しかも〔その数は〕Dより小さい．Eを測るとしよう．A, B, GがEを測るから，ゆえに，A, BもEを測る．ゆえに，A, Bによって測られる最小の数も[Eを]測ることになる **[VII.35]**．またA, Bによって測られる最小の数はDである．ゆえに，DはEを測ることになる，すなわち大きい数が小さい数を〔測る〕．これは不可能である．ゆえに，A, B, Gが何らかの数を測り，しかも〔その数が〕Dより小さいことにはならない．ゆえに，A, B, Gが測る最小の数はDである[49]．

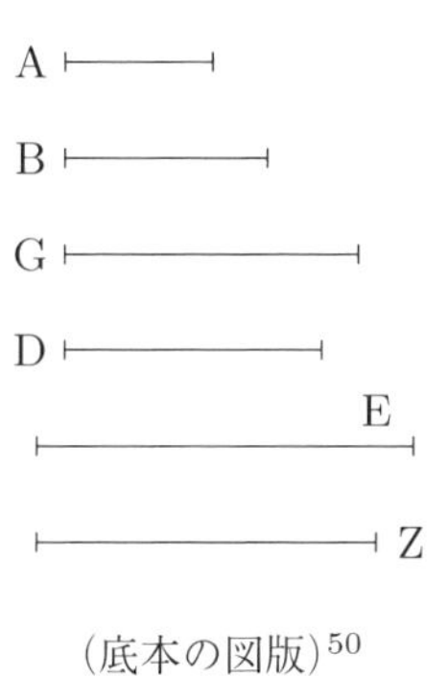

(底本の図版)[50]

そこで一方，GがDを測らないとし，そしてG, Dによって測られる最小の数Eがとられたとしよう．A, BはDを測り，またDはEを測るから，ゆえに，A, BもEを測る．またGも[Eを]測る．ゆえに，A, B, GもEを測る．そこで私は言う，〔Eは〕最小でもある．というのは，もしそうでないならば，何らかの数をA, B, Gが測り，しかも〔その数は〕Eより小さいことになる．Zを測るとしよう．A, B, GはZを測るから，ゆえに，A, BもZを測る．ゆえに，A, Bによって測られる最小の数もZを測ることになる **[VII.35]**．またA, Bによって測られる最小の数はDである．ゆえに，DはZを測る．またGもZを測る．ゆえに，D, GはZを測る．したがって，D, Gによっ

[49] 逐語訳すれば「ゆえに，A, B, Gは最小の〔数〕Dを測る」．

[50] これが底本の2つ目の図版であり，GがDを測らない場合に対する．写本の図が1つしかないことは，VII.34と同様である．

て測られる最小の数も Z を測ることになる [**VII.35**]．また D, G によって測られる最小の数は E である．ゆえに，E は Z を測る，すなわち大きい数が小さい数を〔測る〕．これは不可能である．ゆえに，A, B, G が何らかの数を測り，しかも〔その数が〕E より小さいことにはならない．ゆえに，E は A, B, G によって測られる最小の数である[51]．これが証明すべきことであった．

解　説

VII.34 から本命題までは，複数の数が測る最小の数（最小公倍数）に関する議論である．なお『原論』では 3 つ以上の数の積という表現はほとんど用いられず，代わりにそれらの数が測る最小の数（最小公倍数）が用いられることがある．IX.14, 20 の表現と，§2.6.1 を参照．

37

もし数が何らかの数によって測られるならば，測られる数は測る数と同じ呼び名の単部分を持つことになる[52]．

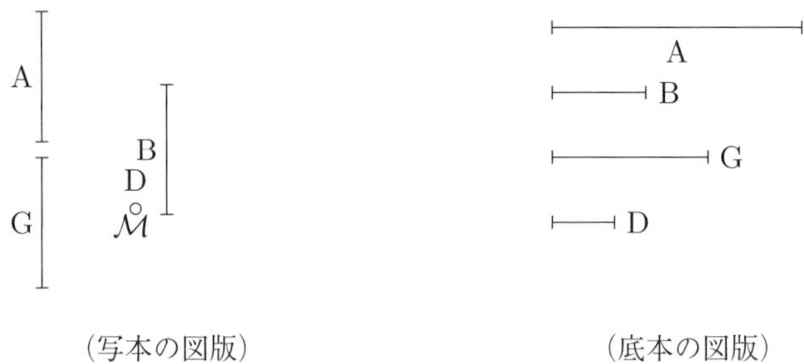

（写本の図版）　（底本の図版）

というのは，数 A が何らかの数 B によって測られるとしよう．私は言う，A は B と同じ呼び名の単部分を持つ．

というのは，B が A を測る〔回数〕だけ，単位が G の中にあるとしよう．B は A を G の中の単位ごとに測り，また単位 D も数 G をその中の単位ごとに測るから，ゆえに，単位 D が数 G を測るのと等しい〔回数〕だけ B も A を測る．ゆえに交換されて，単位 D が数 B を測るのと等しい〔回数〕だけ G も A を測る [**VII.15**]．ゆえに，単位 D が数 B の単部分であるのと，G も A

[51]逐語訳は「E は最小〔の数〕であって，A, B, G によって測られる」．

[52]「測る数と同じ呼び名の単部分」という表現については次の命題 VII.38 の解説を参照．

の同じ単部分である．また単位 D は，数 B の，それ〔B〕と同じ呼び名の単部分である．ゆえに，G も A の，B と同じ呼び名の単部分である．したがって，A は単部分 G を持ち，しかもそれは B と同じ呼び名である．これが証明すべきことであった．

解　　説

本命題は次の命題 VII.38 と対をなす．VII.38 の解説を参照．

38

もし数が単部分を持つならば，それがどんな単部分でも，その単部分と同じ呼び名の数によって測られることになる．

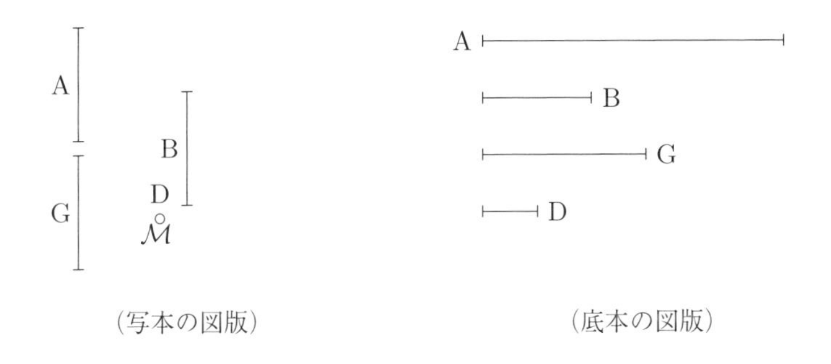

（写本の図版）　（底本の図版）

というのは，数 A が単部分として数 B を持つとし，それがどんな単部分でも，単部分 B と同じ呼び名 [の数] を G としよう．私は言う，G は A を測る．

というのは，B が A の，G と同じ呼び名の単部分であり，また単位 D も G の，それ〔G〕と同じ呼び名の単部分であるから，ゆえに，単位 D が数 G の単部分であるのと，B も A の同じ単部分である．ゆえに，単位 D が数 G を測るのと等しい〔回数〕だけ B も A を測る．ゆえに交換されて，単位 D が数 B を測るのと等しい〔回数〕だけ G も A を測る [**VII.15**]．ゆえに，G は A を測る．これが証明すべきことであった．

解　　説

ある数と同じ呼び名 (ὁμώνυμος) の単部分とはその数の逆数に相当する単部分である．たとえば，5(πέντε) は 20 を測るが，20 は 5 と同じ呼び名の，5 分の 1(πέμπτον)，すなわち数 4 を単部分として持つ．英語ならば five と fifth である．命題 X.37 はこのことが一般的に成立することを主張する．本命題 X.38 はその逆を述べる．たとえば数 B が数 A の 4 分の 1 の部分ならば，A は数 4 を単部分として持つ，というのが本命題の主張である．

39

与えられた複数の単部分を持つ最小の数を見出すこと[53]．

与えられた複数の単部分を A, B, G としよう．そこで複数の単部分 A, B, G を持つ最小の数を見出さねばならない．単部分 A, B, G と同じ呼び名の数を D, E, Z とし，D, E, Z によって測られる最小の数 H がとられたとしよう **[VII.36]**[54]．

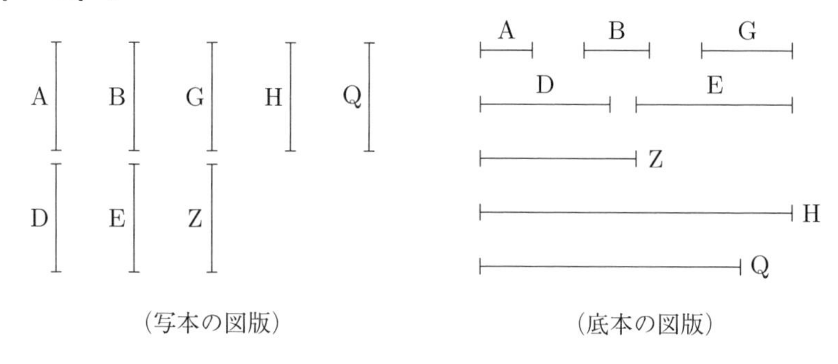

（写本の図版）　（底本の図版）

ゆえに，H は D, E, Z と同じ呼び名の単部分を持つ **[VII.37]**[55]．また D, E, Z と同じ呼び名の単部分は A, B, G である．ゆえに，H は単部分 A, B, G を持つ．そこで私は言う，最小でもある．というのは，もしそうでないならば，何らかの H より小さい数があることになり，それは単部分 A, B, G を持つことになる．その数を Q としよう．Q は単部分 A, B, G を持つから，ゆえに，Q は単部分 A, B, G と同じ呼び名の数によって測られることになる **[VII.38]**．

---

[53]「複数の単部分」と訳した語は，前に「複部分」と訳した μέρη（μέρος の複数形）である．命題 VII.6 の解説を参照．

[54]ここでは 3 個に限らず任意個の数が測る最小の数を求めることが前提とされていて，VII.36 が暗黙のうちに拡張されている．脚注 39 を参照．

[55]テオン版のテクストは次の通り．

> H は D, E, Z によって測られるから，H は D, E, Z と同じ呼び名の単部分を持つ．

また単部分 A, B, G と同じ呼び名の数は D, E, Z である．ゆえに，Q は D, E, Z によって測られる．そして〔Q は〕H より小さい．これは不可能である．ゆえに，何らかの H より小さい数で，単部分 A, B, G を持つことになるものはない．これが証明すべきことであった．

解　説

本命題の A, B, G は数を表すのではなく，たとえば 3 分の 1，4 分の 1，5 分の 1 といった単部分を表すものである．一方，D, E, Z はこれらの単部分と同じ呼び名の数である．たとえば A が 3 分の 1 の単部分ならば，D は数 3 である．この両者が図においては区別されず，両方とも直線で表現されている．これは論理的な厳格さの緩みとも解釈できることであり，同じ呼び名の単部分を扱う命題 VII.37–39 は後に追加されたものかもしれない．

[命題 39 注釈[56]]

〔命題〕39 の〔注釈〕[57]．多くの数があり，同じ単部分を持つとき，たとえば半分，3 分の 1，4 分の 1，5 分の 1 が与えられたとき，それらと同じ単部分を持つすべての数のうちで最も小さい数を見出すこと．次の与えられた単部分を持つことになる最小の数を見出すこと，すなわち半分，3 分の 1，4 分の 1，5 分の 1，6 分の 1，7 分の 1，8 分の 1，9 分の 1，10 分の 1，11 分の 1，12 分の 1，そして無限に．すると，これらの（単部分の）同じ呼び名の数をとらねばならない．すなわち，まず半分の〔同じ呼び名の数〕1[58]，そして 3 分の 1 の〔同じ呼び名の数〕3，そして 4 分の 1 の〔同じ呼び名の数〕4，そして 5 分の 1 と 6 と 7, 8, 9, 10, 11, 12[59]．そして 1 を 3 に多倍する．3 が生じる．3 を 4 に〔多倍して〕，12〔が生じる〕．12 を 5 に〔多倍して〕，60〔が生じる〕．60 を 6 に〔多倍して〕，360〔が生じる〕．360 を 7 に〔多倍して〕，2520〔が生じる〕．これは 10 分の 1 の単部分と，半分，3 分の 1，4 分の 1，5 分の 1，6 分の 1 等々の単部分を持つ．一方今度はこれを 11 に多倍する．27720 が生じる．この数が与えられた単部分，〔すなわち〕半分，3 分の 1，4 分の 1，5 分の 1，6 分の 1，7 分の 1，8 分の 1，9 分の 1，10 分の 1，11

---

[56] この注釈は Vpφ 写本で第 VIII 巻の標題の後にある．なお φ は F 写本が痛んで失われた部分を後で補充した読みを示す (§1.1.3)．また底本には記載がないが b 写本の欄外にも同じテクストがある．写本上に見出される古注 (scholium) は，底本では通常第 5 巻にまとめて収められているが，この注釈は本文が収められた第 2 巻の末尾に，別証明などと同じ扱いで収められていて，スタマティス版でもそれが踏襲されている．しかし TLG（古代・中世の現存ギリシャ語著作の電子版）には含まれていない．

[57] この 39 という番号から，この注釈は VII. 通称 20 および VII. 通称 22 が追加される前に書かれたものであるとハイベアは指摘している．実際，この注釈は底本の命題 39，すなわちテオン版の命題 41 に対するものである．

[58] 写本では「最初」．半分と同じ呼び名の数は 2 であるが，どういうわけか 2 でなく 1 から計算を始めている．

[59] この箇所のテクストが乱れている．5 分の 1 の次が突然 6 になり，以下「単部分」ではなく「数」だけが並んでいる．

分の 1，12 分の 1 を持つ．すべての与えられたものに，このように多倍して，それらの単部分を持つ最小の数を見出さねばならない．

解　説

これは最初に「〔命題〕39 の」とあることから分かるように，後の注釈である．注釈は通常欄外か，別のページにまとめて書かれるが，この注釈は，少なくとも一部の写本ではテクスト本文と同じ場所に書かれている．

内容は VII.39 を敷衍して，12 分の 1 までのすべての単部分を持つ最小の数を求めるものである．以下に述べるように，内容的にもこれが後の時代の注釈であることは疑いない．

まず，『原論』の本文では具体的な数値例を扱うことは決してない．しかもここでの解法は VII.39 の指示する方法に正確に従うものではない．VII.39 によれば，与えられた単部分と同じ呼び名の数によって測られる最小の数を求めねばならない．ここでは 12 までのすべての数によって測られる最小の数を求めることになる（以下最小公倍数と言う）．その方法は VII.36 に示されているように，まず 2, 3 の最小公倍数 6 を求め，4 が 6 を測るかどうかを調べ，測らないなら，4 とその 6 が測る最小の数 12 を求める．VII.36 は 3 数の最小公倍数を扱うので，議論はここまでであるが，以下同様であり，順次得られる数は 6, 12, 60, 60, 420, 840, 2520, 2520, 27720, 27720 となる．ところがこの注釈では，順次最小公倍数を求めているのではなく，行き当たりばったりの計算をしている．このことは，計算の途中に現れる数値が異なることからも分かる．ここから注釈者の数学的能力がある程度推定できよう．

また，多倍（乗法）の表現が『原論』本文とは違っていることも，この注釈が後に書かれたことの証拠となる．『原論』本文では，多倍する数を主格，多倍される数を対格にして，多倍するという動詞を分詞（アオリスト男性単数主格）にして「A（主格）が B（対格）を多倍して G（対格）を作っている」（ὁ A τὸν B πολλαπλασιάσας τὸν Γ πεποίηκεν）と表現する．多倍するという分詞 πολλαπλασιάσας の意味上の主語は数 A である．ところがこの注釈では A が対格，B が前置詞 ἐπί を伴う対格である．なぜか動詞は分詞のままである．校訂者ハイベアはこれでは意味が通らないと考えたのか，動詞の形をアオリスト不定法の πολλαπλασιάσαι に変更して，「A を B に多倍する（掛ける）」としている．この注釈では「そして 1 を 3 に多倍する」（καὶ πολλαπλασιάσαι τὸν $\overline{\alpha}$ ἐπὶ τὰ $\overline{\gamma}$）「これを 11 に多倍する」（αὐτὸν πολλαπλασιάσαι ἐπὶ τὸν $\overline{\iota\alpha}$）の 2 箇所に見られる．これはヘロンなどの後の時代の文献に見られる形である[60]．

[60] なお前置詞 ἐπί で多倍される数を表す表現は，『原論』の本文では IX.36 に 1 回だけ見られる．この命題への脚注 64 を参照．

第VIII巻

第 VIII 巻概要

1. （命題 1–10） 連続して比例する数に関する命題群（命題 5 は合成比に関する命題）．比例中項の挿入可能性を扱う．
2. （命題 11–17） 正方形数，立方体数と比例中項に関する命題群．
3. （命題 18–27） 相似平面数，相似立体数と正方形数，立方体数に関する命題群．

1. 第 VIII 巻の主要なテーマは「連続して比例する数」である．命題 2 で，与えられた比において連続して比例する数を構成する方法が示され，これを利用して，与えられた 2 数の間に連続して比例する数が挿入できる条件が論じられる．なお，命題 5 のみは前後の命題から孤立している．
2. 2 つの正方形数（立方体数）の間の比例中項や，正方形数（立方体数）どうしの関係と，それらの辺の関係を論じる．たとえば $a \mid b$ と $a^2 \mid b^2$ は同値である (VIII.14)．
3. 相似平面数（相似立体数）の間の比例中項や，連続して比例する数と正方形数（立方体数）の関連を論じる．

1

もし，好きなだけの〔個数の〕順次比例する数があり，またそれらの両端の数が互いに素であるならば，〔それらの数は〕それらと同じ比を持つ数のうちで最小である．

好きなだけの〔個数の〕順次比例する数を A, B, G, D とし，また両端の A, D が互いに素であるとしよう．私は言う，A, B, G, D は，それらと同じ比を持つ数のうちで最小である．

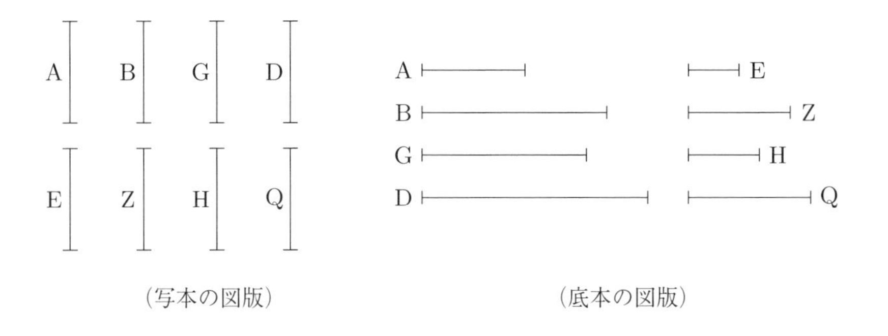

（写本の図版）　　（底本の図版）

というのは，もしそうでないならば，A, B, G, D より小さい数 E, Z, H, Q があり，しかもそれら〔A, B, G, D〕と同じ比にあるとしよう．そして，A, B, G, D は E, Z, H, Q と同じ比にあり，[A, B, G, D の] 個数が [E, Z, H, Q の] 個数に等しいから，ゆえに，等順位において A が D に対するように，E が Q に対する **[VII.14]**．また A, D は〔互いに〕素であり，また素な数〔の組〕は最小でもあり **[VII.21]**，また最小の数は同じ比を持つ数を等しい回数だけ測り，大きい方が大きい方を，小さい方が小さい方を〔測る〕，すなわち前項が前項を，後項が後項を〔測る〕**[VII.20]**[1]．ゆえに，A は E を測る，すなわち大きい数が小さい数を〔測る〕．これは不可能である．ゆえに，E, Z, H, Q が A, B, G, D より小さく，しかもそれらと同じ比にあるということはない．ゆえに，A, B, G, D は，それらと同じ比を持つ数のうちで最小である．これが証明すべきことであった．

2

与えられた比において順次比例する，指定するだけの〔個数の〕，最小の数を見出すこと．

最小の数における与えられた比を A が B に対する比としよう．そこで A の B に対する比において順次比例する，指定するだけの〔個数の〕，最小の数を見出さねばならない．

---

[1]テオン版では「大きい方が大きい方を，小さい方が小さい方を〔測る〕，すなわち」の部分が欠けている．

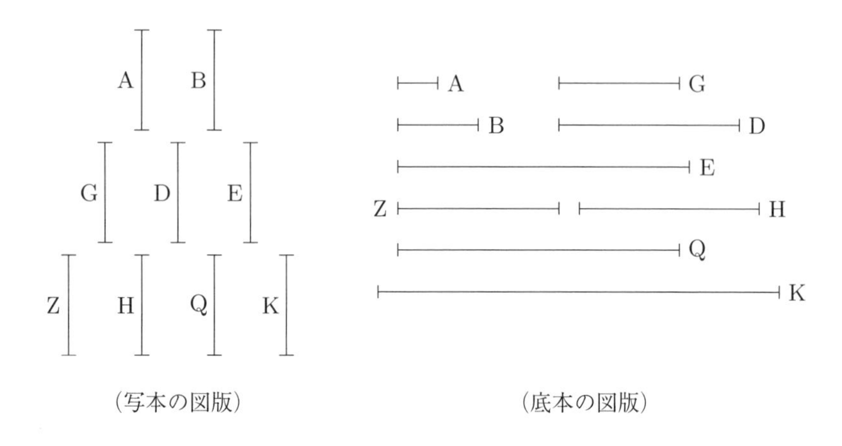

（写本の図版）　　（底本の図版）

そこで4個が指定されている〔個数〕とし，Aがそれ自身を多倍してGを作り，またBを多倍してDを作るとし，さらにBがそれ自身を多倍してEを作るとし，さらにAがG, D, Eを多倍してZ, H, Qを作るとし，またBがEを多倍してKを作るとしよう．

そして，Aがまずそれ自身を多倍してGを作っていて，またBを多倍してDを作っているから，ゆえに[2]，AがBに対するように，GがDに対する **[VII.17]**．一方，まずAがBを多倍してDを作っていて，またBがそれ自身を多倍してEを作っているので，ゆえに，A, Bの各々がBを多倍してD, Eの各々を作っている．ゆえに，AがBに対するように，DがEに対する **[VII.18]**．しかし，AがBに対するように，GがDに対する．ゆえに，GがDに対するように，DがEに対するのでもある．そして，AがG, Dを多倍してZ, Hを作っているから，ゆえに，GがDに対するように，ZがHに対する **[VII.17]**．またGがDに対するように，AがBに対するのであった．ゆえに，AがBに対するように，ZがHに対するのでもある．一方，AがD, Eを多倍してH, Qを作っているから，ゆえに，DがEに対するように，HがQに対する **[VII.17]**．しかし，DがEに対するように，AがBに対する．ゆえに，AがBに対するように，HがQに対するのでもある．そして，A, BがEを多倍してQ, Kを作っているから，ゆえに，AがBに対

[2]テオン版ではこの直前に次の一節がある「そこで数Aは2数A, Bを多倍してG, Dを作っている」．

するように，Q が K に対する **[VII.18]**．しかし，A が B に対するように，Z が H に，および H が Q に対する．ゆえに，Z が H に対するように，H が Q に，および Q が K に対する．ゆえに，G, D, E および Z, H, Q, K は A が B に対する比において比例する．そこで私は言う，最小でもある．というのは，A, B はそれらと同じ比を持つ数の中で最小であり，また同じ比を持つ数のうちで最小の数は互いに素であるから **[VII.22]**，ゆえに，A, B は互いに素である．そしてまず，A, B の各々がそれ自身を多倍して G, E の各々を作っていて，また，G, E の各々を多倍して Z, K の各々を作っている．ゆえに，G, E および Z, K は互いに素である **[VII.27]**．またもし好きなだけの順次比例する数があり，またそれらの両端の数が互いに素であるならば，それらと同じ比を持つ数のうちで最小である **[VIII.1]**．ゆえに，G, D, E および Z, H, Q, K は A, B と同じ比を持つ数のうちで最小である．これが証明すべきことであった．

系

そこでこのことから次のことが明らかである．もし順次比例する 3 数がそれらと同じ比を持つ数のうちで最小のものであるならば，両端〔の数〕は正方形数である．またもし 4 数ならば，立方体数である．

3

もし好きなだけの〔個数の〕順次比例する数が，それらと同じ比を持つ数のうちで最小のものであるならば，それらの両端の数は互いに素である．

好きなだけの〔個数の〕順次比例する数で，それらと同じ比を持つ数のうちで最小のものを A, B, G, D としよう．私は言う，それらの両端の A, D は互いに素である．

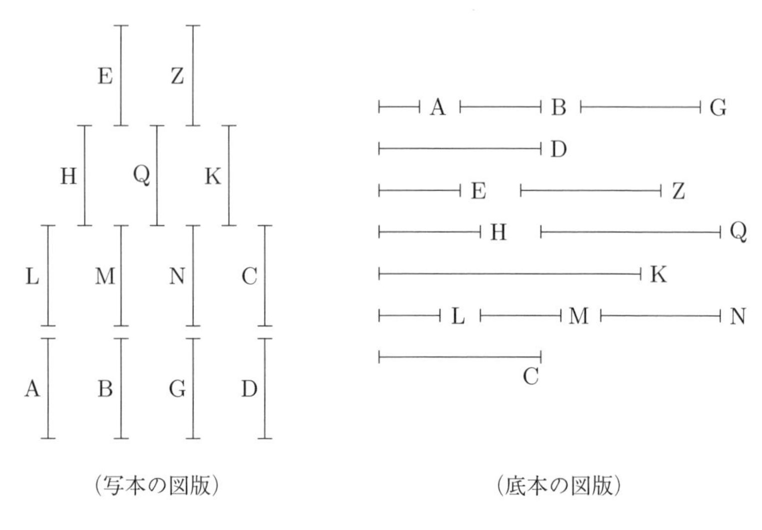

（写本の図版）　　（底本の図版）

というのは，まずA, B, G, Dの比にある最小の2数E, Zがとられたとし **[VII.33]**，また〔同じ比にある最小の〕3数H, Q, Kが〔とられ〕，そして順次1個多い数が〔とられ〕，とられた個数がA, B, G, Dの個数に等しくなるに至るとしよう **[VIII.2]**．〔このような数が〕とられたとし，それらをL, M, N, Cとしよう．

そして，E, Zはそれらと同じ比を持つ数のうちで最小であるから，互いに素である **[VII.22]**．そして，E, Zの各々がそれ自身を多倍してH, Kの各々を作っていて，またH, Kの各々を多倍してL, Cの各々を作っているから，ゆえに，H, KもL, Cも互いに素である **[VII.27]**．そして，A, B, G, Dはそれらと同じ比を持つ数のうちで最小であり，またL, M, N, Cも同じ比にある数のうちで最小であり，しかもA, B, G, Dと同じ比にあり，A, B, G, Dの個数はL, M, N, Cの個数に等しいから，ゆえに，A, B, G, Dの各々はL, M, N, Cの各々に等しい．ゆえに，まずAはLに等しく，またDはCに等しい．そしてL, Cは互いに素である．ゆえに，A, Dも互いに素である．これが証明すべきことであった．

4

好きなだけの〔個数の〕比が最小の数において与えられたとき，順次比例する最小の数で，与えられた比にあるものを見出すこと．

最小の数において与えられた比をA対B，およびG対D，そしてさらにE対Zとしよう．そこで順次比例する最小の数で，A対B，およびG対D，そしてさらにE対Zの比にあるものを見出さねばならない．

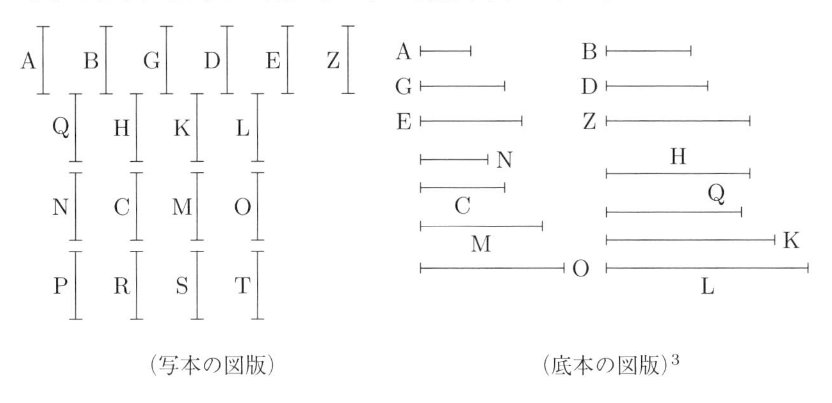

（写本の図版）　　（底本の図版）[3]

というのは，B, Gによって測られる最小の数Hがとられたとしよう **[VII.34]**．そしてまずBがHを測る〔回数〕だけ，AもQを測るとし，またGがHを測る〔回数〕だけ，DもKを測るとしよう．またEはKを測るか，あるいは測らないかである．はじめに測るとしよう．そしてEがKを測る〔回数〕だけ，ZもLを測るとしよう．そして，AがQを測るのと等しい〔回数〕だけBもHを測るから，ゆえに，AがBに対するように，QがHに対する **[VII.定義21][VII.13]**．そこで同じ議論によって，GがDに対するように，HがKに対するのでもあり，そしてさらにEがZに対するように，KがLに対する．ゆえに，Q, H, K, Lは順次比例し，A対B，およびG対D，そしてさらにE対Zの比にある．そこで私は言う，最小でもある．というのは，もしQ, H, K, Lが，順次比例する最小の数で，A対B，およびG対D，そしてE対Zの比にあるものでないならば，N, C, M, Oがそう〔最小の数〕であるとしよう．そして，AがBに対するように，NがCに対し，またA, Bは最小であり，また最小の数は同じ比を持つ数を等しい回数だけ測り，大きい方が大きい方を，小さい方が小さい方を〔測る〕，すなわち，前項が前項を，後項が後項を〔測る〕から **[VII.20]**，ゆえに，BはCを測る．そこで同じ議論に

[3]底本では2つの場合に応じて2つの図がある．写本の図は命題の最後に1つだけである．なお，P写本では命題の初めの部分の欄外に，第1の場合に関係する直線だけを含む図があるが，筆跡から見て，明らかに後から追加されたものである．

よって，G も C を測る．ゆえに，B, G は C を測る．ゆえに，B, G によって測られる最小の数も C を測ることになる **[VII.35]**．また B, G によって測られる最小の数は H である．ゆえに，H は C を測る，すなわち大きい数が小さい数を〔測る〕．これは不可能である．ゆえに，Q, H, K, L より小さい何らかの数で，順次 A 対 B，および G 対 D，そしてさらに E 対 Z の比にあるものは存在しないことになる．

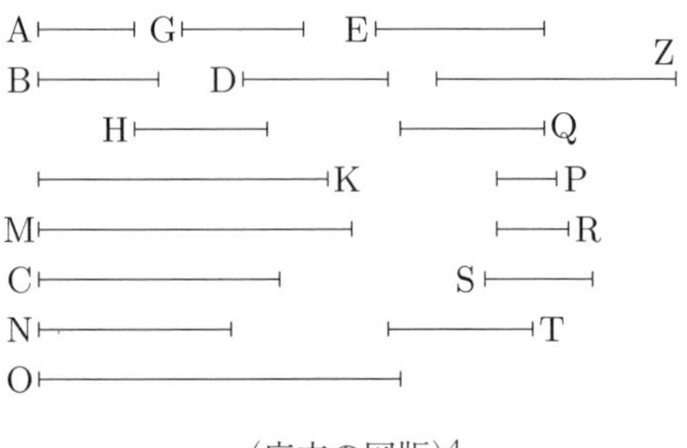

（底本の図版）[4]

そこで〔今度は〕E は K を測らないとしよう．そして E, K によって測られる最小の数 M がとられたとしよう **[VII.34]**．そして，まず K が M を測る〔回数〕だけ，Q, H の各々も N, C の各々を測るとし，また E が M を測る〔回数〕だけ，Z も O を測るとしよう．Q が N を測るのと等しい〔回数〕だけ H も C を測るから，ゆえに，Q が H に対するように，N が C に対する **[VII. 定義 21][VII.13]**．また Q が H に対するように，A が B に対する．ゆえに，A が B に対するように，N が C に対するのでもある．そこで同じ議論によって，G が D に対するように，C が M に対するのでもある．一方，E が M を測るのと等しい〔回数〕だけ Z も O を測るから，ゆえに，E が Z に対するように，M が O に対する **[VII. 定義 21][VII.13]**．ゆえに，N, C, M, O は順次比例し，A 対 B，および G 対 D，そしてさらに E 対 Z の比にある．そこで私は言う，〔N, C, M, O は〕AB, GD, EZ の比にある最小の数でもある[5]．というのは，もしそうでないならば，何らかの数〔の組〕で，N, C, M, O より小さく，AB, GD, EZ の比において順次比例するものがあることになる．それらを P, R, S, T としよう．そして，P が R に対するように，A が B に対

[4] これが底本で 2 つ目の図版で，E が K を測らない場合に対する．
[5]「AB, GD, EZ の比」とは「A 対 B，G 対 D，E 対 Z の比」を意味する．

し，また A, B は最小であり，また最小の数はそれと同じ比を持つ数を等しい回数だけ測り，前項が前項を，後項が後項を〔測る〕から **[VII.20]**，ゆえに，B は R を測る．そこで同じ議論によって，G も R を測る．ゆえに，B, G は R を測る．ゆえに，B, G によって測られる最小の数も R を測ることになる **[VII.35]**．また B, G によって測られる最小の数は H である．ゆえに，H は R を測る．そして H が R に対するように，K が S に対する．ゆえに，K も S を測る **[VII. 定義 21]**．また E も S を測る．ゆえに，E, K は S を測る．ゆえに，E, K によって測られる最小の数も S を測ることになる **[VII.35]**．また E, K によって測られる最小の数は M である．ゆえに，M は S を測る．すなわち大きい数が小さい数を〔測る〕．これは不可能である．ゆえに，N, C, M, O より小さい何らかの数で，A 対 B，および G 対 D，そしてさらに E 対 Z の比において順次比例するものはないことになる．ゆえに，N, C, M, O は，AB, GD, EZ の比において順次比例する最小の数である．これが証明すべきことであった．

解　　説

命題 VII.33 に類似した問題である．VII.33 では，A, B, G のように与えられた数と順次同じ比を持つ最小数を求めることが問題であり，これは A, B, G の最大共通尺度 D をとって，（現代的に言えば）A, B, G を D で割った商をとることで問題が解決した．

今度は A 対 B, G 対 D のように比が与えられているので，最初の比の後項 B と次の比の前項 G が揃っていないことが問題になる．そこで VII.34 によって B と G の最小公倍数 H を利用して，$Q : H = A : B$ および $H : K = G : D$ が成り立つように Q, K を決める．すると Q, H, K が A 対 B と G 対 D の比を持つことになる．次に E が K を測るかどうかで場合を分けて，順次与えられた比を持つ数 Q, H, K, L または N, C, M, O が得られる．どちらの場合にもこうして得られた一連の数が問題の条件である最小性を満たすことが証明されている[6]．

本命題は次の VIII.5 で利用されるが，VIII.5 で与えられる比は 2 個であり，またその議論の中で必ずしも最小の数をとる必要はない．本命題は任意の個数の比を対象とし，しかも最小の数をとるという点で，VIII.5 の必要を大きく越える議論を展開している[7]．

[6]なお，最小性に関して形式的な議論を展開するなら，VII.33 を利用して Q, H, K, L または N, C, M, O と同じ比を持つ最小の数をとることにすれば証明の手間を省くことができる（実際にはこれらの数自身が最小の数なのであるが）．またそもそも E が K を測るかどうかで場合を分ける必要はなく，単に E, K の最小公倍数をとることにすればよい．このような抽象的な証明が行なわれていない理由は明らかでないが，本命題は，実際に条件を満たす数を得る手続きに起源を持つという可能性も考えられよう．

[7]本命題は他に X.12 でも利用されるが，ここでも比は 2 個であり，しかも最小の数をと

5

平面数は互いに辺〔の比〕から合成された比を持つ．

平面数を A, B とし，まず A の辺を数 G, D とし，また B の辺を E, Z〔としよう〕．私は言う，A は B に対して，辺〔の比〕から合成された比を持つ．

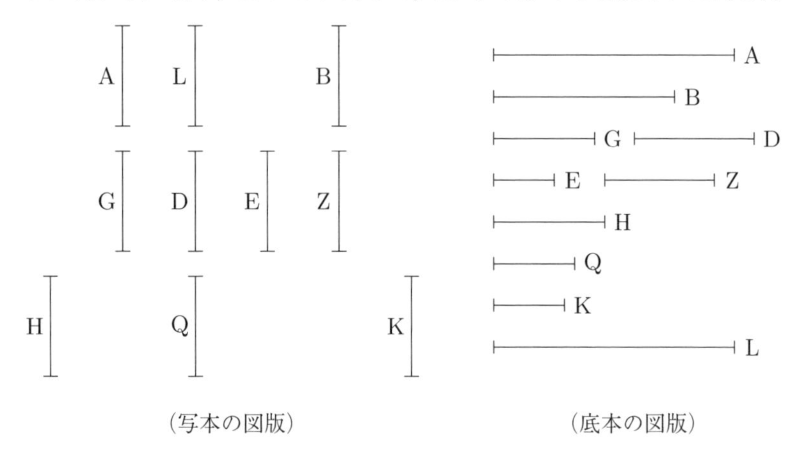

（写本の図版） （底本の図版）

というのは，2 つの比，すなわち G が E に対して，および D が Z に対して持つ比が与えられているので，順次 GE, DZ の比にある最小の数 H, Q, K がとられたとし，まず G が E に対するように，H が Q に対し，また D が Z に対するように，Q が K に対するとしよう **[VIII.4]**．そして D が E を多倍して L を作るとしよう[8]．

そして[9]，D はまず G を多倍して A を作っていて，また E を多倍して L を作っているから，ゆえに，G が E に対するように，A が L に対する **[VII.17]**．また G が E に対するように，H が Q に対する．ゆえに，H が Q に対するよ

る必要はない．

[8]テオン版では「そして D が E を多倍して L を作るとしよう」の一文の代わりに，以下の文章がある．

> ゆえに，H, Q, K が互いに対して持つ比は辺の比である．しかし H の K に対する比は，H の Q に対する比と Q の K に対する比から合成される．ゆえに，H が K に対して持つ比は辺〔の比〕から合成される比である．すると私は言う，A が B に対するように，H が K に対する．というのは，D が E を多倍して L を作るとしよう．

[9]テオン版では「そして」はない．

うに，A が L に対するのでもある．一方，E が D を多倍して L を作っていて，しかしやはり Z を多倍して B を作ってもいるから，ゆえに，D が Z に対するように，L が B に対する [**VII.17**]．しかし，D が Z に対するように，Q が K に対する．ゆえに，Q が K に対するように，L が B に対するのでもある．また H が Q に対するように，A が L に対することも証明された．ゆえに，等順位において H が K に対するように，A が B に対する [**VII.14**]．また H は K に対して辺〔の比〕から合成された比を持つ．ゆえに，A も B に対して辺〔の比〕から合成された比を持つ．これが証明すべきことであった．

解　説

合成比は『原論』において定義されていない術語であるが，本命題と，これに幾何学において対応する命題 VI.23，およびアルキメデスやアポロニオスの著作での用例から，

比 $a:c$ は比 $a:b$ と比 $b:c$ から合成された比である

という意味で用いられていることは確実である．本命題の議論もこの意味で理解できる．ただし第 VI 巻には後世の追加と見られる定義 VI.定義 5 があり，そこでは比の大きさの積をとることとして合成比が定義されている．これらの定義については本全集第 1 巻の解説を参照されたい (pp. 160–162, 410)．

本命題の証明では，A が G と D の積，B が E と Z の積であり，D と E の積を L と置いている．したがって A : L = G : E および L : B = D : Z が成り立つ．これだけで比 A 対 B が辺の比 G 対 E と D 対 Z から合成されることは示されているように思われ，わざわざ 3 数 H, Q, K をとることの意味が我々には分かりにくい[10]．

なお，本命題はこの後で利用されることがなく，『原論』内部での論理的な連関ではいわば袋小路となっている．この点では VI.23 も同様である．

6

もし好きなだけの順次比例する数があり，また第 1 の数が第 2 の数を測らないならば，他のどの数もどの数をも測ることにはならない．

好きなだけの順次比例する数を A, B, G, D, E とし，また A は B を測らないとしよう．私は言う，他のどの数もどの数をも測ることにはならない．

[10]同様の議論は並行する命題 VI.23 にも見られる．本全集第 1 巻の，この命題への解説を参照．

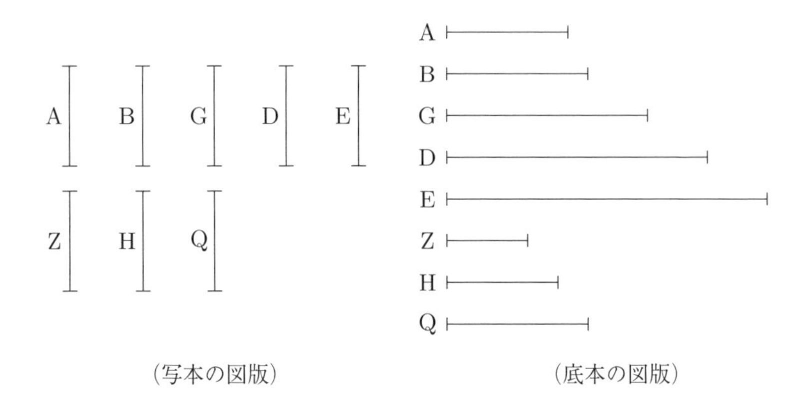

（写本の図版）　（底本の図版）

まずA, B, G, D, Eが順次お互いを測らないことは明らかである——というのはAがBを測ることもないから **[VII. 定義21]**．そこで私は言う，他のどの数もどの数をも測ることにはならない．というのは[11]，もし可能ならば，AがGを測るとしよう．そしてA, B, Gがあるのと同じ〔個数〕だけ，A, B, Gと同じ比を持つ最小の数Z, H, Qがとられたとしよう **[VIII.2]**[12]．そして，Z, H, QはA, B, Gと同じ比にあり，さらにA, B, Gの個数はZ, H, Qの個数に等しいから，ゆえに，等順位においてAがGに対するように，ZがQに対する **[VII.14]**．そして，AがBに対するように，ZがHに対し，またAはBを測らないから，ゆえに，ZもHを測らない **[VII. 定義21]**．ゆえに，Zは単位ではない——というのは単位はあらゆる数を測るから．そしてZ, Qは互いに素である **[VIII.3]**．[ゆえに，ZがQを測ることもない[13].] そしてZがQに対するように，AがGに対する．ゆえに，AがGを測ることもない **[VII. 定義21]**．そこで同様に我々は次のことも証明することになる．他のどの数もどの数をも測ることにはならない．これが証明すべきことであった．

7

もし好きなだけの [順次] 比例する数があり，また第1の数が最後の数を測

---

[11] この箇所から次の文の「そして」までは，テオン版では次のようになっている．「私は言う，AはGを測らない．というのは,」．

[12] VII.33が適用されているという見方もあるが，A, B, Gは順次比例するのでVIII.2によってZ, H, Qを見出すことができる．

[13] この一文はP写本にはない．

るならば，第 2 の数をも測ることになる．

好きなだけの順次比例する数を A, B, G, D とし，また A は D を測るとしよう．私は言う，A は B をも測る．

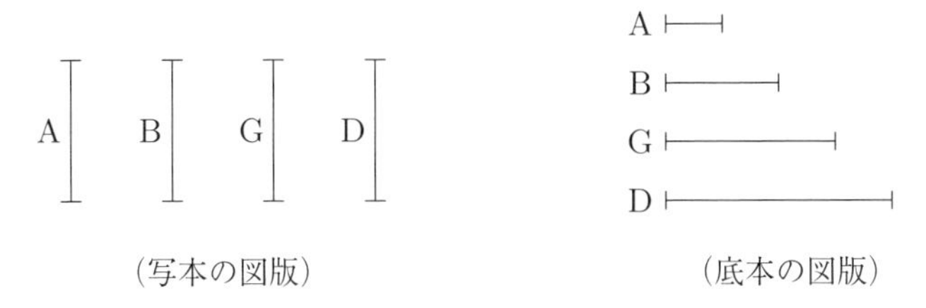

（写本の図版）　（底本の図版）

というのは，もし A が B を測らないならば，他のどの数もどの数をも測ることにはならない [**VIII.6**]．また A は D を測る．ゆえに，A は B をも測る．これが証明すべきことであった．

解　説

本命題は直前の命題 VIII.6 の対偶にあたる．これら 2 つの命題は，次の命題 VIII.8 の特殊な場合にあたる．

本命題はピュタゴラス派の音楽論を伝える『カノーンの分割』（本全集第 5 巻所収）の命題 2 で引用される．そこで，本命題が（そして第 VIII 巻の少なくとも最初の部分が）音楽論との関係を持つとする解釈がある．

一方，これら 2 命題をソイデンのように非共測量との関係で解釈すれば，整数でない有理数の n 乗が整数になることはなく，また整数の n 乗根が整数でない有理数になることはないことを示す命題と見ることもできる [Zeuthen 1910]．

なお，これら 2 命題を 2 つの正方形数，立方体数に適用したものが VIII.14–17 であり，いわば VIII.6, 7 の系といえる．しかしこれらの命題はその後利用されることはなく，その意義は明らかでない．VIII.17 の解説を参照．

8

もし 2 数の間に連続して比例する数が落ちるならば，それらの間に連続して比例する数が落ちるのと同じ〔個数〕だけ，[それらと] 同じ比を持つ数の間にも連続して比例する数が落ちることになる．

というのは，2 数 A, B の間に連続して比例する数 G, D が落ちるとし，A が B に対するように，E が Z に対するようにされたとしよう．私は言う，A,

Bの間に連続して比例する数が落ちているのと同じ〔個数〕だけ，E, Zの間にも連続して比例する数が落ちることになる．

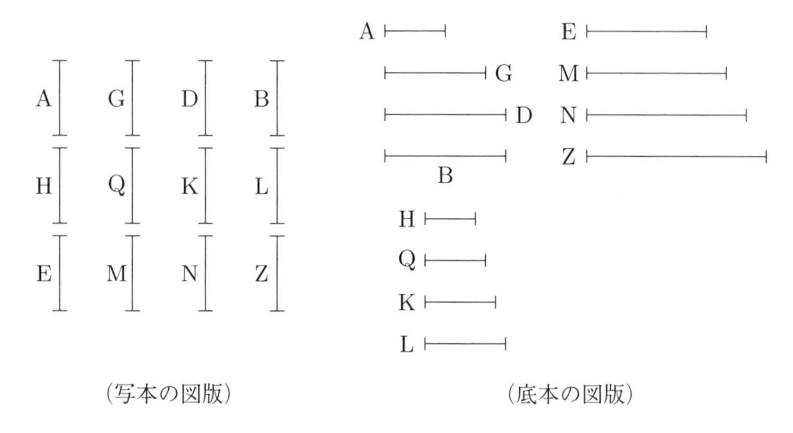

（写本の図版）　（底本の図版）

というのは，個数においてA, B, G, Dと同じだけ，A, G, D, Bと同じ比を持つ最小の数H, Q, K, Lがとられたとしよう **[VIII.2]**[14]．ゆえに，それらの両端の数H, Lは互いに素である **[VIII.3]**．そしてA, G, D, BはH, Q, K, Lと同じ比にあり，A, G, D, Bの個数はH, Q, K, Lの個数に等しいから，ゆえに，等順位においてAがBに対するように，HがLに対する **[VII.14]**．またAがBに対するように，EがZに対する．ゆえに，HがLに対するように，EがZに対するのでもある．またH, Lは〔互いに〕素であり，また素な数〔の組〕は最小でもあり **[VII.21]**，また最小の数は同じ比を持つ数を等しい回数だけ測り，大きい方が大きい方を，小さい方が小さい方を〔測る〕，すなわち，前項が前項を，後項が後項を〔測る〕**[VII.20]**．ゆえに，HがEを測るのと等しい〔回数〕だけLもZを測る．そこでHがEを測る〔回数〕だけ，Q, Kの各々もM, Nの各々を測るとしよう．ゆえに，H, Q, K, LはE, M, N, Zを等しい〔回数〕だけ測る．ゆえに，H, Q, K, LはE, M, N, Zと同じ比にある **[VII. 定義 21]**[15]．しかし，H, Q, K, LはA, G, D, Bと同じ比にあ

[14] ここで適用されている命題については脚注12を参照．

[15] ここで直前の議論から直接導かれる関係は

$$\mathrm{H:E=Q:M=K:N=L:Z}$$

であるが，「H, Q, K, LはE, M, N, Zと同じ比にある」という表現が指すのはむしろ

$$\mathrm{H:Q=E:M,\ \ Q:K=M:N}$$

る．ゆえに，A, G, D, B も E, M, N, Z と同じ比にある．また A, G, D, B は順次比例する．ゆえに，E, M, N, Z も順次比例する．ゆえに，A, B の間に連続して比例する数が落ちているのと同じ〔個数〕だけ，E, Z の間にも連続して比例する数が落ちている．これが証明すべきことであった．

解　説

本命題は直前の VIII.7 をさらに一般化したものであり，数学的にはきわめて強い含意を持つ定理である．これがエウクレイデスに帰される『カノーンの分割』で利用されるため，『原論』第 VIII 巻の起源が音楽論にあるとする議論の根拠とされるが，本命題は非共測性の証明にも利用できる．詳細は §2.3.1，§2.3.2 を参照．

9

もし 2 数が互いに素であり，それらの間に連続して比例する数が落ちるならば，それらの間に連続して比例する数が落ちるのと同じ〔個数〕だけ，それらの各々と単位との間にも連続して比例する数が落ちることになる．

互いに素な 2 数を A, B とし，それらの間に連続して比例する G, D が落ちるとし，単位 E が提示されたとしよう．私は言う，A, B の間に連続して比例する数が落ちているのと同じ〔個数〕だけ，A, B の各々と単位との間にも連続して比例する数が落ちることになる．

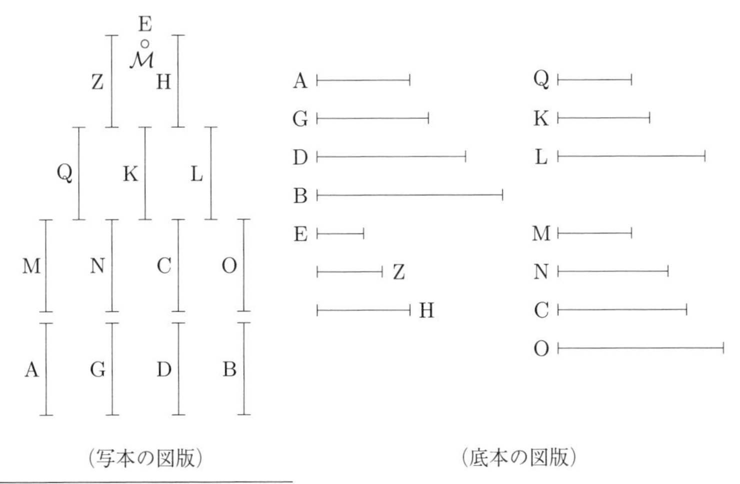

（写本の図版）　（底本の図版）

などではないかとも思われる．そうであるならばここで暗黙のうちに VII.13 が利用されていることになる．VII.33, VIII.4, 仏訳 2:344 を参照．

というのは，まずA, G, D, Bの比にある最小の2数Z, Hがとられたとしよう．また〔同じ比にある最小の〕3数Q, K, Lが〔とられ〕，そしてつねに順次1個多い数が〔とられ〕，それらの個数がA, G, D, Bの個数に等しくなるに至るとしよう **[VIII.2]**．〔このような数が〕とられたとし，それらをM, N, C, Oとしよう[16]．

そこで次のことが明らかである．まずZがそれ自身を多倍してQを作っていて，またQを多倍してMを作っていて，そしてまずHがそれ自身を多倍してLを作っていて，またLを多倍してOを作っている **[VIII.2]**．そして，M, N, C, OはZ, Hと同じ比を持つ〔数の〕うちで最小であり，またA, G, D, BもZ, Hと同じ比を持つ〔数の〕うちで最小であり **[VIII.1]**，そしてM, N, C, Oの個数はA, G, D, Bの個数に等しいから，ゆえに，M, N, C, Oの各々はA, G, D, Bの各々に等しい．ゆえに，まずMはAに等しく，またOはBに等しい．そしてZがそれ自身を多倍してQを作っているから，ゆえに，ZはQをZの中の単位ごとに測る **[VII. 定義 16]**．また単位EもZをその中の単位ごとに測る．ゆえに，単位Eが数Zを測るのと等しい〔回数〕だけZもQを測る．ゆえに，単位Eが数Zに対するように，ZがQに対する **[VII. 定義 21]**．一方，ZがQを多倍してMを作っているから，ゆえに，QはMをZの中の単位ごとに測る **[VII. 定義 16]**．また単位EもZをその中の単位ごとに測る．ゆえに，単位Eが数Zを測るのと等しい〔回数〕だけQもMを測る．ゆえに，単位Eが数Zに対するように，QがMに対する **[VII. 定義 21]**．また単位Eが数Zに対するように，ZがQに対することも証明された．ゆえに，単位Eが数Zに対するように，ZがQに，およびQがMに対する．またMはAに等しい．ゆえに，単位Eが数Zに対するようにZがQに，QがAに対する．そこで同じ議論によって，単位Eが数Hに対するようにHがLに，LがBに対するのでもある．ゆえに，A, Bの間に連続して比例する数が落ちているのと同じ〔個数〕だけ，A, Bの各々と単位Eとの間にも連続して比例する数が落ちている．これが証明すべきことであった．

---

[16]底本ではここに改行はない．

10

もし2数の各々と単位との間に連続して比例する数が落ちるならば，それら〔2数〕の各々と単位との間に連続して比例する数が落ちるのと同じ〔個数〕だけ，それら〔2数〕の間にも連続して比例する数が落ちることになる．

というのは，2数A, Bと単位Gとの間に連続して比例する数D, EおよびZ, Hが落ちるとしよう．私は言う，A, Bの各々と単位Gとの間に連続して比例する数が落ちているのと同じ〔個数〕だけ，A, Bの間にも連続して比例する数が落ちることになる．

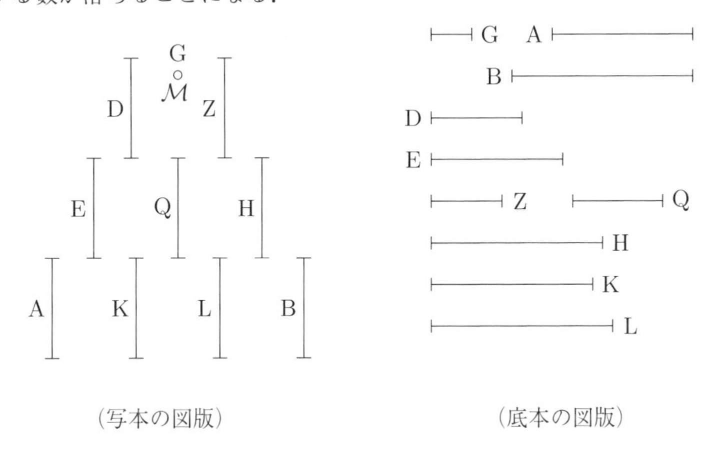

（写本の図版）　（底本の図版）

というのは，DがZを多倍してQを作るとし，またD, Zの各々がQを多倍してK, Lの各々を作るとしよう．

そして，単位Gが数Dに対するように，DがEに対するから，ゆえに，単位Gが数Dを測るのと等しい〔回数〕だけDもEを測る **[VII. 定義 21]**．また単位Gは数DをDの中の単位ごとに測る．ゆえに，数DもEをDの中の単位ごとに測る．ゆえに，Dがそれ自身を多倍してEを作っている **[VII. 定義 16]**．一方，[単位] Gが数Dに対するように，EがAに対するから，ゆえに，単位Gが数Dを測るのと等しい〔回数〕だけEもAを測る **[VII. 定義 21]**．また単位Gは数DをDの中の単位ごとに測る．ゆえに，数EもAをDの中の単位ごとに測る．ゆえに，DがEを多倍してAを作っている **[VII. 定義 16]**．そこで同じ議論によって，Zもまずそれ自身を多倍してHを作っていて，またHを多倍してBを作っている．そしてDがまずそれ自身を多倍してEを作っていて，またZを多倍してQを作っているから，ゆえに，DがZに対するように，EがQに対する [**VII.17**]．そこで同じ議論によって，DがZに対するように，QがHに対するのでもある [**VII.18**][17]．ゆえに，EがQに対するように，QがHに対するのでもある[18]．一方，DがE, Qの各々を多倍してA, Kの各々を作っているから，ゆえに，EがQに対するように，AがKに対する [**VII.17**]．しかし，EがQに対するように，DがZに対する．ゆえに，DがZに対するように，AがKに対するのでもある．一方，D, Zの各々がQを多倍してK, Lの各々を作っている．ゆえに，DがZに対するように，KがLに対する [**VII.18**]．しかし，DがZに対するように，AがKに対する．ゆえに，AがKに対するように，KがLに対するのでもある．さらにZがQ, Hの各々を多倍してL, Bの各々を作っているから，ゆえに，QがHに対するように，LがBに対する [**VII.17**]．またQがHに対するように，DがZに対する．ゆえに，DがZに対するように，LがBに対するのでもある．またDがZに対するように，AがKに，およびKがLに対することも証明された．ゆえに，AがKに対するようにKがLに，LがBに対するのでもある．ゆえに，A, K, L, Bは連続して順次比例する．ゆえに，A, Bの各々と単位Gとの間に連続して比例する数が落ちるのと同じ〔個数〕だけ，A, Bの間にも連続して比例する数が落ちることになる．これが証明すべきことであった．

解　説

本命題と直前のVIII.9とは，論理的におおむね逆の関係である．しかしその後何度か利用されるVIII.8と異なり，VIII.9, 10はその後利用されることはなく，これらを命題として定式化した意図は明らかでない．

なお，VIII.9, 10はどちらも，VIII.2と同じ手続きによって，順次比例する数を構成している．VIII.9ではこの手続きは具体的に述べられずVIII.2が暗黙に利用されるのに対し，本命題VIII.10では，VIII.2と本質的に同じ手続きが詳細に述べられる．このような相違の理由は明らかでないが，本命題ではVIII.9と違って，D, Zが互いに素であるとは限らないことが関係しているのかもしれない．

---

[17]直前の議論はVII.17に，この議論はVII.18に基づくので，厳密には「そこで同じ議論によって」とは言えない．

[18]この関係はこの後の議論で利用されることはなく，この証明の中では不要である．

11

2 つの正方形数の〔間に〕1 つの比例中項数があり，正方形数が正方形数に対して持つ比は，辺が辺に対する〔比の〕2 倍の比である．

正方形数を A, B とし，まず A の辺を G とし，また B の辺を D としよう．私は言う，A, B の〔間に〕1 つの比例中項数があり，A が B に対して持つ比は，G が D に対する〔比の〕2 倍の比である．

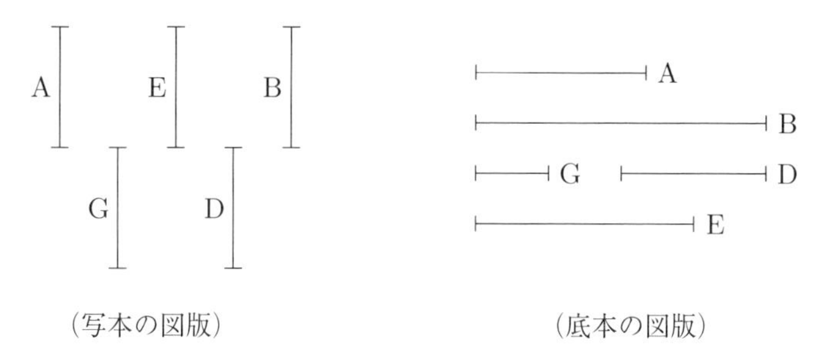

（写本の図版）　（底本の図版）

というのは，G が D を多倍して E を作るとしよう．そして，A は正方形数であり，またその辺は G であるから，ゆえに，G がそれ自身を多倍して A を作っている **[VII. 定義 19]**．そこで同じ議論によって，D もそれ自身を多倍して B を作っている．すると，G が G, D の各々を多倍して A, E の各々を作っているから，ゆえに，G が D に対するように，A が E に対する **[VII.17]**．そこで同じ議論によって[19]，G が D に対するように，E も B に対する **[VII.18]**．ゆえに，A が E に対するように，E も B に対する．ゆえに，A, B の〔間に〕1 つの比例中項数がある．

そこで私は言う，A が B に対して持つ比は，G が D に対する〔比の〕2 倍の比でもある．というのは，3 数 A, E, B が比例するから，ゆえに，A が B に対して持つ比は，A が E に対する〔比の〕2 倍の比である **[V. 定義 9]**．また A が E に対するように，G が D に対する．ゆえに，A が B に対して持つ比は，辺 G が〔辺〕D に対する〔比の〕2 倍の比である．これが証明すべきこと

[19]テオン版では「そこで同じ議論によって」の代わりに次の議論がある．

> 一方，G が D を多倍して E を作っていて，また D がそれ自身を多倍して B を作っているから，そこで 2 数 G, D が 1 つの同じ数 D を多倍して E, B を作っている．ゆえに，」

これが次の「G が D に対するように，E も B に対する」に続く．

であった.

12

2つの立方体数の〔間に〕2つの比例中項数があり，立方体数が立方体数に対して持つ比は，辺が辺に対する〔比の〕3倍の比である.

立方体数をA, Bとし，まずAの辺をGとし，またBの辺をDとしよう. 私は言う，A, Bの〔間に〕2つの比例中項数があり，AがBに対して持つ比は，GがDに対する〔比の〕3倍の比である.

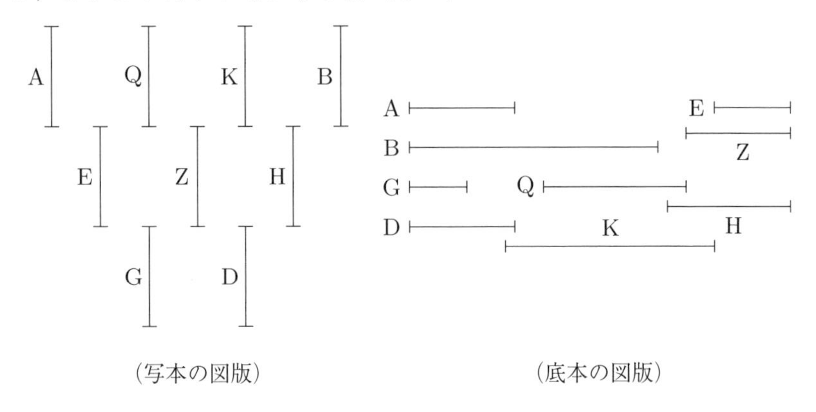

(写本の図版)　　(底本の図版)

というのは，まずGがそれ自身を多倍してEを作るとし，またDを多倍してZを作るとし，またDがそれ自身を多倍してHを作るとし，またG, Dの各々がZを多倍してQ, Kの各々を作るとしよう.

そして，Aは立方体数であり，またGはその辺であり，そしてGがそれ自身を多倍してEを作っているから，ゆえに，Gがまずそれ自身を多倍してEを作っていて，またEを多倍してAを作っている．そこで同じ議論によって，Dもそれ自身を多倍してHを作っていて，またHを多倍してBを作っている．そして，GがG, Dの各々を多倍してE, Zの各々を作っているから，ゆえに，GがDに対するように，EがZに対する **[VII.17]**．そこで同じ議論によって，GがDに対するように，ZもHに対する **[VII.18]**[20]．一方,

[20]ここでの「同じ議論」の前提は,「GがDを多倍してZを作っている」, および「Dがそれ自身を多倍してHを作っている」ことであるから, 利用される命題はVII.17でなく, VII.18である．直前の命題VIII.11ではテオン版がこの議論を補っている．脚注19を参照．また命題VIII.10への脚注17も参照.

GがE, Zの各々を多倍してA, Qの各々を作っているから，ゆえに，EがZに対するように，AがQに対する **[VII.17]**．またEがZに対するように，GがDに対する．ゆえに，GがDに対するように，AがQに対するのでもある．一方，G, Dの各々がZを多倍してQ, Kの各々を作っているから，ゆえに，GがDに対するように，QがKに対する **[VII.18]**．一方，DがZ, Hの各々を多倍してK, Bの各々を作っているから，ZがHに対するように，KがBに対する **[VII.17]**．またZがHに対するように，GがDに対する．ゆえに，GがDに対するように，AもQに，およびQがKに，およびKがBに対する．ゆえに，A, Bの〔間に〕2つの比例中項数Q, Kがある．

そこで私は言う，AがBに対して持つ比は，GがDに対する〔比の〕3倍の比でもある．というのは，4数A, Q, K, Bは比例するから，ゆえに，AがBに対して持つ比は，AがQに対する〔比の〕3倍の比である **[V. 定義10]**．またAがQに対するように，GがDに対する．[ゆえに,] AがBに対して持つ比は，GがDに対する〔比の〕3倍の比でもある．これが証明すべきことであった．

解　　説

命題VIII.11 (12) は2つの正方形数 (立方体数) の間に1つ (2つ) の比例中項数が存在することを証明する．この結果は，第V巻で定義された2倍比，3倍比という術語によっても述べられている[21]．

このことから正方形数 (立方体数) 相互の比が辺の比の2倍 (3倍) の比であることも分かる．証明は，実際に比例中項数となる数を構成し，提示することに基づく．その方法はVIII.2で順次比例する数を作ったものと本質的に同じである．

なお，これらの命題を相似平面数・相似立体数に対して拡張したものが，VIII.18, 19で証明される．

---

[21]第V巻における2倍比，3倍比の定義は次のとおり．

> V. 定義9：また3つの量が比例するとき，第1が第3に対して持つ比は，〔第1が〕第2に対する比の2倍の比であると言われる．
>
> V. 定義10：また4つの量が比例するとき，第1が第4に対して持つ比は，〔第1が〕第2に対する比の3倍の比であると言われ，（後略）．

記号で表せば $a:b=b:c=c:d$ のとき，比 $a:c$ は比 $a:b$ の2倍比，比 $a:d$ は比 $a:b$ の3倍比である．

13

もし好きなだけの〔個数の〕順次比例する数があり，そして各々がそれ自身を多倍して何らかの数を作るならば，それらから生じる数は比例することになる．そしてもし最初の数が，作られた数を多倍して何らかの数を作るならば，それらも比例することになる．[そしてつねに両端では同じことが成り立つ.]

好きなだけの〔個数の〕順次比例する数を A, B, G とし，A が B に対するように，B が G に対し，A, B, G がまずそれ自身を多倍して D, E, Z を作るとし，また D, E, Z を多倍して H, Q, K を作るとしよう．私は言う，D, E, Z および H, Q, K は順次比例する．

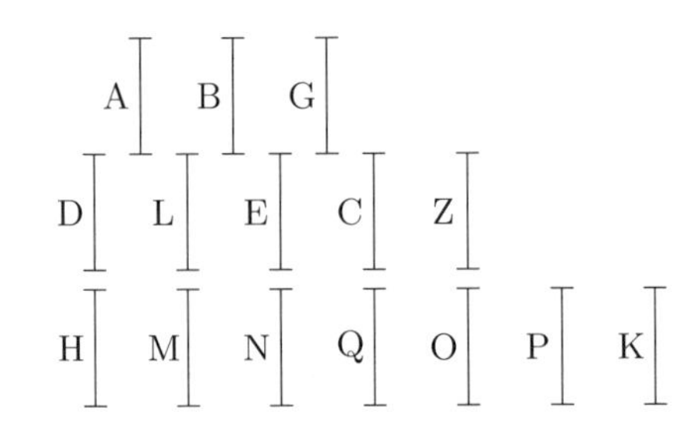

（写本の図版）

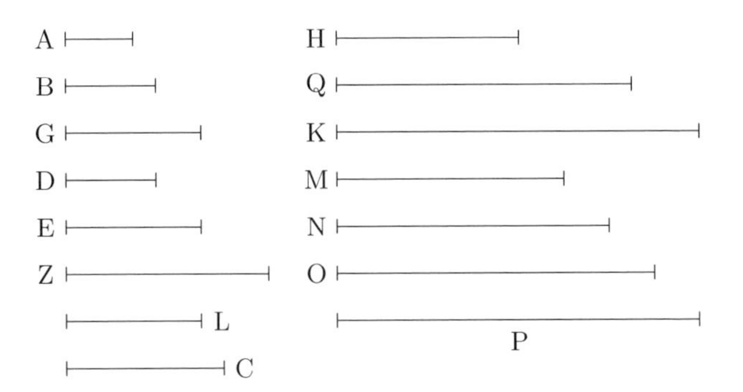

（底本の図版）

というのは，まず A が B を多倍して L を作るとし，また A, B の各々が L

を多倍してM, Nの各々を作るとしよう．そして一方，まずBがGを多倍してCを作るとし，またB, Gの各々がCを多倍してO, Pの各々を作るとしよう．そこで前と同様に我々は次のことも証明することになる，D, L, EおよびH, M, N, Qは，AがBに対する比において順次比例し，そしてさらにE, C, ZおよびQ, O, P, Kも，BがGに対する比において順次比例する[22]．そしてAがBに対するように，BがGに対する．ゆえに，D, L, EもE, C, Zと同じ比にある，さらにH, M, N, QもQ, O, P, Kと〔同じ比にある〕．そしてまずD, L, Eの個数はE, C, Zの個数に等しく，またH, M, N, Qの〔個数〕はQ, O, P, Kの〔個数〕に等しい．ゆえに，等順位において[23]，まずDがEに対するように，EがZに対し，またHがQに対するように，QがKに対する **[VII.14]**．これが証明すべきことであった．

解　　説

本命題のアラビア語写本における図版を口絵に収録した．§1.2.6の解説も参照．

14

もし正方形数が正方形数を測るならば，辺も辺を測ることになる．そしてもし辺が辺を測るならば，正方形数も正方形数を測ることになる．

正方形数をA, Bとし，またそれらの辺をG, Dとしよう，またAはBを測るとしよう．私は言う，GもDを測る．

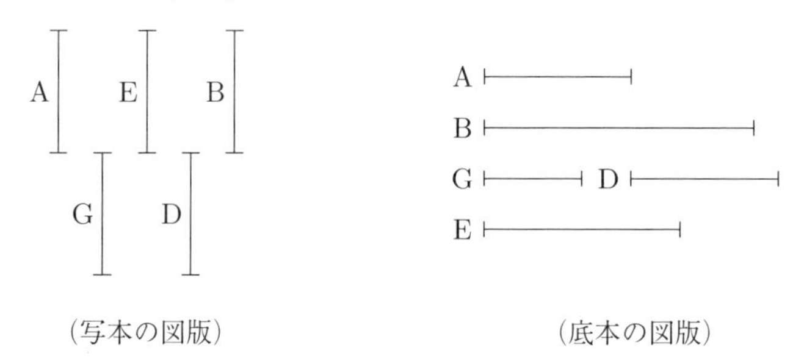

（写本の図版）　　　（底本の図版）

22「前と同様に」という表現は，直前の命題VIII.11, 12またはVIII.2を指すのであろう．

23ここでVII.14が明示的に利用されている．すなわち「同じ比の2倍比（3倍比）」だから当然比例する」とは考えられていなかったことになる．

というのは，GがDを多倍してEを作るとしよう．ゆえに，A, E, BはGがDに対する比において順次比例する **[VII. 定義 19][VII.17, 18]**[24]．そして，A, E, Bは順次比例し，さらにAはBを測るから，ゆえに，AはEをも測る **[VIII.7]**．そしてAがEに対するように，GがDに対する．ゆえに，GもDを測る **[VII. 定義 21]**．

そこで今度はGがDを測るとしよう．私は言う，AもBを測る．

というのは，同じ設定がなされると，同様に我々は次のことも証明することになる．A, E, BはGがDに対する比において順次比例する．そしてGがDに対するように，AがEに対し，またGはDを測るから，ゆえに，AもEを測る **[VII. 定義 21]**．そしてA, E, Bは順次比例する．ゆえに，AはBをも測る **[VII. 定義 21]**[25]．

ゆえに，もし正方形数が正方形数を測るならば，辺も辺を測ることになる．そしてもし辺が辺を測るならば，正方形数も正方形数を測ることになる．これが証明すべきことであった[26]．

15

もし立方体数が立方体数を測るならば，辺も辺を測ることになる．そしてもし辺が辺を測るならば，立方体数も立方体数を測ることになる．

というのは，立方体数Aが立方体数Bを測るとしよう．そしてまずAの辺をGとし，またBの辺をDとしよう．私は言う，GはDを測る．

[24]この議論はVIII.11で詳細に証明されている．ここでは簡単に結論だけが述べられている．

[25]A, E, Bが順次比例することからVII. 定義21によりEはBを測る．AはEを測り，EはBを測るから，AはBを測る．

[26]最後の「これが証明すべきことであった」は，非テオン版のP写本，およびテオン版のBbqの3写本には欠けている．

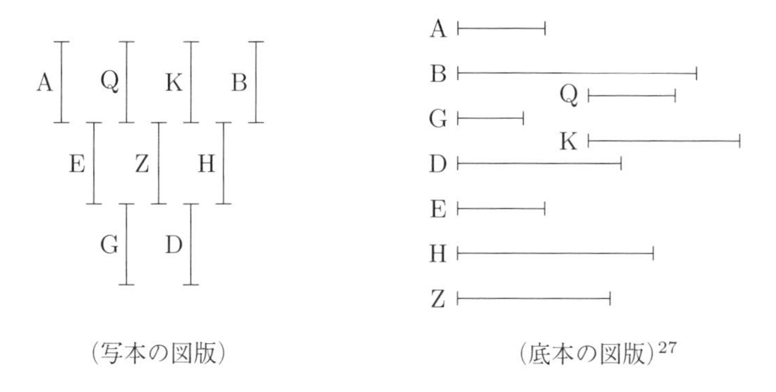

(写本の図版)　(底本の図版)[27]

というのは，G がそれ自身を多倍して E を作るとし，また，D がそれ自身を多倍して H を作るとし，そしてさらに G が D を多倍して Z を [作るとし]，また G, D の各々が Z を多倍して Q, K の各々を作るとしよう．そこで E, Z, H および A, Q, K, B が，G が D に対する比において順次比例することは明らかである **[VII. 定義 19, 20][VII.17, 18]**[28]．そして，A, Q, K, B は順次比例し，A は B を測るから，ゆえに，〔A は〕Q をも測る **[VIII.7]**．さらに A が Q に対するように，G が D に対する．ゆえに，G も D を測る **[VII. 定義 21]**．

しかし今度は，G が D を測るとしよう．私は言う，A も B を測ることになる．

同じ設定がなされると，そこで同様に我々は次のことも証明することになる，A, Q, K, B は G が D に対する比において順次比例する．そして，G は D を測り，さらに G が D に対するように，A が Q に対するから，ゆえに，A も Q を測る **[VII. 定義 21]**．したがって，B をも A が測る **[VII. 定義 21]**[29]．これが証明すべきことであった．

16

もし正方形数が正方形数を測らないならば，辺も辺を測ることにはならない．そしてもし辺が辺を測らないならば，正方形数も正方形数を測ることにはならない．

---

[27]図版のラベルの Q, K は底本ではそれぞれ H, Q（ギリシャ文字の H, Θ）になっている．スタマティス版でも修正されていない．ここでは本文の内容と英訳などに従って修正した．
[28]VIII.11, 12 で行なわれたのと同様の議論による．
[29]VIII.14 の脚注 25 参照．

正方形数を A, B とし，またそれらの辺を G, D とし，A は B を測らないとしよう．私は言う，G も D を測らない．

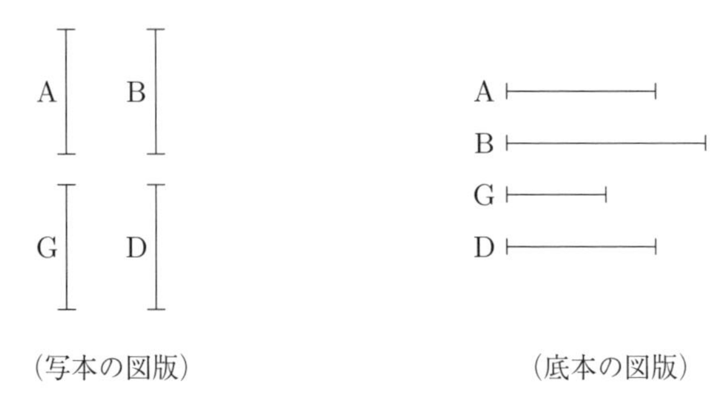

(写本の図版) (底本の図版)

というのは，もし G が D を測るならば，A も B を測ることになる **[VIII.14]**．また A は B を測らない．ゆえに，G も D を測ることにはならない．

[そこで] 今度は，G が D を測らないとしよう．私は言う，A も B を測ることにはならない．

というのは，もし A が B を測るならば，G も D を測ることになる **[VIII.14]**．また G は D を測らない．ゆえに，A も B を測ることにはならない．これが証明すべきことであった[30]．

17

もし立方体数が立方体数を測らないならば，辺も辺を測ることにはならない．そしてもし辺が辺を測らないならば，立方体数も立方体数を測ることにはならない．

というのは，立方体数 A が立方体数 B を測らないとし，そしてまず A の辺を G とし，また B の辺を D としよう．私は言う，G は D を測ることにはならない．

[30]最後の「これが証明すべきことであった」は，Bbq の 3 写本で欠けている．

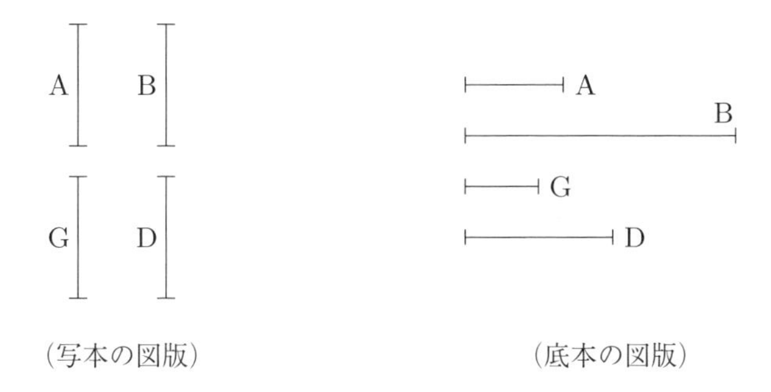

（写本の図版）　　（底本の図版）

というのは，もしGがDを測るならば，AもBを測ることになる[**VIII.15**]．またAはBを測らない．ゆえに，GもDを測ることにはならない．

しかし今度は，GがDを測らないとしよう．私は言う，AもBを測ることにはならない．

というのは，もしAがBを測るならば，GもDを測ることになる[**VIII.15**]．またGはDを測らない．ゆえに，AもBを測ることにはならない．これが証明すべきことであった[31]．

解　説

VIII.14から本命題までの4命題が1つのまとまりをなしていることはすぐに分かる．VIII.14の対象を正方形数から立方体数に変えたものがVIII.15であり，VIII.16, 17はそれぞれVIII.14, 15の対偶である．これらはVIII.6, 7を正方形数・立方体数に適用した一種の系である．

しかしこれらの命題の意義は明らかではない．VIII.7の解説でも述べたように，非共測量の理論との関係で解釈するならば，正方形や立方体の倍積問題の解が共測な直線にならないことを示す命題と見ることもできる．すなわち，正方形と，その2倍の正方形の辺がともに数〔整数〕で表せるならば，それらをC, Dとし，その平方をそれぞれA, Bとしよう．するとA, Bは正方形数でBはAの2倍である．すなわちAはBを測る．したがってVIII.14によって，CがDを測ることになる．しかしCはDより大きく，Dの2倍よりは小さいから，これは不可能である．同様にして，VIII.15を用いれば，ある立方体と，その2倍の立方体の辺がともに整数で表されることはありえないことが示される（すなわち立方体倍積問題の解は，もとの立方体の辺と非共測である）．しかしこのような解釈は単なる数学的な可能性を示すものに過ぎず，これらの命題が置かれた意図は明らかではない．

---

[31]最後の「これが証明すべきことであった」は，テオン版写本には欠けている．

18

2つの相似平面数の〔間に〕1つの比例中項数がある．そして，平面数が平面数に対して持つ比は，対応する辺が対応する辺に対する〔比の〕2倍の比である．

2つの相似平面数をA, Bとし，そしてまずAの2辺を数G, Dとし，またBの〔2辺〕をE, Zとしよう．そして，相似平面数とは比例する辺を持つものであるから **[VII. 定義 22]**，ゆえに，GがDに対するように，EがZに対する．すると私は言う，A, Bの〔間に〕1つの比例中項数があり，AがBに対して持つ比は，GがEに，あるいはDがZに対する〔比〕，すなわち，対応する辺が対応する [辺] に対する〔比の〕2倍の比である．

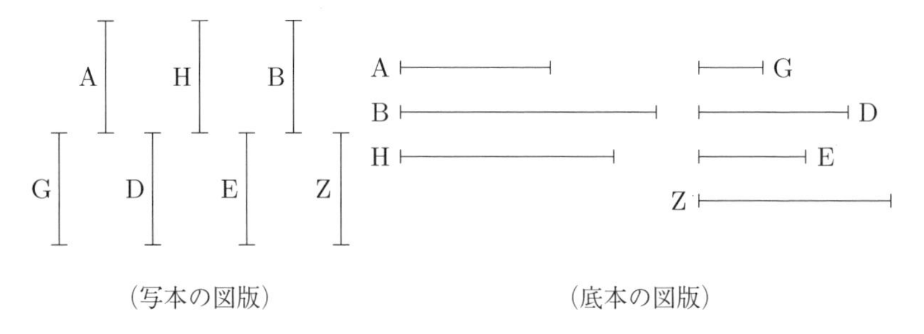

（写本の図版）　（底本の図版）

そしてGがDに対するように，EがZに対するから，ゆえに，交換されて，GがEに対するように，DがZに対する **[VII.13]**．そして，Aは平面数であり，またその辺はG, Dであるから，ゆえに，DがGを多倍してAを作っている．そこで同じ議論によって，EもZを多倍してBを作っている．そこでDがEを多倍してHを作るとしよう．そして，DはまずGを多倍してAを作っていて，またEを多倍してHを作っているから，ゆえに，GがEに対するように，AがHに対する **[VII.17]**．しかし，GがEに対するように，DがZに対する．ゆえに，DがZに対するように，AがHに対するのでもある．一方，EはまずDを多倍してHを作っていて，またZを多倍してBを作っているから，ゆえに，DがZに対するように，HがBに対する **[VII.17]**．またDがZに対するように，AがHに対することも証明された．ゆえに，AがHに対するように，HがBに対するのでもある．ゆえに，A,

H, B は順次比例する．ゆえに，A, B の〔間に〕1 つの比例中項数がある，

そこで私は言う，A が B に対して持つ比は，対応する辺が対応する辺に対する〔比〕，すなわち，G が E に，あるいは D が Z に対する〔比の〕2 倍の比でもある．というのは，A, H, B は順次比例するから，A が B に対して持つ比は，H に対する〔比の〕2 倍の比である **[V. 定義 9]**[32]．そして A が H に対するように，G が E に，および D が Z に対する，ゆえに，A が B に対して持つ比は，G が E に対する〔比〕，あるいは D が Z に対する〔比の〕2 倍の比である．これが証明すべきことであった．

解　説

本命題は 2 つの正方形数に関する VIII.11 を相似平面数に対して拡張したものと言える．次の VIII.19 は同様の議論を相似立体数に対し て展開する．これら 2 命題の逆が VIII.20, 21 で論じられる．証明の解説と，幾何学における並行する命題との関連については VIII.19 の解説を，比例中項数の存在については VIII.21 の解説を参照されたい．

19

2 つの相似立体数の〔間に〕2 つの比例中項数が落ちる．そして立体数が相似立体数に対して持つ比は，対応する辺が対応する辺に対する〔比の〕3 倍の比である．

2 つの相似立体数を A, B とし，そしてまず A の辺を G, D, E とし，また B の〔辺〕を Z, H, Q としよう．そして相似立体数とは比例する辺を持つものであるからから **[VII. 定義 22]**，ゆえに，まず G が D に対するように，Z が H に対し，D が E に対するように，H が Q に対する．私は言う，A, B の〔間に〕2 つの比例中項数が落ちる．そして，A が B に対して持つ比は，G が Z に，D が H に，そしてさらに E が Q に対する〔比の〕3 倍の比である．

[32] 2 倍比の定義については VIII.12 の解説および脚注 21 を参照．

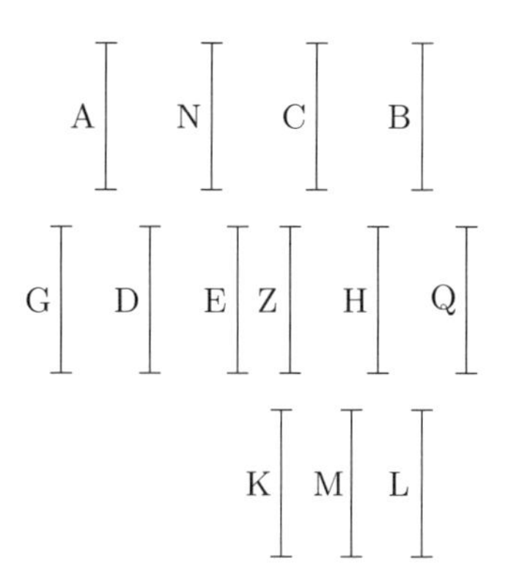

（写本の図版）

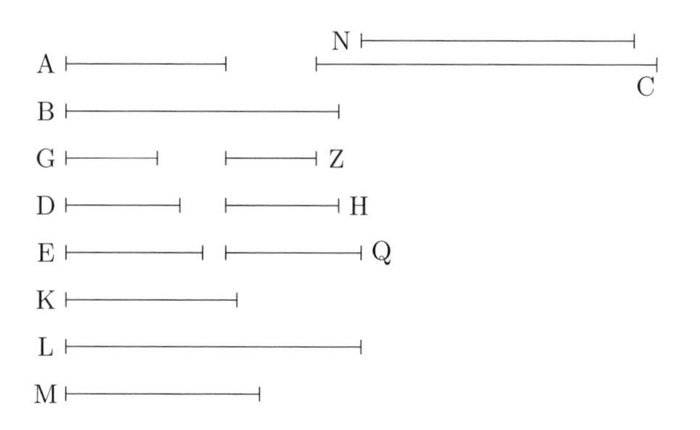

（底本の図版）

というのは，G が D を多倍して K を作るとし，また Z が H を多倍して L を作るとしよう．そして，G, D は Z, H と同じ比にあり，そしてまず G, D から生じる数は K であり，また Z, H から生じる数は L であるから，[ゆえに,] K, L は相似平面数である **[VII. 定義 22]**．ゆえに，K, L の〔間に〕1 つの比例中項数がある **[VIII.18]**．それを M としよう．ゆえに，直前の定理で証明されたように M は D, Z から生じる数である **[VIII.18]**[33]．そして，まず D が

[33]命題の相互依存関係を直接指示するこのような表現は『原論』では稀である（VIII.13 の「前と同様に」という表現と比較せよ）．「直前の定理で証明されたように」という部分は後世の挿入かもしれない．なお一部の写本にはさらにこの後に「ゆえに，K が M に対するように，M が L に対する」という記述があり，これは M の定義によって最初から分かっ

G を多倍して K を作っていて，また Z を多倍して M を作っているから，ゆえに，G が Z に対するように，K が M に対する **[VII.17]**．しかし，K が M に対するように，M が L に対する．ゆえに，K, M, L は G が Z に対する比において順次比例する．そして G が D に対するように，Z が H に対するから，ゆえに交換されて，G が Z に対するように，D が H に対する **[VII.13]**．そこで同じ議論によって[34]，D が H に対するように，E が Q に対するのでもある．ゆえに，K, M, L は，G の Z に対する比，そして D の H に対する比，そしてさらに E が Q に対する比において順次比例する．そこで E, Q の各々が M を多倍して N, C の各々を作るとしよう．そして，A は立体数であり，また G, D, E がその辺であるから，ゆえに，E が G, D から生じる数を多倍して A を作っている **[VII. 定義 18]**．また G, D から生じる数は K である．ゆえに，E が K を多倍して A を作っている．そこで同じ議論によって，Q も L を多倍して B を作っている．そして，E が K を多倍して A を作っていて，しかしやはり M を多倍して N を作ってもいるから，ゆえに，K が M に対するように，A が N に対する **[VII.17]**．また K が M に対するように，G も Z に，および D が H に対し，そしてさらに E が Q に対する．ゆえに，G が Z に，そして D が H に，そして E が Q に対するように，A が N に対するのでもある．一方 E, Q の各々が M を多倍して N, C の各々を作っているから，ゆえに，E が Q に対するように，N が C に対する **[VII.18]**．しかし，E が Q に対するように，G が Z に，および D が H に対する．ゆえに，G が Z に，そして D が H に，そして E が Q に対するように，A が N に，および N が C に対するのでもある．一方 Q が M を多倍して C を作っていて，しかしやはり L を多倍して B を作ってもいるから，ゆえに，M が L に対するように，C が B に対する **[VII.17]**．しかし，M が L に対するように，G も Z に，および D が H に，および E が Q に対する．ゆえに，G が Z に，そして D が H に，そして E が Q に対するように C が B に対するだけでなく，A も N に，そして N も C に対するのでもある．ゆえに，A, N, C, B は，上述の辺の比

ていることであり，これが後世の挿入であることは疑いない．

[34]テオン版では「そこで同じ議論によって」の代わりに

　　一方，D が E に対するように，H が Q に対するから，ゆえに，交換されて，

と書かれている．

において順次比例する.

私は言う，A が B に対して持つ比は，対応する辺が対応する辺に対する〔比〕，すなわち，数 G が Z に，D が H に，そしてさらに E が Q に対する〔比の〕3 倍の比でもある．というのは，A, N, C, B は順次比例する 4 数であるから，ゆえに，A は B に対して A が N に対する〔比の〕3 倍の比を持つ **[V. 定義 10]**[35]．しかし，A が N に対するように，G も Z に，および D が H に対し，そしてさらに E が Q に対することが証明された．ゆえに，A が B に対して持つ比は，対応する辺が対応する辺に対する〔比〕，すなわち数 G が Z に，そして D が H に，そしてさらに E が Q に対する〔比の〕3 倍の比でもある．これが証明すべきことであった.

解　　説

直前の命題 VIII.18 と本命題 VIII.19 は，相似平面数 (相似立体数) の間に 1 つ (2 つ) の比例中項数が存在することを示す．これらの命題は正方形数・立方体数に関する同様の命題 VIII.11, 12 の拡張と言える．この後の VIII.20, 21 ではその逆，すなわち 2 数の間に 1 つ (2 つ) の比例中項数が落ちるならばその 2 数は相似平面数 (相似立体数) である，ということが示される.

証明は VIII.11, 12 と同様の方針によって，実際に比例中項数となる数を構成することによって行なわれる (VIII.11, 12 の結果を利用するのではない)．相似立体数を扱う本命題 VIII.19 はかなり長く，読みにくいが，そこには『原論』の整数論の特徴のいくつかが典型的な形で現れているので，少し詳しく見ていこう．以下，代数的な記述も利用して本命題 VIII.19 の概要を紹介した後で，エウクレイデスの議論の特徴を指摘する.

2 つの相似立体数 A, B の辺をそれぞれ a, b, c と a', b', c' としよう (本文では G, D, E と Z, H, Q)．相似立体数の定義から $a : b = a' : b'$, $b : c = b' : c'$ である．この関係は後で

$$a : a' = b : b' = c : c'$$

と変形されて何度も現れる．まず平面数 ab と $a'b'$ (本文では K と L) を考えると，これらは相似平面数であるから，直前の VIII.18 により，1 つの比例中項数 M が存在する．これを辺の積で表せば $a'b$ である．すると

$$ab, a'b, a'b'$$

は $a : a'$ の比で順次比例する．c, c' が $a'b$ を多倍すると $a'bc$ と $a'bc'$ を作る (本文では N と C)．これら 2 数が最初の A $= abc$ と B $= a'b'c'$ との間の 2 つの比例中項となる.

[35] 3 倍の比については VIII.12 の解説および脚注 21 を参照.

議論は要するに，abc, $a'bc$, $a'bc'$, $a'b'c'$ という順次比例する数を提示するものである．そして，ここで隣接する数の比が比 $a:a'$（あるいは $b:b'$, $c:c'$）と同じ比であることを確認する．しかし『原論』のテクストは非常に長く，分かりにくい．その原因は，何よりも2つの数の積を表すのに，ab のようにその因数が分かるような表記がないことにある．ここで ab, $a'b'$ と書いた2つの積にはそれぞれKとLという名前が与えられる．K, Lそれぞれの因数は本文の記号でそれぞれG, DおよびZ, Hであるが，そのことは記憶しておくしかない．本命題のように議論が複雑になると，これは読者にとって大きな負担となる．また，本命題では相似立体数の対応辺の比，すなわち我々の記号で $a:a'$, $b:b'$, $c:c'$ にあたる比が繰り返し現れるが，そのたびに「GがZに，そしてDがHに，そしてEがQに対するように」という表現が繰り返され，それが煩雑な印象を与える．しかし同じ表現の繰り返しは煩雑で命題を長くするが，記憶の負担を強いるわけではない．

一方で，写本の図版においては記憶を助ける工夫がなされていることにも注意すべきであろう．立体数Aの辺がG, D, Eであり，立体数Bの辺がZ, H, Qであるが，図版ではAの下にG, D, Eが，Bの下にZ, H, Qが並べられている．またずっと後で現れるN, Cの2数がA, Bの2つの比例中項であることに対応して，AとBの間にN, Cが並べられている．底本の図版はこのような配置を無視しているので，底本の図版によってこの命題を読むのは一層困難になる．

議論を面倒にしているもう1つの要因は，3数の積が直接用いられないことである（§2.6.1を参照）．上の説明では abc, $a'bc$ のような3数の積を考えたが，これに直接相当する表現はテクストにない．与えられた2数A, B（我々の abc, $a'b'c'$）の2つの比例中項数N, Cは我々にとっては $a'bc$ と $a'bc'$ であり，本文の記号を用いればNはD, Z, Eの積であり，CはD, Z, Qの積である．しかし本文ではMがDとZの積，NがEとMの積という2つの段階を経てNが定義される．Cについても同様である．乗法（多倍）はあくまで，2数に対する操作なのである．しかもこの2つの関係が現れる箇所は本文中でかなり離れている．このことが議論の見通しを悪くしていることは間違いない．

20

もし2数の〔間に〕1つの比例中項数が落ちるならば，それらの数は相似平面数になる．

というのは，A, Bの〔間に〕1つの比例中項数Gが落ちるとしよう．私は言う，A, Bは相似平面数である．

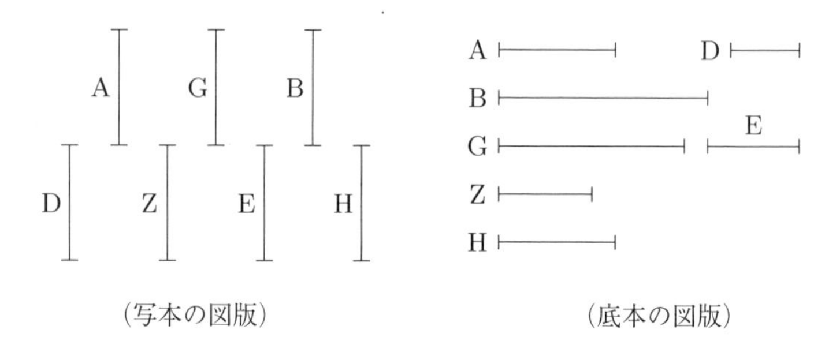

（写本の図版）　（底本の図版）

[というのは,] A, G と同じ比を持つ〔数の〕中で最小の数 D, E がとられたとしよう **[VII.33]**．ゆえに，D が A を測るのと等しい〔回数〕だけ E も G を測る **[VII.20]**．そこで D が A を測る〔回数〕だけ，単位が Z の中にあるとしよう．ゆえに，Z が D を多倍して A を作っている **[VII. 定義 16]**．したがって，A は平面数であり，またその辺は D, Z である．一方，D, E は G, B と同じ比を持つ〔数の組の〕うちで最小であるから，ゆえに，D が G を測るのと等しい〔回数〕だけ E も B を測る **[VII.20]**．E が B を測る〔回数〕だけ，単位が H の中にあるとしよう．ゆえに，E は B を H の中の単位ごとに測る．ゆえに，H が E を多倍して B を作っている **[VII. 定義 16]**．ゆえに，B は平面数であり，またその辺は E, H である．ゆえに，A, B は平面数である[36]．

そこで私は言う，相似でもある．というのは，Z がまず D を多倍して A を作っていて，また E を多倍して G を作っているから，ゆえに，D が E に対するように A が G に，すなわち G が B に対する[37] **[VII.17]**．一方，E が Z, H の各々を多倍して G, B を作っているから，ゆえに，Z が H に対するように，G が B に対する **[VII.17]**．また G が B に対するように，D が E に対する．ゆえに，D が E に対するように，Z が H に対するのでもある．ゆえに，交換されても，D が Z に対するように，E が H に対する **[VII.13]**[38]．ゆえに，A, B は相似平面数である——というのはそれらの辺が比例するから **[VII. 定義 22]**．これが証明すべきことであった．

---

[36] この箇所は底本のギリシャ語テクストでは改行がなく，ラテン語対訳では改行されている．

[37] この推論は余分である．そもそも D : E = A : G となるように D, E をとっている．

[38] テオン版では「ゆえに，交換されても」以下の文が欠けている．書写の単純なミスに起因する可能性も考えられる．VII.31 への脚注 33 を参照．

21

もし2数の〔間に〕2つの比例中項数が落ちるならば，それらの数は相似立体数である．

というのは数A, Bの〔間に〕2つの比例中項数G, Dが落ちるとしよう．私は言う，A, Bは相似立体数である．

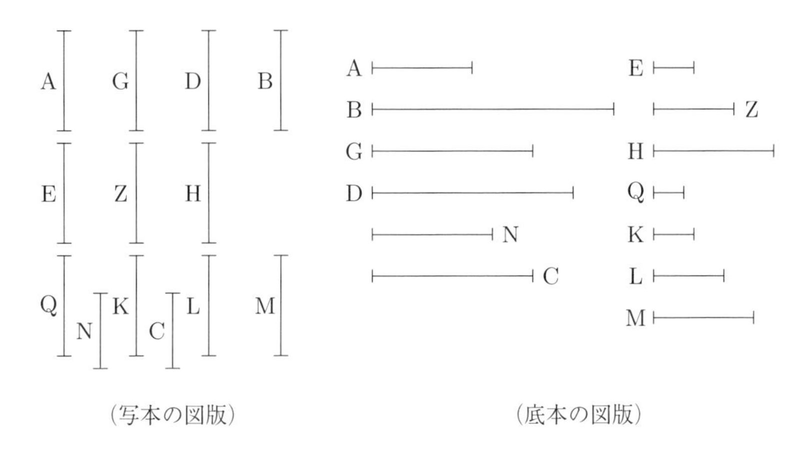

（写本の図版）　（底本の図版）

というのは，A, G, Dと同じ比を持つ最小の3数E, Z, Hがとられたとしよう **[VIII.2]**．ゆえに，それらの両端E, Hは互いに素である **[VIII.3]**．そして，E, Hの〔間に〕1つの比例中項数Zが落ちているから，ゆえに，E, Hは相似平面数である **[VIII.20]**．するとまず，Eの辺をQ, Kとし，またHの〔辺〕をL, M〔としよう〕．ゆえに，直前の定理から次のことが明らかである[39]．E, Z, HはQのLに対する比，およびKのMに対する〔比〕において順次比例する．そしてE, Z, HはA, G, Dと同じ比を持つ〔数〕のうちで最小であり，さらにE, Z, Hの個数はA, G, Dの個数に等しいから[40]，ゆえに，等順位においてEがHに対するように，AがDに対する **[VII.14]**．またE, Hは〔互いに〕素であり，また素な数〔の組〕は最小でもあり **[VII.21]**，また最小の数はそれと同じ比を持つ数を等しい回数だけ測り，大きい方が大きい方を，小さい方が小さい方を〔測る〕，すなわち，前項が前項を，後項が後

[39]VIII.19への脚注33を参照．

[40]テオン版ではこの条件節の後半の「さらに」以降が欠けている．これも前命題VIII.20と同様，単純なミスかもしれない．VII.31への脚注33を参照．

項を〔測る〕**[VII.20]**．ゆえに，E が A を測るのと等しい〔回数〕だけ H も D を測る．そこで E が A を測る〔回数〕だけ，単位が N の中にあるとしよう．ゆえに，N が E を多倍して A を作っている **[VII. 定義 16]**．また E は Q, K から生じる数である．ゆえに，N が Q, K から生じる数を多倍して A を作っている．ゆえに，A は立体数であり，またその辺は Q, K, N である **[VII. 定義 18]**．一方，E, Z, H は G, D, B と同じ比を持つ〔数〕のうちで最小であるから，ゆえに，E が G を測るのと等しい〔回数〕だけ H も B を測る．そこで E が G を測る〔回数〕だけ，単位が C の中にあるとしよう．ゆえに，H は B を C の中の単位ごとに測る．ゆえに，C が H を多倍して B を作っている **[VII. 定義 16]**．また H は L, M から生じる数である．ゆえに，C が L, M から生じる数を多倍して B を作っている．ゆえに，B は立体数であり，またその辺は L, M, C である **[VII. 定義 18]**．ゆえに，A, B は立体数である．

[そこで] 私は言う，相似でもある．というのは，N, C が E を多倍して A, G を作っているから，ゆえに，N が C に対するように A が G に，すなわち E が Z に対する **[VII.18]**．しかし，E が Z に対するように Q が L に，K が M に対する．ゆえに，Q が L に対するように K が M に，N が C に対するのでもある．そしてまず Q, K, N は A の辺であり，また C, L, M は B の辺である．ゆえに，A, B は相似立体数である **[VII. 定義 22]**．これが証明すべきことであった．

解　説

直前の命題 VIII.20 と本命題 VIII.21 は，VIII.18, 19 の逆に相当する．2 数が相似平面数（立体数）であるとは，その 2 数を比例する 2 つの（3 つの）辺の積として表す方法が少なくとも 1 通りあることを意味する．たとえば 24 と 54 は $24 = 4 \times 6$, $54 = 6 \times 9$ と表せるから相似平面数である．しかし 24 は 3×8 という形でも平面数として表せるが，54 の方はこれと相似な平面数として表すことはできない．この微妙な区別が十分に意識されていなかったことが，続く命題 VIII.22 以下で明らかになる．詳しくは VIII.23 の解説を参照．

22

もし 3 数が順次比例し，また最初〔の数〕が正方形数ならば，第 3〔の数〕も正方形数である．

順次比例する3数をA, B, Gとし，また最初のAが正方形数であるとしよう．私は言う，第3のGも正方形数である．

（写本の図版）　（底本の図版）

というのは，A, Gの〔間に〕1つの比例中項数Bがあるから，ゆえに，A, Gは相似平面数である **[VIII.20]**．またAは正方形数である．ゆえに，Gも正方形数である．これが証明すべきことであった．

解　説

この命題と続くVIII.23の証明は不完全である．詳しくはVIII.23の解説を参照.

23

もし4数が順次比例し，また第1〔の数〕が立方体数ならば，第4〔の数〕も立方体数になる．

順次比例する4数をA, B, G, Dとし，またAは立方体数であるとしよう．私は言う，Dも立方体数である．

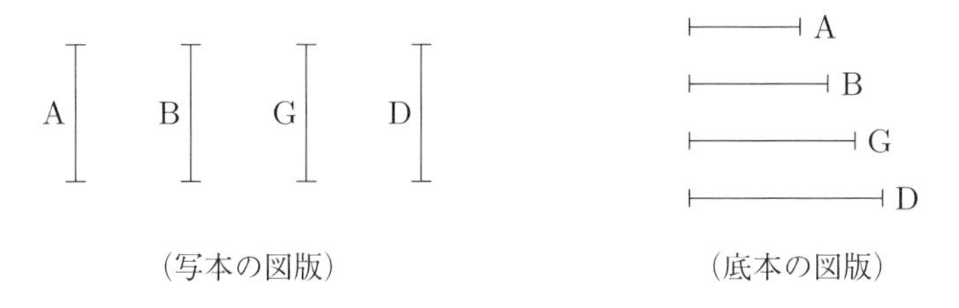

（写本の図版）　（底本の図版）

というのは，A, Dの〔間に〕2つの比例中項数B, Gがあるから，ゆえに，A, Dは相似立体数である **[VIII.21]**．またAは立方体数である．ゆえに，Dも立方体数である．これが証明すべきことであった．

解　説

直前の命題VIII.22と本命題は，3個（4個）の数が順次比例し，最初の数が正方形数（立方体数）ならば，最後の数も正方形数（立方体数）である，というものである．この証明には，VIII.20 (21) が利用される．最初の数と最後の 3 番目（4 番目）の数の間に 1 個（2 個）の比例中項数が落ちるから，最初と最後の数は相似平面数（立体数）である [**VIII.20, 21**]．そして最初の数は正方形数（立方体数）なのでそれに相似な最後の数も正方形数（立方体数）である，という議論がなされる．

この結論は正しいのだが，証明は不完全である．その理由は，1 つの数を平面数（立体数）として表す表現の仕方は 1 通りとは限らないが，2 つの数が相似平面数（相似立体数）であるためには，辺が比例するような表現が 1 通りあればよいことにある．この問題はすでにクラヴィウスが指摘していて，完全な証明も与えている [Clavius 1574]．命題 VIII.23 へのクラヴィウスの注釈を参考にして，なぜ『原論』の証明が不完全なのかを見ておこう[41]．

以下，正方形数を扱う VIII.22 に限定する．立方体数の場合も本質的に同様である．連続比例する 3 数として，たとえば 36, 48, 64 をとる．最初の数 36 は正方形数である．しかし，VIII.20 の証明の議論にこの 3 数をそのままあてはめると，$36 = 3 \times 12$, $64 = 4 \times 16$ という表現が得られ，2 数 36, 64 は相似平面数となる．しかし 36 を 6×6 と正方形数として表現したとき，第 3 比例項の 64 がこれと相似な形で表現できることは，VIII.20 は保証しない．VIII.22, 23 の証明はこの点で不完全である．

クラヴィウスはこの欠点を持たない完全な証明を 2 種類提示している．以下でその 1 つの概要を，少し説明を加えて紹介しよう．

> 連続比例する 3 数を A, B, C とし，A が正方形数であるとする．C が正方形数であることを示す．A, B, C と同じ比を持つ最小の 3 数を D, E, F とすると，VIII.2 系により D, F は正方形数である．また，
>
> $$\mathrm{A} : \mathrm{C} = \mathrm{D} : \mathrm{F}$$
>
> において，中項を交換して
>
> $$\mathrm{A} : \mathrm{D} = \mathrm{C} : \mathrm{F}$$
>
> すると，正方形数 A, D の間には 1 つの中項が落ちるので C, F の間にも 1 つの中項が落ちる [**VIII.8**]．それを H とする．D, F は同じ比を持つ数の中で最小なので，F は C を測る [**VII.20**]．ゆえに F は第 2 の数 H をも測る [**VIII.7**]．正方形数 F の辺 I をとり，F が H を測るのと同じ回数だけ I が K を測るとし，K の平方を L とする．以下，L が C に等しいことを示す．比 L 対 F は正方形数が正方形数に対する比で，辺の比 K 対 I の 2 倍の比である (VIII.11)．比 K 対 I は H 対 F であり，その 2 倍の比は C 対 F である（C, H, F が順次比例するから）．したがって

[41] 以下で紹介する注釈は 1612 年版の pp. 356–57 による．

$$\mathrm{L : F = C : F}$$

これより L と C は等しい．L はその設定から正方形数であったから，C も正方形数である．

24

もし 2 数が互いに対して持つ比が，正方形数が正方形数に対する比であり，また最初〔の数〕が正方形数であるならば，第 2〔の数〕も正方形数になる．

というのは，2 数 A, B が互いに対して持つ比が，正方形数 G が正方形数 D に対する比であり，また A は正方形数であるとしよう．私は言う，B も正方形数である．

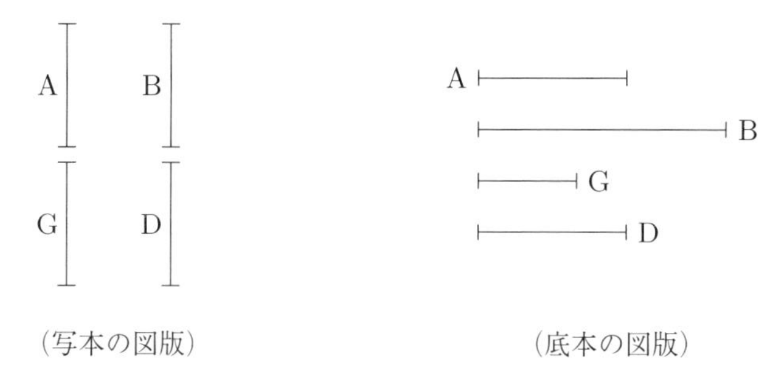

（写本の図版）　（底本の図版）

というのは，G, D は正方形数であるから，ゆえに，G, D は相似平面数である．ゆえに，G, D の〔間に〕1 つの比例中項数が落ちる **[VIII.18]**[42]．そしてG が D に対するように，A が B に対する．ゆえに，A, B の〔間に〕も 1 つの比例中項数が落ちる **[VIII.8]**．そして A は正方形数である．ゆえに，B も正方形数である **[VIII.22]**．これが証明すべきことであった．

25

もし 2 数が互いに対して持つ比が，立方体数が立方体数に対する比であり，また最初の数が立方体数であるならば，第 2 の数も立方体数になる．

というのは，2 数 A, B が互いに対して持つ比が，立方体数 G が立方体数

[42] ここでは，(1)「G, D が正方形数である」⇒ (2)「G, D が相似平面数である」⇒ (3)「G, D の〔間に〕1 つの比例中項数がある」という議論がなされるが，命題 VIII.11 を用いれば (1) から (3) が直接結論できる．本命題と命題 VIII.11 は，別の起源を持つことになる．もう 1 つの可能性は，本命題に後から (2) の議論が挿入されたということである．

Dに対する比であり，またAは立方体数であるとしよう．[そこで] 私は言う，Bも立方体数である．

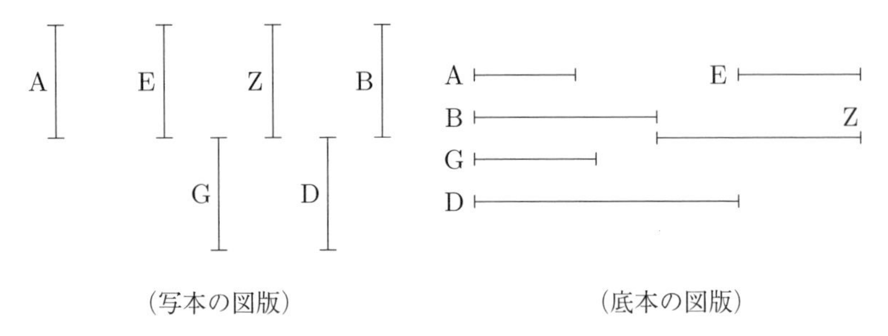

（写本の図版）　（底本の図版）

というのは，G, Dは立方体数であるから，G, Dは相似立体数である．ゆえに，G, Dの〔間に〕2つの比例中項数が落ちる **[VIII.19]**[43]．ゆえに，G, Dの間に連続して比例する数が落ちるのと同じ〔個数〕だけ，それらと同じ比を持つ〔数〕の間にも数が落ちる **[VIII.8]**．したがって，A, Bの〔間に〕2つの比例中項数が落ちる．E, Zが落ちるとしよう．すると，4数A, E, Z, Bが順次比例し，そしてAは立方体数であるから，ゆえに，Bも立方体数である **[VIII.23]**．これが証明すべきことであった．

解　説

直前の命題VIII.24と本命題は，それぞれVIII.22, 23を適用して証明される．なお，本命題の結論はIX.4–6の証明に利用可能であるが，そこでは本命題と同様の議論が再び繰り返されていて，本命題は利用されていない．詳しくは第IX巻のこれらの命題の解説を参照．

26

相似平面数が互いに対して持つ比は，正方形数が正方形数に対する比である．

相似平面数をA, Bとしよう．私は言う，AがBに対して持つ比は，正方形数が正方形数に対する比である．

[43] ここでは命題VIII.12を利用すれば議論はもっと簡単である．直前の命題VIII.24への脚注42を参照．

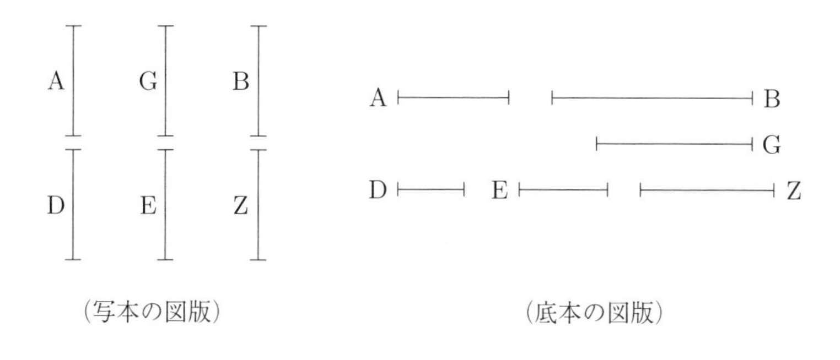

（写本の図版）　（底本の図版）

というのは，A, B は相似平面数であるから，A, B の〔間に〕1 つの比例中項数が落ちる [**VIII.18**]．落ちるとし，それを G としよう．そして A, G, B と同じ比を持つ最小の数 D, E, Z がとられたとしよう [**VIII.2**]．ゆえに，それらの両端 D, Z は正方形数である [**VIII.2, 2 系**]．そして D が Z に対するように，A が B に対し，D, Z は正方形数であるから，ゆえに，A が B に対して持つ比は，正方形数が正方形数に対する比である．これが証明すべきことであった．

27

相似立体数が互いに対して持つ比は，立方体数が立方体数に対する比である．

相似立体数を A, B としよう．私は言う，A が B に対して持つ比は，立方体数が立方体数に対する比である．

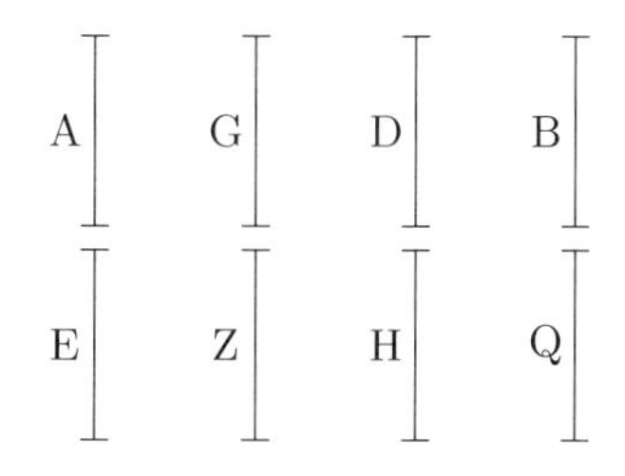

（写本の図版）

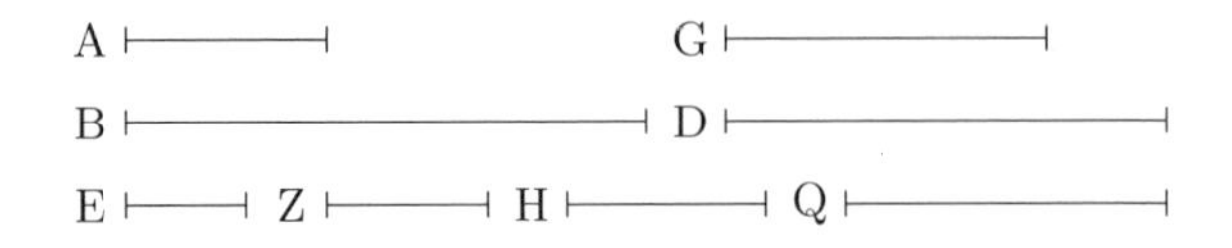

（底本の図版）

というのは，A, B は相似立体数であるから，A, B の〔間に〕2 つの比例中項数が落ちる [**VIII.19**]．G, D が落ちるとし，そして A, G, D, B と同じ比を持つ最小の数でそれらと個数が等しい E, Z, H, Q がとられたとしよう [**VIII.2**]．ゆえに，それらの両端 E, Q は立方体数である [**VIII.2, 2 系**]．そして E が Q に対するように，A が B に対する．ゆえに，A が B に対して持つ比も，立方体数が立方体数に対する比である．これが証明すべきことであった．

解　説

第 VIII 巻の最後の 2 つの命題 VIII.26, 27 は相似平面数（相似立体数）と正方形数（立方体数）の関係を明らかにする．相似平面数（相似立体数）どうしの比を同じ比を持つ最小の数で表せば，正方形数（立方体数）の比になることが証明の中で示される．

なお，VIII.26 は，IX.1 で利用可能であるにもかかわらず利用されない．第 VIII 巻と第 IX 巻の間に明確な内容的な区切りがないことはしばしば指摘されるが（仏訳 2:285 など），第 VIII 巻の最後に証明された命題が第 IX 巻の冒頭で利用されないことは，これらの巻が連続するものとして構想されたのではないこと，すなわち第 VIII 巻末尾と第 IX 巻冒頭のどちらかが後から追加された可能性を示唆する．

第IX巻

第 IX 巻概要

1. （命題 1–6） 相似平面数と立方体数に関する命題群.
2. （命題 7） 立体数に関する命題.
3. （命題 8–15） 単位から順次比例する数が正方形数，立方体数になる条件．また順次比例する数の 1 つが他の数を測る条件.
4. （命題 16–19） 第 3 比例項，第 4 比例項の存在に関する議論.
5. （命題 20） 素数の個数についての命題.
6. （命題 21–34） 偶数・奇数に関する命題群（小石の数論）.
7. （命題 35, 36） 完全数に関する命題群.

1. 相似平面数の積が正方形数であることに関連する命題，および立方体数に関する類似の命題.
2. 合成数（2 数の積）と第 3 の数の積が立体数であるという，我々から見れば当たり前の命題．前後の命題から孤立している.
3. 単位から順次比例する一連の数（現代的に書けば $1, a, a^2, a^3, \cdots$）を扱う．それが正方形数や立方体数になる条件 (8–10)，他の数で測られる（割り切れる）条件 (11–15) などを扱う.
4. 与えられた 2 数（3 数）に第 3（第 4）比例項が存在する条件を議論するが，議論は適切とは言い難く，一部は誤りである.
5. 「素数の個数は無限である」と言い換えた形で広く知られる命題.
6. 命題 21 からは一転してきわめて初歩的な偶数・奇数論が展開される．しばしば「小石の数論」と呼ばれる部分である（§2.4.2）.
7. 完全数に関する定理．最後の命題 36 は「$2^p - 1$ が素数のとき，$(2^p - 1)2^{p-1}$ は完全数である」ことに相当する．命題 35 はこの議論で必要になる等比級数の和を扱う．

[注釈[1]]

複数の比から合成された比を第 VIII 巻命題 5 によって我々は見出す．また比の分割を我々は次のように見出す[2]．A が B の 2 倍であるとし，それ〔A が B に対する比〕から 3 倍〔の比〕を取り去る．AG が〔A が G の〕3 倍であるとしよう[3]．ゆえに，残りは GB である〔G が B に対する比である〕．私は言う，GB は〔G は B の〕1 倍半である[4]．というのは，もし可能ならば，G が B の 2 倍であるとしよう．また A が G の 3 倍でもある．ゆえに，A は B の 6 倍になることにもなる．また 2 倍であるとも仮定されている．これは不合理である．ゆえに，G は B の 2 倍にならない．同様に我々は次のことも証明することになる，B は G に対して，1 倍半以外の他の比を持たない．

解　説

比の合成の逆操作を説明する注釈である．しかし議論は説明としては不親切であるし，数学的には証明の体をなしていない．本来ならば，この注釈は本全集で割愛した古注に分類されるものだが，たまたま V 写本で第 IX 巻冒頭の空白部分に収められていたため，底本では欄外の古注（底本の別巻に収録）とは違った扱いをされて本文の巻末付録に収録されているので，ここに訳出した．

議論は 2 対 1 の比から 3 対 1 の比を取り去る例を論じている．$A : B = 2 : 1$ から $A : G = 3 : 1$ を取り去ることになる．ここで注釈にない説明を補えば，比 A 対 B は 2 つの比，A 対 G と G 対 B から合成されるから，A 対 B から A 対 G を取り去った残りは G 対 B になる[5]．もちろん $G : B = 2 : 3$ である．これを 1 倍半（半分超過）と表現しているが，それは B 対 G であって G 対 B ではない．この両者をこの注釈は混同しているように見える．もっとも，この著者にとっては G と B の順序は重要でなく，G と B の間の比が 1 倍半の比であ

[1] この注釈は V 写本の第 IX 巻冒頭のスペースに，本文とは別の筆跡で追加されている．これは他には φ（F 写本の欠損部分の補充）に見出されるのみである．どちらも図は描かれていない．V 写本成立（11–12 世紀）より後の注釈という可能性もある．なお，ハイベアは「VIII.5 に対する注釈と思われる」と注記しているが，それならば第 IX 巻冒頭に置かれた意味が説明できない．おそらく第 IX 巻のどこかで，ここで扱う比の分割の知識が役立つと考えた注釈者の手になるものであろう．

[2] ここでは V. 定義 15 で定義された「比の分離」(διαίρεσις λόγου) と同じ表現が使われるが，その意味するところは異なり，ここでは比の合成の逆の操作を意味する．そこで「比の分離」でなく「比の分割」という訳語をあてた．比の分割については本全集第 1 巻 pp. 161–162 を参照．

[3] A の G に対する比が 3 倍の比，すなわち A が G の 3 倍であることを意味する．

[4] 正しくは B が G の 1 倍半である．解説参照．

[5] 比の合成については本全集第 1 巻 pp. 160ff. の解説を参照．

ると主張しているのかもしれない．以下の帰謬法を装う議論が証明になっていないことは明らかであろう．

1

もし2つの相似平面数が互いを多倍して何らかの数を作るならば，生じる数は正方形数になる．

2つの相似平面数をA, Bとし，AがBを多倍してGを作るとしよう．私は言う，Gは正方形数である．

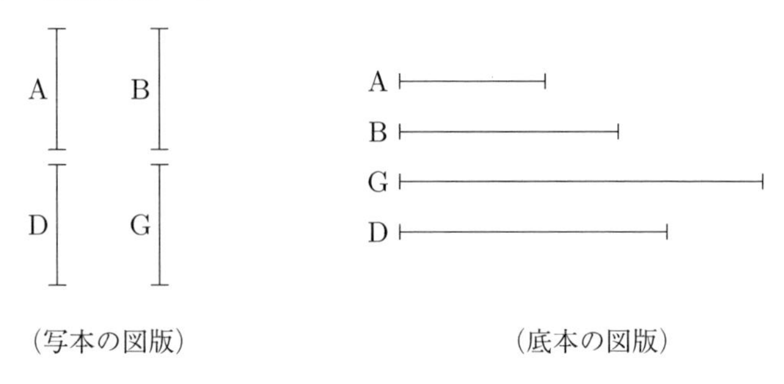

（写本の図版） （底本の図版）

というのは，Aがそれ自身を多倍してDを作るとしよう．ゆえに，Dは正方形数である **[VII. 定義 19]**．すると，Aがまずそれ自身を多倍してDを作っていて，またBを多倍してGを作っているから，ゆえに，AがBに対するように，DがGに対する **[VII.17]**[6]．そしてA, Bは相似平面数であるから，ゆえに，A, Bの〔間に〕1つの比例中項数が落ちる **[VIII.18]**．また，もし2つの数の間に連続して比例する数が落ちるならば，それらの間に落ちるのと同じ〔個数〕だけ，それらと同じ比を持つ数の間にも〔連続して比例する数が落ちる〕**[VIII.8]**．したがって，D, Gの〔間に〕も1つの比例中項数が落ちる．そしてDは正方形数である．ゆえに，Gも正方形数である **[VIII.22]**．これが証明すべきことであった．

[6]ここでVIII.26およびVIII.24を使えば証明はすぐに終わる．すなわちA, Bが相似平面数であるからVIII.26により比A : B，すなわち比D : Gは正方形数が正方形数に対する比である．そしてDは正方形数であるから，VIII.24によってGも正方形数である．

解　説

第 IX 巻冒頭の本命題から IX.6 までの内容と，その議論の特徴については §2.4.1 を参照されたい.

2

もし 2 つの数が互いを多倍して正方形数を作るならば，それらは相似平面数である.

2 つの数を A, B とし，A が B を多倍して正方形数 G を作るとしよう[7]. 私は言う，A, B は相似平面数である.

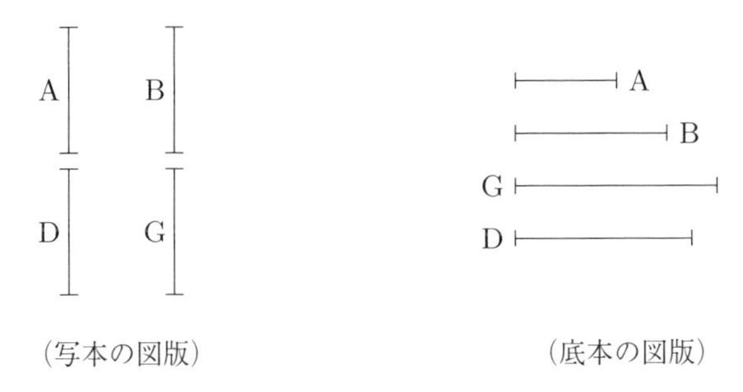

（写本の図版）　（底本の図版）

というのは，A がそれ自身を多倍して D を作るとしよう. ゆえに，D は正方形数である **[VII. 定義 19]**. そして，A がまずそれ自身を多倍して D を作っていて，また B を多倍して G を作っているから，ゆえに，A が B に対するように，D が G に対する **[VII.17]**. そして，D は正方形数であり，しかし G もそうであるから，ゆえに，D, G は相似平面数である. ゆえに，D, G の〔間に〕1 つの比例中項〔数〕が落ちる **[VIII.18]**[8]. そして D が G に対するように，A が B に対する. ゆえに，A, B の〔間に〕も 1 つの比例中項〔数〕が落ちる **[VIII.8]**. またもし 2 つの数の〔間に〕1 つの比例中項〔数〕が落ちるならば，それらの数は相似平面数である **[VIII.20]**. ゆえに，A, B は相似平面数である. これが証明すべきことであった.

---

[7]テオン版では「というのは，2 数 A, B が互いに多倍して正方形数 G を作るとしよう」.

[8]この議論では，D, G がともに正方形数であるから，VIII.11 が直接適用できる. 正方形数だから相似平面数であるとして，より一般的な VIII.18 を適用しなければならない理由は見あたらない.

3

もし立方体数がそれ自身を多倍して何らかの数を作るならば，生じる数は立方体数になる．

というのは，立方体数 A がそれ自身を多倍して B を作るとしよう．私は言う，B は立方体数である．

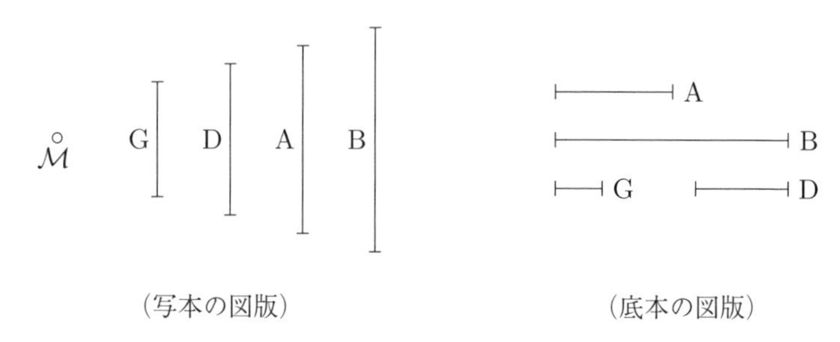

（写本の図版）　（底本の図版）

というのは，A の辺 G がとられたとし，G がそれ自身を多倍して D を作るとしよう．そこで次のことが明らかである，G が D を多倍して A を作っている **[VII. 定義 20]**．そして，G がそれ自身を多倍して D を作っているから，ゆえに，G は D をそれ自身の中の単位ごとに測る．しかしやはり，単位も G をその中の単位ごとに測る．ゆえに，単位が G に対するように，G が D に対する **[VII. 定義 21]**．一方，G が D を多倍して A を作っているから，ゆえに，D は A を G の中の単位ごとに測る **[VII. 定義 16]**．また単位も G をその中の単位ごとに測る．ゆえに，単位が G に対するように，D が A に対する **[VII. 定義 21]**．しかし，単位が G に対するように，G が D に対する．ゆえに，単位が G に対するように G が D に，D が A に対するのでもある．ゆえに，単位と A の〔間に〕連続して 2 つの比例中項数 G, D が落ちる．一方，A がそれ自身を多倍して B を作っているから，ゆえに，A は B をそれ自身の中の単位ごとに測る **[VII. 定義 16]**．また単位も A をその中の単位ごとに測る．ゆえに，単位が A に対するように，A が B に対する **[VII. 定義 21]**．また単位と A の〔間に〕2 つの比例中項数が落ちている．ゆえに，A, B の〔間に〕も 2 つの比例中項数が落ちることになる **[VIII.8]**[9]．またもし 2 数の〔間に〕2 つの比

[9]底本の校訂者ハイベアは次のことを注意している．命題 VIII.8 は 2 つの「数」の間に比例中項数が落ちる場合に関する命題であったが，ここでは一方が「数」ではなく「単位」

例中項〔数〕が落ち，第 1 の数が立方体数であるならば，第 2 の数も立方体数になる **[VIII.23]**．そして A は立方体数である．ゆえに，B は立方体数である．これが証明すべきことであった．

4

もし立方体数が立方体数を多倍して何らかの数を作るならば，生じる数は立方体数になる．

というのは，立方体数 A が立方体数 B を多倍して G を作るとしよう．私は言う，G は立方体数である．

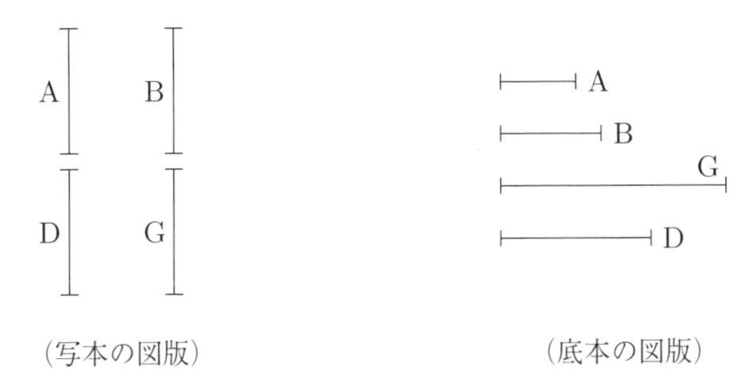

（写本の図版）　（底本の図版）

というのは，A がそれ自身を多倍して D を作るとしよう．ゆえに，D は立方体数である **[IX.3]**．そして，A はまずそれ自身を多倍して D を作っていて，また B を多倍して G を作っているから，ゆえに，A が B に対するように，D が G に対する **[VII.17]**．そして，A, B は立方体数であるから，A, B は相似立体数である．ゆえに，A, B の〔間に〕2 つの比例中項数が落ちる **[VIII.19]**．したがって，D, G の〔間に〕も 2 つの比例中項数が落ちることになる **[VIII.8]**．そして D は立方体数である **[IX.3]**．ゆえに，G も立方体数である **[VIII.23]**．これが証明すべきことであった．

解　説

この証明の後半は VIII.25 を利用すればずっと簡単になる．すなわち，A : B = D : G が成り立ち，A, B が立方体数であり，しかも D は立方体数であるので，VIII.25 によって，ただちに G が立方体数であることが言える．ところが本命題の議論は，ここで A, B の間に 2 つ

である．この場合にもこの命題は成立する．

の比例中項数が落ちることを述べ，VIII.19, VIII.8 などを利用してようやく結論を得る．この部分の議論は実質的に VIII.25 の証明の繰り返しである．

5

もし立方体数が何らかの数を多倍して立方体数を作るならば，多倍される数も立方体数になる．

というのは，立方体数 A が何らかの数 B を多倍して立方体数 G を作るとしよう．私は言う，B は立方体数である．

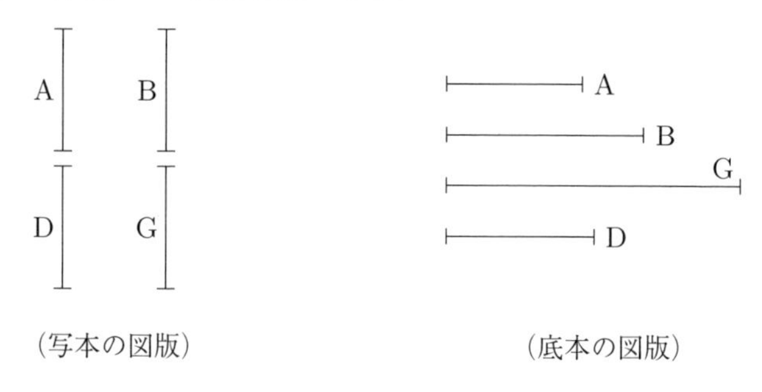

（写本の図版）　（底本の図版）

というのは，A がそれ自身を多倍して D を作るとしよう．ゆえに，D は立方体数である [**IX.3**]．そして A はまずそれ自身を多倍して D を作っていて，また B を多倍して G を作っているから，ゆえに，A が B に対するように，D が G に対する [**VII.17**]．そして，D, G は立方体数であるから，相似立体数である．ゆえに，D, G の〔間に〕2 つの比例中項数が落ちる [**VIII.19**]．そして D が G に対するように，A が B に対する．ゆえに，A, B の〔間に〕も 2 つの比例中項数が落ちる [**VIII.8**]．そして A は立方体数である．ゆえに，B も立方体数である [**VIII.23**]．これが証明すべきことであった．

解　説

本命題も，直前の IX.4 と同じく，VIII.25 によってただちに証明できることを，この命題を用いずに議論している．

6

もし数がそれ自身を多倍して立方体数を作るならば，それ自身も立方体数である．

というのは，A がそれ自身を多倍して立方体数 B を作るとしよう．私は言う，A も立方体数である．

（写本の図版）　（底本の図版）

というのは，A が B を多倍して G を作るとしよう．すると，A はまずそれ自身を多倍して B を作っていて，また B を多倍して G を作っているから，ゆえに，G は立方体数である **[VII. 定義 20]**．そして，A がそれ自身を多倍して B を作っているから[10]，A は B をそれ自身の中の単位ごとに測る **[VII. 定義 16]**．また単位も A をその中の単位ごとに測る．ゆえに，単位が A に対するように，A が B に対する **[VII. 定義 21]**．そして，A が B を多倍して G を作っているから，ゆえに，B は G を A の中の単位ごとに測る **[VII. 定義 16]**．また単位も A をその中の単位ごとに測る．ゆえに，単位が A に対するように，B が G に対する **[VII. 定義 21]**．しかし，単位が A に対するように，A が B に対する．ゆえに，A が B に対するように，B が G に対するのでもある[11]．そして，B, G は立方体数であるから，相似立体数である．ゆえに，B, G の〔間に〕2 つの比例中項数がある **[VIII.19]**．そして B が G に対するように，A が B に対する．ゆえに，A, B の〔間に〕も 2 つの比例中項数がある **[VIII.8]**．そして B は立方体数である．ゆえに，A も立方体数である **[VIII.23]**．これが証明すべきことであった．

解　　説

命題の内容自体は単純であるが，証明はきわめて冗長である．まず，途中 A : B = B : G を導くまでの議論であるが，テオン版のように VII.17 を用いればこの議論は不要である．テオン版の議論が，修正後

[10] ここから次の脚注までのテオン版のテクストは非常に短く，次のとおりである．「そして，まず A がそれ自身を多倍して B を作っていて，また B を多倍して G を作っているから，ゆえに，A が B に対するように，B が G に対する **[VII.17]**」．

[11] 直前の脚注 10 からこの箇所までの議論は P 写本によるが，テオン版のテクストはずっと短い議論を与えている．その内容は上の脚注 10 参照．

のものなのであろう.

その後の議論では VIII.25 が利用可能であるにもかかわらず利用されていない．これは IX.4, 5 と共通の特徴である．すなわち，上で得た比例関係の前項と後項を入れ替えて B : A = G : B とすれば，B, G が立方体数であることから比 B 対 A が立方体数が立方体数に対する比となり，VIII.25 によって A も立方体数であることが分かる.

第 IX 巻冒頭の IX.1 から本命題までの命題の構成と証明については，§2.4.1 の解説を参照されたい.

7

もし合成数が何らかの数を多倍して何らかの数を作るならば，生じる数は立体数になる.

というのは，合成数 A が何らかの数 B を多倍して G を作るとしよう．私は言う，G は立体数である.

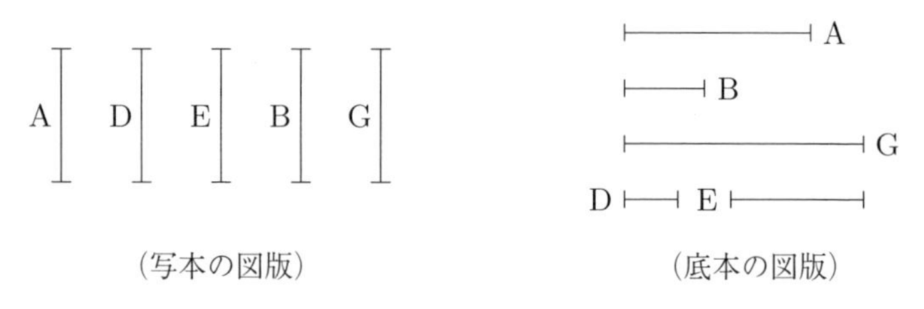

（写本の図版）　　（底本の図版）

というのは，A は合成数であるから，A は何らかの数によって測られることになる **[VII. 定義 14]**．D によって測られるとしよう．そして D が A を測る〔回数〕だけ，単位が E の中にあるとしよう．すると，D は A を E の中の単位ごとに測るから，ゆえに，E が D を多倍して A を作っている **[VII. 定義 16]**．そして，A が B を多倍して G を作り，また，A は D, E から生じる数であるから，ゆえに，D, E から生じる数が B を多倍して G を作っている．ゆえに，G は立体数であり，その辺は D, E, B である **[VII. 定義 18]**．これが証明すべきことであった.

解　説

本命題の内容はほとんど自明である．この種の命題があえて証明されるのは，その結論を明示的に利用する命題の直前であることが多いが，本命題はこの後利用されることもなく，その意図はよく分からない．§2.6.1 の脚注 50 を参照.

8

もし単位から，好きなだけの〔個数の〕数が順次比例するならば，まず単位から3番目は正方形数であり，1つおき〔の数〕も〔そうである〕．また4番目は立方体数であり，2つおき〔の数〕もすべて〔そうである〕．また7番目は立方体数であると同時に正方形数であり，さらに5つおき〔の数〕も〔そうである〕．

単位から，好きなだけの〔個数の〕順次比例する数をA, B, G, D, E, Zとしよう．私は言う，まず単位から3番目のBは正方形数であり，1つおき〔の数〕もすべて〔そうである〕．また4番目のGは立方体数であり，2つおき〔の数〕もすべて〔そうである〕．また7番目のZは立方体数であると同時に正方形数でもあり，5つおき〔の数〕もすべて〔そうである〕．

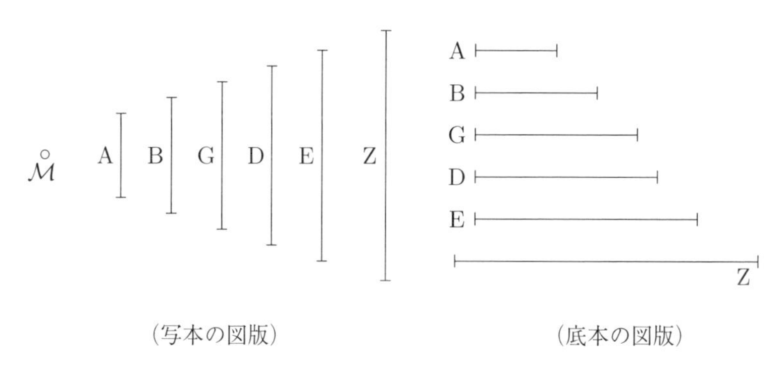

（写本の図版）　（底本の図版）

というのは，単位がAに対するように，AがBに対するから，ゆえに，単位が数Aを測るのと等しい〔回数〕だけAもBを測る **[VII. 定義 21]**．また単位は数Aをその中の単位ごとに測る．ゆえに，AもBをAの中の単位ごとに測る．ゆえに，Aがそれ自身を多倍してBを作っている **[VII. 定義 16]**．ゆえに，Bは正方形数である **[VII. 定義 19]**．そして，B, G, Dは順次比例し，まずBは正方形数であるから，ゆえに，Dも正方形数である **[VIII.22]**．そこで同じ議論によって，Zも正方形数である．同様に我々は次のことも証明することになる，1つおき〔の数〕もすべて正方形数である．そこで私は言う，単位から4番目のGも立方体数であり，2つおき〔の数〕もすべて〔そうである〕．というのは，単位がAに対するように，BがGに対するから，ゆえに，単位が数 A を測るのと等しい〔回数〕だけ B も G を測る **[VII. 定義 21]**. また単位は数 A を A の中の単位ごとに測る．ゆえに，B も G を A の中の単位ごとに測る．ゆえに，A が B を多倍して G を作っている **[VII. 定義 16]**. すると，A はまずそれ自身を多倍して B を作っていて，また B を多倍して G を作っているから，ゆえに，G は立方体数である **[VII. 定義 20]**. そして，G, D, E, Z は順次比例し，また G は立方体数であるから，ゆえに，Z も立方体数である **[VIII.23]**. また正方形数であることも証明された．ゆえに，単位から 7 番目〔の数〕は立方体数でありかつ正方形数である．同様に我々は次のことも証明することになる，5 つおきのすべて〔の数〕は立方体数であり，かつ正方形数である．これが証明すべきことであった．

解　説

本命題は数学的帰納法の適用例と言われることが多い．しかし本命題の議論と表現を仔細に検討すると，まず正方形数の定義によって 3 番目の B が正方形数であることが示され，次に B, G, D が順次比例し，B が正方形数であることから，VIII.22 によって 5 番目の D も正方形数であることが示される．我々から見れば数学的帰納法による証明はここで完結する．ところが本命題は「同じ議論によって，Z も正方形数である」と述べ，そのうえ「同様に我々は次のことも証明することになる」，という同じ議論の繰り返しを省略するための決まり文句を用いて，ようやく「1 つおきのすべても正方形数である」と結論する．この表現を文字通りに解釈するなら，この先の 1 つおきの数が正方形数であることは，これから証明することなのであり，帰納法によって証明されたことではない．我々から見れば，(1) 順次比例する数の列の 3 番目の B が正方形数であることと，(2) この列のある数が正方形数ならば，その 2 つ先の数も正方形数である，という性質 (1)(2) が証明された時点で，数学的帰納法により，この列の奇数番目のすべての数が正方形数であることが証明されている．しかしこのような明確な認識を本命題の証明に見ることはできない．

本命題，および整数論の他の幾つかの命題を数学的帰納法の用例と見ることができるか，という問題については §2.4.1 の解説も参照されたい．

9

もし単位から，好きなだけの〔個数の〕数が順次連続して比例し，また単位の次の数が正方形数であるならば，残りの数もすべて正方形数になる．そして，もし単位の次の数が立方体数であるならば，残りの数もすべて立方体数になる．

単位から，好きなだけの〔個数の〕順次比例する数を A, B, G, D, E, Z とし，また単位の次の数 A が正方形数であるとしよう．私は言う，残りの数もすべて正方形数になる．

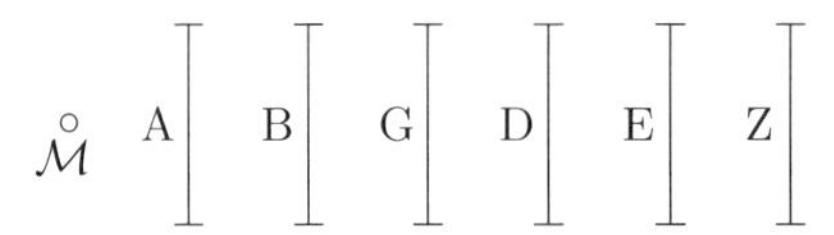

（写本の図版）

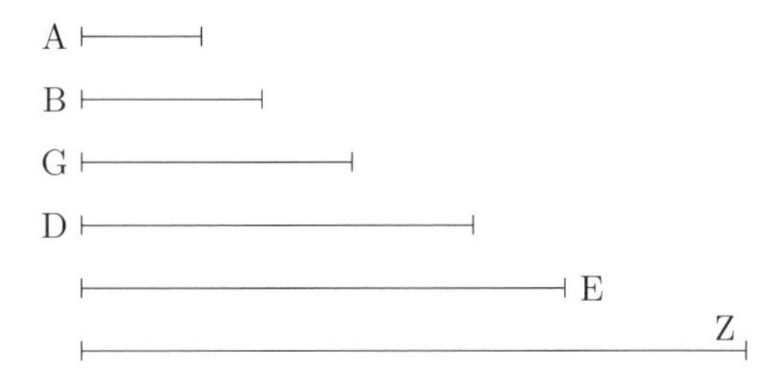

（底本の図版）

すると，まず単位から 3 番目の B が正方形数であること，1 つおきのすべての数も〔そうであることは〕，証明されている **[IX.8]**．[そこで] 私は言う，残りの数もすべて正方形数である．というのは，A, B, G は順次比例し，A が正方形数であるから，[ゆえに,] G も正方形数である **[VIII.22]**．一方，B, G, D [も] 順次比例し，B が正方形数であるから，[ゆえに,] D も正方形数である **[VIII.22]**．同様に我々は次のことも証明することになる，残りの数もすべて正方形数である．

しかし今度は，A が立方体数であるとしよう．私は言う，残りの数もすべて立方体数である．

するとまず，単位から 4 番目の G が立方体数であり，2 つおきのすべて〔の数〕も〔そうであることは〕，証明されている **[IX.8]**．[そこで] 私は言う，残りの数もすべて立方体数である．というのは，単位が A に対するように，A が B に対するから，ゆえに，単位が A を測るのと等しい〔回数〕だけ A も B

を測る [**VII. 定義 21**]．また単位は A をその中の単位ごとに測る．ゆえに，Λ は B をそれ自身の中の単位ごとに測る．ゆえに，A がそれ自身を多倍して B を作っている [**VII. 定義 16**]．そして A は立方体数である．またもし立方体数がそれ自身を多倍して何らかの数を作るならば，生じる数は立方体数である [**IX.3**]．ゆえに，B も立方体数である．そして，4 数 A, B, G, D は順次比例し，A が立方体数であるから，ゆえに，D も立方体数である [**VIII.23**]．そこで同じ議論によって，E も立方体数であり，同様に残りの数もすべて立方体数である．これが証明すべきことであった．

10

もし単位から，好きなだけの〔個数の〕数が [順次] 比例し，単位の次の数が正方形数でないならば，他のどの数も，単位から 3 番目と，1 つおきのすべての数を除いて正方形数になることはない．そしてもし単位の次の数が立方体数でないならば，他のどの数も，単位から 4 番目と，2 つおきのすべての数を除いて立方体数になることはない．

単位から，好きなだけの〔個数の〕順次比例する数を A, B, G, D, E, Z とし，また単位の次の A が正方形数でないとしよう．私は言う，他のどの数も，単位から 3 番目 [と，1 つおき] の数を除いて正方形数になることはない．

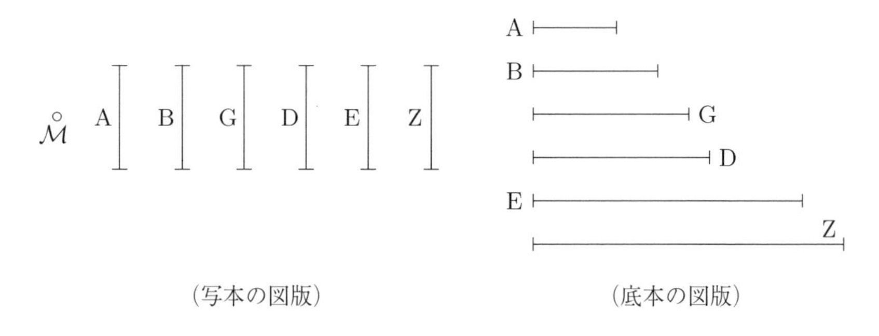

（写本の図版）　（底本の図版）

というのは，もし可能ならば，G が正方形数であるとしよう．また B も正方形数である [**IX.8**]．ゆえに，B, G が互いに対して持つ比は，正方形数が正方形数に対する比である．そして B が G に対するように，A が B に対する．ゆえに，A, B が互いに対して持つ比は，正方形数が正方形数に対する比である．したがって，A, B は相似平面数である[12]．そして B は正方形数である．ゆえに，A も正方形数である **[VIII.24]**[13]．これは仮定されたことでない．ゆえに，G は正方形数でない．同様に我々は次のことも証明することになる，他のどの数も，単位から 3 番目と，1 つおきの数を除いて正方形数でない．

しかし今度は，A は立方体数でないとしよう．私は言う，他のどの数も，単位から 4 番目と，2 つおきの数を除いて立方体数になることはない．

というのは，もし可能ならば，D が立方体数であるとしよう．また G も立方体数である——というのは単位から 4 番目の数であるから **[IX.8]**．そして G が D に対するように，B が G に対する．ゆえに，B は G に対して立方体数が立方体数に対する比を持つ．そして G は立方体数である．ゆえに，B も立方体数である **[VIII.25]**．そして，単位が A に対するように，A が B に対し，また単位は A をその中の単位ごとに測るから，ゆえに，A は B をそれ自身の中の単位ごとに測る．ゆえに，A がそれ自身を多倍して立方体数 B を作っている **[VII. 定義 16]**．またもし数がそれ自身を多倍して立方体数を作るならば，それ自身も立方体数になる **[IX.6]**．ゆえに，A も立方体数である．これは仮定されていない．ゆえに，D は立方体数でない．同様に我々は次のことも証明することになる，他のどの数も，単位から 4 番目と，2 つおきの数を除いて立方体数でない．これが証明すべきことであった．

解　説

本命題は直前の命題 IX.9 の裏にあたる命題である．証明では，脚注 13 で指摘したように，IX.9 で利用したのと同じ命題 VIII.22 が利用できるのに，違う命題 VIII.24 が利用されていて，それが議論を煩雑にしている．その理由は明らかでない．

なお，IX.8 から本命題までの 3 つの命題は，ここに現れる「単位から順次比例する数」を $A, A^2, A^3, A^4, \cdots$ のように表せばほとんど自明である．逆に言えばこのような数の累乗（巾）という概念が用いられ

---

[12]ここでは 2 数 A, B が持つ比が正方形数が正方形数に対する比であることから，2 数が相似平面数であることが導かれている．これは明らかであるが『原論』では証明されていない（VIII.26 の逆に相当する）．なお，本命題の証明においてこの部分は必要ない．次の脚注，および本命題の解説を参照．

[13]A が正方形数であることは，(1) 2 数 A, B が持つ比が正方形数が正方形数に対する比であること，(2) B が正方形数であること，から VIII.24 によって得られる．ところがここでは (1) と (2) の間に，2 数 A, B が相似平面数であることが述べられていて，これは VIII.24 を前提とする限り余分である．ここでは G, B, A が連続比例することから，VIII.22 を利用することで A が正方形数であると結論するほうが簡単であり，これが直前の命題 IX.9 の議論である．

ないことが『原論』の整数論が現代の初等整数論と大きく異なる点である.

11

もし単位から，好きなだけの〔個数の〕数が順次比例するならば，小さい方の数は大きい方の数を，比例する数の中に現れるどれかの数〔の中の単位〕ごとに測る.

単位 A から好きなだけの〔個数の〕順次比例する数を B, G, D, E としよう[14]．私は言う，B, G, D, E のうち，小さい方[15]の数 B は E を G, D のどれか〔の中の単位〕ごとに測る.

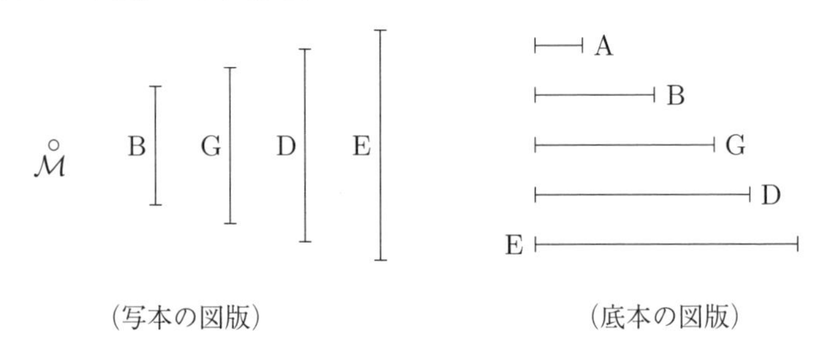

（写本の図版）（底本の図版）

というのは，単位 A が B に対するように，D が E に対するから，ゆえに，単位 A が数 B を測るのと等しい〔回数〕だけ D も E を測る [**VII. 定義 21**]．ゆえに，交換されて，単位 A が D を測るのと等しい〔回数〕だけ B も E を測る [**VII.15**]．また単位 A は D をその中の単位ごとに測る．ゆえに，B も E を D の中の単位ごとに測る[16]．したがって，小さい数 B は大きい数 E を，比例する数の中に現れるどれかの数〔の中の単位〕ごとに測る[17].

---

[14]P 写本の図版では単位は記号M̊で表されていて，文字 A は図版の中にない.

[15]P 写本では「最も小さい」(ἐλάχιστος) とあり，底本はこの読みを採る．テオン版では比較級で「小さい方」(ἐλάσσων) とある．最初の言明は「小さい方」であるので，ここではテオン版の読みを採った.

[16]ここでは，$A : B = D : E$ の中項を入れ替えて $A : D = B : E$ とすれば (VII.16)，「B は E を D の中の単位ごとに測る」ことが導ける．ところがこの証明は VII.16 を利用せず，その証明で利用された VII.15 を利用し，そのためにまず比例関係を「測る」関係に言い換えている．我々にとっては VII.15 は，比例の中項の交換を保証する VII.16 を証明するための単なる補助定理でしかないが，この命題の起草者にとってはそうではなかったことになる.

[17]この表現は注目される．「比例する数の中に現れるどれかの数」とは直前の D を言い換えたものであるが，「D の中の単位ごとに」という表現の「の中の単位」が省略されている（この表現については VII.16 の解説を参照)．そのため前置詞 κατά が，本来の「…

系

次のことも明らかである，測る数の，単位からの順番は，測る回数〔を表す数〕の，測られる数から前のものに向かう順番と同じである[18]．これが証明すべきことであった．

解　説

本命題 IX.11 から IX.13 までは 1 つのまとまりをなし，完全数に関する命題 IX.36 の準備と位置づけることができる．一方でこの命題群には，これまでの命題にない表現や，非常に冗長な議論が見られ，他の箇所と異質な印象を受ける．詳しくは IX.13 の解説を参照．

なお，本命題の系はテオン版にはない．しかしこの系が次の IX.12 で用いられていることから，ハイベアはこの系を純正なものと考え，テクストが意味をなさないので（脚注 18 参照），テオンがこの系を削除したのではないかと推測している[19]．しかし，IX.12 において，この IX.11 系が利用されると考えられる場面は，単位から順次比例する数の列において，単位の次の数が，最後の数を，最後の 1 つ前の数〔の中の単位〕ごとに測ると主張する箇所である．しかし本命題 IX.11 では B が E を D の中の単位ごとに測ることを証明している．わざわざ系の形で一般化しなくとも，IX.12 で必要なことは IX.11 で証明されていると見ることができる．したがってこの系が数学的に不可欠とは言えず，現存する P 写本に至る伝承の中で，テオン版とは独立に追加された可能性もあろう．

12

もし単位から，好きなだけの数が順次比例するならば，最後の数が素数によって測られる〔とき，それらの素数と〕同じ素数によって，〔比例する数の中の〕単位の次の数も測られることになる．

ごとに」という意味から離れて，単純に測る回数を表すかのように用いられることになる．

次の命題 IX.12 までは，省略されない表現と省略された表現の両方が現れるが，その後は省略された表現のみが使われる．ただし第 IX 巻の最後の完全数に関する命題 IX.36 には省略されない表現が使われる．この相違が数論諸巻とくに第 IX 巻の成立事情に由来するのか，という問題についてはなお検討が必要である．

[18] この例では単位 A から数えて「測る数」B は 2 番目であり，B が E を測る回数は D であるが，測られる数 E から，前に向かって D まで数えるとやはり 2 番目である．

なお「前のものに向かう」(ἐπὶ τό πρὸ αὑτοῦ) の箇所は校訂者ハイベアの推測である．P 写本には「D のようなその前の数ごとに」(κατὰ τόν πρὸ αὑτοῦ ὡς τὸν Δ) とあるが，これは意味をなさないので修正を試みたのである．しかしこの推測では「D のような」というテクストが説明できない．最初はもっと長いテクストがあり，それが伝承の過程で損なわれたのかもしれない．

[19] [Heiberg-Menge 1883–1916, 5:LII] の記述による．

単位から好きなだけの比例する数を A, B, G, D としよう．私は言う，最後の数が素数によって測られる〔とき，それらの素数と〕同じ素数によって，A も測られることになる．

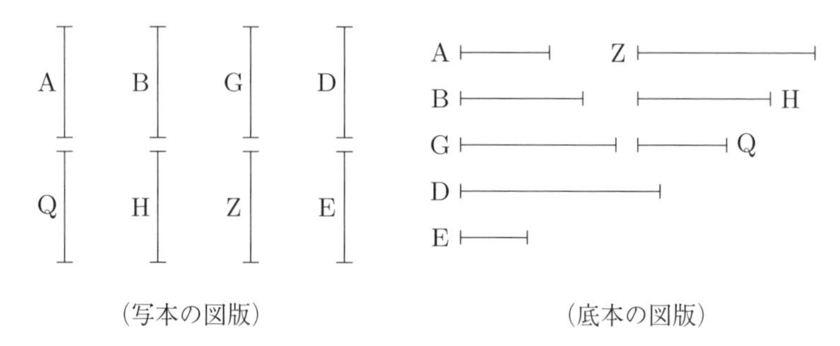

（写本の図版）　（底本の図版）

というのは，D が何らかの素数 E によって測られるとしよう．私は言う，E は A を測る．というのは，そうでないとしよう．そして E は素数であり，またすべての素数はそれが測らないすべての数に対して素である **[VII.29]**．ゆえに，E, A は互いに素である．そして，E は D を測るから，それを Z〔の中の単位〕ごとに測るとしよう．ゆえに，E が Z を多倍して D を作っている．一方，A は D を G の中の単位ごとに測るから **[IX.11 系]**，ゆえに，A が G を多倍して D を作っている **[VII. 定義 16*]**．しかしやはり E も Z を多倍して D を作っている．ゆえに，A, G から生じる数は E, Z から生じる数に等しい．ゆえに，A が E に対するように，Z が G に対する **[VII.19]**．また A, E は〔互いに〕素であり，また素な数〔の組〕は最小でもあり **[VII.21]**，また最小の数は同じ比を持つ数を等しい回数だけ測り，前項が前項を，後項が後項を〔測る〕**[VII.20]**．ゆえに，E は G を測る．H〔の中の単位〕ごとに測るとしよう．ゆえに，E が H を多倍して G を作っている **[VII. 定義 16*]**．しかしやはり，この直前〔の命題〕によって，A も B を多倍して G を作っている **[IX.11 系]**．ゆえに，A, B から生じる数は E, H から生じる数に等しい．ゆえに，A が E に対するように，H が B に対する **[VII.19]**．また A, E は〔互いに〕素であり，また素な数〔の組〕は最小でもあり **[VII.21]**，また最小の数はそれと同じ比を持つ数を等しい回数だけ測り，前項が前項を，後項が後項を〔測る〕**[VII.20]**．ゆえに，E は B を測る．Q〔の中の単位〕ごとに測るとしよう．ゆえに，E が Q を多倍して B を作っている **[VII. 定義 16*]**．しかしやはり，A もそれ自身を多倍してBを作っている．ゆえに，E, Qから生じる数はAの上の正方形数に等しい．ゆえに，EがAに対するように，AがQに対する．またA, Eは〔互いに〕素であり，また素な数〔の組〕は最小でもあり **[VII.21]**，また最小の数は同じ比を持つ数を等しい回数だけ測り，前項が前項を，後項が後項を〔測る〕**[VII.20]**．ゆえに，EはAを，前項として前項を測る．しかしやはり測らないのでもある．これは不可能である[20]．ゆえに，E, Aは互いに素でない．ゆえに，〔互いに〕合成的である **[VII. 定義 13, 15]**．また合成的な数は何らかの〔共通な〕[素]数によって測られる **[VII. 定義 15]**．そして，Eは素数であると仮定されていて，また素数はそれ自身による以外は他の数によって測られないから，ゆえに，EはA, Eを測る．したがって，EはAを測る．またDをも測る．ゆえに，EはA, Dを測る．同様に我々は次のことも証明することになる，Dが素数によって測られる，その同じ素数によってAも測られることになる．これが証明すべきことであった．

解　説

順次比例する数を $a, a^2, a^3, \cdots$，その任意の1つを a^n と表し，素数を p とすれば，この命題は

$$p \mid a^n \ \text{ならば}\ p \mid a$$

と表現できる．

証明全体は帰謬法の形をとり，「$p \nmid a$」（エウクレイデスのテクストでは「EがAを測らない」）という仮定から議論が出発する．そして p（エウクレイデスのE）が順次比例する数の1つを測るなら，その1つ手前の数をも測るという議論が繰り返され，最後に $p \mid a$ が得られる．これは帰謬法の仮定の否定であり，仮定に矛盾するので，これで証明は完結するはずであるが，その後になお議論が続く．これは，帰謬法で得られた矛盾が，たまたま証明すべき命題そのものであったために混乱が生じたためではないかと思われる．

この証明全体の議論は我々にとっては数学的帰納法の一種である[21]．ただしここでは，最後にEがAを測るところまですべての議論が省略されずに行なわれているので，この命題で数学的帰納法が使われていると断定するわけにはいかない（『原論』における数学的帰納法については§2.6.2を参照）．

---

[20] ここで矛盾が得られたので，帰謬法の仮定「EがAを測らない」が否定され「ゆえにEはAを測る」という結論が導かれるはずである．しかし以下でまだ本来不要な議論が展開される．詳しくは解説参照．

[21] 大きい数から小さい数へと議論が進む点ではフェルマーが無限降下法と名付けた議論に似ている．

命題全体の論理構造は以上のとおりであるが，証明の実際の議論に使われる命題は興味深い．証明の鍵となる議論は，素数 E が D(= AG) を測り，かつ A を測らないならば G を測るというものである．記号で書けば

$$\mathrm{E} \mid \mathrm{AG} \text{ かつ } \mathrm{E} \nmid \mathrm{A} \Rightarrow \mathrm{E} \mid \mathrm{G}$$

ということになる．これは VII.30 の直接の帰結である．しかし本命題での議論はずっと長い．それはまず，素数 E に対して E∤A であるから E ⊥ A であり (VII.29)，また E | AG から EZ = AG とすれば (VII.19),

$$\mathrm{A} : \mathrm{E} = \mathrm{Z} : \mathrm{G}$$

が成り立ち，ここで A ⊥ E から E | G を得る（これは VII.21, 20 による．この推論は「また素な数〔の組〕は最小でもあり，また最小の数は同じ比を持つ数を等しい回数だけ測り，前項が前項を，後項が後項を〔測る〕」というお決まりの表現で示される）.

我々にとっては VII.20, 21 は覚えやすい命題でも，使いやすい命題でもなく，それと本質的に同等な VII.30 こそが整数論の基本的な命題であるが，『原論』ではそうではないのである．なお，VII.30 が利用されるのは，命題 IX.14 のみである．

13

もし単位から，好きなだけの数が順次比例し，また単位の次が素数であるならば，最大の数は，比例する数のうちに現れる数以外の [他の] どの数によっても測られることにはならない．

単位から好きなだけの順次比例する数を A, B, G, D とし，また単位の次の A は素数であるとしよう．私は言う，それらの最大の数 D は A, B, G 以外の他のどの数によっても測られることにはならない．

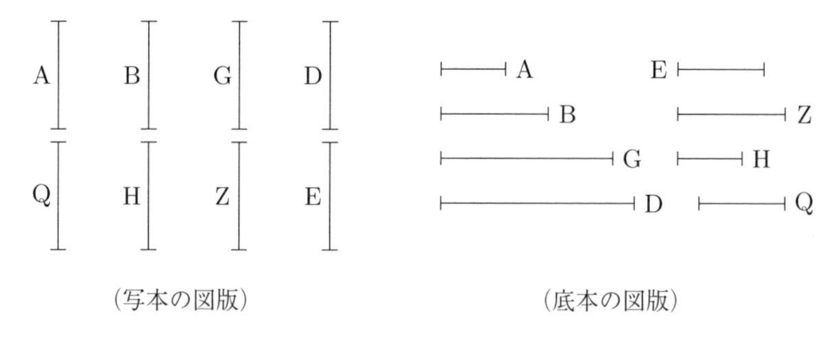

（写本の図版）　（底本の図版）

というのは，もし可能ならば，E によって測られるとし，E が A, B, G のどれとも同じでないとしよう．そこで E は素数でないことは明らかである．

というのは，もしEが素数であり，Dを測るならば，Aをも測ることになり**[IX.12]**，しかもAは素数であり，〔Eは〕それ〔A〕と同じでない．これは不可能である．ゆえに，Eは素数でない．ゆえに，合成数である．またすべての合成数は何らかの素数によって測られる**[VII.31]**．ゆえに，Eは何らかの素数によって測られる[22]．

そこで私は言う，A以外の他のどの素数によっても測られることにはならない．というのは，もしEが他〔の素数〕によって測られるならば，またEはDを測る〔ので〕，ゆえに，その素数はDをも測ることになる．したがって，Aをも測ることになり**[IX.12]**，しかも〔Aは〕素数であり，〔その数は〕それ〔A〕と同じではない．これは不可能である．ゆえに，AはEを測る．そして，EはDを測るから，それをZ〔の中の単位〕ごとに測るとしよう．

私は言う，ZはA, B, Gのどれとも同じでない．というのは，もしZがA, B, Gの1つと同じであるならば，〔Zは〕DをE〔の中の単位〕ごとに測るのでもある〔ので〕，ゆえに，A, B, Gの1つはDをE〔の中の単位〕ごとに測る．しかし，A, B, Gの1つはDをA, B, Gの何らかの1つ〔の中の単位〕ごとに測る**[IX.11]**．ゆえに，EもA, B, Gの1つと同じである．これは仮定されていない．ゆえにZはA, B, Gの1つと同じでない．同様に我々は次のことも証明することになる，ZはAによって測られる——再びZが素数でないことを我々が示すことによって[23]．というのは，もし〔Zが素数である〕ならば〔Zは〕Dをも測る〔ので〕，〔Zは〕Aをも測り**[IX.12]**，しかもそれ〔A〕は素数であり，〔Zは〕それ〔A〕と同じではない．これは不可能である**[VII. 定義 12]**．ゆえに，Zは素数でない．ゆえに合成数である．またすべての合成数は何らかの素数によって測られる**[VII.31]**[24]．ゆえに，Zは何らかの素数によって測られる．

そこで私は言う，A以外の他のどの素数によっても測られることにはならない．というのは，もし何らかの他の素数がZを測るならば，またZはDを

---

[22] テオン版にはこの文が欠けているが，「測られる」という語句が繰り返されているので，書写の際にその間を飛ばしてしまった結果であろう．底本では，この後命題の最後まで改行はないが，適宜改行を追加した．

[23] ここでは「示す」という動詞の現在分詞の男性複数形主格 δεικνύντες が用いられていて，主語として「我々」が了解されている．訳でこれを補った．『原論』では例外的な表現である．

[24] この文はテオン版には欠けている．

測る〔ので〕，ゆえに，その数はDをも測ることになる．したがって，Aをも測ることになり **[IX.12]**，しかも〔Aは〕素数であり，〔その数は〕それ〔A〕と同じではない．これは不可能である．ゆえに，AはZを測る．そして，EはDをZ〔の中の単位〕ごとに測るから，ゆえに，EがZを多倍してDを作っている **[VII. 定義 16*]**．しかしやはり，AもGを多倍してDを作っている **[IX.11]**．ゆえに，A, Gから生じる数はE, Zから生じる数に等しい．ゆえに，比例してAがEに対するように，ZがGに対する **[VII.19]**．またAはEを測る．ゆえに，ZもGを測る．それをH〔の中の単位〕ごとに測るとしよう．

同様に我々は次のことも証明することになる，HはA, Bのどちらとも同じでないこと，そして〔Hは〕Aによって測られることである．そして，ZはGをH〔の中の単位〕ごとに測るから，ゆえに，ZがHを多倍してGを作っている **[VII. 定義 16*]**．しかしやはり，AもBを多倍してGを作っている **[IX.11]**．ゆえに，A, Bから生じる数はZ, Hから生じる数に等しい．ゆえに，比例してAがZに対するように，HがBに対する **[VII.19]**．またAはZを測る．ゆえに，HもBを測る **[VII. 定義 21]**．それをQ〔の中の単位〕ごとに測るとしよう．同様に我々は次のことも証明することになる，QはAと同じでない．そして，HはBをQ〔の中の単位〕ごとに測るから，ゆえに，HがQを多倍してBを作っている **[VII. 定義 16]**．しかしやはり，Aもそれ自身を多倍してBを作っている．ゆえに，Q, Hに囲まれる数はAの上の正方形数に等しい．ゆえに，QがAに対するように，AがHに対する **[VII.19]**．またAはHを測る．ゆえに，QもAを測り，さらにそれ〔A〕は素数であり，〔Qは〕それ〔A〕と同じではない．これは不合理である．ゆえに，最大の数DはA, B, G以外の他のどの数によっても測られることにはならない．これが証明すべきことであった．

解　説

まずこの命題の議論について解説し，その後で第IX巻の中で，IX.11から本命題IX.13までの3個の命題の位置づけについて論じる．

本命題は，単位から始まり順次比例する数を巾の形で表現できれば非常に簡単に証明できる．単位のすぐ後の数がAであれば，それに続く数は $\mathrm{A}^2, \mathrm{A}^3, \mathrm{A}^4, \cdots, \mathrm{A}^n$ である．もしAが素数ならば，最後の数 A^n は，この列の中の数以外の約数を持たない．

しかしエウクレイデスはこのような表現を持たないので証明はかな

り迂遠である．まず最初に，最後の数 D を，A, B, G 以外の数 E が測る (E | D) と仮定し，E が素数でないこと，E は A によって測られ，A 以外の素数によっては測られないことが示される．我々にはここでただちに $\mathrm{E} = \mathrm{A}^k$ であることが分かるが，エウクレイデスにとってそうでなかったことは，この後の長い議論から分かる．

エウクレイデスは E が D を測る回数（除算の商にあたる）を Z とおく[25]．

すると EZ = D = AG から，A : E = Z : G を得て，A | E から Z | G を得る．そして Z | G から，E と D に対して行なった議論と同じ議論で，Z が合成数で，A が Z を測り，A 以外の素数は Z を測らないことが言える．しかしエウクレイデスはこれらの性質を Z | G とは独立に証明し，その後で Z | G を証明している．この議論は手際が良いとはいえない．

ともかくこれで，比例する数以外の数 E が D を測るという帰謬法の仮定から，比例する数以外の数 Z が，1 つ手前の G を測るという帰結が得られる．あとはこれを繰り返せば，最終的に矛盾に到達する．以下 H, Q を導入する議論はこの方針による．

なお，この命題は，『原論』の他の命題とは文体が大きく異なる箇所が目立つ．本文への脚注 23 では 1 人称複数の主語を示す現在分詞の表現を指摘したが，命題全体を通して，主張を述べた後で理由を説明することが目につく．このような箇所は『原論』では後の注釈が混入したものであることが多い（本全集第 1 巻 pp. 61ff. 参照）．しかしこの命題では，そのような説明を除くと議論が成り立たない部分もあるので，説明が後の追加であるというより，命題の全体，あるいはその一部の議論が後に追加されたものである可能性も否定できない．

一方，本命題は，完全数に関する命題 IX.36 において使われている．命題 IX.36 では，2 の巾で表される数（この命題中では数 D）の約数が，それより小さい 2 の巾（命題中では数 A, B, G）に限られることが述べられ，ここで本命題が利用されるのである[26]．そして本命題 IX.13 は IX.12 に依存し，IX.12 はさらに IX.11 系に依存する．したがって本命題までの 3 個の命題 IX.11–13 は完全数に関する命題 IX.36 のために準備されたものということになる．ところがこれらの命題が上で指摘したように，『原論』の他の命題とは異なる，後世の追加に特有の文体を持つのである．それでは完全数に関する命題 IX.36 も後世の追加なのであろうか．一方でこの命題 IX.36 は IX.21–34 のいわゆる小石の数論によっても証明可能であると考えられるので（IX.36 の解説参照），第 IX 巻のテクストはかなり複雑な過程を経て現存の形となったのかもしれない．

なお，本命題では「Z は A, B, G のどれとも同じでない」のように，

---

[25]我々ならば，Z の代わりに，E を A で割った商 E′ を考えるであろう．すなわち，D = EZ = AE′Z と D = AG から E′Z = G となり，E′ | G を得る．以下同様に議論できる．しかしこのような議論は，整数をまず因数の積として捉えることに基づいている．エウクレイデスは違った枠組みで整数をとらえていたのであろう．

[26]テクストには 2 の巾という表現はなく，単位から始まり順次 2 倍の比例にある数という表現が用いられる．

数に対して「同じ」(「等しい」ではない) という表現が使われている[27]. 他に数に対して「同じ」(あるいは「同じでない」) という表現を用いる命題を調べると VII.29, IX.12–14, IX.20, IX.36 がある. これらのうち VII.29 は IX.12 と IX.36 に利用される (他に, 直後の VII.30 に利用されていてこの VII.30 を利用する唯一の命題が IX.14 である). また IX.12 は本命題 IX.13 に利用され, 本命題は IX.36 で利用される.

つまり数に対して「同じ」という表現を用いる命題のほとんどが, 論理的に密接に関連していて, それらの目標の 1 つが完全数に関する命題 IX.36 の証明となっている. このことが示唆するのは, 完全数に関する命題 IX.36 の証明に必要な命題が, 整数論の他の命題と異なる時期, あるいは異なる起草者によって準備され, さらに素数の個数に関する命題 IX.20 もこれらと同じ起源を持つということである.

14

〔複数の〕素数によって測られる最小の数は[28], 最初に〔この数を〕測る素数以外の他のどの素数によっても測られることにはならない.

というのは, 素数 B, G, D によって測られる最小の数を A としよう[29]. 私は言う, A は B, G, D 以外の他のどの素数によっても測られることにはならない.

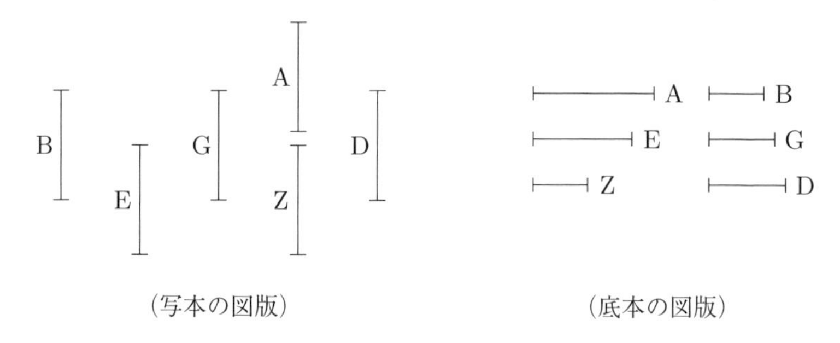

(写本の図版)　(底本の図版)

というのは, もし可能ならば素数 E によって測られるとし, そして E が B, G, D のどれとも同じでないとしよう. そして, E は A を測るから, Z〔の中の単位〕ごとに測るとしよう. ゆえに, E が Z を多倍して A を作っている **[VII. 定義 16*]**. そして A は素数 B, G, D によって測られる. またもし 2 つの数が互いを多倍して何らかの数を作り, またそれらから生じる数を何らかの素数

[27]仏訳者ヴィトラックが指摘している. 仏訳 IX.14 への注釈参照.
[28]文字通りは「もし最小の数が〔複数の〕素数によって測られるならば」である.
[29]文字通りは「最小の数 A が素数 B, G, D によって測られるとしよう」である.

が測るならば，〔その素数は〕最初の数の 1 つをも測ることになる **[VII.30]**. ゆえに，B, G, D は E, Z の 1 つを測ることになる．するとまず E を測ることにはならない——というのは E は素数であり，B, G, D のどれとも同じでないから **[VII. 定義 12]**．ゆえに，〔B, G, D は〕Z を測り，しかも〔Z は〕A より小さい．これは不可能である——というのは A は B, G, D によって測られる最小の数と仮定されているから．ゆえに，A を B, G, D 以外の素数が測ることにはならない．これが証明すべきことであった．

解　説

本命題を素因数分解の一意性に相当するものとする解釈があるが，それは適切ではない．これについては §2.6.1 で論じたが，ここでは以下の点を指摘しておこう．

まず本命題の議論の対象になる数 A は複数の素数の積ではなく，「複数の素数によって測られる最小の数」である．それは結局それらの素数の積であるわけだが，そのことは明示されない．そして証明されるのは，この数 A が他の素数によって測られないことだけである．これは A の素因数分解が一意的であることを示してはいない．たとえば p, q, r, s を素数として，それらが測る最小の数を A としよう（ここでは述べられないが $\mathrm{A} = pqrs$ である）．しかしこのとき，たとえば，$\mathrm{A} = p^3q^2$ のように表されることはない，という事実は本命題からは導かれない．

そして一般的に，素因数分解したときに 2 乗以上の素数の巾を含む数，たとえば $2^3 \times 3^2$ が他の素数によって測られないことは，本命題の議論からは証明できない．というのは，本命題の議論は数 A の最小性を利用しているからである．

本命題は，IX.11 からの流れを受けて，特定の条件を満たす数が持つ単部分（約数）についての考察を展開するものと考えるべきであろう．IX.11 からの一連の命題は IX.12–14 で，数に対して「同じ」という表現を用いる点で他の命題と区別され（直前の命題 IX.13 の解説を参照），異なった背景を持つものと思われる．その背景の少なくとも一部は IX.13 を利用する命題 IX.36（完全数に関する命題）であろうが，本命題 IX.14 は後に利用されることがないため，その意義には不明な点が残る．

15

もし 3 数が順次比例し，それらと同じ比を持つ数のうちで最小ならば，〔3 数のうちの〕任意の 2 数を合わせた数は残りの数に対して素である．

順次比例する 3 数で，これらと同じ比を持つ数のうちで最小のものを A, B,

Gとしよう．私は言う，A, B, G のうち任意の 2 数を合わせた数は残りの数に対して素である．まず A, B〔を合わせた数〕は G に対して，また B, G〔を合わせた数〕は A に対して，さらに A, G〔を合わせた数〕は B に対して〔素である〕.

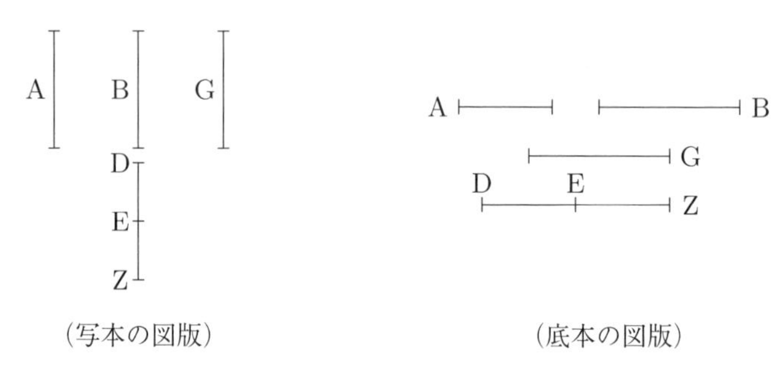

（写本の図版）　（底本の図版）

というのは，A, B, G と同じ比を持つ数のうちで最小の 2 数 DE, EZ がとられたとしよう **[VII.33]**．そこで次のことが明らかである．まず，DE がそれ自身を多倍して A を作っていて，また，EZ を多倍して B を作っていて，そしてさらに EZ がそれ自身を多倍して G を作っている **[VIII.2, 2 系]**．そして，DE, EZ は最小であるから，互いに素である **[VII.22]**．またもし 2 数が互いに素であるならば，両方〔の和〕も各々に対して素である **[VII.28]**．ゆえに，DZ も DE, EZ の各々に対して素である．しかしやはり DE も EZ に対して素である．ゆえに，DZ, DE は EZ に対して素である．またもし 2 数が何らかの数に対して素であるならば，それらから生じる数も残りの数に対して素である **[VII.24]**[30]．したがって，ZD, DE から生じる数は EZ に対して素である[31]．したがって，ZD, DE から生じる数は EZ の上の正方形数に対しても素である [── というのはもし 2 数が互いに素であるならば，それらの 1 つから生じる数は残り〔の数〕に対して素であるから **[VII.25]**][32]．しかし，ZD,

[30]この文はテオン版にはない．

[31]テオン版では「ゆえに，ZD, DE から生じる数も EZ に対して素である」.

[32]角括弧内の部分は直前の「ZD, DE から生じる数は EZ の上の正方形数に対しても素である」の理由を後から説明しているが，テオン版ではこの理由が先に述べられて，次のようになっている．「またもし 2 数が互いに素であるならば，それらの 1 つの上に作られる〔正方形〕数は残りの数に対して素である．したがって，ZD, DE から生じる数は EZ の上の正方形数に対しても素である」．なお，理由と結論の順序が入れ替わって，それに伴って接続詞が異なっている他には，「それらの 1 つから生じる数」が「それらの 1 つの上に作られる〔正方形〕数」となっている．これは前置詞 ἐκ と ἀπὸ の違いである．

DE から生じる数は DE の上の正方形数に DE, EZ から生じる数を合わせたものである **[II.3]**. ゆえに，DE の上の正方形数に DE, EZ から生じる数を合わせたものは EZ の上の正方形数に対して素である．そしてまず，DE の上の正方形数は A であり，また DE, EZ から生じる数は B であり，また EZ の上の正方形数は G である．ゆえに，A, B を合わせた数は G に対して素である．同様に我々は次のことも証明することになる，B, G〔を合わせた数〕も A に対して素である[33].

そこで私は言う，A, G〔を合わせた数〕も B に対して素である．というのは，DZ は DE, EZ の各々に対して素であるから，DZ の上の正方形数も DE, EZ から生じる数に対して素である **[VII.24][VII.25]**. しかし，DZ の上の正方形数に，DE, EZ の上の正方形数〔の和〕に DE, EZ から生じる数の 2 倍を合わせたものは等しい **[II.4]**. ゆえに，DE, EZ の上の正方形数〔の和〕に DE, EZ に囲まれる数の 2 倍を合わせたものも DE, EZ に囲まれる数に対して素である[34]．分離されて，DE, EZ の上の正方形数〔の和〕に DE, EZ に囲まれる数の 1 倍を合わせたものは DE, EZ に囲まれる数に対して素である **[VII.28]**. ゆえに，さらに分離されて，DE, EZ の上の正方形数〔の和〕は DE, EZ に囲まれる数に対して素である **[VII.28]**. そしてまず DE の上の正方形数は A であり，また DE, EZ に囲まれる数は B であり，また EZ の上の正方形数は G である．ゆえに，A, G を合わせた数は B に対して素である．これが証明すべきことであった．

解　　説

本命題の証明では 2 数の和の平方などがとりあげられる．証明なしに利用される関係で，『原論』第 II 巻に対応する命題があるものは，それを利用命題としてあげておいた．第 II 巻は直線と，直線の上の正方形，2 直線が囲む長方形を対象とするが，直線を数，正方形を正方形数，長方形を長方形数（2 数の積）に読み替えれば，本命題の証明で用いられる関係が導かれる．『原論』の整数論において，このような形で第 II 巻の命題に相当する関係を利用する命題は，この命題のみである．

一方で本命題は前後の命題から論理的にまったく孤立している．し

ハイベアは，角括弧内の部分は後の追加であり，テオンはこの追加のないテクストを校訂したと見ている．

[33] この改行は底本にはない．

[34] ここで「DE, EZ から生じる数」が「DE, EZ に囲まれる数」と言い換えられている．

たがって，本命題は後に追加されたものと考えることが妥当であろう．

たとえ後世の追加であるにしても，命題はすべて何らかの意図をもって書かれたはずであるが，本命題の起草者の意図が何であったのかは，よく分かっていない．

イタールは，この命題から，直線を外中比に分けると，その比は整数比になりえないことを簡単に結論できることを指摘している [Itard 1961, 181][35]．この指摘は数学的には正しいが，それがこの命題の目的であったかどうかは分からない．

また，命題の証明の中で第 II 巻の，いわゆる「幾何学的代数」が整数に対して利用されていることにミュラーは注目し，同様の例として X.28 の後の補助定理をあげている．ミュラーは，これらを第 II 巻の適用例と見れば，いわゆる「幾何学的代数」の代数的解釈に有利であると同時に，直線と長方形に対する命題が，数とその積に対する議論に適用されることになり，厳密性には問題が生じることを指摘し，幾つかの可能性を指摘している．しかしこのような例が本命題と X.28 の後の補助定理に限られることから，明確な結論を出すことは差し控えている [Mueller 1981, 107ff.]．訳者は，本命題を含むわずかな例は，これらが後世の追加であることによっても説明できるのではないかと考えている．

16

もし 2 数が互いに素であるならば，第 1 の数が第 2 の数に対するように，第 2 の数が他の何らかの数に対することにはならない．

というのは，2 数 A, B が互いに素であるとしよう．私は言う，A が B に対するように，B が他の何らかの数に対することはない．

（写本の図版）　　（底本の図版）

[35]外中比の定義は次のとおり．

VI. 定義 3：直線が外中比に分けられると言われるのは，全体が，大きい方の切片に対するように，大きい方が小さい方に対するときである．

すなわち，直線 a が $b+c$ に分けられて，$a:b=b:c$ となるとき，a は外中比に分けられている．このとき，仮に比 $b:c$ が整数比 B : C で表されるならば（ただし B, C は同じ比を持つ数のうちで最小のものとする)，A = B + C と置くと外中比の定義により A : B = B : C が成り立つので，本命題 IX.15 により A と B + C は互いに素であるが，A = B + C であるから，A と A が互いに素ということになり，これは不可能である．

というのは，もし可能ならば，A が B に対するように，B が G に対するとしよう．また A, B は〔互いに〕素であり，また素な数〔の組〕は最小でもあり **[VII.21]**，また最小の数は同じ比を持つ数を等しい回数だけ測り，前項が前項を，後項が後項を〔測る〕**[VII.20]**[36]．ゆえに，A は B を，前項として前項を測る．またそれ自身をも測る．ゆえに，A は A, B を測り，しかも〔A, B は〕互いに素である．これは不合理である **[VII. 定義 13]**．ゆえに，A が B に対するように，B が G に対することにはならない．これが証明すべきことであった．

17

もし好きなだけの〔個数の〕数が順次比例し，またそれらの両端の数が互いに素であるならば，第 1 の数が第 2 の数に対するように，最後の数が他の何らかの数に対することにはならない．

好きなだけの〔個数の〕順次比例する数を A, B, G, D とし，またそれらの両端 A, D は互いに素であるとしよう．私は言う，A が B に対するように，D が他の何らかの数に対することはない．

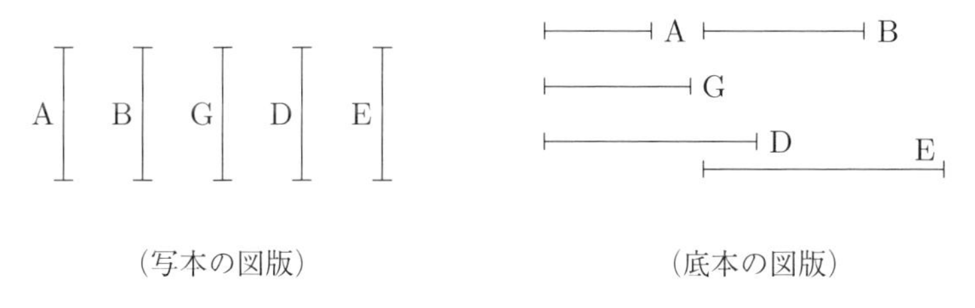

（写本の図版）　　（底本の図版）

というのは，もし可能ならば，A が B に対するように，D が E に対するとしよう．ゆえに，交換されて A が D に対するように，B が E に対する **[VII.13]**．また A, D は〔互いに〕素であり，また素な数〔の組〕は最小でもあり **[VII.21]**，また最小の数は同じ比を持つ数を等しい回数だけ測り，前項が前項を，後項が後項を〔測る〕**[VII.20]**．ゆえに，A は B を測る．そして A が B に対するように，B が G に対する．ゆえに，B も G を測る **[VII. 定義 21]**．したがって，A も G を測る．そして B が G に対するように，G が D に対し，また B は G を測るから，ゆえに，G も D を測る **[VII. 定義 21]**．しかし，A は G を

[36] テオン版は「前項が前項を，後項が後項を〔測る〕」を欠く．

測る[37]．したがって，Λ は D をも測る．またそれ自身をも測る．ゆえに，A は A, D を測り，しかもこれらは互いに素である．これは不可能である **[VII. 定義 13]**．ゆえに，A が B に対するように，D が他の何らかの数に対することはない．これが証明すべきことであった[38]．

18

2 数が与えられたとき，それらに対する第 3 比例項〔の数〕を見出すことが可能か調べること[39]．

与えられた 2 数を A, B とし，それらに対する第 3 比例項〔の数〕を見出すことが可能か調べねばならないとしよう．

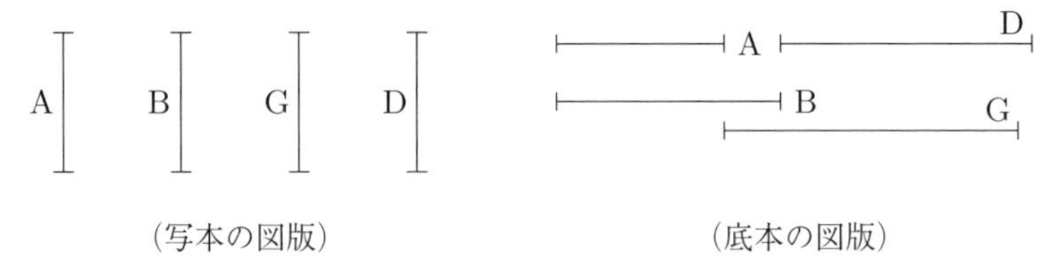

（写本の図版）（底本の図版）

そこで A, B は互いに素であるか，あるいはそうではないかである．そしてもし互いに素であるならば，それらに対する第 3 比例項〔の数〕を見出すことは不可能であることが証明されている **[IX.16]**．

しかし今度は，A, B は互いに素でないとし，そして B がそれ自身を多倍して G を作るとしよう．そこで A は G を測るか，あるいは測らないかである．はじめに，D〔の中の単位〕ごとに測るとしよう．ゆえに，A が D を多倍して G を作っている **[VII. 定義 16*]**．しかしやはり，B もそれ自身を多倍して G を作っている．ゆえに，A, D から生じる数は B の上の正方形数に等しい．ゆえに，A が B に対するように，B が D に対する **[VII.19]**．ゆえに，A, B に対して第 3 比例項となる数 D が見出された．

---

[37] P 写本では「測るのであった」(未完了過去)．ここではテオン版にしたがって現在形とした．

[38] この命題の後半では「A, B, G, D が順次比例し，第 1 の A が第 2 の B を測るなら，最後の D をも測る」ことが克明に証明されている．このことは，ここでの議論からも分かるように，直観的には明らかであり，証明のこの部分は冗長な印象を与える．なお，第 VIII 巻の命題 VIII.6, 7 は，両端の数 A, D が互いに素であるという条件下でこの性質の裏と逆にあたる．

[39]『原論』の命題の言明としては異例の表現である．次の命題 IX.19 の解説を参照．

しかし今度は，A は G を測らないとしよう．私は言う，A, B に対して第3比例項となる数を見出すことは不可能である．というのは，もし可能ならば D が見出されたとしよう．ゆえに，A, D から生じる数は B の上の正方形数に等しい **[VII.19]**．また B の上の正方形数は G である．ゆえに，A, D から生じる数は G に等しい．したがって，A が D を多倍して G を作っている．ゆえに，A は G を D〔の中の単位〕ごとに測る **[VII. 定義 16*]**．しかしやはり測らないとも仮定されている．これは不合理である．ゆえに，A, B に対する第3比例項の数を見出すことは可能でない——A が G を測らないときには[40]．これが証明すべきことであった．

19

3数が与えられたとき，それらに対する第4比例項〔の数〕を見出すことが可能か調べること．

与えられた3数を A, B, G とし，それらに対する第4比例項〔の数〕を見出すことが可能か調べねばならないとしよう．

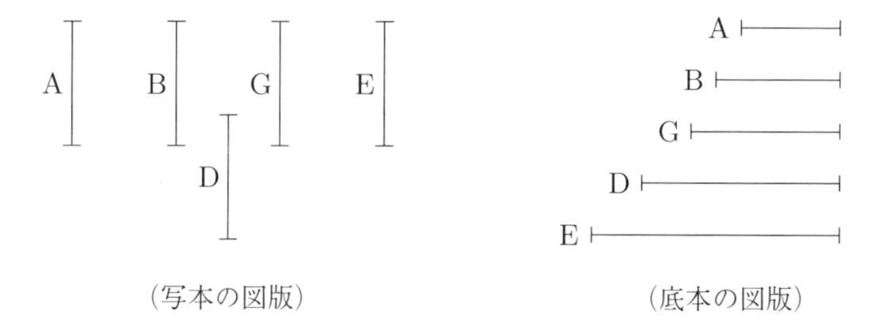

（写本の図版）　　（底本の図版）

すると[41]，〔A, B, G は〕順次比例せず，それらの両端の数が互いに素であ

[40] ここでは英語の whenever にあたる ὅταν という語が使われている．この語は次の IX.19 でも使われている．これら2命題は，最初の言明で命題の条件をすべて述べずに「調べること」を要求するので，結論において「… のとき」という形で条件を述べているのであろう．しかしこれは『原論』では他に見られない稀な用例である．

この語 ὅταν は「… のとき（はいつでも）」という意味合いから，定義において頻繁に用いられる．命題の言明でも用いることは可能なはずだが，『原論』ではその用例は III.20 に限られる．なお，III.26 の言明では ὅταν は用いられないが，これを引用する III.28, 29 では，表現が異なっていてこの語が用いられる．

これらの用例を除くと，ὅταν が用いられるのは，命題の最後で命題の当初の言明になかった主張を追加する X.31, 32 と，後世の挿入と考えられる IV.5 系，X.28 系 1 に限られる．

[41]「すると」(οὖν) はハイベアによる補充である．なお，テオン版には「そこで (δὴ) A, B, G は」とある．

るか，あるいは順次比例し，それらの両端の数が互いに素でないか，あるいは順次比例せず，それらの両端の数も互いに素でないか，あるいは順次比例し，それらの両端の数が互いに素であるかである[42].

すると，まずもし A, B, G が順次比例し，それらの両端 A, G が互いに素であるならば，それらに対して第 4 比例項の数を見出すことは不可能であることが証明されている [**IX.17**]. そこで A, B, G が順次比例せず，両端の数が再び互いに素であるとしよう[43]. 私は言う，この場合もそれらに対する第 4 比例項〔の数〕を見出すことは不可能である[44]. というのはもし可能ならば，D が見出されて，A が B に対するように，G が D に対するとしよう．そして B が G に対するように，D が E に対するようになっているとしよう[45]. そして，まず A が B に対するように，G が D に対し，また B が G に対するように，D が E に対するから，ゆえに，等順位において A が G に対するように，G が E に対する [**VII.14**]. また A, G は〔互いに〕素であり，また素な数〔の組〕は最小でもあり [**VII.21**]，また最小の数は同じ比を持つ数を等しい回数だけ測り，前項が前項を，後項が後項を〔測る〕[**VII.20**]. ゆえに，A は G を，前項として前項を測る．またそれ自身をも測る．ゆえに，A は A, G

---

[42]この場合分けは，テオン版では大きく異なり，次のように 2 つに場合を分けるにすぎない．

> そこで A, B, G は順次比例し，それらの両端の A, G が互いに素であるか，あるいはそうでない．

実はこの命題で場合分けは不要である．本命題の解説を参照．

[43]ここから 2 番目の場合の議論となるが，テオン版にはこの部分は存在しない．また，P 写本には次のような追加がある．これは語法から見ても，また具体的な数値例を含むことから見ても間違いなく後世の追加であるが，正しい議論である．

> 私は言う，次のようにも〔証明は〕可能である．というのは，もし A が B, G に囲まれる数を測るならば，証明はこの後のように進行することになる．またもし A が B, G に囲まれる数を測らないならば，それらに第 4 比例項を見出すことは不可能である．たとえばまず A が 3，また B が 6，また G が 7 であるとしよう．すると〔第 4 比例項を見出すのが〕可能であることは明らかである．またもし A が 5 であるならば，もはや不可能である．そして端的に，B が A の多倍であるときは第 4 比例項を見出すことが可能である．またもしそうでないならば，不可能である．

[44]これは誤りである．この以下の議論は誤っていると同時に，議論の本質を理解せず混乱に陥っている．なお，テオン版は前の脚注 42 で指摘したように，場合分けが大きく異なり，誤った議論を含まない．テオンが誤りに気付いてテクストの校訂を行なった結果とも考えられる．詳しくは次の脚注および解説参照．

[45]この E は B, G, D に対する第 4 比例項である．しかし E は整数になるとは限らない（反例として A=2, B=4, G=5, D=10）．つまり，与えられた 3 数に対して第 4 比例項が存在する条件を検討する本命題で，第 4 比例項の存在が仮定されてしまっているのである．

を測り，しかもこれらは互いに素である．これは不可能である．ゆえに，A, B, G に対する第 4 比例項〔の数〕を見出すことは不可能である[46].

しかしそこで再び A, B, G が順次比例するとし，また A, G は互いに素でないとしよう．私は言う，それらに対して第 4 比例項〔の数〕を見出すことが可能である[47]．というのは，B が G を多倍して D を作るとしよう[48]．ゆえに[49]，A は D を測るか，あるいは測らないかである．はじめに，E〔の中の単位〕ごとに測るとしよう[50]．ゆえに，A が E を多倍して D を作っている **[VII. 定義 16*]**．しかしやはり B も G を多倍して D を作っている．ゆえに，A, E から生じる数は B, G から生じる数に等しい．ゆえに，A が B に対するように，G が E に対する **[VII.19]**．ゆえに，A, B, G に対する第 4 比例項〔の数〕E が見出された．

しかし今度は，A は D を測らないとしよう．私は言う，A, B, G に対する第 4 比例項の数を見出すことは不可能である．というのは，もし可能ならば，E が見出されたとしよう．ゆえに，A, E から生じる数は B, G から生じる数に等しい **[VII.19]**．しかし，B, G から生じる数は D である．ゆえに，A, E から生じる数も D に等しい．ゆえに，A が E を多倍して D を作っている．ゆえに，A は D を E〔の中の単位〕ごとに測る **[VII. 定義 16*]**．したがって，A は D を測る．しかし，測らないのでもある．これは不合理である．ゆえに，A, B, G に対する第 4 比例項の数を見出すことは不可能である——A が D を測らないときには[51].

しかし今度は[52]，A, B, G は順次比例もせず，両端の数も互いに素でないとしよう．そして B が G を多倍して D を作るとしよう．同様に次のことも

---

[46] この議論から導かれるのは，$A:B=G:D$ となる整数 D がとれて，かつ A と G が互いに素ならば，B, G, D の第 4 比例項 E は整数でない，ということである．しかし E が整数とは限らないので，D が整数でないことの証明になっていない．

[47] ここから 3 番目の場合である．この脚注の箇所まではテオン版に存在しない．

[48] テオン版のテクストはここから再び始まる．ただし，最初は「というのは」ではなく，「もしそうでないならば」である．テオン版のテクストの場合分けは，第 1 の場合とその他の場合の 2 つだけであり，「そうでない」とは「第 1 の場合でない」，すなわち「A, B, G が順次比例し，A, G が互いに素である」のではないということである．脚注 42 を参照．

[49] テオン版では「そこで」．

[50] ここでの D, E は上の第 2 の場合の D, E とはまったく別のものであることに注意．

[51] この表現は直前の命題 IX.18 と同様である．脚注 40 を参照．なお，この箇所の改行は底本にはなく，訳者が追加したものである．

[52] ここから第 4 の場合，すなわち A, B, G が順次比例せず，A, G が互いに素でない場合の議論となる．この部分はテオン版では F 写本にのみ存在する．

証明されることになる，もしまずAがDを測るならば，それらに対する〔第4〕比例〔の数〕を見出すことが可能であるし，またもし測らないならば，不可能である．これが証明すべきことであった．

解説

命題IX.18と本命題IX.19は，与えられた2数あるいは3数に対して第3比例項，第4比例項が整数となる条件を検討するものである．

これら2つの命題は，直前のIX.16, 17の条件を広げて一般的に探求したものであるが，最初から『原論』に含まれていたのではなく，後世の追加であるように思われる．その理由として，まず独特の語法があげられる．「調べること」(ἐπισκέψασθαι) という言明を持つ命題は，『原論』でこの2つだけである．「調べる」と訳した動詞 ἐπισκοπέω に関連する単語まで広げても，名詞の ἐπίσκεψις がVII.31に見られるだけである（この命題VII.31は，別の箇所で特異な語法を含み，後世の追加が疑われる．詳しくはこの命題への解説を参照）．

次に，本命題IX.19の証明は端的に誤りである（ただしテオン版では修正されている）．『原論』の他の箇所と同じ人物がこの命題を執筆，あるいは少なくとも校閲したと考えるのが難しいほどである．間違いの具体的内容は命題本文への脚注で指摘した．

この2点から見て，これら2命題が他の命題と同時に『原論』に収められたと考えるのは困難であるように思われる．IX.16, 17にヒントを得た誰かが，IX.18, 19を追加したのかもしれない．

以下，IX.18, 19の構成と，テオン版の修正の概要を見ていこう．IX.16(17)は与えられた2数(3数)に対して，ある特定の場合に第3(4)比例項が存在しないことを示すものと見ることができる．IX.18(19)は，この第3(4)比例項が存在しない特定の場合からスタートして，第3(4)比例項の存在について，他のすべての場合を検討するものである．

実はこれは探求の方針として筋が良いとはいえない．IX.18, 19の議論から分かるように，2数A, Bに対する第3比例項，3数A, B, Gに対する第4比例項の存在条件は非常に簡単である．第3比例項の場合は，第3比例項Gが存在すれば

$$\mathrm{A} : \mathrm{B} = \mathrm{B} : \mathrm{G}$$

から $\mathrm{AG} = \mathrm{B}^2$ を得るから，第3比例項が存在するための必要十分条件は $\mathrm{A} \mid \mathrm{B}^2$ である．同様にA, B, Gに対する第4比例項Dが存在するための必要十分条件は $\mathrm{A} \mid \mathrm{BG}$ となる．

命題IX.16は $\mathrm{A} \perp \mathrm{B}$ のとき，第3比例項が存在しないことを主張する．しかし $\mathrm{A} \perp \mathrm{B}$ は第3比例項が存在しないための十分条件ではあるが必要条件ではない．さらにIX.17は3数A, B, Gが連続比例して，かつ $\mathrm{A} \perp \mathrm{G}$ の場合を扱う．たしかにこのとき第4比例項は存在しないのだが，連続比例という条件を外すと，$\mathrm{A} \perp \mathrm{G}$ であることは，第4比例項の存在の必要条件でも十分条件でもない．本質的な条件は上で述べたように $\mathrm{A} \mid \mathrm{BG}$ だからである．

命題 IX.18, 19 の著者は，第 3(4) 比例項の存在にとって，IX.16, 17 の条件が本質的なものでないことに気付いていない．IX.18 では，まず A ⊥ B の場合について IX.16 を利用して議論を行なっているが，結局は A | B^2 かどうかで場合分けをしている．最初の IX.16 を利用する議論は役に立っていないのである．

さらに IX.19 の議論は悲惨と言う他はない．英訳者のヒースも「ギリシャ語テクストは絶望的に壊れている (hopelessly corrupt)」と述べている．すでに述べたように IX.17 は特定の条件下で A, B, G の第 4 比例項が存在しないことを証明している．それは A, B, G が順次比例し，かつ A ⊥ G というものであった．本命題 IX.19 はここから出発して，A, B, G が順次比例するか否か，A ⊥ G か否かによって，場合を 4 つに分けている．ところが第 4 比例項の存在は A | BG か否かだけに依存するため，IX.17 の条件が成り立つ最初の場合以外の 3 つの場合では，それぞれの場合がまた第 4 比例項が存在する場合としない場合を含むことになり，場合分けをした意味がないのである．しかも，本文への脚注で示したように，第 2 の場合の扱いは完全に誤っている．

テオン版はこの誤りに気付き，完全な誤りである第 2 の場合を割愛しているが，もとのテクストの無益な場合分けを根本的に正すに至っていない．

20

素数は，どんな個数の素数が提出されても，それよりも多い[53]．

提出された素数を A, B, G としよう．私は言う，A, B, G よりも素数は多い．

[53]「提出」と訳した語は προτεθέντος（προτίθημι のアオリスト第 1 形受動相分詞）である．本全集では，動詞 ἔκκειμαι を「提示される」，その分詞を「提示された」と訳すので，これと区別するために，あえて「提出」という訳語を採用した．なお「提出」は本命題の他には X. 定義 3, 4, X.10 に現れるのみであるが，「提示」は本命題を含め，I.22, IV.10, 11, VI.12, 23, VII.1, VIII.9 など，たびたび用いられ，とくに第 X 巻では頻出する．

他言語の翻訳では，ここで「提出」と「提示」と訳した 2 つの語を訳し分けているのが，英訳（assign と set out），アチェルビの伊訳（proporre と fissare）である．仏訳およびフライェーゼの伊訳はこれらの語の相違を指摘したうえで，訳では区別していない（仏訳の X.1 への注，フライェーゼの伊訳の X. 定義 3 への注）．

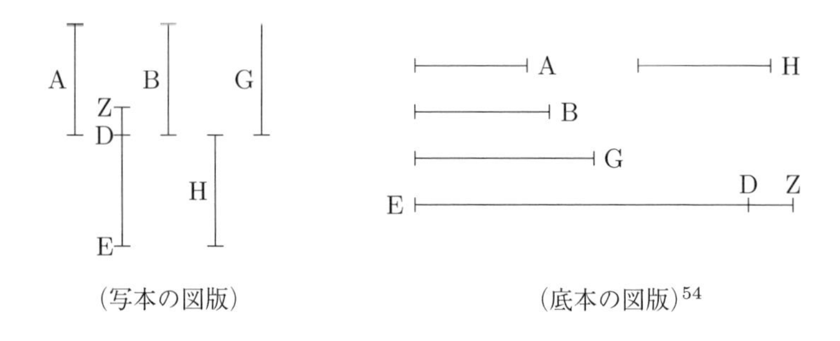

(写本の図版)　(底本の図版)[54]

というのは，A, B, G によって測られる最小の数がとられたとし **[VII.36]**，それを DE とし，DE に単位 DZ が付け加えられたとしよう．そこで EZ は素数であるか，あるいはそうでないかである．はじめに素数であるとしよう．ゆえに，素数 A, B, G, EZ が見出されていて，〔それらは〕A, B, G よりも多い．

しかし今度は，EZ は素数でないとしよう．ゆえに，〔EZ は〕何らかの素数によって測られる **[VII.32]**．素数 H によって測られるとしよう．私は言う，H は A, B, G のどれとも同じではない．というのは，もし可能ならば同じであるとしよう[55]．また A, B, G は DE を測る．ゆえに，H も DE を測ることになる．また EZ をも測る．〔ゆえに,〕残りの単位 DZ をも H が測ることになり，しかも〔H は〕数である．これは不合理である．ゆえに，H は A, B, G の 1 つと同じではない．そして〔H は〕素数であると仮定されている．ゆえに，提出された A, B, G の個数よりも多い A, B, G, H が見出されている．これが証明すべきことであった．

解　説

本命題は『原論』で最も広く知られた命題の 1 つである．一般に「素数は無数にある」という述べ方をされることが多い．

証明は非常に単純である．素数の個数が定まっていると仮定し，それ以外の素数が必ず存在することを示す．そのためにまず，定まった個数の素数すべての最小公倍数をどる．これは VII.36（3 数の最小公倍数を求める）を応用すれば可能である．その数に 1 を加えると，こ

---

[54]底本の図版では D と E が逆になっているが，ここでは修正してある．この誤りはスタマティス版でも修正されている．

[55]テオン版では「というのは，もし H が A, B, G の 1 つと同じであるならば」となっている．

の数は最初の素数のどれによっても測られることはない．もし素数ならばこれが新たな素数であるし，合成数なら，何らかの素数によって測られるが (VII.32)，その素数は最初の素数とは別のものである．

この簡潔で見事な議論はしばしば言及されるが，次のことは指摘しておく必要があろう．まず，素数の個数について無数という言葉はテクストでは用いられていない．どんな個数が指定されても，それより素数の個数は多いというのが，この命題の文字通りの主張である．したがって証明は，指定された個数の素数から出発して，それらとは別の素数が存在することを示すもので，形式上は帰謬法でない．実際，帰謬法の証明につきものの「もし可能ならば」「もし… ならば」のような文言は含まれない [佐藤 2013]．

次に，議論の概要は，（素数の個数が定まっていると仮定して）それらの素数すべての積をとって 1 を加えるという形で紹介されることが多いが，積をとるのではなく，最小公倍数（正確にはそれらの素数によって測られる最小の数）に 1 を加えるのである．それは結果的には同じことであるが，『原論』で 3 つ以上の数の積を議論することは稀であることに注意する必要がある．これについては IX.36 の解説も参照されたい．

最後に，本命題の証明に利用されるのは第 VII 巻の命題のみであり，第 IX 巻においてこの命題が孤立していることも指摘せざるを得ない．また本命題の証明に用いられる VII.32 は語法から見て後の挿入が疑われ（この命題の解説を参照），さらに本命題のように数に対して「等しい」ではなく「同じ」という表現（H は A, B, G の 1 つと同じではない）を用いる命題は，IX.13 の解説で指摘したように，少数であり，そのほとんどはお互いに論理的に密接に関連している．この観点からも，本命題は整数論の命題の中でやや孤立したグループに属することになる．

ここで指摘したことはどれも本命題 IX.20 が『原論』の整数論の他の命題と異なった，いわば特異な命題であることを示唆する．個々の相違は重大でないように見えるが，これだけの特異性があれば，全体として，本命題が当初は『原論』に含まれておらず，後から追加された可能性も真剣に考慮せねばならない．もし『原論』が「基本命題集」として編纂されたのであれば，本命題のように，重要な結果ではあるが，基本的な命題とは言い難い命題が，当初は含まれていなかったとしても不思議はないだろう．とはいえ，本命題がギリシャの整数論の重要な成果であることに変わりはない．

21

もし偶数が好きなだけ〔の個数〕合わせられるならば，全体は偶数である．

というのは，偶数が好きなだけ〔の個数〕合わせられたとして，それらを AB, BG, GD, DE としよう．私は言う，全体 AE は偶数である．

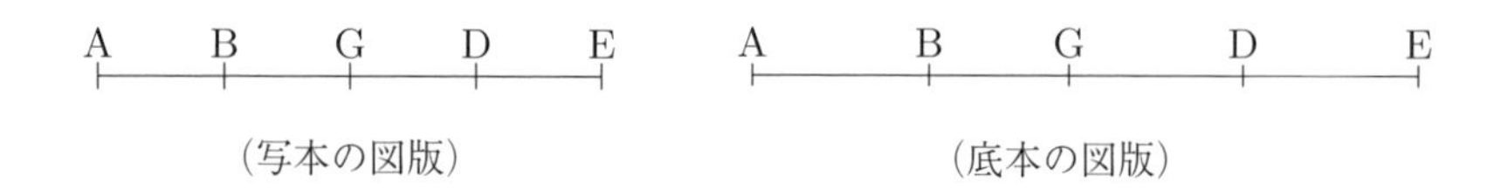

（写本の図版）　　（底本の図版）

というのは，AB, BG, GD, DE の各々は偶数であるから，半分の単部分を持つ [**VII. 定義 6**][56]．したがって，全体 AE も半分の単部分を持つ．また偶数とは 2 等分される数である [**VII. 定義 6**]．ゆえに，AE は偶数である．これが証明すべきことであった．

解　　説

本命題から命題 IX.34 までが，独立した議論を展開する部分であることは一見して明らかであろう．この部分はしばしば「小石の数論」と呼ばれる．詳しくは §2.4.2 の解説を参照．

22

もし奇数が好きなだけ〔の個数〕合わせられて，またその個数が偶数であるならば，全体は偶数になる．

というのは，奇数が好きなだけ〔の個数〕合わせられたとして，その個数が偶数であるとし，それらを AB, BG, GD, DE としよう．私は言う，全体 AE は偶数である．

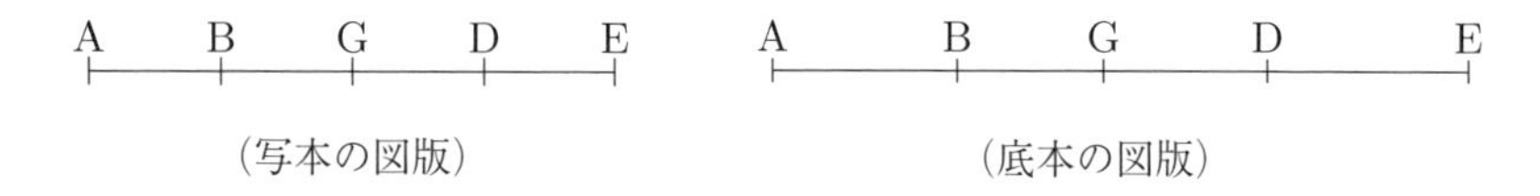

（写本の図版）　　（底本の図版）

というのは，AB, BG, GD, DE の各々が奇数であるから，各々から単位が取り去られると，残りの各々は偶数になる [**VII. 定義 7**]．したがって，それらを合わせたものも偶数になる [**IX.21**]．また〔先に取り去られた〕単位の個数も偶数である．ゆえに，全体 AE も偶数である [**IX.21**]．これが証明すべきことであった．

[56] この後も繰り返し現れる表現であるが，その数の半分が，単部分（約数）であることを意味する．なお，VII. 定義 6 の偶数の定義は「2 等分される数」である．

[別の仕方で[57]]

あるいは次のようにも．すると，AB は奇数であるから，それから単位 ZB が取り去られたとしよう．ゆえに，残りの AZ は偶数である．一方，BG は奇数でありZB は単位であるから，ゆえに，ZG は偶数である．また AZ も偶数である．ゆえに，全体 AG も偶数である．そこで同じ議論によって，GE も偶数である．したがって，全体 AE も偶数である **[IX.21]**.

A Z B G D E　　　A Z B G D E

（写本の図版）　　（底本の図版）

23

もし奇数が好きなだけ〔の個数〕合わせられて，またそれらの個数が奇数であるならば，全体も奇数になる．

というのは，奇数が好きなだけ〔の個数〕合わせられたとして，その個数が偶数であるとし，それらを AB, BG, GD としよう．私は言う，全体 AD も奇数である．

（写本の図版）　　（底本の図版）

GD から単位 DE が取り去られたとしよう．ゆえに，残りの GE は偶数である **[VII. 定義 7]**．また GA も偶数である **[IX.22]**．ゆえに，全体 AE も偶数である **[IX.21]**．そして DE は単位である．ゆえに，AD は奇数である **[VII. 定義 7]**．これが証明すべきことであった[58]．

24

もし偶数から偶数が取り去られるならば，残りは偶数になる．

というのは，偶数 AB から偶数 BG が取り去られたとしよう．私は言う，残りの GA は偶数である．

---

[57] この別証明は F 写本にのみ見られる．「別の仕方で」という標題は写本にはない．F 写本では命題 IX.22 の図版に点 Z があり，この別証明にも対応している．

[58] テオン版の多くの写本は IX.23, 24, 30 において，この最後の決まり文句を欠く．

（写本の図版）　（底本の図版）

というのは，AB は偶数であるから，半分の単部分を持つ．そこで同じ議論によって，BG も半分の単部分を持つ [**VII. 定義 6**]．したがって，残りの AG も偶数である[59]．これが証明すべきことであった．

25

もし偶数から奇数が取り去られるならば，残りは奇数になる．

というのは，偶数 AB から奇数 BG が取り去られたとしよう．私は言う，残りの GA は奇数である．

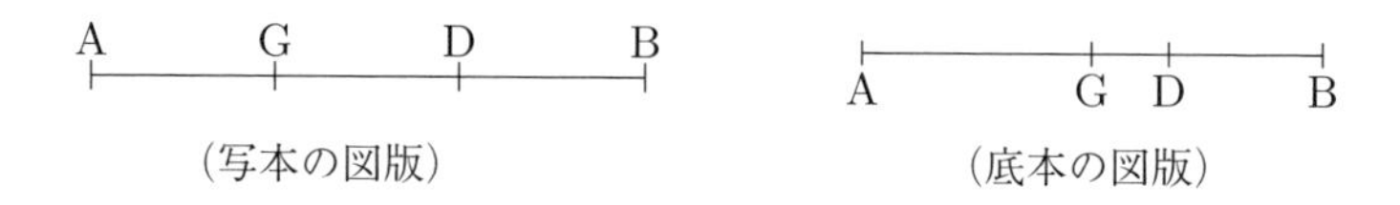

（写本の図版）　（底本の図版）

というのは，BG から単位 GD が取り去られたとしよう．ゆえに，DB は偶数である [**VII. 定義 7**]．また AB も偶数である．ゆえに，残りの AD も偶数である [**IX.24**]．そして GD は単位である．ゆえに，GA は奇数である [**VII. 定義 7**]．これが証明すべきことであった．

26

もし奇数から奇数が取り去られるならば，残りは偶数になる．

というのは，奇数 AB から奇数 BG が取り去られたとしよう．私は言う，残りの GA は偶数である．

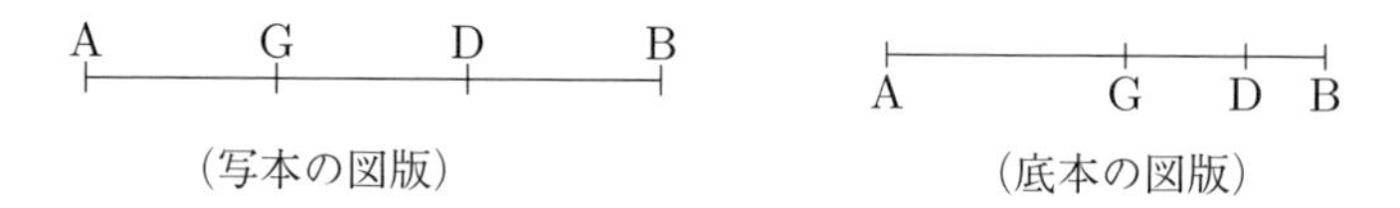

（写本の図版）　（底本の図版）

---

[59]テオン版では次のようになっている「したがって，GA も半分の単部分を持つ [**VII. 定義 6**]．ゆえに，AG は偶数である」．底本ではテオン版の読みを角括弧に入れて本文中で提示している．

というのは，AB は奇数であるから，単位 BD が取り去られたとしよう．ゆえに，残りの AD は偶数である **[VII. 定義 7]**．そこで同じ議論によって，GD も偶数である．したがって，残りの GA も偶数である **[IX.24]**．これが証明すべきことであった．

27

もし奇数から偶数が取り去られるならば，残りは奇数になる．

というのは，奇数 AB から偶数 BG が取り去られたとしよう．私は言う，残りの GA は奇数である．

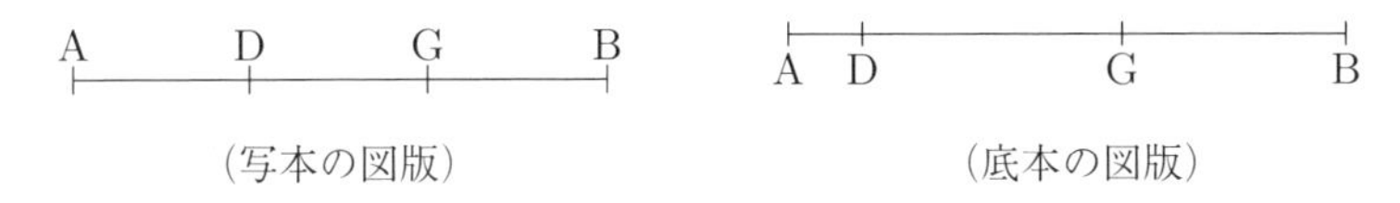

（写本の図版）　（底本の図版）

[というのは，] 単位 AD が取り去られたとしよう．ゆえに，DB は偶数である **[VII. 定義 7]**．また BG も偶数である．ゆえに，残りの GD も偶数である **[IX.24]**．ゆえに，GA は奇数〔である〕**[VII. 定義 7]**．これが証明すべきことであった．

28

もし奇数が偶数を多倍して何らかの数を作るならば，生じる数は偶数になる．

というのは，奇数 A が偶数 B を多倍して G を作るとしよう．私は言う，G は偶数である．

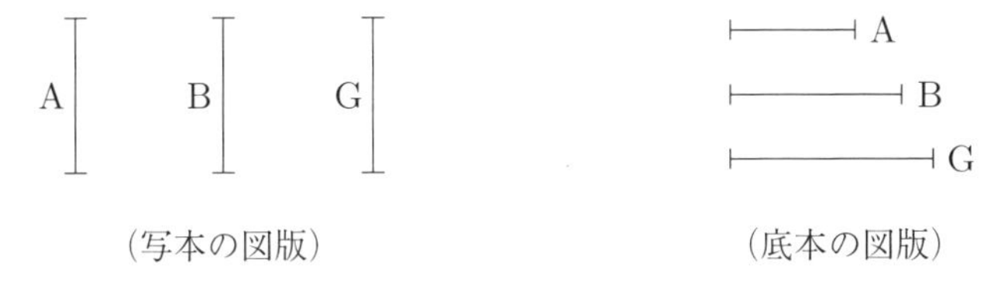

（写本の図版）　（底本の図版）

というのは，A が B を多倍して G を作っているから，ゆえに，G は A の中にある単位と同じ〔個数〕だけの，B に等しい数から成る **[VII. 定義 16]**．そして B は偶数である．ゆえに，G は偶数から成る．また，もし偶数が好きなだけ〔の個数〕合わせられるならば，全体は偶数である **[IX.21]**．ゆえに，G は偶数である．これが証明すべきことであった．

29

もし奇数が奇数を多倍して何らかの数を作るならば，生じる数は奇数になる．

というのは，奇数 A が奇数 B を多倍して G を作るとしよう．私は言う，G は奇数である．

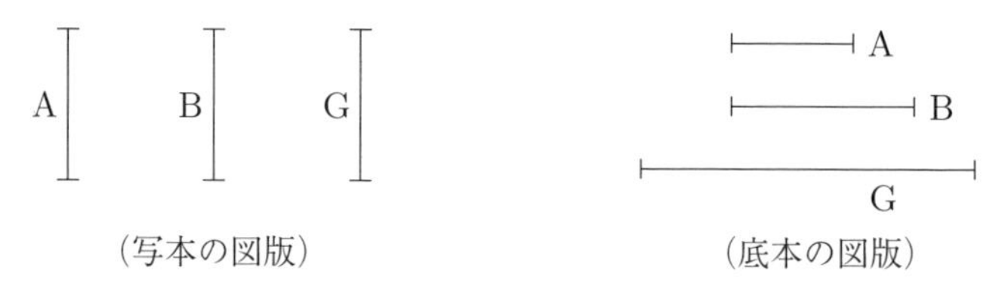

（写本の図版）　（底本の図版）

というのは，A が B を多倍して G を作っているから，ゆえに，G は A の中にある単位と同じ〔個数〕だけの，B に等しい数から成る **[VII. 定義 16]**．そして A, B の各々は奇数である．ゆえに，G は奇数から成り，その個数は奇数である．したがって，G は奇数である **[IX.23]**．これが証明すべきことであった．

30

もし奇数が偶数を測るならば，その半分をも測ることになる．

というのは，奇数 A が偶数 B を測るとしよう．私は言う，その半分をも測ることになる．

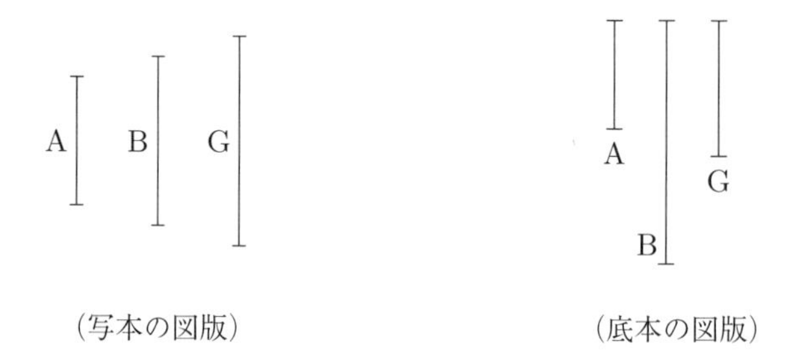

（写本の図版）　（底本の図版）

というのは，A は B を測るから，それを G〔の中の単位〕ごとに測るとしよう．私は言う，G は奇数でない．というのは，もし可能ならば，〔奇数で〕あるとしよう．そして，A は B を G〔の中の単位〕ごとに測るから，A が G を多倍してBを作っている **[VII. 定義 16*]**．ゆえに，Bは奇数から成り，その個数は奇数である．ゆえに，Bは奇数である **[IX.23]**．これは不合理である——というのは〔Bは〕偶数であると仮定されているから．ゆえに，Gは奇数でない．ゆえに，Gは偶数である．したがって，AはBを偶数回測る．そこでこのことによって，その半分をも測ることになる．これが証明すべきことであった．

解　説

IX.21 から IX.34 までの「小石の数論」の中で，この命題以降は IX.36 の完全数に関する議論に関連するものであったというベッカーの説が有力である (§2.4.2)．現存の IX.36 のテクストは「小石の数論」の命題を利用していないが，本命題以降の命題を IX.36 で扱われる完全数の単部分（約数）の数え上げに利用することは確かに可能である．IX.36 の証明，解説および §2.4.3 を参照．

31

もし奇数が何らかの数に対して素であるならば，その2倍に対しても素になる．

というのは，奇数Aが何らかの数Bに対して素であるとし，またBの2倍をGとしよう．私は言う，AはGに対して[も]素である．

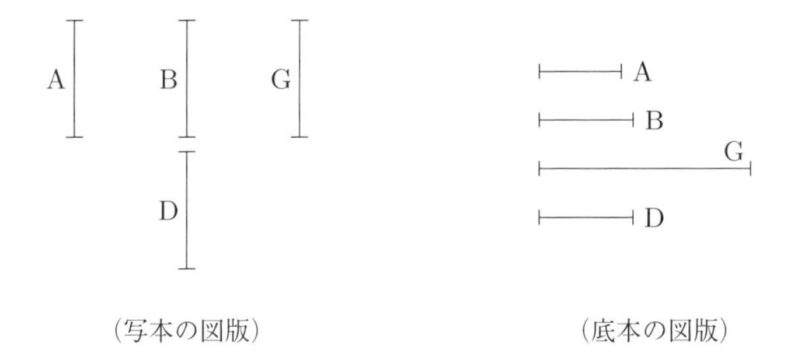

（写本の図版）　　（底本の図版）

というのは，もし[A, Gが]〔互いに〕素でないならば，何らかの数がそれらを測ることになる．測るとし，それをDとしよう．そしてAは奇数である．ゆえに，Dも奇数である **[IX.21]**[60]．そして，Dは奇数であり，しかもG

[60] 仮にDが偶数なら，IX.21によりAも偶数になるから．

を測り，そして G は偶数であるから，ゆえに，G の半分を [D が] 測ることになる **[IX.30]**．また G の半分は B である．ゆえに，D は B を測る．また A をも測る．ゆえに，D は A, B を測り，しかもこれらは互いに素である．これは不可能である．ゆえに，A が G に対して素でないことはない．ゆえに，A, G は互いに素である．これが証明すべきことであった．

32

2 から〔順次〕2 倍された数の各々は，偶数倍の偶数のみである[61]．

というのは，2 すなわち A から，好きなだけの〔個数の〕数 B, G, D が〔順次〕2 倍されたとしよう．私は言う，B, G, D は偶数倍の偶数のみである．

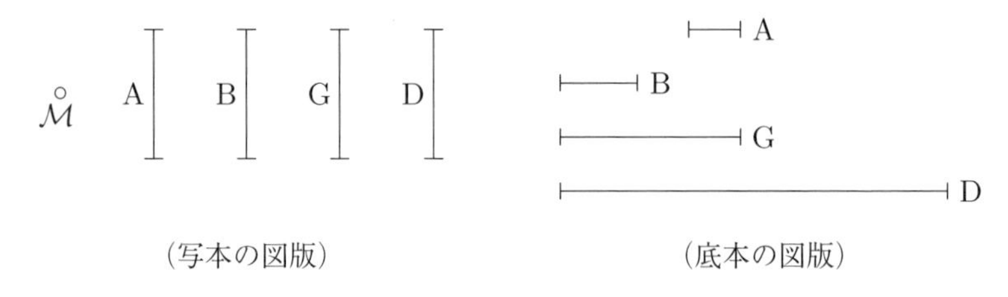

（写本の図版）　（底本の図版）

するとまず，[B, G, D の] 各々が偶数倍の偶数であることは明らかである．というのは，2 から〔順次〕2 倍された数であるから **[VII. 定義 8]**．私は言う，〔偶数倍の偶数〕のみでもある．というのは，単位が提示されたとしよう．すると，単位から好きなだけの〔個数の〕数が順次比例し，また単位の次の A は素数であるから，A, B, G, D の最大の D は A, B, G 以外のどの数によっても測られることにはならない **[IX.13]**．ゆえに，D は偶数倍の偶数のみである **[VII. 定義 8, 9, 10]**．同様に我々は次のことも証明することになる，B, G の各々 [も] 偶数倍の偶数のみである．これが証明すべきことであった．

33

もし数がその半分の奇数を持つならば，偶数倍の奇数のみである[62]．

---

[61]単に偶数倍の偶数であるだけでなく，偶数倍の奇数などになりえないことを主張する．現代的に書けば 2^k に奇数の約数は存在しないということである．命題 IX.13 で 2 番目の数 A が 2 である場合に相当する．もし「小石の数論」が完全数の約数の数え上げに使われたのであれば，この命題が必要であっただろう．§2.4.3 参照．

[62]偶数倍の偶数になりえないことを主張する．

というのは，数 A がその半分の奇数を持つとしよう．私は言う，A は偶数倍の奇数のみである．

（写本の図版）　　（底本の図版）

するとまず，偶数倍の奇数であることは明らかである——というのはその〔A の〕半分は奇数であり，しかも偶数回それ〔A〕を測るから **[VII. 定義 9]**. そこで私は言う，〔偶数倍の奇数〕のみでもある．というのは，もし A が偶数倍の偶数にもなるならば[63]，偶数によって偶数〔の中の単位〕ごとに測られることになる **[VII. 定義 8]**. したがって，その〔A の〕半分は偶数によって測られ，しかもそれ〔半分〕は奇数である．これは不合理である．ゆえに，A は偶数倍の奇数のみである．これが証明すべきことであった．

解　　説

偶数倍の奇数の定義と奇数倍の偶数の定義 VII. 定義 9, 10 は逆になっているように思われる．これらの定義への解説を参照．

34

もし数が 2 から〔順次〕2 倍された数の 1 つでもなく，その半分の奇数を持つのでもないならば，〔その数は〕偶数倍の偶数であり，偶数倍の奇数でもある．

というのは，数 A が 2 から〔順次〕2 倍された数の 1 つでもなく，その半分の奇数を持つのでもないとしよう．私は言う，A は偶数倍の偶数であり，偶数倍の奇数でもある．

[63] ここでは条件節中の動詞が「偶数倍の偶数にもなる」という直説法未来形である．これは『原論』では非常に稀であり，後世の追加が疑われる．命題 VII.31 の解説を参照．「偶数倍の偶数」,「偶数倍の奇数」のような区別が後からの追加なのかもしれない．

(写本の図版)　(底本の図版)

すると，まず偶数倍の偶数であることは明らかである——というのはその半分の奇数を持たないから．そこで私は言う，偶数倍の奇数でもある．というのは，もし我々が A を 2 等分し，その半分を 2 等分し，これをたえず我々が行なうならば，我々は何らかの奇数に出会うことになり，その数は A を偶数〔の中の単位〕ごとに測ることになる．というのは，もしそうでないならば，我々は数 2 に達することになり，A は 2 から〔順次〕2 倍された数の 1 つになる．これは仮定されていない．したがって，A は偶数倍の奇数である．また偶数倍の偶数であることも証明された．ゆえに，A は偶数倍の偶数であり，偶数倍の奇数でもある．これが証明すべきことであった．

解　説

本命題で IX.21 で始まった「小石の数論」は終わる．その解釈については §2.4.2 を参照．

35

もし好きなだけの〔個数の〕数が順次比例し，また第 2 の数と最後の数から最初の数に等しい数が取り去られるならば，第 2 の数の〔第 1 の数に対する〕超過が第 1 の数に対するように，最後の数の〔第 1 の数に対する〕超過がその前のすべての数〔の和〕に対することになる．

好きなだけの〔個数の〕順次比例する数を A, BG, D, EZ とし，最小の数 A から始まるとし，BG および EZ から A に等しい BH, ZQ の各々が取り去られたとしよう．私は言う，HG が A に対するように，EQ が A, BG, D〔の和〕に対する．

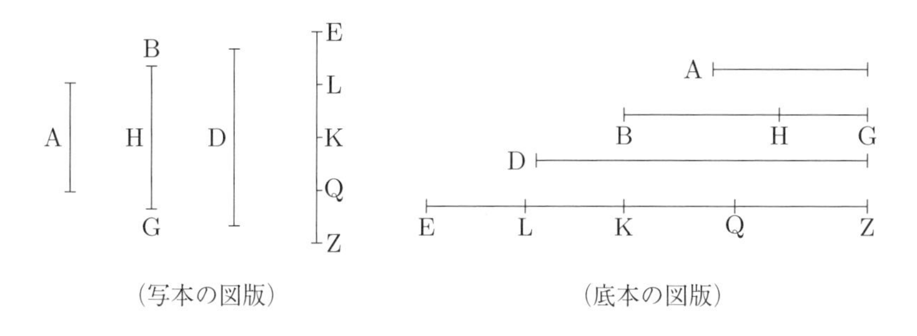

（写本の図版）　（底本の図版）

というのは，まずBGに等しくZKが，またDに等しくZLが置かれたとする．そして，ZKはBGに等しく，そのうちZQはBHに等しいから，ゆえに，残りのQKは残りのHGに等しい．そして，EZがDに対するようにDがBGに，BGがAに対し，また，まずDはZLに等しく，またBGはZKに，AはZQに〔等しい〕から，ゆえに，EZがZLに対するようにLZがZKに，ZKがZQに対する．分離されて，ELがLZに対するようにLKがZKに，KQがZQに対する **[V.17]**．ゆえに，前項の1つが後項の1つに対するように，前項すべても後項すべてに対する **[VII.12]**．ゆえに，KQがZQに対するように，EL, LK, KQ〔の和〕がLZ, ZK, QZ〔の和〕に対する．また，まずKQはGHに等しく，またZQはAに，またLZ, ZK, QZ〔の和〕はD, BG, A〔の和〕に〔等しい〕．ゆえに，GHがAに対するように，EQがD, BG, A〔の和〕に対する．ゆえに，第2の数の超過が第1の数に対するように，最後の数の超過がその前のすべての数〔の和〕に対する．これが証明すべきことであった．

解　説

等比数列の和に相当する関係を導く命題である．命題の主張を現代的に表すと次のようになる．順次比例する数を $a_1, a_2, \cdots, a_n$ とすれば

$$(a_2 - a_1) : a_1 = (a_n - a_1) : (a_1 + a_2 + \cdots + a_{n-1})$$

が成り立つ．これが等比数列の和の公式に相当することはすぐに分かる．証明は準一般的な方法により，$n = 4$ の場合に対して行なわれる．この命題は続くIX.36で完全数の単部分（約数）の和を求める際に使われる．

36

もし単位から好きなだけの〔個数の〕2 倍の比例にある数が，順次提示されて，それら全体を合わせたものが素数になるに至り，全体が最後の数へと多倍されて何らかの数を作るならば[64]，生じる数は完全数になる.

というのは，単位から好きなだけの〔個数の〕2 倍の比例にある数が提示されて，全体を合わせたものが素数になるに至るとし，〔それらを〕A, B, G, D としよう．そして全体に E が等しいとし，E が D を多倍して ZH を作るとしよう．私は言う，ZH は完全数である.

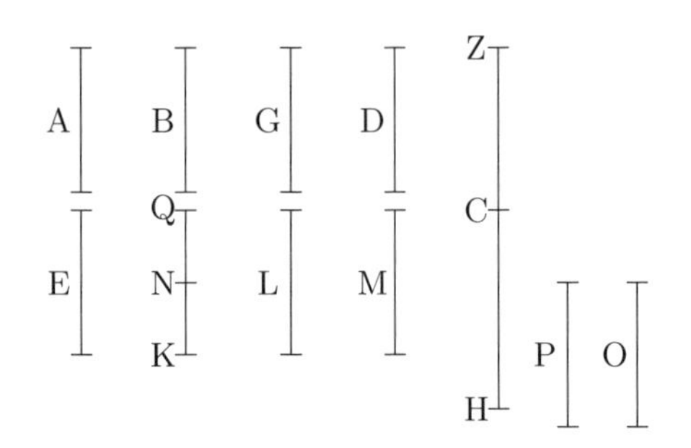

(写本の図版)

(底本の図版)[65]

[64] ここでは「多倍する」(πολλαπλασιάζω) という動詞が受動相分詞にされると同時に，多倍される対象の数が前置詞 ἐπί によって導入される．この用法については，命題 VII.39 注釈への解説 (p. 184) を参照されたい.

この前置詞 ἐπί で多倍を表現する用例は，後代の文献には見られるが，『原論』にはほとんど存在しない．第 VII 巻から第 IX 巻では本命題のこの箇所が実質的に唯一の用例である（他には IX.11 系に用例があるが，これは後世の付加の可能性がある).

[65] 底本の図版では A, B, G, D を表す 4 直線だけが最初に提示され，同じページの下の方

というのは，A, B, G, D の個数と同じ〔個数〕だけの，E から始まり 2 倍の比例にある数 E, QK, L, M がとられたとしよう．ゆえに，等順位において A が D に対するように，E が M に対する [**VII.14**]．ゆえに，E, D から生じる数は A, M から生じる数に等しい [**VII.19**]．そして E, D から生じる数は ZH である．ゆえに，A, M から生じる数も ZH である．ゆえに，A が M を多倍して ZH を作っている．ゆえに，M は ZH を A の中の単位ごとに測る [**VII. 定義 16**]．そして A は 2 である．ゆえに，ZH は M の 2 倍である．また M, L, QK, E は順次互いの 2 倍である．ゆえに，E, QK, L, M, ZH は 2 倍の比において順次比例する．そこで第 2 の QK および最後の ZH から最初の E に等しい QN, ZC の各々が取り去られたとしよう．ゆえに，第 2 の数の超過が第 1 の数に対するように，最後の数の超過がその前のすべての数〔の和〕に対する [**IX.35**]．ゆえに，NK が E に対するように，CH が M, L, KQ, E〔の和〕に対する．そして NK は E に等しい．ゆえに，CH も M, L, QK, E〔の和〕に等しい．また ZC も E に等しく，また E は A, B, G, D および単位〔の和〕に等しい．ゆえに，全体 ZH は E, QK, L, M および A, B, G, D および単位〔の和〕に等しい．そして〔ZH は〕それらによって測られる[66]．

私は言う，さらに ZH は A, B, G, D, E, QK, L, M および単位以外の他のどの数によっても測られることにはならない．というのは，もし可能ならば，何らかの数 O が ZH を測るとし，そして O は A, B, G, D, E, QK, L, M のどれとも同じでないとしよう．そして O が ZH を測る〔回数〕だけ，単位が P の中にあるとしよう．ゆえに，P が O を多倍して ZH を作っている [**VII. 定義 16**]．しかしやはり E も D を多倍して ZH を作っている．ゆえに，E が P に対するように，O が D に対する [**VII.19**]．そして A, B, G, D は単位から順次比例するから，ゆえに，D は A, B, G 以外の他のどの数によっても測られることにはならない [**IX.13**]．そして O は A, B, G のどれとも同じでないと仮定されている．ゆえに，O は D を測ることにはならない．しかし，O が D に対するように，E が P に対する．ゆえに，E も P を測らない．そして E は素数である．またすべての素数はそれが測らないすべての数に対して素である [**VII.29**]．ゆえに，E, P は互いに素である．また素な数〔の組〕は最小

に残りの直線の図が示される．ここでは 1 つの図にまとめた．

[66] この改行は底本にはない．

でもあり [**VII.21**]，また最小の数は同じ比を持つ数を等しい回数だけ測り，前項が前項を，後項が後項を〔測る〕[**VII.20**]．そしてEがPに対するように，OがDに対する．ゆえに，EがOを測るのと等しい〔回数〕だけPもDを測る．またDはA, B, G以外の他のどの数によっても測られることはない [**IX.13**]．ゆえに，PはA, B, Gの1つと同じである．Bと同じであるとしよう．個数においてB, G, Dと同じだけ，EからE, QK, Lがとられたとしよう．そしてE, QK, LはB, G, Dと同じ比にある．ゆえに，等順位においてBがDに対するように，EがLに対する [**VII.14**]．ゆえに，B, Lから生じる数はD, Eから生じる数に等しい [**VII.19**]．しかし，D, Eから生じる数はP, Oから生じる数に等しい．ゆえに，P, Oから生じる数もB, Lから生じる数に等しい．ゆえに，PがBに対するように，LがOに対する [**VII.19**]．そしてPはBと同じである．ゆえに，LもOと同じである．これは不可能である――というのはOは提示された数のどれとも同じでないと仮定されているから．ゆえに，ZHを，A, B, G, D, E, QK, L, Mおよび単位以外の何らかの数が測ることにはならない．そしてZHはA, B, G, D, E, QK, L, Mおよび単位〔の和〕に等しいことが証明された．またその単部分〔の和〕に等しい数は完全数である [**VII. 定義 23**]．ゆえに，ZHは完全数である．これが証明すべきことであった．

解　説

第IX巻の最後の本命題は完全数に関するもので『原論』全体の中でもよく知られた命題である．完全数の定義はVII. 定義23にある．現代的に言えば，ある数の約数の和がその数自身に等しいときに完全数と呼ばれる．最も小さい完全数は$6 = 1 + 2 + 3$である[67]．

ここで証明されている内容を数式で書けば

和 $S = 1 + 2 + 2^2 + \cdots + 2^{p-1}$ が素数ならば $S \cdot 2^{p-1}$ は完全数である．

ということになる．なお，直前のIX.35により，この和Sは$2^p - 1$である[68]．なお本命題中では2^{p-1}にあたる数がDで，Sにあたる数がEである．

[67]もちろん約数というときに，その数自身は除いて考える．なお『原論』には「約数」という語はなく，VII. 定義23でも「単部分」という語が使われていて，この語はVII. 定義3にあるとおり，全体より小さいことを前提としている．そのためVII. 定義23では「その数自身を除く」といった限定は不要で，述べられていない．

[68]なお，$S = 2^p - 1$が素数であるためにはpが素数であることが必要条件である．この事実に関する言及は古代の文献には見あたらない．

最初の4個の完全数は$p = 2, 3, 5, 7$に対する6, 28, 496, 8128であり，これらはニコマ

証明は2つの部分からなる．まず，ZHで表される積 $S{\cdot}2^{p-1}$ の約数（単部分）として次のものがあることはすぐに分かる．

$$1, 2, \cdots, 2^{p-1};\ \ S, 2S, \cdots, 2^{p-2}S$$

そして直前の命題IX.35を利用してこれらの和がZHになることが示される．

証明の後半部分は，上で和をとったもの以外にZHの単部分（約数）が存在しないことを示す．この部分が現代の我々には難解である．我々にとっては，2と S が素数なのだから，$S{\cdot}2^{p-1}$ の約数が上で列挙したものに限ることは明らかである．しかしエウクレイデスにとってそれは自明でなかった．彼の証明で約数を限定するために使われるのは，IX.13である．これは単位からはじまり順次比例する数1, A, B, G, Dにおいて，2番目の数Aが素数ならば，最後の数Dはこの列の中の数A, B, G以外の数で測られることはない，というものである．これはあまり強力な定理とはいえず，これを利用するためにエウクレイデスはかなり面倒な議論を展開している[69]．

議論の詳細は本文に譲るが，注目すべきことは，エウクレイデスが数を2数の積で表すことはできても，3数またはそれ以上の積を使いこなせていないことである．エウクレイデスはZHを数Dと数Eの積として定義している．またZHの約数の和を求めた後で，別の単部分（約数）がないことを示すために，そのような単部分Oが存在すると仮定し，ZHをO×Pという2数の積で表している．そしてそこからの議論もかなり長く，少なくとも我々にとっては難解である．最終的にこの議論はIX.13を利用することになる．このような証明の流れは，別の単部分が存在しないことの証明がかなり困難で，そのためにIX.11–13がわざわざ考案され，追加されたことを示唆するように思われる[70]．

我々から見れば，ここでの本質は，数Dが2の巾であり（$\mathrm{D} = 2^{p-1}$），ZHが2の巾Dと素数Eとの積になっていることである．すなわち，我々は容易に

$$\mathrm{ZH} = 2{\cdot}2{\cdot}\cdots{\cdot}2\cdot\mathrm{E}$$

コスの『数論入門』に現れる．5番目の完全数は $p = 13$ に対する

$$(2^{13} - 1) \times 2^{12} = 8191 \times 4096 = 33550336$$

である．これが完全数であることを示すためには8191が素数であることを示せばよい．

しかしこの完全数が文献に現れるのは近世になってからで，ニコマコスの著作には現れない．したがってニコマコスはこの数が完全数であることを知らなかった（すなわち8191が素数であることを証明できなかった），ということになる．一方で，古代ギリシャ人の計算能力はかなりのものであったことがとくに最近明らかになっているので（[Acerbi 2003], [斎藤 2007]），8191が素数であることが証明できなかったというのは，にわかには信じがたいことであり，5番目の完全数に関する古代の証言が現存文献に見られないことは当惑させられる問題である．

[69] なお，命題IX.30を利用すれば，ZHの約数で奇数のものがあれば，それは S，すなわち $2^p - 1$ に限られることが言える．しかし本命題の議論はこのIX.30を利用していない．

[70] IX.13はIX.12に，IX.12はIX.11系に依存している．ただし，IX.11系は後から追加されたのかもしれない．この系の解説を参照．

というイメージを持つことができる．ここから ZH の単部分 (約数) が上述のものに限られることはすぐに分かる（そしてその証明には素因数分解の一意性が必要になる)．しかし本命題後半のエウクレイデスの議論を見る限り，彼は数 ZH に対してこのようなイメージを持っていない．少なくともこのようなイメージをベースにして ZH のすべての約数を導いているようには見受けられない．したがって，素因数分解の一意性はおろか，素因数分解という概念をエウクレイデスは持っていなかったように思われる．詳しくは §2.6.1 の議論を参照．

第X巻

第X巻概要

第X巻の3つの部分

第X巻は非共測量の理論と言われる．その中心をなすのは「無比直線」と呼ばれる直線に関する，ある1つの問題である（§3.4を参照）．第X巻は大きく3つの部分に分けられる．それは，

- この問題を扱う準備の部分（第1部，X.1–35），
- 和の形の無比直線を扱う部分（第2部，X.36–72），
- 差の形の無比直線を扱う部分（第3部，X.73–110），

であり，さらに第2部，第3部をまとめる命題X.111と，それ以降の追加命題が続く．

以下，これら3つの部分をさらに分割して番号を与え，概要を紹介する．他の巻の概要では，簡単に内容を表す見出しの後に改めて短い説明を与えてきたが，現代の我々に馴染みのない議論を扱う第X巻では，短い説明というものが困難である．そこで見出しと，本巻での解説の節番号を示し，短い説明は割愛した．

第1部

1. （定義1–2）共測・非共測，平方において共測・非共測の定義 (§3.3.1, §3.3.2, §4.3.1).
2. （定義3–4） 可述・無比の定義 (§3.3.3).
3. （命題1–4） 相互差引と共測・非共測の関係 (§4.3.2).
4. （命題5–10） 2量の比が整数比（または正方形数比）であることと，共測性との関係 (§4.3.3).
5. （命題11–13, 15, 16） 共測・非共測性の推移性，比例や和と共測・非共測性（X.14除く） (§4.3.4).
6. （命題14, 17, 18） 第2部，第3部の無比直線分類の基礎となる性質（2直線の平方の差に相当する直線の共測性と，領域付置との関

係）(§3.4.5).

7. （命題 19, 20） 可述領域と可述直線 (§4.3.5).

8. （命題 21–26） 中項領域と中項直線 (§4.3.6).

9. （命題 27–35） 特定の条件を満たす 2 直線を見出す．第 2 部，第 3 部で現れる無比直線の作図に相当する (§4.3.7).

第 2 部

1. （命題 36–41） 第 1 命題群：6 種の和の無比直線の定義 (§4.4.4).

2. （命題 42–47） 第 2 命題群：6 種の和の無比直線の一意性 (§4.4.5).

3. （第 2 定義） 双名直線の下位分類（6 種類）(§4.4.2).

4. （命題 48–53） 第 3 命題群：6 種の双名直線を見出す (§4.4.3).

5. （命題 54–59）第 4 命題群：可述直線と 6 種の双名直線の各々に囲まれる領域に，平方において相当する直線は 6 種の和の無比直線である（根本的問題の解決）(§4.4.1).

6. （命題 60–65）第 5 命題群：6 種の和の無比直線上の正方形を可述直線上に付置すると，作る幅は 6 種の双名直線である（第 4 命題群の逆）(§4.4.1).

7. （命題 66–70）第 6 命題群：6 種の和の無比直線に共測な直線は，同じ種類の無比直線である (§4.4.6).

8. （命題 71, 72）第 7 命題群：可述領域＋中項領域，中項領域＋中項領域から 6 種の和の無比直線が生じる (§4.4.7).

第 3 部

1. （命題 73–78） 第 1 命題群：6 種の差の無比直線の定義 (§4.4.4).

2. （命題 79–84） 第2命題群：6種の差の無比直線の一意性 (§4.4.5).

3. （第3定義） 切断直線の下位分類（6種類）(§4.4.2).

4. （命題 85–90） 第3命題群：6種の切断直線を見出す (§4.4.3).

5. （命題 91–96） 第4命題群：可述直線と6種の切断直線の各々に囲まれる領域に，平方において相当する直線は6種の差の無比直線である（根本的問題の解決）(§4.4.1).

6. （命題 97–102） 第5命題群：6種の差の無比直線上の正方形を可述直線上に付置すると，作る幅は6種の切断直線である（第4命題群の逆）(§4.4.1).

7. （命題 103–107） 第6命題群：6種の差の無比直線に共測な直線は，同じ種類の無比直線である (§4.4.6).

8. （命題 108–110） 第7命題群：可述領域と中項領域の差，中項領域どうしの差から6種の差の無比直線が生じる (§4.4.7).

まとめと追加部分

1. （命題 111） まとめ：和の無比直線と差の無比直線は同じでない．13種の無比直線の列挙 (§4.5.2).

2. （命題 112–114） 双名直線と切断直線が囲む領域 (§4.5.3).

3. （命題 115） 中項直線から派生する無比直線 (§4.5.4).

4. （命題 [117]） 正方形とその対角線は非共測である (§4.5.5).

定　　義

1. [1]共測な量と言われるのは，同一の尺度で測られるものであり，また非

[1]定義の番号は写本にはない．ハイベア版以前の刊本は定義を11個に分けている．ハイ

共測な量と言われるのは，いかなる量もそれらの共通な尺度になりえないものである．

2. 2直線が平方において共測であるとは，それらの上の正方形が，同一の領域で測られるときであり，また〔平方において〕非共測であるとは，それらの上の正方形に対して，いかなる領域も共通の尺度となりえないときである．

3. これらのことが仮定されると，次のことが証明される．提出された直線に対して，個数において無限の，共測および非共測な直線が存在し，まずあるものは長さにおいてのみ，またあるものは平方においても〔そうである〕[2]．そこでまず提出された直線が可述と呼ばれるとし，この直線に対して，あるいは長さと平方において，あるいは平方においてのみ共測な直線も可述と呼ばれるとし，またこの直線に対して〔平方においても〕非共測な直線は無比と呼ばれるとしよう[3]．

4. そして，まず提出された直線の上の正方形が可述と呼ばれ，それと共測なもの〔領域〕も可述と，またそれと非共測なもの〔領域〕が無比と呼ばれるとし，それ〔無比領域〕に平方において相当する直線も無比〔と呼ばれるとしよう〕．〔すなわち〕まず，もしこの領域が正方形ならばその辺が，またもし他の何らかの直線図形ならば，その図形に等しい正方形を作図するような直線が，〔無比と呼ばれるの〕である．

解　　説

第X巻冒頭の定義は，この巻全体の基礎となる共測・非共測，および可述・無比という術語を定義する．可述・無比は従来有理・無理

ベア版では従来の定義1, 2が定義1，定義3, 4が定義2，定義5–7が定義3，定義8–11が定義4となっている．

[2]この文章の後半部分は，共測，非共測両方の直線について述べているように読めるが，実際には，長さにおいて共測な直線は必ず平方においても共測であるので（次頁の解説参照），「長さにおいてのみ共測な直線」は存在しない．数学的内容を考えれば，この部分は非共測な直線についてのみ述べていることになり，

> 非共測な直線のうち，まずあるものは長さにおいてのみ，またあるものは平方においても非共測である．

と解釈すべきである．

[3]この定義，および次の定義4に現れる「提出」という訳語については命題IX.20の脚注53を参照．

と訳されてきたが，その内容は現代の有理数・無理数の概念と異なるので，注意が必要である．これらの術語については §3.3.1–3.3.3 で詳しく解説した．

第 X 巻の命題を読むために必要な事項だけを，改めて以下に簡単にまとめる．

共測・非共測

まず，2 量 a, b が共測（従来の訳語は通約可能または共約可能）であるとは，同種の別の量 e が存在して，a, b がともに e の整数倍に等しいことと定義される (X. 定義 1)[4]．別の言い方をすれば，比 $a : b$ が整数対整数の比で表されるということである (X.5, 6)．2 量が共測でないとき，非共測である．従来の訳語は通約不能または共約不能である．

平方において（長さにおいて）共測・非共測

さらに，2 量 a, b が直線のときに限って，「平方において共測」という概念が定義される (X. 定義 2)．これは，直線 a, b 上の正方形が互いに共測であることを言う．これに対して，a, b そのものが互いに共測であることを強調するために「長さにおいて共測」と言うこともある．長さにおいて共測な直線は，必ず平方において共測であるが，逆は必ずしも成り立たない[5]．

可述と無比

定義 3, 4 では可述と無比という術語が定義される．共測・非共測は 2 量の間の関係であったが，可述・無比は個々の直線・領域に対して定義される．まず，ある直線が提出される[6]．以下の説明ではこの直線を基準直線と呼ぶことにする．

直線については，基準直線に平方において共測な直線が**可述直線**であり（もちろん長さにおいて共測であってもよい），それ以外の直線が**無比直線**である (X. 定義 3)．**領域**に対しては，基準直線上の領域と共測な領域が**可述領域**であり，それ以外のものは**無比領域**である（領域に対しては「平方において共測」という概念は存在しないことに注意）．

基準直線について補足

可述・無比の基礎になる**基準直線**（提出された直線）は，定義 3, 4 で現れるだけであり，この後の第 X 巻の命題に直接現れることはない．というのは，可述直線 a が 1 つ知られていれば，ある直線 x が可述直線であるかどうかは，x 上の正方形と a 上の正方形が共測かどうかで決定できるからである[7]．したがって，通常の議論の中

---

[4] 第 X 巻で「量」と言われるのは直線か平面図形（長方形，正方形）に限られる．

[5] 「平方において」という表現については §3.3.5 を参照．

[6] 「提出」という表現については，命題 IX.20 の脚注 53 を参照．

[7] もし x 上の正方形と a 上の正方形が共測，すなわち $x \overset{\square}{\sim} a$ であれば，a が可述であるから，基準直線 e に対して $e \overset{\square}{\sim} a$．これらから $e \overset{\square}{\sim} x$ を得るので (X.12)，x も可述直線で

では，可述直線 a が 1 つ知られていれば十分であり，それはたいてい命題の中で議論の対象となる直線のどれか 1 つである．

また，この可述直線 a が e と長さにおいて共測であるか，平方においてのみ共測であるかも，議論には何ら影響を与えない．したがって，可述直線に関する命題で，何が基準直線 e で，どこにあるのか，と考える必要はない．どうしても基準直線を特定したければ，個々の命題で，最初に現れる可述直線（仮に a としよう）が基準直線であるとして，a と平方において共測な直線が可述直線であると考えればよい[8]．

第 X 巻冒頭の定義全体について

第 I 巻，第 V 巻 第 VII 巻の冒頭の定義と比べて個々の定義が長く，説明的に感じられるのは，底本の編集者ハイベアが，以前の刊本で 11 個に分けられていた定義を 4 個にまとめたためである．しかしこのことを別にしても，とくに定義 3, 4 の文言が説明的で，定義というよりは注釈の文体に近いという印象は拭えない．

本巻で基準直線と呼ぶ直線を導入するのに，『原論』では非常に稀な προτίθημι（提出する）という語が使われているのも，定義の文言が後に変更されたことを示唆している[9]．第 X 巻で他にこの語が用いられるのは X.10 のみであり，しかもこの命題は他の理由から真正性が疑われている（この命題の解説参照）．第 X 巻で通常使われる同じ意味の語は ἔκκειμαι（訳は「提示」）である（たとえば X.1 冒頭や X.23 など）．

おそらくは「可述」をめぐる定義が古代の読者を満足させず，さまざまな改訂や注釈が試みられた結果が，現在伝わるテクストなのであろう[10]．

1

2 つの不等な量が提示されたとき，もし大きい方から〔その〕半分より大きい量が取り去られ，残された量の半分より大きい量が〔取り去られ〕，このことがつねに起こるならば，何らかの量が残されることになり，それは提示された小さい方の量より小さくなる．

ある．

[8]中世以降は，この基準直線が命題の議論の文脈とは別に存在するものと考える解釈が現れる [ロムヴォー 2014]．

[9]命題 IX.20 の脚注 53 を参照．

[10]なお，本巻最初の解説で述べたように (§5.2)，アラビア・ラテンの伝承では定義 3, 4 の内容が大きく異なり，基準直線に対して非共測な直線は，たとえ平方において共測でも，「可述」でなく「無比」とされる．しかしこの点ではアラビア・ラテンの伝承が古い形のテクストを伝えているとは考えられない．平方においてのみ共測な直線も「可述」直線に含めることが第 X 巻全体の議論の根底をなしているからである．

2つの不等な量をAB, Gとし，それらの大きい方をΛBとしよう．私は言う，もしABから〔その〕半分より大きい量が〔取り去られ〕，残された量の半分より大きい量が〔取り去られ〕，このことがつねに起こるならば，何らかの量が残されることになり，それは量Gより小さくなる．

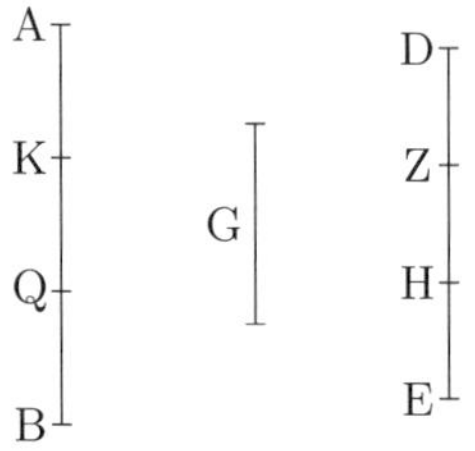

（写本の図版） 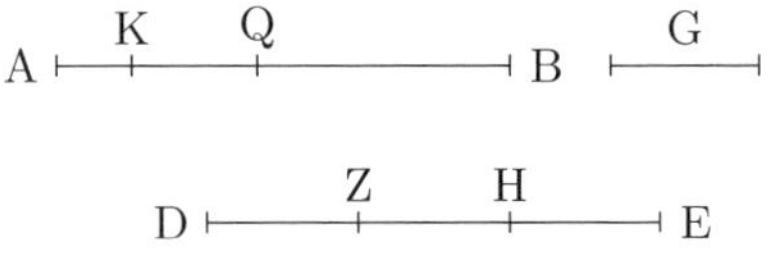　（底本の図版）

というのは，Gが多倍されると，いつかABより大きくなる．多倍されたとし，DEが，まずGの多倍で，またABより大きいとし，DEがGに等しいDZ, ZH, HEに分けられたとしよう．そしてまずABから〔その〕半分より大きいBQが取り去られ，またAQから〔その〕半分より大きいQKが〔取り去られたとし〕，このことがつねに起こるとし，ABにおける分割がDEにおける分割と等しい個数になるに至るとしよう．

すると，分割AK, KQ, QBが，DZ, ZH, HEと等しい個数であるとしよう．そして，DEはABより大きく，まずDEから取り去られているのは，〔DEの〕半分より小さいEHであり，またABからは，〔ABの〕半分より大きいBQであるから，ゆえに，残りのHDは残りのQAより大きい．そしてHDはQAより大きく，まずHDから取り去られているのは，〔HDの〕半分のHZであり，またQAからは，〔QAの〕半分より大きいQKであるから，ゆえに，残りのDZは残りのAKより大きい．またDZはGに等しい．ゆえに，GもAKより大きい．ゆえに，AKはGより小さい．

ゆえに，量ABから，量AKが残されて，しかも提示された小さい方の量Gよりも小さい．これが証明すべきことであった．——[11]同様に次のことも証明されることになる，取り去られる量が半分であっても〔同じである〕．

[11]このダッシュは底本による．訳者の追加ではない．

解　説

第 X 巻は，非共測量と直接は関係ない命題で始まる．本命題は，2 つの量が与えられたとき，大きい方から，その半分より大きい部分を取り去ることを繰り返すと，小さい方より小さくなることを証明する．この命題と『原論』の他の巻で展開される理論との関連については多くの議論がなされてきている．それについては §4.3.2 を参照されたい．

ここでは，命題の証明のメカニズムを解説する．証明の前提となるのは，

> 2 量が与えられたときに，小さい方を何倍かすれば大きい方を越える．

という主張である[12]．これと第 V 巻の比と比例の理論との関係については，上述の解説に譲るとし，議論の細部を見ていこう．

小さい方の量 G を，仮に 3 倍して大きい方を超えると仮定する．これは『原論』で頻繁に見られる「準一般的証明」である．すると DZ, ZH, HE の各々が G に等しく，G の 3 倍 DE が大きい方の量 AB を超えることになる．そこで今度は AB から，その半分より大きい量を取り去ることを 2 回（3 − 1 回）繰り返して，まず AB から BQ が，そして残りの AQ から QK が取り去られて，最後に AK が残ったとする．一方，DE を Z, H で等分しているが，これを DE から EH, HZ が順次取り去られて最後に DZ が残ったと見ることができる．取り去る回数は同じである．以下，AK が DZ（すなわち G）より小さいことを示す．

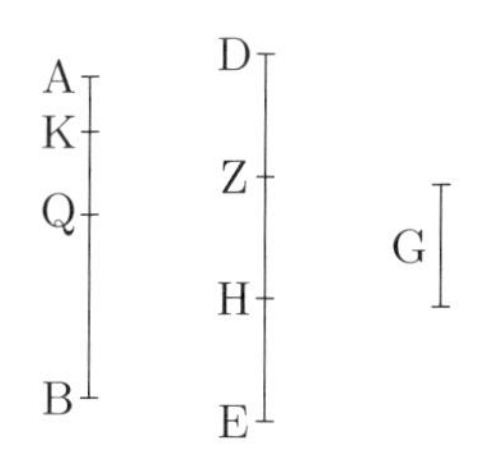

まず仮定から AB は DE より小さい．しかも AB からは，その半分より大きい BQ が取り去られ，DE からはその半分より小さい EH が取り去られる．ゆえに残りの AQ は残りの DH より小さい．この議論を繰り返せば，最後に残る AK と DZ では，AK の方が小さい．これが証明の概要である[13]．

---

[12]代数記号で書けば，$a < b$ のとき $na > b$ となる自然数 n が存在する，ということになる．a, b が正の量であることは言うまでもない．

[13]代数的に書けば $\dfrac{1}{2^n} < \dfrac{1}{n}$ を帰納的に証明することに相当する．ただし証明から直接帰納的な思考を読み取ることは難しい．

[定理1を別の仕方で[14]]

2つの等しくない量AB, Gが提示されたとしよう．そしてGは小さい方であるから，多倍されると，いつかABより大きくなる．〔ABより大きいGの多倍が〕ZMのようになっているとし，〔ZMが〕Gに等しい量に分けられたとし，それらをMQ, QH, HZとし，ABから〔その〕半分より大きいBEが取り去られたとし，EAから〔その〕半分より大きいEDが〔取り去られたとし〕，このことがつねに起こるとし，ZMにおける分割がABにおける分割と等しくなるに至るとしよう．〔ABがこのように分割されて〕BE, ED, DAのようになっているとし，DAにKL, LN, NCの各々が等しいとし，このことが起こって，KCの分割がZMの分割と等しくなるに至るとしよう．

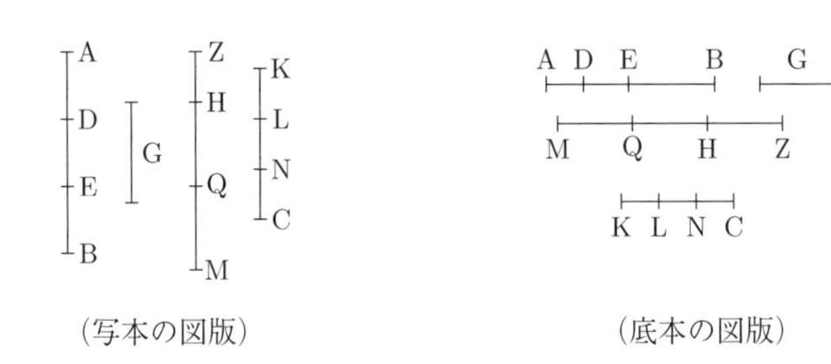

(写本の図版)　(底本の図版)

そして，BEはBAの半分より大きいから，BEはEAより大きい．ゆえに，DAよりなおさら大きい．しかし，DAはCNに等しい．ゆえに，BEはNCより大きい．一方，EDはEAの半分より大きいから，DAより大きい．しかし，DAはNLに等しい．ゆえに，EDはNLより大きい．ゆえに，全体DBはCLより大きい．またDAはLKに等しい．ゆえに，全体BAはCKより大きい．しかし，BAよりもMZは大きい．ゆえに，MZはCKよりなおさら大きい．そしてCN, NL, LKは互いに等しく，またMQ, QH, HZも互いに等しく，MZの中の〔量の〕個数はCKの中の〔量の〕個数に等しいから，ゆえに，KLがZHに対するように，KCがZMに対する**[V.15]**．またZMはKCより大きい．ゆえに，HZもLKより大きい**[V.14a]**．そしてまずZHはGに等しく，またKLはADに〔等しい〕．ゆえに，GはADより大きい．これが証明すべきことであった．

2

もし2つの等しくない量が[提示され]，小さい方の量が大きい方の量からつねに相互に取り去られるとき，残される量が決してその直前の量を測り切ることがないならば それらの量は非共測になる．

というのは，等しくない2量AB, GDがあって，小さい方がABで，小さい方の量が大きい方の量からつねに相互に取り去られるとき，残される量が

[14]この別証明は，P写本以外のテオン版主要写本で命題の後に置かれている．P写本では欄外に同じ筆跡で追加されている．底本では付録1.

決してその直前の量を測り切ることがないとしよう．私は言う，量 AB, GD は非共測である．

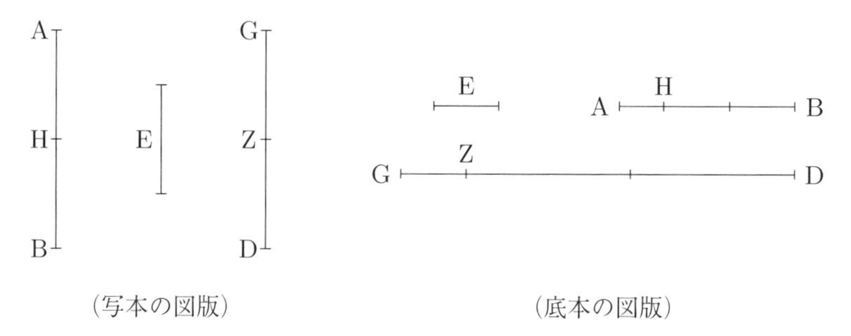

（写本の図版）　　　（底本の図版）

というのは，もし共測であるならば，何らかの量がそれらを測ることになる．もし可能ならば，測るとし，〔その量を〕E としよう．そして，まず AB が ZD を測って，それ自身より小さい GZ を残すとし，また GZ が BH を測って，それ自身より小さい AH を残すとし，このことがつねに起こるとし，何らかの量が残されるに至り，それは E より小さいとしよう [**X.1**]．そうなっているとし，E より小さい AH が残されているとしよう．すると，E は AB を測り，しかし，AB は DZ を測るから，ゆえに，E は ZD を測ることにもなる．また〔E は〕全体 GD をも測る．ゆえに，残りの GZ をも測ることになる．しかし，GZ は BH を測る．ゆえに，E も BH を測る．また〔E は〕全体 AB をも測る．ゆえに，残りの AH をも測ることになる，すなわち大きい量が小さい量を〔測る〕．これは不可能である．ゆえに，量 AB, GD を何らかの量が測ることにはならない．ゆえに，量 AB, GD は非共測である．

ゆえに，等しくない 2 量が，云々．

解　説

この命題は，非共測量の理論の初期の発展についてのさまざまな想像力豊かな議論に着想を与えたことで知られている．それらの議論では，本命題 X.2 は，非共測性の判定基準であり，極端な場合は非共測量の存在の発見の契機を今日に伝えるものとされる．この種の議論については §4.3.2 の解説を参照されたい．

想像から離れて純粋に命題の論理的関係を見ていくと，この後に続く命題 X.3, 4 は共測な量の最大共通尺度を決定するもので，自然数の最大共通尺度（最大公約数）を決定する第 VII 巻の命題 2, 3 と議論の内容に至るまで酷似している．第 VII 巻の命題の焼き直しと言ってもよい．そこで第 VII 巻との唯一の違いは，自然数の場合と違って 2 量の相互差引がどこかで終結するとは限らないことであり，そのために「共測な量に対しては相互差引が有限回の手続きで終結する」ことを述べねばならない．問題の X.2 はこの命題の対偶であり，これによって続く X.3 で共測量の相互差引が有限回で終わることが保証される．そしてこれが，『原論』での X.2 の唯一の利用例である．

3

2 つの共測な量が与えられたとき，それらの最大共通尺度を見出すこと．

与えられた 2 つの共測な量を AB, GD とし，それらの小さい方を AB としよう．そこで AB, GD の最大共通尺度を見出さねばならない．

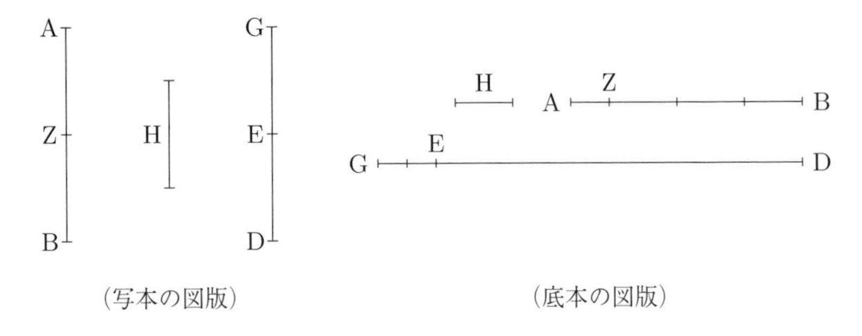

（写本の図版）　（底本の図版）

というのは，量 AB は GD を測るか，あるいは測らない．するとまず，もし測るならば，またそれ自身をも測り，ゆえに，AB は AB, GD の共通尺度である．そして最大〔共通尺度〕でもあることは明らかである──というのは量 AB より大きいものが AB を測ることにはならないから．

そこで AB は GD を測らないとしよう．そして小さい方の量が大きい方の量からつねに相互に取り去られるとき，残される量はいつかその直前の量を測ることになる──〔これは〕AB, GD が非共測でないことによる **[X.2]**．そしてまず AB が ED を測って，それ自身より小さい EG を残すとし，また EG が ZB を測って，それ自身より小さい AZ を残すとし，また AZ が GE を測るとしよう．

すると，AZ は GE を測り，しかし GE は ZB を測るから，ゆえに，AZ は ZB をも測ることになる．またそれ自身をも測る．ゆえに，全体 AB をも AZ が測ることになる．しかし，AB は DE を測る．ゆえに，AZ も ED を測ることになる．また〔AZ は〕GE をも測る．ゆえに，全体 GD をも測る．ゆえに，AZ は AB, GD の共通尺度である．

そこで私は言う[15]，最大〔共通尺度〕でもある．というのは，もしそうでないならば，AZ より大きい何らかの量があって，AB, GD を測ることになる．それを H としよう．すると，H は AB を測り，しかし，AB は ED を測るから，ゆえに，H も ED を測ることになる．また〔H は〕全体 GD をも測る．ゆえに，残りの GE をも H が測ることになる．しかし，GE は ZB を測る．ゆえに，H も ZB を測ることになる．また〔H は〕全体 AB をも測り，〔ゆえに，〕残りの AZ を測ることになる．すなわち大きい量が小さい量を〔測る〕．これは不可能である．ゆえに，AZ より大きい何らかの量が AB, GD を測ることにはならない．ゆえに，AZ は AB, GD の最大共通尺度である．

ゆえに，2 つの共測な量が与えられたとき，それらの最大共通尺度が見出されている．これが証明すべきことであった．

系

このことから次のことが明らかである．もし量が 2 つの量を測るならば，それらの最大共通尺度をも測ることになる．

4

3 つの共測な量が与えられたとき，それらの最大共通尺度を見出すこと．

与えられた 3 つの共測な量を A, B, G としよう．そこで A, B, G の最大共通尺度を見出さねばならない．

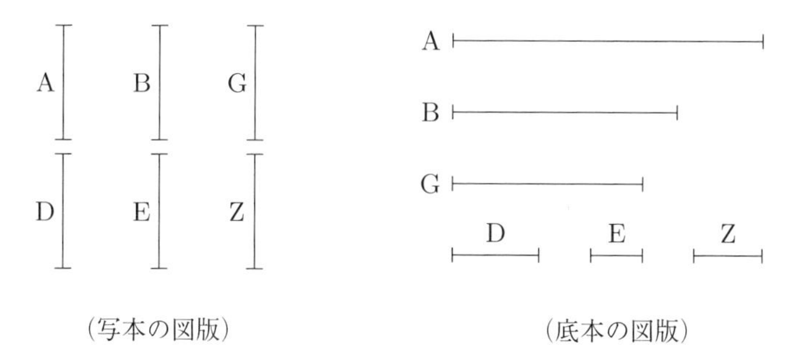

（写本の図版）　（底本の図版）

[15] ここでの改行は訳者による．底本では改行していない．

というのは，2 量 A, B の最大共通尺度がとられたとし，それを D としよう [**X.3**]．そこで D は G を測るか，あるいは測らない．はじめに測るとしよう．すると，D は G を測り，また A, B をも測るから，ゆえに，D は A, B, G を測る．ゆえに，D は A, B, G の共通尺度である．そして，最大でもあることは明らかである —— というのは D より大きい量は A, B を測らないから．

そこで D は G を測らないとしよう．最初に私は言う，G, D は共測である[16]．というのは，A, B, G は共測であるから，何らかの量がこれらを測ることになり，それはまったく明らかに A, B をも測ることになる．したがって，A, B の最大共通尺度 D をも測ることになる [**X.3 系**]．また G をも測る．したがって，上述の量は G, D を測ることになる．ゆえに，G, D は共測である．すると[17]，それらの最大共通尺度がとられたとし，それを E としよう [**X.3**]．すると，E は D を測り，しかし，D は A, B を測るから，ゆえに，E も A, B を測ることになる．また〔E は〕G をも測る．ゆえに，E は A, B, G を測る[18]．ゆえに，E は A, B, G の共通尺度である．

そこで私は言う[19]，最大〔共通尺度〕でもある．というのは，もし可能ならば，E より大きい何らかの量 Z があって，A, B, G を測るとしよう．そして，Z は A, B, G を測るから，ゆえに，A, B をも測ることになり，A, B の最大共通尺度をも測ることになる [**X.3 系**]．また A, B の最大共通尺度は D である．ゆえに，Z は D を測る．また〔Z は〕G をも測る．ゆえに，Z は G, D を測る．ゆえに，G, D の最大共通尺度をも Z が測ることになる．またそれは E である．ゆえに，Z は E を測ることになる．すなわち大きい量が小さい量を〔測る〕．これは不可能である．ゆえに，量 E より大きい何らかの量が A, B, G を測ることはない．ゆえに， E は A, B, G の最大共通尺度である —— もし D が G を測らないならば——，またもし測るならば，D 自体が〔最大共通尺度である〕．

ゆえに，3 つの共測な量が与えられたとき，それらの最大共通尺度が見出されている．[これが証明すべきことであった]．

---

[16] 以下の G, D が共測であることの証明は後世の付加であろう．議論の中に現れる「まったく明らかに」(δηλαδή) という，『原論』では非常に稀な語の存在もそのことを示唆する．本全集第 1 巻 p. 317 脚注 23 を参照．

[17]「すると」(οὖν) はテオン版にはない．

[18] この文はテオン版にはない．

[19] ここでの改行は訳者による．底本では改行していない．

系

そこでこのことから次のことが明らかである，もし量が 3 つの量を測るならば，それらの最大共通尺度を測ることになる．

そこで同様にして，もっと多くの量に対しても最大共通尺度がとられることになり，この系も進む〔その場合も成り立つ〕ことになる．これが証明すべきことであった．

解　　説

命題 X.3, 4 は，互いに共測な量の最大共通尺度を，相互差引の手続きで求める命題であり，VII.2, 3 と本質的に同じ議論を展開している．また，この後の第 X 巻の命題で用いられることはなく，第 X 巻の残りの部分と直接の論理的関係を持たない命題でもある．命題 X.2 の解説でも述べたように，X.3, 4 は第 VII 巻の VII.2, 3 の議論を模倣して第 X 巻の冒頭に挿入されたようにも見える．第 X 巻の本質的な部分は次の命題 X.5 から始まる．

5

互いに共測な 2 量が持つ比は，数が数に対する比である．

共測な 2 量を A, B としよう．私は言う，A が B に対して持つ比は，数が数に対する比である．

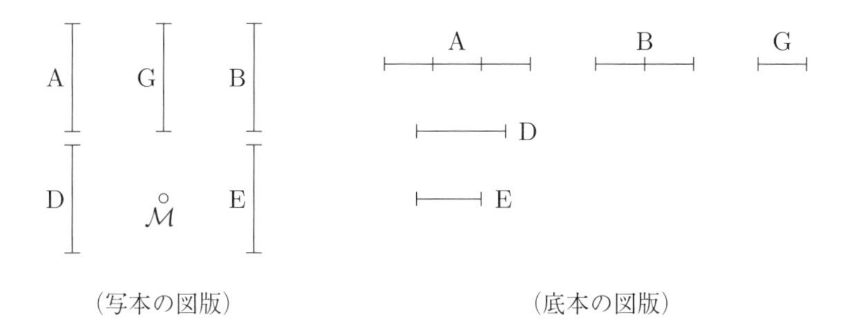

(写本の図版)　　(底本の図版)

というのは，〔量〕A, B[20]は共測であるから，何らかの量がそれらを測ることになる．測るとし，それを G としよう．そして，〔量〕G が〔量〕A を測る〔回数〕だけ，単位が〔数〕D の中にあるとし，また〔量〕G が〔量〕B

[20]〔量〕，〔数〕という表記については命題 X.6 の解説を参照．

を測る〔回数〕だけ，単位が〔数〕Eの中にあるとしよう．

すると，〔量〕Gは〔量〕Aを〔数〕Dの中の単位ごとに測り，また単位も〔数〕Dをその中の単位ごとに測るから，ゆえに，単位が数Dを測るのと等しい〔回数〕だけ量Gも〔量〕Aを測る．ゆえに，〔量〕Gが〔量〕Aに対するように，単位が〔数〕Dに対する **[VII. 定義 21]**．ゆえに逆転されて，〔量〕Aが〔量〕Gに対するように，〔数〕Dが単位に対する **[V.7 系]**．一方，〔量〕Gは〔量〕Bを〔数〕Eの中の単位ごとに測り，また単位も〔数〕Eをその中の単位ごとに測るから，ゆえに，単位が〔数〕Eを測るのと等しい〔回数〕だけ〔量〕Gも〔量〕Bを測る．ゆえに，〔量〕Gが〔量〕Bに対するように，単位が〔数〕Eに対する **[VII. 定義 21]**．また〔量〕Aが〔量〕Gに対するように，〔数〕Dが単位に対することも証明された．ゆえに，等順位において〔量〕Aが〔量〕Bに対するように，数Dが〔数〕Eに対する **[V.22][VII.14]**．

ゆえに，共測な2量A, Bが互いに対して持つ比は，数Dが数Eに対する比である．これが証明すべきことであった．

解　説

本命題から命題X.8までの4命題は1つのまとまりをなし，2量が共測・非共測であることと，その比が整数の比で表されることとが論理的に同値であることを示す．そしてこれら4個の命題と同等の内容を，直線上の正方形の比と正方形数（平方数）の比についてまとめて述べるのが命題X.9である．ただしX.7, 8はアラビア語の伝承に存在せず，後世の追加と考えるべきである．

議論の内容については次のX.6で解説することとし，ここでは図版についてのみ説明する．写本では5本の直線A, B, G, D, E（X.6ではZも含み6本）の他に，丸印が描かれていて，その下に$\mathcal{M}$と書かれている．これは単位を意味するモナスを表す．なお，他の数や量を表す直線がおおむね同じ長さで描かれていることは，他の命題にも共通である (§1.2).

6

もし2量が持つ比が，数が数に対する比であるならば，それらの量は共測になる．

というのは，2量A, Bが互いに対して持つ比が，数Dが数Eに対する比であるとしよう．私は言う，2量A, Bは共測である．

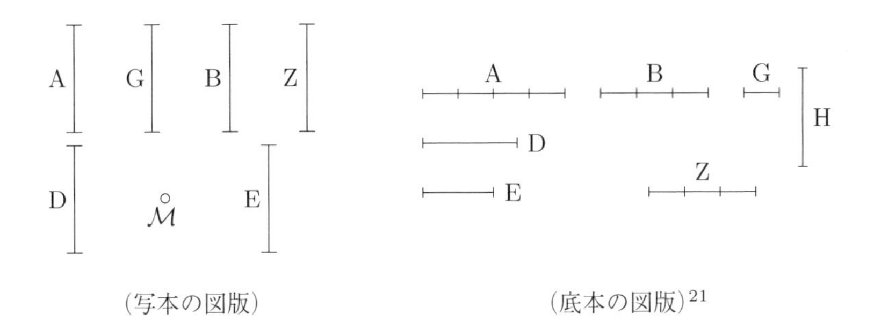

（写本の図版）　（底本の図版）[21]

というのは，〔数〕D の中に単位がある〔個数〕だけ，〔量〕A が〔互いに〕等しい量に分けられたとし，それらの 1 つに〔量〕G が等しいとしよう．また〔数〕E の中に単位がある〔個数〕だけの G に等しい量から，〔量〕Z が合わせられ〔て作られ〕たとしよう．

すると，〔数〕D の中にある単位と同じ〔個数〕だけ量 A の中にも G に等しい量があるから，ゆえに，単位が〔数〕D の単部分であるのと，〔量〕G も〔量〕A の同じ単部分である．ゆえに，〔量〕G が〔量〕A に対するように，単位が〔数〕D に対する **[VII. 定義 21]**．また単位は数 D を測る．ゆえに，〔量〕G も〔量〕A を測る．そして，〔量〕G が〔量〕A に対するように，単位が [数] D に対するから，ゆえに，逆転されて，〔量〕A が〔量〕G に対するように，数 D が単位に対する **[V.7 系]**．一方〔数〕E の中にある単位と同じ〔個数〕だけ〔量〕Z の中にも〔量〕G に等しい量があるから，ゆえに，〔量〕G が〔量〕Z に対するように，単位が [数] E に対する **[VII.21 系]**．また〔量〕A が〔量〕G に対するように，〔数〕D が単位に対することも証明された．ゆえに等順位において，〔量〕A が〔量〕Z に対するように，〔数〕D が〔数〕E に対する **[V.22][VII.14]**．しかし，〔数〕D が〔数〕E に対するように，〔量〕A が〔量〕B に対する．ゆえに，〔量〕A は〔量〕B に対するように，〔量〕Z にも対する **[V.11]**．ゆえに，〔量〕A は〔量〕B, Z の各々に対して同じ比を持つ．

[21]底本の図には，命題本文にも，この命題の後の系にも現れない直線 H が描かれている．これはアウグスト版に由来する．本命題の系においては A と Z の比例中項が B であるが，B は命題本文で別の意味で使われている記号である．アウグストはこのことを問題視したのであろう．アウグスト版ではこの比例中項に H という名前が与えられ，図版にも H が現れる．底本の図版に，この H がそのまま現れていることから，ハイベアがアウグスト版の図版をよく吟味せずに写したことが分かる．この H はスタマティス版にも残っている．

ゆえに，〔量〕B は〔量〕Z に等しい [V.9]．また〔量〕G は〔量〕Z を測る．ゆえに，〔量〕B をも測る．しかしやはり，〔量〕A をも測る．ゆえに，〔量〕G は〔量〕A, B を測る．ゆえに，〔量〕A は〔量〕B に対して共測である．

ゆえに，2 つの量が互いに対して，云々．

解　説

命題 X.5–8 の 4 命題が論理的に 1 つのまとまりをなすことはすぐに分かる．ただし，非共測な量の比に関する命題 X.7, 8 はアラビア・ラテンの伝承には存在せず，後世の追加である可能性が高い．

これらの命題の証明では，1 つの比例関係に，量 A, B と数 D, E の両方が現れることになる．比例に関する定理は，第 V 巻の幾何学量に対するものと，第 VII 巻の整数に対するものがあるが，ここでは証明に現れる表現から，第 VII 巻の整数に対する比例論が利用されていることが分かる．しかし，第 VII 巻の命題中には存在しない議論や，第 V 巻と第 VII 巻のどちらの命題でも可能な議論については，利用命題として第 V 巻の命題番号もあげてある．

なお，数や量を A, B のように単に文字で表現しても，ギリシャ語では冠詞の性によってそれが整数を表すのか，量を表すのかが区別できる．数は男性名詞，量は中性名詞だからである[22]．日本語ではこの区別ができないので，本命題のように数と量の両方が現れる命題では，適宜「〔数〕D」「〔量〕A」のように表現を補った．

系

そこでこのことから次のことが明らかである．もし D, E のような 2 つの数と，A のような直線があるならば，〔数〕D が〔数〕E に対するように，直線が直線に対するようにすることができる．また，もし〔直線〕A, Z の比例中項が，〔直線〕B のようにとられるならば，〔直線〕A が〔直線〕Z に対するように，A 上の正方形が B 上の正方形に対することになる，すなわち第 1 の直線が第 3 の直線に対するように，第 1 の直線上の正方形が第 2 の直線上の相似で相似〔な配置〕に描かれた正方形に〔対することになる〕[23]．しかし，〔直線〕A が〔直線〕Z に対するように，〔数〕D が〔数〕E に対する．ゆえに，

---

[22] 正確に言えば，第 X 巻では，数と量は主格，対格で現れることが圧倒的に多く，その場合は男性・中性の冠詞が別の形になるので区別できる．

[23] この文章では「相似で相似〔な配置〕に描かれた」という表現が余分な付け足しである．恐らく VI.19 系の表現を参考にしたと思われるが，そこでは相似な「形状」（正方形とは限らない平面図形）が対象である．第 X 巻のこの文脈では，図形は正方形だけを考えれば十分であり，それが「相似で相似〔な配置〕に描かれた」ものであることは言うまでもない．

〔数〕D が〔数〕E に対するように，〔直線〕A 上の正方形が〔直線〕B 上の正方形に対するようにもなっている．これが証明すべきことであった．

解　説

解説 §5.2 で述べたように，第 X 巻の系，補助定理などは，アラビア・ラテンの伝承には現れず，これらはすべて後世の追加と考えられる．そう考える根拠を補強するのが，系や補助定理の言語表現や数学的内容が，命題本文と大きく異なるという事実である．この系には「D, E のような」(ὡς Δ, E) や，「なっている」(γέγονεν) といった，『原論』の他の箇所にはあまり見られない表現が含まれる．

『原論』第 X 巻は他の巻と比べても多くの追加された内容を含むが，底本の校訂者ハイベアは，P 写本の本文に現れる命題・系・補助定理は，内容や表現にかかわらず本文に収録し，それ以外のものを巻末付録に移している．本命題 X.6 には「系」と「別証明」があるが，系は P 写本本文にあるので底本の本文中に収録され，別証明は P 写本では欄外に書かれているので（他の写本では本文中にある），巻末付録に収められている．本全集では，巻末付録に移された内容も，写本上で現れる箇所に訳出した．なお，P 写本本文に含まれない内容については，主に F 写本，B 写本での場所によった．そのため本命題 X.6 の別証明はこの解説の直後に訳出されている．

このようなわけで，系や補助定理などが底本の本文中に収録されているか，巻末付録にあるかということは，大きな意味を持たない．基本的には，これらはすべて後世の追加であると考えるべきである[24]．

[命題 6 を別の仕方で[25]]

というのは，2 つの量 A, B が互いに対して持つ比が，数 G が数 D に対する比であるとしよう．私は言う，これらの量は共測である．

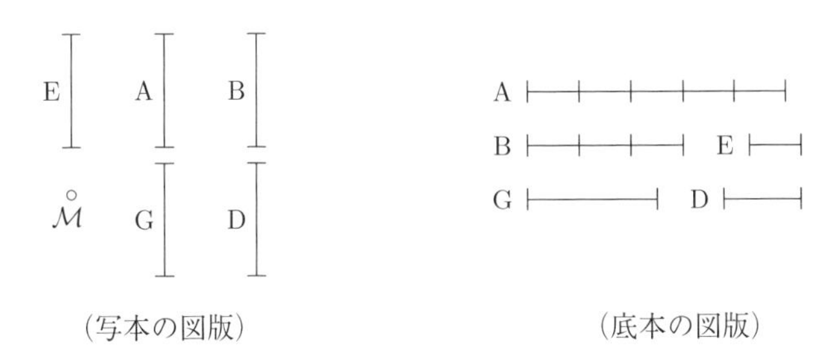

（写本の図版）　　（底本の図版）

というのは，〔数〕G の中に単位がある〔個数〕だけ，〔量〕A が〔互いに〕等し

[24]保留が必要な例外としては，アラビア・ラテンの伝承にギリシャ語写本の別証明が現れる場合がある．X.115 の後に収録した X.105, 106 の別証明を参照．

[25]この別証明は，P 写本以外のテオン版主要写本で系の後に置かれている．P 写本では欄外に同じ筆跡で追加されている．底本では付録 2.

い量に分けられたとし，それらの 1 つに〔量〕E が等しいとしよう．ゆえに，単位が数 G に対するように，〔量〕E が〔量〕A に対する **[VII. 定義 21]**．また〔数〕G が〔数〕D に対するように，〔量〕A も〔量〕B に対する．ゆえに等順位において，単位が〔数〕D に対するように，〔量〕E が〔量〕B に対する **[V.22][VII.14]**．また単位は〔数〕D をも測る．ゆえに，〔量〕E も〔量〕B を測る **[VII. 定義 21]**．また〔量〕E は〔量〕A をも測る――なぜなら単位も〔数〕G を測るから．ゆえに，〔量〕E は〔量〕A,〔量〕B の各々を測る．ゆえに，〔量〕A,〔量〕B は共測であり，それらの共通な尺度は〔量〕E である．これが証明すべきことであった．

7

非共測な 2 量が互いに対して持つ比は，数が数に対する比でない．

非共測な 2 量を A, B としよう．私は言う，〔量〕A が〔量〕B に対して持つ比は，数が数に対する比でない．

（写本の図版）　（底本の図版）

というのは，もし〔量〕A が〔量〕B に対して持つ比が，数が数に対する比であるならば，〔量〕A は〔量〕B に対して共測になる **[X.6]**．しかしそうではない．ゆえに，〔量〕A が〔量〕B に対して持つ比は，数が数に対する比でない．

ゆえに，非共測な 2 量が互いに対して持つ比は，数が数に対する比でない，云々．

8

もし 2 つの量が互いに対して持つ比が，数が数に対する比でないならば，それらの量は非共測になる．

というのは，2 つの量 A, B が互いに対して持つ比が，数が数に対する比でないとしよう．私は言う，量 A, B は非共測である．

(写本の図版)　(底本の図版)

というのは，もし共測になるならば，〔量〕A が〔量〕B に対して持つ比が，数が数に対する比になる [**X.5**]．しかし〔数が数に対する比を〕持つことはない．ゆえに，量 A, B は非共測である．

ゆえに，もし 2 つの量が互いに，云々．

解　説

命題 X.5, 6 の解説で述べたように，命題 X.7, 8 はアラビア・ラテンの伝承には存在せず，後世の追加と考えられる．

9

長さにおいて共測な 2 直線上の正方形が互いに対して持つ比は，正方形数が正方形数に対する比である．そして，2 つの正方形で互いに対して持つ比が，正方形数が正方形数に対する比であるものは，長さにおいても共測な辺を持つ．また，長さにおいて非共測な 2 直線上の正方形が互いに対して持つ比は，正方形数が正方形数に対する比でない．そして，2 つの正方形で互いに対して持つ比が，正方形数が正方形数に対する比でないものは，長さにおいても共測な辺を持たない．

というのは，〔直線〕A, B が長さにおいて共測であるとしよう．私は言う，A 上の正方形が B 上の正方形に対して持つ比は，正方形数が正方形数に対する比である．

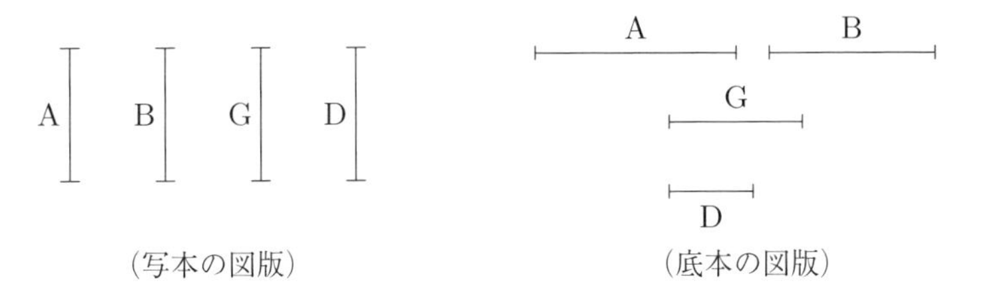

(写本の図版)　(底本の図版)

というのは，〔直線〕A が〔直線〕B に対して長さにおいて共測であるから，ゆえに，〔直線〕A が〔直線〕B に対して持つ比は，数が数に対する比である **[X.5]**．〔数〕G が〔数〕D に対する比を持つとしよう．すると〔直線〕A が〔直線〕B に対するように，〔数〕G が〔数〕D に対し，しかしまず，〔直線〕A が〔直線〕B に対する比の 2 倍は G 上の正方形数が D 上の正方形数に対する比であり —— というのは相似な図形は対応する辺の 2 倍の比にあるから **[VI.20]** ——，また [数] G が [数] D に対する比の 2 倍は G 上の正方形数が D 上の正方形数に対する比であるから —— というのは 2 つの正方形数の間には 1 つの比例中項数があり，正方形〔数〕が正方形 [数] に対して持つ比は，辺が辺に対する比の 2 倍の比であるから **[VIII.11]** ——，ゆえに，〔直線〕A 上の正方形が〔直線〕B 上の正方形に対するように，〔数〕G 上の正方形数も [数] D 上の正方形数に対する **[V.22][VII.14]**[26]．

しかし今度は，〔直線〕A 上の正方形が〔直線〕B 上の正方形に対するように，〔数〕G 上の正方形〔数〕が〔数〕D 上の正方形〔数〕に対するとしよう．私は言う，〔直線〕A は〔直線〕B に対して長さにおいて共測である

というのは，〔直線〕A 上の正方形が〔直線〕B 上の正方形に対するように，〔数〕G 上の正方形数が〔数〕D 上の正方形数に対し，しかしまず，〔直線〕A 上の正方形が〔直線〕B 上の正方形に対する比は，A が B に対する比の 2 倍の比であり，また，[数] G 上の正方形数が [数] D 上の正方形数に対する比は，[数] G が [数] D に対する比の 2 倍の比であるから，ゆえに，〔直線〕A が〔直線〕B に対するように，[数] G が [数] D に対するのでもある[27]．ゆえに，〔直線〕A が〔直線〕B に対して持つ比は，数 G が数 D に対する比である．ゆえに，〔直線〕A は〔直線〕B に対して長さにおいて共測である **[X.6]**．

しかし今度は，〔直線〕A が〔直線〕B に対して長さにおいて非共測であるとしよう．私は言う，〔直線〕A 上の正方形が〔直線〕B 上の正方形に対して

[26] 2 倍比は V. 定義 9 で定義される．3 つの量が連続比例するとき（$a:b=b:c$ のとき），第 1 が第 3 に対する比 $(a:c)$ は，第 1 が第 2 に対する比 $(a:b)$ の 2 倍の比である．

2 つの比が同じであるとき，それらの 2 倍比も同じであることは自明なことのように思われるが，これは厳密には証明が必要なことであり，その根拠は等順位比に関する V.22（整数に関する比例では VII.14）である．

[27] ここでは前注の箇所と逆に，2 倍比が同じならば，もとの比も同じであるという議論がなされている．しかしこれも自明ではない．VI.22 の後半では，これに相当する議論に帰謬法が利用されているが，ここではそのような議論が必要であるという意識がない．

持つ比は，正方形数が正方形数に対する比でない．

というのは，もし〔直線〕A 上の正方形が〔直線〕B 上の正方形に対して持つ比が，正方形数が正方形数に対する比であるならば，〔直線〕A は〔直線〕B に対して共測になる **[X.9 前半]**．しかしそうではない．ゆえに，〔直線〕A 上の正方形が〔直線〕B 上の正方形に対して持つ比は，正方形数が正方形数に対する比でない．

そこで今度は，〔直線〕A 上の正方形が〔直線〕B 上の正方形に対して持つ比が，正方形数が正方形数に対する比でないとしよう．私は言う，〔直線〕A は〔直線〕B に対して長さにおいて非共測である．

というのは，もし〔直線〕A が〔直線〕B に対して共測であるならば，〔直線〕A 上の正方形が〔直線〕B 上の正方形に対して持つ比は，正方形数が正方形数に対する比になる **[X.9 前半]**．しかしそうではない．ゆえに，〔直線〕A は〔直線〕B に対して長さにおいて共測でない．

ゆえに，長さにおいて共測な直線上の，云々．

解　説

この命題は，2 直線が共測であることと，その 2 直線上の正方形の比が正方形数どうしの比であることとの関連を扱うもので，直前の命題 X.5–8 に相当する内容を 1 つの命題でまとめて述べている．

この命題によって，2 直線上の正方形の比が，整数の比であって，しかも正方形数どうしの比でなければ，2 直線は平方においてのみ共測となることが分かる．これは頻繁に利用される性質である（X.29, 30 および第 2 部，第 3 部の第 3 命題群，すなわち X.48–53, X.85–90）．また，次の命題 X.10 ではこの性質を利用して平方においてのみ共測な 2 直線を作図していて，これは X.28, 29 で利用される[28]．

正方形数が正方形数に対する比であるかどうか調べる方法

なお，2 直線の比が 2 整数の比で表された場合に，それが「正方形数が正方形数に対する比」であるのかは，どう判定できるのだろうか．これは必ずしも自明なことではない．たとえば 8 と 18 はどちらも正方形数でないが，8 対 18 の比は 4 対 9 と同じだから，この比は正方形数が正方形数に対する比である．

実は，2 整数の比を，命題 VII.33 によって最小の 2 数の比にして，この最小の 2 数が正方形数であるかどうかを確かめればよい．この理由を説明しておこう．2 整数の比を $a : b$，これと同じ比を持つ最小の 2 数の比を $p : q$ としよう．もし $a : b$ が正方形数が正方形数に対する

[28] 平方においてのみ共測な 2 直線の作図が 2 通りの仕方で表されることについては，解説 §4.3.7 を参照．

比なら，

$$a : b = p : q = m^2 : n^2$$

と表せる．すると命題 VIII.11 によって m^2 と n^2 の間に 1 つの比例中項数が落ち，したがって命題 VIII.8 によって p と q の間にも 1 つの比例中項数 r が落ちる．すると p, r, q は順次比例する 3 つの数で，これらと同じ比を持つ数のうちで最小であるから，命題 VIII.2 系により，p, q は正方形数である．

このように，数論諸巻の命題と第 X 巻の非共測量の議論との間には論理的関連が見られる．この関連が，実際に数論諸巻の成立に影響したと推定するのが §2.6.3 で触れたソイデンの立場であった．

「数 G 上の正方形数」のギリシャ語での種々の表現と，その翻訳

以下で見ていくように，この表現はギリシャ語では部分的に省略されることが多く，しかも省略によって意味が曖昧になることがない．そのため，ギリシャ語では種々の表現が可能であり，きわめて簡潔な省略形も用いられる．しかし日本語訳では，ギリシャ語の表現の相違をすべて区別しているわけではない．

以下では，「数 G 上の正方形数」という表現を，主格形に限定して，ギリシャ語原文のさまざまな可能性と，それを区別した翻訳例を示す．

1 ὁ ἀπὸ τοῦ Γ ἀριθμοῦ τετράγωνος ἀριθμός
数 G 上の正方形数

2 ὁ ἀπὸ τοῦ Γ ἀριθμοῦ τετράγωνος [ἀριθμός]
数 G 上の正方形 [数]

3 ὁ ἀπὸ τοῦ Γ ἀριθμοῦ τετράγωνος
数 G 上の正方形〔数〕

4 ὁ ἀπὸ τοῦ Γ τετράγωνος
〔数〕G 上の正方形〔数〕

5 ὁ ἀπὸ τοῦ Γ [τετράγωνος]
〔数〕G 上の [正方形]〔数〕

6 ὁ ἀπὸ τοῦ Γ
〔数〕G 上の〔正方形数〕

この 6 つの例のうち最初のものが，省略のない完全な表現である（実際にはめったに出てこない）．文法的には最初の ὁが男性単数主格の冠詞で，「正方形数」τετράγωνος ἀριθμός にかかり，冠詞と，それに対応する「正方形数」という形容詞＋名詞の間に「数 G 上の」を意味する語句 ἀπὸ τοῦ Γ ἀριθμοῦが挿入されている[29]．この挿入句は「上に」を意味する前置詞 ἀπό（ここでは属格支配），男性単数属格の冠詞 τοῦ，そして「数 G」（Γ ἀριθμοῦ, 属格）からなる．

なお，本命題にも現れる「直線 A 上の正方形」の省略のない表現は τὸ ἀπὸ τῆς A εὐθείας τετράγωνον となる．τὸは中性単数主格の冠詞，

[29]ギリシャ語では冠詞と形容詞・名詞の間に別の語句が挿入できる．このような構文は近代語ではドイツ語に見られる．なお，本全集で採用した原則によってギリシャ文字の Γ（ガンマ）をローマンアルファベットの G に置き換えている．

τῆς は女性単数属格の冠詞であり，「正方形」τετράγωνον が中性名詞，「直線」εὐθεῖα が女性名詞（εὐθείας は単数属格形）であることに対応する．実際には「直線」の語はほとんどの場合に省略される．

2 番目の例は，「正方形数」の最後の「数」（ἀριθμός, アリトモス）の語が，一部の写本にしか現れず，底本の校訂者ハイベアがその真正性を疑問視している場合である．

3 番目はこの最後の語 ἀριθμός（アリトモス）が省略されている場合である．本全集の原則に従えば，「正方形〔数〕」のように訳すことになる．しかしここで「数」ἀριθμός という語を省略しても，直前の形容詞 τετράγωνος（テトラゴーノス）が男性形であるので，これが図形としての「正方形」を表すのでなく，「正方形数」を表すことが分かる．なぜなら図形としての正方形は中性形の τετράγωνον（テトラゴーノン）で表されるからである[30]．したがって「数」(ἀριθμός) という語を省略した 3 番目の表現も，1, 2 の場合と訳文上で区別する必要がなければ，「正方形〔数〕」とせずに，「正方形数」と訳してもよいことになる．

4 番目の例では「数 G」の「数」の語が省略されている．ただし，この表現も全体として「G の上の正方形数」を意味するので G は数でなくてはならず，実際 G についている冠詞 τοῦは男性（または中性）単数属格の形であり，省略されている語が男性名詞「数」（ἀριθμός, アリトモス）であることと符合している．翻訳では，「数」の語を補わずとも，「G 上の正方形数」で問題なく理解できる．

5 番目は，「正方形〔数〕」τετράγωνος の語が一部の写本に限られ，校訂者ハイベアがその真正性を疑問視している場合である．

最後の 6 番目では「正方形〔数〕」（τετράγωνος, テトラゴーノス）の語までもが省略されているが，やはり冠詞の性のおかげで，この句の意味は「数 G の上の正方形数」以外ではありえない[31]．もちろん「G 上の正方形数」という訳でもよい．

したがって以上の 6 つの表現はどれも「G の上の正方形数」または「数 G の上の正方形数」と訳すことができる．翻訳ではこれらの表現を区別しない．ただし，数 G が名詞「数」(ἀριθμός) を伴うときは必ず「数 G」と訳す．また名詞「数」(ἀριθμός) を伴わない場合でも，1 つの文の中に直線と数の両方が現れるときは，数と直線の区別を明確にするために「〔数〕G の上の正方形数」と補ったことがある．

[30]「テトラゴーノス」は文字通りは「四つの角の」という意味の形容詞である．その中性形「テトラゴーノン」は「正方形」という意味の中性名詞として用いられるが，本来は，中性名詞「図形」（σχῆμα, スケーマ）を伴って「四角の図形＝正方形」を意味したが，名詞が省略されるようになったと考えられる．

[31]この正方形数の省略表現に対応する，「直線 A 上の正方形」という表現は τὸ ἀπὸ τῆς A である．上で説明したように τὸは中性単数主格の冠詞，τῆς は女性単数属格の冠詞である．本全集ではこの省略表現も，「正方形」（テトラゴーノン）の語を伴う表現も区別せずに「直線 A 上の正方形」と訳している．

系

そして証明されたことから次のことが明らかになる．長さにおいて共測な直線は平方においてもすべて共測であるが，平方において共測な直線が長さにおいてもすべて共測とは限らない．[[32]——実際，長さにおいて共測な直線上の正方形が持つ比は，正方形数が正方形数に対する比であり，また，数が数に対する比を持つものは共測であるのならば．したがって，長さにおいて共測な直線は長さにおいてのみ共測なのではなく，平方においても共測である．

一方，正方形で，互いに対して持つ比が，正方形数が正方形数に対する比であるものはすべて，〔その辺が〕長さにおいて共測であることが証明されて，そして，それらが平方において共測であるのは，正方形が持つ比が数が数に対する比であることによるから，ゆえに，正方形で，その持つ比が正方形数が正方形数に対する比ではなく，単に数が数に対する比であるものはすべて，まずその正方形は平方において共測になるが[33]，長さにおいてもそうなることは決してない．したがって，まず長さにおいて共測なものはすべて平方においても共測であるが，しかし，平方において共測な量はすべて長さにおいても共測なわけではなく，その持つ比が正方形数が正方形数に対する比でない限り〔長さにおいては共測ではない〕．

そこで私は言う，長さにおいて非共測な直線は[であっても]平方においてもすべて非共測とは限らない——なぜならば平方において共測な直線が持つ比が，正方形数が正方形数に対する比でないことが可能であり，このことのゆえに，平方において共測であるのに，長さにおいて非共測である〔こともありうる〕から．したがって，長さにおいて非共測な直線は平方においてもすべて非共測とは限らず，しかし，長さにおいて非共測な直線が，平方において非共測であることも，共測であることも可能である．

また平方において非共測な直線はすべて長さにおいても非共測である．というのは，もし長さにおいて共測であるならば，平方においても共測になる．また，非共測であるとも仮定されている．これは不合理である．ゆえに，平方において非共測な直線はすべて長さにおいても非共測である.]

---

[32]この角括弧はこの系の最後の角括弧に対応し，底本の校訂者ハイベアが，ここから先のテクストを真正なものでないと判断したことを示している．

[33]ここで正方形とあるが意味が通らない．「辺」であるべきである．

補助定理

数論で，次のことが証明されている．相似平面数が互いに対して持つ比は，正方形数が正方形数に対する比であり **[VIII.26]**，そしてもし2数が互いに対して持つ比が，正方形数が正方形数に対する比であるならば，それらは相似平面数である[34]．これらのことから次のことも明らかである．相似平面数でない2数，すなわち比例する辺を持たない2数が互いに対して持つ比は，正方形数が正方形数に対する比でない．というのは，もし〔そのような比を〕持つならば，それらは相似平面数になる．このことは仮定されていない．ゆえに，相似平面数でない2数が互いに対して持つ比は，正方形数が正方形数に対する比でない．

[命題9を別の仕方で[35]]

というのは，〔直線〕Aは〔直線〕Bに対して共測であるから，それらが持つ比は，数が数に対する比である **[X.5]**．〔数〕Gの〔数〕Dに対する比を持つとし，まずGがそれ自身を多倍してEを作るとし，またGがDを多倍してZを作るとし，またDがそれ自身を多倍してHを作るとしよう．

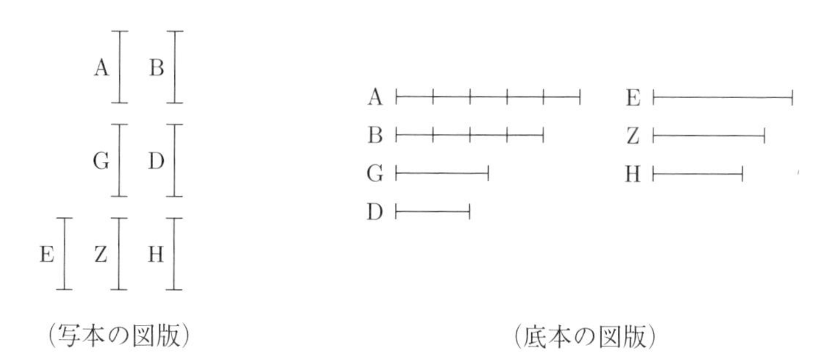

（写本の図版）　（底本の図版）

すると，まずGがそれ自身を多倍してEを作っていて，またDを多倍してZを作っているから，ゆえに，〔数〕Gが〔数〕Dに対するように，すなわち〔直線〕Aが〔直線〕Bに対するように，〔数〕Eが〔数〕Zに対する **[VII.17]**．しかし，AがBに対するように，A上の正方形がA, Bに囲まれる長方形に対する **[VI.1]**．ゆえに，A上の正方形がA, Bに囲まれる長方形に対するように，〔数〕Eが〔数〕Zに対する **[V.11]**．一方，Dがそれ自身を多倍してHを作っていて，またGがDを多倍してZを作っているから，ゆえに，〔数〕Gが〔数〕Dに対するように，すなわち〔直線〕Aが〔直線〕Bに対するように，〔数〕Zが〔数〕Hに対する **[VII.18]**．

---

[34] この主張に直接対応する命題はないが，命題VIII.8, 18, 20によって証明できる．

[35] この別証明は，P写本以外の主要写本で補助定理の後に置かれている．P写本では欄外に同じ筆跡で追加されている．底本では付録3．写本の図版はF写本によった．

しかし，Λ が B に対するように，A, B に囲まれる長方形が B 上の正方形に対する **[VI.1]**．ゆえに，A, B に囲まれる長方形が B 上の正方形に対するように，〔数〕Z が〔数〕H に対する **[V.11]**．しかし，A 上の正方形が A, B に囲まれる長方形に対するように，〔数〕E が〔数〕Z に対するのであった．ゆえに等順位において，A 上の正方形が B 上の正方形に対するように，〔数〕E が〔数〕H に対する **[V.22][VII.14]**．また E, H の各々は正方形数である ── というのはまず〔数〕E は G 上の正方形数であり，また〔数〕H は D 上の正方形数であるから．ゆえに，〔直線〕A 上の正方形が〔直線〕B 上の正方形に対して持つ比は，正方形数が正方形数に対する比である．これが証明すべきことであった．

しかし今度は，A 上の正方形が B 上の正方形に対して持つ比が，正方形数 E が正方形数 H に対する比であるとしよう．私は言う，〔直線〕A は〔直線〕B に対して共測である．

というのは，まず〔正方形数〕E の辺を〔数〕G，また〔正方形数〕H の辺を〔数〕D とし，G が D を多倍して Z を作るとしよう．ゆえに，E, Z, H は G の D に対する比において順次比例する **[VII.17, 18]**．そして A, B 上の正方形の比例中項は A, B に囲まれる長方形であり，また〔数〕E, H の比例中項〔数〕は Z であるから，ゆえに，A 上の正方形が A, B に囲まれる長方形に対するように，〔数〕E が〔数〕Z に対し，また A, B に囲まれる長方形が B 上の正方形に対するように，〔数〕Z が〔数〕H に対し[36]，しかし，A 上の正方形が A, B に囲まれる長方形に対するように，A が B に対する **[VI.1]**．ゆえに，A, B は共測である **[X.6]** ── というのはそれらが持つ比は，数 E が数 Z に対する比，すなわち〔数〕G が〔数〕D に対する比であるから ── というのは G が D に対するように，E が Z に対するから ── というのは G がまずそれ自身を多倍して E を作り，また D を多倍して Z を作っているから．ゆえに，G が D に対するように，E が Z に対する **[VII.17]**．

10

提出された直線に対して非共測な 2 つの直線を見出し，その一方は長さにおいてのみ，他方は平方においても非共測であるようにすること[37]．

提出された直線を A としよう．そこで A に対して非共測な 2 つの直線を見出さねばならない．その一方は長さにおいてのみ，他方は平方においても非共測であるものである．

---

[36] ここでの推論を一般化すれば次のようになろう．$a : b = c : d$ という比例関係があるとき，a, b の比例中項を m とし，c, d の比例中項を n とすれば，$a : m = m : b = c : n = n : d$ が成り立つ，というものである．これは直観的には自明であり，もちろん正しいが，『原論』の他の箇所ではこの性質は自明とされていない．命題 VI.22（本全集第 1 巻）の後半部分を参照．

[37]「提出」という訳語については IX.20 の脚注 53 を参照．X. 定義 3, 4 でも使われている．

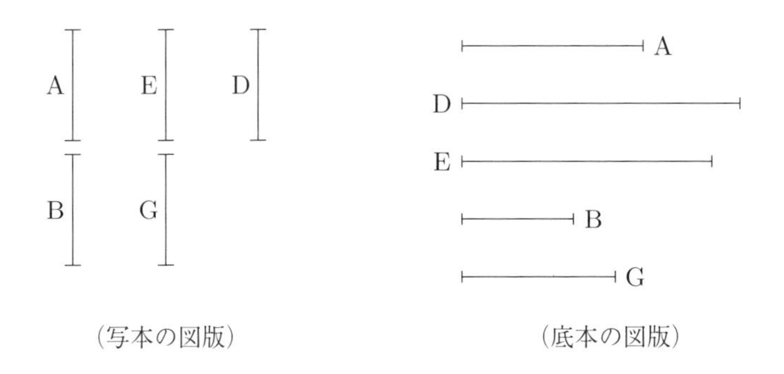

（写本の図版）　（底本の図版）

というのは，2 数 B, G が提示され，それらが持つ比が正方形数が正方形数に対する比でない，すなわち相似平面数でないとし，〔数〕B が〔数〕G に対するように，〔直線〕A 上の正方形が〔直線〕D 上の正方形に対するようになっているとしよう[38]――というのは我々は〔そのやり方を〕学んだから **[X.6 系]**．ゆえに，〔直線〕A 上の正方形は〔直線〕D 上の正方形に対して共測である **[X.6]**．そして，〔数〕B が〔数〕G に対して持つ比は，正方形数が正方形数

[38]ここでの「なっているとしよう」という訳語は奇妙に聞こえるが，「なる」「生じる」を意味する動詞 γίνομαι の現在完了命令法 γεγονέτω の訳である．ギリシャ数学文献全体を見渡せば，この語は解析の最初に，問題が解かれたと仮定するときに使われる「そうなっているとしよう」（求める作図ができたとしよう）という定型的な表現である（本全集第 4 巻 p. 460, 463, 469 に実例がある）．しかし命題を積み重ねていく『原論』では解析は用いられないので，このような用例はない．『原論』での γεγονέτω の用例は，何らかの既知の技法で条件を満たすような対象を作図・構成することを要求する表現である．

具体的にここでは，

$$\text{数 B} : \text{数 G} = \text{直線 A 上の正方形} : \text{直線 D 上の正方形}$$

を満たす直線 D を作図することが求められている．その具体的な方法は述べられていないから，容易な作図と考えられたのであろう（しかし後代の読者はこれに困難を感じたらしく，X.6 系にその方法が説明されている）．

ここで第 X 巻での γεγονέτω の用例を検討してみよう．この表現は底本の本文に 21 回現れ，ここと同様の作図を要求するのが命題 X.10, 48–53 の 9 回（50, 53 では 2 回ずつ），単に第 4 比例項を求めるのが X.27, 28, 66, 67, 103, 104, 113 の 7 回（VI.12 を利用），もっと広く，以前の命題と同様の作図・設定がなされたとしよう，という用例が X.35, 57, 68, 105 の 4 回．相互差引において，その手続きが必要なだけ行なわれたとしよう，という意味が X.2 の 1 回，やや複雑な作図を要求するのが X.112（脚注 228 を参照）の 1 回である．

『原論』の他の巻でのこの表現の用例は比較的稀であり，他の理由から後世の追加であると考えられる箇所に集中している．すなわち他の巻での用例は全部で 7 箇所しかなく，それは V.5, V.8*（2 回）, VI.23*, IX.19*, XI.27, XII.2 補助定理*である．このうちアステリスクを付したものは，何らかの理由で後世の付加である可能性が高いものである．こうして見ると，γεγονέτω は『原論』では本来ほとんど用いられることのない稀な語であり，第 X 巻にこの語が比較的頻繁に現れるのは，この巻の成立・伝承の過程に起因するものと考えられる．確定的な結論は，今後の研究に俟つべき部分が多い．

に対する比でないから，ゆえに，〔直線〕A 上の正方形が〔直線〕D 上の正方形に対して持つ比も，正方形数が正方形数に対する比でない．ゆえに，〔直線〕A は〔直線〕D に対して長さにおいて非共測である **[X.9]**．直線 A, D の比例中項 E がとられたとしよう **[VI.13]**．ゆえに，A が D に対するように，A 上の正方形が E 上の正方形に対する **[VI.19 系]**．また，A は D に対して長さにおいて非共測である．ゆえに，A 上の正方形も E 上の正方形に対して非共測である **[X.11]**．ゆえに，A は E に対して平方において非共測である．

ゆえに，提出された直線に対して非共測な 2 つの直線 D, E が見出されて，〔直線〕D は長さにおいてのみ，また〔直線〕E は平方においても長さにおいても，まったく明らかに非共測である．[これが証明すべきことであった.]

解　　説

本命題の証明の最後近くで，次の X.11 が利用されている．これは底本の校訂者ハイベアも指摘している問題である．なお，アラビア・ラテンの伝承では命題 10 と 11 の順序は逆になっていて，この問題は生じない．

後に出てくる命題を証明中で利用することは，命題を順次証明していく『原論』ではきわめて異例であり，本命題は後世の追加ではないかという疑いを起こさせる．さらに命題本文中に，「我々は〔そのやり方を〕学んだから」「まったく明らかに」など，後世の追加部分に典型的な表現があることは，この疑念を強めることになる．

さらに本命題が利用される場面を調べると，命題 X.27, 28 で利用されていると思われるが[39]，これらの 2 命題自体が後世の追加である可能性がある（命題 X.35 の解説を参照）．

このような事情から，訳者は本命題 X.10 が後世の追加であるか，少なくとも大幅な改変を経たものであると考えている．

[命題 10 への追加[40]]

ゆえに提出された可述直線から尺度がとられると我々は述べたが，〔そのような可述直線である〕たとえば A に対して，まず平方において共測な〔直線〕D，すなわち平方においてのみ共測な可述直線が見出されて，また，無比直線 E が見出され

[39]ただし，底本の校訂者ハイベアはこのことを指摘していない．ハイベアは通常，底本のラテン語訳で利用される命題を指摘している．X.27, 28 は最初の部分で平方においてのみ共測な 2 直線をとり，これは X.10 によると思われるが，その箇所には利用命題の指摘はない．

[40]P 写本を含む主要写本では，命題 10 の末尾の「これが証明すべきことであった」はなく，その代わりに以下の議論が続く．しかしその内容や語法から見て，これは明らかに追加された注釈である．底本ではこの部分が付録 4 に移され，本文には写本にない「これが証明すべきことであった」が追加されている．

ている——というのは一般的に，彼は可述直線に対して長さにおいても平方においても非共測な直線を無比直線と呼ぶから[41].

11

もし4つの量が比例して，また，第1が第2に対して共測であるならば，第3も第4に対して共測になる．そしてもし第1が第2に対して非共測であるならば，第3も第4に対して非共測になる．

比例する4量をA, B, G, Dとし，AがBに対するようにGがDに対し，またAはBに対して共測であるとしよう．私は言う，GもDに対して共測になる．

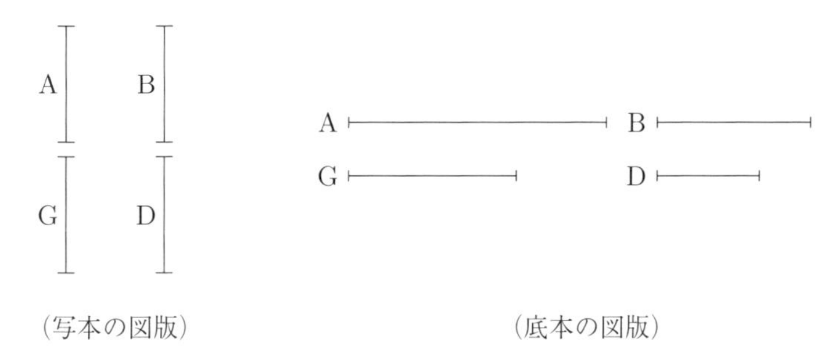

（写本の図版）　（底本の図版）

というのは，AがBに対して共測であるから，ゆえに，AがBに対して持つ比は，数が数に対する比である **[X.5]**．そしてAがBに対するように，GがDに対する．ゆえに，GがDに対して持つ比も，数が数に対する比である．ゆえに，GもDに対して共測である **[X.6]**.

しかし今度は，AがBに対して非共測であるとしよう．私は言う，GもDに対して非共測になる．というのは，AはBに対して非共測であるから，ゆえに，AがBに対して持つ比は，数が数に対する比でない **[X.7]**．そしてAがBに対するように，GがDに対する．ゆえに，GがDに対して持つ比は，数が数に対する比でない．ゆえに，GはDに対して非共測である **[X.8]**.

ゆえに，もし4つの量が，云々．

---

[41]「彼は」という訳語はここで動詞の三人称単数形が使われていることによる．これは言うまでもなくエウクレイデスを指し，この文章が注釈者によるものであることが分かる．

解　説

本命題 X.11 から X.18 までは共測・非共測な量に関する基本的な命題が証明される．ただしアラビア・ラテンの伝承では一部の命題が存在せず，命題の順序も大きく異なる．詳しくは X.16 の解説を参照されたい．

本文を読み進めるにあたっては，X.13 の後の補助定理および X.14, 17, 18 がやや特殊で難解な命題であるので（これらは無比直線の分類に関係する特定の命題でのみ利用される），最初はこれらを飛ばして先に進んでも支障はない．これら 3 つの命題の数学的内容については X.18 で解説する．

12

同じ量に対して共測な量は互いに対しても共測である．

〔量〕A, B の各々が〔量〕G に対して共測であるとしよう．私は言う，A も B に対して共測である．

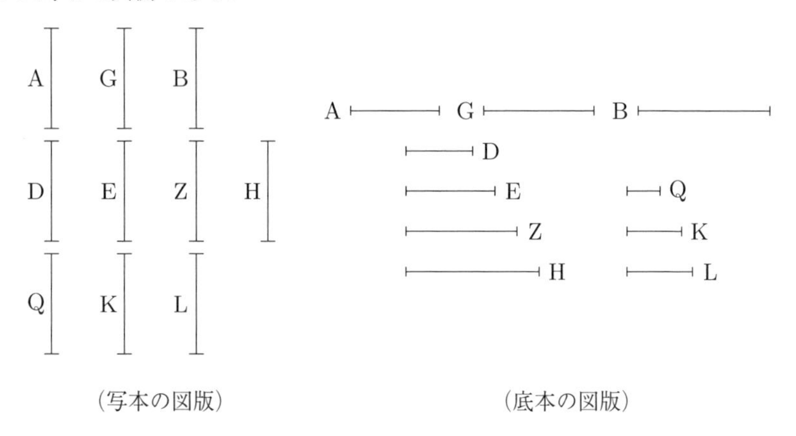

（写本の図版）　（底本の図版）

というのは，A が G に対して共測であるから，ゆえに，A が G に対して持つ比は，数が数に対する比である **[X.5]**．〔数〕D が〔数〕E に対する比を持つとしよう．一方，G が B に対して共測であるから，ゆえに，G が B に対して持つ比は，数が数に対する比である **[X.5]**．〔数〕Z が〔数〕H に対する比を持つとしよう．そして，任意個の比，すなわち D が E に対して持つ比，および Z が H に対して持つ比が与えられたとき，順次与えられた比にある数 Q, K, L がとられ，まず D が E に対するように，Q が K に対し，また Z が

Hに対するように，KがLに対するとしよう **[VIII.4]**.

すると，〔量〕Aが〔量〕Gに対するように，〔数〕Dが〔数〕Eに対し，しかし，〔数〕Dが〔数〕Eに対するように，〔数〕Qが〔数〕Kに対するから，ゆえに，〔量〕Aが〔量〕Gに対するように，〔数〕Qも〔数〕Kに対する **[V.11]**. 一方，〔量〕Gが〔量〕Bに対するように，〔数〕Zが〔数〕Hに対し，しかし，〔数〕Zが〔数〕Hに対するように，〔数〕Kが〔数〕Lに対するから，ゆえに，〔量〕Gが〔量〕Bに対するように，〔数〕Kも〔数〕Lに対する **[V.11]**. また，〔量〕Aが〔量〕Gに対するように，〔数〕Qが〔数〕Kに対するのでもある．ゆえに等順位において，〔量〕Aが〔量〕Bに対するように，〔数〕Qが〔数〕Lに対する **[V.22][VII.14]**. ゆえに，〔量〕Aが〔量〕Bに対して持つ比は，数Qが数Lに対する比である．ゆえに，〔量〕Aは〔量〕Bに対して共測である **[X.6]**.

ゆえに，同じ量に対して共測な量は互いに対しても共測である．これが証明すべきことであった[42].

解　説

2量が共測であるという性質が推移律を満たすことを示す命題であり，第X巻の基本的な命題の1つである．なお，現代の数学で推移律として表現される性質，すなわち $a \sim b,\ b \sim c\ \Rightarrow a \sim c$ のような性質は，本命題の表現からも分かるように「1つの対象に対して，ある関係（ここでは共測性）が成り立つ2つの対象の間には同じ関係が成り立つ」という形で表現される．その典型が『原論』冒頭の共通概念にあるI. 共通概念1「同じものに等しいものは互いにも等しい」であり，他にも命題V.11, VI.21など多くの例がある．

[通称 13[43]]

[帰謬法による命題13への補助定理]

もし2つの量があり，同一の量に対して，まず一方が共測であり，また他方は非共測であるならば，それら2量は非共測になる．

---

[42]第X巻では命題の最後の結論部が途中から省略されて「云々」(καὶ τὰ ἑξῆς) となっていることが多い．本命題のように他の巻でよく使われる決まり文句「これが証明すべきことであった」で終わっている場合でも，それはP写本単独のことが多く（時にP写本とV写本），テオン版は通常この決まり文句を含まない．以下，このような場合は個別に指摘しない．

[43]底本では付録5に収められている．詳しくは解説を参照．

というのは，2 量を A, B，また他の量を G とし，まず A が G に対して共測であるとし，また B は G に対して非共測であるとしよう．私は言う，A も B に対して非共測である．

（写本の図版）　（底本の図版）

というのは，もし A が B に対して共測であるならば，また G も A に対して共測であり，ゆえに，G も B に対して共測である [**X.12**]．これは仮定されていない．

解　説

この補助定理はテオン版諸写本 BFVb に見られ，P 写本では欄外に別の筆跡で書かれている．底本では付録 5 として収録されている．いくつかの写本では「帰謬法による補助定理」という標題があり，底本の標題はこれに基づく．なお，PVb 写本ではこの命題に命題番号はなく，次の命題が命題 13 である．底本のハイベア版の命題番号はこれに従っている．B 写本はこの補助定理を命題 13 とし，以下命題番号が P 写本より 1 つずつ多い．ハイベア版以前の刊本の命題番号も同様であるので注意が必要である．F 写本は，B 写本と同じ命題番号を，後で PVb と同じ番号に訂正している．

13

もし 2 つの量が共測であり，また，それらの一方が何らかの量に対して非共測であるならば，残りの量も同じ量に対して非共測になる．

2 つの共測な量を A, B とし，またそれらの一方の A が他の何らかの〔量〕G に対して非共測であるとしよう．私は言う，残りの B も G に対して非共測である．

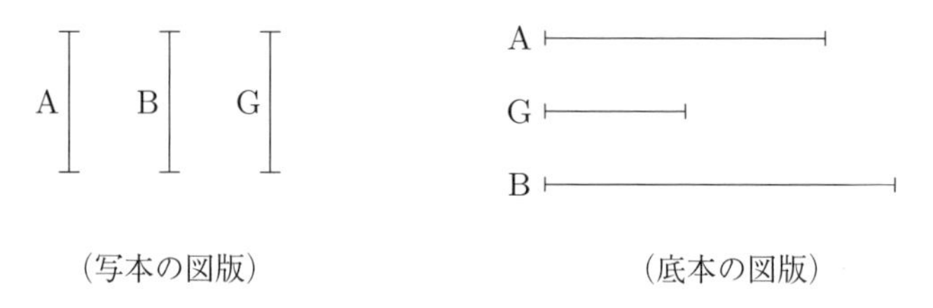

（写本の図版）　（底本の図版）

というのは，もし B が G に対して共測であるならば，しかし A も B に対して共測である〔ので〕, ゆえに, A は G に対しても共測である **[X.12]**. しかし, 非共測でもある. これは不可能である. ゆえに B は G に対して共測でない. ゆえに, 非共測である.

ゆえに, もし 2 つの量が共測で, 云々.

解　説

本命題は直前の X.12 と対をなす命題であるが, アラビア・ラテンの伝承には存在しない（また X.16 もごく一部の例外を除いて存在しない). 本命題が, 第 X 巻の非常に多くの命題で利用されていることを考えれば驚くべきことだが, 当初の『原論』にはこの命題がなかったかもしれないのである.

なお, 本命題のような帰謬法の証明は通常, 「もし可能ならば, B が G に対して共測であるとしよう. すると, A も B に対して共測であるから, A は G に対しても共測である」のような形で議論が進む（たとえば命題 X.16 を参照). ところが本命題では「もし」で始まる節の中に, 「しかし」という逆接で条件が追加され, 「ゆえに」と結論を導いている. このようなやや混乱した表現も, この命題が後から追加されたものであるとすれば納得がいく.

補助定理

不等な 2 直線が与えられたとき, ある直線を見出し, その直線だけ, 平方において大きい直線が小さい直線より大きいようにすること[44].

与えられた不等な 2 直線を AB, G とし, それらの大きい方を AB としよう. そこである直線を見出し, その直線だけ, 平方において AB が G より大きいようにしなければならない.

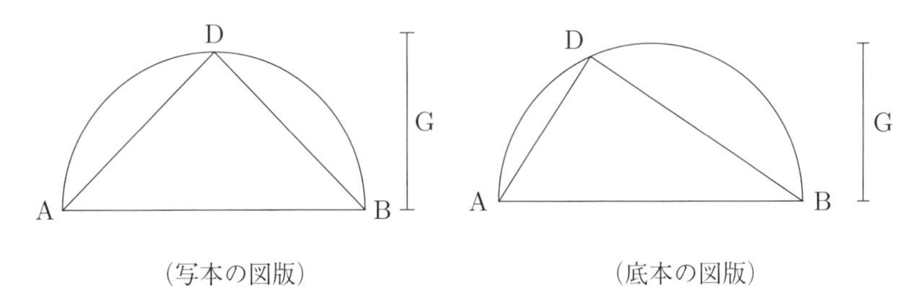

（写本の図版）　（底本の図版）

[44] ここに現れる表現「直線 x が平方において直線 y よりも直線 z だけ大きい」というのは $q(x) - q(y) = q(z)$, すなわち x 上の正方形が, y 上の正方形より z 上の正方形だけ大きいことを意味する. §3.3.6 を参照.

ABの上に半円ADBが描かれたとし，その中にGに等しいADが入れ合わせられたとし **[IV.1]**，DBが結ばれたとしよう．そこで次のことが明らかである，角ADBは直角であり **[III.31]**，ABはADよりも，すなわちGよりも，平方において，DBだけ大きい **[I.47]**．

また同様に，2直線が与えられたとき，それら〔の和〕に平方において相当する直線も次のように見出される[45]．

与えられた2直線をAD, DBとし，平方においてそれら〔の和〕に相当する直線を見出さねばならないとしよう．というのは，AD, DBが直角を囲むように置かれたとし，ABが結ばれたとしよう．再び次のことが明らかである，平方においてAD, DB〔の和〕に平方において相当するものはABである **[I.47]**．これが証明すべきことであった．

解　　説

この補助定理は，次の命題X.14の条件を満たす直線が実際に作図できることを示すものである．後世の追加と考えられる．

14

もし4つの直線が比例して，また，第1の直線が，第2の直線よりも，平方においてそれ〔第1〕に対して[長さにおいて]共測な直線上の正方形だけ大きいならば，第3の直線も，第4の直線よりも，平方においてそれ〔第3〕に対して[長さにおいて]共測な直線上の正方形だけ大きくなる．そして，もし第1の直線が，第2の直線よりも，平方においてそれ〔第1〕に対して[長さにおいて]非共測な直線上の正方形だけ大きいならば，第3の直線も，第4の直線よりも，平方においてそれ〔第3〕に対して[長さにおいて]非共測な直線上の正方形だけ大きくなる．

比例する4直線をA, B, G, Dとし，AがBに対するように，GがDに対するとし，まず，AがBよりも，平方においてE上の正方形だけ大きいとし，また，GがDよりも，平方においてZ上の正方形だけ大きいとしよう．私は言う，もしAがEに対して共測であるならば，GもZに対して共測であり，

[45] ここで2直線a, b(の和)に，ある直線xが「平方において相当する」とは，$q(x) = q(a)+q(b)$，すなわちx上の正方形が，a上の正方形とb上の正方形（の和）に等しいことを意味する．§3.3.5を参照．

もしAがEに対して非共測であるならば，GもZに対して非共測である．

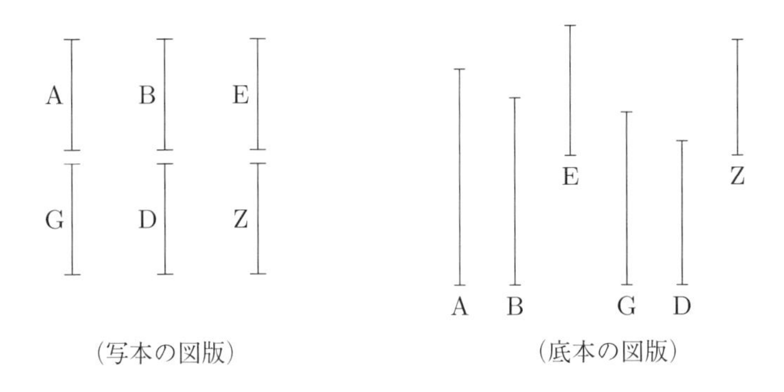

（写本の図版）　（底本の図版）

というのは，AがBに対するように，GがDに対するから，ゆえに，A上の正方形がB上の正方形に対するように，G上の正方形もD上の正方形に対する **[VI.22]**．しかしまず，A上の正方形にE, B上の正方形〔の和〕が等しく，また，G上の正方形にD, Z上の正方形〔の和〕が等しい．ゆえに，E, B上の正方形〔の和〕がB上の正方形に対するように，D, Z上の正方形〔の和〕がD上の正方形に対する **[V.11a]**．ゆえに分離されて，E上の正方形がB上の正方形に対するように，Z上の正方形がD上の正方形に対する **[V.17]**．ゆえに，EがBに対するように，ZもDに対する **[VI.22]**．ゆえに逆転されて，BがEに対するように，DがZに対する **[V.7系]**．またさらにAがBに対するように，GがDに対する．ゆえに等順位においてAがEに対するように，GがZに対する **[V.22]**．すると，もしAがEに対して共測であるならば，GもZに対して共測であり，もしAがEに対して非共測であるならば，GもZに対して非共測である **[X.11]**．

ゆえにもし，云々．

解　説

本命題と命題X.17, 18とは1つのグループをなす．実際，アラビア・ラテンの伝承ではX.17の直前にある．本命題の内容についてはX.18の解説を参照．

15

もし共測な2つの量が合わせられるならば，全体の量もそれらの各々に対して共測になる．そしてもし全体の量がそれらの量の 1 つに対して共測であるならば，最初の 2 量も共測になる．

というのは，共測な 2 量 AB, BG が合わせられたとしよう．私は言う，全体 AG も AB, BG の各々に対して共測である．

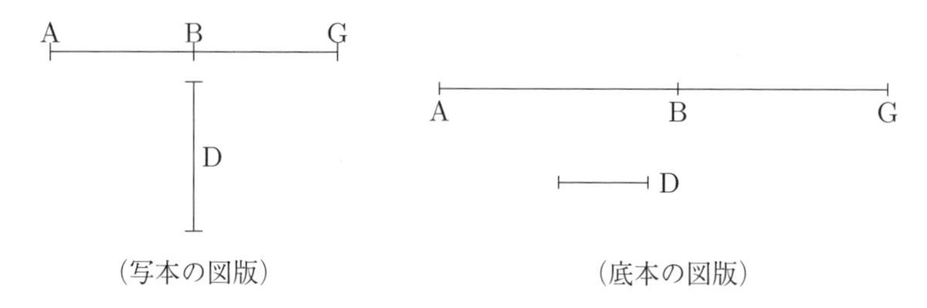

（写本の図版）　（底本の図版）

というのは，AB, BG は共測であるから，何らかの量がそれらを測ることになる [**X. 定義 1**]．測るとし，それを D としよう．すると，量 D は AB, BG を測るから，全体 AG をも測ることになる．また，AB, BG をも測る．ゆえに，D は AB, BG, AG を測る．ゆえに，AG は AB, BG の各々に対して共測である [**X. 定義 1**].

しかし今度は，AG が AB に対して共測であるとしよう．そこで私は言う，AB, BG も共測である．

というのは，AG, AB は共測であるから，何らかの量がそれらを測ることになる．測るとし，それを D としよう．すると，D は GA, AB を測るから，ゆえに，残りの BG をも測ることになる．また，AB をも測る．ゆえに，D は AB, BG を測ることになる．ゆえに，AB, BG は共測である．

ゆえに，もし 2 つの量が，云々．

解　　説

共測な 2 量の和は，もとの各々の量に共測である（およびその逆）という基本的な性質を証明する命題である．論理的には次の X.16 と一対をなすが，X.16 はアラビア・ラテンの伝承のほとんどには存在しない．

16

もし非共測な 2 つの量が合わせられるならば，全体もそれらの各々に対して非共測になる．そしてもし全体がそれらの 1 つに対して非共測であるならば，最初の 2 量も非共測になる．

というのは，非共測な 2 つの量 AB, BG が合わせられたとしよう．私は言う，全体 AG も AB, BG の各々に対して非共測である．

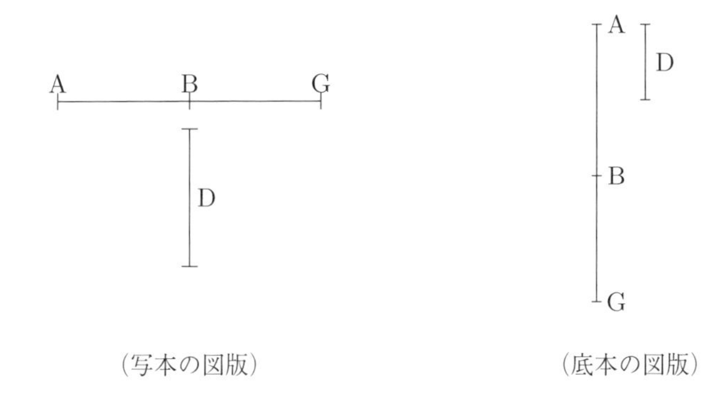

（写本の図版）　（底本の図版）

というのは，もし GA, AB が非共測でないならば，何らかの量が [それらを] 測ることになる．もし可能ならば，測るとし，それを D としよう．すると，D は GA, AB を測るから，残りの BG をも測ることになる．また，AB をも測る．ゆえに，D は AB, BG を測る．ゆえに，AB, BG は共測である [X. 定義 1]．また非共測であるとも仮定されていた．これは不可能である．ゆえに，GA, AB を何らかの量が測ることにはならない．ゆえに，GA, AB は非共測である [X. 定義 1]．同様に我々は次のことも証明することになる，AG, GB も非共測である．ゆえに，AG は AB, BG の各々に対して非共測である．

しかし今度は，AG が AB, BG の 1 つに対して非共測であるとしよう．そこではじめに AB に対して非共測であるとしよう．私は言う，AB, BG も非共測である．というのは，もし共測になるならば[46]，何らかの量がそれらを測ることになる [X. 定義 1]．測るとし，それを D としよう．すると，D は AB, BG を測るから，ゆえに，全体 AG をも測ることになる．また，AB をも測る．ゆえに，D は GA, AB を測る．ゆえに，GA, AB は共測である [X. 定義 1]．また非共測であるとも仮定されていた．これは不可能である．ゆえに，

[46] ここで「共測になる」と訳したのは直説法未来形である．『原論』では条件節内に直説法未来形が現れることは非常に稀であり，後世の挿入が疑われる．命題 VII.31 の解説を参照．

AB, BG を何らかの量が測ることにはならない．ゆえに，ΛB, BG は非共測である [**X. 定義 1**]．

ゆえに，もし 2 つの量が，云々．

解　説

本命題はアラビア・ラテンの伝承のほとんどに存在しない．本命題が第 X 巻でかなり頻繁に使われることを考えれば，このことにはやや当惑させられる（命題 X.13 がアラビア・ラテンの伝承に存在しないのと同様の問題である）．

なお，ここで述べられているのは互いに非共測な 2 量に対して，それらの和と，その各々とが非共測になるということである．ある 1 つの量 A に対して非共測な別の 2 量 B, G がある場合，和 B + G は最初の量 A に対して共測なことも非共測なこともありうる．

補助定理

もし何らかの直線の傍らに，平行四辺形が付置されて，正方形の形状だけ不足するならば，付置された平行四辺形は付置から生じる〔もとの直線の〕2 切片に囲まれる長方形に等しい．

というのは，直線 AB の傍らに，平行四辺形 AD が付置されたとし，正方形 DB の形状だけ不足するとしよう [**VI.28**]．私は言う，AD は直線 AG, GB に囲まれる長方形に等しい．

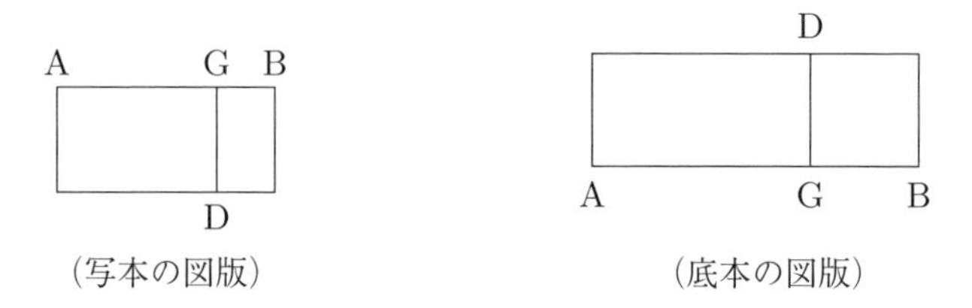

（写本の図版）　（底本の図版）

そしてこれはただちに明らかである[47]．というのは，DB は正方形であるから，DG は GB に等しく，AD は直線 AG, GD に囲まれる長方形，すなわち直線 AG, GB に囲まれる長方形である．

ゆえに，もし何らかの直線の傍らに，云々．

[47] ただちに (αὐτόθεν) という語は『原論』では 2 回しか用いられず，この箇所の他には III.31 に見られるだけである．この補助定理は内容的に見て後世の付加であると考えられるので，III.31 で同じ語が現れる箇所も後世の付加である可能性が高い（本全集第 1 巻，III.31 への脚注 29 を参照）．

解　説

この補助定理は，続く命題 X.17, 18 で使われる「不足を伴う領域付置」に関するものであるが，内容は非常に初歩的で，本来のテクストに存在したとはとうてい考えられない．本全集第 1 巻 §7.2 を参照．

17

もし 2 つの不等な直線があり，また，小さい直線上の正方形の 4 分の 1 に等しい領域が，大きい直線の傍らに付置されて，正方形の形状だけ不足し，長さにおいて共測な部分へとそれ〔大きい直線〕を分けるならば，大きい直線は小さい直線よりも，平方において，それ自身〔大きい直線〕に対して [長さにおいて] 共測な直線上の正方形だけ大きくなる．そして，もし大きい直線が小さい直線よりも，平方において，それ自身〔大きい直線〕に対して [長さにおいて] 共測な直線上の正方形だけ大きく，また，小さい直線上の正方形の 4 分の 1 に等しい領域が，大きい直線の傍らに付置されて，正方形の形状だけ不足するならば，長さにおいて共測な部分へとそれ〔大きい直線〕を分ける．

不等な 2 つの直線を A, BG とし，その大きい方を BG とし，小さい方の直線 A 上の正方形の 4 分の 1 の部分，すなわち A の半分の上の正方形に等しい領域が，直線 BG の傍らに付置されて，正方形の形状だけ不足するとし，〔付置された領域が〕BD, DG に囲まれる長方形であるとし，また BD が DG に対して長さにおいて共測であるとしよう．私は言う，直線 BG は直線 A よりも，平方において，それ自身〔BG〕に対して共測な直線上の正方形だけ大きい．

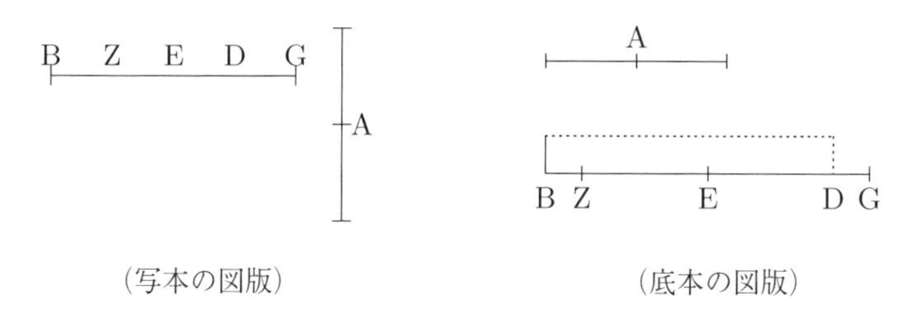

（写本の図版）　　（底本の図版）

というのは，BG が点 E において 2 等分され **[I.10]**，DE に等しく EZ が

置かれたとしよう [**I.3**]．ゆえに，残りの DG は BZ に等しい．そして，直線 BG がまず E において等しい部分に，また D において不等な部分に切られているから，ゆえに，BD, DG によって囲まれる長方形に ED 上の正方形を合わせたものは EG 上の正方形に等しい [**II.5**]．そして，〔その〕4 倍〔がとられたとしよう〕．ゆえに，BD, DG によって囲まれる長方形の 4 倍に DE 上の正方形の 4 倍を合わせたものは，EG 上の正方形の 4 倍に等しい．しかしまず，BD, DG に囲まれる長方形の 4 倍に A 上の正方形は等しく，また，DE 上の正方形の 4 倍に DZ 上の正方形は等しい――というのは DZ は DE の 2 倍であるから．また，EG 上の正方形の 4 倍に BG 上の正方形は等しい――というのは再び BG は GE の 2 倍であるから．ゆえに，A, DZ 上の正方形〔の和〕は BG 上の正方形に等しい．したがって，BG 上の正方形は A 上の正方形より DZ 上の正方形だけ大きい．ゆえに，BG は A よりも，平方において DZ だけ大きい．BG が DZ に対して共測であることも証明せねばならない．というのは，BD は DG に対して長さにおいて共測であるから，ゆえに，BG も GD に対して長さにおいて共測である [**X.15**]．しかし，GD は GD, BZ〔の和〕に対して長さにおいて共測である――というのは GD は BZ に等しいから[48]．ゆえに，BG は BZ, GD〔の和〕に対しても長さにおいて共測である [**X.12**]．したがって，残りの ZD に対しても BG は長さにおいて共測である [**X.15**]．ゆえに，BG は A よりも，平方においてそれ自身〔BG〕に対して共測な直線上の正方形だけ大きい．

しかし今度は，BG が A よりも，平方においてそれ自身〔BG〕に対して共測な直線上の正方形だけ大きいとし，また，A 上の正方形の 4 分の 1 に等しい領域が，BG の傍らに付置されて，正方形の形状だけ不足するとし，〔付置された領域が〕BD, DG に囲まれる長方形であるとしよう．BD が DG に対して長さにおいて共測であることを証明せねばならない．

というのは，同じ設定がなされると，同様に我々は次のことを証明することになる，BG は A よりも，平方において ZD 上の正方形だけ大きい．また BG は A よりも，平方においてそれ自身〔BG〕に対して共測な直線上の正方形だ

---

[48]底本はここで X.6 を利用命題としてあげているが，その必要はない．GD と BZ が等しいので GD, BZ〔の和〕は GD の 2 倍である．そしてある量（ここでは GD）がその 2 倍と共測であることは X. 定義 1 から即座に明らかである．同様の議論は命題 X.18, 26, 34, 36, 39 など頻繁に見られるが，すべて同様である．

け大きい．ゆえに，BG は ZD に対して長さにおいて共測である．したがって，残りの BZ, DG 両方〔の和〕に対しても BG は長さにおいて共測である **[X.15]**．しかし，BZ, DG 両方〔の和〕は DG に対して [長さにおいて] 共測である．したがって，BG は GD に対して長さにおいて共測である **[X.12]**．ゆえに，分離されても，BD は DG に対して長さにおいて共測である **[X.15]**[49]．

ゆえに，不等な 2 直線が，云々．

解　説

本命題は，次の命題 X.18 と一対をなし，後で無比直線の分類に使われる (X.54–65, 91–102)．その内容については命題 X.18 の解説を参照．

なお，底本の図版は点線で BD, DG に囲まれる長方形を示しているが，この点線はアウグスト版に由来する．

18

もし不等な 2 直線があり，また，小さい直線上の正方形の 4 分の 1 に等しい領域が，大きい直線の傍らに付置されて，正方形の形状だけ不足し，それ〔大きい直線〕を [長さにおいて] 非共測な部分に分けるならば，大きい直線は小さい直線よりも，平方において，それ自身〔大きい直線〕に対して非共測な直線上の正方形だけ大きくなる．そしてもし大きい直線が小さい直線よりも，平方において，それ自身〔大きい直線〕に対して非共測な直線上の正方形だけ大きく，また，小さい直線上の正方形の 4 分の 1 に等しい領域が，大きい直線の傍らに付置されて，正方形の形状だけ不足するならば，それ〔大きい直線〕を [長さにおいて] 非共測な部分に分ける．

不等な 2 直線を A, BG，その大きい方を BG とし，小さい方の A 上の正方形の 4 分の 1 [の部分] に等しい領域が，直線 BG の傍らに付置されて，正方形の形状だけ不足するとし，〔付置された領域が〕BDG に囲まれる長方形であるとし，また BD は DG に対して長さにおいて非共測であるとしよう．

49「分離されて」という表現は，比の操作に対して定義されている術語で (V. 定義 15)，比 $a:b$ $(a>b)$ に対して，前項の代わりに前項と後項の差をとって $a-b:b$ を考えることである．そして比例関係が成り立つときに，比を分離しても比例することが証明される (V.17)．ここでは比を考えているわけではないが，BG と GD が共測であることから，BD (BG−GD) と DG が共測であることを導く推論に対して，比の操作からの類推で「分離」という術語を用いているのであろう．

私は言う，BG は A よりも，平方において，それ自身〔BG〕に対して非共測な直線上の正方形だけ大きい．

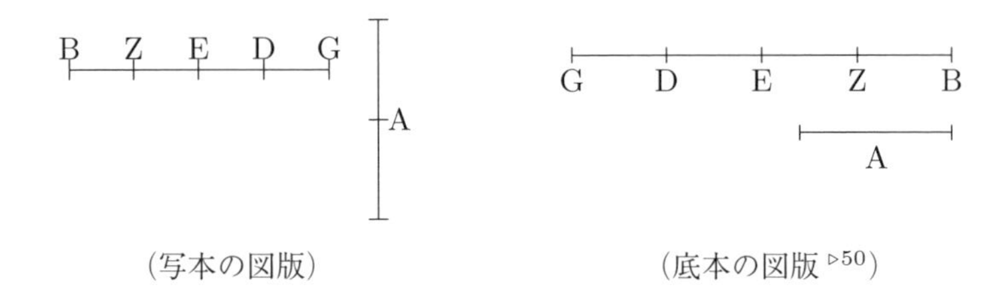

（写本の図版） （底本の図版 ▷50）

前と同じ設定がなされると，同様に我々は次のことを証明することになる，BG は A よりも，平方において，ZD 上の正方形だけ大きい．[すると,] BG が DZ に対して長さにおいて非共測であることを証明せねばならない．というのは，BD は DG に対して長さにおいて非共測であるから，ゆえに，BG も GD に対して長さにおいて非共測である **[X.16]**．しかし，DG は BZ, DG 両方〔の和〕に対して共測である[51]．ゆえに，BG は BZ, DG 両方〔の和〕に対しても非共測である **[X.13]**．したがって，残りの ZD に対しても BG は長さにおいて非共測である **[X.16]**．そして，BG は A よりも，平方において，ZD 上の正方形だけ大きい．ゆえに，BG は A よりも，平方において，それ自身〔BG〕に対して非共測な直線上の正方形だけ大きい．

そこで今度は，BG は A よりも，平方において，それ自身〔BG〕に対して非共測な直線上の正方形だけ大きいとし，また直線 A 上の正方形の 4 分の 1 に等しい領域が，BG の傍らに付置されて，正方形の領域だけ不足するとし，〔付置された領域が〕BD, DG に囲まれる長方形であるとしよう．BD が DG に対して長さにおいて非共測であることを証明せねばならない．

というのは，同じ設定がなされると，同様に我々は次のことを証明することになる，BG は A よりも，平方において，ZD 上の正方形だけ大きい．しかし，BG は A よりも，平方において，それ自身〔BG〕に対して非共測な直線上の正方形だけ大きい．ゆえに，BG は ZD に対して長さにおいて非共測である．したがって，残りの BZ, DG 両方〔の和〕に対しても BG は非共測

[50]凡例 [6–2] 参照．
[51]X.17 への脚注 48 を参照．

である [**X.16**]．しかし，BZ, DG 両方〔の和〕は DG に対して長さにおいて共測である．ゆえに，BG は DG に対しても長さにおいて非共測である [**X.13**]．したがって，分離されても，BD は DG に対して長さにおいて非共測である [**X.16**][52]．

ゆえに，もし 2 直線が，云々．

解　説

命題 X.14, 17, 18 は，突然複雑な条件を提示するもので，第 X 巻の最初の難関とも言える．ギリシャの昔から，ここで『原論』第 X 巻を投げ出した読者も少なくないのではないかと思われる．この命題の意味は，第 X 巻全体のテーマである無比直線の分類において初めて明らかになる．

具体的には，これらの命題は第 2, 3 部の第 4 命題群と，その逆を扱う第 5 命題群で繰り返し利用され，無比直線の分類に利用される．したがって，実際にこれらが必要になるよりもずっと前に，その説明なしに命題だけを提示されても理解は困難であるが，これが『原論』以降も引き継がれたギリシャ数学のスタイルである．

これらの命題 X.14, 17, 18（および後で追加された X.13 の後の補助定理）について，以下でその数学的内容だけを説明する．これらが第 X 巻で持つ意味については §3.4 を参照されたい．

直線 BG 上に A の半分の上の正方形に等しい領域を，正方形の形状だけ不足するように付置する，とは不足を伴う領域付置と呼ばれる技法であり，『原論』では命題 VI.28 で扱われている．結果だけ述べれば BG 上に点 D を見出して BD, DG に囲まれる長方形が，A の半分の上の正方形に等しくなるようにすればよい．一方，BG が A よりも，平方において直線 x 上の正方形だけ大きい，というのは BG 上の正方形が，A 上の正方形より，x 上の正方形だけ大きい，すなわち $q(\mathrm{BG}) = q(\mathrm{A}) + q(x)$ ということである（X.13 の後の補助定理では直角三角形を利用してこのような条件を満たす 3 直線を得ている）．

そして X.17, 18 の主張は，BG, A が与えられたときに，このようにして決まる D と x に対して，BD, DG が全体 BG と共測であることと，x が BG と共測であることが同値である，ということである．そしてその証明は，実は x が次の図の ZD に等しいことによる（図で BZ = DG，よって BG と DG が共測なら，BG と ZD も共測である）．

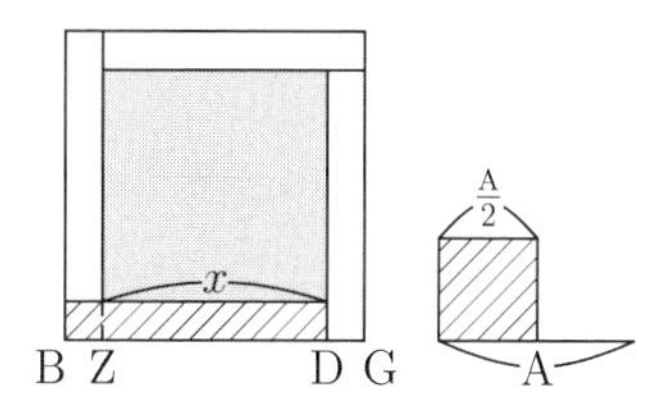

[52]「分離されて」という表現については脚注 49 を参照．

すなわち，右の斜線部分は直線 A の半分の上の正方形であり，これが領域付置によって左の斜線部の長方形 $r(\mathrm{BD}, \mathrm{DG})$ に等しい．図ではこの長方形を左の正方形の 4 辺上にそれぞれ描いて，中央に正方形を残している．長方形 4 個は直線 A の上の正方形に等しいので，左の中央に残った正方形こそが，BG 上の正方形と A 上の正方形の差である．そして図からこの 1 辺 x が，ZD に等しいことが分かる．

補助定理

長さにおいて共測な直線は，平方においてもすべて [共測であり]，また平方において共測な直線は長さにおいてもすべて共測とは限らず，しかし今度は，長さにおいては共測であることも，非共測であることも可能であることが証明されているから，次のことが明らかである．もし提示された可述直線に対して何らかの直線が長さにおいて共測であるならば，〔その直線は〕可述直線と言われ，それ〔提示された可述直線〕と長さにおいてのみでなく，平方においても共測である —— なぜなら長さにおいて共測な直線はすべて平方においても共測であるから．またもし提示された可述直線に対して何らかの直線が平方において共測であるならば，まずもし長さにおいても共測であるならば，この場合も，〔その直線は〕可述直線と言われ，それ〔提示された可述直線〕と長さにおいても平方においても共測である．また一方，もし提示された可述直線に対して何らかの直線が平方において共測であって，長さにおいてはそれ〔提示された可述直線〕に対して非共測であるならば，この場合も，その直線は平方においてのみ共測な可述直線であると言われる．

[注釈[53]]

というのは，彼が可述直線と呼ぶ直線は，提示された可述直線に対して長さにおいても平方においても共測なものか，あるいは平方においてのみ共測なものであるから．また，他の[54]諸直線があって，まず提示された可述直線に対して長さにおいて非共測であり，また平方においてのみ共測である〔ならば〕，このことによりこれらも再び，可述直線である限りにおいて，可述直線であり互いに対して共測であると言われる．しかし，互いに対して，長さにおいて，そして〔それゆえに〕まったく明らかに平方においても共測であるか，あるいは平方においてのみ共測である〔と言われるのである〕．そしてまず，もし長さにおいて共測であると言われるなら

---

[53]P 写本を含む主要写本に見られ，直前の補助定理の直後に，改行なしに直接続いている．底本ではここから後を注釈として巻末の付録 6 に移しているが，その根拠は明らかでない．

[54]底本の校訂者ハイベアは，この「他の」という表現が何を意図しているのかは分からない，と述べている．

ば，それらは長さにおいて共測な可述直線であり，平方においても共測であることが了解されている．またもし互いに対して平方においてのみ共測であるならば，この場合も，それらは平方においてのみ共測な可述直線と呼ばれる．また可述直線が共測であることは，以上のことから明らかである．というのは，提示された可述直線に対して共測な直線は可述直線であり [**X. 定義 3**]，また同じものに対して共測なものは互いに対しても共測であるから [**X.12**]，ゆえに，可述直線は共測である．

解　説

この補助定理は内容的には注釈であり，次の命題 X.19 から始まる可述直線に関する議論に先だって，可述直線の定義を再び確認する．後世の追加であることは言うまでもない．

19

上述の何らかの仕方で[55]，長さにおいて共測な可述直線によって囲まれる長方形は可述領域である．

長さにおいて共測な可述直線 AB, BG によって長方形 AG が囲まれるとしよう．私は言う，AG は可述領域である．

(写本の図版)　(底本の図版)

というのは，AB の上に正方形 AD が描かれたとしよう．ゆえに，AD は可述領域である [**X. 定義 4**]．そして，AB は BG に対して長さにおいて共測であり，また，AB は BD に等しいから，ゆえに，BD は BG に対して長さにおいて共測である．そして，〔直線〕BD が〔直線〕BG に対するように，〔正方形〕DA が〔長方形〕AG に対する [**VI.1**]．ゆえに，DA は AG に対して共測である [**X.11**]．また DA は可述領域である．ゆえに，AG も可述領域である [**X. 定義 4**]．

[55]直前の補助定理で述べられた可述直線の様態を指すのであろう．すなわち可述直線が，提示された直線と長さにおいて共測な場合と，平方においてのみ共測な場合を考えて，そのどちらでも，という趣旨であると思われる．しかしこのような確認は数学的には意味がない．補助定理が付け加えられたときに追加された一節であろう．仏訳のこの命題への注釈を参照．なお，同様の追加は次の命題 X.20 にもある．

ゆえに，長さにおいて共測な可述直線によって，云々．

解　説

本命題から命題 X.22 までは可述直線と中項直線の基本的な性質を提示するものであり，この後の議論の基礎をなす重要な命題である．その後に中項領域についての命題 X.23–26 が続く．可述直線は第 X 巻冒頭の X. 定義 3 で定義されているが，中項直線は命題 X.21 で新たに定義される．これらの命題の内容については X.22 の解説を，図版については X.21 の解説を参照．

20

もし可述領域が，可述直線の傍らに付置されるならば，作る幅は可述直線であり，その傍らに付置がなされた直線に対して，長さにおいて共測である．

というのは，可述領域 AG が，再び上述の何らかの仕方で可述な直線 AB の傍らに付置されたとし[56]，幅 BG を作るとしよう．私は言う，BG は可述直線であり，BA に対して長さにおいて共測である．

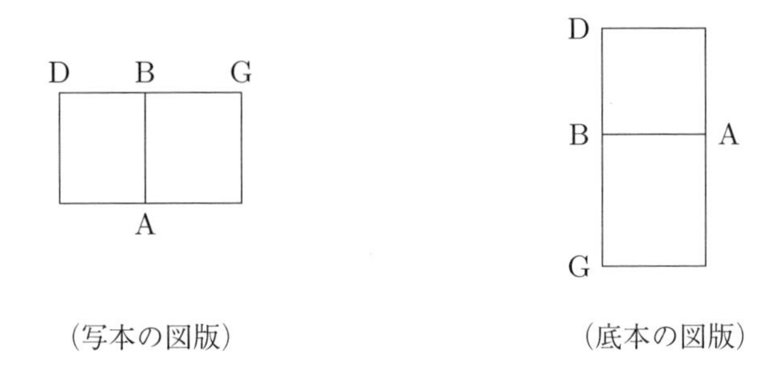

(写本の図版)　(底本の図版)

というのは，AB の上に正方形 AD が描かれたとしよう．ゆえに，AD は可述領域である **[X. 定義 4]**．また，AG も可述領域である．ゆえに，DA は AG に対して共測である **[X. 定義 4]**．そして，DA が AG に対するように，〔直線〕DB が〔直線〕BG に対する **[VI.1]**．ゆえに，DB も BG に対して共測である **[X.11]**．また，DB は BA に等しい．ゆえに，AB も BG に対して共測である．また，AB は可述直線である．ゆえに，BG も可述直線であり **[X. 定義 3]**，AB に対して長さにおいて共測である．

ゆえにもし可述領域が可述直線上に付置されて，云々．

---

[56]「上述の何らかの仕方で」という表現については命題 X.19 への脚注 55 を参照．

[補助定理[57]]

無比領域に平方において相当する直線は無比直線である．

というのは，A が平方において無比領域に相当するとしよう，すなわち A 上の正方形が無比領域に等しいとしよう．私は言う，A は無比直線である．

（写本の図版）（底本の図版）

というのは，もし A が可述直線となるならば，その上の正方形も可述領域となる——というのは定義においてそうであるから．しかしそうではない．ゆえに，A は無比直線である．これが証明すべきことであった．

21

平方においてのみ共測な可述直線によって囲まれる長方形は無比領域であり，それに平方において相当する直線は無比直線である．またそれは中項直線と呼ばれるとしよう．

というのは，平方においてのみ共測な可述直線 AB, BG によって長方形 AG が囲まれるとしよう．私は言う，AG は無比領域であり，それに平方において相当する直線は無比直線である．またそれは中項直線と呼ばれるとしよう．

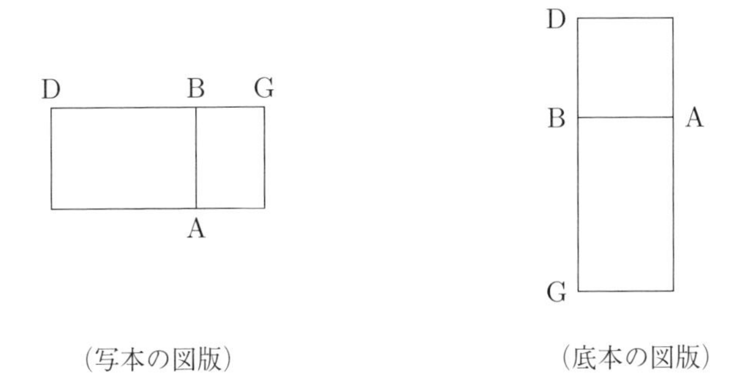

（写本の図版）（底本の図版）

[57]P 写本を含む主要写本で，命題の後に置かれている．底本では付録 7．アウグスト版にはこの補助定理の図版はない．底本の図版は関係のない直線 B, G を含む．この間違いの原因は明らかでない．なお，スタマティス版でも図版は修正されていない．

というのは，ABの上に正方形ADが描かれたとしよう[**I.46**]．ゆえに，ADは可述領域である[**X. 定義 4**]．そしてABはBGに対して長さにおいて非共測であり——というのは平方においてのみ共測であると仮定されているから——，またABはBDに等しいから，ゆえに，DBもBGに対して長さにおいて非共測である．そして，〔直線〕DBが〔直線〕BGに対するように，〔正方形〕ADが〔長方形〕AGに対する[**VI.1**]．ゆえに，DAはAGに対して非共測である[**X.11**]．またDAは可述領域である．ゆえに，AGは無比領域である[**X. 定義 4**]．

したがって，AGに平方において相当する直線[すなわちそれに等しい正方形を作る直線]も無比直線である[**X. 定義 4**]．また，この線は中項直線と呼ばれるとしよう．これが証明すべきことであった．

解　　説

本命題ではじめて中項直線が導入される．これについては次の命題X.22の解説を参照．

写本における3つの命題X.19–21の図版は，ここで示したように，正方形ADと長方形AGが横に並んでいる．ただし辺の長さなどは写本ごとに，さらに命題ごとに微妙に異なっている．ここで示した図は凡例でも述べたとおりP写本に基づくが，B写本のX.19など，左右が入れ替わっている図もある．

底本の図はアウグスト版にならって縦横が入れ替わっている．アウグスト版は命題19（アウグスト版での番号は20）の図を続く2つの命題20, 21（アウグスト版21, 22）で用いているが，底本の図はここで示したように，命題20, 21で長方形AGが直線ABの下方にきて，正方形ADに重ならないように変更されている．

補助定理

もし2直線があるならば，第1の直線が第2の直線に対するように，第1の直線上の正方形が2直線に囲まれる長方形に対する．

2直線をZE, EHとしよう．私は言う，〔直線〕ZEが〔直線〕EHに対するように，ZE上の正方形がZE, EHに囲まれる長方形に対する．

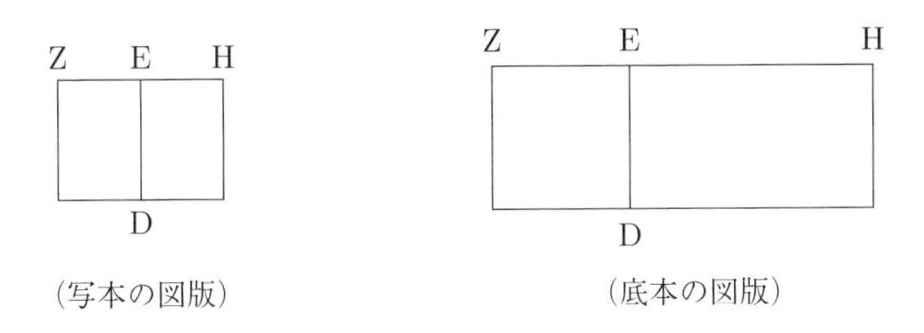

（写本の図版）　（底本の図版）

というのは，ZE の上に正方形 DZ が描かれたとし **[I.46]**，〔長方形〕HD が完成されたとしよう **[I.31]**．すると，〔直線〕ZE が〔直線〕EH に対するように，〔正方形〕ZD が〔長方形〕DH に対し **[VI.1]**，そしてまず ZD は ZE 上の正方形であり，また DH は DE, EH に囲まれる長方形，すなわち ZE, EH に囲まれる長方形であるから，ゆえに，〔直線〕ZE が〔直線〕EH に対するように，ZE 上の正方形が ZE, EH に囲まれる長方形に対する．また同様に，HE, EZ に囲まれる長方形が EZ 上の正方形に対するように，すなわち HD が ZD に対するように，〔直線〕HE が〔直線〕EZ に対するのでもある **[V.7 系]**[58]．これが証明すべきことであった．

解　説

この補助定理は，高さが等しい長方形の比は，底辺の比と同じであるという基本的な命題 VI.1 の特殊な場合に過ぎず，わざわざ説明が必要なほどの議論ではない．この種の補助定理が写本に追加されているという事実は，古代後期以降の数学の衰退を示唆するものであるが，とくに第 X 巻に頻繁に追加が見られることは，数学全般の水準の低下にもかかわらず，第 X 巻には高い関心が寄せられていたことを示しているのでもあろう．

22

中項直線上の正方形が，可述直線の傍らに付置されると，作る幅は可述直線であり，その傍らに付置がなされた直線に対して，長さにおいて非共測である．

まず中項直線を A，可述直線を GB とし，直線 A 上の正方形に等しい長方形の領域が，BG の傍らに付置されたとし，それが BD であって，幅 GD を

[58] ここでは 2 つ目の結論が「同様に」という言葉で導かれているが，同様な議論を繰り返さずとも，最初の結論で逆転比 (V. 定義 13) をとれば，V.7 系により 2 つ目の結論が得られる．

作るとしよう．私は言う，GD は可述直線であり，GB に対して長さにおいて非共測である．

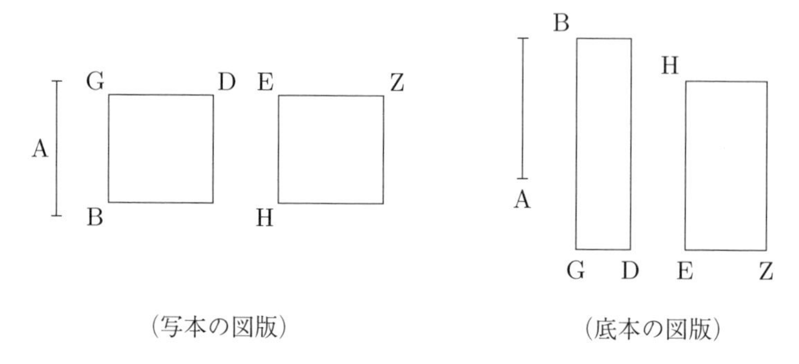

（写本の図版）　（底本の図版）

というのは，A は中項直線であるから，平方においてのみ共測な 2 つの可述直線によって囲まれる領域に平方において相当する **[X.21]**．〔領域〕HZ に平方において相当するとしよう．また〔領域〕BD にも平方において相当する．ゆえに，BD は HZ に等しい．また〔BD は〕それ〔HZ〕に等角でもある．また，等しくかつ等角な 2 つの平行四辺形の，等しい角の周りの辺は逆比例する **[VI.14]**．ゆえに比例して，BG が EH に対するように，EZ が GD に対する．ゆえに，BG 上の正方形が EH 上の正方形に対するように，EZ 上の正方形が GD 上の正方形に対するのでもある **[VI.22]**．また，GB 上の正方形は EH 上の正方形に対して共測である **[X. 定義 4]**——というのはそれらの各々は可述直線であるから．ゆえに，EZ 上の正方形も GD 上の正方形に対して共測である **[X.11]**．また，EZ 上の正方形は可述領域である．ゆえに，GD 上の正方形も可述領域である **[X. 定義 4]**．ゆえに，GD は可述直線である **[X. 定義 3, 4]**．そして，EZ は EH に対して長さにおいて非共測であり——というのは平方においてのみ共測であるから——，また〔直線〕EZ が〔直線〕EH に対するように，EZ 上の正方形が ZE, EH に囲まれる長方形に対するから **[X.21 補助定理]**[59]，ゆえに，〔直線〕EZ 上の正方形は〔直線〕ZE, EH に囲まれる長方形に対して非共測である **[X.11]**．しかし，まず EZ 上の正方形に対して GD 上の正方形は共測であり——というのは平方において可述直線であ

[59] この補助定理は VI.1 の特殊な場合であり，その解説でも述べたように明らかに後世の追加である．したがってここでの利用命題は VI.1 とするのが正当であろうが，便宜上，この補助定理が適用できる場合は，これを利用命題としてあげることにする．

るから——[60]，また ZE, EH に囲まれる長方形は DG, GB に囲まれる長方形に対して共測である——というのは〔どちらも〕A 上の正方形に等しいから．ゆえに，GD 上の正方形も DG, GB に囲まれる長方形に対して非共測である [**X.13**]．また，GD 上の正方形が DG, GB に囲まれる長方形に対するように，〔直線〕DG が〔直線〕GB に対する [**X.21 補助定理**]．ゆえに，DG は GB に対して長さにおいて非共測である [**X.11**]．ゆえに，GD は可述直線であり，GB に対して長さにおいて非共測である．これが証明すべきことであった．

解　　説

X.19 から本命題 X.22 までは，可述直線と X.21 で定義される中項直線の基本的な性質を扱う．これらの命題はこの後頻繁に使われる点でも非常に重要である．

まず，2 つの可述直線が長さにおいて共測なとき，それらが囲む領域は可述領域であり (X.19)，平方においてのみ共測なときは[61]，この領域は可述でない，すなわち無比領域である．したがってこの領域に平方において相当する直線（この領域に等しい正方形の辺）は無比直線であり，これは中項直線（メセー，μέση）と命名される (X.21)．なお，この無比領域を指すには同じ形容詞の中性形メソン (μέσον) を使う．これは中項領域と訳すことになる．この表現はこの後 X.23 系, 24 で初めて現れる．

そしてこれらの性質の，いわば逆も成り立つことが証明される．任意の可述領域 A と可述直線 a が与えられたとき，領域 A を直線 a 上に付置して作られる幅 b，すなわち $A = r(a,b)$ となる直線 b は，a と長さにおいて共測な可述直線である (X.20)．領域が中項領域 M であるときは，これを任意の可述直線 a 上に付置した幅 b，すなわち $M = r(a,b)$ を満たす b は，可述直線であるが a と長さにおいては非共測である (X.22)．

証明に使われる技法を見ておこう．2 つの可述直線を a, b としよう．a, b の囲む領域 $r(a,b)$ がどういう領域であるかが問題である．一方の直線 a 上に正方形 $q(a)$ を作図すると

$$q(a) : r(a,b) = a : b$$

が成り立つので，$r(a,b)$ と $q(a)$ が共測かどうか（したがって $r(a,b)$ が可述かどうか）は，a と b が長さにおいて共測かどうかで決まることになる．

60「平方において可述」という表現は定義されていないし (X.3)，他の箇所では使われていない．「平方において」(δυνάμει) という表現は後の加筆と思われる．

61 2 つの可述直線は，その定義から，平方においてはつねに共測である．

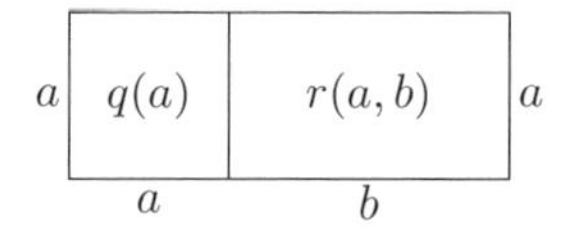

そこで命題X.19では，a, bが長さにおいて共測だったので領域$r(a, b)$は可述領域であり，命題X.21では，これらは長さにおいて非共測であったので，領域$r(a, b)$は可述でない．可述直線は，その上の正方形が可述領域であることによって特徴づけられるので，可述直線上の正方形を考えるのは多くの場面で有効な技法である．

23

中項直線に対して共測な直線は中項直線である．

中項直線をAとし，Aに対してBは共測であるとしよう．私は言う，Bも中項直線である．

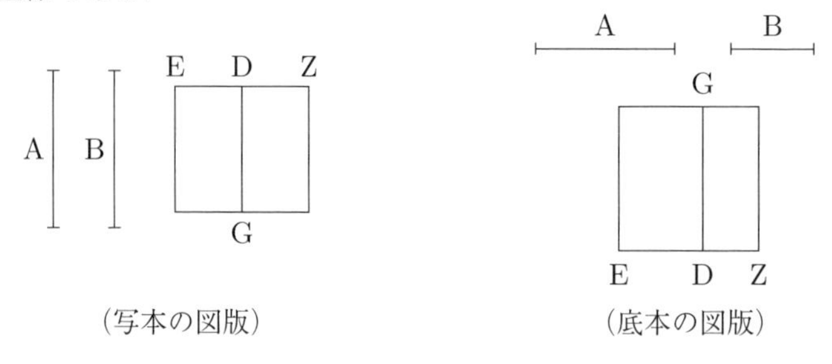

（写本の図版）　（底本の図版）

というのは，可述直線GDが提示され，まず，A上の正方形に等しい長方形の領域が，GDの傍らに付置されたとし，それがGEであって，幅EDを作るとしよう **[I.45]**．ゆえに，EDは可述直線であり，GDに対して長さにおいて非共測である **[X.22]**．また，B上の正方形に等しい長方形の領域が，GDの傍らに付置されたとし，それがGZであって，幅DZを作るとしよう **[I.45]**．すると，AはBに対して共測であるから，A上の正方形もB上の正方形に対して共測である **[X.9系]**．しかし，まずA上の正方形にEGは等しく，またB上の正方形にGZは等しい．ゆえに，EGはGZに対して共測である．そしてEGがGZに対するように，〔直線〕EDが〔直線〕DZに対する **[VI.1]**．ゆえに，EDはDZに対して長さにおいて共測である **[X.11]**．また，EDは可述直線であり，DGに対して長さにおいて非共測である．ゆえに，DZも可述

直線であり [**X. 定義 3**], DG に対して長さにおいて非共測である [**X.13**]. ゆえに, 〔直線〕GD, DZ は可述直線であり, 平方においてのみ共測である. また平方においてのみ共測な可述直線に囲まれる長方形に, 平方において相当する直線は中項直線である [**X.21**]. ゆえに, GD, DZ に囲まれる長方形に, 平方において相当する直線は中項直線である. そして, GD, DZ に囲まれる長方形に, B が平方において相当する. ゆえに, B は中項直線である [**X.21**].

解　説

本命題 X.23 から X.26 までは中項直線, 中項領域に関する命題群である.

本命題 X.23 では, すぐ後に続く系の方が論理的に強い主張をしていて, 本来の意味での系ではない. そしてこの系は実際に第 X 巻のこの後の議論で必要とされる. 詳しくはこの後の X.23 系の解説を参照.

系

そこでこのことから次のことが明らかである. 中項領域に対して共測な領域は中項領域である. [── というのはそれらの領域〔のそれぞれ〕に, 2 直線が平方において相当し, それら 2 直線は平方において共測であり, その一方は中項直線であるから. したがって, 残りの直線も中項直線である[62].]

可述直線について言われたことと同様に, 中項直線についても次のことが帰結する. 中項直線に対して長さにおいて共測な直線は中項直線と言われ, それ〔最初の中項直線〕に対して, 長さにおいてのみではなく, 平方においても共測である ── なぜならば一般に長さにおいて共測な直線は, 平方においてもすべて共測であるから. またもし中項直線に対して何らかの直線が平方において共測であるならば, まずもし長さにおいても共測であるならば, この場合も中項直線であると言われ, 長さと平方において共測である. またもし平方においてのみ共測であるならば, 平方においてのみ共測な中項直線であると言われる.

[62] この角括弧内は底本の校訂者ハイベアも述べる通り, 後世の追加であろう. ただ, ハイベアはこの一節を「意味不明」(obscura) と評しているが, これが中項領域とそれに共測な領域という 2 つの領域に, 平方において対応する 2 直線を考察していることは明らかである. 条件から 2 つの中項領域が共測だから, その 2 直線が平方において共測であるという議論は正しい. しかしこのことと, 2 直線の一方が中項直線であることから, 他方が中項直線であること (これは正しい) を導くためには, この後の解説で述べるような議論が必要である.

解　説

このX.23系と，命題本体のX.23の関係について説明する．命題X.23は中項直線と共測な直線が中項直線であることを証明し，系では中項領域と共測な領域が中項領域であることが主張される．しかしこの2つの主張は同値ではない．系の方が論理的に強い主張をしており，命題の結論から系がすぐに帰結するわけではない．中項直線上の正方形が中項領域であることに注意すれば，本命題の系の主張は「中項直線と，平方において共測な直線は中項直線である」と書き換えられる．これは前提となる条件が緩い分だけ論理的に強い主張である．

もちろんこの主張は正しい．実際，X.23の証明の核をなすのは，中項直線 m とそれと共測な直線 m' の上の正方形が互いに共測であることである．そして m と m' が長さにおいて非共測であっても，それらが平方においてのみ共測ならば同じ議論が成り立つ．これがX.23系の主張に相当する．

したがって，最初からX.23でなくX.23系を命題として証明すれば，命題に系を追加することは不要になり，論理的構成がすっきりする．しかもX.23系は第2部，第3部の第5命題群 (X.61, 62, 98, 99) などでも必要になる．現存テクストの状況には困惑させられる．

[系への注釈[63]]

また再び他の[64]直線も存在し，それらはまず長さにおいて中項直線に対して非共測であり，また平方においてのみ共測であり，再び中項直線と言われる ——〔これは〕中項直線に対して平方において共測であり，互いに対して共測であることによる．それゆえ〔それらは〕中項直線である．しかし互いに対して共測であるのは，長さにおいて，そしてまったく明らかに平方においてもか，あるいは平方においてのみかのどちらかである．そしてまずもし長さにおいて〔共測〕ならば，それらの直線も長さにおいて共測な中項直線と言われ，その結果として平方においても〔共測である〕．またもし平方においてのみ共測であるならば，その場合も，平方においてのみ共測な中項直線と言われる．

中項直線が共測であることは，次のように証明されるべきである．2つの中項直線が何らかの中項直線に対して共測であり，また同じものに対して共測なものは互いに対しても共測である **[X.12]** から，ゆえに，中項直線は共測である．

24

上述の何らかの仕方で長さにおいて共測な中項直線によって囲まれる長方

[63] P写本およびV写本に見られ，系の後に置かれている．B写本の欄外にも追加されている．底本では付録8.

[64] この「他の」という表現も，命題X.18の後の注釈におけるのと同様，意味不明であると底本の校訂者ハイベアは述べている．命題X.18注釈への脚注54を参照.

形は中項領域である[65].

というのは，長さにおいて共測な中項直線 AB, BG によって長方形 AG が囲まれるとしよう．私は言う，AG は中項領域である．

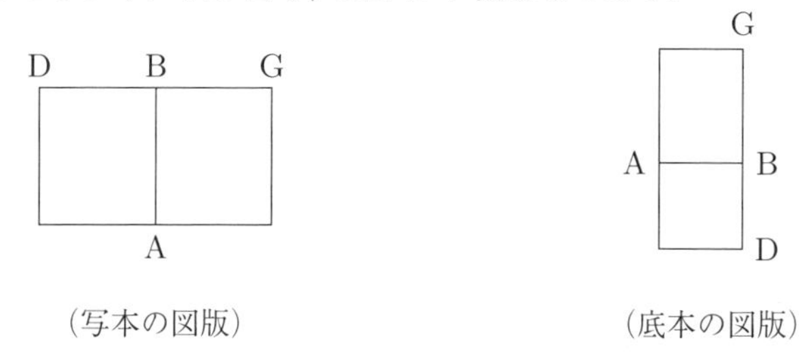

（写本の図版）　（底本の図版）

というのは，AB の上に正方形 AD が描かれたとしよう [**I.46**]．ゆえに，AD は中項領域である [**X.21**]．そして，AB は BG に対して長さにおいて共測であり，また AB は BD に等しいから，ゆえに，DB も BG に対して長さにおいて共測である．したがって，DA も AG に対して共測である [**VI.1**][**X.11**]．また DA は中項領域である．ゆえに，AG も中項領域である [**X.23 系**]．これが証明すべきことであった．

25

平方においてのみ共測な中項直線によって囲まれる長方形は，可述領域であるか，あるいは中項領域である．

というのは，平方においてのみ共測な中項直線 AB, BG によって長方形 AG が囲まれるとしよう．私は言う，AG は可述領域であるか，あるいは中項領域である．

---

[65]「上述の何らかの仕方で」という表現は後の追加と思われる．命題 19 の脚注 55 を参照．

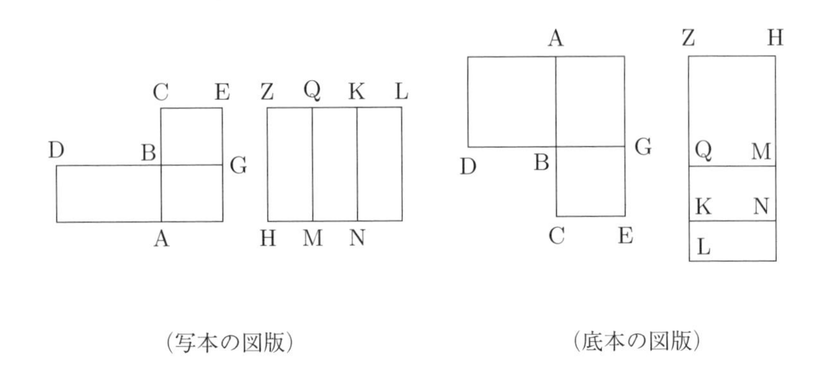

（写本の図版）　　（底本の図版）

というのは，AB, BG の上に正方形 AD, BE が描かれたとしよう **[I.46]**．ゆえに，AD, BE の各々は中項領域である **[X.21]**．そして，可述直線 ZH が提示され，まず AD に等しい直角平行四辺形が，ZH の傍らに付置されたとし，それが HQ であって，幅 ZQ を作るとし **[I.45]**，また，AG に等しい直角平行四辺形が，QM の傍らに付置されたとし，それが MK であって，幅 QK を作るとし **[I.45]**，そしてさらに，BE に等しい〔直角平行四辺形〕が，同様に KN の傍らに付置されたとし，それが NL であって，幅 KL を作るとしよう **[I.45]**．ゆえに，ZQ, QK, KL は一直線をなす **[I.14]**．すると，AD, BE の各々は中項領域であり，まず AD は HQ に等しく，また BE は NL に等しいから，ゆえに，HQ, NL の各々も中項領域である．そして可述直線 ZH の傍らに付置されている．ゆえに，ZQ, KL の各々は可述直線であり，ZH に対して長さにおいて非共測である **[X.22]**．そして AD は BE に対して共測であるから，ゆえに，HQ も NL に対して共測である．そして HQ が NL に対するように，〔直線〕ZQ が〔直線〕KL に対する **[VI.1]**．ゆえに，ZQ は KL に対して長さにおいて共測である **[X.11]**．ゆえに，ZQ, KL は可述直線であり，長さにおいて共測である．ゆえに，ZQ, KL に囲まれる長方形は可述領域である **[X.19]**．そしてまず DB は BA に等しく，また CB は BG に等しいから，ゆえに，DB が BG に対するように，AB が BC に対する **[V.11a]**[66]．しかし，まず〔直線〕DB が〔直線〕BG に対するように，〔領域〕DA が〔領域〕AG に

[66]比例関係があるとき，その任意の項をそれと等しいもので置き換えても比例は保たれる．これは厳密には命題 V.7 と命題 V.11 を利用していることになる．本全集ではこの議論を V.11a で表す．本全集第 1 巻の命題 V.11 の解説を参照．

対する [**VI.1**]．また〔直線〕AB が〔直線〕BC に対するように，〔領域〕AG が〔領域〕GC に対する [**VI.1**]．ゆえに，DA が AG に対するように，AG が GC に対する [**V.11**]．また，まず AD は HQ に等しく，また AG は MK に，また GC は NL に等しい．ゆえに，HQ が MK に対するように，MK が NL に対する [**V.11a**]．ゆえに，〔直線〕ZQ が〔直線〕QK に対するように，〔直線〕QK も〔直線〕KL に対する [**VI.1**][**V.11**]．ゆえに，ZQ, KL に囲まれる長方形は QK 上の正方形に等しい [**VI.17**]．また，ZQ, KL に囲まれる長方形は可述領域である．ゆえに，QK 上の正方形も可述領域である．ゆえに，QK は可述直線である [**X. 定義 4**]．そしてまず，もし〔QK が〕ZH に対して長さにおいて共測であるならば，QN は可述領域である [**X.19**]．また，もし〔QK が〕ZH に対して長さにおいて非共測であるならば，KQ, QM は可述直線で，平方においてのみ共測である．ゆえに，QN は中項領域である [**X.21**]．ゆえに，QN は可述領域であるか，あるいは中項領域である．また，QN は AG に等しい．ゆえに，AG は可述領域であるか，あるいは中項領域である．

ゆえに，平方においてのみ共測な 2 つの中項直線によって，云々．

解　説

本命題と直前の命題 X.24 は 2 つの中項直線によって囲まれる領域について論じるが，実は X.24 はアラビア・ラテンの伝承には存在せず，X.25（すべての写本に存在する）に，別の場合を追加したものかもしれない．なお 2 つの中項直線は，長さにおいても平方においても共測でないこともあるので，X.24, 25 ですべての場合を尽くしたことにならないことに注意が必要である．

もっと大きな問題はこれら 2 つの命題 X.24, 25 のどちらも，第 X 巻のこの後の議論で必要とされないことである[67]．実際，2 つの中項直線が囲む領域が議論の対象となることは第 X 巻で頻繁にあるのだが，それはもっと具体的な議論の文脈の中であって，その囲む領域がたとえば「中項領域かまたは可述領域である」ことが分かっても，議論の役には立たないのである．この点で X.24 はもとより，X.25 の存在意義にも疑わしいものがある．

本命題 X.25 は，その意義はともかく，その証明は中項直線・中項領域に関する議論の方法の 1 つの典型であり，これを学ぶことはこの後第 X 巻を読み進めていくのに有益である．証明は一見複雑であるが，実は議論のかなりの部分は必然的なものであり，以下で説明するように，それほど難しいものではない．

[67] フライェーゼのイタリア語訳は X.80 を X.24 の利用例としてあげるが，これは正しくない．この命題への脚注 191 を参照．

ここでは2直線AB, BGが中項直線であることと，それらが平方において共測であることが条件として与えられている．この条件を利用するには中項直線・中項領域の定義による他はない．そこでAB, BG上に正方形（それぞれAD, BE）を描くことになる．これらの正方形は中項領域である．このことを証明の議論で使うには，X.22を利用して，これらの中項領域を，任意の可述直線上に付置することになる．そこで可述直線ZH上にこれら2つの中項領域の正方形が付置され，その幅がそれぞれZQ, KLとなる．なお，ここで問題となる長方形AG，すなわち最初の2直線で囲まれる長方形もZH上に付置されていて，その幅はQKである．さて，X.22により，ZQ, KLのどちらも可述直線であるが，ZHとは長さにおいて非共測である．ZQとKL相互の関係についてはX.22は何も教えてくれないが，比ZQ対KLは，正方形AD対正方形BE，すなわち最初の2つの中項直線上の正方形の比になるから，中項直線が平方において共測という条件から，辺ZQと辺QLは共測である（すなわち，長さにおいて共測である）．ここまでの議論は，中項直線と中項領域の定義を考えればほとんど必然である．

問題の長方形AGは長方形QNに等しく，さらにQNは，可述直線ZHと直線QKに囲まれるから，QKがどのような直線であるかが問題になる．ここで，正方形AD : 正方形BE = ZQ : KL，そしてADとBEの比例中項が長方形AGであることから，QKはZQとKLの比例中項であることが分かる．すなわちQK上の正方形はZQとKLに囲まれる領域に等しい．ZQ, KLは互いに共測な可述直線であったから，X.19により，QKも可述直線になる．したがってX.19, 21により，QKがZHと共測なら，領域QNは可述領域，共測でなければQNは中項領域ということになる．

この議論から分かるように，可述直線（領域），中項直線（領域）の議論では，X.19–22が非常に重要である．

26

中項領域が中項領域を可述領域だけ超過することはない．

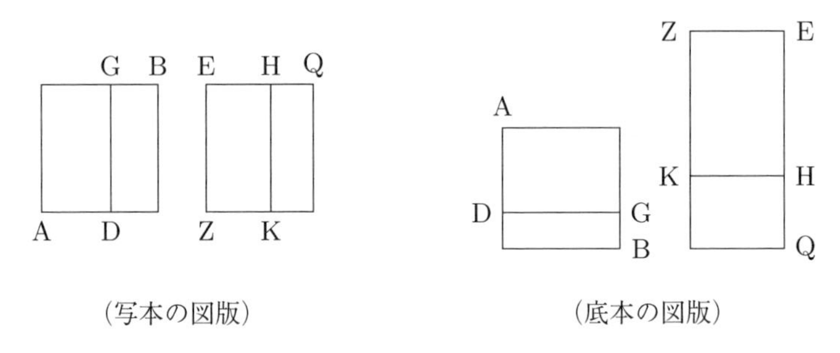

（写本の図版）　（底本の図版）

というのは，もし可能ならば，中項領域ABが中項領域AGを可述領域

DB だけ超過するとし，可述直線 EZ が提示され，AB に等しい直角平行四辺形が，EZ の傍らに付置されたとし，それが ZQ であって，幅 EQ を作るとし **[I.45]**，また AG に等しい〔直角平行四辺形〕ZH が取り去られたとしよう **[I.45]**[68]．ゆえに，残りの BD は残りの KQ に等しい．また DB は可述領域である．ゆえに，KQ も可述領域である．すると，AB, AG の各々は中項領域であり，まず AB は ZQ に等しく，また AG は ZH に等しいから，ゆえに，ZQ, ZH の各々も中項領域である．そして可述直線 EZ の傍らに付置されている．ゆえに，QE, EH の各々は可述直線であり，EZ に対して長さにおいて非共測である **[X.22]**．そして，DB は可述領域であり，KQ に等しいから，ゆえに，KQ も可述領域である．そして可述直線 EZ の傍らに付置されている．ゆえに，HQ は可述直線であり，EZ に対して長さにおいて共測である **[X.20]**．しかし，EH も可述直線であり，EZ に対して長さにおいて非共測である．ゆえに，EH は HQ に対して長さにおいて非共測である **[X.13]**．そして EH が HQ に対するように，EH 上の正方形が EH, HQ に囲まれる長方形に対する **[X.21 補助定理]**．ゆえに，EH 上の正方形は EH, HQ に囲まれる長方形に対して非共測である **[X.11]**．しかし，まず EH 上の正方形に対して EH, HQ 上の正方形〔の和〕は共測である——というのは両方が可述領域であるから **[X. 定義 4][X.15]**．また EH, HQ に囲まれる長方形に対して EH, HQ に囲まれる長方形の 2 倍は共測である——というのはその 2 倍であるから **[X. 定義 1]**[69]．ゆえに，EH, HQ 上の正方形〔の和〕は，EH, HQ に囲まれる長方形の 2 倍に対して非共測である **[X.13]**．ゆえに，〔直線〕EH, HQ 上の正方形〔の和〕と，〔直線〕EH, HQ に囲まれる長方形の 2 倍との両方〔の和〕，すなわち EQ 上の正方形は **[II.4]**，EH, HQ 上の正方形〔の和〕に対して非共測である **[X.16]**．また，EH, HQ 上の正方形〔の和〕は可述領域である．ゆえに，EQ 上の正方形は無比領域である **[X. 定義 4]**．ゆえに，EQ は無比直線である **[X. 定義 4]**．しかし，可述直線でもある．これは不可能である．

ゆえに，中項領域が中項領域を可述領域だけ超過することはない．これが証明すべきことであった．

---

[68] ここでは領域付置の表現は使われていないが，点 H を確定するためには，AG に等しい長方形を EZ 上に付置しなければならない．
[69] X.17 への脚注 48 を参照．

解　説

本命題の図版は，P 写本の図版では 2 つの領域 AB, ZQ はわずかに縦長の長方形で，ZQ の方が幅が狭い．ここではこの相違をほぼそのまま再現したが，書記の意図は 2 つの正方形であったのかもしれない．B 写本では 2 つの領域がもう少し明白に縦長の長方形であるなど，写本によっても微妙に相違がある．底本では 2 つの領域は縦に並べられている．ここでは下にあった ZQ を右に移した．

X.23 から本命題までは X.21 で初めて定義された中項直線，中項領域の性質を扱う．中項直線，中項領域の定義に，これらの性質に関する議論が続くことは自然に見えるが，X.23 よりもその系が論理的に強い命題であることや，X.24 がアラビア・ラテンの伝承に存在しないことなど，現存する命題はかなりの編集を経てきたものである可能性がある．

本命題 X.26 は，後に各種の無比直線の一意性を示す第 2 命題群 X.42–47, 79–84 の 12 個の命題のうち 7 個で使われるので，その必要性には疑問の余地がないように見える．

ところが本命題の証明の後半部分は，容易に X.36 に帰着できる．実際，証明の途中の段階で，2 直線 EH, HQ がともに可述直線で長さにおいて非共測であることが示される．そしてここから，この 2 直線の和 EQ が無比直線であることが示されるのであるが，実は，長さにおいて非共測な 2 つの可述直線の和が無比直線であることは X.36 の内容そのものであり，この無比直線は双名直線と命名されることになる．実際，本命題 X.26 の証明の後半部は X.36 の証明とほとんど同一で，実質的に X.36 の証明を先取りして提示しているのである．したがって，もし本命題を X.36 より後に移せば，その証明は半分ですむ．しかもこのように X.26 を移動しても何の不都合もない．これが最初に利用される命題は第 2 部の第 2 命題群の最初の命題 X.42 だからである．このような命題の冗長性については，§4.4.4 でも述べた．

27

中項直線で，平方においてのみ共測で，可述領域を囲むものを見出すこと．

2 つの可述直線で，平方においてのみ共測な A, B が提示されたとし **[X.10]**，A, B の比例中項 G がとられたとし **[VI.13]**，A が B に対するように，G が D に対するようになっているとしよう **[VI.12]**．

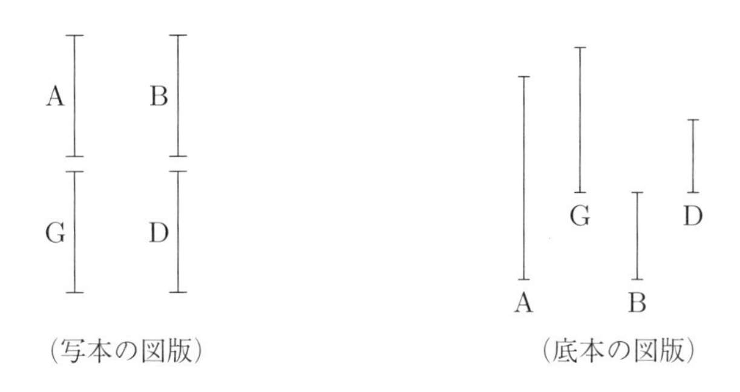

（写本の図版）　（底本の図版）

そして，A, B は可述直線であり，平方においてのみ共測であるから，ゆえに，A, B に囲まれる長方形，すなわち G 上の正方形は中項領域である [**X.21**]．ゆえに，G は中項直線である [**X.21**]．そして A が B に対するように，G が D に対し，また，A, B は平方においてのみ共測であるから，ゆえに，G, D も平方においてのみ共測である [**X.11**]．そして G は中項直線である．ゆえに，D も中項直線である [**X.23 系**]．ゆえに，G, D は中項直線で，平方においてのみ共測である．私は言う，さらにそれらは可述領域を囲む．というのは，A が B に対するように，G が D に対するから，ゆえに交換されて，A が G に対するように，B が D に対する [**V.16**]．しかし，A が G に対するように，G が B に対する．ゆえに，G が B に対するように，B が D に対するのでもある [**V.11**]．ゆえに，G, D に囲まれる長方形は B 上の正方形に等しい [**VI.17**]．また，B 上の正方形は可述領域である．ゆえに，G, D に囲まれる長方形も可述領域である．

ゆえに，2 つの中項直線で，平方においてのみ共測で，可述領域を囲むものが見出されている．これが証明すべきことであった．

解　説

本命題から命題 X.35 までは，特定の条件を満たす可述直線，中項直線を見出すという問題が扱われる．これらについては X.35 でまとめて解説する．

なお，これらの命題は後に議論される種々の無比直線の実例を与えるものであるが，無比直線の議論そのものに必要なわけではない．この箇所は後回しにして命題 X.36 以降を先に読んだほうが第 X 巻の構造を把握しやすい．

[補助定理[70]]

任意の比にある2つの数と，別の何らかの数が与えられたとき，数が数に対するように，この〔後で与えられた〕数が別の何らかの数に対するようにせねばならない．

与えられた2つの数をAB, GDとし，互いに対して任意の比を持つとし，また別の何らかの数をGEとしよう．上述のことをなさねばならない．

（写本の図版）　（底本の図版）

というのは，DG, GEに囲まれる直角平行四辺形DEが描かれたとし **[I.31]**，DEに等しい平行四辺形が，ABの傍らに付置されたとし，それがBZであって，作る幅がAZであるとしよう **[I.45]**．すると，平行四辺形DEは平行四辺形BZに等しく，またそれに等角でもあり，また等しくかつ等角な2つの平行四辺形の，等しい角の周りの辺は逆比例する **[VI.14]** から，ゆえに，比例して，ABがGDに対するように，GEがAZに対する．これが証明すべきことであった．

解　説

この補助定理はV写本にのみ見出されるもので，後世の追加である．その内容は第4比例項を見出す議論であり，あらためて命題として取り上げなくとも，与えられた量が直線のときはVI.12で，数のときはIX.19で解法が与えられている．さらにIX.19では第4比例項が数（整数）になるとは限らないので，そのための条件が吟味されている．ただしIX.19はほぼ確実に後世の追加である．この命題の解説を参照されたい．この補助定理が次のX.28の第4比例項Eを見出す議論を念頭に置いたものとすると，与えられた3直線に対する第4比例項を見出すことになる．ところがこの補助定理は与えられた3数に対して第4比例項となる数を見出す議論である．しかし実際にはすべての数が直線として表現されていて，見出された第4比例項が数（整数）になるかどうかの議論はない．こういうわけで，この補助定理の著者は『原論』の他の巻の内容も，数と直線との基本的な違いも，十分には理解していなかったように思われる．

28

中項直線で，平方においてのみ共測で，中項領域を囲むものを見出すこと．

---

[70] V写本のみに見られ，命題の後に置かれている．底本では付録9.

[3つの] 可述直線で，平方においてのみ共測な A, B, G が提示されたとし **[X.10]**[71]，A, B の比例中項 D がとられたとし **[VI.13]**，B が G に対するように，D が E に対するようになっているとしよう **[VI.12]**.

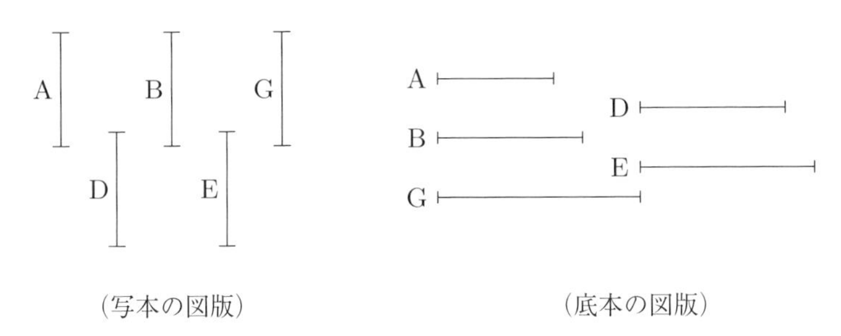

（写本の図版）　（底本の図版）

A, B は可述直線であり，平方においてのみ共測であるから，ゆえに，A, B に囲まれる長方形，すなわち D 上の正方形は **[VI.17]**，中項領域である **[VI.21]**. ゆえに，D は中項直線である **[X.21]**．そして B, G は平方においてのみ共測であり，B が G に対するように，D が E に対するから，ゆえに，D, E も平方においてのみ共測である **[VI.22]**[72]**[X.11]**．また，D は中項直線である．ゆえに，E も中項直線である **[X.23 系]**．ゆえに，D, E は中項直線で，平方においてのみ共測である．そこで私は言う，さらにそれらは中項領域を囲む．というのは，B が G に対するように，D が E に対するから，ゆえに交換されて，B が D に対するように，G が E に対する **[V.16]**．また B が D に対するように，D が A に対する．ゆえに，D が A に対するように，G も E に対する **[V.11]**．ゆえに，A, G に囲まれる長方形は D, E に囲まれる長方形に等しい **[VI.16]**．また A, G に囲まれる長方形は中項領域である **[X.21]**．ゆえに，D, E に囲まれる長方形も中項領域である．

ゆえに，2つの中項直線で，平方においてのみ共測で，中項領域を囲むものが見出されている．これが証明すべきことであった．

[71] この後の議論から，ここで A と B，B と G，G と A のどの 2 つをとっても，平方において共測で，長さにおいて非共測でなければならない．このような 3 直線をとることはもちろん可能であるが，その具体的方法は明示されていない．同様の問題は X.32 にもある．

[72] 比例関係 B : G = D : E から，それぞれの直線上の正方形の比例関係を導き，それに対して X.11 を適用していると解釈する．

補助定理 1[73]

2つの正方形数を見出し，それらを合わせたものも正方形数にすること．

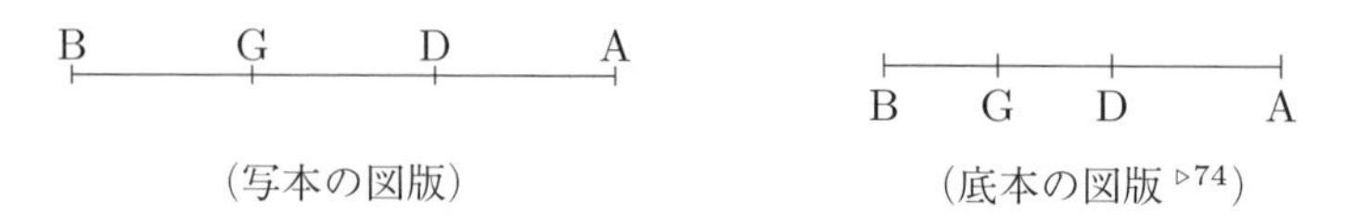

（写本の図版）　（底本の図版 ▹74）

2つの数 AB, BG が提示されたとし，またそれらが〔ともに〕偶数であるか，あるいは奇数であるとしよう．そして，偶数から偶数が取り去られても，奇数から奇数が取り去られても，残りの数は偶数であるから **[IX.24][IX.26]**，ゆえに，残りの数 AG は偶数である．数 AG が D において 2 等分されたとしよう **[VII. 定義 6]**．またさらに数 AB, BG が相似平面数であるか，あるいは正方形数であるとしよう．正方形数自体も相似平面数である．ゆえに，数 AB, BG から生じる数に GD 上の正方形数を合わせたものは BD 上の正方形数に等しい **[II.6]**[75]．そして数 AB, BG から生じる数は正方形数である——なぜならばもし2つの相似平面数が互いに多倍して何らかの数を作るならば，生じる数は正方形数であることが証明されたから **[IX.1]**．ゆえに，2つの正方形数，すなわち AB, BG から生じる数および数 GD 上の正方形数が見出されていて，それらを合わせると BD 上の正方形を作る．

そして次のことが明らかである．再び2つの正方形数，〔すなわち〕BD 上の正方形数および GD 上の正方形数が見出されていて，それらの〔大きい方の小さい方に対する〕超過である AB, BG に囲まれる数が，AB, BG が相似平面数であるときには，正方形数である．また，相似平面数でないときには，2つの正方形数，BD 上の正方形数および DG 上の正方形数が見出されていて，それらの〔大きい方の小さい方に対する〕超過である AB, BG に囲まれる数は，正方形数でない．これが証明すべきことであった．

---

[73] この命題 X.28 には 2 つの補助定理が付け加えられている．底本では，ギリシャ語テクストには補助定理の番号がなく，ラテン語訳の部分に番号が付されている．

[74] 凡例 [6–2] 参照．

[75]「数 AB, BG から生じる数」とは AB, BG の積を意味する．『原論』では第 VII 巻から第 IX 巻で頻繁に利用される（たとえば VII.19 など）．2 数の積は VII. 定義 16 で定義されている．ここで利用されている相等関係を数式で書けば BD $= x$, GD $= y$ と置けば $(x+y)(x-y)+y^2=x^2$ となる．ここでは幾何学に対する定理 II.6 を類推によって数に対して適用しているのであろう．

補助定理 2

2 つの正方形数を見出し，それらを合わせたものが正方形数でないようにすること．

というのは，数 AB, BG から生じる数が，我々が述べたように，正方形数で，数 GA が偶数であるとし[76]，数 GA が D によって 2 等分されたとしよう **[VII. 定義 6]**．そこで次のことが明らかである．数 AB, BG から生じる正方形数に，数 GD 上の正方形数を合わせたものは，数 BD 上の正方形数に等しい **[II.6]**．単位 DE が取り去られたとしよう．ゆえに，数 AB, BG から生じる数に，GE 上の正方形数を合わせたものは，BD 上の正方形数より小さい．すると私は言う，数 AB, BG から生じる正方形数に，GE 上の正方形数を合わせたものは，正方形数にならない．

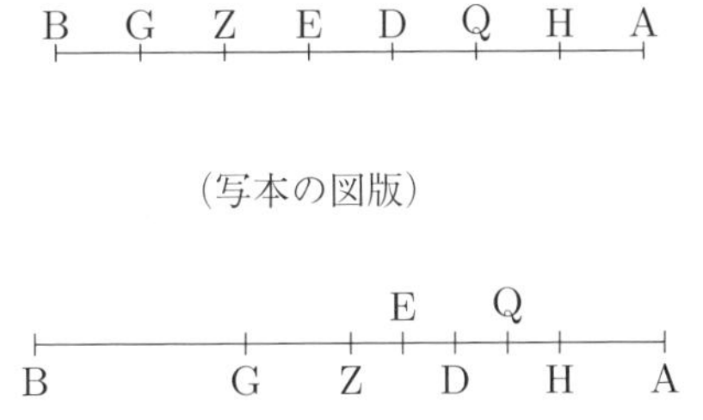

（写本の図版）

（底本の図版 ▷77）

というのは，もし正方形数になるならば，BE 上の正方形数に等しいか，あるいは BE 上の正方形数より小さく，また，もはや〔BE 上の正方形数より〕大きくなることはない．単位が分割されないためである[78]．もし可能ならば，は

[76]「我々が述べたように」とは上の補助定理 1 のやり方で AB, BG をとることを指す．

[77] 凡例 [6–2] 参照．

[78] ここまでの議論で

$$\mathrm{AB} \times \mathrm{BG} + \mathrm{GD}^2 = \mathrm{BD}^2$$

が成り立つことは分かっている．今，正方形数であるかどうかが問題となっているのは

$$\mathrm{AB} \times \mathrm{BG} + \mathrm{GE}^2$$

であるが，$\mathrm{GE} = \mathrm{GD} - 1$ であるから，問題の数が正方形数なら，BD より小さい数の平方である．ところが $\mathrm{BE} = \mathrm{BD} - 1$ であるから，BD より小さく BE より大きい整数はなく，問題の数が BE より大きい数の平方であることは不可能である．「単位が分割されない」という表現はこのことを指す．

じめに AB, BG から生じる数に，GE 上の正方形数を合わせたものが，BE 上の正方形数に等しいとし，単位 DE の 2 倍が HA であるとしよう．すると全体 AG は全体 GD の 2 倍であり，そのうち，AH は DE の 2 倍であるから，ゆえに，残りの HG も残りの EG の 2 倍である．ゆえに，数 HG が E において 2 等分されている．ゆえに，HB, BG から生じる数に，GE 上の正方形数を合わせたものは，BE 上の正方形数に等しい **[II.6]**．しかし，AB, BG から生じる数に，GE 上の正方形数を合わせたものも，BE 上の正方形数に等しいと仮定されている．ゆえに，HB, BG から生じる数に，GE 上の正方形数を合わせたものは，AB, BG から生じる数に，GE 上の正方形数を合わせたものに等しい．そして共通な GE 上の正方形数が取り去られると，AB が HB に等しいことが分かる[79]．これは不合理である．ゆえに，AB, BG から生じる数に GE 上の正方形数を合わせたものは BE 上の正方形数に等しくない．そこで私は言う，〔それは〕BE 上の正方形数より小さくもない．というのは，もし可能ならば，BZ 上の正方形数に等しいとし，DZ の 2 倍が QA であるとしよう．そして今度は，QG が GZ の 2 倍であると分かることになる．したがって，GQ も Z において 2 等分されていること，このことによって QB, BG から生じる数に，ZG 上の正方形数を合わせたものは，BZ 上の正方形数に等しくなること〔が分かることになる〕**[II.6]**．また，AB, BG から生じる数に，GE 上の正方形数を合わせたものも，BZ 上の正方形数に等しいと仮定されている．したがって，QB, BG から生じる数に，GZ 上の正方形数を合わせたものは，AB, BG から生じる数に，GE 上の正方形数を合わせたものに等しくなる．これは不合理である．ゆえに，AB, BG から生じる数に，GE 上の正方形数を合わせたものは，BE 上の正方形数より小さい数に等しくない．また，BE 上の正方形数 [自体] に等しくもないことが証明された．ゆえに，AB, BG から生じる数に GE 上の正方形を合わせたものは正方形数でない．[上述の 2 数を多くのやり方で示すことも可能であるが，我々には上述のもので十分であるとしよう．議論が長いので，これ以上我々が議論を引

---

[79]「分かる」と訳したのは συνάγεται．証明される，示される，と訳すこともできる．『原論』では他に V.25, XIII.11, 16 でしか用いられない語である．この補助定理は，アラビア・ラテンの伝承に存在しないこと，また数学的内容や他の語法から見て，後世の追加であることは確実である．すると，この同じ語法を含む V.25, XIII.11, 16 についても，それらが真正であるかを再検討する価値があろう．とりわけ V.25 は他の観点からも「疑わしい」命題である．本全集第 1 巻の V.25 の解説も参照．

き延ばすことのないように.] これが証明すべきことであった.

解　説

これら 2 つの補助定理は，次の命題 X.29 で，差または和が正方形数でない 2 つの正方形数をとることが求められることに対して，その方法を示している．底本では本文に収められているが，内容・語法の面から見て，後世の追加であることは確実である．なお，アラビア・ラテンの伝承にも存在しない．

29

2 つの可述直線で，平方においてのみ共測なものを見出し，大きい方が小さい方よりも，平方において，それ自身〔大きい方〕に対して長さにおいて共測な直線上の正方形だけ大きいようにすること．

というのは，何らかの可述直線 AB と，2 つの正方形数 GD, DE が提示され，それらの〔大きい数の小さい数に対する〕超過 GE が正方形数でないようにされたとし **[X.28 補助定理 1]**[80]，AB の上に半円 AZB が描かれ，〔数〕DG が〔数〕GE に対するように，BA 上の正方形が AZ 上の正方形に対するようにされたとし[81]，ZB が結ばれたとしよう．

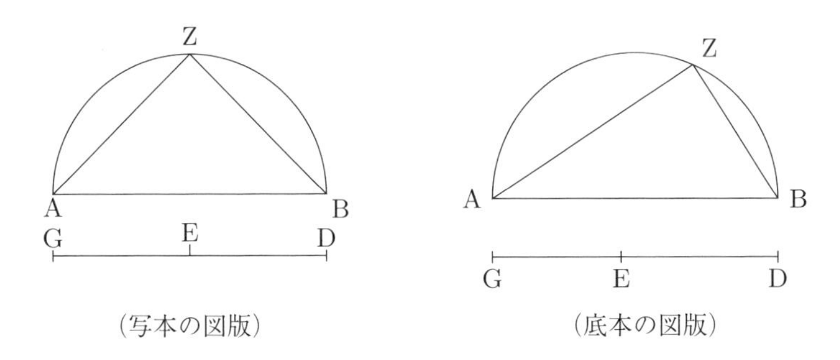

(写本の図版)　(底本の図版)

[すると,] BA 上の正方形が AZ 上の正方形に対するように，〔数〕DG が

[80] 補助定理 1 の最後の部分を参照．

[81] ここではこの比例関係を満たすように点 Z が半円上にとられることが要請される．その方法については本命題の解説を参照．なお，この要請は πεποιήσθω という語で表現され，これは「作る」「なす」という意味の動詞 ποιέω の命令法受動相現在完了であるが，『原論』での用例は非常に少なく，VIII.8, X.29, 30, X.85–90 のみである．本命題 X.29 と続く X.30 は条件がわずかに異なるだけの一対の命題であり，X.85–90 の 6 個は 1 つの命題群をなすので，『原論』でのこの語のこの形での用例は実質 3 箇所であるとも言える．

〔数〕GE に対するから，ゆえに，BA 上の正方形が AZ 上の正方形に対して持つ比は，数 DG が数 GE に対する比である．ゆえに，BA 上の正方形は AZ 上の正方形に対して共測である [**X.6**]．また，AB 上の正方形は可述領域である．ゆえに，AZ 上の正方形も可述領域である [**X. 定義 4**]．ゆえに，AZ も可述直線である [**X. 定義 3**]．そして，〔数〕DG が〔数〕GE に対して持つ比は，正方形数が正方形数に対する比でないから，ゆえに，BA 上の正方形が AZ 上の正方形に対して持つ比も，正方形数が正方形数に対する比でない．ゆえに，AB は AZ に対して長さにおいて非共測である [**X.9**]．ゆえに，BA, AZ は可述直線であり，平方においてのみ共測である．そして，〔数〕DG が〔数〕GE に対するように，BA 上の正方形が AZ 上の正方形に対するから，ゆえに，転換されて，〔数〕GD が〔数〕DE に対するように，AB 上の正方形が BZ 上の正方形に対する [**V.19 系**]．また，〔数〕GD が〔数〕DE に対して持つ比は，正方形数が正方形数に対する比である．ゆえに，AB 上の正方形が BZ 上の正方形に対して持つ比も，正方形数が正方形数に対する比である．ゆえに，AB は BZ に対して長さにおいて共測である [**X.9**]．そして AB 上の正方形は AZ, ZB 上の正方形〔の和〕に等しい．ゆえに，AB は，AZ よりも，平方においてそれ自身〔AB〕に対して共測な BZ だけ大きい．

ゆえに，2 つの可述直線で，平方においてのみ共測な BA, AZ が見出されていて，大きい方の AB が小さい方の AZ よりも，平方において，それ自身〔AB〕に対して長さにおいて共測な BZ 上の正方形だけ大きい．これが証明すべきことであった．

[命題 29 への補助定理[82]]

2 つの数と 1 つの直線が与えられたとき，〔与えられた〕数が〔与えられた〕数に対するように，〔与えられた〕直線上の正方形が別の何らかの直線上の正方形に対するようにせねばならない．

[82] V 写本のみに見られ，命題の後に置かれている．底本では付録 10.

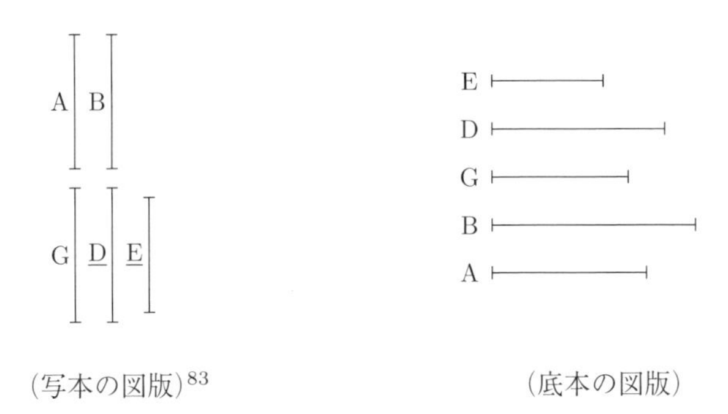

（写本の図版）[83]　　（底本の図版）

与えられた 2 数を A, B，また〔与えられた〕直線を G とし，そして上述のことをせねばならない．というのは，〔数〕A が〔数〕B に対するように，直線 G が他の何らかの D に対するようにされたとし **[VI.12]**[84]，G, D の比例中項 E がとられたとしよう **[VI.13]**．すると，〔数〕A が〔数〕B に対するように，直線 G が D に対し，しかし，G が D に対するように，G 上の正方形が E 上の正方形に対するから **[VI.19 系]**，ゆえに，〔数〕A が〔数〕B に対するように，G 上の正方形が E 上の正方形に対する **[V.11]**．

解　説

この補助定理は，もちろん後世の追加である．その趣旨は，命題の中で「DG が GE に対するように，BA 上の正方形が AZ 上の正方形に対する」ように BA, AZ が作図されるが，その方法を示すものである．その内容は X.6 系とも重複する．しかしこの作図はもっと簡単である．命題 X.29 の図に戻って，直線 AB 上に DG : GE = BA : AH を満たすように点 H をとって，H から AB に垂線を立てればよい（H は X.33 の点 E に相当する）．というのは，三角形 BAZ と三角形 AZH が相似であることから **[VI.8]**，

$$\mathrm{BA} : \mathrm{AZ} = \mathrm{AZ} : \mathrm{AH}$$

が成り立ち，ゆえに VI.17 により

$$q(\mathrm{AZ}) = r(\mathrm{BA}, \mathrm{AH})$$

よって，

---

[83] V 写本 (142v) の図では下の 3 本の直線は左から順に G, E, Z となっているが，テクストの内容に従って E, Z をそれぞれ D, E に修正し，下線を付した．

[84] 命題 VI.12 は与えられた 3 直線に対して第 4 比例項を作図するものであり，ここでは A, B は数，G は直線であるから，厳密には VI.12 がそのまま適用できるわけではない．この場合に限らず第 X 巻では，特定の条件を満たす直線を，整数を利用して作図する場合には，どうしても数の比と幾何学量の比の両方が関与する比例関係を扱うことになるので，利用される命題を特定するのは困難である．もちろんこのことが実際の議論に影響を及ぼすわけではない．

$$q(\mathrm{BA}) : q(\mathrm{AZ}) = q(\mathrm{BA}) : r(\mathrm{BA}, \mathrm{AH}) = \mathrm{BA} : \mathrm{AH}$$

となるからである．これはギリシャ幾何学では常識といってよい議論である（X.32 補助定理も参照）．命題 X.29 の図版が AB と GD を，等しく平行な直線で表し，E の真上に Z を描いているのは，この作図を示唆するものであろう．しかし補助定理の著者はこの「常識」を共有していなかったことになる．ここにも古代後期の数学の衰退，伝承の途絶を垣間見ることができる．

30

2 つの可述直線で，平方においてのみ共測なものを見出し，大きい方が小さい方よりも，平方において，それ自身〔大きい方〕に対して長さにおいて非共測な直線上の正方形だけ大きいようにすること．

可述直線 AB と，2 つの正方形数 GE, ED が提示され，それらを合わせた GD が正方形数でないようにされたとし **[X.28 補助定理 2]**，AB の上に半円 AZB が描かれ，〔数〕DG が〔数〕GE に対するように，BA 上の正方形が AZ 上の正方形に対するようにされたとし，ZB が結ばれたとしよう．

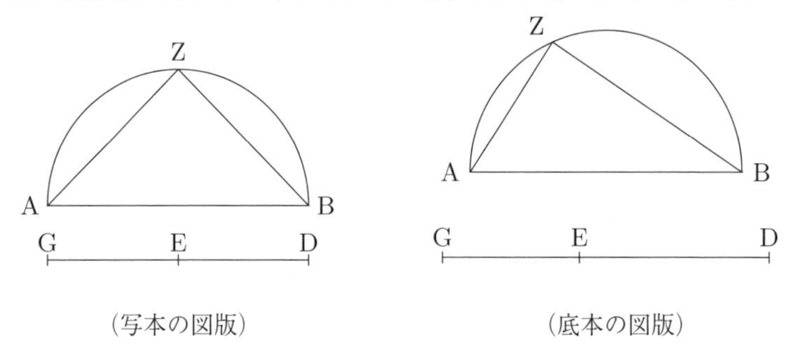

（写本の図版）　（底本の図版）

前と同様に我々は次のことを証明することになる，BA, AZ は可述直線であり，平方においてのみ共測である **[X.6][X. 定義 4][X.9]**．そして，〔数〕DG が〔数〕GE に対するように，BA 上の正方形が AZ 上の正方形に対するから，ゆえに転換されて，〔数〕GD が〔数〕DE に対するように，AB 上の正方形が BZ 上の正方形に対する **[III.31][I.47][V.19 系]**．また，〔数〕GD が〔数〕DE に対して持つ比は，正方形数が正方形数に対する比でない．ゆえに，AB 上の正方形が BZ 上の正方形に対して持つ比も，正方形数が正方形数に対する比でない．ゆえに，AB は BZ に対して長さにおいて非共測である **[X.9]**．そして AB は AZ よりも平方においてそれ自身〔AB〕に対して非共測な ZB 上の正方形だけ大きい **[III.31][I.47]**.

ゆえに，AB, AZ は可述直線で，平方においてのみ共測であり，AB は AZ よりも，平方において，それ自身〔AB〕に対して長さにおいて非共測な ZB 上の正方形だけ大きい．これが証明すべきことであった．

31

2 つの中項直線で，平方においてのみ共測で，可述領域を囲むものを見出し，大きい方が小さい方よりも，平方において，それ自身〔大きい直線〕に対して長さにおいて共測な直線上の正方形だけ大きいようにすること．

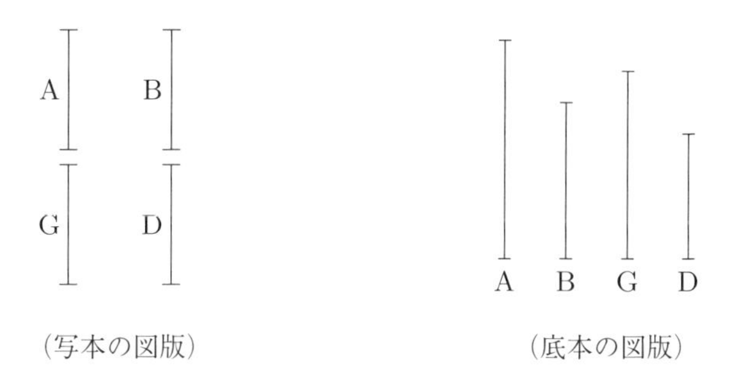

（写本の図版）　　（底本の図版）

2 つの可述直線で，平方においてのみ共測な A, B が提示され，大きい方の A が，小さい方の B よりも，平方において，それ自身〔A〕に対して長さにおいて共測な直線上の正方形だけ大きいようにされたとしよう **[X.29]**．そして A, B に囲まれる長方形に G 上の正方形が等しいとしよう **[II.14]**．また A, B に囲まれる長方形は中項領域である **[X.21]**．ゆえに，G 上の正方形も中項領域である．ゆえに，G も中項直線である **[X.21]**．また，B 上の正方形に G, D に囲まれる長方形が等しいとしよう **[I.45]**．また B 上の正方形は可述領域である **[X. 定義 4]**．ゆえに，G, D に囲まれる長方形も可述領域である．そして，A が B に対するように，A, B に囲まれる長方形が B 上の正方形に対し **[X.21 補助定理]**[85]，しかし，まず A, B に囲まれる長方形に G 上の正方形

[85] 厳密に言えば X.21 補助定理とは前項と後項が逆になっているので，V.7 系も必要であるが，そこまで考えるならば直接 VI.1 を適用する方が早い．なお，本命題 X.31 の直後に，V 写本にのみ追加されている補助定理は，まさにここでの議論に対応するものである．

は等しく，またB上の正方形にG, Dに囲まれる長方形は等しいから，ゆえに，AがBに対するように，G上の正方形がG, Dに囲まれる長方形に対する **[V.11a]**．また，G上の正方形がG, Dに囲まれる長方形に対するように，GがDに対する **[X.21 補助定理]**．ゆえに，AがBに対するように，GがDに対するのでもある **[V.11]**．また，AはBに対して平方においてのみ共測である．ゆえに，GもDに対して平方においてのみ共測である **[VI.22][X.11]**．そして，Gは中項直線である．ゆえに，Dも中項直線である **[X.23 系]**．そして，AがBに対するように，GがDに対し，また，AはBよりも平方においてそれ自身〔A〕に対して共測な直線上の正方形だけ大きいから，ゆえに，GもDよりも平方においてそれ自身〔G〕に対して共測な直線上の正方形だけ大きい **[X.14]**．

ゆえに，2つの中項直線で，平方においてのみ共測で，可述領域を囲むG, Dが見出されていて，GはDよりも平方においてそれ自身〔G〕に対して長さにおいて共測な直線上の正方形だけ大きい．

そこで，非共測な直線の上の正方形に対しても，同様に証明されることになる．すなわち，AがBよりも平方においてそれ自身〔A〕に対して非共測な直線上の正方形だけ大きいときである[86]．

[命題31への補助定理[87]]

もし2直線が何らかの比にあるならば，直線が直線に対するように，2直線に囲まれる長方形が最小の直線上の正方形に対することになる[88]．

そこで2直線をAB, BGとし，何らかの比にあるとしよう．私は言う，ABがBGに対するように，AB, BGに囲まれる長方形がBG上の正方形に対する．

（写本の図版）　（底本の図版）

[86] このときは，同様の議論によって得られるG, Dは同じ条件を満たし，さらにA : B = G : DとX.14により，「GはDよりも平方においてそれ自身〔G〕に対して長さにおいて共測な直線上の正方形だけ大きい」ことになる．後の命題X.34で用いられるのはこちらである．

[87] V写本のみに見られ，命題31の後に置かれている．底本では付録11.

[88] 「最小」という表現は数学的に意味をなさず，その意図はよく分からない．X.34補助定理への脚注105も参照．

というのは[89]，BG の上に正方形 BDEG が描かれたとし，平行四辺形 AD が完成されたとしよう．そこで次のことが明らかである，AB が BG に対するように，平行四辺形 AD が平行四辺形 BE に対する **[VI.1]**．そしてまず AD は AB, BG に囲まれる長方形である——というのは BG は BD に等しいから．また BE は BG 上の正方形である．ゆえに，AB が BG に対するように，AB, BG に囲まれる長方形が BG 上の正方形に対する．これが証明すべきことであった．

32

2 つの中項直線で，平方においてのみ共測で，中項領域を囲むものを見出し，大きい方が小さい方よりも，平方においてそれ自身〔大きい直線〕に対して共測な直線上の正方形だけ大きいようにすること．

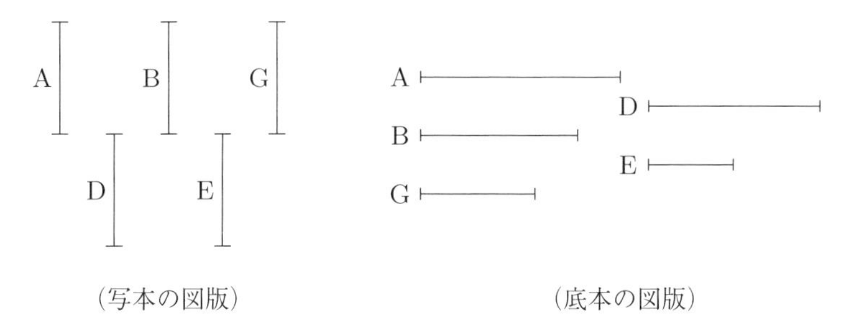

（写本の図版）　（底本の図版）

3 つの可述直線で，平方においてのみ共測な A, B, G が提示され，A が G よりも，平方において，それ自身〔A〕に対して共測な直線上の正方形だけ大きいようにされたとし **[X.29]**[90]，そして A, B に囲まれる長方形に D 上の正方形が等しいとしよう **[II.14]**．ゆえに，D 上の正方形は中項領域である **[X.21]**．ゆえに，D も中項直線である **[X.21]**．また，B, G に囲まれる長方形に D, E に囲まれる長方形が等しいとしよう **[I.45]**．そして，A, B に囲まれる長方形が B, G に囲まれる長方形に対するように，A が G に対し **[X.21 補助定理]**，しかし，まず A, B に囲まれる長方形に D 上の正方形が等しく，また〔直線〕B, G に囲まれる長方形に〔直線〕D, E に囲まれる長方形が等しいから，ゆえに，A が G に対するように，D 上の正方形が D, E に囲まれる長方形に対する **[V.11a]**．また，D 上の正方形が D, E に囲まれる長方形に対するように，D

[89] この改行は底本にはない．訳者が追加したものである．

[90] 後の議論を見ていくと A, B, G のどの 2 つも，長さにおいて非共測であることが前提とされている．このような 3 つの可述直線 A, B, G の取り方は X.29 では説明されていない．X.28 の脚注 71 も参照．

がEに対する [**X.21 補助定理**]. ゆえに, Λ がGに対するように, DがEに対するのでもある [**V.11**]. また, AはGに対して平方において [のみ] 共測である. ゆえに, D も E に対して平方においてのみ共測である [**X.11**][**VI.22**]. また, D は中項直線である. ゆえに, E も中項直線である [**X.23 系**]. そして, AがGに対するように, DがEに対し, また, AはGよりも平方においてそれ自身〔A〕に対して共測な直線上の正方形だけ大きいから, ゆえに, D も E よりも平方においてそれ自身〔D〕に対して共測な直線上の正方形だけ大きくなる [**X.14**].

そこで私は言う[91], さらにD, Eに囲まれる長方形は中項領域である. というのは, B, Gに囲まれる長方形はD, Eに囲まれる長方形に等しく, また, B, Gに囲まれる長方形は中項領域であるから [—— というのはB, Gは可述直線であり, 平方においてのみ共測であるから ——][**X.21**], ゆえに, D, Eに囲まれる長方形も中項領域である.

ゆえに, 2つの中項直線で, 平方においてのみ共測で, 中項領域を囲むD, Eが見出されていて, 大きい直線〔D〕は小さい直線〔E〕よりも平方においてそれ自身〔D〕に対して共測な直線上の正方形だけ大きい.

そこで, 非共測な直線の上の正方形に対しても, 再び同様に証明されることになる. すなわち, AがGよりも平方においてそれ自身〔A〕に対して非共測な直線上の正方形だけ大きいときである[92].

[命題32への補助定理[93]]

もし3直線が何らかの比にあるならば第1の直線が第3の直線に対するように, 第1の直線と中項の直線に囲まれる長方形が中項の直線と最小の直線に囲まれる長方形に対することになる[94].

何らかの比にある3直線をAB, BG, GDとしよう. 私は言う, ABがGDに対するように, AB, BGに囲まれる長方形がBG, GDに囲まれる長方形に対する.

---

[91] この改行は底本にない. 訳者が追加したものである.

[92] 直前の命題 X.31 と同様である. 脚注 86 を参照.

[93] V写本のみに見られ, またB写本の欄外にも別の筆跡で追加されている. 底本では付録12. V写本では, この補助定理の後に, 底本の本文に収録されている直角三角形に関する補助定理が続く.

[94] 最小の直線という表現は3直線が順に小さくなるときには正しいが, 一般には第3の直線とすべきである.

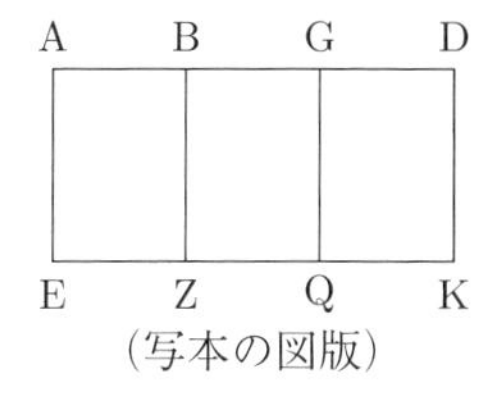

(写本の図版)

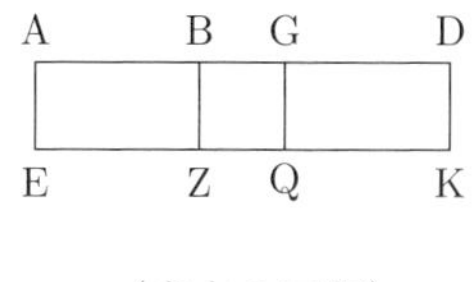

(底本の図版)

というのは，点 A から AB に直角に AE が引かれたとし **[I.11]**， BG に等しい AE が置かれたとし **[I.3]**，点 E を通って直線 AD に平行な EK が引かれたとし，また点 B, G, D を通って AE に平行な ZB, GQ, DK が引かれたとしよう **[I.31]**．そして，AB が BG に対するように，平行四辺形 AZ が平行四辺形 BQ に対し，また BG が GD に対するように，BQ が GK に対するから **[VI.1]**，ゆえに等順位において，AB が GD に対するように，平行四辺形 AZ が平行四辺形 GK に対する **[V.22]**．そしてまず AZ は AB, BG に囲まれる長方形である —— というのは AE は BG に等しいから．また GK は BG, GD に囲まれる長方形である —— というのは BG は GQ に等しいから．

ゆえに，もし 3 直線が何らかの比にあるならば，第 1 の直線が第 3 の直線に対するように，第 1 の直線と中項の直線に囲まれる長方形が中項の直線と第 3 の直線に囲まれる長方形に対することになる．これが証明すべきことであった．

補助定理

直角三角形を ABG とし，直角 A を持つとし，垂線 AD が引かれたとしよう．私は言う，まず GBD に囲まれる長方形は BA 上の正方形に等しく，また BGD に囲まれる長方形は GA 上の正方形に等しく，そして BD, DG に囲まれる長方形は AD 上の正方形に等しく，そしてさらに BG, AD に囲まれる長方形は BA, AG に囲まれる長方形に等しい．

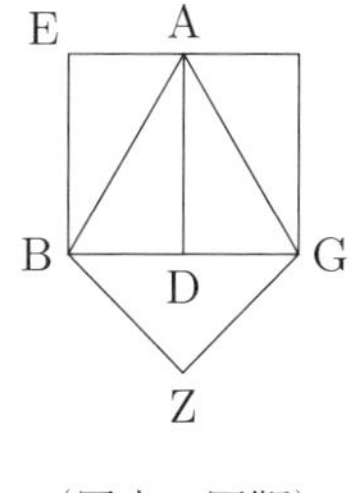

(写本の図版)

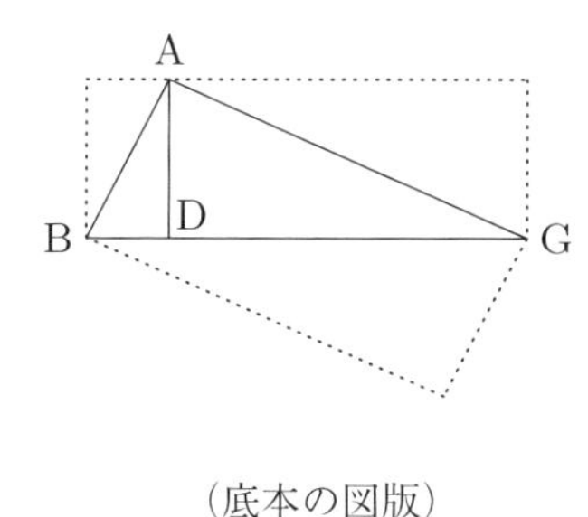

(底本の図版)

そして最初に，GBD に囲まれる長方形が BA 上の正方形に等しいこと〔を証明する〕．

というのは，直角三角形において，直角〔の頂点〕から底辺へと垂線 AD が引かれているから，ゆえに，三角形 ABD, ADG は全体〔の三角形〕ABG に対しても，互いにも相似である **[VI.8]**．そして，三角形 ABG は三角形 ABD に相似であるから，ゆえに，GB が BA に対するように，BA が BD に対する **[VI. 定義 1]**．ゆえに，GBD に囲まれる長方形は AB 上の正方形に等しい **[VI.17]**．

そこで同じ議論によって，BGD に囲まれる長方形も AG 上の正方形に等しい．

そして，もし直角三角形において，直角から底辺へと垂線が引かれるならば，引かれた線は底辺の 2 切片の比例中項である **[VI.8 系]** から，ゆえに，BD が DA に対するように，AD が DG に対する．ゆえに，BD, DG に囲まれる長方形は DA 上の正方形に等しい **[VI.17]**．

私は言う，さらに BG, AD に囲まれる長方形は BA, AG に囲まれる長方形に等しい．というのは，我々が述べたように，三角形 ABG は三角形 ABD に相似であるから，ゆえに，BG が GA に対するように，BA が AD に対する **[VI. 定義 1]**．[また，もし 4 直線が比例するならば，〔比例の〕両端項に囲まれる長方形は内項に囲まれる長方形に等しい **[VI.16]**[95].] ゆえに，BG, AD に囲まれる長方形は BA, AG に囲まれる長方形に等しい．これが証明すべきことであった．

[命題 32 補助定理への注釈[96]]

あるいは，以下のことによっても．もし我々が直角平行四辺形 EG を描き，AZ を完成させるならば[97]，EG は AZ に等しくなる——というのはそれらの各々は三角形 ABG の 2 倍であるから．そしてまず EG は BG, AD に囲まれる長方形であり，また AZ は BA, AG に囲まれる長方形である．ゆえに，BG, AD に囲まれる長方形は BA, AG に囲まれる長方形に等しい．

---

[95]「内項」という訳語については命題 VI.16 の脚注 21 を参照（本全集第 1 巻）．

[96] P 写本を含む主要写本に見られ，X.32 の補助定理の末尾（「これが証明すべきことであった」の直前）に置かれている．底本では付録 13．

[97] ここでは 2 つの直角平行四辺形（長方形）が描かれる．図は補助定理のものであり，この注釈独自の図があるわけではない．EG は BG を 1 辺とし，A を通る長方形で三角形 ABG の 2 倍となる．もう 1 つの長方形 AZ，すなわち ABZG は AD を 2 倍に伸ばした点 Z をとって描かれる．写本の図にはこれらの点と長方形が描かれている．ただ図は正確とはいえない．底本ではこれらは点線となっていて図の中には点 E, Z の指示はない．

33

2つの直線で，平方において非共測なものを見出すこと．それらはまずそれらの上の正方形を合わせたものを可述領域とし，またそれらに囲まれる長方形を中項領域とする〔ものである〕．

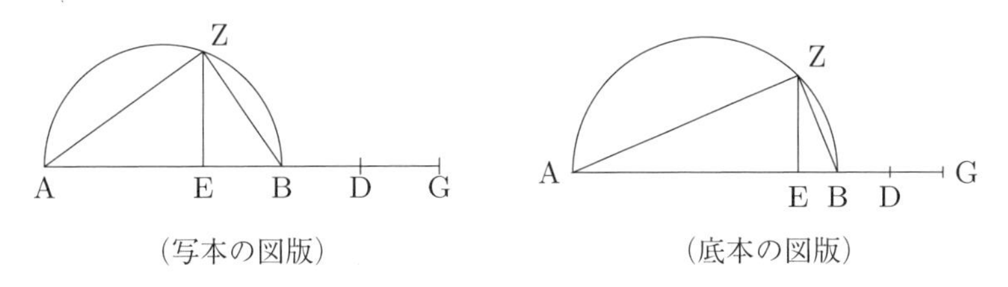

（写本の図版）　　（底本の図版）

2つの可述直線で，平方においてのみ共測な AB, BG が提示され，大きい方の AB が小さい方の BG よりも，平方において，それ自身〔AB〕に対して非共測な直線上の正方形だけ大きいとし **[X.30]**，BG が D において2等分され **[I.10]**，BD, DG のどちらかの上の正方形に等しい平行四辺形が，AB の傍らに付置されて，正方形の領域だけ不足するとし **[VI.28]**，〔付置されたものが〕AEB に囲まれる長方形であるとし，AB の上に半円 AZB が描かれ，AB に直角に EZ が引かれたとし **[I.11]**，AZ, ZB が結ばれたとしよう．

そして，[2つの] 等しくない直線 AB, BG があって，AB が，BG よりも，平方において，それ自身〔AB〕に対して非共測な直線上の正方形だけ大きく，また BG 上の正方形の4分の1，すなわちその〔BG の〕半分の上の正方形に等しい平行四辺形が，〔直線〕AB の傍らに付置されて，正方形の領域だけ不足していて，AEB に囲まれる長方形を作るから，ゆえに，AE は EB に対して非共測である **[X.18]**．そして AE が EB に対するように，BA, AE に囲まれる長方形が AB, BE に囲まれる長方形に対し **[VI.1]**，また，まず BA, AE に囲まれる長方形は AZ 上の正方形に等しく，また AB, BE に囲まれる長方形は BZ 上の正方形に等しい **[X.32 補助定理]**．ゆえに，AZ 上の正方形は ZB 上の正方形に対して非共測である **[V.11a][X.11]**．ゆえに，AZ, ZB は平方において非共測である **[X. 定義 2]**．そして AB は可述直線であるから，ゆえに，AB 上の正方形も可述領域である **[X. 定義 3, 4]**．したがって，AZ, ZB 上の正方形を合わせたものは可述領域である **[III.31][I.47]**．そして一方，AE, EB

に囲まれる長方形は EZ 上の正方形に等しく [**X.32 補助定理**]，また AE, EB に囲まれる長方形は BD 上の正方形にも等しいと仮定されているから，ゆえに，ZE は BD に等しい[98]．ゆえに，BG は ZE の 2 倍である．したがって，AB, BG に囲まれる長方形も AB, EZ に囲まれる長方形に対して共測である [**VI.1**][**X. 定義 1**][99]．また AB, BG に囲まれる長方形は中項領域である [**X.21**]．ゆえに，AB, EZ に囲まれる長方形も中項領域である [**X.23 系**]．また AB, EZ に囲まれる長方形は AZ, ZB に囲まれる長方形に等しい [**X.32 補助定理**]．ゆえに，AZ, ZB に囲まれる長方形も中項領域である．またそれらの上の正方形を合わせたものが可述領域であることも証明された．

ゆえに，2 つの直線で，平方において非共測なもの AZ, ZB が見出されていて，まずそれらの上の正方形を合わせたものを可述領域とし，またそれらに囲まれる長方形を中項領域とする．これが証明すべきことであった．

[命題 33 への補助定理[100]]

もし直線が等しくない 2 切片へと切られるならば[101]，直線が直線に対するように，全体と大きい方の直線に囲まれる長方形が全体と小さい方の直線に囲まれる長方形に対することになる．

というのは，何らかの直線 AB が等しくない 2 切片へと E において切られたとしよう．私は言う，AE が EB に対するように，BA, AE に囲まれる長方形が AB, BE に囲まれる長方形に対する．

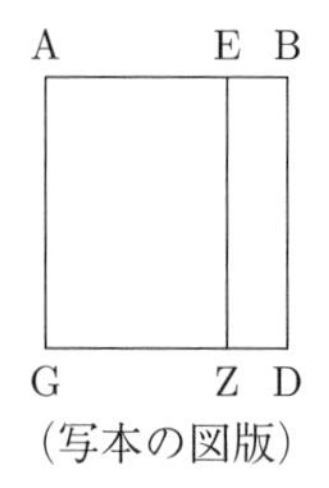

（写本の図版）

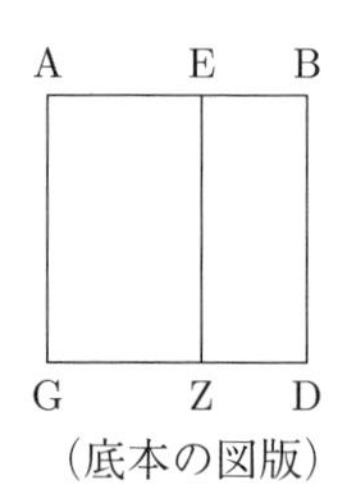

（底本の図版）

というのは，AB の上に正方形 AGDB が描かれたとし [**I.46**]，点 E を通って AG, BD のどちらかに平行な EZ が引かれたとしよう [**I.31**]．すると，次のことが明らかである，AE が EB に対するように，平行四辺形 AZ が平行四辺形 ZB に対する

[98]等しい 2 つの正方形の辺は互いに等しいということである．『原論』では明示的に証明されているわけではないが，明らかであろう．

[99]底本では利用命題として X.6 をあげている．要するに，ある量とその 2 倍が互いに共測であるということである．X.17 への脚注 48 を参照．

[100]V 写本で命題の直後に置かれている．B 写本の欄外にも別の筆跡で追加されている．底本では付録 14.

[101]「切片」という語句が原文にあるわけではない．脚注 137 を参照．

[**VI.1**]．そしてまず AZ は BA, AE に囲まれる長方形である —— というのは AG は AB に等しいから．また ZB は AB, BE に囲まれる長方形である —— というのは BD は AB に等しいから．ゆえに，AE が EB に対するように，BA, AE に囲まれる長方形が AB, BE に囲まれる長方形に対する．これが証明すべきことであった．

34

2 つの直線で，平方において非共測なものを見出すこと．それらはまずそれらの上の正方形を合わせたものを中項領域とし，またそれらに囲まれる長方形を可述領域とする〔ものである〕．

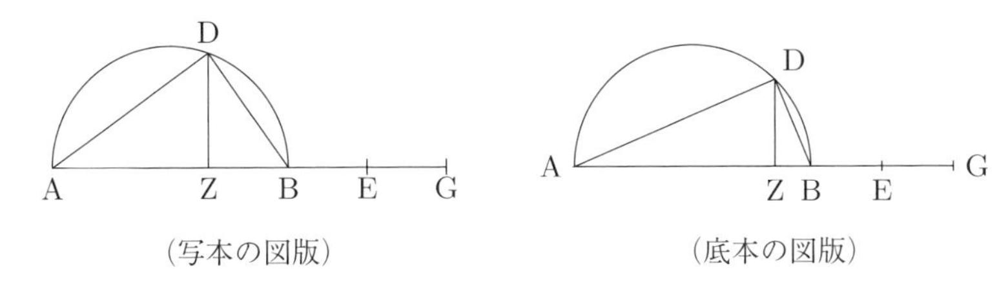

（写本の図版）　（底本の図版）

2 つの中項直線で，平方においてのみ共測な AB, BG が提示され，それらが可述領域を囲み，AB が BG よりも，平方において，それ自身〔AB〕に対して非共測な直線上の正方形だけ大きいとし [**X.31**][102]，AB の上に半円 ADB が描かれたとし，BG が E において 2 等分され [**I.10**]，AB の傍らに，BE 上の正方形に等しい平行四辺形が付置されて，正方形の領域だけ不足するとし [**VI.28**]，〔付置されたものが〕AZB に囲まれる長方形であるとしよう．ゆえに，AZ は ZB に対して長さにおいて非共測である [**X.18**]．そして点 Z から AB に直角に ZD が引かれたとし [**I.11**]，AD, DB が結ばれたとしよう．

AZ は ZB に対して非共測であるから，ゆえに，BA, AZ に囲まれる長方形も AB, BZ に囲まれる長方形に対して非共測である [**VI.1**][**X.11**]．また，まず BA, AZ に囲まれる長方形は AD 上の正方形に等しく，また AB, BZ に囲まれる長方形は DB 上の正方形に等しい [**X.32 補助定理**]．ゆえに，AD 上の正方形も DB 上の正方形に対して非共測である．そして AB 上の正方形は中項領域であるから，ゆえに，AD, DB 上の正方形を合わせたものも中項領域であ

[102] X.31 で見出される 2 つの中項直線の条件は「… 長さにおいて共測な直線上の正方形だけ大きい」であった．この命題の最後に，この条件を「非共測」に変えても同様に証明ができることが述べられている．

る **[III.31][I.47]**．そしてBGはDZの2倍であるから，AB, BGに囲まれる長方形もAB, ZDに囲まれる長方形の2倍である **[VI.1]**．また，AB, BGに囲まれる長方形は可述領域である．ゆえに，AB, ZDに囲まれる長方形も可述領域である **[X. 定義 1, 4]**[103]．また，AB, ZDに囲まれる長方形はAD, DBに囲まれる長方形に等しい **[X.32 補助定理]**．したがって，AD, DBに囲まれる長方形も可述領域である．

ゆえに，2つの直線で，平方において非共測なものAD, DBが見出されていて，[まず] それらの上の正方形を合わせたものを中項領域とし，またそれらに囲まれる長方形を可述領域とする．これが証明すべきことであった．

[補助定理[104]]

もし2つの不等な直線があり，またそれらの最小のものが等しい2切片へと切られるならば[105]，2直線に囲まれる長方形は大きい方と最小のものの半分に囲まれる長方形の2倍となる．

不等な2直線をAB, BG，それらの大きい方をABとし，BGがDにおいて2等分されたとしよう．私は言う，AB, BGに囲まれる長方形はAB, BDに囲まれる長方形の2倍である．

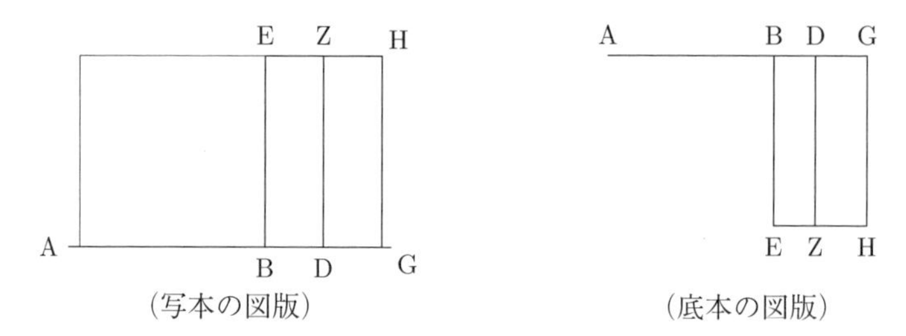

（写本の図版）　（底本の図版）

というのは，点BからBGに直角にBEが引かれたとし **[I.11]**， BAに等しいBEが置かれたとし，図形が描かれたとしよう．すると，DBがDGに対するように，BZがDHに対するから **[VI.1]**，ゆえに合併されて，BGがDGに対するように，BHがDHに対する **[V.18]**．またBGはDGの2倍である．ゆえに，BHもDHの2倍である．そしてまずBHはAB, BGに囲まれる長方形である――というのはABはBEに等しいから．またDHはAB, BDに囲まれる長方形である――というのはまずBDにDGが等しく，またABにDZが〔等しい〕から．これが証明すべきことであった．

---

[103]底本はこの議論の根拠としてX.6とX. 定義4をあげている．X.17への脚注48を参照．

[104]V写本で命題の直後に置かれている．B写本の欄外にも別の筆跡で追加されているがほとんど読めない．底本では付録15.

[105]直線は2つしかないので「最小」という言葉は必要ない．命題X.31補助定理への脚注88も参照．

35

2つの直線で，平方において非共測なものを見出すこと．それらは，それらの上の正方形を合わせたものを中項領域とし，それらに囲まれる長方形を，中項領域で，さらにそれらの上の正方形を合わせたものに対して非共測とする〔ものである〕．

2つの中項直線で，平方においてのみ共測で，中項領域を囲むAB, BGが提示され，ABがBGよりも，平方において，それ自身〔AB〕に対して非共測な直線上の正方形だけ大きいとし **[X.32]**[106]，ABの上に半円ADBが描かれたとし，そして残りのことは，上と同様になっているとしよう．

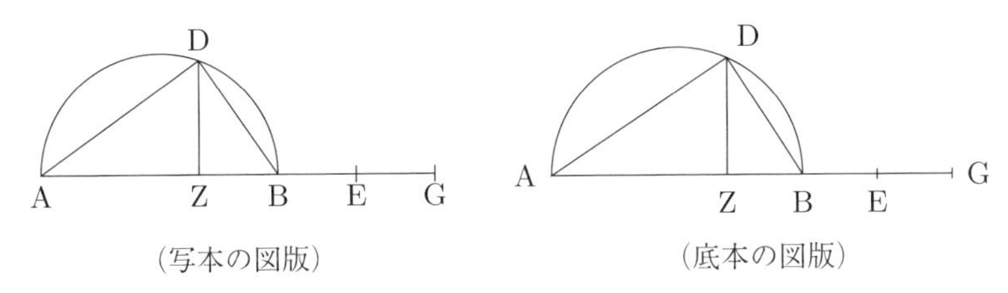

（写本の図版）　（底本の図版）

そして，AZはZBに対して長さにおいて非共測であるから，ADもDBに対して平方において非共測である **[V.11][X.11]**[107]．そしてAB上の正方形は中項領域であるから，ゆえに，AD, DB上の正方形を合わせたものも中項領域である **[I.47]**．そしてAZ, ZBに囲まれる長方形はBE, DZの各々の上の正方形に等しいから，ゆえに，BEはDZに等しい．ゆえに，BGはZDの2倍である．したがって，AB, BGに囲まれる長方形もAB, ZDに囲まれる長方形の2倍である **[VI.1]**．また，AB, BGに囲まれる長方形は中項領域である．ゆえに，AB, ZDに囲まれる長方形も中項領域である **[X.23系]**．そして〔それは〕AD, DBに囲まれる長方形に等しい **[X.32補助定理]**．ゆえに，AD, DBに囲まれる長方形も中項領域である．そして，ABはBGに対して長さにおいて非共測であり，また，GBはBEに対して共測であるから，ゆえに，ABもBEに対して長さにおいて非共測である **[X.13]**．したがって，AB

[106] X.32で見出される2つの中項直線の条件は「… 長さにおいて共測な直線上の正方形だけ大きい」であったが，この命題の最後に，この条件を「非共測」に変えても同様に証明ができることが述べられている．
[107] このことの証明は直前のX.34と同じなので省略されている．

上の正方形も AB, BE に囲まれる長方形に対して非共測である [**X.21 補助定理**][**X.11**]. しかし，まず AB 上の正方形に AD, DB 上の正方形〔の和〕が等しく [**III.31**][**I.47**]，また AB, BE に囲まれる長方形に，AB, ZD に囲まれる長方形が等しく，これはすなわち AD, DB に囲まれる長方形である [**X.32 補助定理**]. ゆえに，AD, DB 上の正方形を合わせたものは AD, DB に囲まれる長方形に対して非共測である.

ゆえに，2 つの直線で，平方において非共測なもの AD, DB が見出されていて，それらの上の正方形を合わせたものを中項領域とし，それらに囲まれる長方形を，中項領域で，さらにそれらの上の正方形を合わせたものに対して非共測とする．これが証明すべきことであった.

解　説

X.27 から X.35 は種々の条件を満たす 2 つの直線を見出す命題群である．この命題群を後回しにしても，後の命題の理解に支障はないので，この部分を飛ばして第 2 部に入り，X.36 から読んでもよい.

一見しただけでは，これらの命題が何を目的としているのかを了解することは不可能に近い．まず見出される 2 直線を a, b として，それが満たすべき条件を整理すると次のようになる.

以下の表で，a, b は長さにおいてはつねに非共測である．また，c は $q(a) - q(b) = q(c)$ を満たす直線である（命題 X.14, 17, 18 を参照). 括弧に入れられた性質は，他の条件から必然的に帰結するので，命題の中で述べられていないものである.

たとえば X.27, 28 では，見出される直線 a, b は中項直線で，平方において共測で，必然的にそれらの上の正方形の和 $q(a) + q(b)$ は中項領域となるので，このことについての言及はなく，それらが囲む長方形 $r(a, b)$ は X.27 では可述領域，X.28 では中項領域という条件が付されている.

命題	a, b	平方において	$q(a) + q(b)$	$r(a, b)$	a と c
X.27	中項直線	共測	(中項)	可述	
X.28	中項直線	共測	(中項)	中項	
X.29	可述直線	共測	(可述)	(可述)	$a \sim c$
X.30	可述直線	共測	(可述)	(可述)	$a \nsim c$
X.31	中項直線	共測	(中項)	可述	$a \sim c$, $a \nsim c$
X.32	中項直線	共測	(中項)	中項	$a \sim c$, $a \nsim c$
X.33		非共測	可述	中項	
X.34		非共測	中項	可述	
X.35		非共測	中項	中項	

まず，X.27, 28 は，さらに場合を分けた形で X.31, 32 において論じられることが分かる．この命題の重複は，X.27, 28 が後の追加であると考えれば説明できる．そう考える根拠は，この 2 命題がアラビア・ラテンの伝承の B グループに存在しないことにある（§5.2 を参照）．

X.29 以降の命題は第 2 部，第 3 部の第 1 命題群 (X.36–41, 73–78) で扱われる 6+6 種の無比直線を作図する（見出す）方法を与えるものである[108]．具体的には 6+6 種の最初の双名直線・切断直線は X.10 によって見出すことができ，第 2 から第 6 までの 5 種類が，X.31–35 によって見出される．一見 X.29, 30 の存在が説明できないように見えるが，X.30 は X.33 で利用されている．そして X.29 は X.30 と合わせて X.10 の条件を精密化して 2 つの場合に分けている命題である．なお X.31, 32 の $a \nsim c$ の場合は X.34, 35 でそれぞれ利用される．

このように説明すれば，命題 X.29–35 は，第 2 部，第 3 部の第 1 命題群の準備として，一応説明できる．しかし第 2 部，第 3 部の第 1 命題群そのものが，第 X 巻の論証構造において，必ずしも必要不可欠なものではないことに注意する必要があろう（§4.4.4 を参照）．

さらに X.29, 30 の真正性が疑われる根拠がある．これらの命題では条件を満たす直線を得るために，2 つの正方形数から出発する．ところが第 3 命題群 (X.48–53, 85–90) で双名直線・切断直線を得る議論では，本質的に同じ条件を，2 つの数の比が「正方形数の正方形数に対する」比である（命題によっては「比でない」）という形で表現する．この表現の違いから見て，X.29, 30 と第 2 部，3 部の第 3 命題群とが，同じ起草者によって同時に書かれたものとは考えにくい．すると，第 X 巻全体の構成から見て，第 3 命題群が後世の追加であると考えることは難しいので，X.29, 30 が（そしてこれらに依存する X.31–35 も），後世の追加であると考えることも可能であろう．

36[109]

もし，2 つの可述直線で，平方においてのみ共測なものが合わせられるならば，全体は無比直線であり，また〔それは〕双名直線と呼ばれるとしよう．

というのは，2 つの可述直線で，平方においてのみ共測な AB, BG が合わせられたとしよう．私は言う，全体 AG は無比直線である．

---

[108] しかしこれらの命題 X.27–35 は，第 1 命題群の命題で明示的に利用されているわけではない．というのは，第 1 命題群の命題は「もし … ならば」という仮定の形で述べられているからである．

[109] テオン版諸写本では，この命題の直前に「合併による 6 つ組の開始」(ἀρχὴ τῶν κατὰ σύνθεσιν ἑξάδων) という文言があり，さらに欄外に「ここから合併による 6 つの無比直線の提示が始まる」(ἐντεῦθεν ἄρχεται παραδιδόναι κατὰ σύνθεσιν ἓξ ἀλόγους) という記述がある．本全集の解説ではこの命題からを第 2 部としている．命題 X.73 の冒頭（脚注 181）も参照．

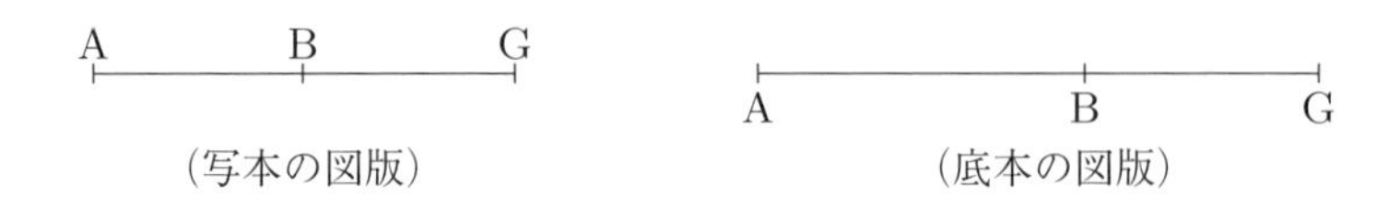

(写本の図版)　(底本の図版)

というのは，AB は BG に対して長さにおいて非共測であり――というのは平方においてのみ共測であるから――，また AB が BG に対するように，ABG に囲まれる長方形が BG 上の正方形に対するから **[X.21 補助定理]**，ゆえに，AB, BG に囲まれる長方形は BG 上の正方形に対して非共測である **[X.11]**．しかし，まず AB, BG に囲まれる長方形に対して AB, BG に囲まれる長方形の 2 倍が共測であり **[X. 定義 1]**[110]，また BG 上の正方形に対して AB, BG 上の正方形〔の和〕が共測である **[X.15]**――というのは AB, BG は可述直線であり，平方においてのみ共測であるから――．ゆえに，AB, BG に囲まれる長方形の 2 倍は AB, BG 上の正方形〔の和〕に対して非共測である **[X.13]**．合併されても[111]，AB, BG に囲まれる長方形の 2 倍に AB, BG 上の正方形〔の和〕を合わせたもの，すなわち AG 上の正方形は，AB, BG 上の正方形を合わせたものに対して非共測である **[II.4][X.16]**．また AB, BG 上の正方形を合わせたものは可述領域である **[X. 定義 4]**．ゆえに，AG 上の正方形は無比領域である **[X. 定義 4]**．したがって，AG も無比直線であり **[X. 定義 4]**，また〔それは〕双名直線と呼ばれるとしよう．これが証明すべきことであった．

解　説

本命題 X.36 から X.41 までの 6 個（本全集では第 2 部第 1 命題群と呼ぶ）は，2 直線の和として表される 6 種類の直線を取り上げ，各々が無比直線であることを証明して名前を与える（これに対応して第 3 部第 1 命題群の X.73–78 では，2 直線の差として表される 6 種類の無比直線に対して同様の議論が行なわれる）．なお，X.41 の解説で述べるように，本命題を含む第 1 命題群の命題は，最初の X.36 以外は論理的には必ずしも必要ではない．第 X 巻に初めて取り組む読者は，

---

[110] X.17 への脚注 48 を参照．

[111]「合併」とは，比の操作として V. 定義 14 で定義されている術語であり，比 $a:b$ があるときに $a+b:b$ をとることを言う．そして比例する量は合併されても比例することが V.18 で証明される．ここでは 2 量 a, b が互いに非共測なとき，その 2 量の和 $a+b$ がもとの量の b に対して非共測であるという推論 (X.16) に対して，「合併」という本来は比の操作に関する語が用いられている．

本命題 X.36 を終えたら，この命題群の残りの 5 つの命題については，そこで扱われる無比直線の名称と定義だけを確認して，X.47 と X.48 の間の第 2 定義へ進んでもよい．

第 X 巻における，この第 1 命題群全体の位置付けについては，命題 X.41 で解説することにして，ここでは，本命題 X.36 の証明の概要を解説する．これは今後も頻繁に用いられる議論である．

まず直線が可述／無比であることは，その直線の上に描かれた正方形が可述／無比であることによって決まり，領域は，可述領域と共測なものが可述，そうでないものが無比である (X. 定義 3, 4)．そこで AG 上の正方形を考え，それが可述領域と共測であるかどうかを検討する．命題では実際に正方形を描いていないが，これを描いた方が理解しやすい．左側の図が本命題の双名直線の場合である．

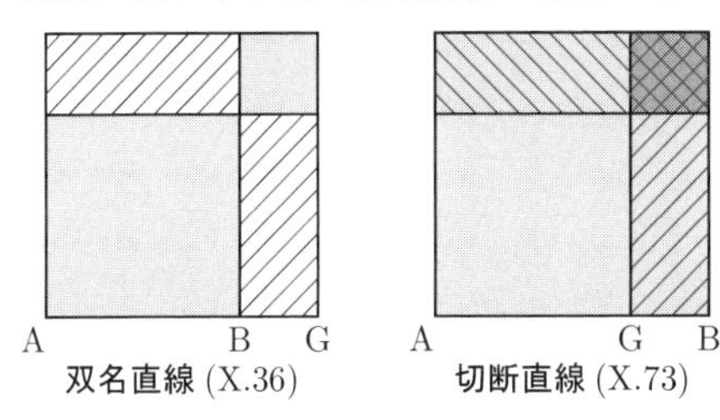

双名直線 (X.36)　**切断直線** (X.73)

AG 上の正方形は，図のように AB 上，BG 上の 2 つの正方形（図の灰色部分）と，AB, BG によって囲まれる 2 つの長方形（図の斜線部）からなる（命題本文中で正方形の図を描かずに議論ができるのは II.4 を利用するからである）．AB, BG が可述直線であるから，2 つの正方形はともに可述領域であり，その和も可述領域である[112]．残る 2 つの長方形は AB, BG に囲まれるものであるが（2 つの長方形は互いに等しい），これは AB, BG が長さにおいて非共測であることから，無比領域である (X.21)．無比領域は 2 倍してもやはり無比領域で，結局 AG 上の正方形は，可述領域（AB 上，BG 上の 2 つの正方形の和）と，無比領域（AB, BG に囲まれる長方形の 2 倍）の和となる．これは可述領域と共測にならないので (X.16)，AG 上の正方形は無比領域となり，したがって AG は無比直線である．

ここで，第 2 部と同じ構成を持ち，和の形の無比直線の代わりに差の形の無比直線を扱う第 3 部の議論についても説明しておこう．本命題 X.36 に対応する第 3 部の命題は X.73 であり，そこでは互いに非共測な可述直線 AB, BG の差 AG が無比直線であることが証明され，切断直線と命名される．右の図が切断直線の場合である（図で B と G が入れ替わっていることに注意）．

この場合，AG 上の正方形を考えるが，今度は，AG 上の正方形に，AB, BG に囲まれる長方形の 2 倍を合わせたものが，全体 AB 上の正方形に，BG 上の正方形を合わせたものに等しい (II.7)，という関係を利用する．図で説明すれば，2 つの長方形（斜線）は右上の正方形

[112]可述領域はその定義において，互いに共測であり，また可述領域と共測な領域は可述領域だから，2 つの可述領域の和は可述領域となる．

の分だけ重なるので，左下の AG 上の正方形に 2 つの長方形を合わせたものは，全体の正方形に重なりの部分の正方形を合わせたものに等しい，ということである．この関係を式で書けば

$$q(\mathrm{AG}) + 2r(\mathrm{AB}, \mathrm{BG}) = q(\mathrm{AB}) + q(\mathrm{BG})$$

となる[113]．第 3 部の議論は，数学的には和の無比直線を扱う第 2 部と本質的な違いはないのだが，図において正方形と長方形が重なることもあって，分かりにくい印象を持たれることが多い．

直線が無比直線であることを示すために，このように正方形を作図することは，今後第 X 巻で頻繁に用いられる議論であり，記憶に値する．

[注釈[114]]

また彼がこの直線を双名直線と呼んだのは[115]，これが 2 つの可述直線から合成され，彼は〔その各々の〕可述直線を適切に「名前」と呼ぶからである．それゆえに可述である[116]．

37

もし，2 つの中項直線で，平方においてのみ共測なものが合わせられ，それらが可述領域を囲むならば，全体は無比直線であり，また〔それは〕第 1 双中項直線と呼ばれるとしよう．

というのは，2 つの中項直線で，平方においてのみ共測な AB, BG が合わせられたとし，それらが可述領域を囲むとしよう．私は言う，全体 AG は無比直線である．

---

[113]我々にとっては $(x-y)^2$ の展開公式に合わせて

$$q(\mathrm{AG}) = q(\mathrm{AB}) + q(\mathrm{BG}) - 2r(\mathrm{AB}, \mathrm{BG})$$

と表した方が分かりやすいが，『原論』II.7 に近いのは本文に書いた形である．

[114]P 写本を含む主要写本では命題末尾に，P 写本では「これが証明すべきことであった」の直前に置かれている．今後は「命題末尾」という表現でこの両方を指す（脚注 42 を参照）．V 写本にはない．底本では付録 16.

底本では「第 X 巻命題 36 へ」(Ad libr. X prop. 36) という標題が付けられているが，写本には標題はなく本文の一部分をなしている．以下命題 41 まで同様の注釈がある．

[115]ここでは「呼ぶ」という動詞が能動相で使われていて，動詞が 3 人称単数形であることから省略された主語が「著者エウクレイデス」であることは明らかで，この文章が後の注釈であることが分かる．

[116]分かりにくい注釈である．おそらく次のように解することができよう．まず「双名直線」（2 つの名前の直線）という命名は，これを構成する 2 つの可述直線の各々を「名前」と呼ぶからであると述べ，さらに可述なものを「名前」と呼んでいることが適切であると補足する．その後にさらに καθ' ὃ ῥητόν という語句が続く．この短い語句の意味はあまり明らかでない．「それゆえに可述である」と訳したが，同じことの繰り返しに見える．「それゆえに可述，すなわち述べることができる」という訳も可能かもしれない．

A B G

（写本の図版）

A B G

（底本の図版）

というのは，AB は BG に対して長さにおいて非共測であるから，ゆえに，AB, BG 上の正方形〔の和〕も AB, BG に囲まれる長方形の 2 倍に対して非共測である[117]．合併されても[118]，AB, BG 上の正方形〔の和〕に AB, BG に囲まれる長方形の 2 倍を合わせたもの，すなわち AG 上の正方形は，AB, BG に囲まれる長方形に対して非共測である **[II.4][X.16]**．また AB, BG に囲まれる長方形は可述領域である —— というのは AB, BG は可述領域を囲むと仮定されているから．ゆえに，AG 上の正方形は無比領域である **[X. 定義 4]**．したがって，AG も無比直線であり **[X. 定義 4]**，また〔それは〕第 1 双中項直線と呼ばれるとしよう．これが証明すべきことであった．

[注釈[119]]

また彼がこれを第 1 双中項直線と呼んだのは，〔この直線を構成する 2 直線が〕可述領域を囲み，可述領域が〔中項領域より〕先であるからである．

38

もし 2 つの中項直線で，平方においてのみ共測なものが合わせられ，それらが中項領域を囲むならば，全体は無比直線であり，また〔それは〕第 2 双中項直線と呼ばれるとしよう．

というのは，2 つの中項直線で，平方においてのみ共測な AB, BG が合わせられたとし，それらが中項領域を囲むとしよう．私は言う，AG は無比直線である．

[117] 直前の命題 X.36 と同じ議論が意図されている．使用される命題は X.21 補助定理, X.11, X.15, X.13 である．

[118] 命題 X.36 への脚注 111 を参照．

[119] P 写本を含む主要写本で，命題末尾に置かれている．V 写本にはない．底本では付録 17.

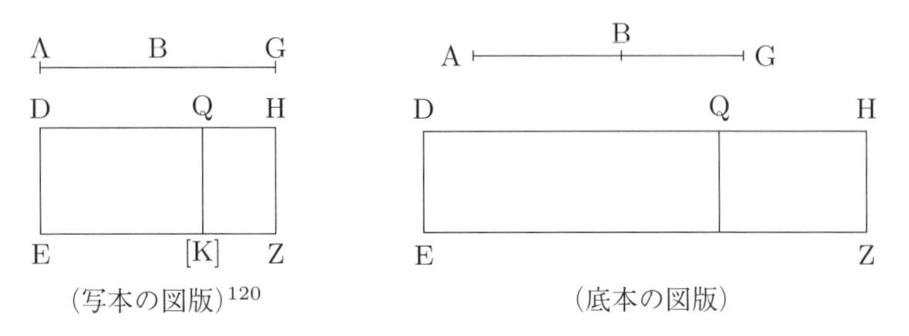

（写本の図版）[120]　（底本の図版）

というのは，可述直線 DE が提示され，AG 上の正方形に等しい領域が DE の傍らに付置されたとし，それが DZ であって，作る幅が DH であるとしよう **[I.45]**．そして，AG 上の正方形は AB, BG 上の正方形および AB, BG に囲まれる長方形の 2 倍〔の和〕に等しいから，そこで，付置がなされて，AB, BG 上の正方形〔の和〕に，DE の傍らで，EQ が等しいとしよう[121]**[I.45]**．ゆえに，残りの QZ は AB, BG に囲まれる長方形の 2 倍に等しい．そして，AB, BG の各々は中項直線であるから，ゆえに，AB, BG 上の正方形〔の和〕も中項領域である **[X.15][X.23 系]**[122]．また AB, BG に囲まれる長方形の 2 倍も中項領域と仮定されている **[X.23 系]**[123]．そして，まず AB, BG 上の正方形〔の和〕に EQ が等しく，また AB, BG に囲まれる長方形の 2 倍に ZQ が等しい．ゆえに，EQ, QZ の各々は中項領域である．そして可述直線 DE の傍らに付置されている．ゆえに，DQ, QH の各々は可述直線であり，DE に対して長さにおいて非共測である **[X.22]**．すると，AB は BG に対して長さにおいて非共測であり，AB が BG に対するように，AB 上の正方形が AB, BG

[120] P 写本の図では点 K が長方形の辺 EZ の間にある（文字 K は H にも見える）．いずれにせよ，この点の名前はテクストで言及されないので不要である．

[121] ここは領域付置を表す通常の表現と語順が異なる．訳文がやや分かりにくいが，語順の違いをできるだけ忠実に訳してみた．

[122] ここでの表現は「AB, BG 上の〔2 つの〕正方形」「AB, BG 上の〔2 つの〕正方形の和」のどちらにも解釈できるが，通常は後者の意味であることが多い．実際，この後では 2 つの正方形の和である ZQ が中項領域であると述べているので，すでにここで後者の意味で使われていると思われる．ところが一般に 2 つの中項領域の和は中項領域とは限らない．しかしここでは，AB, BG が平方において共測であることが仮定されているので，AB, BG 上の正方形は互いに共測であり，したがってそれらの和も各々の正方形と共測で (X.15)，中項領域となる (X.23 系)．したがってここで「AB, BG 上の正方形の和が中項領域である」という推論は結果的には正しいが，2 つの中項直線 AB, BG が平方において共測であることがその根拠であることをはっきりとは述べていない点において，この議論は不完全である．

[123] ここで，中項領域と仮定されているのは「AB, BG に囲まれる長方形」であり，その 2 倍ではない．厳密に考えれば「AB, BG に囲まれる長方形」が中項領域なので，X.23 系によってその 2 倍も中項領域である．

に囲まれる長方形に対するから [**X.21** 補助定理]，ゆえに，AB 上の正方形は AB, BG に囲まれる長方形に対して非共測である [**X.11**]．しかし，まず AB 上の正方形に対して AB, BG 上の正方形を合わせたものが共測であり [**X.15**]，また AB, BG に囲まれる長方形に対して AB, BG に囲まれる長方形の 2 倍が共測である [**X.** 定義 **1**][124]．ゆえに，AB, BG 上の正方形を合わせたものは AB, BG に囲まれる長方形の 2 倍に対して非共測である [**X.13**]．しかし，まず AB, BG 上の正方形〔の和〕に EQ が等しく，また AB, BG に囲まれる長方形の 2 倍に QZ が等しい．ゆえに，EQ は QZ に対して非共測である．したがって，DQ も QH に対して長さにおいて非共測である [**VI.1**][**X.11**]．ゆえに，DQ, QH は可述直線であり，平方においてのみ共測である．したがって，DH は無比直線であり [**X.36**]，また DE は可述直線である．また無比直線と可述直線によって囲まれる長方形は無比領域である[125]．ゆえに，領域 DZ は無比領域であり，[それに] 平方において相当する直線は無比直線である [**X.** 定義 **4**]．また DZ に AG が平方において相当する．ゆえに，AG は無比直線であり [**X.** 定義 **4**]，また〔それは〕第 2 双中項直線と呼ばれるとしよう．これが証明すべきことであった．

[注釈[126]]

また彼はこの直線を第 2 双中項直線と呼んだ ――〔これは〕それら 2 直線が囲むのが中項領域であって，可述領域ではないこと，また中項領域は可述領域の次の第 2 のものであることによる．また可述直線と無比直線によって囲まれる長方形が無比領域であることは明らかである．というのは，もし〔この領域が〕可述領域になり，可述直線の傍らに付置されているならば，そのどちらの辺も可述直線となろう[127][**X.20**]．しかし，〔一方の辺は〕無比直線でもある．これは不合理である．ゆえに，可述直線と無比直線に囲まれる長方形は無比領域である．

---

[124] X.17 への脚注 48 を参照.

[125] 無比直線と可述直線によって囲まれる長方形が無比領域であることは，当然のこととされている．これは無比直線，および無比領域の定義 (X. 定義 3, 4) からも明らかであるし，本命題の後の注釈でも証明されている．この注釈の議論は次のように要約できる．「仮にこの長方形が可述領域であって，その 1 辺が可述直線であるならば，他方の辺も可述直線となり (X.20)，仮定に反する.」

なお，2 つの可述直線に囲まれる長方形でも無比領域（中項領域）となる場合もあることに注意が必要である (X.21).

[126] P 写本を含む主要写本で，命題末尾に置かれている．V 写本では注釈として同じ筆跡で追加されている．底本では付録 18.

[127] ここで「となろう」と訳したのは，ギリシャ語原文で希求法を用いた表現である (εἴη ἄν)．条件文の帰結が希求法となることは『原論』の本文ではきわめて稀であり，注釈の文体が本文とは異なる典型的な例である.

39

もし，平方において非共測な 2 直線で，まずそれらの上の正方形を合わせたものを可述領域とし，またそれらに囲まれる長方形を中項領域とするものが合わせられるならば，全体の直線は無比直線であり，また〔それは〕優直線と呼ばれるとしよう．

というのは，平方において非共測な 2 直線 AB, BG で上で提示されたもの〔可述領域の正方形と中項領域の長方形〕を作るものが合わせられたとしよう．私は言う，AG は無比直線である．

(写本の図版)[128]　　(底本の図版)

というのは，AB, BG に囲まれる長方形は中項領域であるから，[ゆえに] AB, BG に囲まれる長方形の 2 倍も中項領域である **[X. 定義 1][X.23 系]**[129]．また AB, BG 上の正方形を合わせたものは可述領域である．ゆえに，AB, BG に囲まれる長方形の 2 倍は AB, BG 上の正方形を合わせたものに対して非共測である **[X. 定義 4]**．したがって，AB, BG 上の正方形〔の和〕に AB, BG に囲まれる長方形の 2 倍を合わせたもの，すなわち AG 上の正方形も，AB, BG 上の正方形を合わせたものに対して非共測である **[II.4][X.16]**．[また AB, BG 上の正方形を合わせたものは可述領域である.] ゆえに，AG 上の正方形は無比領域である **[X. 定義 4]**．したがって，AG も無比直線であり **[X. 定義 4]**，また〔それは〕優直線と呼ばれるとしよう．これが証明すべきことであった．

[注釈[130]]

また彼はこの直線を優直線と呼んだ ——〔これは〕AB, BG 上の可述領域の正方形〔の和〕は AB, BG に囲まれる中項領域の長方形の 2 倍より大きく，可述なものの特性から名称を定めねばならないことによる．また AB, BG 上の正方形〔の

---

[128] 写本では命題がこの後の注釈と一体化していて，図版は多くの写本で命題の最後に置かれるので，注釈の後になり，注釈でのみ用いられる点 D を含んでいる．底本は注釈を巻末付録に分離して，別の図版を付している．脚注 130 を参照．

[129] 底本はこの議論の根拠として X.6 と X. 定義 4 をあげるが適切でない．X.17 への脚注 48 を参照．

[130] P 写本を含む主要写本で，命題末尾に置かれている．V 写本では欄外に追加されている．底本では付録 19.

和〕が AB, BG に囲まれる長方形の 2 倍より大きいことは次のように証明されねばならない．

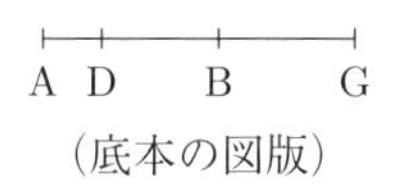

（底本の図版）

するとまず次のことが明らかである．AB, BG は不等である——というのはもし等しいならば，AB, BG 上の正方形〔の和〕も AB, BG に囲まれる長方形の 2 倍に等しいことになり，AB, BG に囲まれる長方形は可述領域となろうから．これは仮定されたことでない．ゆえに，AB, BG は不等である．AB が大きいと仮定されたとし，BG に等しい BD が置かれたとしよう．ゆえに，AB, BD 上の正方形〔の和〕は AB, BD に囲まれる長方形の 2 倍と DA 上の正方形〔との和〕に等しい **[II.7]**．また DB は BG に等しい．ゆえに，AB, BG 上の正方形〔の和〕は AB, BG に囲まれる長方形の 2 倍と AD 上の正方形〔との和〕に等しい．したがって，AB, BG 上の正方形〔の和〕は AB, BG に囲まれる長方形の 2 倍より DA 上の正方形だけ大きい．

40

もし，平方において非共測な 2 直線で，まずそれらの上の正方形を合わせたものを中項領域とし，またそれらに囲まれる長方形を可述領域とするものが合わせられるならば，全体の直線は無比直線であり，また〔それは〕可述中項平方線と呼ばれるとしよう．

というのは，平方において非共測な 2 直線 AB, BG で，上で提示されたもの〔中項領域の正方形と可述領域の長方形〕を作るものが合わせられたとしよう．私は言う，AG は無比直線である．

（写本の図版）　（底本の図版 ◁131）

というのは，AB, BG 上の正方形を合わせたものは中項領域であり，また AB, BG に囲まれる長方形の 2 倍は可述領域である **[X. 定義 1, 4]** から，ゆえに，AB, BG 上の正方形を合わせたものは AB, BG に囲まれる長方形の 2 倍に対して非共測である **[X. 定義 4]**．したがって，AG 上の正方形も AB, BG に囲まれる長方形の 2 倍に対して非共測である **[X.16]**．また，AB, BG に囲

---

[131] 凡例 [6–2] 参照．

まれる長方形の 2 倍は可述領域である．ゆえに，AG 上の正方形は無比領域である [**X. 定義 4**]．ゆえに，AG は無比直線であり [**X. 定義 4**]，〔それは〕可述中項平方線と呼ばれるとしよう．これが証明すべきことであった．

[注釈[132]]

またこの直線は可述中項平方線と呼ばれる ——〔それは〕この直線が 2 つの領域〔の和〕に平方において相当し，その領域の一方が可述領域，他方は中項領域であることによる．そして，可述領域が先のものであることから，彼は〔可述領域の方を〕先に呼んだのである．

41

もし平方において非共測な 2 直線で，それらの上の正方形を合わせたものを中項領域，およびそれらに囲まれる長方形を中項領域とし，さらに〔囲まれる長方形を〕それらの上の正方形を合わせたものに対して非共測とするものが合わせられるならば，全体の直線は無比直線であり，また〔それは〕双中項平方線と呼ばれるとしよう．

というのは，平方において非共測な 2 直線 AB, BG で，上述のもの〔中項領域の正方形と，中項領域の長方形で，さらに正方形に対して非共測なもの〕を作るものが合わせられたとしよう．私は言う，AG は無比直線である．

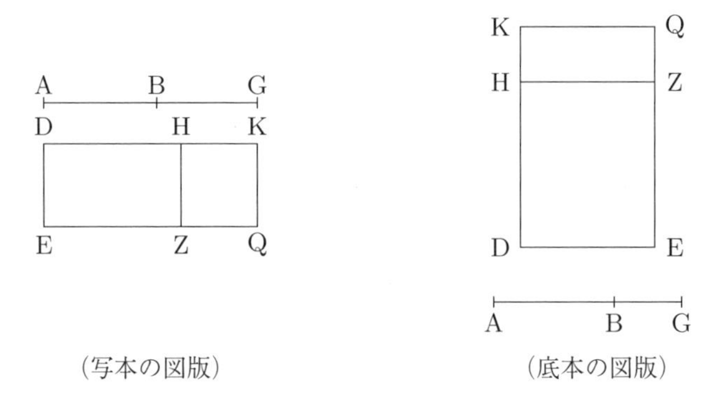

（写本の図版）　（底本の図版）

可述直線 DE が提示されたとし，DE の傍らに，まず AB, BG 上の正方形〔の和〕に等しい DZ が付置されたとし，また AB, BG に囲まれる長方形の

[132]P 写本を含む主要写本で，命題末尾に置かれている．V 写本では欄外に追加されている．底本では付録 20.

2 倍に等しい HQ が付置されたとしよう **[I.45]**．ゆえに，全体 DQ は AG 上の正方形に等しい **[II.4]**．そして，AB, BG 上の正方形を合わせたものは中項領域であり，DZ に等しいから，ゆえに，DZ も中項領域である．そして可述直線 DE の傍らに付置されている．ゆえに，DH も可述直線であり，DE に対して長さにおいて非共測である **[X.22]**．そこで同じ議論によって，HK も可述直線であり，HZ，すなわち DE に対して長さにおいて非共測である．そして，AB, BG 上の正方形〔の和〕は AB, BG に囲まれる長方形の 2 倍に対して非共測であるから，DZ は HQ に対して非共測である．したがって，DH は HK に対して非共測である **[VI.1][X.11]**．そしてこれらは可述直線である．ゆえに，DH, HK は可述直線であり，平方においてのみ共測である．ゆえに，DK は無比直線であり，双名直線と呼ばれるものである **[X.36]**．また DE は可述直線である．ゆえに，DQ は無比領域であり[133]，それに平方において相当する直線も無比直線である **[X. 定義 4]**．また QD に AG が平方において相当する．ゆえに，AG は無比直線であり，また〔それは〕双中項平方線と呼ばれるとしよう．これが証明すべきことであった．

解　説

命題 X.36 から本命題に至る 6 個の命題は，X.36 の解説で簡単に述べたように，和の形の 6 種類の直線を提示し，それらが無比直線であることを証明して名前を与える．

証明は X.36 の解説で示したように，2 直線 AB, BG の和の直線の上の正方形を，(1) AB, BG 上の正方形の和，(2) AB, BG に囲まれる長方形の 2 倍，に分けて考える．3 番目と 6 番目の命題 X.38, 41 以外では，(1) と (2) の一方が可述領域，他方が中項領域になるので，両方の和が可述領域にならないことはすぐに分かり，証明は比較的単純である．X.38, 41 だけは，(1) と (2) の両方が中項領域なので，その和が無比領域であることの証明が複雑である．

次に，これらの 6 種類の直線が取り上げられた理由について説明する．最初の X.36 で扱われる双名直線はともかく，残りの 5 つの無比直線は，なぜこれらがとくに取り上げて論じられるのかを，この箇所だけから了解するのは困難である．実は，§3.4（とくに §3.4.6）で述べたように，双名直線以外の 5 つの無比直線は，「第 X 巻の根本的問題」の考察によって得られるものであり，その議論は第 4 命題群の X.54–59 にある．そこでは双名直線と可述直線に囲まれる長方形を正方形に変形し，その正方形の辺がどのような直線であるかを考察する．

[133] X.38 への脚注 125 を参照．

ここから双名直線を含む 6 種類の無比直線が得られる[134].

しかもこの第 4 命題群の議論では，双名直線以外の 5 種類の直線が無比直線であることが必然的に帰結する．というのは，X.36 により双名直線は無比直線であるから，可述直線と非共測であり，X. 定義 4 からこの 2 直線が囲む長方形は無比領域である．するとそれに等しい正方形の 1 辺は，再び X. 定義 4 から無比直線である．したがって，双名直線以外の 5 種類の直線も無比直線である．

こういうわけで，第 1 命題群の最初の命題 X.36 で双名直線が無比直線であることを証明すれば，続く 5 個の命題 X.37–41 で扱われる 5 種類の直線が無比直線であることは，第 4 命題群の議論の中で明らかになることである．しかも第 4 命題群より前に第 1 命題群の命題が利用されることはない．するとこれら 5 個の命題は論理的に余分ということになるが，現存テクストはアラビア・ラテンの伝承も含めて，すべて第 1 命題群の 6 個の命題を含んでいる．

なお現存テクストの構成には，第 1 命題群が論理的に不要であることを示唆する要素がある．それは第 2 部，第 3 部とも，追加定義（第 2 定義，第 3 定義）がその最初にはなく，第 3 命題群の直前に置かれていることである．この配置は第 1, 第 2 命題群が後から追加されたと考えれば納得がいく．第 2 命題群の命題がやはり最初の 1 個を除いては論理的に不要であることは X.47 で解説する．

[注釈[135]]

また彼はこの直線を双中項平方線と呼ぶ —— この領域が 2 つの中項領域〔の和〕に平方において相当することによる．その一方は AB, BG 上の正方形を合わせたものであり，他方は AB, BG に囲まれる長方形の 2 倍である．

補助定理

また，上述の無比直線は，ただ 1 つの仕方で 2 直線に分けられ[136]，これら 2 直線から〔無比直線が〕合成されていること，これら 2 直線が上で示した形状〔2 直線上の正方形および 2 直線が囲む長方形〕を作ることを，ここで我々は次の補助定理を提示して証明することにしよう．

直線 AB が提示されたとし，全体が等しくない 2 切片へと G, D の各々において切られたとし[137]，また AG は DB より大きいと仮定されたとしよう．

---

[134]『原論』のテクストでは「正方形の辺」という言葉は使われず，これらの直線は，長方形に「平方において相当する直線」と呼ばれている（§3.3.5 参照）．

[135]P 写本を含む主要写本で，命題末尾に置かれている．V 写本にもある．底本では付録 21.

[136]このことは続く命題 X.42–47 で証明される．

[137]「等しくない 2 切片」と訳したのは ἄνισα であり，「不等な」という形容詞の中性複数形で，この文脈では名詞的に「不等なもの（複数）」という意味である．文脈から「部分」

私は言う，AG, GB 上の正方形〔の和〕は AD, DB 上の正方形〔の和〕より大きい．

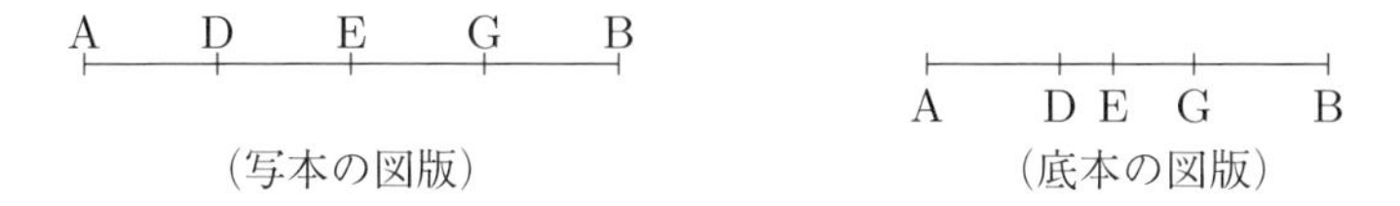

(写本の図版)　(底本の図版)

というのは，AB が E において 2 等分されたとしよう．そして，AG は DB より大きいから，共通な DG が取り去られたとしよう．ゆえに，残りの AD は残りの GB より大きい．また AE は EB に等しい．ゆえに，DE は EG より小さい．ゆえに，点 G, D は〔AB の〕2 等分点から等しく離れてはいない．そして AG, GB に囲まれる長方形に，EG 上の正方形を合わせたものは，EB 上の正方形に等しく，しかしやはり AD, DB に囲まれる長方形に，DE 上の正方形を合わせたものも，EB 上の正方形に等しいから **[II.5]**，ゆえに AG, GB に囲まれる長方形に，EG 上の正方形を合わせたものは，AD, DB に囲まれる長方形に，DE 上の正方形を合わせたものに等しい．それらのうち DE 上の正方形は EG 上の正方形より小さい．ゆえに残りの AG, GB に囲まれる長方形も AD, DB に囲まれる長方形より小さい．したがって，AG, GB に囲まれる長方形の 2 倍も AD, DB に囲まれる長方形の 2 倍より小さい．ゆえに，残りの[138]AG, GB 上の正方形を合わせたものも AD, DB 上の正方形を合わせたものより大きい．これが証明すべきことであった．

42

双名直線はただ 1 つの点で 2 つの名前へと分けられる[139]．

あるいは「切片」という語を補う必要があり，さらに複数のものが必ず 2 個である場合は複数形を示すために 2 という数を明示するという本全集の翻訳の原則に従って「2 切片」とした．同じ表現は X.59 の後の補助定理にある．この表現は，ここで用いられる命題 II.5 の言明に由来する．

命題 II.5：もし直線が等しい 2 切片と等しくない 2 切片へと切られるならば，直線全体の等しくない 2 切片によって囲まれる長方形に，2 つの切断点の間の直線上の正方形を合わせたものは，〔全体の〕半分の上の正方形に等しい．

[138]AB 上の正方形から上述の 2 つの「長方形の 2 倍」を差し引いた残りを考える．

[139]名前という言葉が唐突に響くが，双名直線（英語では binomial）という語は文字通りは「2 つの名前からなる〔直線〕」という意味なので，それを構成する 2 つの部分を名前と呼んだのであろう．なお「2 つ」という限定は原文にはないが，「名前」の語が複数形なので本全集の翻訳の原則によって「2 つ」を補っている．

双名直線を AB とし，2 つの名前へと G で分けられているとしよう．ゆえに，AG, GB は可述直線であり，平方においてのみ共測である．私は言う，AB が他の点で，2 つの可述直線で平方においてのみ共測なものへと分けられることはない．

A D G B　　　A D G B

（写本の図版） 　　　（底本の図版 ◁[140]）

というのは，もし可能ならば，D でも分けられ，AD, DB も可述直線であり，平方においてのみ共測であるとしよう．そこで次のことが明らかである，AG は DB と同じでない．というのは，もし可能ならば，そうであるとしよう．そこで AD も BG と同じになる．そして AG が GB に対するように，BD が DA に対し，AB は G における分け方と同じ仕方で，D においても分けられることになる．これは仮定されていない．ゆえに，AG は DB と同じでない．そこでこのことによって点 G, D が 2 等分点から等しいだけ離れているのでもない．ゆえに，AG, GB 上の正方形〔の和〕が AD, DB 上の正方形〔の和〕と異なるのと同じだけ，AD, DB に囲まれる長方形の 2 倍は AG, GB に囲まれる長方形の 2 倍と異なる ——〔これは〕AG, GB 上の正方形〔の和〕に AG, GB に囲まれる長方形の 2 倍を合わせたものも，AD, DB 上の正方形〔の和〕に AD, DB に囲まれる長方形の 2 倍を合わせたものも，AB 上の正方形に等しいことによる **[II.4]**．しかし，AG, GB 上の正方形〔の和〕は AD, DB 上の正方形〔の和〕と可述領域だけ異なる —— というのは両方は可述領域であるから **[X. 定義 4]**．ゆえに，AD, DB に囲まれる長方形の 2 倍は，AG, GB に囲まれる長方形の 2 倍と，可述領域だけ異なり，しかも〔どちらも〕中項領域である．これは不合理である —— というのは中項領域が中項領域を可述領域だけ超過することはないから **[X.26]**．

ゆえに，双名直線は別々の点で分けられることはない．ゆえに 1 つの点でのみ〔分けられる〕．これが証明すべきことであった．

---

[140] 凡例 [6–2] 参照．

解　説

本命題から X.47 までの 6 個の命題は，第 2 部の第 2 命題群を構成し，第 1 命題群 (X.36–41) で提示された 6 個の無比直線の一意性を示す．X.47 の解説を参照．

43

第 1 双中項直線はただ 1 つの点で分けられる．

第 1 双中項直線を AB とし，G で分けられていて，AG, GB が中項直線で，平方においてのみ共測で，可述領域を囲むとしよう．私は言う，AB が他の点で分けられることはない．

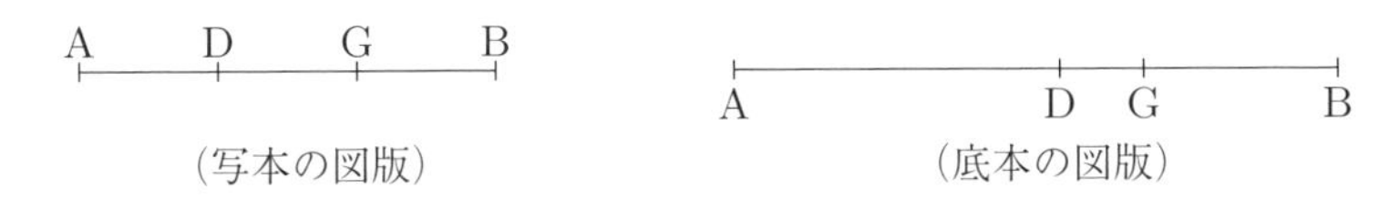

（写本の図版）　（底本の図版）

というのは，もし可能ならば，D でも分けられたとし，AD, DB も中項直線で，平方においてのみ共測で，可述領域を囲むとしよう．すると，AD, DB に囲まれる長方形の 2 倍が AG, GB に囲まれる長方形の 2 倍と異なるのと同じだけ，AG, GB 上の正方形〔の和〕は AD, DB 上の正方形と異なり **[II.4]**，また，AD, DB に囲まれる長方形の 2 倍は AG, GB に囲まれる長方形の 2 倍と可述領域だけ異なるから——というのは両方が可述領域であるから **[X. 定義 4]**——ゆえに，AG, GB 上の正方形〔の和〕も AD, DB 上の正方形〔の和〕と可述領域だけ異なり，しかもこれらは中項領域である．これは不合理である **[X.26]**．

ゆえに，第 1 双中項直線は別々の点で 2 つの名前へと分けられることはない．ゆえに 1 つの点でのみ〔分けられる〕．これが証明すべきことであった．

44

第 2 双中項直線はただ 1 つの点で分けられる．

第 2 双中項直線を AB とし，G で分けられていて，AG, GB が中項直線で，平方においてのみ共測で，中項領域を囲むとしよう．そこで次のことが明らかである，G は 2 等分点上にはない——〔AG, GB が〕長さにおいて共測でない〔から〕．私は言う，AB が他の点で分けられることはない．

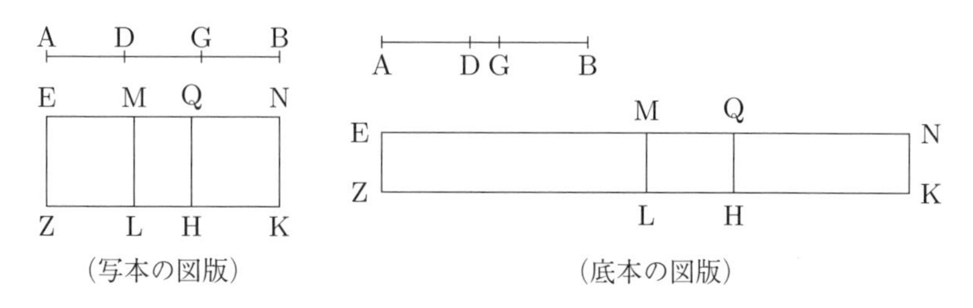

（写本の図版）　（底本の図版）

というのは，もし可能ならば，D でも分けられ，AG が DB と同じでなく，仮定によって AG のほうが大きいとしよう．そこで次のことが明らかである，AD, DB 上の正方形〔の和〕は上で我々が証明したように，AG, GB 上の正方形〔の和〕より小さく **[X.41 補助定理]**，AD, DB は中項直線で，平方においてのみ共測で，中項領域を囲む．そして可述直線 EZ が提示されて，まず AB 上の正方形に等しい直角平行四辺形が EZ の傍らに付置されて，それが EK であるとし **[I.45]**，また AG, GB 上の正方形〔の和〕に等しい EH が取り去られたとしよう **[I.45]**．ゆえに，残りの QK は AG, GB に囲まれる長方形の 2 倍に等しい **[II.4]**．そこで今度は，AD, DB 上の正方形〔の和〕——これは AG, GB 上の正方形〔の和〕より小さいことが証明された——に等しい EL が取り去られたとしよう **[I.45]**．ゆえに，残りの MK も AD, DB に囲まれる長方形の 2 倍に等しい **[II.4]**．そして AG, GB 上の正方形〔の和〕は中項領域であるから，ゆえに，EH [も] 中項領域である **[X.15][X.23 系]**[141]．しかも可述直線 EZ の傍らに付置されている．ゆえに，EQ は可述直線であり，EZ に対して長さにおいて非共測である **[X.22]**．そこで同じ議論によって，QN も可述直線であり，EZ に対して長さにおいて非共測である．そして AG, GB は中項直線で，平方においてのみ共測であるから，ゆえに，AG は GB に対して長さにおいて非共測である．また AG が GB に対するように，AG 上の正方形が AG, GB に囲まれる長方形に対する **[X.21 補助定理]**．ゆえに，AG 上の正方形は AG, GB に囲まれる長方形に対して非共測である **[X.11]**．しかし，まず AG 上の正方形に対して AG, GB 上の正方形〔の和〕は共測である

[141] 命題 X.38 への脚注 122 を参照．

──というのは AG, GB は平方において共測であるから **[X.15]**．また AG, GB に囲まれる長方形に対して AG, GB に囲まれる長方形の 2 倍は共測である **[X. 定義 1]**[142]．ゆえに，AG, GB 上の正方形〔の和〕は AG, GB に囲まれる長方形の 2 倍に対して非共測である **[X.13]**．しかし，まず AG, GB 上の正方形〔の和〕に EH が等しく，また AG, GB に囲まれる長方形の 2 倍に QK が等しい．ゆえに，EH は QK に対して非共測である．したがって，EQ も QN に対して長さにおいて非共測である **[VI.1][X.11]**．そしてそれらは可述直線である．ゆえに，EQ, QN は可述直線であり，平方においてのみ共測である．またもし，2 つの可述直線で，平方においてのみ共測なものが合わせられるならば，全体は双名直線と呼ばれる無比直線である **[X.36]**．ゆえに，EN は双名直線であり，Q で分けられている．そこで同じ議論に従って，次のことも証明されることになる，EM, MN も可述直線であり，平方においてのみ共測である．そして双名直線 EN は別々の点 Q および M において分けられていることになり，しかも EQ と MN は同じではない──AG, GB 上の正方形〔の和〕は AD, DB 上の正方形〔の和〕より大きいから．しかし[143]，AD, DB 上の正方形〔の和〕は AD, DB に囲まれる長方形の 2 倍より大きい．ゆえに，なおさら AG, GB 上の正方形〔の和〕，すなわち領域 EH も，AD, DB に囲まれる長方形の 2 倍，すなわち領域 MK より大きい．したがって，EQ も MN より大きい．ゆえに，EQ は MN と同じでない．これが証明すべきことであった．

45

優直線は同じただ 1 つの点で分けられる．

優直線を AB とし，G で分けられていて，AG, GB が平方において非共測であるとし，まず AG, GB 上の正方形を合わせたものを可述領域とし，また AG, GB に囲まれる長方形を中項領域とするとしよう．私は言う，AB が他の点で分けられることはない．

---

[142] X.17 への脚注 48 を参照．

[143] 以下，EQ と MN が同じではないという，直前に述べたことを証明する議論がこの命題の最後まで続く．このように後から理由を示す議論は多くの場合，後世の挿入であるが，その議論がこれほど長いことは珍しい．

A D B G　　　A D G B

（写本の図版） 　（底本の図版◁144）

というのは，もし可能ならば，D でも分けられ，AD, DB も平方において非共測であるとし，まず AD, DB 上の正方形を合わせたものを可述領域とし，またそれらに囲まれる長方形を中項領域とするとしよう．そして，AG, GB 上の正方形〔の和〕が AD, DB 上の正方形〔の和〕と異なるのと同じだけ，AD, DB に囲まれる長方形の 2 倍は AG, GB に囲まれる長方形の 2 倍と異なるが **[II.4]**，しかし，AG, GB 上の正方形〔の和〕は AD, DB 上の正方形〔の和〕を可述領域だけ超過するから――というのは両方は可述領域であるから **[X. 定義 4]**――，ゆえに，AD, DB に囲まれる長方形の 2 倍も，AG, GB に囲まれる長方形の 2 倍を可述領域だけ超過し，しかも〔両方が〕中項領域である．これは不可能である **[X.26]**．ゆえに，優直線は別々の点で分けられることはない．ゆえに，同じただ 1 つの点で分けられる．これが証明すべきことであった．

46

可述中項平方線はただ 1 つの点で分けられる．

可述中項平方線を AB とし，G で分けられていて，AG, GB が平方において非共測であるとし，まず AG, GB 上の正方形を合わせたものを中項領域とし，また AG, GB に囲まれる長方形を可述領域とするとしよう．私は言う，AB が他の点で分けられることはない．

A D B G　　　A D G B

（写本の図版） 　（底本の図版◁145）

というのは，もし可能ならば，D でも分けられ，AD, DB も平方において非共測であるとし，まず AD, DB 上の正方形を合わせたものを中項領域と

[144] 凡例 [6–2] 参照．
[145] 凡例 [6–2] 参照．

し，また AD, DB に囲まれる長方形の 2 倍を可述領域とするとしよう．すると，AG, GB に囲まれる長方形の 2 倍が AD, DB に囲まれる長方形の 2 倍と異なるのと同じだけ，AD, DB 上の正方形〔の和〕も AG, GB 上の正方形〔の和〕と異なり **[II.4]**，また AG, GB に囲まれる長方形の 2 倍は AD, DB に囲まれる長方形の 2 倍を可述領域だけ超過するから **[X. 定義 4]**，ゆえに，AD, DB 上の正方形〔の和〕も AG, GB 上の正方形〔の和〕を可述領域だけ超過し，しかもこれらは中項領域である．これは不可能である **[X.26]**．ゆえに，可述中項平方線は別々の点で分けられることはない．ゆえに，1 つの点で分けられる．これが証明すべきことであった．

47

双中項平方線はただ 1 つの点で分けられる．

[双中項平方線を] AB とし，G で分けられていて，AG, GB が平方において非共測であるとし，AG, GB 上の正方形を合わせたものを中項領域，および AG, GB に囲まれる長方形を中項領域でさらにそれらの上の正方形を合わせたものに対して非共測とするとしよう．私は言う，AB が他の点で分けられ，上述のものを作ることはない．

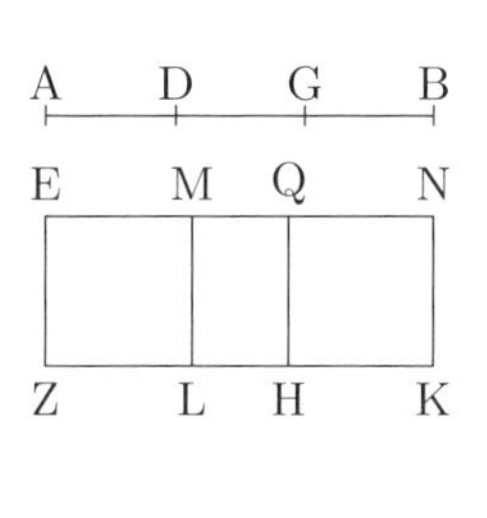

（写本の図版）

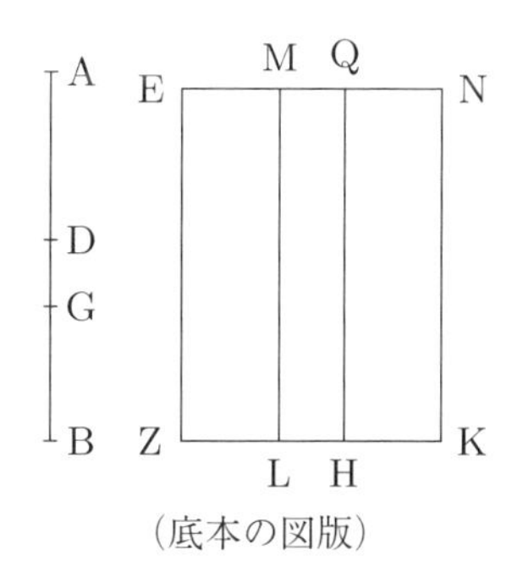

（底本の図版）

というのは，もし可能ならば，D で分けられたとし，再び，明らかに AG が DB と同じでなく，仮定によって AG のほうが大きいとし，可述直線 EZ が提示されて，EZ の傍らに，まず AG, GB 上の正方形〔の和〕に等しい EH が付置されたとし，また AG, GB に囲まれる長方形の 2 倍に等しい QK が付置されたとしよう **[I.45]**．ゆえに，全体の EK は AB 上の正方形に等しい

[**II.4**]．そこで今度は，EZ の傍らに，AD, DB 上の正方形〔の和〕に等しい EL が付置されたとしよう [**I.45**]．ゆえに，残りの AD, DB に囲まれる長方形の 2 倍は残りの MK に等しい [**II.4**]．そして，AG, GB 上の正方形を合わせたものは中項領域であると仮定されているから，ゆえに，EH も中項領域である．そして可述直線 EZ の傍らに付置されている．ゆえに，QE は可述直線であり，EZ に対して長さにおいて非共測である [**X.22**]．そこで同じ議論によって，QN も可述直線であり，EZ に対して長さにおいて非共測である．そして，AG, GB 上の正方形を合わせたものは AG, GB に囲まれる長方形の 2 倍に対して非共測であるから，ゆえに，EH も HN に対して非共測である．したがって，EQ も QN に対して非共測である [**VI.1**][**X.11**]．そしてそれらは可述直線である．ゆえに，EQ, QN は可述直線であり，平方においてのみ共測である．ゆえに，EN は双名直線であり，点 Q において分けられている．同様に我々は次のことも証明することになる，点 M においても分けられている．そして EQ と MN は同じではない．ゆえに，双名直線が別々の点で分けられている．これは不合理である [**X.42**]．ゆえに，双中項平方線が別々の点で分けられることはない，ゆえに，ただ 1 つの [点] で分けられる．

解　説

X.42 から本命題までの 6 個の命題は第 2 命題群を形成し，第 1 命題群 (X.36–41) で提示した 6 種の無比直線の各々が 2 つの直線の和として表される仕方は一意的であることを示す．証明される内容は，6 種の無比直線の各々に対し，別の分割の仕方で同じ無比直線になることがない，ということである[146]．したがって，たとえば X.37 の第 1 双中項直線が，別の分割点によって X.38 の第 2 双中項直線になることはありえないということは，ここでは証明されていないのである．

ところが，このことは第 5 命題群で実質的に示される．そこでは 6 種の無比直線の各々の上の正方形を可述直線上に付置すると，その幅が双名直線の 6 種類の下位分類の各々（第 1 双名直線から第 6 双名直線）になることが示される．したがって，仮に上で述べたようなことがおこって，たとえば，同一の直線 AB を点 G で分割して AG + GB としたときには第 1 双中項直線であり，別の点 D で分割して AD + DB としたときには第 2 双中項直線になるとすれば，AB 上の正方形を可述直線上に付置した幅は，第 2 双名直線であると同時に第 3 双名直線であることになる．この後の第 2 定義における双名直線の下位分類は排他的であるからこれは不可能である．以上により，第 5 命題群の議

[146] もちろん，直線 $a+b$ を左右逆に $b+a$ になるように分割するのは，異なる分割と考えない．

論により，第 2 命題群で証明されなかったこと，すなわち 1 つの直線が同時に 6 種類の無比直線の 2 つ以上に属することはありえないことも分かる．

なお，この第 2 命題群で証明された内容，すなわち，同一の直線が 2 つの分け方で同じ種類の無比直線となりえないことは，第 2 命題群の最初の命題 X.42（双名直線の分割の一意性）から，第 5 命題群の議論によって証明できる．仮にこのようなことが起こると，この無比直線を可述直線上に付置した幅は，2 つの仕方で双名直線の 2 つの名前に分けられることになるからである．

したがって，第 2 命題群の 6 個の命題は，最初の X.42 以外は論理的には冗長ということになる．X.41 の解説でも述べたように，仮に第 1，第 2 命題群の 12 個の命題を除いてしまえば，第 2 部は第 2 定義から始まることになる．写本のテクストには，アラビア・ラテンの伝承も含めて，このような想定を指示する要素はまったくないが，第 1，第 2 命題群が，第 X 巻の論理的構成を十分理解していない古代の読者の手に成るものであるという想定も可能なのかもしれない．

第 2 定義

1. 可述直線と 2 つの名前に分けられる双名直線が置かれて，大きい方の名前が，小さい方よりも平方において，それ自身〔大きい方〕に対して長さにおいて共測な直線上の正方形だけ大きいとき，まず，もし大きい方の名前が長さにおいて，提示された可述直線に対して共測であるならば，[全体の直線は] 第 1 双名直線と呼ばれるとしよう．

2. また，もし小さい方の名前が長さにおいて，提示された可述直線に対して共測であるならば，第 2 双名直線と呼ばれるとしよう．

3. また，もしどちらの名前も長さにおいて，提示された可述直線に対して共測でないならば，第 3 双名直線と呼ばれるとしよう．

4. そこで今度は，もし大きい方の名前が [小さい方の名前よりも] 平方においてそれ自身〔大きい方〕に対して長さにおいて非共測な直線上の正方形だけ大きいならば，まず，もし大きい方の名前が長さにおいて，提示された可述直線に対して共測であるならば，第 4 双名直線と呼ばれるとしよう．

5. また，もし小さい方の名前〔が長さにおいて，提示された可述直線に対して共測である〕ならば，第 5〔双名直線と呼ばれるとしよう〕．

6. また，もしどちらの名前も〔長さにおいて，提示された可述直線に対して共測で〕ないならば，第 6〔双名直線と呼ばれるとしよう〕.

解　説

この箇所に第 2 定義として 6 個の定義が追加される．これらは X.36 で定義された双名直線を第 1 双名直線から第 6 双名直線まで 6 種類に下位分類するものである．

分類の条件に現れる「提示された可述直線」の具体的な意味については X.59 の解説，および §4.6.1 を参照されたい．また，前半の 3 種類と後半の 3 種類を分けることになる条件「大きい方の名前が，小さい方よりも平方において，それ自身〔大きい方〕に対して長さにおいて共測な直線上の正方形だけ大きい」については，§3.4，とくに §3.4.5 を参照.

[第 2 定義への追加[147]]

すると，このようにとられた直線が 6 つあって，彼が順序において最初の 3 つに配列したものは，大きい方の直線が小さい方の直線よりも，平方において，それ自身〔大きい方の直線〕に対して共測な直線上の正方形だけ大きいものであり，また順序において第 2 にした残りの 3 つは，非共測な直線上の正方形だけ大きいものである ――〔これは〕共測なものが非共測なものより先であることによる．そしてさらに，まず第 1 のものでは，大きい方の名前が提示された可述直線に対して共測であり，また第 2 のものでは，小さい方の名前が共測であり ――〔これは〕今度は大きいものが，小さいものを含むゆえに，小さいものより先であることによる．また第 3 のものでは，どちらの名前も提示された可述直線に対して共測でない．そして続く 3 つにおいては，同様に上述の 2 番目の順序の中で最初のものを第 4 と呼び，第 2 を第 5 と，そして第 3 を第 6 と呼ぶ.

48

第 1 双名直線を見出すこと．

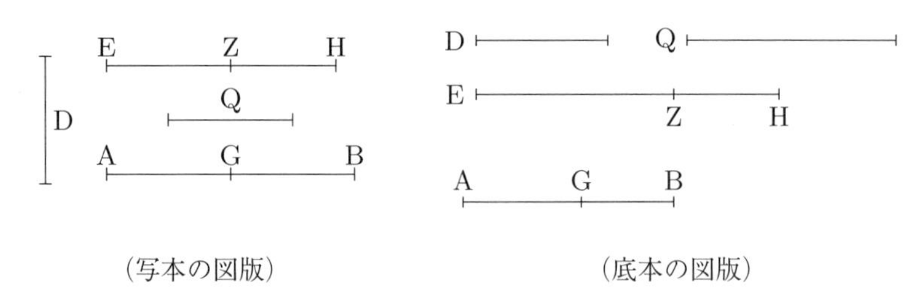

(写本の図版)　　(底本の図版)

[147] P 写本を含む主要写本で，第 2 定義の後に置かれている．V 写本では欄外に追加されている．底本では付録 22.

2 数 AG, GB が提示されたとし，それらを合わせた AB が，まず BG に対して持つ比が，正方形数が正方形数に対する比であり，また GA に対して持つ比は，正方形数が正方形数に対する比でないとし [**X.28 補助定理**]，何らかの可述直線 D が提示され，D に対して EZ が長さにおいて共測であるとしよう．ゆえに，EZ も可述直線である [**X. 定義 3**]．そして，数 BA が AG に対するように，EZ 上の正方形が ZH 上の正方形に対するようになっているとしよう [**X.6 系**]．また AB が AG に対して持つ比は，数が数に対する比である．ゆえに，EZ 上の正方形が ZH 上の正方形に対して持つ比も，数が数に対する比である．したがって，EZ 上の正方形は ZH 上の正方形に対して共測である [**X.6**]．そして EZ は可述直線である．ゆえに，ZH も可述直線である [**X. 定義 3**]．そして BA が AG に対して持つ比は，正方形数が正方形数に対する比でないから，ゆえに，EZ 上の正方形が ZH 上の正方形に対して持つ比も，正方形数が正方形数に対する比でない．ゆえに，EZ は ZH に対して長さにおいて非共測である [**X.9**]．ゆえに，EZ, ZH は可述直線であり，平方においてのみ共測である．ゆえに，EH は双名直線である [**X.36**]．

私は言う，第 1〔双名直線〕でもある．

というのは，数 BA が AG に対するように，EZ 上の正方形が ZH 上の正方形に対し，また BA は AG より大きいから，ゆえに，EZ 上の正方形も ZH 上の正方形より大きい [**V.14a**]．すると，EZ 上の正方形に ZH, Q 上の正方形〔の和〕が等しいとしよう [**X.13 補助定理**]．そして，〔数〕BA が〔数〕AG に対するように，EZ 上の正方形が ZH 上の正方形に対するから，ゆえに，転換されて，〔数〕AB が〔数〕BG に対するように，EZ 上の正方形が Q 上の正方形に対する [**V.19 系**]．また AB が BG に対して持つ比は，正方形数が正方形数に対する比である．ゆえに，EZ 上の正方形が Q 上の正方形に対して持つ比も，正方形数が正方形数に対する比である．ゆえに，EZ は Q に対して長さにおいて共測である [**X.9**]．ゆえに，〔直線〕EZ は〔直線〕ZH よりも，平方においてそれ自身〔EZ〕に対して共測な直線上の正方形だけ大きい．そして，EZ, ZH は可述直線であり，EZ は D に対して長さにおいて共測である．

ゆえに，EH は第 1 双名直線である [**X. 第 2 定義 1**]．これが証明すべきことであった．

解　説

本命題から命題 X.53 までは，第 2 部の第 3 命題群をなし，直前の第 2 定義で定義された双名直線の 6 種類の下位分類の直線を実際に見出すことが行なわれる．これらについては X.53 でまとめて解説する．

49

第 2 双名直線を見出すこと．

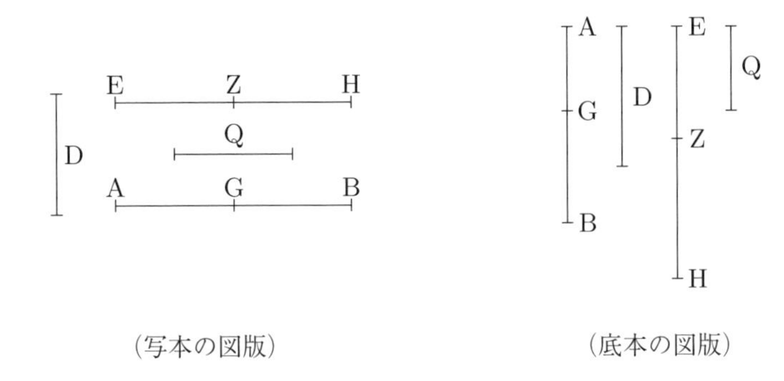

（写本の図版）　（底本の図版）

2 数 AG, GB が提示されたとし，それらを合わせた AB が，まず BG に対して持つ比が，正方形数が正方形数に対する比であり，また AG に対して持つ比は，正方形数が正方形数に対する比でないとし [**X.28 補助定理**]，何らかの可述直線 D が提示されたとし，D に対して EZ が長さにおいて共測であるとしよう．ゆえに，EZ は可述直線である．そこで，数 GA が AB に対するように，EZ 上の正方形も ZH 上の正方形に対するようになっているとしよう [**X.6 系**]．ゆえに，EZ 上の正方形は ZH 上の正方形に対して共測である [**X.6**]．ゆえに，ZH も可述直線である [**X. 定義 3**]．そして，数 GA が AB に対して持つ比は，正方形数が正方形数に対する比でないから，EZ 上の正方形が ZH 上の正方形に対して持つ比も，正方形数が正方形数に対する比でない．ゆえに，EZ は ZH に対して長さにおいて非共測である [**X.9**]．ゆえに，EZ, ZH は可述直線であり，平方においてのみ共測である．ゆえに，EH は双名直線である [**X.36**]．

そこで，第 2〔双名直線〕でもあることを証明せねばならない．

というのは，逆転されて，数 BA が AG に対するように，HZ 上の正方形が ZE 上の正方形に対し **[V.7 系]**，また BA は AG より大きいから，ゆえに，HZ 上の正方形［も］ZE 上の正方形より大きい **[V.14a]**．HZ 上の正方形に EZ, Q 上の正方形〔の和〕が等しいとしよう **[X.13 補助定理]**．ゆえに，転換されて，AB が BG に対するように，ZH 上の正方形が Q 上の正方形に対する **[V.19 系]**．しかし，AB が BG に対して持つ比は，正方形数が正方形数に対する比である．ゆえに，ZH 上の正方形が Q 上の正方形に対して持つ比も，正方形数が正方形数に対する比である．ゆえに，ZH は Q に対して長さにおいて共測である **[X.9]**．したがって，ZH は ZE よりも，平方においてそれ自身〔ZH〕に対して共測な直線上の正方形だけ大きい．そして，ZH, ZE は可述直線で，平方においてのみ共測であり，小さい方の名前 EZ は提示された可述直線 D に対して長さにおいて共測である．

ゆえに，EH は第 2 双名直線である **[X. 第 2 定義 2]**．これが証明すべきことであった．

50

第 3 双名直線を見出すこと．

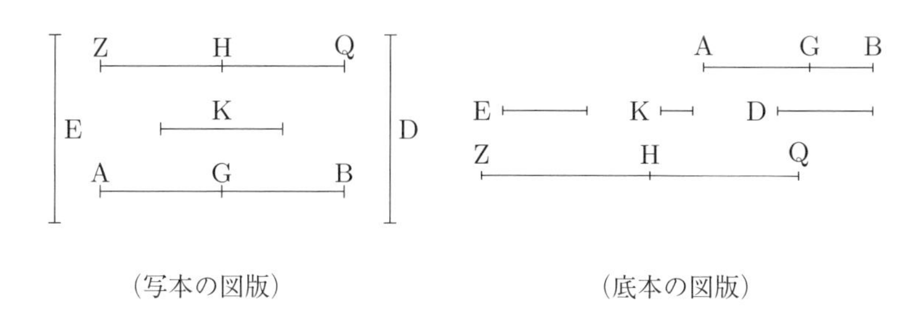

（写本の図版）　　（底本の図版）

2 数 AG, GB が提示されたとし，それらを合わせた AB が，まず BG に対して持つ比が，正方形数が正方形数に対する比であり，また AG に対して持つ比は，正方形数が正方形数に対する比でないとしよう **[X.28 補助定理]**．また何らかの他の，正方形数でない数 D が提示されたとし，BA, AG の各々に対して持つ比が，正方形数が正方形数に対する比でないとしよう．そして何らかの可述直線 E が提示されたとし，〔数〕D が〔数〕AB に対するように，E

上の正方形がZH上の正方形に対するようになっているとしよう[X.6系]．したがって，E上の正方形はZH上の正方形に対して共測である[X.6]．そしてEは可述直線である．ゆえに，ZHも可述直線である[X.定義3]．そしてDがABに対して持つ比は，正方形数が正方形数に対する比でないから，E上の正方形がZH上の正方形に対して持つ比も，正方形数が正方形数に対する比でない．ゆえに，EはZHに対して長さにおいて非共測である[X.9]．そこで今度は，数BAがAGに対するように，ZH上の正方形がHQ上の正方形に対するようになっているとしよう[X.6系]．したがって，ZH上の正方形はHQ上の正方形に対して共測である[X.6]．またZHは可述直線である．ゆえに，HQも可述直線である[X.定義3]．そしてBAがAGに対して持つ比は，正方形数が正方形数に対する比でないから，ZH上の正方形がQH上の正方形に対して持つ比も，正方形数が正方形数に対する比でない．ゆえに，ZHはHQに対して長さにおいて非共測である[X.9]．ゆえに，ZH, HQは可述直線であり，平方においてのみ共測である．ゆえに，ZQは双名直線である[X.36]．

私は言う，第3〔双名直線〕でもある．

というのは，〔数〕Dが〔数〕ABに対するように，E上の正方形がZH上の正方形に対し，また〔数〕BAが〔数〕AGに対するように，ZH上の正方形がHQ上の正方形に対するから，ゆえに，等順位において〔数〕Dが〔数〕AGに対するように，E上の正方形がHQ上の正方形に対する[V.22][VII.14]．またDがAGに対して持つ比は，正方形数が正方形数に対する比でない．ゆえに，E上の正方形がHQ上の正方形に対して持つ比も，正方形数が正方形数に対する比でない．ゆえに，EはHQに対して長さにおいて非共測である[X.9]．そしてBAがAGに対するように，ZH上の正方形がHQ上の正方形に対するから，ZH上の正方形はHQ上の正方形より大きい[V.14a]．すると，ZH上の正方形にHQ, K上の正方形〔の和〕が等しいとしよう[X.13補助定理]．ゆえに転換されて，ABがBGに対するように，ZH上の正方形がK上の正方形に対する[V.19系]．また〔数〕ABが〔数〕BGに対して持つ比は，正方形数が正方形数に対する比である．ゆえに，ZH上の正方形がK上の正方形に対して持つ比も，正方形数が正方形数に対する比である．ゆえに，ZHはKに対して長さにおいて共測である[X.9]．ゆえに，ZHはHQよりも，平方においてそれ〔ZH〕に対して共測な直線上の正方形だけ大きい．そして，ZH,

HQ は可述直線で，平方においてのみ共測であり，それらのどちらも E に対して長さにおいて共測でない．

ゆえに，〔直線〕ZQ は第 3 双名直線である **[X. 第 2 定義 3]**．これが証明すべきことであった．

51

第 4 双名直線を見出すこと．

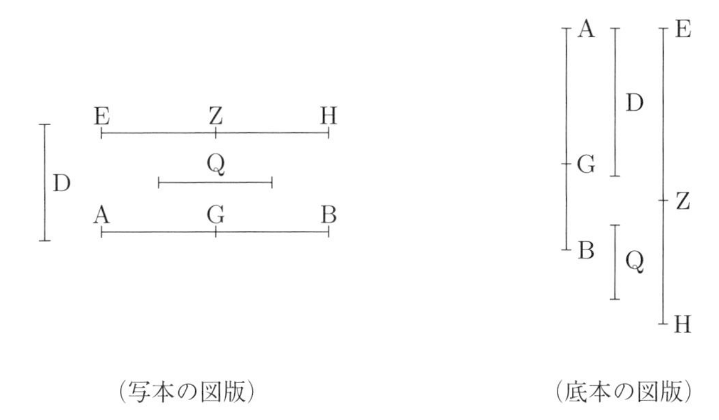

（写本の図版）　　（底本の図版）

2 数 AG, GB が提示されたとし，AB が，BG に対して持つ比も，さらに AG に対して持つ比も，正方形数が正方形数に対する比でないとしよう．そして可述直線 D が提示されたとし，D に対して EZ が長さにおいて共測であるとしよう．ゆえに，EZ も可述直線である **[X. 定義 3]**．そして数 BA が AG に対するように，EZ 上の正方形が ZH 上の正方形に対するようになっているとしよう **[X.6 系]**．ゆえに，EZ 上の正方形は ZH 上の正方形に対して共測である **[X.6]**．ゆえに，ZH も可述直線である **[X. 定義 3]**．そして BA が AG に対して持つ比は，正方形数が正方形数に対する比でないから，EZ 上の正方形が ZH 上の正方形に対して持つ比も，正方形数が正方形数に対する比でない．ゆえに，EZ は ZH に対して長さにおいて非共測である **[X.9]**．ゆえに，EZ, ZH は可述直線であり，平方においてのみ共測である．したがって，EH は双名直線である **[X.36]**．

私は言う，第 4〔双名直線〕でもある．

というのは，〔数〕BA が〔数〕AG に対するように，EZ 上の正方形が ZH

上の正方形に対し，[またBAはΛGより大きい]から，ゆえに，EZ上の正方形はZH上の正方形より大きい **[V.14a]**．すると，EZ上の正方形にZH, Q上の正方形〔の和〕が等しいとしよう **[X.13 補助定理]**．ゆえに転換されて，数ABがBGに対するように，EZ上の正方形がQ上の正方形に対する **[V.19 系]**．またABがBGに対して持つ比は，正方形数が正方形数に対する比でない．ゆえに，EZ上の正方形がQ上の正方形に対して持つ比は，正方形数が正方形数に対する比でない．ゆえに，EZはQに対して長さにおいて非共測である **[X.9]**．ゆえに，EZはHZよりも，平方においてそれ自身〔EZ〕に対して非共測な直線上の正方形だけ大きい．そして，EZ, ZHは可述直線で，平方においてのみ共測であり，さらにEZはDに対して長さにおいて共測である．

ゆえに，EHは第4双名直線である **[X. 第2定義 4]**．これが証明すべきことであった．

52

第5双名直線を見出すこと．

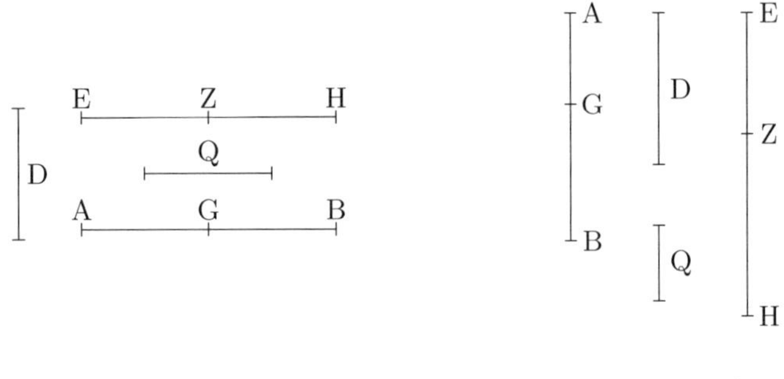

（写本の図版）　　　　（底本の図版）

2数AG, GBが提示されたとし，ABがそれら〔AG, GB〕の各々に対して持つ比は，正方形数が正方形数に対する比でないとし，何らかの可述直線Dが提示されたとし，Dに対してEZが[長さにおいて]共測であるとしよう．ゆえに，EZは可述直線である **[X. 定義 3]**．そして，〔数〕GAが〔数〕ABに対するように，EZ上の正方形がZH上の正方形に対するようになっているとしよう **[X.6 系]**．またGAがABに対して持つ比は，正方形数が正方形数に対する比でない．ゆえに，EZ 上の正方形が ZH 上の正方形に対して持つ比も，正方形数が正方形数に対する比でない．ゆえに，EZ, ZH は可述直線であり，平方においてのみ共測である **[X.9]**．ゆえに，EH は双名直線である **[X.36]**．

私は言う，第 5〔双名直線〕でもある．

というのは，〔数〕GA が〔数〕AB に対するように，EZ 上の正方形が ZH 上の正方形に対するから，逆転されて〔数〕BA が〔数〕AG に対するように，ZH 上の正方形が ZE 上の正方形に対する **[V.7 系]**．ゆえに，HZ 上の正方形は ZE 上の正方形より大きい **[V.14a]**．すると，HZ 上の正方形に EZ, Q 上の正方形〔の和〕が等しいとしよう **[X.13 補助定理]**．ゆえに，転換されて，数 AB が BG に対するように，HZ 上の正方形が Q 上の正方形に対する **[V.19 系]**．また，AB が BG に対して持つ比は，正方形数が正方形数に対する比でない．ゆえに，ZH 上の正方形が Q 上の正方形に対して持つ比も，正方形数が正方形数に対する比でない．ゆえに，ZH は Q に対して長さにおいて非共測である **[X.9]**．したがって，ZH は ZE よりも，平方においてそれ自身〔ZH〕に対して非共測な直線上の正方形だけ大きい．そして，HZ, ZE は可述直線で，平方においてのみ共測であり，小さい方の名前 EZ は提示された可述直線 D に対して長さにおいて共測である．

ゆえに，EH は第 5 双名直線である **[X. 第 2 定義 5]**．これが証明すべきことであった．

53

第 6 双名直線を見出すこと．

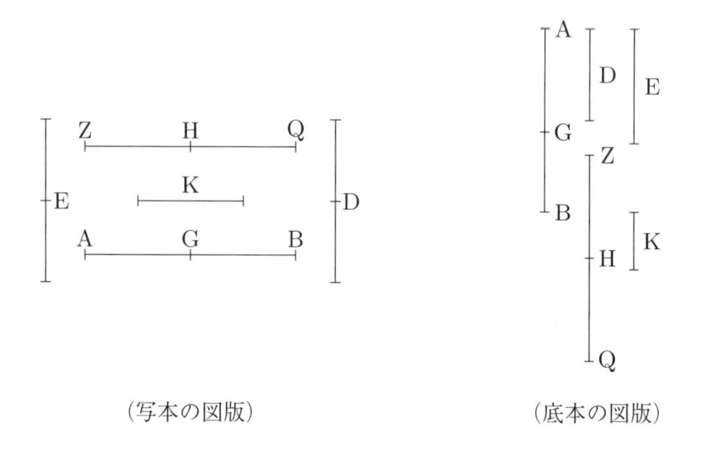

（写本の図版）　（底本の図版）

2 数 AG, GB が提示されたとし，AB がそれら〔AG, GB〕の各々に対して持つ比は，正方形数が正方形数に対する比でないとしよう．そしてまた他の数を D とし，それが正方形数でなく，BA, AG の各々に対して持つ比が，正方形数が正方形数に対する比でないとしよう．そして何らかの可述直線 E が提示されたとし，〔数〕D が〔数〕AB に対するように，E 上の正方形が ZH 上の正方形に対するようになっているとしよう **[X.6 系]**．ゆえに，E 上の正方形は ZH 上の正方形に対して共測である **[X.6]**．そして E は可述直線である．ゆえに，ZH も可述直線である **[X. 定義 3]**．そして D が AB に対して持つ比は，正方形数が正方形数に対する比でないから，ゆえに，E 上の正方形が ZH 上の正方形に対して持つ比も，正方形数が正方形数に対する比でない．ゆえに，E は ZH に対して長さにおいて非共測である **[X.9]**．そこで今度は，BA が AG に対するように，ZH 上の正方形が HQ 上の正方形に対するようになっているとしよう **[X.6 系]**．ゆえに，ZH 上の正方形は QH 上の正方形に対して共測である **[X.6]**．ゆえに，QH 上の正方形は可述領域である **[X. 定義 4]**．ゆえに，QH は可述直線である **[X. 定義 3]**．そして BA が AG に対して持つ比は，正方形数が正方形数に対する比でないから，ZH 上の正方形が HQ 上の正方形に対して持つ比も，正方形数が正方形数に対する比でない．ゆえに，ZH は HQ に対して長さにおいて非共測である **[X.9]**．ゆえに，ZH, HQ は可述直線であり，平方においてのみ共測である．ゆえに，ZQ は双名直線である **[X.36]**．

そこで，第6〔双名直線〕でもあることを証明せねばならない．

というのは，〔数〕Dが〔数〕ABに対するように，E上の正方形がZH上の正方形に対し，また〔数〕BAが〔数〕AGに対するように，ZH上の正方形がHQ上の正方形に対するのでもあるから，ゆえに，等順位において〔数〕Dが〔数〕AGに対するように，E上の正方形がHQ上の正方形に対する **[V.22][VII.14]**．また，DがAGに対して持つ比は，正方形数が正方形数に対する比でない．ゆえに，E上の正方形がHQ上の正方形に対して持つ比も，正方形数が正方形数に対する比でない．ゆえに，EはHQに対して長さにおいて非共測である **[X.9]**．また，ZHに対しても非共測であることが証明された．ゆえに，ZH, HQの各々はEに対して長さにおいて非共測である．そして〔数〕BAが〔数〕AGに対するように，ZH上の正方形がHQ上の正方形に対するから，ゆえに，ZH上の正方形はHQ上の正方形より大きい **[V.14a]**．すると，ZH上の正方形にHQ, K上の正方形〔の和〕が等しいとしよう **[X.13 補助定理]**．ゆえに転換されて，〔数〕ABが〔数〕BGに対するように，ZH上の正方形がK上の正方形に対する **[V.19系]**．またABがBGに対して持つ比は，正方形数が正方形数に対する比でない．したがって，ZH上の正方形がK上の正方形に対して持つ比も，正方形数が正方形数に対する比でない．ゆえに，ZHはKに対して長さにおいて非共測である **[X.9]**．ゆえに，ZHはHQよりも，平方においてそれ自身〔ZH〕に対して非共測な直線上の正方形だけ大きい．そしてZH, HQは可述直線で，平方においてのみ共測であり，それらのどちらも提示された可述直線Eに対して長さにおいて共測でない．

ゆえに，〔直線〕ZQは第6双名直線である．これが証明すべきことであった．

解　説

命題X.48から本命題X.53までは，第2部の第3命題群をなし，X.48の直前の第2定義で定義された双名直線の6種の下位分類の各々を作図する．6個の命題は互いによく似ている．相互の比について特定の条件を満たす2数AG, GBをとり，そこから得られる比を利用して，2直線を構成する．AG, GBの間の関係についての条件は1つで，これが成り立つかどうかで前半の3命題(X.48–50)，後半の3命題(X.51–53)が分けられる．この条件についてはX.18の解説，および§3.4.4を参照されたい．これに，提示された直線Dとの共測・非共測の条件が加わって，全部で6個の場合が生じる．

これらの命題で注目されるのは，特定の条件を満たす整数AG, GB

を利用しなくとも，命題 X.29, 30 を利用すれば，比に関する条件を満たす 2 直線はすぐにとれることである．想像をたくましくすれば，この第 3 命題群の証明が起草された際の『原論』には，X.29, 30（およびそれに直接依存する命題）は含まれていなかったという可能性も考えられよう．いずれにせよ第 X 巻のテクストはかなり複雑な過程を経て今日に伝えられていることは確かである．

補助定理

2 つの正方形を AB, BG とし，DB が BE に対して 1 直線をなすように置かれたとしよう．ゆえに，ZB も BH に対して一直線をなす **[I.13][I.14]**．そして平行四辺形 AG が完成されたとしよう．私は言う，AG は正方形であり，AB, BG の比例中項が DH であり，そしてさらに，AG, GB の比例中項が DG である．

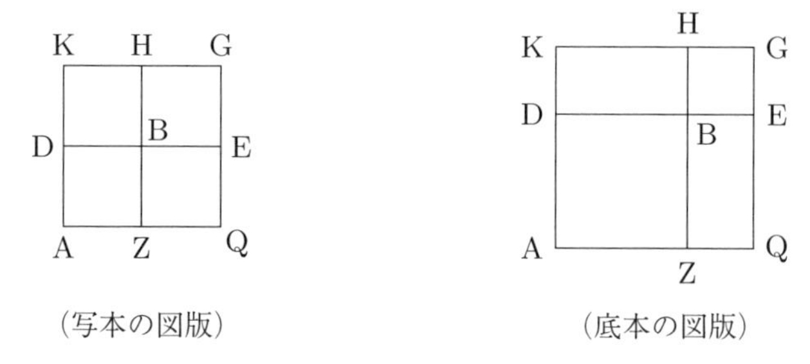

（写本の図版）　（底本の図版）

というのは，まず DB は BZ に等しく，また BE は BH に等しいから，ゆえに，全体 DE は全体 ZH に等しい．しかし，まず DE は AQ, KG の各々に等しく，また ZH は AK, QG の各々に等しい **[I.34]**．ゆえに，AQ, KG の各々は AK, QG の各々に等しい．ゆえに，平行四辺形 AG は等辺である．また直角でもある．ゆえに，AG は正方形である．

そして ZB が BH に対するように，DB が BE に対し，しかし，まず ZB が BH に対するように，AB が DH に対し，また DB が BE に対するように，DH が BG に対するから **[VI.1]**，ゆえに，AB が DH に対するように，DH が BG に対するのでもある **[V.11]**．ゆえに，AB, BG の比例中項は DH である．

そこで私は言う，さらに AG, GB の比例中項は DG である．

というのは，AD が DK に対するように，KH が HG に対するから——というのは各々は各々に等しいから——合併されても，AK が KD に対するように，KG が GH に対し **[V.18]**，しかし，まず AK が KD に対するように，AG が GD に対し，また KG が GH に対するように，DG が GB に対する **[VI.1]**．ゆえに，AG が DG に対するように，DG が BG に対するのでもある **[V.11]**．ゆえに，AG, GB の比例中項は DG である．これらが証明しようとしたことであった．

54

もし領域が，可述直線と第 1 双名直線によって囲まれるならば，その領域に平方において相当する直線は無比直線であり，双名直線と呼ばれるものである．

というのは，領域 AG が可述直線 AB と第 1 双名直線 AD によって囲まれるとしよう．私は言う，領域 AG に平方において相当する直線は無比直線であり，双名直線と呼ばれるものである．

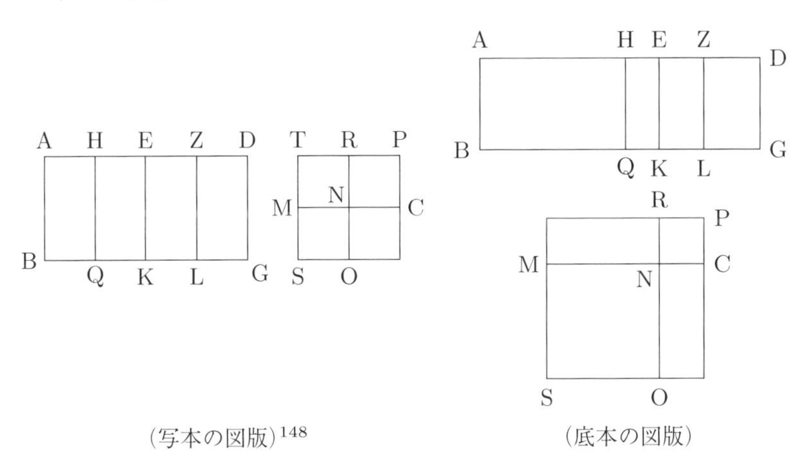

(写本の図版)[148]　(底本の図版)

というのは，AD は第 1 双名直線であるから，その名前へと〔点〕E で分け

[148]写本の図版は本命題 X.54 から X.59 までの 6 個が基本的に同じものである．ただし，P 写本では X.54 のみは右側の正方形を構成する 4 個の正方形のうち左の 2 つが横長で，したがって全体が正方形ではないが，X.55 以下の図に合わせて，4 個の正方形からなる正方形とした．また点の名前を表すアルファベットの位置（点のどちら側にくるか）は，とくに右側の正方形の中央の N の位置が命題によって異なる．しかしここでは 6 個の命題すべてに対して，同一の図を写本の図として示した．

なお写本では右側の正方形の左上の頂点に T というラベルがあるが，命題本文では言及されることがない．

られたとし，大きい方の名前を ΛE としよう．そこで次のことが明らかである，AE, ED は可述直線で，平方においてのみ共測であり，AE は ED よりも平方においてそれ自身〔AE〕に対して共測な直線上の正方形だけ大きく，AE は提示された可述直線 AB に対して長さにおいて共測である **[X. 第 2 定義 1]**．そこで ED が点 Z において 2 等分されたとしよう **[I.10]**．そして AE は ED よりも，平方において，それ自身〔AE〕に対して共測な直線上の正方形だけ大きいから，ゆえに，もし，小さい方の直線上の正方形の 4 分の 1 の部分，すなわち EZ 上の正方形に等しい領域が，大きい方の直線 AE の傍らに付置されて，正方形の形状だけ不足するならば，共測な部分へとそれ〔AE〕を分ける **[X.17]**．すると，AE の傍らに，EZ 上の正方形に等しい AH, HE に囲まれる長方形が，付置されたとしよう **[VI.28]**．ゆえに，AH は EH に対して長さにおいて共測である．そして H, E, Z から AB, GD のどちらかに平行に HQ, EK, ZL が引かれたとしよう **[I.31]**．そして，まず平行四辺形 AQ に等しい正方形 SN が作図され，また HK に等しい〔正方形〕NP が作図されたとし **[II.14]**，MN が NC に対して一直線をなすように置かれたとしよう．ゆえに，RN も NO に対して一直線をなす **[I.13, 14]**．そして SP が完成されたとしよう．ゆえに，SP は正方形である **[X.53 補助定理]**．そして，AH, HE に囲まれる長方形は EZ 上の正方形に等しいから，ゆえに，AH が EZ に対するように，ZE が EH に対する **[VI.17]**．ゆえに，AQ が EL に対するように，EL が KH に対するのでもある **[VI.1][V.11]**．ゆえに，AQ, HK の比例中項は EL である．しかし，まず AQ は SN に等しく，また HK は NP に等しい．ゆえに，SN, NP の比例中項は EL である．また，同じ SN, NP の比例中項は MR でもある **[X.53 補助定理]**．ゆえに，EL は MR に等しい．したがって，OC にも等しい **[I.43]**．また AQ, HK も SN, NP に等しい．ゆえに，全体 AG は全体 SP に等しい，これはすなわち MC 上の正方形である．ゆえに，領域 AG に MC が平方において相当する．

私は言う，MC は双名直線である．

というのは，AH は HE に対して共測であるから，AE も AH, HE の各々に対して共測である **[X.15]**．また AE は AB に対して共測であるとも仮定されている．ゆえに，AH, HE も AB に対して共測である **[X.12]**．そして AB は可述直線である．ゆえに，AH, HE の各々も可述直線である **[X. 定義 3]**．ゆえに，AQ, HK の各々は可述領域であり **[X.19]**，AQ は HK に対して共測である **[X. 定義 4]**．しかし，まず AQ は SN に等しく，また HK は NP に等しい．ゆえに，SN, NP，すなわち MN, NC 上の正方形も可述領域であり，〔互いに〕共測である．そして AE は ED に対して長さにおいて非共測であり，しかし，まず AE は AH に対して共測であり，また DE は EZ に対して共測であるから，ゆえに，AH も EZ に対して非共測である **[X.13]**．したがって，AQ も EL に対して非共測である **[VI.1][X.11]**．しかし，まず AQ は SN に等しく，また EL は MR に等しい．ゆえに，SN も MR に対して非共測である．しかし，SN が MR に対するように，ON が NR に対する **[VI.1]**．ゆえに，ON は NR に対して非共測である **[X.11]**．また，まず ON は MN に等しく，また NR は NC に等しい．ゆえに，MN は NC に対して非共測である．そして MN 上の正方形は NC 上の正方形に対して共測であり，各々は可述領域である．ゆえに，MN, NC は可述直線であり，平方においてのみ共測である．

ゆえに，MC は双名直線であり **[X.36]**，AG に平方において相当する．これが証明すべきことであった．

解　説

本命題から X.59 までの 6 個の命題は第 2 部の第 4 命題群を構成する．これは第 X 巻の「根本的問題」に解決を与える最も重要な命題群であると言える．詳しくは X.59 の解説を参照．

55

もし領域が，可述直線と第 2 双名直線によって囲まれるならば，その領域に平方において相当する直線は無比直線であり，第 1 双中項直線と呼ばれるものである．

というのは，領域 ABGD が可述直線 AB と第 2 双名直線 AD によって囲まれるとしよう．私は言う，領域 AG に平方において相当する直線は第 1 双中項直線である．

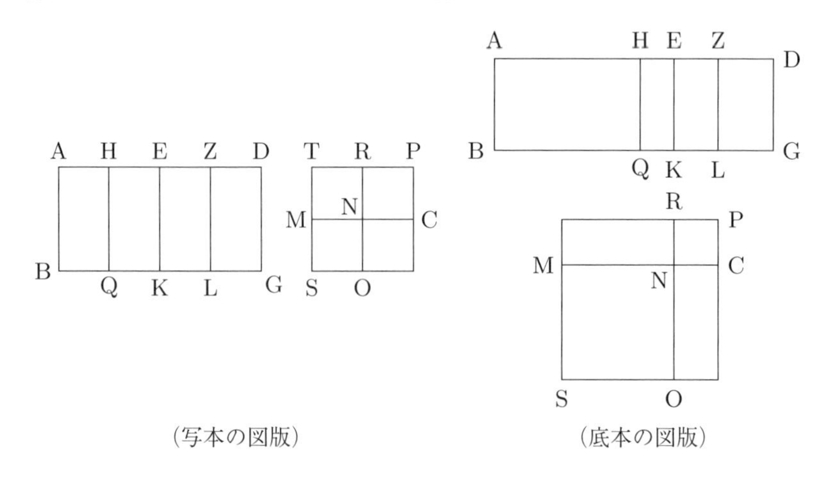

（写本の図版）　（底本の図版）

というのは，AD は第 2 双名直線であるから，その名前へと点 E で分けられ，大きい方の名前が AE であるとしよう．ゆえに，AE, ED は可述直線で，平方においてのみ共測であり，AE は ED よりも平方においてそれ自身〔AE〕に対して共測な直線上の正方形だけ大きく，小さい方の名前 ED は AB に対して長さにおいて共測である **[X. 第 2 定義 2]**．ED が Z において 2 等分されたとし **[I.10]**，EZ 上の正方形に等しい領域が，AE の傍らに，正方形の形状だけ不足して付置されたとし，それが AHE に囲まれる長方形であるとしよう **[VI.28]**．ゆえに，AH は HE に対して長さにおいて共測である **[X.17]**．そして H, E, Z を通って AB, GD に平行に HQ, EK, ZL が引かれたとし **[I.31]**，まず平行四辺形 AQ に等しい正方形 SN が作図され，また HK に等しい NP が作図されたとし **[II.14]**，MN が NC に対して一直線をなすように置かれたとしよう．ゆえに，RN も NO に対して一直線をなす **[I.13, 14]**．そして正方形 SP が完成されたとしよう．そこで，上で示されたことから，次のことが明らかである．MR は SN, NP の比例中項であり **[X.53 補助定理]**，〔MR は〕EL に等しいこと，そして領域 AG に MC が平方において相当することである．そこで，MC が第 1 双中項直線であることを証明せねばならない．AE は ED に対して長さにおいて非共測であり，また ED は AB に対して共測であるから，ゆえに，AE は AB に対して非共測である **[X.13]**．そして AH は EH に対して共測であるから，AE も AH, HE の各々に対して共測である **[X.15]**．しかし，AE は AB に対して長さにおいて非共測である．ゆえに，AH, HE も

AB に対して非共測である [**X.13**]．ゆえに，BA, AH, HE は可述直線であり，平方においてのみ共測である．したがって，AQ, HK の各々は中項領域である [**X.21**]．したがって，SN, NP の各々も中項領域である．ゆえに，MN, NC も中項直線である．そして，AH は HE に対して長さにおいて共測であるから，AQ も HK に対して共測である [**VI.1**][**X.11**]．すなわち SN は NP に対して，すなわち MN 上の正方形は NC 上の正方形に対して〔共測である〕．[したがって，MN, NC は平方において共測である]．そして AE は ED に対して長さにおいて非共測であり，しかし，まず AE は AH に対して共測であり，また ED は EZ に対して共測であるから，ゆえに，AH は EZ に対して非共測である [**X.13**]．したがって，AQ も EL に対して非共測である [**VI.1**][**X.11**]．すなわち SN は MR に対して，ON は NR に対して，すなわち MN は NC に対して長さにおいて非共測である．また MN, NC は中項直線であって平方において共測であることが証明された．ゆえに，MN, NC は中項直線で，平方においてのみ共測である．そこで私は言う，可述領域を囲むのでもある．というのは，DE は AB, EZ の各々に対して共測であると仮定されているから，ゆえに，EZ も EK に対して共測である [**X.12**]．そしてそれらの各々は可述直線である．ゆえに，EL は可述領域であり [**X.19**]，これはすなわち MR である．また MR は MNC に囲まれる長方形である．また，もし 2 つの中項直線で，平方においてのみ共測で，可述領域を囲むものが合わせられるならば，全体は無比直線であり，また〔それは〕第 1 双中項直線と呼ばれる [**X.37**]．

ゆえに，MC は第 1 双中項直線である．これが証明すべきことであった．

56

もし領域が，可述直線と第 3 双名直線によって囲まれるならば，その領域に平方において相当する直線は無比直線であり，第 2 双中項直線と呼ばれるものである．

というのは，領域 ABGD が可述直線 AB と第 3 双名直線 AD によって囲まれるとし，〔AD が〕2 つの名前へと E で分けられていて，その大きい方が AE である〔としよう〕．私は言う，領域 AG に平方において相当する直線は無比直線であり，第 2 双中項直線と呼ばれるものである．

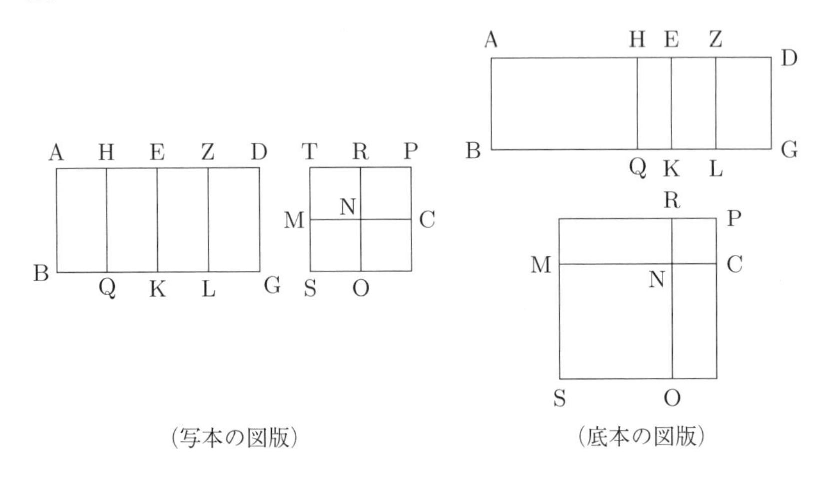

（写本の図版）　（底本の図版）

というのは，前と同じことが設定されたとしよう．そして AD は第 3 双名直線であるから，AE, ED は可述直線で，平方においてのみ共測であり，AE は ED よりも平方においてそれ自身〔AE〕に対して共測な直線上の正方形だけ大きく，AE, ED のどちらも AB に対して長さにおいて共測でない．上で示されたことと同様に我々は次のことを証明することになる．MC は AG に平方において相当する直線であり，MN, NC は中項直線で，平方においてのみ共測である．したがって，MC は双中項直線である．

そこで，第 2〔双中項直線〕であることも証明せねばならない．

[そして] DE は AB に対して，すなわち EK に対して長さにおいて非共測であり，また DE は EZ に対して共測であるから，ゆえに，EZ は EK に対して長さにおいて非共測である **[X.13]**．そして〔それらは〕可述直線である．ゆえに，ZE, EK は可述直線であり，平方においてのみ共測である．ゆえに，EL は中項領域であり **[X.21]**，これはすなわち MR である．そして，MNC によって囲まれる．ゆえに，MNC に囲まれる長方形は中項領域である．

ゆえに，MC は第 2 双中項直線である．これが証明すべきことであった．

57

もし領域が，可述直線と第 4 双名直線によって囲まれるならば，その領域に平方において相当する直線は無比直線であり，優直線と呼ばれるものである．

というのは，領域 AG が可述直線 AB と第 4 双名直線 AD によって囲まれるとし，〔AD が〕2 つの名前へと E で分けられていて，その大きい方が AE であるとしよう．私は言う，領域 AG に平方において相当する直線は無比直線であり，優直線と呼ばれるものである．

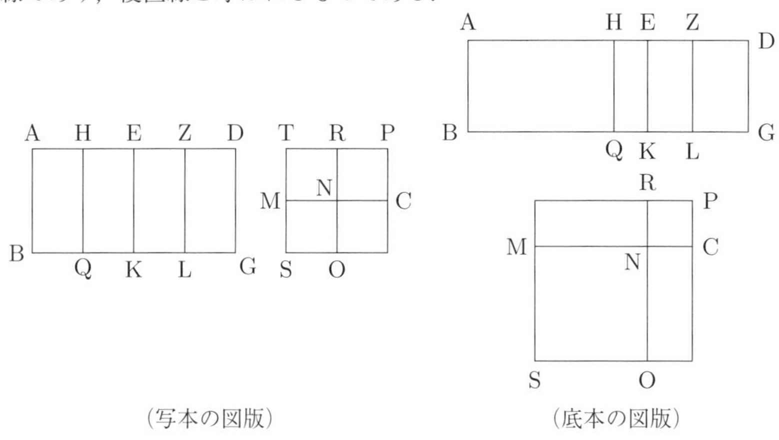

（写本の図版）（底本の図版）

というのは，AD は第 4 双名直線であるから，ゆえに，AE, ED は可述直線で，平方においてのみ共測であり，AE は ED よりも平方においてそれ自身〔AE〕に対して非共測な直線上の正方形だけ大きく，AE は AB に対して長さにおいて共測である **[X. 第 2 定義 4]**．DE が点 Z において 2 等分されたとし **[I.10]**，EZ 上の正方形に等しい平行四辺形が，AE の傍らに付置されたとし，それが AH, HE に囲まれるものであるとしよう **[VI.28]**．ゆえに，AH は HE に対して長さにおいて非共測である **[X.18]**．AB に平行な HQ, EK, ZL が引かれたとし **[I.31]**，残りは前と同じになっているとしよう．そこで次のことが明らかである，領域 AG に平方において相当する直線は MC である．そこで，MC は無比直線であり，優直線と呼ばれるものであることを証明せねばならない．AH は EH に対して長さにおいて非共測であるから，AQ も HK に対して非共測である **[VI.1][X.11]**，すなわち SN は NP に対して〔非共測である〕．ゆえに，MN, NC は平方において非共測である．そして AE は AB に対して長さにおいて共測であるから，AK は可述領域である **[X.19]**．そして MN, NC 上の正方形〔の和〕に等しい．ゆえに，MN, NC 上の正方形を合わせたものも可述領域である．そして DE は AB に対して，すなわち EK

に対して長さにおいて非共測であり，しかし，DE は EZ に対して共測であるから，ゆえに，EZ は EK に対して長さにおいて非共測である **[X.13]**．ゆえに，EK, EZ は可述直線であり，平方においてのみ共測である．ゆえに，LE は中項領域であり **[X.21]**，これはすなわち MR である．そして MN, NC によって囲まれる．ゆえに，MN, NC に囲まれる長方形は中項領域である．そして MN, NC 上の正方形 [を合わせたもの] は可述領域であり，MN, NC は平方において非共測である．また，もし平方において非共測な 2 直線で，まずそれらの上の正方形を合わせたものを可述領域とし，またそれらに囲まれる長方形を中項領域とするものが合わせられるならば，全体は無比直線であり，また〔それは〕優直線と呼ばれる **[X.39]**．

ゆえに，MC は無比直線であり，優直線と呼ばれるものであり，領域 AG に平方において相当する．これが証明すべきことであった．

58

もし領域が，可述直線と第 5 双名直線によって囲まれるならば，その領域に平方において相当する直線は無比直線であり，可述中項平方線と呼ばれるものである．

というのは，領域 AG が可述直線 AB と第 5 双名直線 AD によって囲まれるとし，〔AD が〕2 つの名前へと E で分けられていて，その大きい方の名前が AE であるとしよう．[そこで] 私は言う，領域 AG に平方において相当する直線は無比直線であり，可述中項平方線と呼ばれるものである．

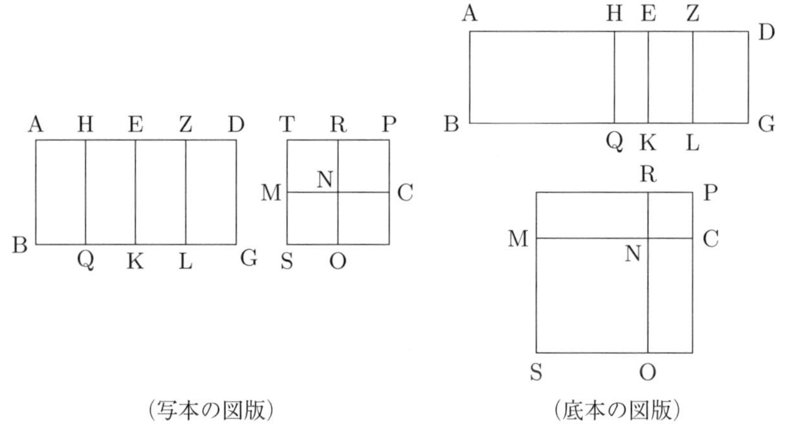

（写本の図版）　（底本の図版）

前に証明されたのと同じことが設定されたとしよう．そこで次のことが明らかである，領域 AG に平方において相当する直線は MC である．そこで，MC が可述中項平方線であることを証明せねばならない．というのは，AH は HE に対して非共測であるから **[X.18]**[149]，ゆえに，AQ も QE に対して非共測である **[VI.1][X.11]**，すなわち MN 上の正方形は NC 上の正方形に対して〔非共測である〕．ゆえに，MN, NC は平方において非共測である．そして AD は第 5 双名直線であり，ED がその小さい方の切片であるから，ゆえに，ED は AB に対して長さにおいて共測である **[X. 第 2 定義 5]**．しかし，AE は ED に対して非共測である．ゆえに，AB は AE に対して長さにおいて非共測である **[X.13]**．[BA, AE は可述直線であり，平方においてのみ共測である.] ゆえに，AK は中項領域であり **[X.21]**，これはすなわち MN, NC 上の正方形を合わせたものである．そして DE は AB に対して，すなわち EK に対して長さにおいて共測であり，しかし，DE は EZ に対して共測であるから，ゆえに，EZ も EK に対して共測である **[X.12]**．そして EK は可述直線である．ゆえに，EL は可述領域であり **[X.19]**，これはすなわち MR であり，すなわち MNC に囲まれる長方形である．ゆえに，MN, NC は平方において非共測であり，まずそれらの上の正方形を合わせたものを中項領域とし，またそれらに囲まれる長方形を可述領域とする．

ゆえに，MC は可述中項平方線であり **[X.40]**，領域 AG に平方において相当する．これが証明すべきことであった．

59

もし領域が，可述直線と第 6 双名直線によって囲まれるならば，その領域に平方において相当する直線は無比直線であり，双中項平方線と呼ばれるものである．

というのは，領域 ABGD が可述直線 AB と第 6 双名直線 AD によって囲まれるとし，〔AD が〕2 つの名前へと E で分けられていて，その大きい方が AE であるとしよう．私は言う，領域 AG に平方において相当する直線は双中項平方線である．

[149]点 H については直前の X.57 の議論を参照．

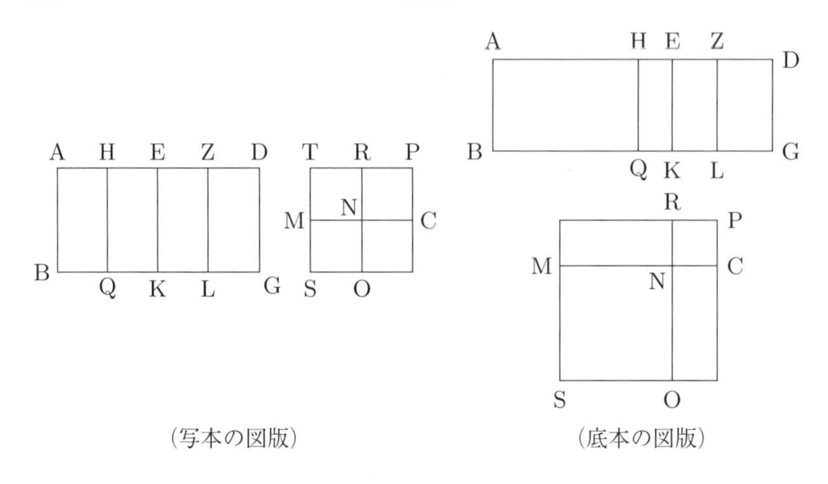

(写本の図版)　(底本の図版)

[というのは] 前に証明されたのと同じことが設定されたとしよう．そこで次のことが明らかである．領域 AG に平方において相当する直線は直線 MC であり，MN は NC に対して平方において非共測である．そして，EA は AB に対して長さにおいて非共測であるから **[X. 第 2 定義 6]**，ゆえに，EA, AB は可述直線であり，平方においてのみ共測である．ゆえに，AK は中項領域であり **[X.21]**，これはすなわち MN, NC 上の正方形を合わせたものである．一方，ED は AB に対して長さにおいて非共測であるから **[X. 第 2 定義 6]**，ゆえに，ZE も EK に対して非共測である **[X.13]**．ゆえに，ZE, EK は可述直線であり，平方においてのみ共測である．ゆえに，EL は中項領域であり **[X.21]**，これはすなわち MR であり，すなわち MNC に囲まれる長方形である．そして AE は EZ に対して非共測であるから，AK も EL に対して非共測である **[VI.1][X.11]**．しかし，まず AK は MN, NC 上の正方形を合わせたものであり，また EL は MNC に囲まれる長方形である．ゆえに，MNC 上の正方形を合わせたものは MNC に囲まれる長方形に対して非共測である．そしてそれらの各々は中項領域であり，MN, NC は平方において非共測である．

ゆえに，MC は双中項平方線であり **[X.41]**，領域 AG に平方において相当する．これが証明すべきことであった．

解　説

X.54 から本命題までの第 4 命題群の命題はいずれも，可述直線と双名直線によって囲まれる領域（長方形）に平方において相当する直線（すなわち，この領域に等しい正方形の 1 辺）が，どのような直線になるかを論じる．双名直線上の正方形を可述直線に付置すると，その幅は必ず双名直線になるが，その逆を論じていることになる．これが第 X 巻の「根本的問題」とノールが呼んだものである[150]．

その結果は最初の双名直線の種類（下位分類）に応じて（X.48 の直前の第 2 定義参照），第 1 命題群で扱った 6 種の無比直線のどれかになる．なお，双名直線の下位分類における「提示された可述直線」とは，ここでは双名直線と領域を囲む可述直線のことであり，任意の別の可述直線が「提示」されるわけではない[151]．証明は 6 個の命題に共通な部分が多いので，後にいくにしたがって繰り返しは省略されて議論が短くなる傾向がある．

以下，6 個の命題の証明の要点を説明しよう．図は 6 個の命題を通して同じなので，どの命題の図によってもよい．双名直線 AD が点 E で 2 つの「名前」に分けられる．このとき AE の方が大きいとしよう．したがって長方形 AK は長方形 EG より大きい．すべての命題に共通する性質は，大きい方の長方形 AK が AB に平行な HQ で分けられ，分割してできた AQ, HK はそれぞれ正方形 SN, NP に等しいこと，および右側の小さい方の長方形は ZL で 2 等分され，その各々が長方形 MR, OC に等しいことである．

この作図によって全体の正方形 SP がうまく過不足なく作られるための必要十分条件は

$$\text{正方形 SN} : \text{長方形 MR} = \text{長方形 MR} : \text{正方形 NP}$$

が成り立つことである．この比例関係の正方形・長方形をそれらに等しい直線 AD 上の長方形に置き換えれば

$$\text{長方形 AQ} : \text{長方形 EL} = \text{長方形 EL} : \text{長方形 HK}$$

となり，これらの長方形は高さ AB が共通であるから，長方形の比を辺の比に置き換えて

$$\mathrm{AH} : \mathrm{EZ} = \mathrm{EZ} : \mathrm{HE}$$

を得る．すなわち，AH, HE によって囲まれる長方形が EZ 上の正方形に等しいことが条件となる．

このような条件を満たす点 H の位置は領域付置によって決めることができる．ここまでは 6 個の命題すべてに共通である．

さて，2 つの正方形 SN と NP の比は，上述の関係から

$$\text{正方形 SN} : \text{正方形 NP} = \mathrm{AH} : \mathrm{HE}$$

となる．ここで AH と HE が共測になるのが前半 3 命題 (X.54–56) である[152]．このとき正方形 SN と正方形 NP は共測だから，それらの

[150] この問題の概要については §3.4 を参照．
[151] 詳しくは §4.6.1 を参照．
[152] そのための条件は §3.4.5，および命題 X.17, 18 を参照．

辺，MN と NC は平方において共測である．また ΛH と HE の和 AE が可述直線だから，AH, HE の各々も可述直線である．さらにこのとき，提示された可述直線 AB が，(1) AE と共測で ED と非共測，(2) ED と共測で AE と非共測，(3) どちらとも非共測，の 3 つの場合に応じて，X.19, 21 によって

(1) SN と NP（すなわち AQ と QE）が可述領域，長方形 MR, CO は中項領域 (X.54).
(2) SN と NP（すなわち AQ と QE）が中項領域，長方形 MR, CO は可述領域 (X.55).
(3) 上のどれもが中項領域 (X.56).

と結論が分かれる．その結果，直線 MC は順に双名直線，第 1 双中項直線，第 2 双中項直線となる[153].

次に AH と HE が非共測になるのが後半 3 命題 (X.57–59) である．この場合は正方形 SN と正方形 NP が非共測であり，それらの辺，MN と NC は平方においても非共測である．この各々は『原論』で定義された無比直線ですらない．そのため，2 つの正方形の辺の各々の直線の性質が特定されることはなく，それらから作られる 2 つの正方形の性質が議論される．

すなわち，2 つの正方形 SN, NP の和は長方形 AE であり，これは 2 つの可述直線 AB, AE で囲まれる領域であるから，可述領域または中項領域である．同じ理由で長方形 EG も可述領域または中項領域であり，それが 2 等分された長方形 EL と ZG が長方形 MR, CO になるのだから，MR, CO もまた可述領域または中項領域である．そこで上の (1) から (3) と同様に場合を分ければ

(4) 正方形 SN と NP の和が可述領域，長方形 MR, CO は中項領域 (X.57).
(5) 正方形 SN と NP の和が中項領域，長方形 MR, CO は可述領域 (X.58).
(6) 正方形の和も，長方形も中項領域 (X.59).

となり，直線 MC は順に優直線，可述中項平方線，双中項平方線となる．

[補助定理]

[もし直線が等しくない 2 切片へと切られるならば，等しくない 2 切片上の正方形〔の和〕は等しくない 2 切片によって囲まれる長方形の 2 倍より大きい[154].

直線を AB とし，等しくない 2 切片へと G において切られたとし，AG が大きい方であるとしよう．私は言う，AG, GB 上の正方形〔の和〕は AG, GB

[153] これら 3 種の直線は第 1 命題群の X.36–38 で定義されているが，もちろんこの第 4 命題群のこの結果を見越して第 1 命題群が準備されているのである．

[154] 「等しくない 2 切片」という訳語については，X.41 補助定理への脚注 137 を参照．

に囲まれる長方形の2倍より大きい．

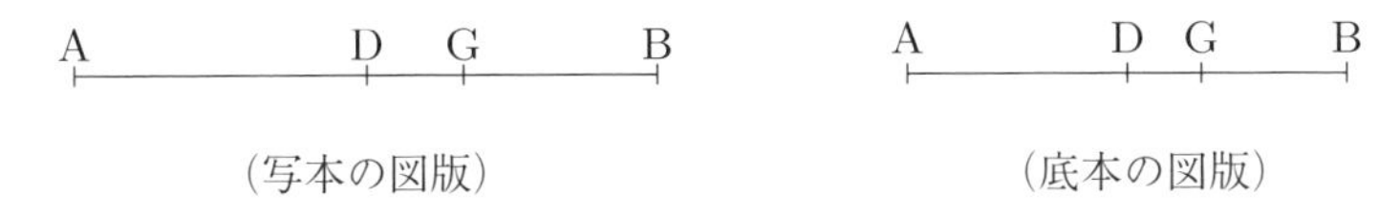

（写本の図版）　　　　（底本の図版）

というのは，ABがDにおいて2等分されたとしよう **[I.10]**．すると直線がまず等しい2切片へとDで，また等しくない2切片へとGで切られているから，ゆえに，AG, GBに囲まれる長方形にGD上の正方形を合わせたものはAD上の正方形に等しい **[II.5]**．したがって，AG, GBに囲まれる長方形はAD上の正方形より小さい．ゆえに，AG, GBに囲まれる長方形の2倍はAD上の正方形の2倍より小さい．しかし，AG, GB上の正方形〔の和〕はAD, DG上の正方形〔の和〕の2倍である **[II.9]**．ゆえに，AG, GB上の正方形〔の和〕はAG, GBに囲まれる長方形の2倍より大きい．これが証明すべきことであった.]

60

双名直線上の正方形が可述直線の傍らに付置されると，作る幅は第1双名直線である．

双名直線をABとし，2つの名前へとGで分けられていて，大きい方の名前がAGであるとし，可述直線DEが提示され，AB上の正方形に等しい領域がDEの傍らに付置されたとし，それがDEZHであって，作る幅がDHであるとしよう．私は言う，DHは第1双名直線である．

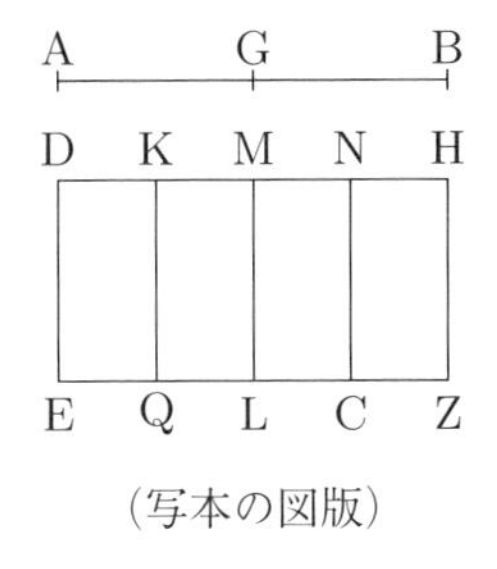

（写本の図版）

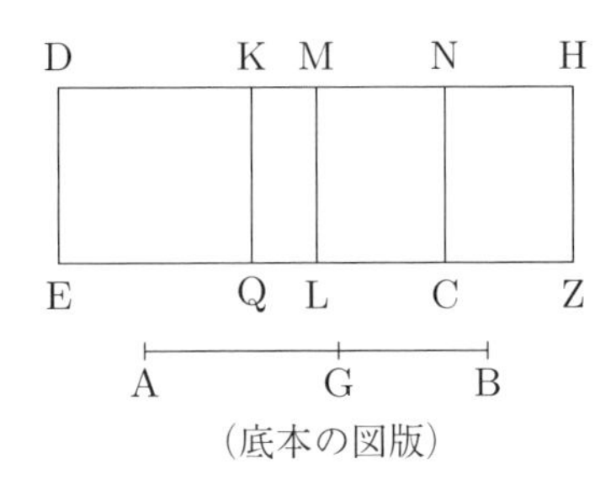

（底本の図版）

というのは，DEの傍らに，まずAG上の正方形に等しいDQが付置されたとし，またBG上の正方形に等しいKLが付置されたとしよう **[I.45]**．ゆえに，残りのAG, GBに囲まれる長方形の2倍はMZに等しい **[II.4]**．MHがNにおいて2等分されたとし **[I.10]**，[ML, HZの各々に] 平行なNCが引かれたとしよう **[I.31]**．ゆえに，MC, NZの各々はAGBに囲まれる長方形の1倍に等しい[155]．そしてABは双名直線であり，その2つの名前へとGで分けられているから，ゆえに，AG, GBは可述直線であり，平方においてのみ共測である **[X.36]**．ゆえに，AG, GB上の正方形は可述領域であり **[X. 定義 4]**，互いに対して共測である．したがって，AG, GB上の正方形を合わせたものも [AG, GB上の正方形に対して共測である．ゆえに，AG, GB上の正方形を合わせたものは可述領域である]．そして〔それは〕DLに等しい．ゆえに，DLは可述領域である．そして可述直線DEの傍らに付置されている．ゆえに，DMは可述直線であり，DEに対して長さにおいて共測である **[X.20]**．一方，AG, GBは可述直線であり，平方においてのみ共測であるから，ゆえに，AG, GBに囲まれる長方形の2倍は中項領域であり **[X.23 系]**，これはすなわちMZである．そして可述直線MLの傍らに付置されている．ゆえに，MHも可述直線であり，MLに対して，すなわちDEに対して長さにおいて非共測である **[X.22]**．またMDも可述直線であり，DEに対して長さにおいて共測である．ゆえに，DMはMHに対して長さにおいて非共測である **[X.13]**．そして可述直線である．ゆえに，DM, MHは可述直線であり，平方においてのみ共測である．ゆえに，DHは双名直線である **[X.36]**．

そこで，第1〔双名直線〕であることも証明せねばならない．

AG, GB上の正方形の比例中項はAGBに囲まれる長方形であるから **[X.53 補助定理]**，ゆえに，DQ, KLの比例中項もMCである．ゆえに，DQがMCに対するように，MCがKLに対する，すなわちDKがMNに対するように，MNがMKに対する **[VI.1][V.11]**．ゆえに，DK, KMに囲まれる長方形はMN上の正方形に等しい **[VI.17]**．そしてAG上の正方形はGB上の正方形に対して共測であるから，DQもKLに対して共測である．したがって，DKもKMに対して共測である **[VI.1][X.11]**．そしてAG, GB上の正方形〔の和〕はAG, GBに囲まれる長方形の2倍より大きいから **[X.59 補助定理]**，ゆ

[155]「1倍」という奇妙な表現は，「一度，1回」を意味する副詞 ἅπαξ の訳である．「二度，2回」を意味する δίς を「2倍」と訳しているのでそれに合わせた．

えに，DL も MZ より大きい．したがって，DM も MH より大きい．そして DK, KM に囲まれる長方形は MN 上の正方形すなわち MH 上の正方形の 4 分の 1 に等しく，そして DK は KM に対して共測である．また，もし 2 つの不等な直線があり，また，小さい直線上の正方形の 4 分の 1 の部分に等しい領域が，大きい直線の傍らに付置されて，正方形の形状だけ不足し，それ〔大きい直線〕を共測な部分に分けるならば，大きい直線は小さい直線よりも，平方においてそれ自身〔大きい直線〕に対して共測な直線上の正方形だけ大きい [**X.17**]．ゆえに，DM は MH よりも，平方においてそれ自身〔大きい直線〕に対して共測な直線上の正方形だけ大きい．そして DM, MH は可述直線であり，そして大きい方の名前 DM は提示された可述直線 DE に対して長さにおいて共測である．

ゆえに，DH は第 1 双名直線である [**X. 第 2 定義 1**]．これが証明すべきことであった．

解　説

本命題から X.65 までの 6 個の命題は第 2 部の第 5 命題群をなす．これは第 4 命題群の逆にあたる命題である．第 2 部全体の構成については §4.4 を参照．

とくに注意すべきことは，可述直線 DE 上への付置によって得られる幅 DH が第 1 双名直線から第 6 双名直線のどれかになるが，この分類の判定基準となる「提示された可述直線」は DE そのものであるということである．なお，この分類は DE が可述直線である限り，DE の選び方には依存しない（§4.6.1 も参照）．

61

第 1 双中項直線上の正方形が，可述直線の傍らに付置されると，作る幅は第 2 双名直線である．

第 1 双中項直線を AB とし，2 つの中項直線へと G で分けられていて，それらの大きい方が AG であるとし，可述直線 DE が提示され，DE の傍らに，AB 上の正方形に等しい平行四辺形 DZ が付置されたとし，作る幅が DH であるとしよう．私は言う，DH は第 2 双名直線である．

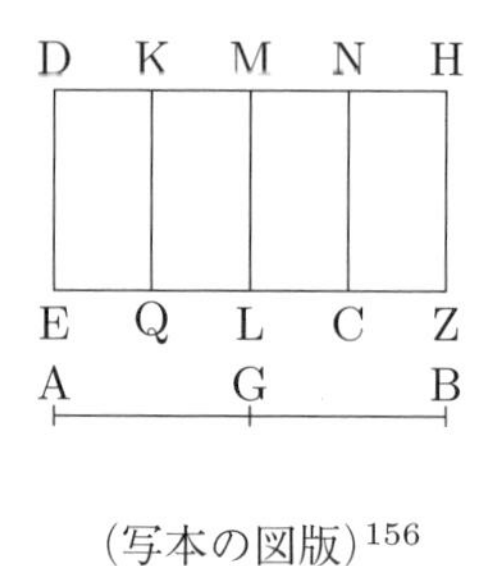

（写本の図版）[156]

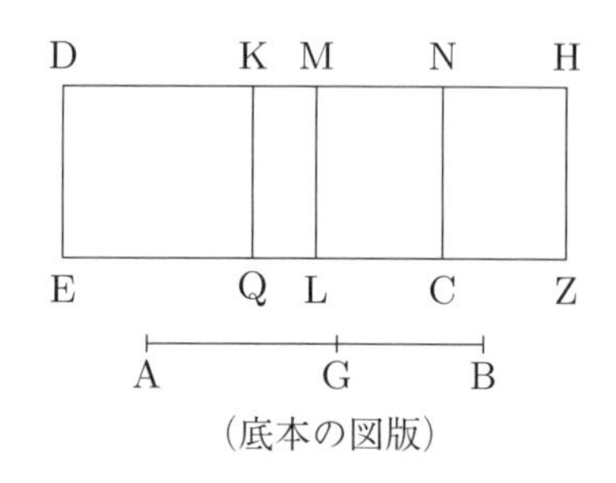

（底本の図版）

というのは，前の命題と同じことが設定されたとしよう．そしてABは第1双中項直線であり，Gで分けられているから，ゆえに，AG, GBは中項直線で，平方においてのみ共測で，可述領域を囲む **[X.37]**．したがって，AG, GB上の正方形〔の和〕も中項領域である **[X.21][X.15][X.23系]**．ゆえに，DLは中項領域である．そして可述直線DEの傍らに付置されている．ゆえに，MDは可述直線であり，DEに対して長さにおいて非共測である **[X.22]**．一方，AG, GBに囲まれる長方形の2倍は可述領域であるから，MZも可述領域である．そして可述直線MLの傍らに付置されている．ゆえに，MHも可述直線であり，MLに対して，すなわちDEに対して長さにおいて共測である **[X.20]**．ゆえに，DMはMHに対して長さにおいて非共測である **[X.13]**．そして〔これらは〕可述直線である．ゆえに，DM, MHは可述直線であり，平方においてのみ共測である．ゆえに，DHは双名直線である **[X.36]**．

そこで，第2〔双名直線〕であることも証明せねばならない．

というのは，AG, GB上の正方形〔の和〕はAG, GBに囲まれる長方形の2倍より大きいから **[X.59補助定理]**，ゆえに，DLもMZより大きい．したがって，DMもMHより〔大きい〕．そしてAG上の正方形はGB上の正方形に対して共測であるから，DQもKLに対して共測である．したがって，DKもKMに対して共測である **[VI.1][X.11]**．そしてDKMに囲まれる長方形はMN上の正方形に等しい．ゆえに，DMはMHよりも平方においてそれ自身〔DM〕に対して共測な直線上の正方形だけ大きい **[X.17]**．そしてMHはDEに対して長さにおいて共測である．

[156]図に示すように，P写本では直線ABが長方形の上でなく下に描かれている．このような図は，命題群X.60–65でもこの命題だけであり，また他の写本には見られない．

ゆえに，DH は第 2 双名直線である [**X. 第 2 定義 2**].

62

第 2 双中項直線上の正方形が，可述直線の傍らに付置されると，作る幅は第 3 双名直線である．

第 2 双中項直線を AB とし，2 つの中項直線へと G で分けられていて，それらの大きい方の切片が AG であるとし，また何らかの可述直線を DE とし，DE の傍らに，AB 上の正方形に等しい平行四辺形 DZ が付置されたとし，作る幅が DH であるとしよう．私は言う，DH は第 3 双名直線である．

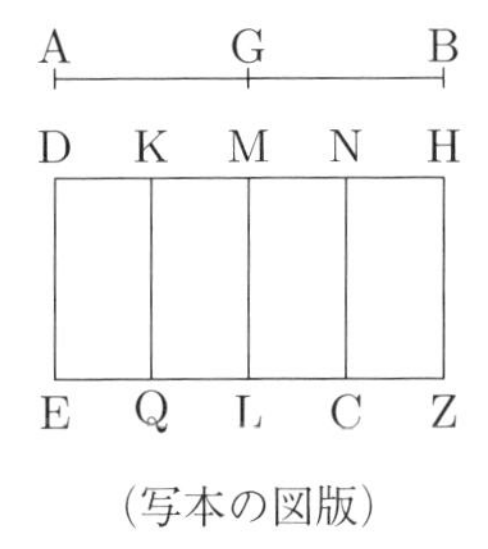

(写本の図版)

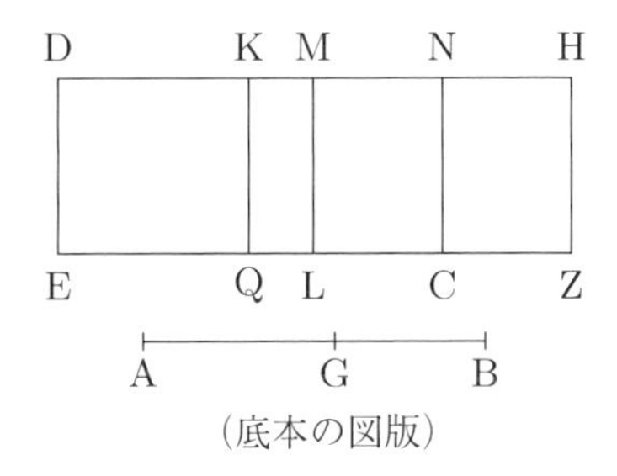

(底本の図版)

というのは，前に証明されたのと同じことが設定されたとしよう．そして，AB は第 2 双中項直線であり，G で分けられているから，ゆえに，AG, GB は中項直線で，平方においてのみ共測で，中項領域を囲む [**X.38**]．したがって，AG, GB 上の正方形を合わせたものも中項領域である [**X.15**][**X.23 系**]．そして〔それは〕DL に等しい．ゆえに，DL も中項領域である．そして可述直線 DE の傍らに付置されている．ゆえに，MD も可述直線であり，DE に対して長さにおいて非共測である [**X.22**]．そこで同じ議論によって，MH も可述直線であり，ML すなわち DE に対して長さにおいて非共測である．ゆえに，DM, MH の各々は可述直線であり，DE に対して長さにおいて非共測である．そして AG は GB に対して長さにおいて非共測であり，また AG が GB に対するように，AG 上の正方形が AGB に囲まれる長方形に対するから [**X.21 補助定理**]，ゆえに，AG 上の正方形も AGB に囲まれる長方形に対して非共測である [**X.11**]．したがって，AG, GB 上の正方形を合わせたものも AGB に囲まれる長方形の 2 倍に対して非共測である [**X.15**][**X.13**]．すなわち

DL は MZ に対して非共測である．したがって，DM も MH に対して非共測である **[VI.1][X.11]**．そしてこれらは可述直線である．ゆえに，DH は双名直線である **[X.36]**．

[そこで] 第 3〔双名直線〕であることも証明せねばならない．

そこで以前の命題と同様に我々は次のことを考慮することになる，DM は MH より大きく，DK は KM に対して共測であることである．そして DKM に囲まれる長方形は MN 上の正方形に等しい．ゆえに，DM は MH よりも平方においてそれ自身〔DM〕に対して共測な直線上の正方形だけ大きい **[X.17]**．そして DM, MH のどちらも DE に対して長さにおいて共測でない．

ゆえに，DH は第 3 双名直線である **[X. 第 2 定義 3]**．これが証明すべきことであった．

63

優直線上の正方形が，可述直線の傍らに付置されると，作る幅は第 4 双名直線である．

優直線を AB とし，G で分けられていて，AG が GB より大きいとし，また可述直線を DE とし，AB 上の正方形に等しい領域が DE の傍らに付置されたとし，それが平行四辺形 DZ であって，作る幅が DH であるとしよう．私は言う，DH は第 4 双名直線である．

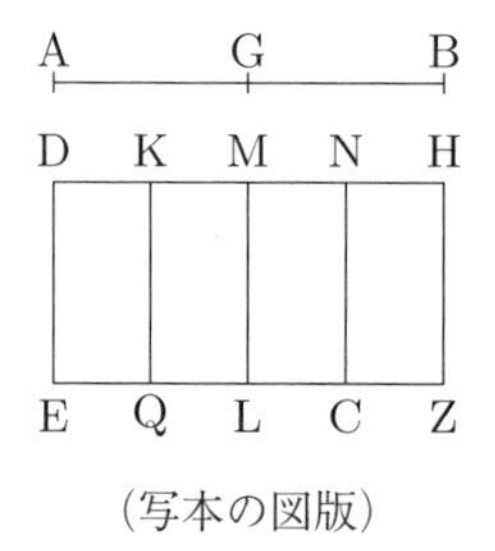

（写本の図版）

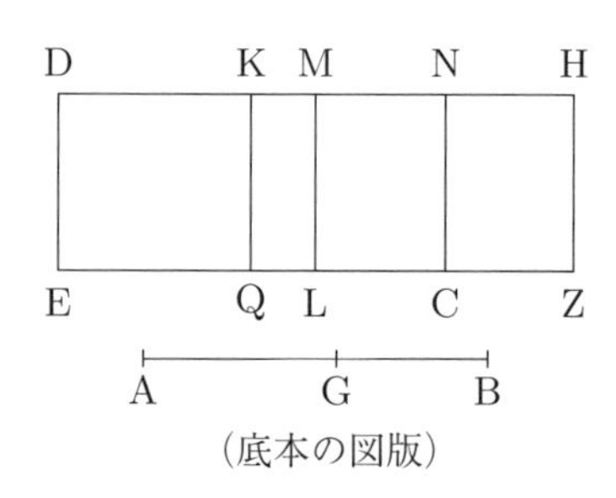

（底本の図版）

というのは，前に証明されたのと同じことが設定されたとしよう．そして，AB は優直線であり，G で分けられているから，ゆえに，AG, GB は平方において非共測であり，まずそれらの上の正方形を合わせたものを可述領域とし，またそれらに囲まれる長方形を中項領域とする **[X.39]**．すると，AG, GB

上の正方形を合わせたものは可述領域であるから，ゆえに，DL は可述領域である．ゆえに，DM も可述直線であり，DE に対して長さにおいて共測である [**X.20**]．一方，AG, GB に囲まれる長方形の 2 倍は中項領域で [**X.23 系**]，これはすなわち MZ であり，可述直線 ML の傍らにあるから，ゆえに，MH も可述直線であり，DE に対して長さにおいて非共測である [**X.22**]．ゆえに，DM が MH に対して長さにおいて非共測でもある [**X.13**]．ゆえに，DM, MH は可述直線であり，平方においてのみ共測である．ゆえに，DH は双名直線である [**X.36**]．

[そこで,] 第 4〔双名直線〕であることも証明せねばならない．

そこで，前と同様に我々は次のことも証明することになる，DM は MH より大きいこと，そして DKM に囲まれる長方形は MN 上の正方形に等しいことである．すると，AG 上の正方形は GB 上の正方形に対して非共測であるから，ゆえに，DQ も KL に対して非共測である．したがって，DK も KM に対して非共測である [**VI.1**][**X.11**]．また，もし不等な 2 直線があり，また，小さい直線上の正方形の 4 分の 1 の部分に等しい平行四辺形が，大きい直線の傍らに付置されて，正方形の形状だけ不足し，それ〔大きい直線〕を非共測な部分に分けるならば，大きい直線は小さい直線よりも，平方において，それ自身〔大きい直線〕に対して長さにおいて非共測な直線上の正方形だけ大きくなる [**X.18**]．ゆえに，DM は MH よりも平方においてそれ自身〔DM〕に対して非共測な上の正方形だけ大きい．そして DM, MH は可述直線で，平方においてのみ共測であり，DM は提示された可述直線 DE に対して共測である．

ゆえに，DH は第 4 双名直線である [**X. 第 2 定義 4**]．これが証明すべきことであった．

64

可述中項平方線上の正方形が，可述直線の傍らに付置されると，作る幅は第 5 双名直線である．

可述中項平方線を AB とし，2 直線へと G で分けられていて，AG が GB より大きいとし，可述直線 DE が提示され，AB 上の正方形に等しい領域が DE の傍らに付置されたとし，それが DZ であって，作る幅が DH であるとしよう．私は言う，DH は第 5 双名直線である．

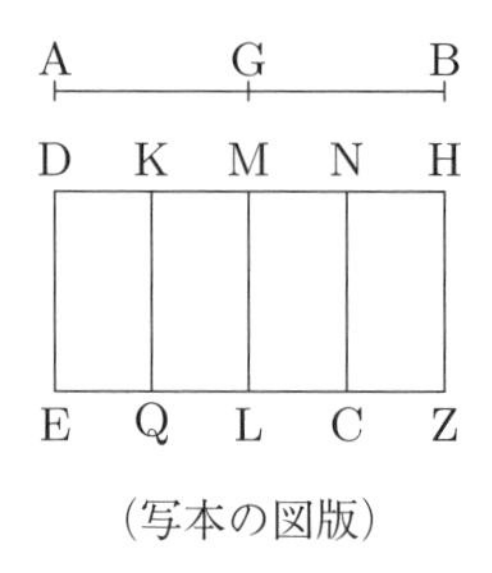

（写本の図版）

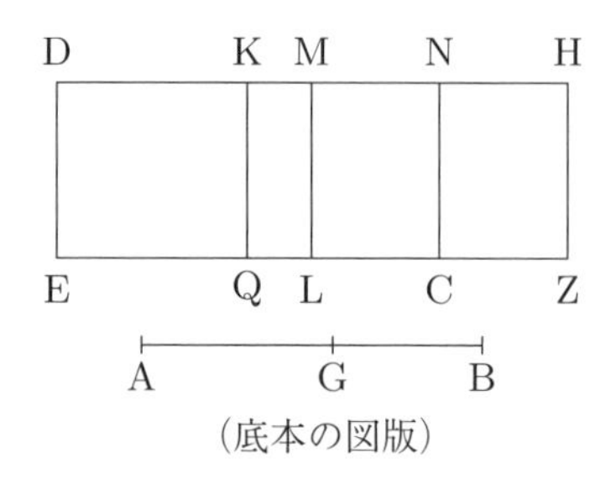

（底本の図版）

というのは，この命題より前の諸命題と同じことが設定されたとしよう．すると，AB は可述中項平方線であり，G で分けられているから，ゆえに，AG, GB は平方において非共測であり，まずそれらの上の正方形を合わせたものを中項領域とし，またそれらに囲まれる長方形を可述領域とする **[X.40]**．すると，AG, GB 上の正方形を合わせたものは中項領域であるから，ゆえに，DL は中項領域である．したがって，DM は可述直線であり，DE に対して長さにおいて非共測である **[X.22]**．一方，AGB に囲まれる長方形の 2 倍は可述領域であり **[X. 定義 4]**，これはすなわち MZ であるから，ゆえに，MH は可述直線であり，DE に対して共測である **[X.20]**．ゆえに，DM は MH に対して非共測である **[X.13]**．ゆえに，DM, MH は可述直線であり，平方においてのみ共測である．ゆえに，DH は双名直線である **[X.36]**．

[そこで] 私は言う，第 5〔双名直線〕でもある．

というのは，同様に次のことが証明されることになる，DKM に囲まれる長方形は MN 上の正方形に等しく，DK は KM に対して長さにおいて非共測であることである．ゆえに，DM は MH よりも平方においてそれ自身〔DM〕に対して非共測な直線上の正方形だけ大きい **[X.18]**．そして DM, MH は [可述直線で]，平方においてのみ共測であり，小さい方の MH は DE に対して長さにおいて共測である．

ゆえに，DH は第 5 双名直線である **[X. 第 2 定義 5]**．これが証明すべきことであった．

65

双中項平方線上の正方形が，可述直線の傍らに付置されると，作る幅は第6双名直線である．

双中項平方線をABとし，Gで分けられているとし，またDEを可述直線としよう．そしてDEの傍らにAB上の正方形に等しいDZが付置されたとし，作る幅がDHであるとしよう．私は言う，DHは第6双名直線である．

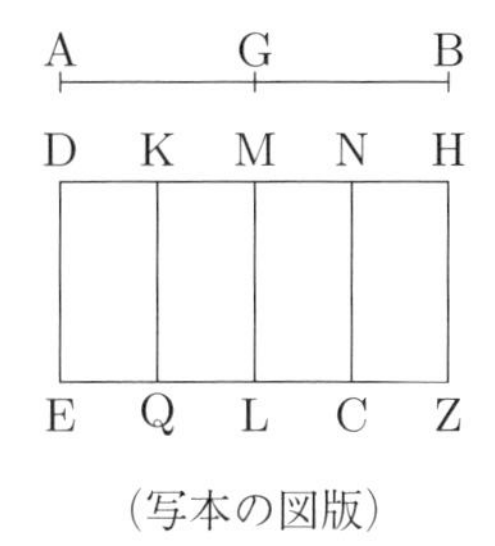

（写本の図版）

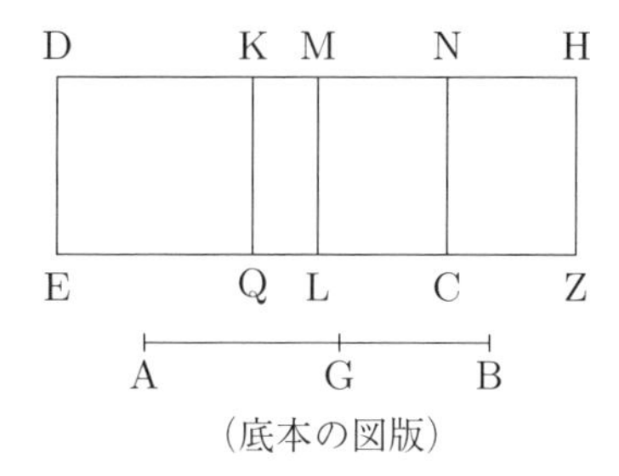

（底本の図版）

というのは，前と同じことが設定されたとしよう．そしてABは双中項平方線であり，Gで分けられているから，ゆえに，AG, GBは平方において非共測であり，それらの上の正方形を合わせたものを中項領域とし，それらに囲まれる長方形を中項領域とする．そしてさらに，それらの上の正方形を合わせたものはそれらに囲まれる長方形に対して非共測である **[X.41]**．したがって，前に証明されたことによって，DL, MZの各々は中項領域である．そして可述直線DEの傍らに付置されている．ゆえに，DM, MHの各々は可述直線であり，DEに対して長さにおいて非共測である **[X.22]**．そしてAG, GB上の正方形を合わせたものは，AG, GBに囲まれる長方形の2倍に対して非共測であるから[157]，ゆえに，DLはMZに対して非共測である．ゆえに，DMもMHに対して非共測である **[VI.1][X.11]**．ゆえに，DM, MHは可述直線であり，平方においてのみ共測である．ゆえに，DHは双名直線である **[X.36]**．

そこで私は言う，第6〔双名直線〕でもある．

そこで再び同様に我々は次のことも証明することになる，DKMに囲まれる長方形はMN上の正方形に等しいこと，そしてDKはKMに対して長さ

[157] このことの証明は命題X.62でなされている．

において非共測であることである．そこで同じ議論によって，DM は MH よりも平方においてそれ自身〔DM〕に対して長さにおいて非共測な直線上の正方形だけ大きい [**X.18**]．そして DM, MH のどちらも提示された可述直線 DE に対して長さにおいて共測でない．

ゆえに，DH は第 6 双名直線である [**X. 第 2 定義 6**]．これが証明すべきことであった．

解　説

X.60 から本命題までの 6 個の命題は第 2 部の第 5 命題群をなす．これは第 4 命題群の逆にあたる命題である．第 2 部全体の構成については §4.4 を，証明において注意すべき点は X.60 の解説を参照．

66

双名直線に対して長さにおいて共測な直線はそれ自体も双名直線であり，順番が同じ〔双名直線〕である．

双名直線を AB とし，AB に対して GD が長さにおいて共測であるとしよう．私は言う，GD は双名直線であり，AB と順番が同じ〔双名直線〕である．

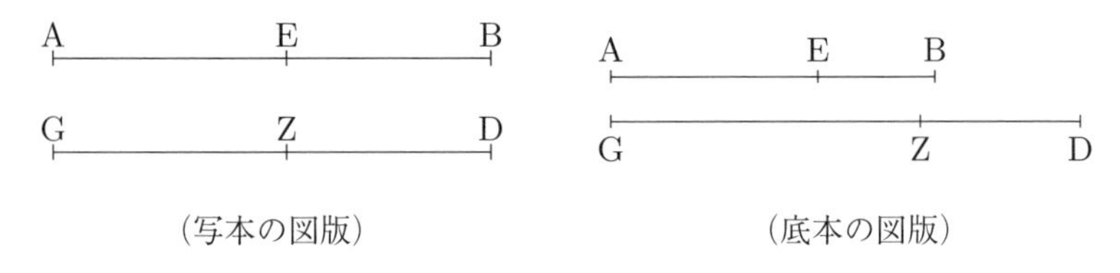

（写本の図版）　（底本の図版）

というのは，AB は双名直線であるから，その名前へと点 E で分けられたとし，大きい方の名前を AE としよう．ゆえに，AE, EB は可述直線であり，平方においてのみ共測である [**X.36**]．AB が GD に対するように，AE が GZ に対するようになっているとしよう [**VI.12**]．ゆえに，残りの EB も残りの ZD に対して，AB が GD に対するように対する [**VI.19**]．また AB は GD に対して長さにおいて共測である．ゆえに，まず AE も GZ に対して共測であり，また EB も ZD に対して共測である [**X.11**]．そして AE, EB は可述直線である．ゆえに，GZ, ZD も可述直線である [**X. 定義 3**]．そして，AE が GZ に対するように，EB が ZD に対する [から][**V.11**]，ゆえに交換されて，AE が EB に対するように，GZ が ZD に対する [V.16]．また AE, EB は平方においてのみ共測である．ゆえに，GZ, ZD も平方においてのみ共測である [VI.22][X.11]．そしてこれらは可述直線である．ゆえに，GD は双名直線である [X.36]．

そこで私は言う，〔GD は〕AB と順番が同じ〔双名直線〕である．

というのは，AE は EB よりも，平方において，それ自身〔AE〕に対して共測な直線上の正方形か，あるいは非共測な直線上の正方形だけ大きい．するとまず，もし AE が EB よりも，平方において，それ自身〔AE〕に対して共測な直線上の正方形だけ大きいならば，GZ も ZD よりも，平方において，それ自身〔GZ〕に対して共測な直線上の正方形だけ大きくなる [X.14]．そしてまず，もし AE が提示された可述直線に対して共測であるならば，GZ もそれに対して共測になり [X.12]，このことにより，AB, GD のどちらも第 1 双名直線である [X. 第 2 定義 1]，すなわち順番が同じ〔双名直線〕である．また，もし EB が提示された可述直線に対して共測であるならば，ZD もそれに対して共測であり [X.12]，このことにより再び，AB と順番が同じ〔双名直線〕である [X. 第 2 定義 2]――というのはそれらのどちらも第 2 双名直線になるから．また，もし AE, EB のどちらも提示された可述直線に対して共測でないならば，GZ, ZD のどちらもその直線に対して共測でないことになり [X.13]，〔AB, GD の〕どちらも第 3〔双名直線〕である [X. 第 2 定義 3]．また，もし AE が EB よりも，平方において，それ自身〔AE〕に対して非共測な直線上の正方形だけ大きいならば，GZ も ZD よりも，平方において，それ自身〔GZ〕に対して非共測な直線上の正方形だけ大きい [X.14]．そしてもし，まず AE が提示された可述直線に対して共測であるならば，GZ もその直線に対して共測であり [X.12]，〔AB, GD の〕どちらも第 4〔双名直線〕である [X. 第 2 定義 4]．また，もし EB が〔提示された可述直線に対して共測である〕ならば，ZD も〔その直線に対して共測であり〕[X.12]，〔AB, GD の〕どちらも第 5〔双名直線〕になる [X. 第 2 定義 5]．また，もし AE, EB のどちらも〔提示された可述直線に対して共測で〕ないならば，GZ, ZD のどちらも提示された可述直線に対して共測でなく [X.13]，〔AB, GD の〕どちらも第 6〔双名直線〕になる [X. 第 2 定義 6]．

したがって，双名直線に対して長さにおいて共測な直線は双名直線であり，順番が同じ〔双名直線〕である．これが証明すべきことであった．

解　説

本命題から X.70 までの 5 個の命題は第 2 部の第 6 命題群をなす．X.70 の解説を参照．

67

双中項直線に対して長さにおいて共測な直線はそれ自体も双中項直線であり，順番が同じ〔双中項直線〕である．

双中項直線を AB とし，AB に対して GD が長さにおいて共測であるとしよう．私は言う，GD は双中項直線であり，AB と順番が同じ〔双中項直線〕である．

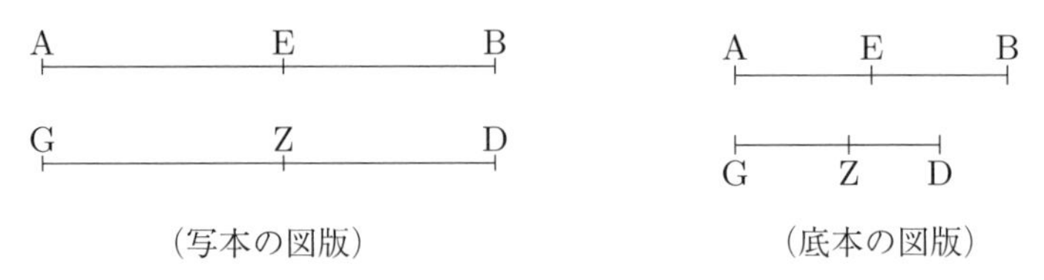

（写本の図版）　（底本の図版）

というのは，AB は双中項直線であるから，2 つの中項直線へと E で分けられたとしよう．ゆえに，AE, EB は中項直線で，平方においてのみ共測である．そして，AB が GD に対するように，AE が GZ に対するようになっているとしよう **[VI.12]**．ゆえに，残りの EB も残りの ZD に対して，AB が GD に対するように対する **[V.19]**．また AB は GD に対して長さにおいて共測である．ゆえに，AE, EB の各々も GZ, ZD の各々に対して共測である **[X.11]**．また AE, EB は中項直線である．ゆえに，GZ, ZD も中項直線である **[X.23]**．そして，AE が EB に対するように，GZ が ZD に対し **[V.19 系]**，また AE, EB は平方においてのみ共測であるから，[ゆえに，] GZ, ZD も平方においてのみ共測である **[VI.22][X.11]**．また中項直線であることも証明された．ゆえに，GD は双中項直線である．

そこで私は言う，AB と順番が同じ〔双中項直線〕でもある．

というのは，AE が EB に対するように，GZ が ZD に対するから，ゆえに，AE 上の正方形が AEB に囲まれる長方形に対するように，GZ 上の正方形も GZD に囲まれる長方形に対する **[X.21 補助定理][V.11]**．交換されて，AE 上の正方形がGZ上の正方形に対するように，AEBに囲まれる長方形がGZDに囲まれる長方形に対する **[V.16]**．またAE上の正方形はGZ上の正方形に対して共測である **[X.18 補助定理]**．ゆえに，AEBに囲まれる長方形もGZDに囲まれる長方形に対して共測である **[X.11]**．すると，もしAEBに囲まれる長方形が可述領域であるならば，GZDに囲まれる長方形も可述領域である **[X.定義 4]**[そしてこのことによって〔GDは〕第1双中項直線である]**[X.37]**．そしてもし中項領域であるならば，中項領域であり **[X.23 系]**，〔AB, GDの〕どちらも第2〔双中項直線〕である **[X.38]**．

そしてこのことにより，GDはABと順番が同じ〔双中項直線〕になる．これが証明すべきことであった．

68

優直線に対して共測な直線はそれ自体も優直線である．

優直線をABとし，ABに対してGDが共測であるとしよう．私は言う，GDは優直線である．

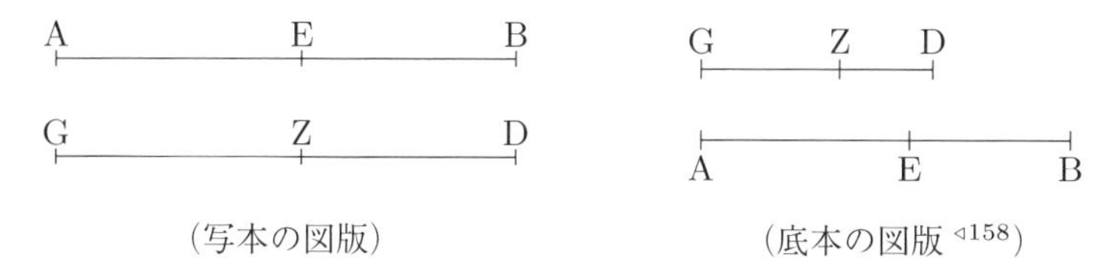

(写本の図版)　(底本の図版 ◁158)

ABがEで分けられたとしよう．ゆえに，AE, EBは平方において非共測であり，まずそれらの上の正方形を合わせたものを可述領域とし，またそれらに囲まれる長方形を中項領域とする **[X.39]**．そして前と同じになっているとしよう[159]．そして，ABがGDに対するようにAEがGZに，およびEBがZDに対するから **[V.19]**，ゆえに，AEがGZに対するように，EBもZDに対する **[V.11]**．またABはGDに対して共測である．ゆえに，AE, EBの各々もGZ, ZDの各々に対して共測である **[X.11]**．そして，AEがGZに対するように，EBがZDに対するから，交換されても，AEがEBに対するよ

[158]凡例 [6–2] 参照．

[159]直前の命題 X.67 と同様に AB : GD = AE : GZ となるように GD を E で分けることを指す．

うに，GZ が ZD に対し [**V.16**]，ゆえに，合併されても，AB が BE に対するように，GD が DZ に対する [**V.18**]．ゆえに，AB 上の正方形が BE 上の正方形に対するように，GD 上の正方形も DZ 上の正方形に対する [**VI.22**]．同様に我々は次のことも証明することになる，AB 上の正方形が AE 上の正方形に対するように，GD 上の正方形も GZ 上の正方形に対する．ゆえに，AB 上の正方形が AE, EB 上の正方形〔の和〕に対するように，GD 上の正方形も GZ, ZD 上の正方形〔の和〕に対する [**V.24**][160]．ゆえに，交換されても，AB 上の正方形が GD 上の正方形に対するように，AE, EB 上の正方形〔の和〕も GZ, ZD 上の正方形〔の和〕に対する [**V.16**]．また AB 上の正方形は GD 上の正方形に対して共測である [**X.18 補助定理**]．ゆえに，AE, EB 上の正方形〔の和〕も GZ, ZD 上の正方形〔の和〕に対して共測である [**X.11**]．そして AE, EB 上の正方形を一緒にしたものは可述領域であり[161]，〔ゆえに〕[162] GZ, ZD 上の正方形を一緒にしたものも可述領域である [**X. 定義 4**]．また同様に，AE, EB に囲まれる長方形の 2 倍は GZ, ZD に囲まれる長方形の 2 倍に対して共測である[163]．そして AE, EB に囲まれる長方形の 2 倍は中項領域である．ゆえに，GZ, ZD に囲まれる長方形の 2 倍も中項領域である [**X.23 系**]．ゆえに，GZ, ZD は平方において非共測であり[164]，まずそれらの上の正方形を一緒に合わせたものを可述領域とし，またそれらに囲まれる長方形の 2 倍を中項領

---

[160] ここでの推論は V.24 の議論において，比の前項と後項を入れ替えたものに相当する．直接対応する命題がないので，最も近い V.24 をあげておく．

[161] ここでは 2 直線 AE, EB 上の正方形の和を表すために，「同時に」「一緒に」という意味を持つ副詞 ἅμα が添えられている．第 X 巻では 2 直線上の正方形の和は頻繁に扱われるが，単に「AE, EB 上の正方形」（ただし「正方形」の語は複数形）という表現で，正方形の和を意味することが多い．また動詞 σύγκειμαι（共に置かれている）の分詞の中性形 συγκείμενον を使って「(正方形を) 合わせたもの」という表現もかなり頻繁に見られる．しかし本命題のように ἅμα を伴う例は非常に珍しく，本命題 X.68 の他に X.76, 82, 84, 101 に限られる．この用例は「(正方形を) 一緒にしたもの」と訳し，さらに συγκείμενον とともに使われるときは「一緒に合わせたもの」と訳した．

数少ない ἅμα の用例がどの無比直線の議論に対して用いられているかを見ると，X.68, 76, 82 は 4 番目の無比直線（優直線または劣直線）に関わるもの，X.84 は 5 番目の合可述造中項線，X.101 は 6 番目の合中項造中項線に関わるものである．

第 X 巻での副詞 ἅμα の用例は上であげたものに限られる．この語は『原論』の他の巻でも稀に見られるが，例外なく「同時に」という意味である (V. 定義 5, VI.7, IX.8)．

[162] 写本にも底本にもないが，推論の小辞を補った．

[163] 上で AE が GZ に，EB が ZD に対して共測であることが示されているので，X.11 を利用して証明できる．本命題では議論の詳細が省かれていることが多い．

[164] ここでも議論の細部が省略されている．上で AE : EB = GZ : ZD が示されているので，これより $q(\mathrm{AE}) : q(\mathrm{EB}) = q(\mathrm{GZ}) : q(\mathrm{ZD})$(VI.22)．そして AE, EB が平方において非共測だから，GZ, ZD も平方において非共測である (X.11)．

域とする．ゆえに，全体 GD は優直線と呼ばれる無比直線である **[X.39]**.

ゆえに，優直線に対して共測な直線は優直線である．これが証明すべきことであった．

69

可述中項平方線に対して共測な直線は [それ自体も] 可述中項平方線である．

可述中項平方線を AB とし，AB に対して GD が共測であるとしよう．GD も可述中項平方線であることを証明せねばならない．

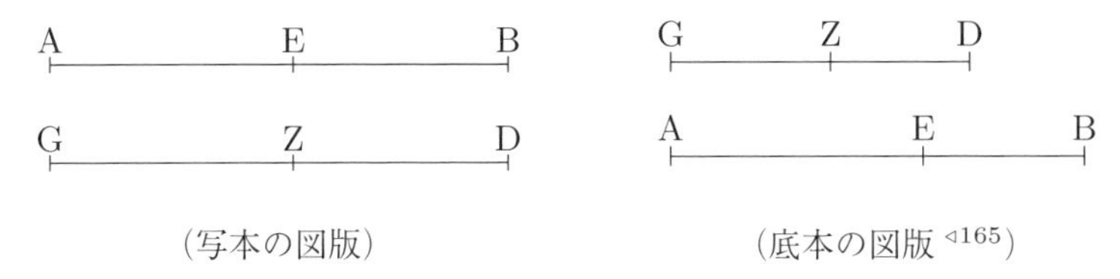

（写本の図版）　（底本の図版 ◁165）

AB が 2 直線へと E で分けられたとしよう．ゆえに，AE, EB は平方において非共測であり，まずそれらの上の正方形を合わせたものを中項領域とし，またそれらに囲まれる長方形を可述領域とする **[X.40]**．そして前と同じことが設定されたとしよう．同様に我々は次のことも証明することになる[166]，GZ, ZD も平方において非共測であり，まず AE, EB 上の正方形を合わせたものは GZ, ZD 上の正方形を合わせたものに対して共測であり，また，AE, EB に囲まれる長方形は GZ, ZD に囲まれる長方形に対して〔共測である〕．したがって，[まず] GZ, ZD 上の正方形を合わせたものは中項領域であり，また GZ, ZD に囲まれる長方形は可述領域である．

ゆえに，GD は可述中項平方線である **[X.40]**．これが証明すべきことであった．

70

双中項平方線に対して共測な直線は双中項平方線である．

双中項平方線を AB とし，AB に対して GD が共測であるとしよう．GD も双中項平方線であることを証明せねばならない．

---

[165] 凡例 [6–2] 参照．

[166] 以下，直前の X.68 と同じ議論になるので細部が省略されている．

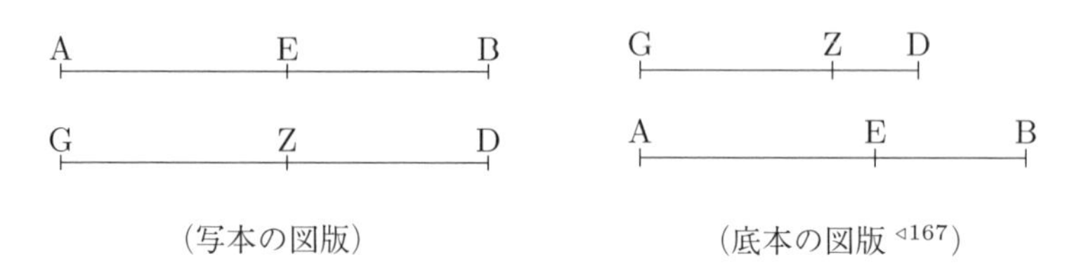

（写本の図版）　（底本の図版 ◁167）

というのは，AB は双中項平方線であるから，2 直線へと E で分けられたとしよう．ゆえに，AE, EB は平方において非共測であり，まずそれらの上の正方形を合わせたものを中項領域とし，またそれらに囲まれる長方形を中項領域とし，そしてさらに，AE, EB 上の正方形を合わせたものは AE, EB に囲まれる長方形に対して非共測である **[X.41]**．そして前と同じことが設定されたとしよう．同様に我々は次のことも証明することになる[168]，GZ, ZD は平方において非共測であり，まず AE, EB 上の正方形を合わせたものは GZ, ZD 上の正方形を合わせたものに対して共測であり，また AE, EB に囲まれる長方形は GZ, ZD に囲まれる長方形に対して〔共測である〕．したがって，GZ, ZD 上の正方形を合わせたものも中項領域であり **[X.23 系]**，GZ, ZD に囲まれる長方形も中項領域である，そしてさらに，GZ, ZD 上の正方形を合わせたものは GZ, ZD に囲まれる長方形に対して非共測である[169]．

ゆえに，GD は双中項平方線である **[X.41]**．これが証明すべきことであった．

解　説

命題 X.66 から本命題までの 5 個の命題は第 2 部の第 6 命題群をなす．命題数が 6 個でなく 5 個であるのは，2 種類の双中項直線を 1 つの命題でまとめて扱うためである．命題の内容は，6 種の和の形の無比直線に長さにおいて共測な直線が同じ種類の（双名直線と双中項直線の下位分類に対しては，同じ下位分類の）無比直線であることを示すものである．内容的にも，証明の議論にもとくに目を引くものは見られないが，これに対応する第 3 部の第 6 命題群 (X.103–107) に対して伝えられている別証明はアラビア・ラテンの伝承にも存在し，テクスト伝承の上から興味深い（§4.4.6 を参照）．

---

[167] 凡例 [6–2] 参照．

[168] 命題 X.68 と同じ議論になるので，X.69 と同様，細部が省略されている．

[169] この結論を導く議論は X.68 に含まれないので，厳密には証明が必要であろうが，そこまでの細かい配慮はなされていない．いずれにせよ，この部分も同様な比の操作によって証明が可能である．

71

可述領域と中項領域が合わせられると，4 つの無比直線が生じる．双名直線か，あるいは第 1 双中項直線か，あるいは優直線か，あるいは可述中項平方線である．

まず可述領域を AB とし，また中項領域を GD としよう．私は言う，領域 AD に平方において相当する直線は，双名直線か，あるいは第 1 双中項直線か，あるいは優直線か，あるいは可述中項平方線である．

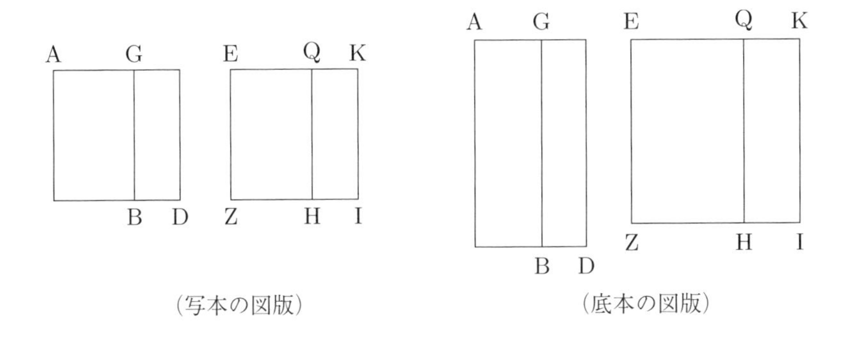

（写本の図版）　（底本の図版）

というのは，AB は GD より大きいか，あるいは小さい．はじめに大きいとしよう．そして，可述直線 EZ が提示され，EZ の傍らに AB に等しい EH が付置されたとし，作る幅が EQ であるとしよう **[I.45]**．また DG に等しい領域が EZ の傍らに付置されたとし，それが QI であって，作る幅が QK であるとしよう **[I.45]**．そして，AB は可述領域であり，EH に等しいから，ゆえに，EH も可述領域である．そして〔EH は〕[可述直線] EZ の傍らに付置されていて，作る幅が EQ である．ゆえに，EQ は可述直線であり，EZ に対して長さにおいて共測である **[X.20]**．一方，GD は中項領域であり，QI に等しいから，ゆえに，QI も中項領域である．そして〔QI は〕可述直線 EZ の傍らに付置されていて，作る幅が QK である．ゆえに，QK は可述直線であり，EZ に対して長さにおいて非共測である **[X.22]**．そして[170]GD は中項領域であり，また AB は可述領域であるから，ゆえに，AB は GD に対して非共測

[170] ここから EQ $\nsim$ QK であることの証明が数行にわたって続くが，この議論は冗長である．すでに EQ $\sim$ EZ，および QK $\nsim$ EZ が示されているので，X.13 よりただちに EQ $\nsim$ QK が得られるからである．

である．したがって，EH も QI に対して非共測である．また〔領域〕EH が〔領域〕QI に対するように，〔直線〕EQ が〔直線〕QK に対する **[VI.1]**．ゆえに，EQ も QK に対して長さにおいて非共測である **[X.11]**．そして両方は可述直線である．ゆえに，EQ, QK は可述直線であり，平方においてのみ共測である．ゆえに，EK は双名直線であり，Q で分けられている **[X.36]**．そして AB は GD より大きく，また，まず AB は EH に等しく，また GD は QI に〔等しい〕から，ゆえに，EH も QI より大きい．ゆえに，EQ も QK より大きい **[VI.1][V.14a]**．すると，EQ は QK よりも平方においてそれ自身〔EQ〕に対して長さにおいて共測な直線上の正方形だけ大きいか，あるいは非共測な直線上の正方形だけ大きい．

はじめに[171]，平方においてそれ自身〔EQ〕に対して共測な直線上の正方形だけ〔大きい〕としよう．そして大きい方の直線 QE は提示された可述直線 EZ に対して共測である．ゆえに，EK は第 1 双名直線である **[X. 第 2 定義 1]**．また EZ は可述直線である．またもし領域が可述直線および第 1 双名直線によって囲まれるならば，その領域に平方において相当する直線は双名直線である **[X.54]**．ゆえに，EI に平方において相当する直線は双名直線である．したがって，AD に平方において相当する直線も双名直線である．

しかし今度は[172]，EQ が QK よりも平方においてそれ〔EQ〕に対して非共測な直線上の正方形だけ大きいとしよう．そして大きい方の直線 EQ は提示された可述直線 EZ に対して長さにおいて共測である．ゆえに，EK は第 4 双名直線である **[X. 第 2 定義 4]**．また EZ は可述直線である．またもし領域が可述直線および第 4 双名直線によって囲まれるならば，その領域に平方において相当する直線は優直線と呼ばれる無比直線である **[X.57]**．ゆえに，領域 EI に平方において相当する直線は優直線である．したがって，AD に平方において相当する直線も優直線である．

しかし今度は，AB が GD より小さいとしよう．ゆえに，EH も QI より小さい．したがって，EQ は QK より小さい **[VI.1][V.14a]**．また QK は EQ よりも平方においてそれ自身〔QK〕に対して共測な直線上の正方形だけ大きいか，あるいは非共測な直線上の正方形だけ大きい．

---

[171] ここでの改行は訳者による．底本では改行していない．
[172] ここでの改行は訳者による．底本では改行していない．

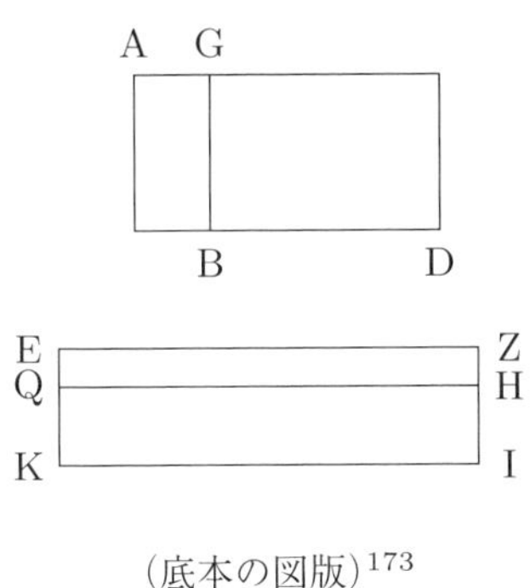

(底本の図版)[173]

はじめに[174], 平方においてそれ自身〔QK〕に対して長さにおいて共測な直線上の正方形だけ〔大きい〕としよう. そして小さい方の直線 EQ は提示された可述直線 EZ に対して長さにおいて共測である. ゆえに, EK は第 2 双名直線である **[X. 第 2 定義 2]**. また EZ は可述直線である. またもし領域が可述直線および第 2 双名直線によって囲まれるならば, その領域に平方において相当する直線は第 1 双中項直線である **[X.55]**. ゆえに, 領域 EI に平方において相当する直線は第 1 双中項直線である. したがって, AD に平方において相当する直線も第 1 双中項直線である.

しかし今度は[175], QK が QE よりも平方においてそれ自身〔QK〕に対して非共測な直線上の正方形だけ大きいとしよう. そして小さい方の直線 EQ は提示された可述直線 EZ に対して共測である. ゆえに, EK は第 5 双名直線である **[X. 第 2 定義 5]**. また EZ は可述直線である. またもし領域が可述直線および第 5 双名直線によって囲まれるならば, その領域に平方において相当する直線は可述中項平方線である **[X.58]**. ゆえに, 領域 EI に平方において相当する直線は可述中項平方線である. したがって, AD に平方において相当する直線も可述中項平方線である.

ゆえに, 可述領域と中項領域が合わせられると, 4 つの無比直線が生じる. 双名直線か, あるいは第 1 双中項直線か, あるいは優直線か, あるいは可述中項平方線である. これが証明すべきことであった.

---

[173]底本はここに 2 つ目の図を載せているが, 図形の向きや辺の長さが違うだけで, 最初の図と同じものである. 写本には図は 1 つしかない.

[174]ここでの改行は訳者による. 底本では改行していない.

[175]ここでの改行は訳者による. 底本では改行していない.

解　説

本命題と次の命題 X.72 が第 2 部最後の第 7 命題群を構成する．

72

2 つの互いに非共測な中項領域が合わせられると，残りの 2 つの無比直線が生じる．それは第 2 双中項直線か，あるいは双中項平方線である．

というのは，2 つの互いに非共測な中項領域 AB, GD が合わせられたとしよう．私は言う，領域 AD に平方において相当する直線は，第 2 双中項直線であるか，あるいは双中項平方線である．

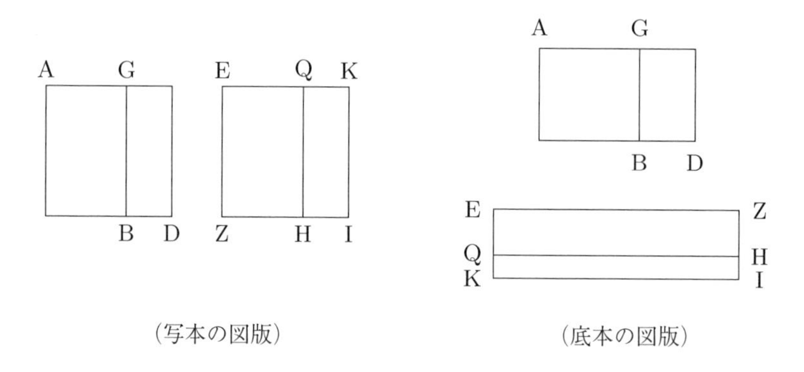

（写本の図版）　（底本の図版）

というのは，AB は GD より大きいか，あるいは小さい．たまたま，はじめに AB が GD より大きいとしよう[176]．そして，可述直線 EZ が提示され，まず AB に等しい領域が EZ の傍らに付置されたとし，それが EH であって，作る幅が EQ であるとし，また GD に等しい QI が付置されたとし，作る幅が QK であるとしよう **[I.45]**．そして AB, GD の各々は中項領域であるから，ゆえに，EH, QI の各々も中項領域である．そして〔これらの直線は〕可述直線

[176]「たまたま」(εἰ τύχοι) という語句はテオン版にはない．ここでは 2 つの中項領域の和を扱うので，そのどちらが大きいかは問題でない（これに対して直前の X.71 では可述領域と中項領域の和を扱ったので，そのどちらが大きいかによって場合分けが必要であった）．「たまたま」という表現を用いたのは，このことを示す意図があったのだろう（以上，仏訳の脚注によった）．

なお，この表現はこの形では『原論』でこの箇所が唯一の使用例である．テオン版にこの語句が欠けているのは，テオンが削除したと見るのが一般的であろうが，逆に非テオン版の P 写本の伝承の中で追加された可能性も排除できないように思われる．

ZE の傍らに付置されていて，作る幅が EQ, QK である．ゆえに，EQ, QK の各々は可述直線であり，EZ に対して長さにおいて非共測である [**X.22**]．そして AB は GD に対して非共測であり，まず AB は EH に等しく，また GD は QI に等しいから，ゆえに，EH も QI に対して非共測である[177]．また〔領域〕EH が〔領域〕QI に対するように，〔直線〕EQ が〔直線〕QK に対する [**VI.1**]．ゆえに，EQ は QK に対して長さにおいて非共測である [**X.11**]．ゆえに，EQ, QK は可述直線であり，平方においてのみ共測である．ゆえに，EK は双名直線である [**X.36**]．また EQ は QK よりも，平方において，それ自身〔EQ〕に対して共測な直線上の正方形だけ大きいか，あるいは非共測な直線上の正方形だけ大きい．

はじめに[178]，平方において，それ自身〔QK〕に対して長さにおいて共測な直線上の正方形だけ〔大きい〕としよう．そして EQ, QK のどちらも，提示された可述直線 EZ に対して長さにおいて共測でない．ゆえに，EK は第 3 双名直線である [**X. 第 2 定義 3**]．また EZ は可述直線である．また，もし領域が可述直線および第 3 双名直線によって囲まれるならば，その領域に平方において相当する直線は第 2 双中項直線である [**X.56**]．ゆえに，EI，すなわち AD に平方において相当する直線は第 2 双中項直線である．

しかし今度は[179]，EQ が QK よりも，平方において，それ自身〔EQ〕に対して長さにおいて非共測な直線上の正方形だけ大きいとしよう．そして EQ, QK の各々は EZ に対して長さにおいて非共測である．ゆえに，EK は第 6 双名直線である [**X. 第 2 定義 6**]．また，もし領域が可述直線および第 6 双名直線によって囲まれるならば，その領域に平方において相当する直線は双中項平方線である [**X.59**]．したがって，領域 AD に平方において相当する直線も双中項平方線である．

[同様に我々は次のことも証明することになる，もし AB が GD より小さくても，領域 AD に平方において相当する直線は第 2 双中項直線であるか，あるいは双中項平方線である]．

---

[177] 直前の命題 X.71 と本質的に同じ議論であるが，議論の運び方と表現は微妙に違っている．このような小さな相違は各所に見られるので，第 X 巻が起草される際に，類似の命題を下敷きにして必要な箇所だけ変更するという方法はとられず，議論の枠組みを理解した著者が，自身の理解と記憶によって 1 個ずつ命題を起草していったと考えられる．

[178] ここでの改行は訳者による．底本では改行していない．

[179] ここでの改行は訳者による．底本では改行していない．

ゆえに，2つの互いに非共測な中項領域が合わせられると，残りの2つの無比直線が生じる．〔それは〕第2双中項直線であるか，あるいは双中項平方線である．

———————180

双名直線およびそれに続く〔各種の〕無比直線は，中項直線とも，また互いにも，同じものではない．というのは，まず中項直線上の正方形が可述直線の傍らに付置されると，作る幅は可述直線であり，その幅はその傍らに付置がなされた直線に対して長さにおいて非共測である **[X.22]**．また双名直線上の正方形が可述直線の傍らに付置されると，作る幅は第1双名直線である **[X.60]**．また第1双中項直線上の正方形が可述直線の傍らに付置されると，作る幅は第2双名直線である **[X.61]**．また第2双中項直線上の正方形が可述直線の傍らに付置されると，作る幅は第3双名直線である **[X.62]**．また優直線上の正方形が可述直線の傍らに付置されると，作る幅は第4双名直線である **[X.63]**．また可述中項平方線上の正方形が可述直線の傍らに付置されると，作る幅は第5双名直線である **[X.64]**．また双中項平方線上の正方形が可述直線の傍らに付置されると，作る幅は第6双名直線である **[X.65]**．ここで述べられた〔各種の〕幅は，最初のもの〔中項直線上の正方形が付置されて作る幅〕とも，互いにも異なっている．まず最初のものと異なるのは，〔中項直線上の正方形の付置が作る幅が〕可述直線であることにより，また互いに異なるのは，〔幅となる双名直線の〕順番が同じでないことによる．したがって，無比直線それ自体も互いに異なる．

解　説

命題 X.71 と本命題の2つが第2部最後の第7命題群を構成する．これらは，2つの領域の和に，平方に相当する直線（すなわちこの領域に等しい正方形の1辺）が，6種類の和の無比直線のどれかになるというものである．2つの領域は可述領域と中項領域であるか，または2つの中項領域である．

これらの命題は第4命題群の6個の命題を別の形でまとめたものと考えるとわかりやすい．第4命題群の命題は，可述直線と双名直線

[180] この横罫は底本による．写本ではここに本命題の図版が入る．図版は命題本文の後に置かれるので，ここで命題が終わっていることを意味する．この後の部分は，ここまでに扱った無比直線が互いに異なることの説明である．この後の本命題の解説を参照．

によって囲まれる領域 AG を考え，これに平方において相当する直線 MC を考察し，6 種の和の無比直線を得た．しかし可述直線と双名直線によって囲まれる領域 AG は，双名直線 AD が，その 2 つの名前 AE と ED に分けられるので，2 つの領域 AK と EG に分けられる．この 2 つの領域は，どちらも 2 つの可述直線で囲まれるので，可述領域または中項領域である (X.19, 21)．ただし，両方とも可述領域となるとすると，直線 AE と ED の両方が AB と共測になり (X.20)，これは AD が双名直線（2 つの非共測な可述直線の和）であるという仮定に反するので，この場合はありえない（また，両方が中項領域の場合も，AE と ED が非共測という条件から，中項領域 AK と EG は非共測である）．

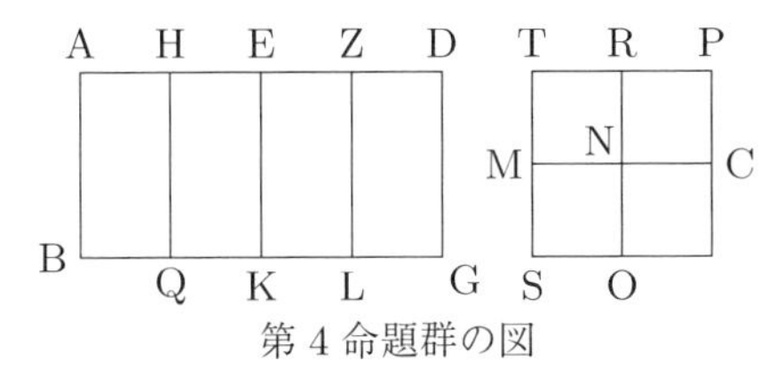

第 4 命題群の図

そこで第 4 命題群の命題を別の形で述べれば，領域 AG が可述領域と中項領域の和，または 2 つの非共測な中項領域の和であるとき，それに平方において相当する直線は 6 種の和の無比直線の 1 つである，ということになる．これが第 7 命題群の命題である．X.71 は可述領域と中項領域の和，X.72 は 2 つの中項領域の和を扱う．

本命題の後（すなわち第 2 部の命題の最後）には命題そのものから独立した説明がある．底本はこの部分を，命題本文とは横線で区切って区別している．これは，中項直線と 6 種の和の無比直線がすべて異なるものであることを述べるもので，アラビア・ラテンの伝承にも共通である．この種の，証明そのものではない説明は『原論』では異例であり，本来のテクストには含まれていなかった可能性もある．第 3 部の最後の命題 X.111 にも同様の説明がある．この命題の解説を参照されたい．

なお，この説明では，中項直線と 6 種の無比直線に対して，それらの上の正方形を可述直線上に付置したときの幅を考え，その幅が，中項直線上の正方形に対しては可述直線，6 種の無比直線に対しては，第 1 から第 6 の双名直線になることを議論の根拠としている．これと同じ方針をとれば，6 種の無比直線の一意性を証明する第 2 命題群の命題 X.42–47 は，その最初の命題 X.42（双名直線の一意性）に帰着される．すなわち，6 種の無比直線のどれか 1 つをとる．これが 2 つの方法でその構成要素に分割されることがあれば，その上の正方形を可述直線上に付置すると，その幅は双名直線であり，2 つの別の点でその名前に分けられる．これは X.42 に反する．このように容易に証明できる内容を，第 2 命題群は 6 個の命題で証明を繰り返していることになる．

73[181]

もし可述直線から可述直線が取り去られ，〔取り去られる直線が〕全体に対して平方においてのみ共測であるならば，残りの直線は無比直線である．またそれは切断直線と呼ばれるとしよう．

というのは，可述直線 AB から可述直線 BG が取り去られたとし，〔取り去られる BG が〕全体〔AB〕に対して平方においてのみ共測であるとしよう．私は言う，残りの AG は無比直線であり，切断直線と呼ばれる．

A G B

（写本の図版）

A G B

（底本の図版）

というのは，AB は BG に対して長さにおいて非共測であり，AB が BG に対するように，AB 上の正方形が AB, BG に囲まれる長方形に対するから [**X.21 補助定理**]，ゆえに，AB 上の正方形は AB, BG に囲まれる長方形に対して非共測である [**X.11**]．しかし，まず AB 上の正方形に対して AB, BG 上の正方形〔の和〕は共測であり [**X. 定義 3**][**X.15**]，また AB, BG に囲まれる長方形に対して AB, BG に囲まれる長方形の 2 倍は共測である [**X. 定義 1**]．そして AB, BG 上の正方形〔の和〕は，AB, BG に囲まれる長方形の 2 倍に GA 上の正方形を合わせたものに等しいから [**II.7**]，ゆえに，残りの AG 上の正方形に対しても，AB, BG 上の正方形〔の和〕は非共測である [**X.13**][**X.16**][182]．また AB, BG 上の正方形〔の和〕は可述領域である [**X. 定義 4**]．ゆえに，AG は無比直線である [**X. 定義 4**]．またそれは切断直線と呼ばれるとしよう．これが証明すべきことであった．

---

[181] 写本では，この直前に「分離による別の比の，第 2 の分類」(δευτέρα τάξις ἑτέρων λόγων τῶν κατὰ ἀφαίρεσιν) という文言がある．「比の」(λόγων) という言葉が理解しにくいが，「無比直線の」(ἀλόγων) の最初のアルファの文字が脱落したのかもしれない．この文言は P 写本にも共通であるが，底本では本文に取り入れられていない．本全集では本命題からを第 3 部としている．命題 X.36 の冒頭（脚注 109）も参照．

[182] ここでの推論を説明するために，

$$x = q(\mathrm{AB}) + q(\mathrm{BG}),\ \ y = 2r(\mathrm{AB}, \mathrm{BG}),\ \ z = q(\mathrm{AG})$$

と置こう．命題 II.7 によって，$x = y + z$ が成り立ち，またここでの条件と X.13 から，$x \not\sim y$ が分かる．よって X.16 の後半から $y \not\sim z$，すると X.16 の前半から $x \not\sim z$ が得られる．この最後の関係がここでの主張である．

解　説

本命題から 6 種の差の無比直線を扱う第 3 部 X.73–110 が始まる．その構成は第 2 部とまったく同じで，7 つの命題群からなり，各々の命題群は 6 種の無比直線に対応して 6 個の命題からなる．第 6 命題群は 5 個，第 7 命題群は 3 個の命題しかないが，これはいくつかの命題が 1 つにまとまるからである．なお，命題数において第 2 部との唯一の相違は，第 7 命題群の命題の数が第 2 部の 2 個より 1 個多い 3 個となっていることである．これは第 3 部では 2 つの領域の和でなく差を扱うため，どちらが大きいかによって命題を分けているためである．

本命題から X.78 までは第 1 命題群であり，6 種の差の無比直線を提示し，それらが無比直線であることを証明して名前を与える．第 2 部第 1 命題群の X.36, 41 の解説を参照のこと．

第 2 部と第 3 部の対応する命題の番号には 37 の差がある．第 2 部の命題 X.36 に対して第 3 部では本命題 X.73 が対応し，以下同様である．ただし第 2 部の X.72 には第 3 部の X.109, 110 の 2 命題が対応する．

74

もし中項直線から中項直線が取り去られ，〔取り去られる直線が〕全体に対して平方においてのみ共測であり，また全体と可述領域を囲むならば，残りの直線は無比直線である．またそれは第 1 中項切断線と呼ばれるとしよう．

というのは，中項直線 AB から中項直線 BG が取り去られたとし，〔取り去られる BG が〕AB に対して平方においてのみ共測であり，また AB とともに，可述領域，すなわち AB, BG に囲まれる長方形を作るとしよう．私は言う，残りの AG は無比直線である．またそれは第 1 中項切断線と呼ばれるとしよう．

(写本の図版)　　(底本の図版 ▹183)

というのは，AB, BG は中項直線であるから，AB, BG 上の正方形〔の和〕も中項領域である[184]．また AB, BG に囲まれる長方形の 2 倍は可述領域であ

---

[183] 凡例 [6–2] 参照．

[184] 一般に 2 つの中項領域の和は中項領域とは限らない．ここでそれが言えるのはもとの 2 つの中項直線が平方において共測という条件による．命題 38 への脚注 122 を参照．

る [**X. 定義 4**]．ゆえに，AB, BG 上の正方形〔の和〕は AB, BG に囲まれる長方形の 2 倍に対して非共測である．ゆえに，残りの AG 上の正方形に対しても AB, BG に囲まれる長方形の 2 倍は非共測である [**II.7**] —— なぜなら，もし全体の量がそれらの量の 1 つに対して非共測であるならば，最初の 2 量も非共測になるから [**X.16**][185]．また AB, BG に囲まれる長方形の 2 倍は可述領域である．ゆえに，AG 上の正方形は無比領域である．ゆえに，AG は無比直線である．またそれは第 1 中項切断線と呼ばれるとしよう．

75

もし中項直線から中項直線が取り去られ，〔取り去られる直線が〕全体に対して平方においてのみ共測であり，また全体と中項領域を囲むならば，残りの直線は無比直線である．またそれは第 2 中項切断線と呼ばれるとしよう．

というのは，中項直線 AB から中項直線 GB が取り去られたとし，〔取り去られる GB が〕全体 AB に対して平方においてのみ共測であり，また全体 AB と，中項領域すなわち AB, BG に囲まれる長方形を囲むとしよう．私は言う，残りの AG は無比直線である．またそれは第 2 中項切断線と呼ばれるとしよう．

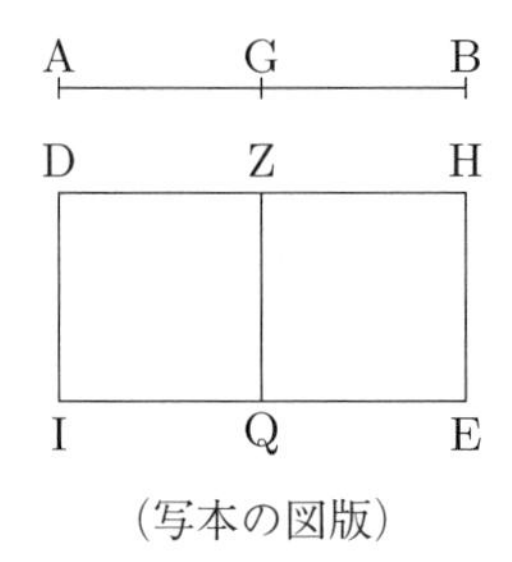

（写本の図版）

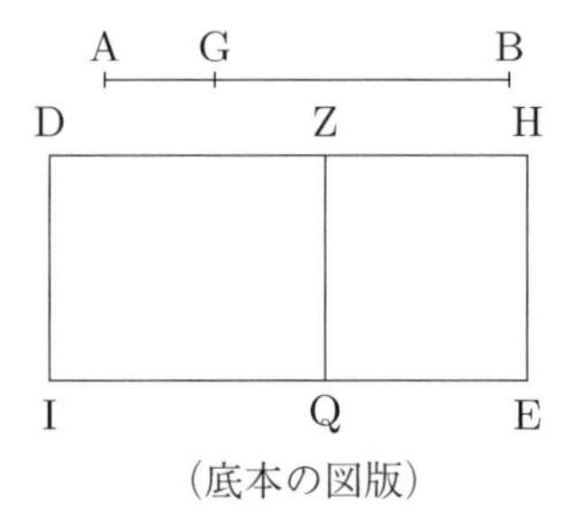

（底本の図版）

というのは，可述直線 DI が提示されたとし，まず AB, BG 上の正方形〔の和〕に等しい領域が，DI の傍らに付置されたとし，それが DE であって，作る幅が DH であるとし，また AB, BG に囲まれる長方形の 2 倍に等しい領域

185 ここでは X.16 冒頭の言明の後半部分をそのまま引用しているため「それらの量」という表現がやや唐突に現れる．ここで言う「それらの量」とは「AG 上の正方形」と「AB, BG に囲まれる長方形の 2 倍」の 2 つである．その和は「AB, BG 上の正方形〔の和〕」であり (II.7)，これが「全体の量」である．なお，このような「言明」の文字通りの引用は後の追加であることが多い．

が，DI の傍らに付置されたとし，それが DQ であって，作る幅が DZ であるとしよう **[I.45]**．ゆえに，残りの ZE は AG 上の正方形に等しい **[II.7]**．そして AB, BG 上の正方形は中項領域であり，〔互いに〕共測であるから，ゆえに，DE も中項領域である **[X.23 系]**．そして可述直線 DI の傍らに付置されていて，作る幅が DH である．ゆえに，DH は可述直線であり，DI に対して長さにおいて非共測である **[X.22]**．一方，AB, BG に囲まれる長方形は中項領域であるから，ゆえに，AB, BG に囲まれる長方形の 2 倍も中項領域である **[X.23 系]**．そして〔この領域は〕DQ に等しい．ゆえに，DQ も中項領域である．そして DI の傍らに付置されていて，作る幅は DZ である．ゆえに，DZ は可述直線であり，DI に対して長さにおいて非共測である **[X.22]**．そして AB, BG は平方においてのみ共測であるから，ゆえに，AB は BG に対して長さにおいて非共測である．ゆえに，AB 上の正方形も AB, BG に囲まれる長方形に対して非共測である **[X.21 補助定理][X.11]**．しかし，AB 上の正方形に対して AB, BG 上の正方形〔の和〕は共測であり **[X.15]**，また AB, BG に囲まれる長方形に対して AB, BG に囲まれる長方形の 2 倍は共測である **[X. 定義 1]**．ゆえに，AB, BG に囲まれる長方形の 2 倍は AB, BG 上の正方形〔の和〕に対して非共測である **[X.13]**．また，まず AB, BG 上の正方形〔の和〕に DE は等しく，AB, BG に囲まれる長方形の 2 倍に DQ は等しい．ゆえに，DE は DQ に対して非共測である．また DE が DQ に対するように，HD が DZ に対する **[VI.1]**．ゆえに，HD は DZ に対して非共測である **[X.11]**．そして両方は可述直線である．ゆえに，HD, DZ は可述直線であり，平方においてのみ共測である．ゆえに，ZH は切断直線である **[X.73]**．また DI は可述直線である．また可述直線と無比直線によって囲まれる長方形は無比領域であり **[X.20]**[186]，その領域に平方において相当する直線は無比直線である **[X. 定義 4]**．そして ZE に AG が平方において相当する．ゆえに，AG は無比直線である．またそれは第 2 中項切断線と呼ばれるとしよう．これが証明すべきことであった．

---

[186] 命題 X.20 の直接の帰結ではないが，仮に可述直線と無比直線が囲む領域が可述領域ならば，1 辺が可述直線であることから，X.20 によって残りの 1 辺も可述直線となり，矛盾する．

76

もし直線から直線が取り去られ，〔取り去られる直線が〕全体の直線に対して平方において非共測であり，また，全体とともに，まずそれら〔取り去られる直線と全体の直線〕の上の正方形を一緒にしたものを可述領域とし，またそれらに囲まれる長方形を中項領域とするならば，残りの直線は無比直線である．また，それは劣直線と呼ばれるとしよう．

というのは，直線 AB から直線 BG が取り去られたとし，〔BG が〕全体〔AB〕に対して平方において非共測であり，上で提示されたもの〔可述領域の正方形と中項領域の長方形〕を作るとしよう．私は言う，残りの AG は劣直線と呼ばれる無比直線である．

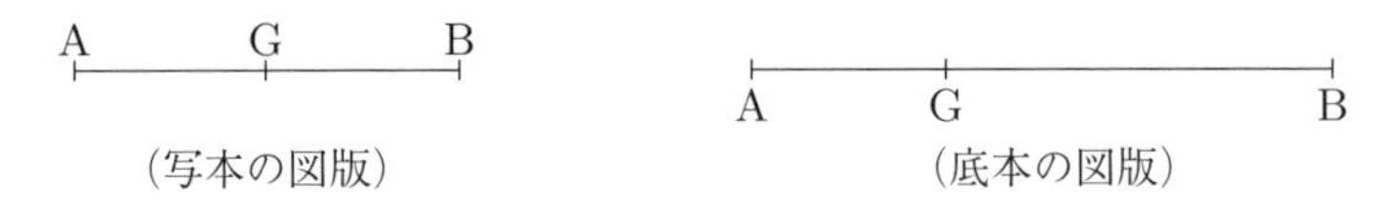

(写本の図版)　(底本の図版)

というのは，まず AB, BG 上の正方形を合わせたものは可述領域であり，また AB, BG に囲まれる長方形の 2 倍は中項領域である **[X.23 系]** から，ゆえに，AB, BG 上の正方形〔の和〕は AB, BG に囲まれる長方形の 2 倍に対して非共測である．転換されても，残りの AG 上の正方形に対して AB, BG 上の正方形〔の和〕は非共測である **[II.7][X.16]**[187]．また AB, BG 上の正方形〔の和〕は可述領域である．ゆえに，AG 上の正方形は無比領域である **[X. 定義 4]**．ゆえに，AG は無比直線である **[X. 定義 4]**．またそれは劣直線と呼ばれるとしよう．これが証明すべきことであった．

77

もし直線から直線が取り去られ，〔取り去られる直線が〕全体の直線に対して平方において非共測であり，また，全体とともに，まずそれら〔取り去られる直線と全体の直線〕の上の正方形を合わせたものを中項領域とし，またそれ

[187] この議論については命題 X.73 への脚注 182 を参照．「転換」とは比の操作に関する術語であり，比 $a:b$ を $a:(a-b)$ に変形することが「転換」である (V. 定義 16)．比を転換しても比例関係が保たれることは V.19 系で述べられている．ここでは比を考察しているわけでないが，全体からその一部分を差し引いた残りに対する関係を考察する点が比の転換と同種の操作であることから，連想によって「転換」という術語が用いられたのであろう．

らに囲まれる長方形の2倍を可述領域とするならば，残りの直線は無比直線である．また，それは合可述造中項線と呼ばれるとしよう．

というのは，直線ABから直線BGが取り去られたとし，〔BGが〕ABに対して平方において非共測であり，上で提示されたものを作るとしよう．私は言う，残りのAGは上述の無比直線である．

A G B

（写本の図版）

A G B

（底本の図版 ◁188）

というのは，まずAB, BG上の正方形を合わせたものは中項領域であり，またAB, BGに囲まれる長方形の2倍は可述領域であるから，ゆえに，AB, BG上の正方形〔の和〕はAB, BGに囲まれる長方形の2倍に対して非共測である．ゆえに，残りのAG上の正方形もAB, BGに囲まれる長方形の2倍に対して非共測である **[II.7][X.16]**．そしてAB, BGに囲まれる長方形の2倍は可述領域である．ゆえに，AG上の正方形は無比領域である **[X. 定義 4]**．ゆえに，AGは無比直線である **[X. 定義 4]**．またそれは合可述造中項線と呼ばれるとしよう．これが証明すべきことであった．

78

もし直線から直線が取り去られ，〔取り去られる直線が〕全体の直線に対して平方において非共測であり，また全体とともに，それら〔取り去られる直線と全体の直線〕の上の正方形を合わせたものを中項領域，およびそれらに囲まれる長方形の2倍を中項領域とし，そしてさらにそれらの上の正方形〔の和〕が，それらに囲まれる長方形の2倍に対して非共測であるならば，残りの直線は無比直線である．また，それは合中項造中項線と呼ばれるとしよう．

というのは，直線ABから直線BGが取り去られたとし，〔BGが〕ABに対して平方において非共測であり，上で提示されたものを作るとしよう．私は言う，残りのAGは合中項造中項線と呼ばれる無比直線である．

---

188 凡例 [6–2] 参照．

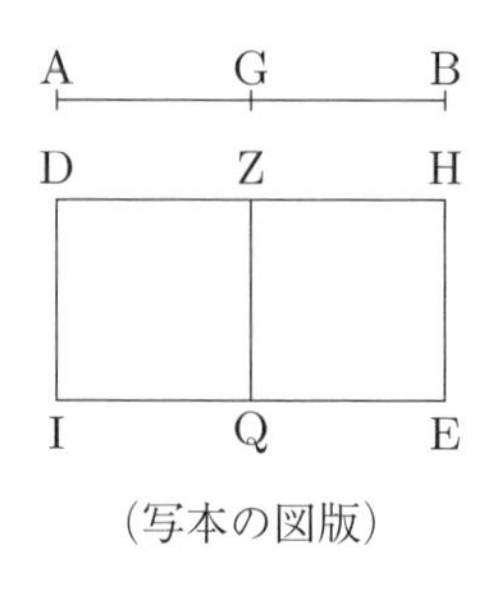

（写本の図版）

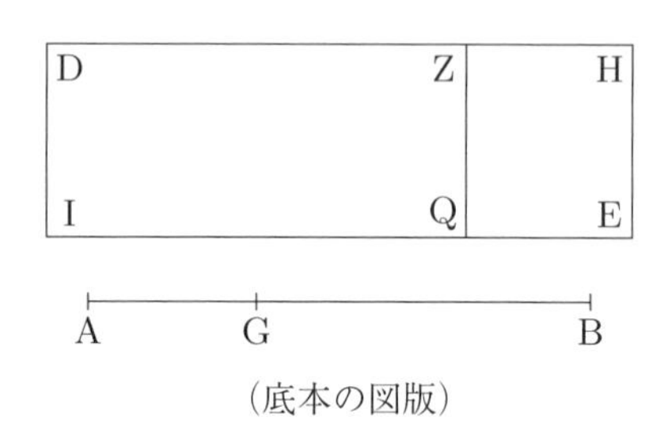

（底本の図版）

というのは可述直線 DI が提示されたとし，まず AB, BG 上の正方形〔の和〕に等しい領域が，DI の傍らに付置されたとし，それが DE であって，作る幅が DH であるとし，また AB, BG に囲まれる長方形の 2 倍に等しい DQ が取り去られたとし [, 作る幅が DZ であるとし] よう **[I.45]**．ゆえに，残りの ZE は AG 上の正方形に等しい **[II.7]**．したがって，AG は ZE に平方において相当する．そして AB, BG 上の正方形を合わせたものは中項領域であり，DE に等しいから，ゆえに，DE は中項領域である．そして可述直線 DI の傍らに付置されていて，作る幅が DH である．ゆえに，DH は可述直線であり，DI に対して長さにおいて非共測である **[X.22]**．一方，AB, BG に囲まれる長方形の 2 倍は中項領域であり，DQ に等しいから，ゆえに，DQ は中項領域である．そして可述直線 DI の傍らに付置されていて，作る幅が DZ である．ゆえに，DZ も可述直線であり，DI に対して長さにおいて非共測である **[X.22]**．そして AB, BG 上の正方形〔の和〕は AB, BG に囲まれる長方形の 2 倍に対して非共測であるから，ゆえに，DE も DQ に対して非共測である．また DE が DQ に対するように，DH も DZ に対する **[VI.1]**．ゆえに，DH は DZ に対して非共測である **[X.11]**．そして両方とも可述直線である．ゆえに，HD, DZ は可述直線であり，平方においてのみ共測である．ゆえに，ZH は切断直線である **[X.73]**．また ZQ は可述直線である．また可述直線と切断直線によって囲まれる長方形は無比領域であり **[X.20]**[189]，それに平方において相当する直線は無比直線である **[X. 定義 4]**．そして ZE に AG が平方において相当する．ゆえに，AG は無比直線である．またそれは合中項造中項線と呼ばれるとしよう．これが証明すべきことであった．

---

[189] 命題 X.75 への脚注 186 を参照．

解　説

X.73 から本命題までが第 3 部の第 1 命題群を構成する．ここで 6 種の差の無比直線が提示され，無比直線であることが証明され，命名される．数学的内容は第 2 部の第 1 命題群に対応する．X.36, 41 の解説を参照されたい．

79

切断直線に対して，[ただ] 1 つの可述直線が付合して，それは全体に対して平方においてのみ共測である．

切断直線を AB とし，またそれに対する付合直線を BG としよう[190]．ゆえに，AG, GB は可述直線であり，平方においてのみ共測である **[X.73]**．私は言う，AB に対して，他の可述直線が付合して，それが全体に対して平方においてのみ共測であることはない．

A B G D　　　A B G D

（写本の図版）　　（底本の図版）

というのは，もし可能ならば，BD が付合するとしよう．ゆえに，AD, DB も可述直線であり，平方においてのみ共測である **[X.73]**．そして AD, DB 上の正方形〔の和〕が AD, DB に囲まれる長方形の 2 倍を超過する分だけ，AG, GB 上の正方形〔の和〕も AG, GB に囲まれる長方形の 2 倍を超過するから **[II.7]**――というのは同じ AB 上の正方形だけ両方とも超過するから――，ゆえに交換されて，AD, DB 上の正方形〔の和〕が AG, GB 上の正方形〔の和〕を超過する分だけ，AD, DB に囲まれる長方形の 2 倍も AG, GB に囲まれる長方形の 2 倍を超過する．また AD, DB 上の正方形〔の和〕は AG, GB 上の正方形〔の和〕を可述領域だけ超過する **[X. 定義 4][X.15]**――というのは両方は可述領域であるから．ゆえに，AD, DB に囲まれる長方形の 2 倍も AG, GB に囲まれる長方形の 2 倍を可述領域だけ超過する．これは不可能である――というのは両方は中項領域であり **[X.21][X.23 系]**，また中項領域が中項領域を可述領域だけ超過することはない **[X.26]** から．ゆえに，AB に対して，他の

[190]付合直線については本命題の解説参照．

可述直線が付合して，それが全体に対して平方においてのみ共測であることはない．

ゆえに，ただ1つの可述直線が切断直線に対して付合して，それが全体に対して平方においてのみ共測である．これが証明すべきことであった．

解　説

本命題からX.84までが第3部の第2命題群を構成する．第1命題群で定義された6種の無比直線は，それぞれ特定の条件2つの直線の差として表されるが，その2直線の選び方が一意的であることを示す命題である．

ここで「付合する」および「付合直線」という術語について説明する．本命題X.79を例にとろう．これは切断直線が対象であり，切断直線は2つの非共測な可述直線の差である．たとえば平方においてのみ共測な可述直線 a, b の差 $a-b$ を c としよう．すなわち $c=a-b$ であるが，このとき，c は切断直線であり，c に対して可述直線 b が付合する，あるいは c に対して b が付合直線であると言われる．なお，直線 a の方は全体〔の直線〕と言われる．

80

第1中項切断線に対して，ただ1つの中項直線が付合して，それは全体に対して平方においてのみ共測であり，全体と可述領域を囲む．

というのは，第1中項切断線をABとし，ABに対して，BGが付合するとしよう．ゆえに，AG, GBは中項直線で，平方においてのみ共測で，可述領域すなわちAG, GBに囲まれる長方形を囲む［**X.74**］．私は言う，ABに対して，他の中項直線が付合して，それが全体に対して平方においてのみ共測で，また全体と可述領域を囲むことはない．

A　B　G　D

（写本の図版）

A　B　G D

（底本の図版）

というのは，もし可能ならば，DBも付合するとしよう．ゆえに，AD, DBは中項直線で，平方においてのみ共測で，可述領域すなわちAD, DBに囲まれる長方形を囲む［**X.74**］．そしてAD, DB上の正方形〔の和〕がAD, DBに囲まれる長方形の2倍を超過する分だけ，AG, GB上の正方形〔の和〕もAG,

GB に囲まれる長方形の 2 倍を超過するから **[II.7]**── というのは [再び] 同じ AB 上の正方形だけ超過するから──，ゆえに交換されて，AD, DB 上の正方形〔の和〕が AG, GB 上の正方形〔の和〕を超過する分だけ，AD, DB に囲まれる長方形の 2 倍も AG, GB に囲まれる長方形の 2 倍を超過する．また AD, DB に囲まれる長方形の 2 倍は AG, GB に囲まれる長方形の 2 倍を可述領域だけ超過する **[X. 定義 4][X.15]**── というのは両方は可述領域であるから．ゆえに，AD, DB 上の正方形〔の和〕も AG, GB 上の正方形〔の和〕を可述領域だけ超過する．これは不可能である── というのは両方は中項領域であり **[X.21][X.15][X.23 系]**[191]，また中項領域が中項領域を可述領域だけ超過することはないから **[X.26]**.

ゆえに，第 1 中項切断線に対して，ただ 1 つの中項直線が付合して，それは全体に対して平方においてのみ共測であり，全体と可述領域を囲む．これが証明すべきことであった．

81

第 2 中項切断線に対して，ただ 1 つの中項直線が付合して，それは全体に対して平方においてのみ共測であり，全体と中項領域を囲む．

というのは，第 2 中項切断線を AB とし，AB に対する付合直線を BG としよう．ゆえに，AG, GB は中項直線で，平方においてのみ共測で，中項領域すなわち AG, GB に囲まれる長方形を囲む **[X.75]**．私は言う，AB に対して，他の中項直線が付合して，それが全体に対して平方においてのみ共測で，また全体と中項領域を囲むことにはならない．

[191] フライェーゼの伊訳はこの箇所で X.24 が利用されているとするが，これは的外れである．中項直線上 AD, DB 上の正方形は中項領域であり (X.21)，ここでは中項直線が平方において共測という条件から，2 つの正方形が互いに共測である．すると 2 つの正方形の和は個々の正方形と共測で (X.15)，中項領域に共測な領域は中項領域であるから (X.23 系)，2 つの正方形の和も中項領域となる．

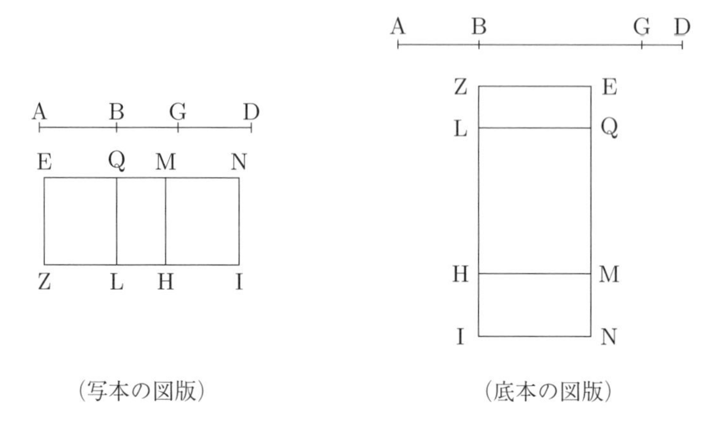

（写本の図版）　（底本の図版）

というのは，もし可能ならば，BD が付合するとしよう．ゆえに，AD, DB も中項直線で，平方においてのみ共測で，中項領域すなわち AD, DB に囲まれる長方形を囲む．そして可述直線 EZ が提示されたとし，まず AG, GB 上の正方形〔の和〕に等しい領域が，EZ の傍らに付置されたとし，それが EH であって，作る幅が EM であるとしよう **[I.45]**．また AG, GB に囲まれる長方形の 2 倍に等しい QH が取り去られたとし，作る幅が QM であるとしよう **[I.45]**．ゆえに，残りの EL は AB 上の正方形に等しい **[II.7]**．したがって，AB は EL に平方において相当する．そこで今度は，AD, DB 上の正方形〔の和〕に等しい領域が，EZ の傍らに付置されたとし，それが EI であって，作る幅が EN であるとしよう **[I.45]**．また EL が AB 上の正方形に等しいのでもある．ゆえに，残りの QI は AD, DB に囲まれる長方形の 2 倍に等しい **[II.7]**．そして，AG, GB は中項直線であるから，ゆえに，AG, GB 上の正方形〔の和〕は中項領域であり[192]，EH に等しい．ゆえに，EH も中項領域である．そして可述直線 EZ の傍らに付置されていて，作る幅は EM である．ゆえに EM は可述直線であり，EZ に対して長さにおいて非共測である **[X.22]**．一方，AG, GB に囲まれる長方形は中項領域であるから，AG, GB に囲まれる長方形の 2 倍も中項領域である **[X.23 系]**．そして〔この領域は〕QH に等しい．ゆえに，QH も中項領域である．そして可述直線 EZ の傍らに付置され

[192] AG, GB は仮定により中項直線であるから，AG 上の正方形，GB 上の正方形はそれぞれ中項領域である．その和が中項領域であるためには，AG, GB が平方において共測でなければならない．AB が第 2 中項切断線で，その付合直線が BG であることから，この条件は満たされているが，そのことの確認が本文には見られない．

ていて，作る幅はQMである．ゆえに，QMも可述直線であり，EZに対して長さにおいて非共測である[X.22]．そしてAG, GBは平方においてのみ共測であるから，ゆえに，AGはGBに対して長さにおいて非共測である．またAGがGBに対するように，AG上の正方形がAG, GBに囲まれる長方形に対する[X.21 補助定理]．ゆえに，AG上の正方形はAG, GBに囲まれる長方形に対して非共測である[X.11]．しかし，まずAG上の正方形に対してAG, GB上の正方形〔の和〕は共測であり[X.15]，またAG, GBに囲まれる長方形に対してAG, GBに囲まれる長方形の2倍は共測である[X. 定義 1]．ゆえに，AG, GB上の正方形〔の和〕はAG, GBに囲まれる長方形の2倍に対して非共測である[X.13]．そして，まずAG, GB上の正方形〔の和〕にEHは等しく，またAG, GBに囲まれる長方形の2倍にHQは等しい．ゆえに，EHはQHに対して非共測である．またEHがQHに対するように，EMがQMに対する[VI.1]．ゆえに，EMはMQに対して長さにおいて非共測である[X.11]．そして両方とも可述直線である．ゆえに，EM, MQは可述直線であり，平方においてのみ共測である．ゆえに，EQは切断直線であって，それに対する付合直線はQMである[X.73]．同様に我々は次のことも証明することになる，QNもそれ〔EQ〕に対して付合する．ゆえに，切断直線に対して，別々の直線が付合して，全体に対して平方においてのみ共測である．これは不可能である[X.79]．

ゆえに，第2中項切断線に対して，ただ1つの中項直線が付合して，それは全体に対して平方においてのみ共測であり，全体と中項領域を囲む．これが証明すべきことであった．

82

劣直線に対して，ただ1つの直線が付合して，〔それは〕全体に対して平方において非共測であり，全体とともに，まずそれら〔付合直線と全体の直線〕の上の正方形〔の和〕を可述領域とし，またそれらに囲まれる長方形の2倍を中項領域とする．

劣直線をABとし，ABに対する付合直線をBGとしよう．ゆえに，AG, GBは平方において非共測であり，まずそれらの上の正方形〔の和〕を可述領域とし，またそれらに囲まれる長方形の2倍を中項領域とする[X.76]．私は言う，AB に対して，他の直線が付合して同じものを作ることにはならない．

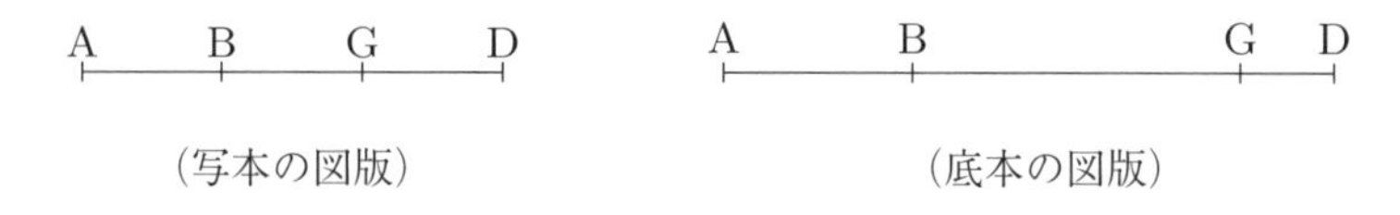

（写本の図版）　　（底本の図版）

というのは，もし可能ならば，BD が付合するとしよう．ゆえに，AD, DB も平方において非共測であり，上述のものを作る **[X.76]**．そして，AD, DB 上の正方形〔の和〕が AG, GB 上の正方形〔の和〕を超過する分だけ，AD, DB に囲まれる長方形の 2 倍も AG, GB に囲まれる長方形の 2 倍を超過し **[II.7]**，また AD, DB 上の正方形〔の和〕が AG, GB 上の正方形〔の和〕を可述領域だけ超過するから **[X. 定義 4][X.15]**——というのは両方とも可述領域であるから——，ゆえに，AD, DB に囲まれる長方形の 2 倍も AG, GB に囲まれる長方形の 2 倍を可述領域だけ超過する．これは不可能である **[X.26]**——というのは両方とも中項領域であるから．

ゆえに，劣直線に対して，ただ 1 つの直線が付合して，〔それは〕全体に対して非共測であり，全体とともに，まずそれらの上の正方形を一緒にしたものを可述領域とし，またそれらに囲まれる長方形の 2 倍を中項領域とする．これが証明すべきことであった．

83

合可述造中項線に対して，ただ 1 つの直線が付合して，〔それは〕全体に対して平方において非共測であり，全体とともに，まずそれら〔付合直線と全体の直線〕の上の正方形を合わせたものを中項領域とし，またそれらに囲まれる長方形の 2 倍を可述領域とする．

合可述造中項線を AB とし，AB に対して，BG が付合するとしよう．ゆえに，AG, GB は平方において非共測であり，上で提示されたものを作る **[X.77]**．私は言う，AB に対して，他の直線が付合して同じものを作ることにはならない．

A　B　G　D　　A　B　G　D

（写本の図版）　　（底本の図版）

というのは，もし可能ならば，BD が付合するとしよう．ゆえに，直線 AD, DB も平方において非共測であり，上で提示されたものを作る [**X.77**]．すると，AD, DB 上の正方形〔の和〕が AG, GB 上の正方形〔の和〕を超過する分だけ，AD, DB に囲まれる長方形の 2 倍も AG, GB に囲まれる長方形の 2 倍を超過する．このことは，以前の議論による[193]．また，AD, DB に囲まれる長方形の 2 倍が AG, GB に囲まれる長方形の 2 倍を可述領域だけ超過するから [**X. 定義 4**][**X.15**] —— というのは両方とも可述領域であるから ——，ゆえに，AD, DB 上の正方形〔の和〕も AG, GB 上の正方形〔の和〕を可述領域だけ超過する．これは不可能である [**X.26**] —— というのは両方とも中項領域であるから．ゆえに，AB に対して，他の直線が付合して，全体に対して平方において非共測であり，全体とともに上述のものを作ることにはならない．ゆえに，ただ 1 つの直線が付合することになる．これが証明すべきことであった．

84

合中項造中項線に対して，ただ 1 つの直線が付合して，〔それは〕全体に対して平方において非共測であり，全体とともに，まずそれら〔付合直線と全体の直線〕の上の正方形〔の和〕を中項領域，およびそれらに囲まれる長方形の 2 倍を中項領域とし，さらに〔この長方形の 2 倍は〕それらの上の正方形を合わせたものに対して非共測である．

合中項造中項線を AB とし，それに対する付合直線を BG としよう．ゆえに，AG, GB は平方において非共測であり，上述のものを作る [**X.78**]．私は言う，AB に対して，他の直線が付合して上述のものを作ることにはならない．

[193] 文字通りの訳は「これより前のもの（複数）にしたがって」(ἀκολούθως) となる．この ἀκολούθως は動詞 ακολουθέω（従う，ついていく，同様である）から派生する副詞であるが『原論』では 6 回しか用いられない．このうち 1 回は IV.15 系であり，これは他の点から後世の追加であることが明らかである（本全集第 1 巻 p. 362, IV.15 の解説参照）．残りの 5 つの用例はすべて『原論』第 X 巻の本命題以降に集中している．本命題のこの箇所以外の 4 箇所は X.109, 110, 111（2 回）である．これらの箇所は，後から追加されたか，あるいは後世の編集の跡を残していると考えるべきであろう．

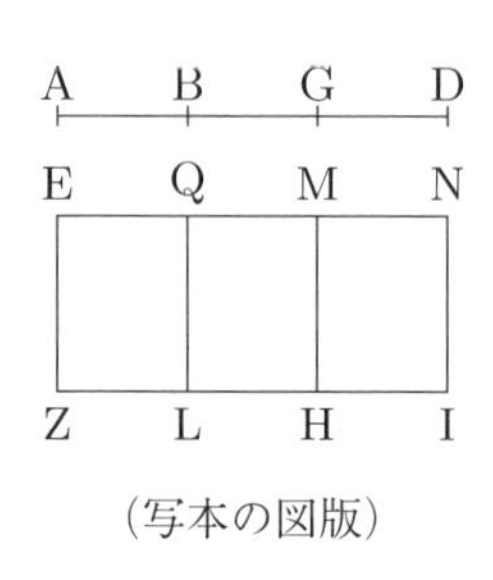

（写本の図版）

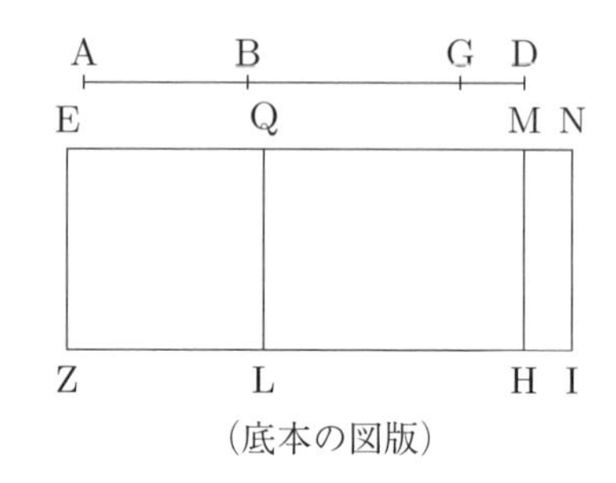

（底本の図版）

というのは，もし可能ならば，BD が付合して，AD, DB が平方において非共測であるとし，AD, DB 上の正方形を一緒にしたものを中項領域とし，そして AD, DB に囲まれる長方形の 2 倍を中項領域とし，そしてさらに AD, DB 上の正方形〔の和〕を AD, DB に囲まれる長方形の 2 倍に対して非共測とするとしよう **[X.78]**．そして可述直線 EZ が提示されたとし，まず AG, GB 上の正方形〔の和〕に等しい領域が，EZ の傍らに付置されたとし，それが EH であって，作る幅が EM であるとしよう **[I.45]**．また AG, GB に囲まれる長方形の 2 倍に等しい領域が，EZ の傍らに付置されたとし，それが QH であって，作る幅が QM であるとしよう **[I.45]**．ゆえに，残りの AB 上の正方形は EL に等しい．ゆえに，AB は EL に平方において相当する．一方，AD, DB 上の正方形〔の和〕に等しい領域が，EZ の傍らに付置されたとし，それが EI であって，作る幅が EN であるとしよう **[I.45]**．また，AB 上の正方形が EL に等しいのでもある．ゆえに，残りの AD, DB に囲まれる長方形の 2 倍は QI に等しい．そして，AG, GB 上の正方形を合わせたものは中項領域であり，EH に等しいから，ゆえに，EH も中項領域である．そして可述直線 EZ の傍らに付置されていて，作る幅は EM である．ゆえに，EM は可述直線であり，EZ に対して長さにおいて非共測である **[X.22]**．一方，AG, GB に囲まれる長方形の 2 倍は中項領域であり，QH に等しいから，ゆえに，QH も中項領域である．そして可述直線 EZ の傍らに付置されていて，作る幅は QM である．ゆえに，QM は可述直線であり，EZ に対して長さにおいて非共測である **[X.22]**．そして AG, GB 上の正方形〔の和〕は AG, GB に囲まれる長方形の 2 倍に対して非共測であるから，EH も QH に対して非共測である．ゆえに，EM も MQ に対して長さにおいて非共測である **[VI.1][X.11]**．そして両方とも可述直線である．ゆえに，EM, MQ は可述直線であり，平方においてのみ共測である．ゆえに，EQ は切断直線であって，それに対する付合直線は QM である [**X.73**]．同様に我々は次のことを証明することになる，再び EQ は切断直線であって，それに対する付合直線は QN である．ゆえに，切断直線に対して，別々の可述直線で，全体に対して平方においてのみ共測であるものが付合する．これが不可能であることは示された [**X.79**]．ゆえに，AB に対して，他の直線が付合することにはならない．

ゆえに，AB に対して，ただ 1 つの直線が付合して，〔それは〕全体に対して平方において非共測であり，また全体とともに，それらの上の正方形を一緒にしたものを中項領域，およびそれらに囲まれる長方形の 2 倍を中項領域とし，さらにそれらの上の正方形〔の和〕はそれらに囲まれる長方形の 2 倍に対して非共測である．これが証明すべきことであった．

解　　説

X.79 から本命題までの 6 命題は，第 3 部の第 2 命題群を構成する．その内容については X.79 の解説および第 2 部の X.47 の解説を参照．

第 3 定義

1. 可述直線と切断直線が置かれて，まず，もし全体が付合直線よりも，平方において，それ自身〔全体〕に対して長さにおいて共測な直線上の正方形だけ大きく，そして全体が長さにおいて，提示された可述直線に対して共測であるならば，〔この切断直線は〕第 1 切断直線と呼ばれるとしよう．

2. また，もし付合直線が長さにおいて，提示された可述直線に対して共測であり，そして全体が付合直線よりも，平方において，それ自身〔全体〕に対して共測な直線上の正方形だけ大きいならば，第 2 切断直線と呼ばれるとしよう．

3. また，もしどちらの直線も長さにおいて，提示された可述直線に対して共測でなく，また全体が付合直線よりも，平方において，それ自身〔全体〕に対して共測な直線上の正方形だけ大きいならば，第 3 切断直線と呼ばれるとしよう．

4. 一方，もし全体が付合直線よりも，平方において，それ自身〔全体〕に対して [長さにおいて] 非共測な直線上の正方形だけ大きいならば，まず，もし全体が長さにおいて，提示された可述直線に対して共測であるならば，第 4 切断直線と呼ばれるとしよう．

5. また，もし付合直線〔が長さにおいて，提示された可述直線に対して共測である〕ならば，第 5〔切断直線と呼ばれるとしよう〕.

6. また，もしどちらも〔長さにおいて，提示された可述直線に対して共測で〕ないならば，第 6〔切断直線と呼ばれるとしよう〕.

解　説

この第 3 定義は切断直線の下位分類を与えるもので，第 2 部で X.47 と X.48 の間にある第 2 定義に対応する．ここでの分類は第 4 命題群 (X.91–96) で 6 種の差の無比直線の生成に使われる．

85

第 1 切断直線を見出すこと．

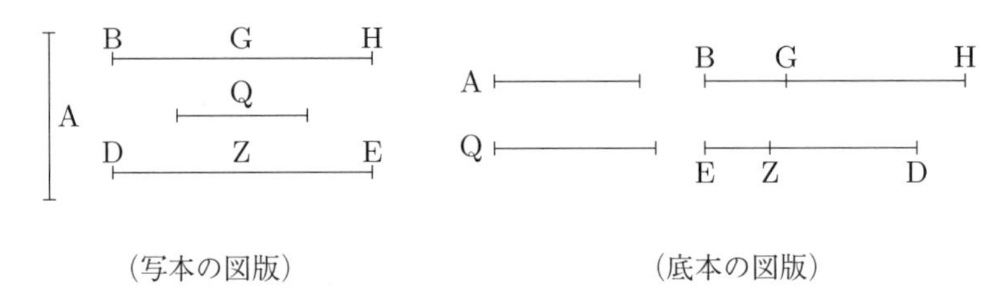

（写本の図版）　（底本の図版）

可述直線 A が提示されたとし，A に対して BH が長さにおいて共測であるとしよう．ゆえに，BH も可述直線である **[X. 定義 3]**．そして 2 つの正方形数 DE, EZ が提示されたとし，それらの〔大きい方の小さい方に対する〕超過 ZD は正方形数でないとしよう **[X.28 補助定理 1]**．ゆえに，〔数〕ED が〔数〕DZ に対して持つ比は，正方形数が正方形数に対する比でない．そして，〔数〕ED が〔数〕DZ に対するように，BH 上の正方形が HG 上の正方形に対するようにされたとしよう **[X.6 系]**[194]．ゆえに，BH 上の正方形は HG 上の正方形

[194]「されたとしよう」という表現については，命題 X.29 の脚注 81 を参照．以下，この命

に対して共測である [**X.6**]．また BH 上の正方形は可述領域である．ゆえに，HG 上の正方形も可述領域である [**X. 定義 4**]．ゆえに，HG も可述直線である [**X. 定義 3, 4**]．そして〔数〕ED が〔数〕DZ に対して持つ比は，正方形数が正方形数に対する比でないから，ゆえに，BH 上の正方形が HG 上の正方形に対して持つ比も，正方形数が正方形数に対する比でない．ゆえに，BH は HG に対して長さにおいて非共測である [**X.9**]．そして両方とも可述直線である．ゆえに，BH, HG は可述直線であり，平方においてのみ共測である．ゆえに，BG は切断直線である [**X.73**].

私は言う，第 1〔切断直線〕でもある．

というのは，BH 上の正方形が HG 上の正方形より大きい，その分が Q 上の正方形であるとしよう [**X.13 補助定理**]．そして，〔数〕ED が〔数〕ZD に対するように，BH 上の正方形が HG 上の正方形に対するから，ゆえに，転換されても，〔数〕DE が〔数〕EZ に対するように，HB 上の正方形が Q 上の正方形に対する [**V.19 系**]．また〔数〕DE が〔数〕EZ に対して持つ比は，正方形数が正方形数に対する比である——というのは各々が正方形数であるから．ゆえに，HB 上の正方形が Q 上の正方形に対して持つ比も，正方形数が正方形数に対する比である．ゆえに，BH は Q に対して長さにおいて共測である [**X.9**]．そして BH は HG よりも平方において Q 上の正方形だけ大きい．ゆえに，BH が HG よりも平方においてそれ自身〔BH〕に対して長さにおいて共測な直線上の正方形だけ大きく，全体 BH は提示された可述直線 A に対して長さにおいて共測である．ゆえに，BG は第 1 切断直線である [**X. 第 3 定義 1**].

ゆえに，第 1 切断直線 BG が見出されている．これが見出すべきことであった．

解　説

本命題から命題 X.90 までの 6 命題は第 3 部の第 3 命題群を構成する．これらの命題については第 2 部の命題 X.53 の解説を参照されたい．

題群の全命題 X.85–90 にこの表現が現れる．なお，第 2 部の対応する命題群 (X.48–53) にはこの表現は現れない．

86

第 2 切断直線を見出すこと.

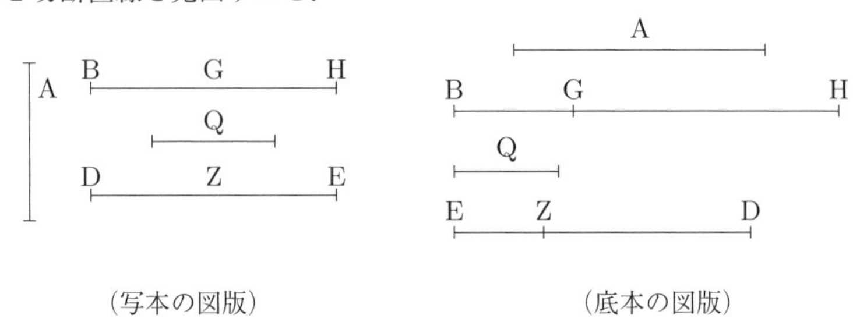

(写本の図版)　　(底本の図版)

可述直線 A が提示されたとし, A に対して HG が長さにおいて共測であるとしよう. ゆえに, HG も可述直線である **[X. 定義 3]**. そして 2 つの正方形数 DE, EZ が提示されたとし, それらの〔大きい方の小さい方に対する〕超過 DZ は正方形数でないとしよう **[X.28 補助定理 1]**. そして, 〔数〕ZD が〔数〕DE に対するように, GH 上の正方形が HB 上の正方形に対するようにされたとしよう **[X.6 系]**. ゆえに, GH 上の正方形は HB 上の正方形に対して共測である **[X.6]**. また, GH 上の正方形は可述領域である. ゆえに, HB 上の正方形も可述領域である **[X. 定義 4]**. ゆえに, BH も可述直線である **[X. 定義 3, 4]**. そして HG 上の正方形が HB 上の正方形に対して持つ比は, 正方形数が正方形数に対する比でないから, GH は HB に対して長さにおいて非共測である **[X.9]**. そして両方とも可述直線である. ゆえに, GH, HB は可述直線であり, 平方においてのみ共測である. ゆえに, BG は切断直線である **[X.73]**.

私は言う, 第 2〔切断直線〕でもある.

というのは, BH 上の正方形が HG 上の正方形より大きい, その分が Q 上の正方形であるとしよう **[X.13 補助定理]**. すると, BH 上の正方形が HG 上の正方形に対するように, 数 ED が数 DZ に対するから, ゆえに転換されて, BH 上の正方形が Q 上の正方形に対するように, 〔数〕DE が〔数〕EZ に対する **[V.19 系]**. そして DE, EZ の各々は正方形数である. ゆえに, BH 上の正方形が Q 上の正方形に対して持つ比は, 正方形数が正方形数に対する比である. ゆえに, BH は Q に対して長さにおいて共測である **[X.9]**. そして BH は HG よりも平方において Q 上の正方形だけ大きい. ゆえに, BH が HG よりも平方においてそれ自身〔BH〕に対して長さにおいて共測な直線上の正方形だけ大きく，付合直線 GH は提示された可述直線 A に対して共測である．ゆえに，BG は第 2 切断直線である [**X. 第 3 定義 2**].

ゆえに，第 2 切断直線 BG が見出されている．これが証明すべきことであった．

87

第 3 切断直線を見出すこと．

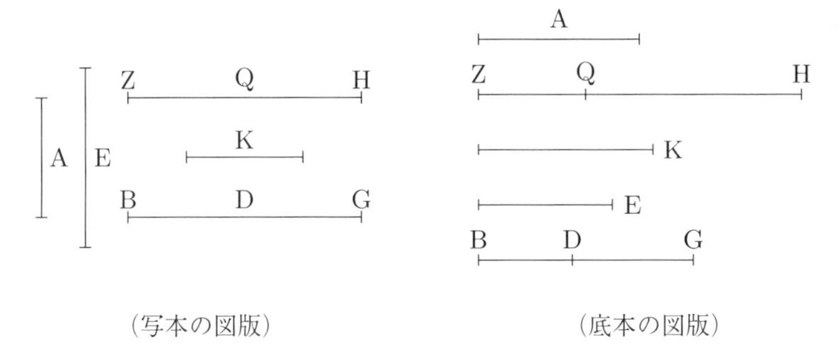

（写本の図版）　　（底本の図版）

可述直線 A が提示され，3 数 E, BG, GD が提示されたとし，〔それらが〕互いに対して持つ比が正方形数が正方形数に対する比でないとし，また GB が BD に対して持つ比が，正方形数が正方形数に対する比であるとし [**X.28 補助定理 1**]，まず〔数〕E が〔数〕BG に対するように，A 上の正方形が ZH 上の正方形に対するようにされ，また〔数〕BG が〔数〕GD に対するように，ZH 上の正方形が HQ 上の正方形に対するようにされたとしよう [**X.6 系**]．すると，〔数〕E が〔数〕BG に対するように，A 上の正方形が ZH 上の正方形に対するから，ゆえに，A 上の正方形は ZH 上の正方形に対して共測である [**X.6**]．また，A 上の正方形は可述領域である．ゆえに，ZH 上の正方形も可述領域である [**X. 定義 4**]．ゆえに，ZH は可述直線である [**X. 定義 3, 4**]．そして E が BG に対して持つ比は，正方形数が正方形数に対する比でないから，ゆえに，A 上の正方形が ZH 上の正方形に対して持つ比も，正方形数が正方形数に対する比でない．ゆえに，A は ZH に対して長さにおいて非共測である [**X.9**]．一方，〔数〕BG が〔数〕GD に対するように，ZH 上の正方形が HQ 上の正方形に対するから，ゆえに，ZH 上の正方形は HQ 上の正方形に対して共測である **[X.6]**．また，ZH 上の正方形は可述領域である．ゆえに，HQ 上の正方形も可述領域である **[X. 定義 4]**．ゆえに，HQ は可述直線である **[X. 定義 3, 4]**．そして〔数〕BG が〔数〕GD に対して持つ比は，正方形数が正方形数に対する比でないから，ゆえに，ZH 上の正方形が HQ 上の正方形に対して持つ比も，正方形数が正方形数に対する比でない．ゆえに，ZH は HQ に対して長さにおいて非共測である **[X.9]**．そして両方とも可述直線である．ゆえに，ZH, HQ は可述直線であり，平方においてのみ共測である．ゆえに，ZQ は切断直線である **[X.73]**．

そこで私は言う，第 3〔切断直線〕でもある．

というのは，まず〔数〕E が〔数〕BG に対するように，A 上の正方形が ZH 上の正方形に対し，また〔数〕BG が〔数〕GD に対するように，ZH 上の正方形が QH 上の正方形に対するから，ゆえに等順位において，〔数〕E が〔数〕GD に対するように，A 上の正方形が QH 上の正方形に対する **[V.22][VII.14]**．また，E が GD に対して持つ比は，正方形数が正方形数に対する比でない．ゆえに，A 上の正方形が HQ 上の正方形に対して持つ比も，正方形数が正方形数に対する比でない．ゆえに，A は HQ に対して長さにおいて非共測である **[X.9]**．ゆえに，ZH, HQ のどちらも提示された可述直線 A に対して長さにおいて共測でない．すると，ZH 上の正方形が HQ 上の正方形より大きい，その分が K 上の正方形であるとしよう **[X.13 補助定理]**．すると，〔数〕BG が〔数〕GD に対するように，ZH 上の正方形が HQ 上の正方形に対するから，ゆえに転換されて，〔数〕BG が〔数〕BD に対するように，ZH 上の正方形が K 上の正方形に対する．また，BG が BD に対して持つ比は，正方形数が正方形数に対する比である．ゆえに，ZH 上の正方形が K 上の正方形に対して持つ比も，正方形数が正方形数に対する比である．ゆえに，ZH は K に対して長さにおいて共測であり **[X.9]**，ZH は HQ よりも平方においてそれ自身〔ZH〕に対して共測な直線上の正方形だけ大きい．そして ZH, HQ のどちらも提示された可述直線 A に対して長さにおいて共測でない．ゆえに，ZQ は第 3 切断直線である **[X. 第 3 定義 3]**．

ゆえに，第 3 切断直線 ZQ が見出されている．これが証明すべきことであった．

88

第 4 切断直線を見出すこと.

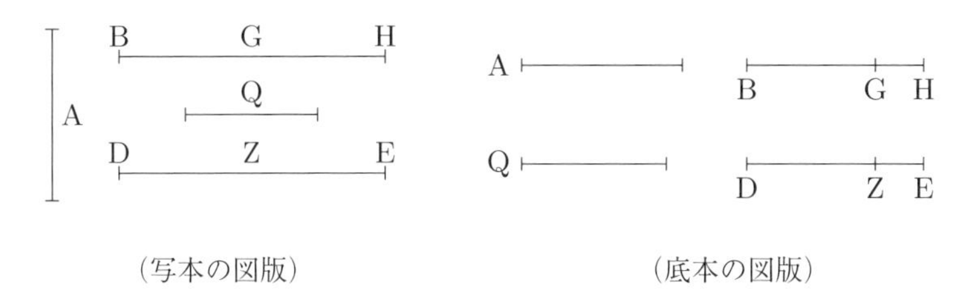

(写本の図版)　　(底本の図版)

可述直線 A が提示されたとし, A に対して BH が長さにおいて共測であるとしよう. ゆえに, BH も可述直線である [X. 定義 3]. そして 2 つの数 DZ, ZE が提示されたとし, 全体 DE が DZ, EZ の各々に対して持つ比が, 正方形数が正方形数に対する比でないとしよう. そして〔数〕DE が〔数〕EZ に対するように, BH 上の正方形が HG 上の正方形に対するようにされたとしよう [X.6 系]. ゆえに, BH 上の正方形は HG 上の正方形に対して共測である [X.6]. また, BH 上の正方形は可述領域である. ゆえに, HG 上の正方形も可述領域である [X. 定義 4]. ゆえに, HG は可述直線である [X. 定義 3, 4]. そして〔数〕DE が〔数〕EZ に対して持つ比は, 正方形数が正方形数に対する比でないから, ゆえに, BH 上の正方形が HG 上の正方形に対して持つ比も, 正方形数が正方形数に対する比でない. ゆえに, BH は HG に対して長さにおいて非共測である [X.9]. そして両方とも可述直線である. ゆえに, BH, HG は可述直線であり, 平方においてのみ共測である. ゆえに, BG は切断直線である [X.73].

[そこで私は言う, 第 4〔切断直線〕でもある].

すると, BH 上の正方形が HG 上の正方形より大きい, その分が Q 上の正方形であるとしよう [X.13 補助定理]. すると, 〔数〕DE が〔数〕EZ に対するように, BH 上の正方形が HG 上の正方形に対するから, ゆえに転換されても, 〔数〕ED が〔数〕DZ に対するように, HB 上の正方形が Q 上の正方形に対する [V.19 系]. また ED が DZ に対して持つ比は, 正方形数が正方形数に対する比でない. ゆえに, HB 上の正方形が Q 上の正方形に対して持つ比も,正方形数が正方形数に対する比でない．ゆえに，BH は Q に対して長さにおいて非共測である **[X.9]**．そして BH は HG よりも平方において Q 上の正方形だけ大きい．ゆえに，BH は HG よりも平方においてそれ自身〔BH〕に対して非共測な直線上の正方形だけ大きい．そして全体 BH は提示された可述直線 A に対して長さにおいて共測である．ゆえに，BG は第 4 切断直線である **[X. 第 3 定義 4]**．

ゆえに，第 4 切断直線 BG が見出されている．これが証明すべきことであった．

89

第 5 切断直線を見出すこと．

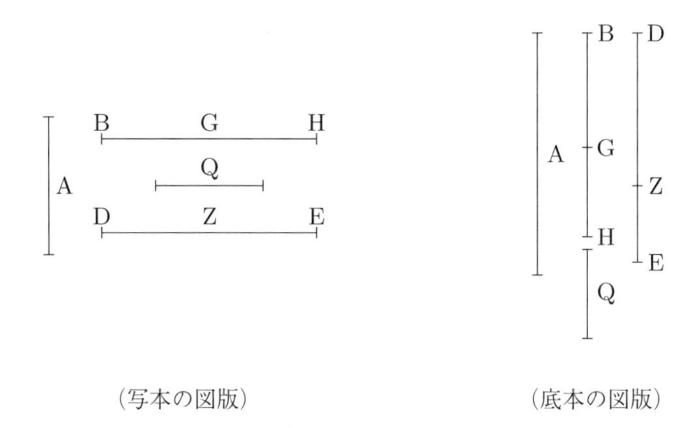

（写本の図版）　　（底本の図版）

可述直線 A が提示されたとし，A に対して GH が長さにおいて共測であるとしよう．ゆえに，GH は可述直線である．そして 2 数 DZ, ZE が提示されたとし，DE が DZ, ZE の各々に対して持つ比が，再び正方形数が正方形数に対する比でないとしよう．そして，〔数〕ZE が〔数〕ED に対するように，GH 上の正方形が HB 上の正方形に対するようにされたとしよう **[X.6 系]**．ゆえに，HB 上の正方形も可述領域である **[X.6][X. 定義 4]**．ゆえに，BH も可述直線である **[X. 定義 3, 4]**．そして〔数〕DE が〔数〕EZ に対するように，BH 上の正方形が HG 上の正方形に対し，また DE が EZ に対して持つ比は，正方形数が正方形数に対する比でないから，ゆえに，BH 上の正方形が HG 上の正方形に対して持つ比も，正方形数が正方形数に対する比でない．ゆえに，BH は HG に対して長さにおいて非共測である **[X.9]**．そして両方とも可述直線である．ゆえに，BH, HG は可述直線であり，平方においてのみ共測である．ゆえに，BG は切断直線である **[X.73]**．

そこで私は言う，第 5〔切断直線〕でもある．

というのは，BH 上の正方形が HG 上の正方形より大きい，その分が Q 上の正方形であるとしよう **[X.13 補助定理]**．すると，BH 上の正方形が HG 上の正方形に対するように，〔数〕DE が〔数〕EZ に対するから，ゆえに転換されて，〔数〕ED が〔数〕DZ に対するように，BH 上の正方形が Q 上の正方形に対する **[V.19 系]**．また ED が DZ に対して持つ比は，正方形数が正方形数に対する比でない．ゆえに，BH 上の正方形が Q 上の正方形に対して持つ比も，正方形数が正方形数に対する比でない．ゆえに，BH は Q に対して長さにおいて非共測である **[X.9]**．そして BH は HG よりも平方において Q 上の正方形だけ大きい，ゆえに，HB は HG よりも平方においてそれ自身〔HB〕に対して長さにおいて非共測な直線上の正方形だけ大きい．そして付合直線 GH は提示された可述直線 A に対して長さにおいて共測である．ゆえに，BG は第 5 切断直線である **[X. 第 3 定義 5]**．

ゆえに，第 5 切断直線 BG が見出されている．これが証明すべきことであった．

90

第 6 切断直線を見出すこと．

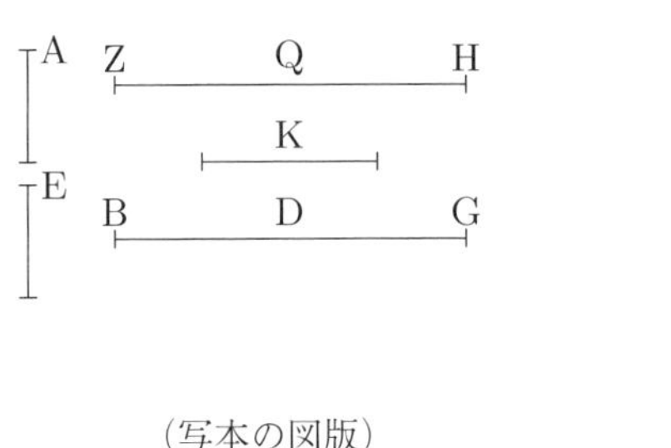

（写本の図版）

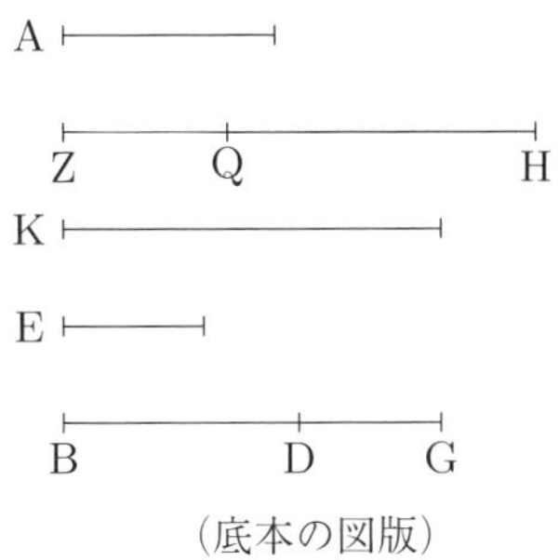

（底本の図版）

可述直線Aと3数E, BG, GDが提示されたとし，〔それらが〕互いに対して持つ比が正方形数が正方形数に対する比でないとしよう．またさらにGBがBDに対して持つ比も，正方形数が正方形数に対する比でないとし，次のようにされたとしよう．まず〔数〕Eが〔数〕BGに対するように，A上の正方形がZH上の正方形に対し **[X.6 系]**，また〔数〕BGが〔数〕GDに対するように，ZH上の正方形がHQ上の正方形に対する **[X.6 系]**.

すると，〔数〕Eが〔数〕BGに対するように，A上の正方形がZH上の正方形に対するから，ゆえに，A上の正方形はZH上の正方形に対して共測である **[X.6]**．また，A上の正方形は可述領域である．ゆえに，ZH上の正方形も可述領域である **[X. 定義 4]**．ゆえに，ZHも可述直線である **[X. 定義 3, 4]**．そしてEがBGに対して持つ比は，正方形数が正方形数に対する比でないから，ゆえに，A上の正方形がZH上の正方形に対して持つ比も，正方形数が正方形数に対する比でない．ゆえに，AはZHに対して長さにおいて非共測である **[X.9]**．一方，〔数〕BGが〔数〕GDに対するように，ZH上の正方形がHQ上の正方形に対するから，ゆえに，ZH上の正方形はHQ上の正方形に対して共測である **[X.6]**．また，ZH上の正方形は可述領域である．ゆえに，HQ上の正方形も可述領域である **[X. 定義 4]**．ゆえに，HQも可述直線である **[X. 定義 3, 4]**．そしてBGがGDに対して持つ比は，正方形数が正方形数に対する比でないから，ゆえに，ZH上の正方形がHQ上の正方形に対して持つ比も，正方形数が正方形数に対する比でない．ゆえに，ZHはHQに対して長さにおいて非共測である **[X.9]**．そして両方とも可述直線である．ゆえに，ZH, HQは可述直線であり，平方においてのみ共測である．ゆえに，ZQは切断直線である **[X.73]**.

そこで私は言う，第6〔切断直線〕でもある．

というのは，まず〔数〕Eが〔数〕BGに対するように，A上の正方形がZH上の正方形に対し，また〔数〕BGが〔数〕GDに対するように，ZH上の正方形がHQ上の正方形に対するから，ゆえに等順位において，〔数〕Eが〔数〕GDに対するように，A上の正方形がHQ上の正方形に対する **[V.22][VII.14]**．また，EがGDに対して持つ比は，正方形数が正方形数に対する比でない．ゆえに，A上の正方形がHQ上の正方形に対して持つ比も，正方形数が正方形数に対する比でない．ゆえに，AはHQに対して長さにおいて非共測である

[**X.9**]．ゆえに，ZH, HQ のどちらも可述直線 A に対して長さにおいて共測でない．すると，ZH 上の正方形が HQ 上の正方形より大きい，その分が K 上の正方形であるとしよう [**X.13 補助定理**]．すると，〔数〕BG が〔数〕GD に対するように，ZH 上の正方形が HQ 上の正方形に対するから，ゆえに転換されて，〔数〕GB が〔数〕BD に対するように，ZH 上の正方形が K 上の正方形に対する [**V.19 系**]．また，GB が BD に対して持つ比は，正方形数が正方形数に対する比でない．ゆえに，ZH 上の正方形が K 上の正方形に対して持つ比も，正方形数が正方形数に対する比でない．ゆえに，ZH は K に対して長さにおいて非共測である [**X.9**]．そして ZH は HQ よりも平方において K 上の正方形だけ大きい．ゆえに，ZH は HQ よりも平方においてそれ自身〔ZH〕に対して長さにおいて非共測な直線上の正方形だけ大きい．そして ZH, HQ のどちらも提示された可述直線 A に対して長さにおいて共測でない．ゆえに，ZQ は第 6 切断直線である [**X. 第 3 定義 6**]．

ゆえに，第 6 切断直線 ZQ が見出されている．これが証明すべきことであった．

解　説

命題 X.85 から本命題までは，第 3 部の第 3 命題群を構成し，直前の第 3 定義で定義した，切断直線の 6 種の下位分類を実際に作図する．これらの命題については第 2 部第 3 命題群の X.53 の解説を参照されたい．

[命題 90 への追加[195]]

またもっと短く上述の 6 個の切断直線を見出すことを証明することもできる．

（写本の図版）　（底本の図版）

そこで第 1〔切断直線〕を見出すべきであるとしよう[196]．第 1 双名直線 AG が提示されたとし，その大きい方の名前が AB であるとし，BG に等しい BD が置かれたとしよう．ゆえに，AB, BG，すなわち AB, BD は可述直線で，平方においてのみ共測であり，AB は，BG すなわち BD よりも，平方において，それ自身〔AB〕に対して共測な直線上の正方形だけ大きく，AB は提示された可述直線に対

[195] P 写本を含む主要写本で，命題の後に置かれている．底本では付録 23.

[196] ここの改行は底本にはない．訳者が追加したものである．

して長さにおいて共測である [**X. 第 2 定義 1**]．ゆえに，ΑD は第 1 切断直線である [**X. 第 3 定義 1**]．そこで，同様に残りの切断直線をも，我々は同じ〔順番の〕数の双名直線を提示して見出すことになる．これが証明すべきことであった．

91

もし領域が，可述直線と第 1 切断直線によって囲まれるならば，その領域に平方において相当する直線は切断直線である．

というのは，領域 AB が可述直線 AG と第 1 切断直線 AD によって囲まれるとしよう．私は言う，領域 AB に平方において相当する直線は切断直線である．

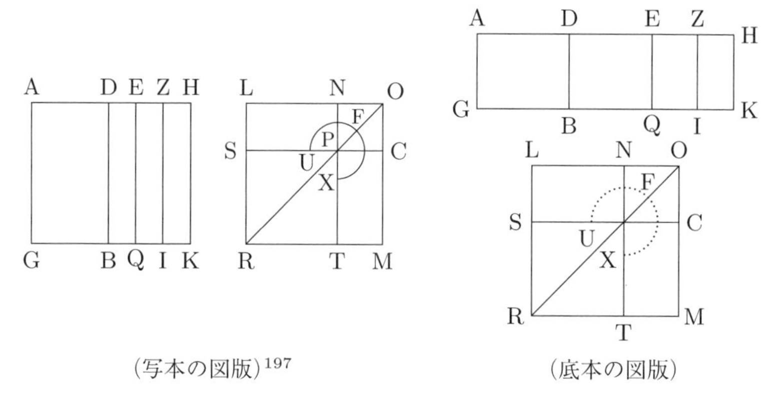

（写本の図版）[197]　（底本の図版）

というのは，AD は第 1 切断直線であるから，それに対する付合直線を DH としよう．ゆえに，AH, HD は可述直線であり，平方においてのみ共測である [**X.73**]．そして全体 AH は提示された可述直線 AG に対して共測であり，AH は HD よりも，平方において，それ自身〔AH〕に対して長さにおいて共測な直線上の正方形だけ大きい [**X. 第 3 定義 1**]．ゆえに，もし DH 上の正方形の 4 分の 1 の部分に等しい領域が，AH の傍らに付置されて，正方形の形状だけ不足するならば，共測な部分へとそれ〔AH〕を分ける [**X.17**]．DH が E において 2 等分されたとし，EH 上の正方形に等しい領域が直線 AH の傍らに付置されて，正方形の形状だけ不足するとし，〔それが〕AZ, ZH に囲まれる長

[197]写本の図版では，NT と SC の交点に P（写本ではギリシャ語アルファベットの Π）という名前がつけられている．ただしこの名前は本文には出てこない．以下この命題群に属する X.96 まで同様である．本命題の底本の図版ではこの名前 P が欠けているが，次の命題 X.92 からは記入されている．

方形であるとしよう **[VI.28]**．ゆえに，AZ は ZH に対して共測である．そして点 E, Z, H を通って AG に平行に EQ, ZI, HK が引かれたとしよう **[I.31]**．

そして，AZ は ZH に対して長さにおいて共測であるから，ゆえに，AH も AZ, ZH の各々に対して長さにおいて共測である **[X.15]**．しかし，AH は AG に対して共測である．ゆえに，AZ, ZH の各々も AG に対して長さにおいて共測である **[X.12]**．そして AG は可述直線である．ゆえに，AZ, ZH の各々も可述直線である **[X. 定義 3]**．したがって，AI, ZK の各々も可述領域である **[X.19]**．そして DE は EH に対して長さにおいて共測であるから，ゆえに，DH も DE, EH の各々に対して長さにおいて共測である **[X.15]** [198]．また DH は可述直線であり，AG に対して長さにおいて非共測である **[X.13]**．ゆえに，DE, EH の各々も可述直線であり，AG に対して長さにおいて非共測である **[X. 定義 3][X.13]**．ゆえに，DQ, EK の各々は中項領域である **[X.21]**．

そこで，まず AI に等しい正方形 LM が置かれたとし，また ZK に等しい正方形で，それ〔LM〕と共通な角 LOM を持つ NC が取り去られたとしよう．ゆえに，正方形 LM, NC は同じ径の周りにある **[VI.26]**．それらの径を OR とし，図形が描かれたとしよう．すると，AZ, ZH によって囲まれる長方形は EH 上の正方形に等しいから，ゆえに，AZ が EH に対するように，EH が ZH に対する **[VI.17]**．しかし，まず AZ が EH に対するように，AI が EK に対し **[VI.1]**，また EH が ZH に対するように，EK が KZ に対する **[VI.1]**．ゆえに，AI と KZ の比例中項は EK である．またさらに LM と NC の比例中項は MN であり **[X.53 補助定理]**—— これは前〔の諸命題〕で証明されたとおりである—— そして [まず] AI は正方形 LM に等しく，また KZ は〔正方形〕NC に等しい．ゆえに，MN も EK に等しい．しかし，まず EK は DQ に等しく，また MN は LC に等しい **[I.43]**．ゆえに，DK はグノーモーン UFX と〔正方形〕NC〔の和〕に等しい．また AK が正方形 LM, NC〔の和〕に等しいのでもある．ゆえに，残りの AB は ST に等しい．また ST は LN 上の正方形である．ゆえに，LN 上の正方形は AB に等しい．ゆえに，LN は AB に平方において相当する．

---

[198] この議論は冗長である．次の命題 X.92 への脚注 199 を参照．

そこで私は言う，LN は切断直線である．

というのは，AI, ZK の各々は可述領域であり，LM, NC に等しいから，ゆえに，LM, NC の各々，すなわち LO, ON の各々の上の正方形も可述領域である．ゆえに，LO, ON の各々は可述直線である [**X. 定義 3, 4**]．一方，DQ は中項領域であり，LC に等しいから，ゆえに，LC も中項領域である．すると，まず LC は中項領域であり，また NC は可述領域であるから，ゆえに，LC は NC に対して非共測である [**X.22**]．また LC が NC に対するように，LO が ON に対する [**VI.1**]．ゆえに，LO は ON に対して長さにおいて非共測である [**X.11**]．そして両方とも可述直線である．ゆえに，LO, ON は可述直線であり，平方においてのみ共測である．ゆえに，LN は切断直線である．そして領域 AB に平方において相当する [**X.73**]．

ゆえに，もし領域が，可述直線によって囲まれるならば，云々．

解　説

本命題から命題 X.96 までの 6 命題は第 3 部第 4 命題群を構成する．命題 X.96 の解説を参照されたい．

92

もし領域が，可述直線と第 2 切断直線によって囲まれるならば，その領域に平方において相当する直線は第 1 中項切断線である．

というのは，領域 AB が可述直線 AG と第 2 切断直線 AD によって囲まれるとしよう．私は言う，領域 AB に平方において相当する直線は第 1 中項切断線である．

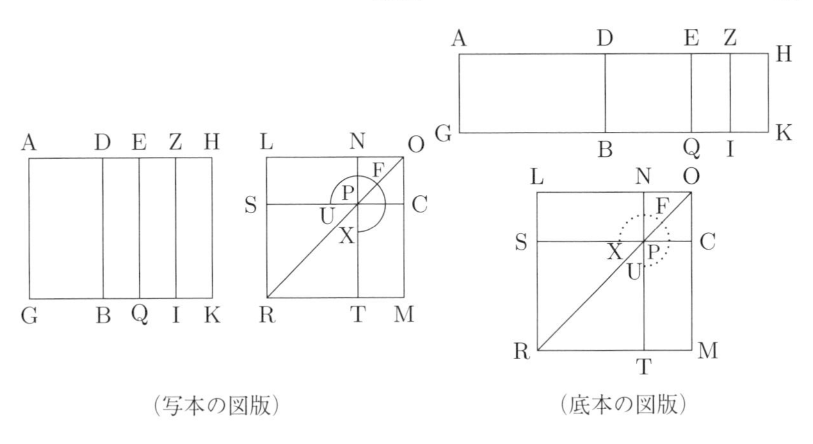

（写本の図版）　　　　（底本の図版）

というのは，AD に対する付合直線を DH としよう．ゆえに，AH, HD は可述直線で，平方においてのみ共測であり [**X.73**]，付合直線 DH は提示された可述直線 AG に対して共測であり，また全体 AH は付合直線 HD よりも，平方において，それ自身〔AH〕に対して長さにおいて共測な直線上の正方形だけ大きい [**X. 第 3 定義 2**]．すると，AH は HD よりも平方においてそれ自身〔AH〕に対して共測な直線上の正方形だけ大きいから，ゆえに，もし HD 上の正方形の 4 分の 1 の部分に等しい領域が，AH の傍らに付置されて，正方形の形状だけ不足するならば，共測な部分へとそれ〔AH〕を分ける [**X.17**]．すると，DH が E において 2 等分されたとしよう [**I.10**]．そして EH 上の正方形に等しい領域が直線 AH の傍らに付置されて，正方形の形状だけ不足するとし，〔それが〕AZ, ZH に囲まれる長方形であるとしよう [**VI.28**]．ゆえに，AZ は ZH に対して長さにおいて共測である [**X.17**]．ゆえに，AH も AZ, ZH の各々に対して長さにおいて共測である [**X.15**]．また AH は可述直線であり，AG に対して長さにおいて非共測である [**X.13**]．ゆえに，AZ, ZH の各々も可述であって，AG に対して長さにおいて非共測である [**X. 定義 3**][**X.13**]．ゆえに，AI, ZK の各々は中項領域である [**X.21**]．一方，DE は EH に対して共測であるから，ゆえに，DH も DE, EH の各々に対して共測である [**X.15**][199]．しかし，DH は AG に対して長さにおいて共測である．[ゆえに，DE, EH の各々

[199] この議論は冗長である．底本の校訂者ハイベアが指摘するように，DH は DE, EH それぞれの 2 倍だからである．なお，ハイベアは X.6 で結論できると述べているが，むしろ共測性の定義そのものによって明らかであると言うべきであろう．

も可述直線であり，AG に対して長さにおいて共測である [**X. 定義 3**][**X.12**]]. ゆえに，DQ, EK の各々は可述領域である [**X.19**].

すると，まず AI に等しい正方形 LM が作図されたとし，また ZK に等しい正方形 NC が取り去られて [**II.14**]，しかも〔NC は〕LM と同じ角 LOM の周りにあるとしよう．ゆえに，正方形 LM, NC は同じ径の周りにある [**VI.26**]. それらの径を OR とし，図形が描かれたとしよう．すると，AI, ZK は中項領域であり，LO, ON 上の正方形に等しいから，[ゆえに，] LO, ON 上の正方形も中項領域である．ゆえに，LO, ON も中項直線で，平方においてのみ共測である．そして，AZ, ZH によって囲まれる長方形は EH 上の正方形に等しいから，ゆえに，AZ が EH に対するように，EH が ZH に対する [**VI.17**]. しかし，まず AZ が EH に対するように，AI が EK に対する [**VI.1**]. また EH が ZH に対するように，EK が ZK に対する [**VI.1**]. ゆえに，AI と ZK の比例中項は EK である [**V.11**]. またさらに正方形 LM と NC の比例中項は MN である [**X.53 補助定理**]. そして，まず AI は LM に等しく，また ZK は NC に〔等しい〕. ゆえに，MN も EK に等しい．しかし，まず EK に DQ は等しく，また MN に LC は〔等しい〕. ゆえに，全体 DK はグノーモーン UFX と〔正方形〕NC〔の和〕に等しい．すると，全体 AK は〔正方形〕LM, NC〔の和〕に等しく，そのうち DK はグノーモーン UFX と〔正方形〕NC〔の和〕に等しいから，ゆえに，残りの AB は TS に等しい．また TS は LN 上の正方形である．ゆえに，LN 上の正方形は領域 AB に等しい．ゆえに，LN は領域 AB に平方において相当する．

[そこで] 私は言う，LN は第 1 中項切断線である．

というのは，EK は可述領域であり，LC に等しいから，ゆえに，LC は可述領域であり，これはすなわち LO, ON に囲まれる長方形である．また NC は中項領域であることが証明された．ゆえに，LC は NC に対して非共測である．また LC が NC に対するように，LO が ON に対する [**VI.1**]. ゆえに，LO, ON は長さにおいて非共測である [**X.11**]. ゆえに，LO, ON は中項直線で，平方においてのみ共測で，可述領域を囲む．ゆえに，LN は第 1 中項切断線である [**X.74**]. そして領域 AB に平方において相当する．

ゆえに，領域 AB に平方において相当する直線は第 1 中項切断線である．これが証明すべきことであった．

93

もし領域が，可述直線と第3切断直線によって囲まれるならば，その領域に平方において相当する直線は第2中項切断線である．

というのは，領域ABが可述直線AGと第3切断直線ADによって囲まれるとしよう．私は言う，領域ABに平方において相当する直線は第2中項切断線である．

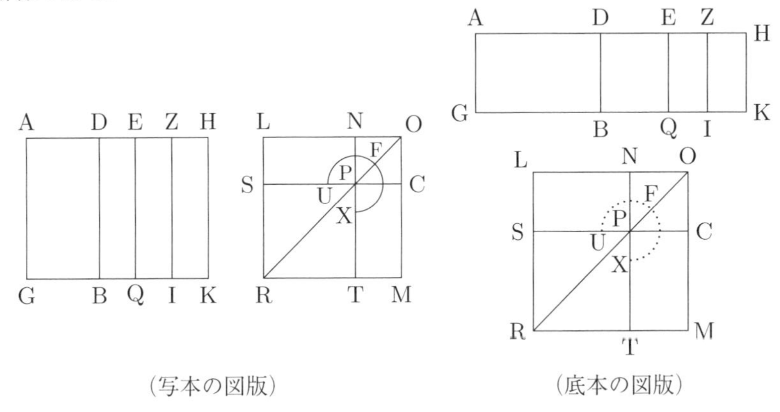

（写本の図版）　（底本の図版）

というのは，ADに対する付合直線をDHとしよう．ゆえに，AH, HDは可述直線で，平方においてのみ共測であり[X.73]，AH, HDのどちらも長さにおいて，提示された可述直線AGに対して共測でなく，また全体AHは付合直線DHよりも，平方において，それ自身〔AH〕に対して共測な直線上の正方形だけ大きい[X. 第3定義3]．すると，AHはHDよりも平方においてそれ自身〔AH〕に対して共測な直線上の正方形だけ大きいから，ゆえに，もしDH上の正方形の4分の1の部分に等しい領域が，AHの傍らに付置されて，正方形の形状だけ不足するならば，共測な部分へとそれ〔AH〕を分けることになる[X.17]．すると，DHがEにおいて2等分されたとし[I.10]，EH上の正方形に等しい領域が直線AHの傍らに付置されて，正方形の形状だけ不足するとし，〔それが〕AZ, ZHに囲まれる長方形であるとしよう[VI.28]．そして，点E, Z, Hを通ってAGに平行にEQ, ZI, HKが引かれたとしよう[I.31]．ゆえに，AZ, ZHは共測である[X.17][200]．ゆえに，AIもZKに対

[200]これは直前の平行線の作図の結果として帰結することではなく，その前の領域付置の作

して共測である **[VI.1][X.11]**．そして ΛZ, ZH は長さにおいて共測であるから，ゆえに，DH も DE, EH の各々に対して長さにおいて共測である **[X.15]**．また AH は可述直線であり，AG に対して長さにおいて非共測である．したがって，AZ, ZH の各々もそうである **[X. 定義 3][X.13]**．ゆえに，AI, ZK の各々は中項領域である **[X.21]**．一方，DE は EH に対して長さにおいて共測であるから，ゆえに，DH も DE, EH の各々に対して長さにおいて共測である **[X.15]**[201]．また HD は可述直線であり，AG に対して長さにおいて非共測である．ゆえに，DE, EH の各々も可述直線であり，AG に対して長さにおいて非共測である **[X. 定義 3][X.13]**．ゆえに，DQ, EK の各々は中項領域である **[X.21]**．そして，AH, HD は平方においてのみ共測であるから，ゆえに，AH は HD に対して長さにおいて非共測である．しかしまず，AH は AZ に対して長さにおいて共測であり，また DH は EH に対して〔長さにおいて共測である〕．ゆえに，AZ は EH に対して長さにおいて非共測である **[X.13]**．また AZ が EH に対するように，AI が EK に対する **[VI.1]**．ゆえに，AI は EK に対して非共測である **[X.11]**．

するとまず，AI に等しい正方形 LM が作図されたとし，また ZK に等しい正方形 NC が取り去られて **[II.14]**，〔NC は〕LM と同じ角の周りにあるとしよう．ゆえに，正方形 LM, NC は同じ径の周りにある **[VI.26]**．それらの径を OR とし，図形が描かれたとしよう．すると，AZ, ZH によって囲まれる長方形は EH 上の正方形に等しいから，ゆえに，AZ が EH に対するように，EH が ZH に対する **[VI.17]**．しかし，まず AZ が EH に対するように，AI が EK に対する **[VI.1]**．また EH が ZH に対するように，EK が ZK に対する **[VI.1]**．ゆえに，AI が EK に対するように，EK も ZK に対する **[V.11]**．ゆえに，AI と ZK の比例中項は EK である．またさらに正方形 LM と NC の比例中項は MN である **[X.53 補助定理]**．そしてまず AI は LM に等しく，また ZK は NC に等しい．ゆえに，EK が MN に等しいのでもある．しかし，まず MN は LC に等しく **[I.43]**，また EK は DQ に等しい．ゆえに，全体 DK もグノーモーン UFX と〔正方形〕NC〔の和〕に等しい．また AK が〔正方形〕LM, NC〔の和〕に等しいのでもある．ゆえに，残りの AB は ST に等し

図の帰結である．

[201] この議論は冗長である．命題 X.92 への脚注 199 を参照．

い，すなわち LN 上の正方形に〔等しい〕．ゆえに，LN は領域 AB に平方において相当する．

私は言う，LN は第 2 中項切断線である．

というのは，AI, ZK は中項領域であることが証明されて，LO, ON 上の正方形に等しいから，ゆえに，LO, ON 上の正方形の各々も中項領域である．ゆえに，LO, ON の各々は中項直線である．そして，AI は ZK に対して共測であるから，ゆえに，LO 上の正方形も ON 上の正方形に対して共測である．一方，AI は EK に対して非共測であることが証明されたから，ゆえに，LM も MN に対して非共測である，すなわち LO 上の正方形も LO, ON に囲まれる長方形に対して非共測である．したがって，LO も ON に対して非共測である **[X.21 補助定理][X.11]**．ゆえに，LO, ON は中項直線で，平方においてのみ共測である．

そこで私は言う，さらに〔LO, ON は〕中項領域を囲む．

というのは，EK は中項領域であることが証明されて，LO, ON に囲まれる長方形に等しいから，ゆえに，LO, ON に囲まれる長方形も中項領域である．したがって，LO, ON は中項直線で，平方においてのみ共測で，中項領域を囲む．ゆえに，LN は第 2 中項切断線であって **[X.35]**，領域 AB に平方において相当する．

ゆえに，領域 AB に平方において相当する直線は第 2 中項切断線である．これが証明すべきことであった．

94

もし領域が，可述直線と第 4 切断直線によって囲まれるならば，その領域に平方において相当する直線は劣直線である．

というのは，領域 AB が可述直線 AG と第 4 切断直線 AD によって囲まれるとしよう．私は言う，領域 AB に平方において相当する直線は劣直線である．

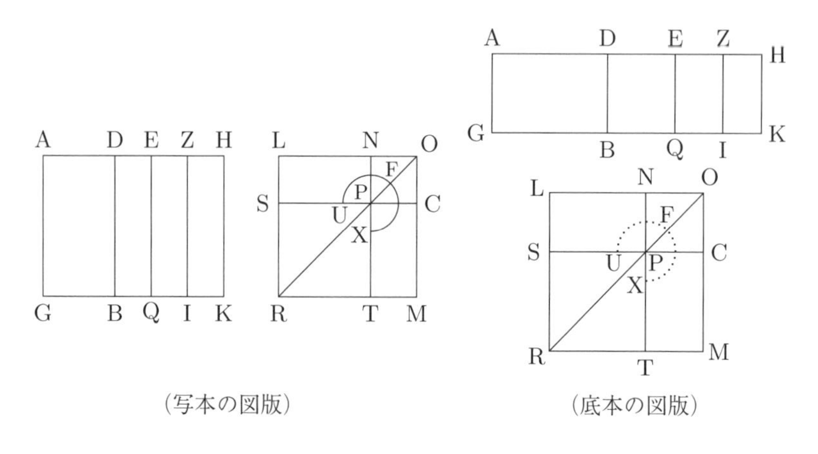

（写本の図版） （底本の図版）

というのは，AD に対する付合直線を DH としよう．ゆえに，AH, HD は可述直線で，平方においてのみ共測であり **[X.73]**，AH は提示された可述直線 AG に対して長さにおいて共測であり，また全体 AH は付合直線 DH よりも，平方において，それ自身〔AH〕に対して長さにおいて非共測な直線上の正方形だけ大きい **[X. 第 3 定義 4]**．すると，AH は HD よりも平方においてそれ自身〔AH〕に対して長さにおいて非共測な直線上の正方形だけ大きいから，ゆえに，もし DH 上の正方形の 4 分の 1 の部分に等しい領域が，AH の傍らに付置されて，正方形の形状だけ不足するならば，非共測な部分へとそれ〔AH〕を分けることになる **[X.18]**．すると，DH が E において 2 等分されたとし **[I.10]**，EH 上の正方形に等しい領域が直線 AH の傍らに付置されて，正方形の形状だけ不足するとし，〔それが〕AZ, ZH に囲まれる長方形であるとしよう **[VI.28]**．ゆえに，AZ は ZH に対して長さにおいて非共測である．すると，E, Z, H を通って AG, BD に平行に EQ, ZI, HK が引かれたとしよう **[I.31]**．すると，AH は可述直線であり，AG に対して長さにおいて共測であるから，ゆえに，全体 AK は可述領域である **[X.19]**．一方，DH は AG に対して長さにおいて非共測であり **[X.13]**，両方は可述直線であるから，ゆえに，DK は中項領域である **[X.21]**．一方，AZ は ZH に対して長さにおいて非共測であるから，ゆえに，AI も ZK に対して非共測である **[VI.1][X.11]**．すると，まず AI に等しい正方形 LM が作図されたとし，また ZK に等しい正方形が同じ角の LOM の周りで取り去られたとし，それが正方形 NC であるとしよ

う **[II.14]**．ゆえに，正方形 LM, NC は同じ径の周りにある **[VI.26]**．それらの径を OR とし，図形が描かれたとしよう．すると，AZ, ZH によって囲まれる長方形は EH 上の正方形に等しいから，ゆえに，比例して，AZ が EH に対するように，EH が ZH に対する **[VI.17]**．しかしまず，AZ が EH に対するように，AI が EK に対する **[VI.1]**．また EH が ZH に対するように，EK が ZK に対する **[VI.1]**．ゆえに，AI と ZK の比例中項は EK である．またさらに正方形 LM と NC の比例中項は MN であり **[X.53 補助定理]**，まず AI は LM に等しく，また ZK は NC に等しい．ゆえに，EK が MN に等しいのでもある．しかし，まず EK に DQ が等しく，また MN に LC が等しい **[I.43]**．ゆえに，全体 DK はグノーモーン UFX と〔正方形〕NC〔の和〕に等しい．すると，全体 AK は〔正方形〕LM, NC〔の和〕に等しく，そのうち DK はグノーモーン UFX と正方形 NC〔の和〕に等しいから，ゆえに，残りの AB は ST に等しい，すなわち LN 上の正方形に等しい．ゆえに，LN は領域 AB に平方において相当する．

私は言う，LN は劣直線と呼ばれる無比直線である．

というのは，AK は可述領域であり，LO, ON 上の正方形〔の和〕に等しいから，ゆえに，LO, ON 上の正方形を合わせたものは可述領域である．一方，DK は中項領域であり，DK は LO, ON に囲まれる長方形の 2 倍に等しいから，ゆえに，LO, ON に囲まれる長方形の 2 倍は中項領域である．そして AI は ZK に対して非共測であることが証明されたから，ゆえに，LO 上の正方形も ON 上の正方形に対して非共測である．ゆえに，LO, ON は平方において非共測であり，まずそれらの上の正方形を合わせたものを可述領域とし，またそれらに囲まれる長方形の 2 倍を中項領域とする．ゆえに，LN は無比直線であり，それは劣直線と呼ばれるものである．そして，領域 AB に平方において相当する．

ゆえに，領域 AB に平方において相当する直線は劣直線である．これが証明すべきことであった．

95

もし領域が，可述直線と第 5 切断直線によって囲まれるならば，その領域に平方において相当する直線は合可述造中項線である．

というのは，領域 AB が可述直線 AG と第 5 切断直線 AD によって囲まれるとしよう．私は言う，領域 AB に平方において相当する直線は合可述造中項線である．

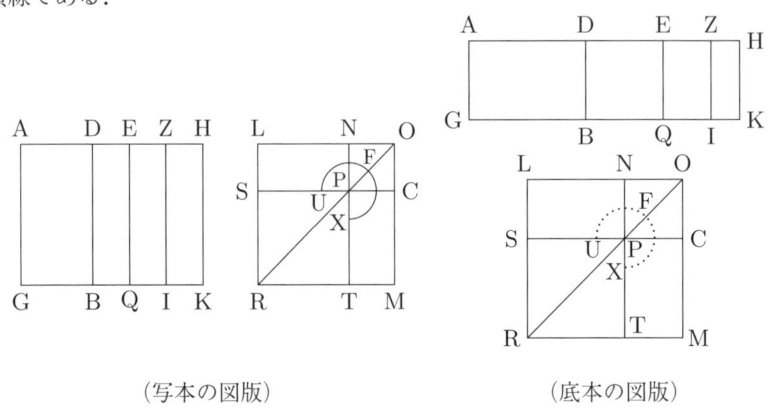

（写本の図版）　（底本の図版）

というのは，AD に対する付合直線を DH としよう．ゆえに，AH, HD は可述直線で，平方においてのみ共測であり **[X.73]**，付合直線 HD は長さにおいて，提示された可述直線 AG に対して共測であり，また全体 AH は付合直線 DH よりも，平方において，それ自身〔AH〕に対して非共測な直線上の正方形だけ大きい **[X. 第 3 定義 5]**．ゆえに，もし DH 上の正方形の 4 分の 1 の部分に等しい領域が，AH の傍らに付置されて，正方形の形状だけ不足するならば，非共測な部分へとそれ〔AH〕を分けることになる **[X.18]**．すると，DH が点 E において 2 等分されたとし **[I.10]**，EH 上の正方形に等しい領域が直線 AH の傍らに付置されて，正方形の形状だけ不足するとし，〔それが〕AZ, ZH に囲まれる長方形であるとしよう **[VI.28]**．ゆえに，AZ は ZH に対して長さにおいて非共測である．そして AH は GA に対して長さにおいて非共測であり **[X.13]**，両方が可述直線であるから，ゆえに，AK は中項領域である **[X.21]**．一方，DH は可述直線であり，AG に対して長さにおいて共測であるから，DK は可述領域である **[X.19]**．すると，まず AI に等しい正方形 LM が作図されたとし，また ZK に等しい正方形 NC が取り去られたとし **[II.14]**，〔NC は〕同じ角 LOM の周りにあるとしよう．ゆえに正方形 LM, NC は同じ径の周りにある **[VI.26]**．それらの径を OR とし，図形が描かれたとしよう．同様に我々は次のことを証明することになる，LN は領域 AB に平方において相当する．

私は言う，LN は合可述造中項線である．

というのは，AK は中項領域であることが証明されて，LO, ON 上の正方形〔の和〕に等しいから，ゆえに，LO, ON 上の正方形を合わせたものは中項領域である．一方，DK は可述領域であり，LO, ON に囲まれる長方形の 2 倍に等しいから，これ〔LO, ON に囲まれる長方形の 2 倍〕も可述領域である．そして AI は ZK に対して非共測であるから，ゆえに，LO 上の正方形も ON 上の正方形に対して非共測である [**X.11**]．ゆえに，LO, ON は平方において非共測であり，まずそれらの上の正方形を合わせたものを中項領域とし，またそれらに囲まれる長方形の 2 倍を可述領域とする．ゆえに，残りの LN は無比直線であり，合可述造中項線と呼ばれるものである [**X.77**]．そして領域 AB に平方において相当する．

ゆえに，領域 AB に平方において相当する直線は合可述造中項線である．これが証明すべきことであった．

96

もし領域が，可述直線と第 6 切断直線によって囲まれるならば，その領域に平方において相当する直線は合中項造中項線である．

というのは，領域 AB が可述直線 AG と第 6 切断直線 AD によって囲まれるとしよう．私は言う，領域 AB に平方において相当する直線は合中項造中項線である．

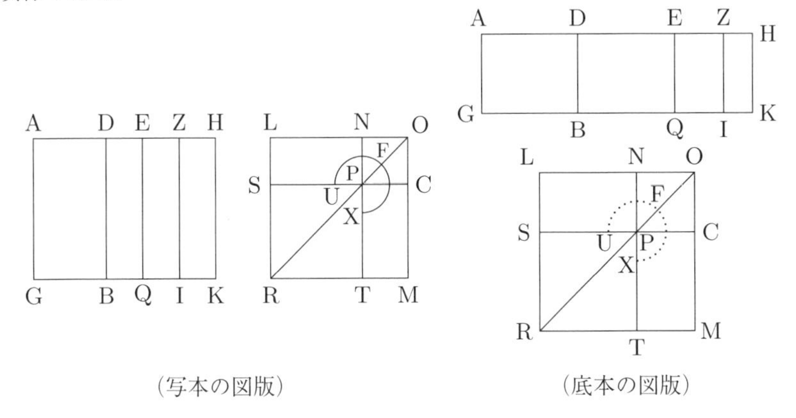

（写本の図版）　（底本の図版）

というのは，AD に対する付合直線を DH としよう．ゆえに，AH, HD は可述直線で，平方においてのみ共測であり **[X.73]**，それら〔AH, HD〕のどちらも長さにおいて，提示された可述直線 AG に対して共測でなく，また全体 AH は付合直線 DH よりも，平方においてそれ自身〔AH〕に対して長さにおいて非共測な直線上の正方形だけ大きい **[X. 第 3 定義 6]**．すると，AH は HD よりも平方においてそれ〔AH〕に対して長さにおいて非共測な直線上の正方形だけ大きいから，ゆえに，もし DH 上の正方形の 4 分の 1 の部分に等しい領域が，AH の傍らに付置されて，正方形の形状だけ不足するならば，非共測な部分へとそれ〔AH〕を分けることになる **[X.18]**．すると，DH が [点] E において 2 等分されたとし **[I.10]**，EH 上の正方形に等しい領域が直線 AH の傍らに付置されて，正方形の形状だけ不足するとし，〔それが〕AZ, ZH に囲まれる長方形であるとしよう **[VI.28]**．ゆえに，AZ は ZH に対して長さにおいて非共測である．また AZ が ZH に対するように，AI が ZK に対する **[VI.1]**．ゆえに，AI は ZK に対して非共測である **[X.11]**．そして AH, AG は可述直線であり，平方においてのみ共測であるから，AK は中項領域である **[X.21]**．一方，AG, DH は可述直線であり，長さにおいて非共測であるから，DK も中項領域である **[X.21]**．すると，AH, HD は平方においてのみ共測であるから，ゆえに，AH は HD に対して長さにおいて非共測である．また AH が HD に対するように，AK が KD に対する **[VI.1]**．ゆえに，AK は KD に対して非共測である **[X.11]**．すると，まず AI に等しい正方形 LM が作図されたとし，また ZK に等しい正方形が同じ角の周りで取り去られたとし，それが正方形 NC であるとしよう **[II.14]**．ゆえに，正方形 LM, NC は同じ径の周りにある **[VI.26]**．それらの径を OR とし，図形が描かれたとしよう．そこで，上と同様に我々は次のことを証明することになる，LN は領域 AB に平方において相当する．

私は言う，LN は合中項造中項線である．

というのは，AK は中項領域であることが証明されて，LO, ON 上の正方形〔の和〕に等しいから，ゆえに，LO, ON 上の正方形を合わせたものは中項領域である．一方，DK は中項領域であることが証明されて，LO, ON に囲まれる長方形の 2 倍に等しいから，LO, ON に囲まれる長方形の 2 倍も中項領域である．そして AK は DK に対して非共測であることが証明されたから，［ゆえに，］LO, ON 上の正方形〔の和〕も LO, ON に囲まれる長方形の 2 倍に対して非共測である．そして，AI は ZK に対して非共測であるから，ゆえに，LO 上の正方形は ON 上の正方形に対して非共測でもある．ゆえに，LO, ON は平方において非共測であり，まずそれらの上の正方形を合わせたものを中項領域とし，またそれらに囲まれる長方形の 2 倍を中項領域とし，さらにそれらの上の正方形を合わせたものを，それらに囲まれる長方形の 2 倍に対して非共測とする．ゆえに，LN は無比直線であり，合中項造中項線と呼ばれるものである．そして〔LN は〕領域 AB に平方において相当する．

ゆえに，この領域に平方において相当する直線は合中項造中項線である．これが証明すべきことであった．

解　　説

X.91 から本命題までの 6 命題は第 3 部第 4 命題群を構成し，切断直線と可述直線の囲む領域に平方において相当する直線（この領域に等しい正方形の 1 辺）が 6 種の差の無比直線になることを示す．これらの命題については，第 2 部第 4 命題群の X.59 の解説を参照されたい．

97

切断直線上の正方形が可述直線の傍らに付置されると，作る幅は第 1 切断直線である．

切断直線を AB，また可述直線を GD とし，AB 上の正方形に等しい領域が GD の傍らに付置されたとし，それが GE であって，作る幅が GZ であるとしよう．私は言う，GZ は第 1 切断直線である．

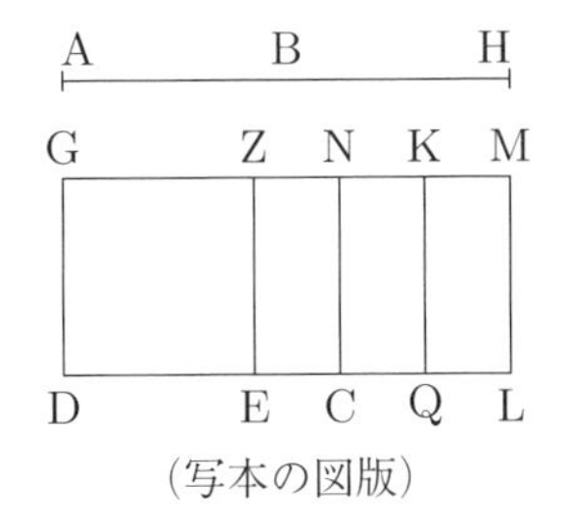

（写本の図版）

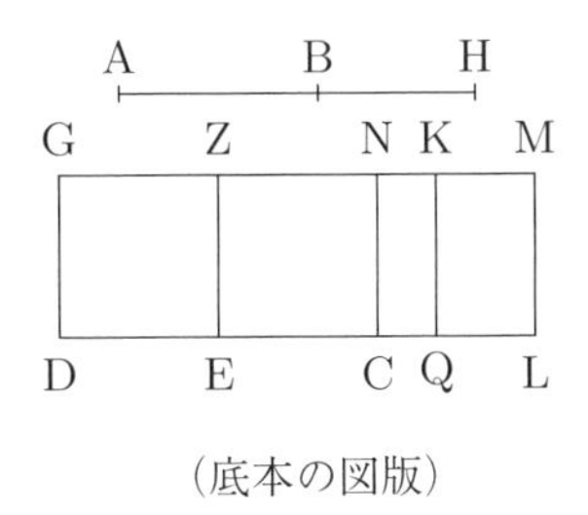

（底本の図版）

というのは，AB に対する付合直線を BH としよう．ゆえに，AH, HB は可述直線であり，平方においてのみ共測である［**X.73**］．そして，まず AH 上の正方形に等しい領域が GD の傍らに付置されて，それが GQ であるとし，また BH 上の正方形に〔等しい領域が付置されて，それが〕KL であるとしよう **[I.45]**．ゆえに，全体 GL は AH, HB 上の正方形〔の和〕に等しい．そのうち GE は AB 上の正方形に等しい．ゆえに，残りの ZL は AH, HB に囲まれる長方形の 2 倍に等しい **[II.7]**．ZM が点 N において 2 等分されたとし **[I.10]**，N を通って GD に平行な NC が引かれたとしよう **[I.31]**．ゆえに，ZC, LN の各々は AH, HB に囲まれる長方形に等しい．そして AH, HB 上の正方形は可述領域であり，AH, HB 上の正方形〔の和〕に DM は等しいから，ゆえに，DM は可述領域である **[X.15][X. 定義 4]**．そして可述直線 GD の傍らに付置されていて，作る幅が GM である．ゆえに，GM は可述直線であり，GD に対して長さにおいて共測である **[X.20]**．一方，AH, HB に囲まれる長方形の 2 倍は中項領域であり **[X.21][X.23 系]**，AH, HB に囲まれる長方形の 2 倍に ZL が等しいから，ゆえに，ZL は中項領域である．そして可述直線 GD の傍らに付置されていて，作る幅が ZM である．ゆえに，ZM は可述直線であり，GD に対して長さにおいて非共測である **[X.22]**．そしてまず AH, HB 上の正方形は可述領域であり，また AH, HB に囲まれる長方形の 2 倍は中項領域であるから，ゆえに，AH, HB 上の正方形〔の和〕は AH, HB に囲まれる長方形の 2 倍に対して非共測である **[X.21]**．そしてまず AH, HB 上の正方形〔の和〕に GL が等しく，また AH, HB に囲まれる長方形の 2 倍に ZL が等しい．ゆえに，DM は ZL に対して非共測である．また DM が ZL に対するように，GM が ZM に対する **[VI.1]**．ゆえに，GM は ZM に対して長さにおいて非共測である **[X.11]**．そして両方は可述直線である．ゆえに，GM, MZ は可述直線であり，平方においてのみ共測である．ゆえに，GZ は切断直線である **[X.73]**．

そこで私は言う，第 1〔切断直線〕でもある．

というのは，AH, HB 上の正方形の比例中項は AH, HB に囲まれる長方形であり，まず AH 上の正方形に GQ が等しく，また BH 上の正方形に KL が等しく，また AH, HB に囲まれる長方形に NL が等しいから，ゆえに，GQ, KL の比例中項が NL なのでもある．ゆえに，GQ が NL に対するように，NL が KL に対する．しかし，まず GQ が NL に対するように，GK が NM に対する．また NL が KL に対するように，NM が KM に対する **[VI.1]**．ゆえに，GK, KM に囲まれる長方形は NM 上の正方形に等しい [**V.11**][**VI.17**]，すなわち ZM 上の正方形の 4 分の 1 の部分に等しい．そして AH 上の正方形は HB 上の正方形に対して共測であるから，GQ も KL に対して共測である．また GQ が KL に対するように，GK が KM に対する [**VI.1**]．ゆえに，GK は KM に対して共測である [**X.11**]．すると，GM, MZ は 2 つの不等な直線であり，ZM 上の正方形の 4 分の 1 の部分に等しい領域が，GM の傍らに付置されていて，正方形の形状だけ不足し，〔付置された領域が〕GK, KM に囲まれる長方形であり，GK は KM に対して共測であるから，ゆえに，GM は MZ よりも，平方において，それ自身〔GM〕に対して長さにおいて共測な直線上の正方形だけ大きい [**X.17**]．そして GM は提示された可述直線 GD に対して長さにおいて共測である．ゆえに，GZ は第 1 切断直線である [**X. 第 2 定義 1**]．

ゆえに，切断直線上の正方形が可述直線の傍らに付置されると，作る幅は第 1 切断直線である．これが証明すべきことであった．

解　説

本命題から命題 X.102 までの 6 命題は第 3 部第 5 命題群を構成する．命題 X.102 の解説を参照されたい．

98

第 1 中項切断線上の正方形が可述直線の傍らに付置されると，作る幅は第 2 切断直線である．

第 1 中項切断線を AB，また可述直線を GD とし，AB 上の正方形に等しい領域が GD の傍らに付置されたとし，それが GE であって，作る幅が GZ であるとしよう．私は言う，GZ は第 2 切断直線である．

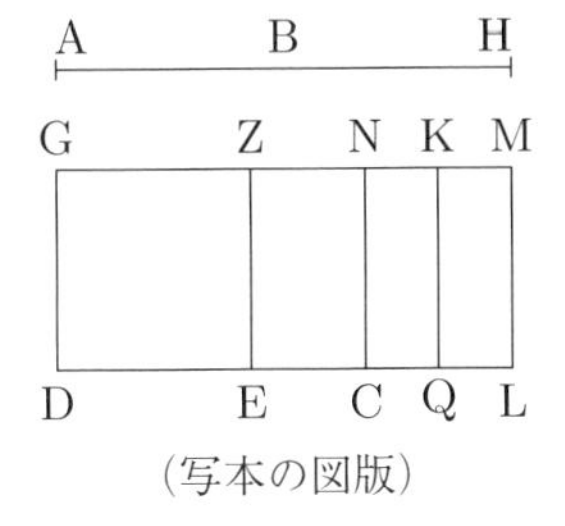

(写本の図版)

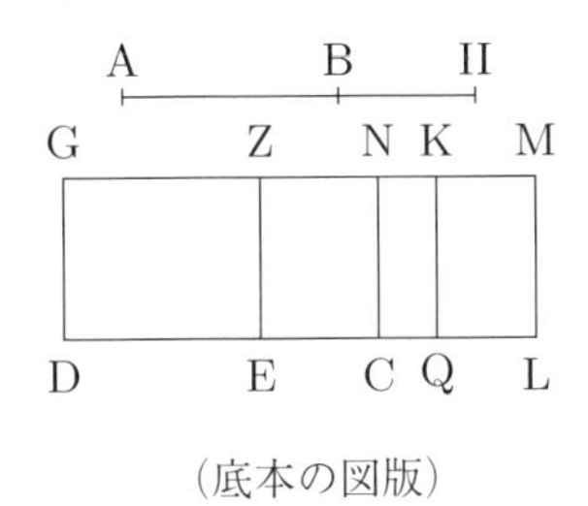

(底本の図版)

というのは，AB に対する付合直線を BH としよう．ゆえに，AH, HB は中項直線で，平方においてのみ共測で，可述領域を囲む [**X.74**]．そして，まず AH 上の正方形に等しい領域が GD の傍らに付置されて，それが GQ で，作る幅が GK であるとし，また HB 上の正方形に等しい領域が〔付置されて，それが〕KL で，作る幅が KM であるとしよう [**I.45**]．ゆえに，全体 GL は AH, HB 上の正方形〔の和〕に等しい．ゆえに，GL も中項領域である [**X.15**][**X.23 系**][202]．そして〔GL は〕可述直線 GD の傍らに付置されていて，作る幅が GM である．ゆえに，GM は可述直線であり，GD に対して長さにおいて非共測である [**X.22**]．そして GL は AH, HB 上の正方形〔の和〕に等しく，そのうち AB 上の正方形は GE に等しいから，ゆえに，残りの AH, HB に囲まれる長方形の 2 倍は ZL に等しい [**II.7**]．また AH, HB に囲まれる長方形の 2 倍は可述領域である [**X. 定義 4**]．ゆえに，ZL は可述領域である．そして可述直線 ZE の傍らに付置されていて，作る幅が ZM である．ゆえに，ZM も可述直線であり，GD に対して長さにおいて共測である [**X.20**]．すると，まず AH, HB 上の正方形〔の和〕，すなわち GL は中項領域であり，また AH, HB に囲まれる長方形の 2 倍，すなわち ZL は可述領域であるから，ゆえに，GL は ZL に対して非共測である [**X.21**][203]．また GL が ZL に対するように，GM が ZM に対する [**VI.1**]．ゆえに，GM は ZM に対して長さにおいて非共測である [**X.11**]．そして両方は可述直線である．ゆえに，GM, MZ は可述直線であり，平方においてのみ共測である．ゆえに，GZ は切断直線である [**X.73**]．

そこで私は言う，第 2〔切断直線〕でもある．

というのは，ZM が N において 2 等分されたとし [**I.10**]，N を通って GD に平行な NC が引かれたとしよう [**I.31**]．ゆえに，ZC, LN の各々は AH, HB に囲まれる長方形に等しい．そして AH, HB 上の正方形の比例中項は AH, HB に囲まれる長方形であり [**X.21 補助定理**]，まず AH 上の正方形は GQ に等しく，また AH, HB に囲まれる長方形は NL に，また BH 上の正方形は KL に等しいから，ゆえに，GQ, KL の比例中項が NL なのでもある．ゆえに，GQ が NL に対するように，NL が KL に対する．しかし，まず GQ が NL に

[202] 互いに共測な 2 つの中項領域の和は中項領域である．命題 X.38 への脚注 122 を参照．
[203] 中項領域は無比領域であるから，可述領域とは共測でない．これは X.21 での中項領域の定義からも明らかである．

対するように，GK が NM に対し，また NL が KL に対するように，NM が MK に対する **[VI.1]**．ゆえに，GK が NM に対するように，NM が KM に対する **[V.11]**．ゆえに，GK, KM に囲まれる長方形は NM 上の正方形に，すなわち ZM 上の正方形の 4 分の 1 の部分に等しい．[そして AH 上の正方形は BH 上の正方形に対して共測であるから，GQ も KL に対して，すなわち GK も KM に対して共測である **[VI.1][X.11]**．] すると，GM, MZ は 2 つの不等な直線であり，MZ 上の正方形の 4 分の 1 の部分に等しい領域が，大きい方の GM の傍らに付置されていて，正方形の形状だけ不足し，〔付置された領域が〕GK, KM に囲まれる長方形であり，それ〔GM〕を共測な 2 直線〔GK, KM〕へと分けるから，ゆえに，GM は MZ よりも，平方において，それ自身〔GM〕に対して長さにおいて共測な直線上の正方形だけ大きい **[X.17]**．そして付合直線 ZM は提示された可述直線 GD に対して長さにおいて共測である．ゆえに，GZ は第 2 切断直線である **[X. 第 2 定義 2]**．

ゆえに，第 1 中項切断線上の正方形が可述直線の傍らに付置されると，作る幅は第 2 切断直線である．これが証明すべきことであった．

99

第 2 中項切断線上の正方形が可述直線の傍らに付置されると，作る幅は第 3 切断直線である．

第 2 中項切断線を AB，また可述直線を GD とし，AB 上の正方形に等しい領域が GD の傍らに付置されたとし，それが GE であって，作る幅が GZ であるとしよう．私は言う，GZ は第 3 切断直線である．

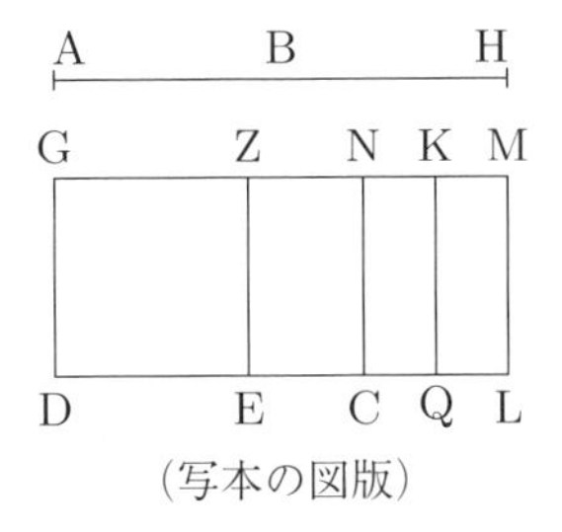

（写本の図版）

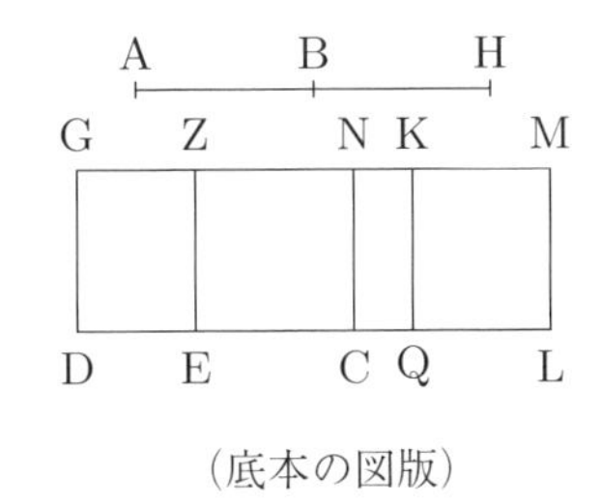

（底本の図版）

というのは，AB に対する付合直線を BH としよう．ゆえに，AH, HB は中項直線で，平方においてのみ共測で，中項領域を囲む **[X.75]**．そして，まず AH 上の正方形に等しい領域が GD の傍らに付置されて，それが GQ で，作る幅が GK であるとし，また BH 上の正方形に等しい領域が KQ の傍らに付置されて，それが KL で，作る幅が KM であるとしよう **[I.45]**．ゆえに，全体 GL は AH, HB 上の正方形〔の和〕に等しい．[そして，AH, HB 上の正方形は中項領域である.] ゆえに，GL も中項領域である **[X.15][X.23 系]**[204]．そして〔GL は〕可述直線 GD の傍らに付置されていて，作る幅が GM である．ゆえに，GM は可述直線であり，GD に対して長さにおいて非共測である **[X.22]**．そして全体 GL は AH, HB 上の正方形〔の和〕に等しく，そのうち GE は AB 上の正方形に等しいから，ゆえに，残りの LZ は AH, HB に囲まれる長方形の 2 倍に等しい **[II.7]**．すると，ZM が点 N において 2 等分されたとし **[I.10]**，GD に平行な NC が引かれたとしよう **[I.31]**．ゆえに，ZC, LN の各々は AH, HB に囲まれる長方形に等しい．また AH, HB に囲まれる長方形は中項領域である．ゆえに，ZL も中項領域である．そして可述直線 EZ の傍らに付置されていて，作る幅が ZM である．ゆえに，ZM も可述直線であり，GD に対して長さにおいて非共測である **[X.22]**．そして AH, HB は平方においてのみ共測であるから，ゆえに，AH は HB に対して長さにおいて非共測である．ゆえに，AH 上の正方形も AH, HB に囲まれる長方形に対して非共測である **[X.21 補助定理][X.11]**．しかし，まず AH 上の正方形に対して AH, HB 上の正方形〔の和〕は共測であり **[X.15]**，また AH, HB に囲まれる長方形に対して AH, HB に囲まれる長方形の 2 倍は〔共測である〕**[X. 定義 1]**．ゆえに，AH, HB 上の正方形〔の和〕は AH, HB に囲まれる長方形の 2 倍に対して非共測である **[X.13]**．しかし，まず AH, HB 上の正方形〔の和〕に GL は等しく，また AH, HB に囲まれる長方形の 2 倍に ZL は〔等しい〕．ゆえに，GL は ZL に対して非共測である．また GL が ZL に対するように，GM が ZM に対する **[VI.1]**．ゆえに，GM は ZM に対して長さにおいて非共測である **[X.11]**．そして両方は可述直線である．ゆえに，GM, MZ は可述直線であり，平方においてのみ共測である．ゆえに，GZ は切断直線である **[X.73]**．

そこで私は言う，第 3〔切断直線〕でもある．

というのは，AH 上の正方形は HB 上の正方形に対して共測であるから，ゆ

---

[204] 直前の命題 X.98 の脚注 202 を参照．

えに，GQ も KL に対して共測である．したがって，GK も KM に対して〔共測である〕[VI.1][X.11]．そして AH, HB 上の正方形の比例中項は AH, HB に囲まれる長方形であり [X.53 補助定理]，まず AH 上の正方形に GQ は等しく，また HB 上の正方形に KL は等しく，また AH, HB に囲まれる長方形に NL は等しいから，ゆえに，GQ, KL の比例中項が NL なのでもある．ゆえに，GQ が NL に対するように，NL が KL に対する．しかし，まず GQ が NL に対するように，GK が NM に対し，また NL が KL に対するように，NM が KM に対する．ゆえに，GK が MN に対するように，MN が KM に対する [V.11]．ゆえに，GK, KM に囲まれる長方形は [NM 上の正方形，すなわち] ZM 上の正方形の 4 分の 1 の部分に等しい [VI.17]．すると，GM, MZ は 2 つの不等な直線であり，ZM 上の正方形の 4 分の 1 の部分に等しい〔領域〕が，GM の傍らに付置されていて，正方形の形状だけ不足し，それ〔GM〕を共測な 2 直線〔GK, KM〕へと分けるから，ゆえに，GM は MZ よりも，平方においてそれ自身〔GM〕に対して共測な直線上の正方形だけ大きい．そして GM, MZ のどちらも，提示された可述直線 GD に対して長さにおいて共測でない．ゆえに，GZ は第 3 切断直線である [X. 第 3 定義 3]．

ゆえに，第 2 中項切断線上の正方形が可述直線の傍らに付置されると，作る幅は第 3 切断直線である．これが証明すべきことであった．

100

劣直線上の正方形が可述直線の傍らに付置されると，作る幅は第 4 切断直線である．

劣直線を AB，また可述直線を GD とし，AB 上の正方形に等しい領域が GD の傍らに付置されたとし，それが GE であって，作る幅が GZ であるとしよう．私は言う，GZ は第 4 切断直線である．

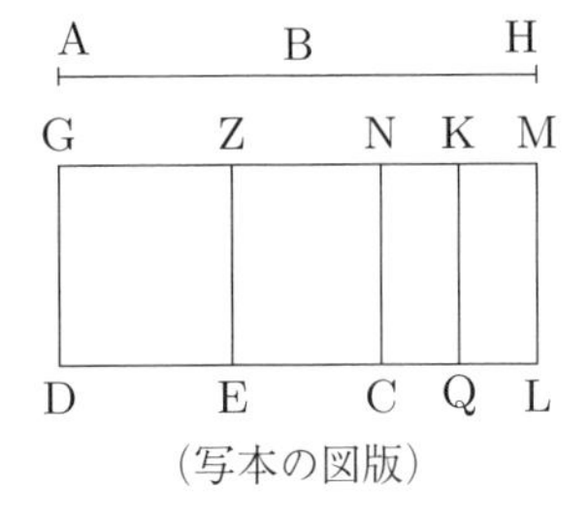

（写本の図版）

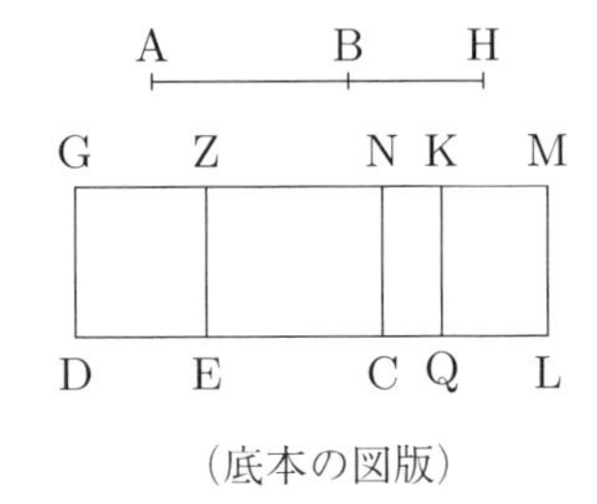

（底本の図版）

というのは，AB に対する付合直線を BH としよう．ゆえに，AH, HB は平方において非共測であり，まず AH, HB 上の正方形を合わせたものを可述領域とし，また AH, HB に囲まれる長方形を中項領域とする **[X.76]**．そして，まず AH 上の正方形に等しい領域が GD の傍らに付置されて，それが GQ で，作る幅が GK であるとし，また BH 上の正方形に等しい領域が〔付置されて，それが〕KL で，作る幅が KM であるとしよう **[I.45]**．ゆえに，全体 GL は AH, HB 上の正方形〔の和〕に等しい．そして AH, HB 上の正方形を合わせたものは可述領域である．ゆえに，GL も可述領域である．そして可述直線 GD の傍らに付置されていて，作る幅が GM である．ゆえに，GM も可述直線であり，GD に対して長さにおいて共測である **[X.20]**．そして全体 GL は AH, HB 上の正方形〔の和〕に等しく，そのうち GE は AB 上の正方形に等しいから，ゆえに，残りの ZL は AH, HB に囲まれる長方形の 2 倍に等しい **[II.7]**．すると，ZM が点 N において 2 等分されたとし **[I.10]**，N を通って GD, ML のどちらかに平行な NC が引かれたとしよう **[I.31]**．ゆえに，ZC, NL の各々は AH, HB に囲まれる長方形に等しい．そして AH, HB に囲まれる長方形の 2 倍は中項領域であり **[X.23 系]**，ZL に等しいから，ゆえに，ZL も中項領域である．そして可述直線 ZE の傍らに付置されていて，作る幅が ZM である．ゆえに，ZM は可述直線であり，GD に対して長さにおいて非共測である **[X.22]**．そしてまず AH, HB 上の正方形を合わせたものは可述領域であり，また AH, HB に囲まれる長方形の 2 倍は中項領域であるから，[ゆえに，] AH, HB 上の正方形〔の和〕は AH, HB に囲まれる長方形の 2 倍に対して非共測である[205]．また GL は AH, HB 上の正方形〔の和〕に等しく，また AH, HB に囲まれる長方形の 2 倍に ZL が等しい．ゆえに，GL は ZL に対して非共測である．また GL が ZL に対するように，GM が MZ に対する **[VI.1]**．ゆえに，GM は MZ に対して長さにおいて非共測である **[X.11]**．そして両方は可述直線である．ゆえに，GM, MZ は可述直線であり，平方においてのみ共測である．ゆえに，GZ は切断直線である **[X.73]**．

[そこで] 私は言う，第 4〔切断直線〕でもある．

というのは，AH, HB は平方において非共測であるから，ゆえに，AH 上の

[205] 可述領域と中項領域は互いに非共測である．命題 X.98 の脚注 203 を参照．

正方形も HB 上の正方形に対して非共測である．そしてまず AH 上の正方形に GQ は等しく，また HB 上の正方形に KL は等しい．ゆえに，GQ は KL に対して非共測である．また GQ が KL に対するように，GK が KM に対する [VI.1]．ゆえに，GK は KM に対して長さにおいて非共測である [X.11]．そして AH, HB 上の正方形の比例中項は AH, HB に囲まれる長方形であり [X.53 補助定理]，まず，AH 上の正方形は GQ に等しく，また HB 上の正方形は KL に，また AH, HB に囲まれる長方形は NL に等しいから，ゆえに GQ, KL の比例中項は NL である．ゆえに，GQ が NL に対するように，NL が KL に対する．しかし，まず GQ が NL に対するように，GK が NM に対し，また NL が KL に対するように，NM が KM に対する [VI.1]．ゆえに，GK が MN に対するように，MN が KM に対する [V.11]．ゆえに，GK, KM に囲まれる長方形は MN 上の正方形に等しい [VI.17]，すなわち ZM 上の正方形の 4 分の 1 に等しい．すると，GM, MZ は 2 つの不等な直線であり，MZ 上の正方形の 4 分の 1 の部分に等しい領域が，GM の傍らに付置されていて，正方形の形状だけ不足し，〔付置された領域が〕GK, KM に囲まれる長方形であり，それ〔GM〕を非共測な 2 切片〔GK, KM〕へと分けるから，ゆえに，GM は MZ よりも，平方においてそれ自身〔GM〕に対して非共測な直線上の正方形だけ大きい [X.18]．そして全体 GM は提示された可述直線 GD に対して長さにおいて共測である．ゆえに，GZ は第 4 切断直線である [X. 第 3 定義 4]．

ゆえに，劣直線上の正方形が云々．

101

合可述造中項線上の正方形が可述直線の傍らに付置されると，作る幅は第 5 切断直線である．

合可述造中項線を AB，また可述直線を GD とし，AB 上の正方形に等しい領域が GD の傍らに付置されたとし，それが GE であって，作る幅が GZ であるとしよう．私は言う，GZ は第 5 切断直線である．

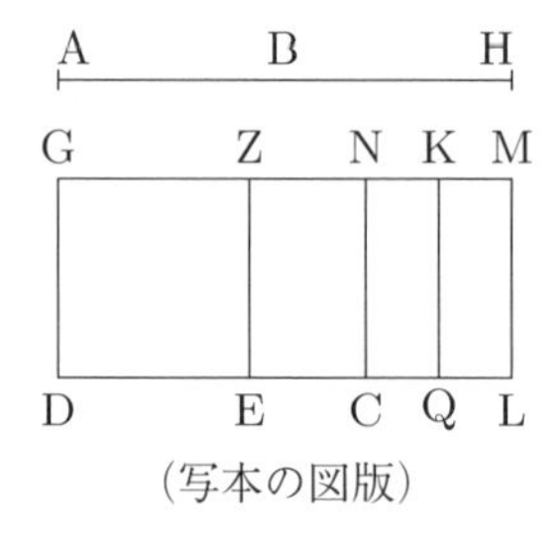

(写本の図版)

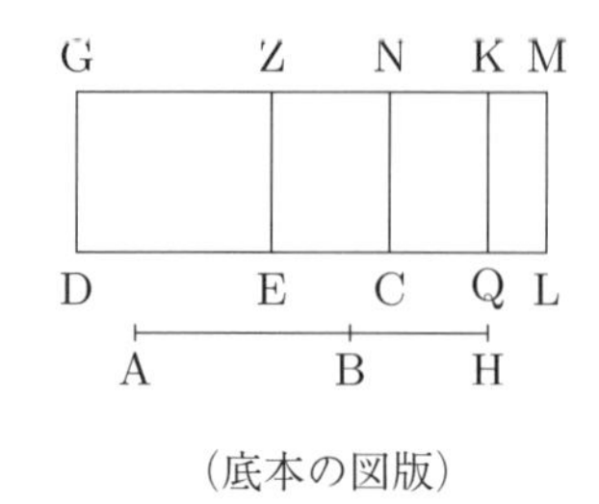

(底本の図版)

というのは，AB に対する付合直線を BH としよう．ゆえに，AH, HB は平方において非共測であり，まずそれらの上の正方形を合わせたものを中項領域とし，またそれらに囲まれる長方形を可述領域とする **[X.77]**．そして，まず AH 上の正方形に等しい領域が GD の傍らに付置されて，それが GQ であるとし，また HB 上の正方形に等しい領域が〔付置されて，それが〕KL であるとしよう **[I.45]**．ゆえに，全体 GL は AH, HB 上の正方形〔の和〕に等しい．また AH, HB 上の正方形を一緒に合わせたものは中項領域である．ゆえに，GL は中項領域である．そして可述直線 GD の傍らに付置されていて，作る幅が GM である．ゆえに，GM は可述直線であり，GD に対して非共測である **[X.22]**．そして全体 GL は AH, HB 上の正方形〔の和〕に等しく，そのうち GE は AB 上の正方形に等しいから，ゆえに，残りの ZL は AH, HB に囲まれる長方形の 2 倍に等しい **[II.7]**．すると，ZM が点 N において 2 等分されたとし **[I.10]**，N を通って GD, ML のどちらかに平行な NC が引かれたとしよう **[I.31]**．ゆえに，ZC, NL の各々は AH, HB に囲まれる長方形に等しい．そして AH, HB に囲まれる長方形の 2 倍は可述領域であり **[X. 定義 4]**，ZL に等しいから，ゆえに，ZL は可述領域である．そして可述直線 EZ の傍らに付置されていて，作る幅が ZM である．ゆえに，ZM は可述直線であり，GD に対して長さにおいて共測である **[X.20]**．そしてまず GL は中項領域であり，また ZL は可述領域であるから，ゆえに，GL は ZL に対して非共測である[206]．また GL が ZL に対するように，GM が MZ に対する **[VI.1]**．ゆえに，GM は MZ に対して長さにおいて非共測である **[X.11]**．そして両方は可述直線である．ゆえに，GM, MZ は可述直線であり，平方においてのみ共測

[206] 命題 X.98 の脚注 203 を参照．

である．ゆえに，GZ は切断直線である [**X.73**]．

そこで私は言う，第 5〔切断直線〕でもある．

というのは，同様に我々は次のことを証明することになる，GKM に囲まれる長方形は NM 上の正方形に，すなわち ZM 上の正方形の 4 分の 1 の部分に等しい．そして AH 上の正方形は HB 上の正方形に対して非共測であり，また，まず AH 上の正方形は GQ に等しく，また HB 上の正方形は KL に等しいから，ゆえに，GQ は KL に対して非共測である．また GQ が KL に対するように，GK が KM に対する [**VI.1**]．ゆえに，GK は KM に対して長さにおいて非共測である [**X.11**]．すると，GM, MZ は 2 つの不等な直線であり，ZM 上の正方形の 4 分の 1 の部分に等しい領域が，GM の傍らに付置されていて，正方形の形状だけ不足し，それ〔GM〕を非共測な 2 切片〔GK, KM〕へと分けるから，ゆえに，GM は MZ よりも，平方においてそれ自身〔GM〕に対して非共測な直線上の正方形だけ大きい [**X.18**]．そして付合直線 ZM は提示された可述直線 GD に対して共測である．ゆえに，GZ は第 5 切断直線である [**X. 第 3 定義 5**]．これが証明すべきことであった．

102

合中項造中項線上の正方形が可述直線の傍らに付置されると，作る幅は第 6 切断直線である．

合中項造中項線を AB，また可述直線を GD とし，AB 上の正方形に等しい領域が GD の傍らに付置されたとし，それが GE であって，作る幅が GZ であるとしよう．私は言う，GZ は第 6 切断直線である．

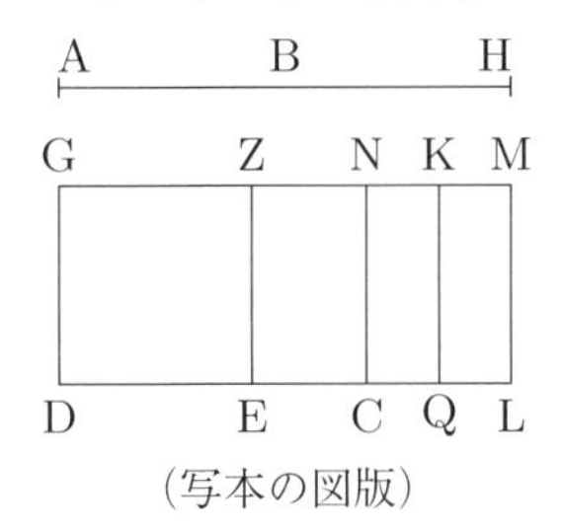

（写本の図版）

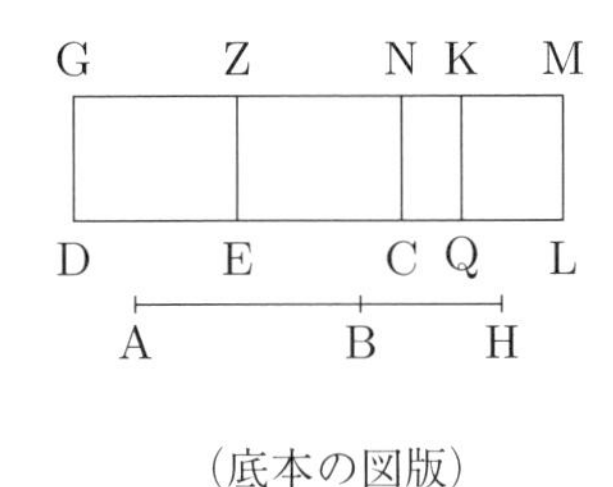

（底本の図版）

というのは，AB に対する付合直線を BH としよう．ゆえに，AH, HB は平方において非共測であり，まずそれらの上の正方形を合わせたものを中項領域とし，またそれらに囲まれる長方形を中項領域とし，ΛH, HB 上の正方形〔の和〕は AH, HB に囲まれる長方形の 2 倍に対して非共測である [X.78]. すると，GD の傍らにまず AH 上の正方形に等しい GQ が付置されて，作る幅が GK であるとし，また BH 上の正方形に〔等しい〕KL が〔付置された〕としよう [I.45]．ゆえに，全体 GL は AH, HB 上の正方形〔の和〕に等しい．ゆえに，GL も中項領域である．そして可述直線 GD の傍らに付置されていて，作る幅が GM である．ゆえに，GM は可述直線であり，GD に対して長さにおいて非共測である [X.22]．すると，GL は AH, HB 上の正方形〔の和〕に等しく，そのうち GE は AB 上の正方形に等しいから，ゆえに，残りの ZL は AH, HB に囲まれる長方形の 2 倍に等しい [II.7]．そして AH, HB に囲まれる長方形の 2 倍は中項領域である．ゆえに，ZL も中項領域である．そして可述直線 ZE の傍らに付置されていて，作る幅が ZM である．ゆえに，ZM は可述直線であり，GD に対して長さにおいて非共測である [X.22]．そして AH, HB 上の正方形〔の和〕は AH, HB に囲まれる長方形の 2 倍に対して非共測であり，まず AH, HB 上の正方形〔の和〕に GL は等しく，また AH, HB に囲まれる長方形の 2 倍に ZL は等しいから，ゆえに，GL は ZL に対して非共測である．また GL が ZL に対するように，GM が MZ に対する [VI.1]．ゆえに，GM は MZ に対して長さにおいて非共測である [X.11]．そして両方は可述直線である．ゆえに，GM, MZ は可述直線であり，平方においてのみ共測である．ゆえに，GZ は切断直線である [X.73].

そこで私は言う，第 6〔切断直線〕でもある．

というのは，ZL は AH, HB に囲まれる長方形の 2 倍に等しいから，ZM が点 N において 2 等分されたとし [I.10]，N を通って GD に平行な NC が引かれたとしよう [I.31]．ゆえに，ZC, NL の各々は AH, HB に囲まれる長方形に等しい．そして AH は HB に対して平方において非共測であるから，ゆえに，AH 上の正方形も HB 上の正方形に対して非共測である．しかし，まず AH 上の正方形に GQ が等しく，また HB 上の正方形に KL が等しい．ゆえに，GQ は KL に対して非共測である．また GQ が KL に対するように，GK が KM に対する．ゆえに，GK は KM に対して非共測である [X.11]．そして，AH, HB 上の正方形の比例中項は AH, HB に囲まれる長方形であり [X.53 補助定理]，まず AH 上の正方形に GQ が等しく，また HB 上の正方形にKLが等しく，またAH, HBに囲まれる長方形にNLが等しいから，ゆえに，GQ, KLの比例中項がNLなのでもある．ゆえに，GQがNLに対するように，NLがKLに対する．そして同じ議論によって[207]，GMはMZよりも，平方においてそれ自身〔GM〕に対して非共測な直線上の正方形だけ大きい．そしてそれらのどちらも，提示された可述直線GDに対して共測でない．ゆえに，GZは第6切断直線である[**X. 第3定義6**]．これが証明すべきことであった．

解　説

X.97から本命題までの6命題は第3部第5命題群を構成し，直前の第4命題群の逆命題，すなわち6種の差の無比直線の上の正方形を可述直線上に付置すると，付置の幅として第1から第6の切断直線が得られることを示す．これらの命題については，第2部第5命題群のX.60の解説，および解説§4.4を参照されたい．

103

切断直線に対して長さにおいて共測な直線は切断直線であって，順番が同じ〔切断直線〕である．

切断直線をABとし，ABに対してGDが長さにおいて共測であるとしよう．私は言う，GDは切断直線であって，ABと順番が同じ〔切断直線〕である．

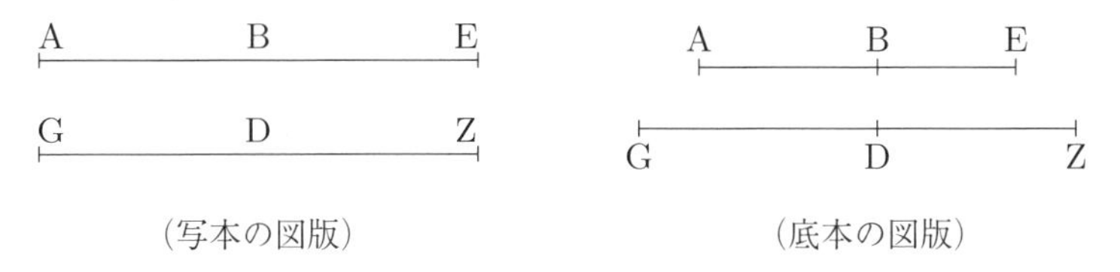

（写本の図版）　　（底本の図版）

というのは，ABは切断直線であるから，それに対する付合直線をBEとしよう[**X.73**]．ゆえに，AE, EBは可述直線であり，平方においてのみ共測である．そしてABのGDに対する比にBEのDZに対する比が同じであるようになっているとしよう[**VI.12**]．ゆえに，1つが1つに対するように，全体も全体に対する[**V.12**]．ゆえに，全体AEが全体GZに対するように，ABがGDに対するのでもある．またABはGDに対して長さにおいて共測であ

[207]直前の命題X.101を参照．

る．ゆえに，まず AE も GZ に対して共測であり，また BE も DZ に対して共測である [**X.11**][208]．そして AE, EB は可述直線であり，平方においてのみ共測である．ゆえに，GZ, ZD も可述直線であり，平方においてのみ共測である[209]．[ゆえに，GD は切断直線である [**X.73**].

そこで私は言う，〔GD は〕AB と順番が同じ〔切断直線〕である.]

すると，AE が GZ に対するように，BE が DZ に対するから，ゆえに交換されて，AE が EB に対するように，GZ が ZD に対する．そこで，AE は EB よりも，平方において，それ自身〔AE〕に対して共測な直線上の正方形か，あるいは非共測な直線上の正方形だけ大きい．するとまず，もし AE が EB よりも，平方において，それ自身〔AE〕に対して共測な直線上の正方形だけ大きいならば，GZ も ZD よりも，平方において，それ自身〔GZ〕に対して共測な直線上の正方形だけ大きくなる [**X.14**]．そしてまず，もし AE が提示された可述直線に対して長さにおいて共測であるならば，GZ も〔それに対して共測であり〕，また，もし BE が〔提示された可述直線に対して共測である〕ならば，DZ も〔それに対して共測であり〕，また，もし AE, EB のどちらも〔提示された可述直線に対して共測で〕ないならば，GZ, ZD のどちらも〔その直線に対して共測で〕ない．また，もし AE が [EB よりも] 平方においてそれ自身〔AE〕に対して非共測な直線上の正方形だけ大きいならば，GZ も ZD よりも，平方において，それ自身〔GZ〕に対して非共測な直線上の正方形だけ大きくなる [**X.14**]．そしてまず，もし AE が提示された可述直線に対して長さにおいて共測であるならば，GZ も〔それに対して共測であり〕，また，もし BE が〔提示された可述直線に対して共測である〕ならば，ZD も〔それに対して共測であり〕，また，もし AE, EB のどちらも〔提示された可述直線に対して共測で〕ないならば，GZ, ZD のどちらも〔その直線に対して共測で〕ない．

---

[208] ここでは AE : GZ = BE : DZ であることが暗黙に前提とされている．このことは AB : GD = BE : DZ と AE : GZ = AB : GD の 2 つの関係に V.11 を適用すれば得られるが，DZ を作図した時点で，直線 ABE と GDZ の対応する直線どうしがすべて比例することは明らかであり，この命題では V.12 に明示的に言及して AE : GZ = AB : GD を証明しているが，それ以上，個々の対応する直線の比例についてはいちいち証明されていない．

このような比例の細かい議論の省略は，本命題を含む命題群 (X.67–71, 103–107) の他の命題にも見られる．この訳でも以下，省略された議論については細かく言及しない．

[209] ここでは AE : EB = GZ : ZD であることと，4 直線が比例するならば，それらの上の正方形も比例することが用いられている．前者は，すでに暗黙に使われた性質（脚注 208 参照）に中項の交換 (V.16) を適用したものであり，後者は VI.22 の特別な場合である．この議論も当然のこととして説明なしに使われる．

ゆえに，GD は切断直線であって，AB と順番が同じである **[X. 第 3 定義 1–6]**．これが証明すべきことであった．

解　説

本命題から X.107 までの 5 命題は第 3 部第 6 命題群を構成する．命題 X.107 の解説を参照されたい．なお，本命題は第 2 部の命題 X.66 に対応するが，X.66 のほうが議論が詳しい．

104

中項切断線に対して共測な直線は中項切断線であって，順番が同じ〔中項切断線〕である．

中項切断線を AB とし，AB に対して GD が長さにおいて共測であるとしよう．私は言う，GD も中項切断線であって，AB と順番が同じ〔中項切断線〕である．

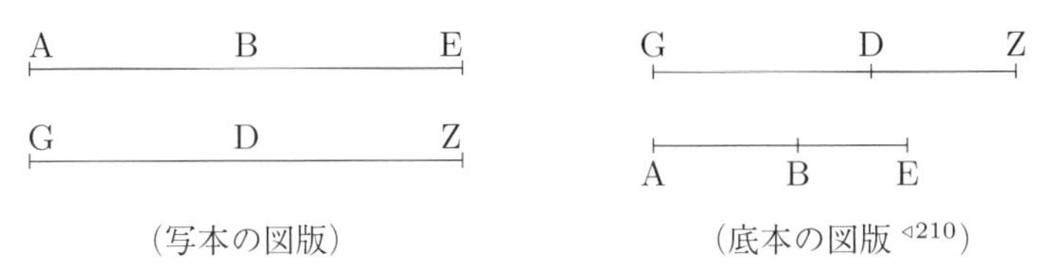

（写本の図版）　　（底本の図版 ◁210）

というのは，AB は中項切断線であるから，それに対する付合直線を EB としよう．ゆえに，AE, EB は中項直線で，平方においてのみ共測である **[X.74, 75]**．そして，AB が GD に対するように，BE が DZ に対するようになっているとしよう **[VI.12]**．ゆえに，AE も GZ に対して，また BE も DZ に対して共測である **[X.11]**[211]．また AE, EB は中項直線で，平方においてのみ共測である．ゆえに，GZ, ZD も中項直線で，平方においてのみ共測である[212]．ゆえに，GD は中項切断線である **[X.74, 75]**.

そこで私は言う，AB と順番が同じ〔中項切断線〕でもある．

[というのは,] AE が EB に対するように，GZ が ZD に対する [しかしまず AE が EB に対するように，AE 上の正方形が AE, EB に囲まれる長方形に

[210] 凡例 [6–2] 参照.

[211] 直線 AEB, GZD の対応する部分が互いに比例することは当然とされている．脚注 208 を参照.

[212] ここでの議論の省略については脚注 209 を参照.

対し，また GZ が ZD に対するように，GZ 上の正方形が GZ, ZD に囲まれる長方形に対する [**X.21 補助定理**]] から，ゆえに，AE 上の正方形が AE, EB に囲まれる長方形に対するように，GZ 上の正方形も GZ, ZD に囲まれる長方形に対する [**V.11**]．[交換されても，AE 上の正方形が GZ 上の正方形に対するように，AE, EB に囲まれる長方形も GZ, ZD に囲まれる長方形に対する [**V.16**]]．また AE 上の正方形は GZ 上の正方形に対して共測である．ゆえに，AE, EB に囲まれる長方形も GZ, ZD に囲まれる長方形に対して共測である [**X.11**]．すると，もし AE, EB に囲まれる長方形が可述領域であるならば，GZ, ZD に囲まれる長方形も可述領域になり [**X. 定義 4**]，そしてもし AE, EB に囲まれる長方形が中項領域であるならば，GZ, ZD に囲まれる長方形も中項領域である [**X.23 系**]．

ゆえに，GD は中項切断線であって，AB と順番が同じである [**X.74**][**X.75**]．これが証明すべきことであった．

105

劣直線に対して共測な直線は劣直線である．

というのは，劣直線を AB とし，AB に対して GD が共測である〔としよう〕．私は言う，GD も劣直線である．

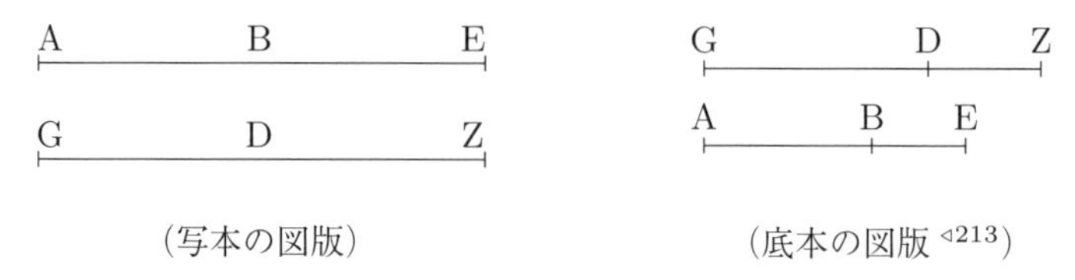

（写本の図版）　（底本の図版 ◁213）

〔前の命題と〕同じようになっているとしよう[214]．そして，AE, EB は平方において非共測であるから [**X.76**]，ゆえに，GZ, ZD も平方において非共測である [**VI.22**][**X.11**][215]．すると，AE が EB に対するように，GZ が ZD に対

[213] 凡例 [6–2] 参照．

[214] すなわち，AB : GD = BE : DZ となるように DZ がとられる，ということである．すると直線 ABE, GDZ の対応する部分が互いに比例することになる．命題 X.103, 104 を参照．

[215] この議論はまず AE : EB = GZ : ZD を前提とする（直前の脚注 214 を参照）．この 4 直線の比例から，それらの上の正方形も比例する (VI.22)．すなわち

$$q(\mathrm{AE}) : q(\mathrm{EB}) = q(\mathrm{GZ}) : q(\mathrm{ZD})$$

するから，ゆえに，AE 上の正方形が EB 上の正方形に対するように，GZ 上の正方形も ZD 上の正方形に対する [**VI.22**]．ゆえに，合併されて，AE, EB 上の正方形〔の和〕が EB 上の正方形に対するように，GZ, ZD 上の正方形〔の和〕が ZD 上の正方形に対する [**V.18**][そして交換されて [**V.16**]]．また BE 上の正方形は DZ 上の正方形に対して共測である．ゆえに，AE, EB 上の正方形を合わせたものも GZ, ZD 上の正方形を合わせたものに対して共測である [**X.11**]．また AE, EB 上の正方形を合わせたものは可述領域である [**X.76**]．ゆえに，GZ, ZD 上の正方形を合わせたものも可述領域である [**X. 定義 4**]．一方，AE 上の正方形が AE, EB に囲まれる長方形に対するように，GZ 上の正方形が GZ, ZD に囲まれる長方形に対し [**X.21 補助定理**]，また AE 上の正方形は GZ 上の正方形に対して共測であるから，ゆえに，AE, EB に囲まれる長方形も GZ, ZD に囲まれる長方形に対して共測である [**V.16**][**X.11**]．また AE, EB に囲まれる長方形は中項領域である [**X.76**]．ゆえに，GZ, ZD に囲まれる長方形も中項領域である [**X.23 系**]．ゆえに，GZ, ZD は平方において非共測であり，まずそれらの上の正方形を合わせたものを可述領域とし，またそれらに囲まれる長方形を中項領域とする．

ゆえに，GD は劣直線である [**X.76**]．これが証明すべきことであった．

106

合可述造中項線に対して共測な直線は合可述造中項線である．

合可述造中項線を AB とし，AB に対して GD が共測である〔としよう〕．私は言う，GD も合可述造中項線である．

よって X.11 によって，AE, EB が平方において非共測なら，GZ, ZD も平方において非共測である．

しかしこのような議論がここで明確に意識されていたとは思われない．なぜなら 4 直線 AE, EB, GZ, ZD が比例するから，その上の正方形が比例するという議論が，このすぐ後に述べられるからである．上で再構成した議論が意識されていれば，同じ議論の繰り返しにすぐに気付いて，違った形にテクストを整理したのではないかと思われる．したがってここでの議論は，単純に 2 直線 AE, GZ が比例するように分けられていることから直観的に，平方において非共測という性質も一方の AE, EB で成り立てば，それと対応する GZ, ZD でも成り立つという類推に基づくものであろう．

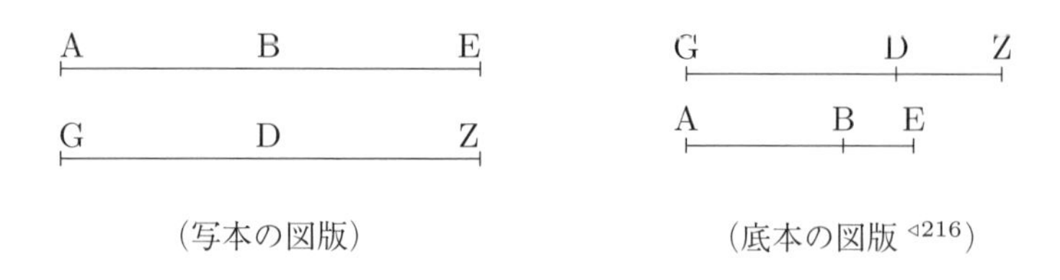

(写本の図版)　　(底本の図版◁216)

というのは，AB に対する付合直線を BE としよう．ゆえに，AE, EB は平方において非共測であり，まず AE, EB 上の正方形を合わせたものを中項領域とし，またそれら〔AE, EB〕に囲まれる長方形を可述領域とする [**X.77**]．そして同じことが設定されたとしよう[217]．前と同様に我々は次のことを証明することになる[218]，GZ, ZD は AE, EB と同じ比にあり，AE, EB 上の正方形を合わせたものは GZ, ZD 上の正方形を合わせたものに対して，また AE, EB に囲まれる長方形は GZ, ZD に囲まれる長方形に対して共測である．したがって，GZ, ZD も平方において非共測であり，まず GZ, ZD 上の正方形を合わせたものを中項領域とし，またそれらに囲まれる長方形を可述領域とする．

ゆえに，GD は合可述造中項線である [**X.77**]．これが証明すべきことであった．

107

合中項造中項線に対して共測な直線は，それ自体も合中項造中項線である．

合中項造中項線を AB とし，AB に対して GD が共測であるとしよう．私は言う，GD も合中項造中項線である．

A B E
G D Z

G D Z
A B E

(写本の図版)　　(底本の図版◁219)

[216] 凡例 [6–2] 参照．

[217] AB : GD = BE : DZ となるように DZ をとる，ということである．X.103, 104 では具体的に述べられていたが，X.105 から省略した記述となっている．

[218] X.105 ではかなり詳細に述べられた比例の議論が，本命題でも同様ということで省略されている．

[219] 凡例 [6–2] 参照．

というのは，ABに対する付合直線をBEとし，同じことが設定されたとしよう．ゆえに，AE, EBは平方において非共測であり，それらの上の正方形を合わせたものを中項領域，およびそれらに囲まれる長方形を中項領域とし，さらにそれらの上の正方形を合わせたものは，それらに囲まれる長方形に対して非共測である [**X.78**]．そして，証明されたように，AE, EBはGZ, ZDに対して共測であり，AE, EB上の正方形を合わせたものはGZ, ZD上の正方形を合わせたものに対して〔共測であり〕，またAE, EBに囲まれる長方形はGZ, ZDに囲まれる長方形に対して共測である．ゆえに，GZ, ZDも平方において非共測であり，それら〔GZ, ZD〕の上の正方形を合わせたものを中項領域，それらに囲まれる長方形を中項領域とし，さらにそれらの上の正方形を合わせたものは，それらに囲まれる長方形に対して非共測である．

ゆえに，GDは合中項造中項線である [**X.78**]．これが証明すべきことであった．

解　　説

命題X.103から本命題までの5命題は第3部第6命題群を構成する．ここでは6種類の差の無比直線のそれぞれと共測な直線は同じ無比直線であること，さらに切断直線については，第1から第6の下位分類も同じになることが示される．命題数が6個でなく5個であるのは，2種類の中項切断線をまとめて扱っているからである．

この命題群で注目されるのは，X.105とX.106に対する別証明が第X巻の最後近くに与えられていることである．別証明は，通常はその命題の直後に置かれるが，これらの別証明は命題X.115の後にある（この翻訳でもX.115の後に収めた）．興味深いことに，アラビア・ラテンの伝承では，この別証明の方が伝えられている（§4.4.6を参照）．

108

可述領域から中項領域が取り去られると，残りの領域に平方において相当する直線は，2つの無比直線の1つになり[220]，〔それは〕切断直線か，あるいは劣直線である．

というのは，可述領域BGから中項領域BDが取り去られたとしよう．私は言う，残りのEGに平方において相当する直線は2つの無比直線の1つに

[220]「... になる」という表現のほとんどは未来形の訳であるが，ここでは，γίνομαι（「なる」，「起こる」）の現在形である．次の段落，および次の命題X.109にも同じ表現がある．

なり，〔それは〕切断直線か，あるいは劣直線である．

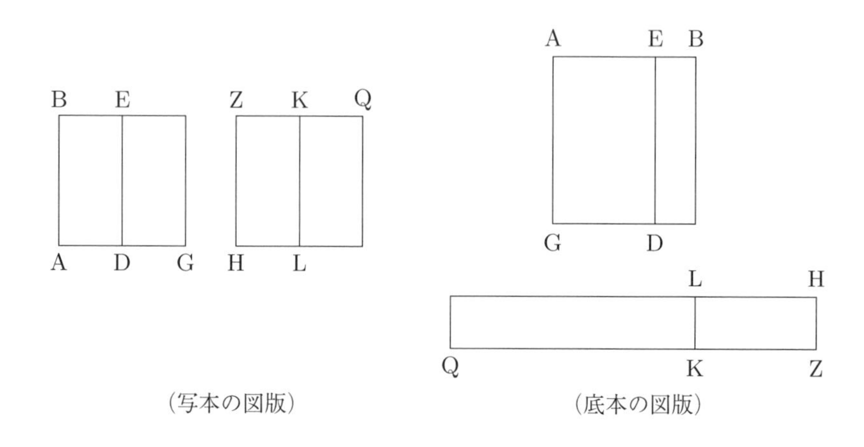

（写本の図版）　（底本の図版）

というのは，可述直線 ZH が提示され，まず BG に等しい直角平行四辺形が ZH の傍らに付置されたとし，それが HQ であって **[I.45]**，また DB に等しい HK が取り去られたとしよう **[I.45]**．ゆえに，残りの EG は LQ に等しい．すると，まず BG は可述領域であり，また BD は中項領域であり，また，まず BG は HQ に等しく，また BD は HK に等しいから，ゆえに，まず HQ は可述領域であり，また HK は中項領域である．そして可述直線 ZH の傍らに付置されている．ゆえに，まず ZQ は可述直線であり，ZH に対して長さにおいて共測であり **[X.20]**，また ZK は可述直線であり，ZH に対して長さにおいて非共測である **[X.22]**．ゆえに，ZQ は ZK に対して長さにおいて非共測である **[X.13]**．ゆえに，ZQ, ZK は可述直線であり，平方においてのみ共測である．ゆえに，KQ は切断直線であって，またそれに対する付合直線は KZ である **[X.73]**．そこで QZ は ZK よりも，平方において，〔QZ に対して〕共測な直線上の正方形だけ大きいか，あるいはそうでない．

はじめに，平方において，〔QZ に対して〕共測な直線上の正方形だけ大きいとしよう．そして全体 QZ は提示された可述直線 ZH に対して長さにおいて共測である．ゆえに，KQ は第 1 切断直線である **[X. 第 3 定義 1]**．また可述直線と第 1 切断直線によって囲まれる長方形に平方において相当する直線は切断直線である **[X.91]**．ゆえに，LQ すなわち EG に平方において相当する直線は切断直線である.

またもしQZがZKよりも,平方においてそれ自身〔QZ〕に対して非共測な直線上の正方形だけ大きく,そして全体ZQが提示された可述直線ZHに対して長さにおいて共測であるならば[221],KQは第4切断直線である[**X.第3定理4**].また可述直線と第4切断直線によって囲まれる長方形に平方において相当する直線は劣直線である[**X.94**].これが証明すべきことであった.

解　説

本命題から命題X.110までの3命題は第3部第7命題群を構成する.命題X.110の解説を参照.

109

中項領域から可述領域が取り去られると,他の2つの無比直線が生じ,〔それは〕第1中項切断線か,あるいは合可述造中項線である.

というのは,中項領域BGから可述領域BDが取り去られたとしよう.私は言う,残りのEGに平方において相当する直線は2つの無比直線の1つになり,〔それは〕第1中項切断線か,あるいは合可述造中項線である.

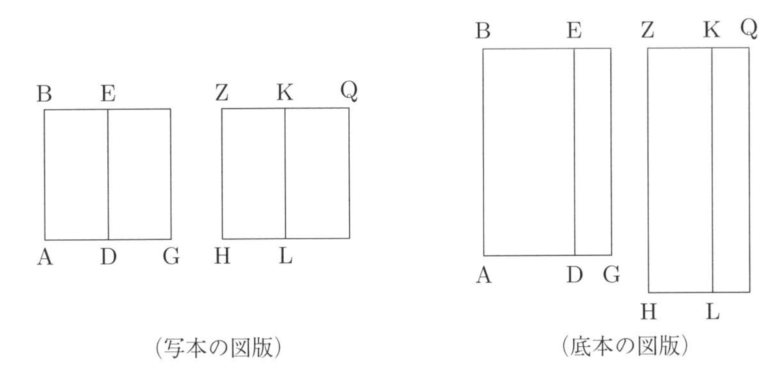

(写本の図版)　(底本の図版)

というのは,可述直線ZHが提示されたとし,領域が同様に付置されたとしよう[**I.45**].そこで,〔以前の命題の議論に〕従い,まずZQは可述直線であ

[221] ここで,ZQがZHと共測であることは上で確認された事実で,εἰ(もし)で仮定される条件の一部ではないので,この文章は論理的に改善の余地がある.同じ構文は続くX.109,110にもあり,また類似の構文がIX.13に見られる.

り，ZH に対して長さにおいて非共測であり **[X.22]**，また KZ は可述直線であり，ZH に対して長さにおいて共測である **[X.20]**．ゆえに，ZQ, ZK は可述直線であり，平方においてのみ共測である．ゆえに，KQ は切断直線であって，またそれに対する付合直線は ZK である **[X.73]**．そこで，QZ は ZK よりも，平方において，それ自身〔QZ〕に対して共測な直線上の正方形だけ大きいか，あるいは非共測な直線上の正方形だけ大きい．

すると，まずもし QZ が ZK よりも，平方において，それ自身〔QZ〕に対して共測な直線上の正方形だけ大きく，付合直線 ZK が提示された可述直線 ZH に対して長さにおいて共測であるならば[222]，KQ は第 2 切断直線である **[X. 第 3 定義 2]**．また ZH は可述直線である．したがって，LQ，すなわち EG に平方において相当する直線は第 1 中項切断線である **[X.92]**．

また，もし QZ が ZK よりも，平方において，それ自身〔QZ〕に対して非共測な直線上の正方形だけ大きく，付合直線 ZK が提示された可述直線 ZH に対して長さにおいて共測であるならば[223]，KQ は第 5 切断直線である **[X. 第 3 定義 5]**．したがって，EG に平方において相当する直線は合可述造中項線である **[X.95]**．これが証明すべきことであった．

110

中項領域から全体に対して非共測な中項領域が取り去られると，残りの 2 つの無比直線が生じ，〔それは〕第 2 中項切断線か，あるいは合中項造中項線である．

というのは，以前の設定におけるように，中項領域 BG から全体に対して非共測な中項領域 BD が取り去られたとしよう．私は言う，EG に平方において相当する直線は 2 つの無比直線の 1 つであり，〔それは〕第 2 中項切断線か，あるいは合中項造中項線である．

---

[222] 命題 X.108 の脚注 221 を参照．
[223] 命題 X.108 の脚注 221 を参照．

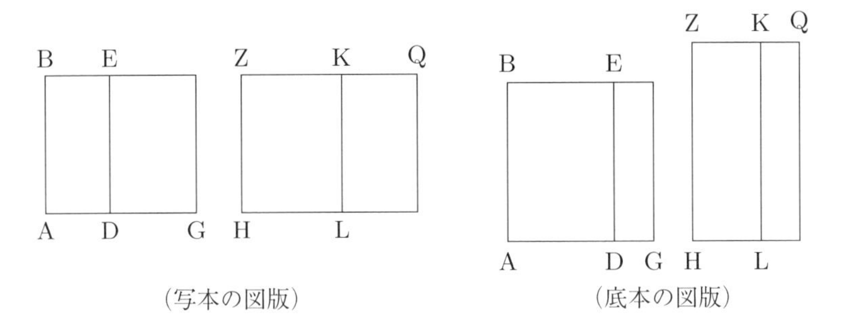

（写本の図版）　（底本の図版）

というのは，BG, BD の各々は中項領域であり，BG は BD に対して非共測であるから，〔以前の命題の議論に〕従い，ZQ, ZK の各々は可述直線となり，ZH に対して長さにおいて非共測である **[X.22]**．そして BG は BD に対して，すなわち HQ は HK に対して非共測であるから，QZ も ZK に対して非共測である **[VI.1][X.11]**．ゆえに，ZQ, ZK は可述直線であり，平方においてのみ共測である．ゆえに，KQ は切断直線である [また付合直線は ZK である **[X.73]**．そこで，ZQ は ZK よりも，平方において，それ自身〔ZQ〕に対して共測な直線上の正方形だけ大きいか，あるいは非共測な直線上の正方形だけ大きい]．

そこで，まずもし ZQ が ZK よりも，平方において，それ自身〔ZQ〕に対して共測な直線上の正方形だけ大きく，ZQ, ZK のどちらも提示された可述直線 ZH に対して長さにおいて共測でないならば[224]，KQ は第 3 切断直線である **[X. 第 3 定義 3]**．また KL は可述直線である．また可述直線と第 3 切断直線によって囲まれる長方形は無比領域であり，そしてそれに平方において相当する直線は無比直線であり，また第 2 中項切断線と呼ばれる **[X.93]**．したがって，LQ すなわち EG に，平方において相当する直線は第 2 中項切断線である．

またもし ZQ が ZK よりも，平方において，それ自身〔ZQ〕に対して [長さにおいて] 非共測な直線上の正方形だけ大きく，QZ, ZK のどちらも ZH に対して長さにおいて共測でないならば[225]，KQ は第 6 切断直線である **[X. 第 3 定義 6]**．また可述直線と第 6 切断直線に囲まれる長方形に平方において相当

---

[224] 命題 X.108 の脚注 221 を参照．
[225] 命題 X.108 の脚注 221 を参照．

する直線は合中項造中項線である [**X.96**]．ゆえに，LQ すなわち EC に，平方において相当する直線は合中項造中項線である．これが証明すべきことであった．

解　説

命題 X.108 から本命題までの 3 命題は第 3 部第 7 命題群を構成する．§4.4.7 を参照．第 2 部の命題と対応する第 3 部の命題は本命題で最後となるが，さらに，第 2 部で扱った和の無比直線と，第 3 部の差の無比直線が異なるものであることを証明する命題 X.111 がこの後に続く．ここでは X.111 までを第 3 部と考えることにする．

111

切断直線は双名直線と同じものではない．

切断直線を AB としよう．私は言う，AB は双名直線と同じものではない．

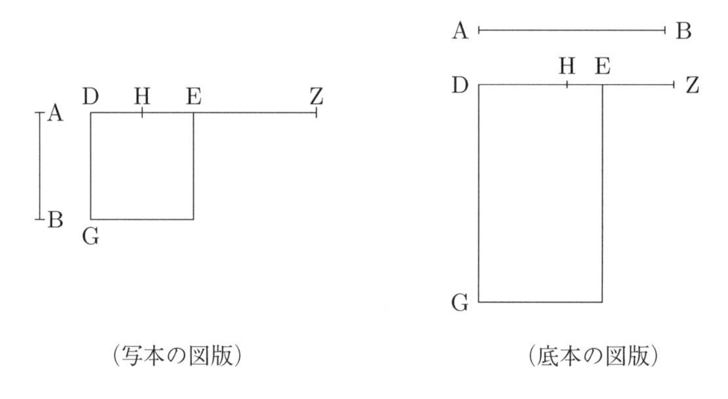

（写本の図版）　（底本の図版）

というのは，もし可能ならば，そうであるとしよう．そして可述直線 DG が提示されたとし，AB 上の正方形に等しい領域が，GD の傍らに付置されたとし，それが長方形 GE であって，作る幅が DE であるとしよう [**I.45**]．すると，AB は切断直線であるから，DE は第 1 切断直線である [**X.97**]．それに対する付合直線を EZ としよう．ゆえに，DZ, ZE は可述直線で，平方においてのみ共測であり [**X.73**]，DZ は ZE よりも平方においてそれ自身〔DZ〕に対して共測な直線上の正方形だけ大きく，DZ は提示された可述直線 DG に対して長さにおいて共測である [**X. 第 3 定義 1**]．一方，AB は双名直線であるから，ゆえに，DE は第 1 双名直線である [**X.60**]．その名前へと H で分けられたとし，大きい方の名前を DH としよう．ゆえに，DH, HE は可述直線で，平方においてのみ共測であり **[X.36]**，DH は HE よりも平方においてそれ自身〔DH〕に対して共測な直線上の正方形だけ大きく，大きい方の DH は提示された可述直線 DG に対して長さにおいて共測である **[X. 第 2 定義 1]**．ゆえに，DZ も DH に対して長さにおいて共測である **[X.12]**．ゆえに，残りの HZ も DZ に対して長さにおいて共測である **[X.15]**．[すると，DZ は HZ に対して共測であり，また DZ は可述直線であるから，ゆえに，HZ も可述直線である **[X. 定義 3][X.12]**．すると，DZ は HZ に対して長さにおいて共測であり]，また DZ は EZ に対して長さにおいて非共測である [から]，ゆえに，ZH も EZ に対して長さにおいて非共測である **[X.13]**．ゆえに，HZ, ZE は可述直線であり，平方においてのみ共測である．ゆえに，EH は切断直線である **[X.73]**．しかし可述直線でもある．これは不可能である．

ゆえに，切断直線は双名直線と同じものではない．これが証明すべきことであった．

[系[226]]

切断直線およびその後の無比直線は，中項直線とも，他の無比直線とも同じものではない．

というのは，まず中項直線上の正方形が可述直線の傍らに付置されると，作る幅は可述直線で，その傍らに付置がなされる直線に対して長さにおいて非共測であり **[X.22]**，また切断直線上の正方形が可述直線の傍らに付置されると，作る幅は第 1 切断直線であり **[X.97]**，また第 1 中項切断線上の正方形が可述直線の傍らに付置されると，作る幅は第 2 切断直線であり **[X.98]**，また第 2 中項切断線上の正方形が可述直線の傍らに付置されると，作る幅は第 3 切断直線であり **[X.99]**，また劣直線上の正方形が可述直線の傍らに付置されると，作る幅は第 4 切断直線であり **[X.100]**，また合可述造中項線上の正方形が可述直線の傍らに付置されると，作る幅は第 5 切断直線であり **[X.101]**，また合中項造中項線上の正方形が可述直線の傍らに付置されると，作る幅は第

---

[226] 「系」という言葉は底本の編集者ハイベアが追加したものである．ここからの記述は，通常命題の最後に置かれる図版のさらに後にあり，FBVb の各写本では新たな命題番号が付けられている．

6 切断直線である [**X.102**].

すると，上述の幅は最初の幅とも，お互いとも異なる．〔すなわち〕まず最初の幅は可述直線であり，またお互いには，〔切断直線の〕順番が同じでないから，無比直線自体も互いに異なることは明らかである．そして，切断直線は双名直線と同じものでなく [**X.111**]，また可述直線の傍らに，切断直線に続く直線〔上の正方形〕が付置されると，作る幅は切断直線で，その各々が，一般に付置された直線と〔同じ〕順番のものであり [**X.111 系前半**]，また双名直線に続く直線は〔可述直線の傍らに付置されると作る幅が〕，双名直線であり，一般に同じ順番のものであることが証明されている [**X.72 後半**] から，ゆえに，切断直線に続く各々の直線は別のものであり，双名直線に続く各々の直線も別のものであり，全部で 13 種の無比直線がある．〔すなわち次のものである.〕

中項直線，
双名直線，
第 1 双中項直線，
第 2 双中項直線，
優直線，
可述中項平方線，
双中項平方線，
切断直線，
第 1 中項切断線，
第 2 中項切断線，
劣直線，
合可述造中項線，
合中項造中項線.

解　説

第 3 部は本命題 X.111 で終わる．ここには，13 種類の無比直線がすべて異なることを述べ，それらを列挙する説明がある．これは第 2 部の最後の説明と類似したものである．X.72 の後の解説も参照されたい.

ただし，無比直線は 13 種類であるとしてそれらを列挙する部分は，アラビア・ラテンの伝承にはない．これは命題 X.115 で無比直線が無数にあるとする言明との矛盾を避けるためであったという解釈もある．また，系のこれ以外の部分はアラビア・ラテンの伝承にもあり，命題そのものより先にこれらの系が現れる．詳しくは [Rommevaux-Djebbar-Vitrac 2001, 260–263] を参照．

[112[227]]

可述直線上の正方形が双名直線の傍らに付置されると，作る幅は切断直線であり，その 2 つの名前は双名直線の 2 つの名前に対して共測であり，さらにそれらは同じ比にあり，さらに生じる切断直線は双名直線と同じ順番を持つことになる．

まず可述直線を A，また双名直線を BG とし，その大きい方の名前を DG とし，A 上の正方形に BG, EZ に囲まれる長方形が等しいとしよう．私は言う，EZ は切断直線で，その 2 つの名前は GD, DB に対して共測であり，同じ比にあり，さらに EZ は BG と同じ順番を持つことになる．

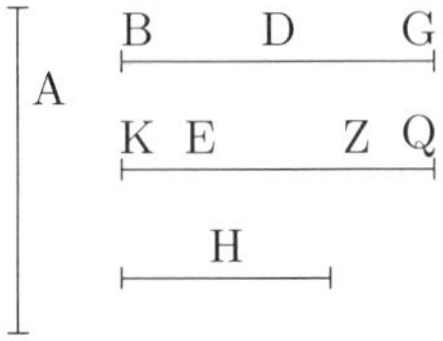

（写本の図版）

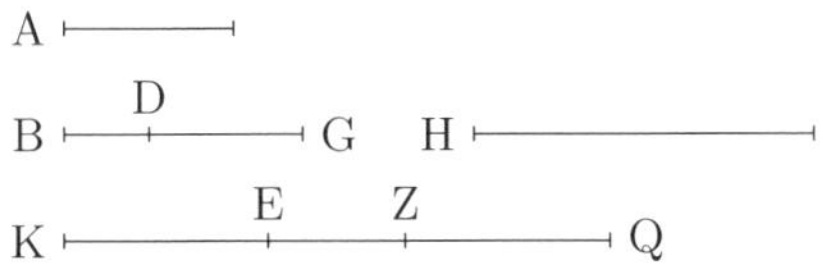

（底本の図版）

というのは，今度は A 上の正方形に BD, H に囲まれる長方形が等しいとしよう **[I.45]**．すると，BG, EZ に囲まれる長方形は BD, H に囲まれる長方形に等しいから，ゆえに，GB が BD に対するように，H が EZ に対する **[VI.16]**．また GB は BD より大きい．ゆえに，H も EZ より大きい **[V.14a]**．H に EQ が等しいとしよう **[I.3]**．ゆえに，GB が BD に対するように，QE が EZ に対する **[V.11a]**．ゆえに，分離されて，GD が BD に対するように，QZ が ZE

[227]底本の編集者ハイベアは，脚注で「この命題と，以降の諸命題はエウクレイデスのものでないのではないかと私は疑っている．しかしこのことについては，別の箇所で見ることにしよう」(Dubito, an haec propositio et sequentes Euclidis non sint. sed de hac re alibi viderimus.) と述べていて，この命題から後は後世の追加と考えている．底本ではこの命題の命題番号 112 の左側に角括弧‘[’（起こしの括弧）があり，これに対応する‘]’（受けの括弧）は命題 X.115 の本文の最後にある．すなわち 4 個の命題全体が，真正でない部分を示す 1 つの大きな角括弧に入れられている．しかしこの表記はかえって分かりにくいので，本全集では本命題から X.115 までの各命題の番号を角括弧で囲んでいる．

に対する [**V.17**]．QZ が ZE に対するように，ZK が KE に対するようになっているとしよう[228]．ゆえに，全体 QK も全体 KZ に対して，ZK が KE に対するように対する——というのは前項の 1 つが後項の 1 つに対するように，前項全体〔の和〕が後項全体〔の和〕に対するから [**V.12**]．また ZK が KE に対するように，GD が DB に対する [**V.11**]．ゆえに，QK が KZ に対するように，GD が DB に対するのでもある [**V.11**]．また GD 上の正方形は DB 上の正方形に対して共測である [**X.36**]．ゆえに，QK 上の正方形も KZ 上の正方形に対して共測である [**VI.22**]．そして QK 上の正方形が KZ 上の正方形に対するように，QK が KE に対する——なぜなら 3 直線 QK, KZ, KE が比例するから [**VI.19 系**]．ゆえに，QK は KE に対して長さにおいて共測である [**X.11**]．したがって，QE も EK に対して長さにおいて共測である [**X.15**]．そして A 上の正方形は EQ, BD に囲まれる長方形に等しく，また A 上の正方形は可述領域であるから，ゆえに，EQ, BD に囲まれる長方形も可述領域である．そして可述直線 BD の傍らに付置されている．ゆえに，EQ は可述直線であり，BD に対して長さにおいて共測である [**X.20**]．したがって，それ〔EQ〕に対して共測な EK も可述直線であり [**X. 定義 3**]，BD に対して長さにおいて共測である [**X.12**]．すると，GD が DB に対するように，ZK が KE に対し，また GD, DB は平方においてのみ共測であるから，ZK, KE も平方においてのみ共測である [**VI.22**][**X.11**]．また KE は可述直線である．ゆえに，ZK も可述直線である [**X. 定義 3**]．ゆえに，ZK, KE は可述直線であり，平方においてのみ共測である．ゆえに，EZ は切断直線である [**X.73**]．

また GD は DB よりも，平方において，それ自身〔GD〕に対して共測な直線上の正方形だけ大きいか，あるいは非共測な直線上の正方形だけ大きい．

---

[228] この作図は単純な第 4 比例項の作図ではない．結局はこの比例関係を満たす点 K の位置を確定させればよいが，このためにはたとえば次のような議論が必要である．ZQ 間に $\mathrm{ZE} = \mathrm{ZE}'$ となる点 E′ をとり（なお $\mathrm{GD} : \mathrm{BD} = \mathrm{QZ} : \mathrm{ZE}$ かつ $\mathrm{GD} > \mathrm{BD}$ より $\mathrm{QZ} > \mathrm{ZE}$ だから E′ は Z と Q の間の点となる），

$$\mathrm{QE}' : \mathrm{ZE} = \mathrm{ZE} : \mathrm{EK}$$

を満たす点 K をとる（VI.12 によって第 4 比例項をとればよい）．この比例で合併比をとれば (V.18)，

$$\mathrm{QZ} : \mathrm{ZE} = \mathrm{ZK} : \mathrm{EK}$$

となり，この点 K が要求された条件を満たすことが分かる．

逆に言えば，この命題の著者は，この程度の作図は自明であると考えていたことになる．

するとまず，もし GD が DB よりも，平方において [それ自身〔GD〕に対して] 共測な直線上の正方形だけ大きいならば，ZK も KE よりも，平方においてそれに対して共測な直線上の正方形だけ大きくなる **[X.14]**．そしてまず，もし GD が提示された可述直線に対して，長さにおいて共測であるならば，ZK も共測である **[V.16][X.11][X.12]**[229]．またもし BD が〔共測である〕ならば，KE も〔共測である〕**[X.12]**．またもし GD, DB のどちらも〔共測で〕ないならば，ZK, KE のどちらも〔共測で〕ない **[X.13]**．

また，もし GD が DB よりも，平方において，それ自身〔GD〕に対して非共測な直線上の正方形だけ大きいならば，ZK も KE よりも，平方において，それ自身〔ZK〕に対して非共測な直線上の正方形だけ大きくなる **[X.14]**．そしてまず，もし GD が提示された可述直線に対して，長さにおいて共測であるならば，ZK も共測である．またもし BD が〔共測である〕ならば，KE も〔共測である〕．またもし GD, DB のどちらも〔共測で〕ないならば，ZK, KE のどちらも〔共測で〕ない．したがって，ZE は切断直線であって，その 2 つの名前 ZK, KE は双名直線の 2 つの名前 GD, DB に対して共測であり，同じ比にあり，BG と同じ順番を持つ **[X. 第 2 定義 1–6][X. 第 3 定義 1–6]**．これが証明すべきことであった．

解　説

本命題から X.114 までの 3 命題は，双名直線と切断直線が囲む領域を題材とする．X.114 の解説を参照．

[113[230]]

可述直線上の正方形が切断直線の傍らに付置されると，作る幅は双名直線であり，その 2 つの名前は，切断直線の 2 つの名前に対して共測で同じ比にあり，またさらに，生じる双名直線は切断直線と同じ順番を持つ．

まず可述直線を A，また切断直線を BD とし，A 上の正方形に BD, KQ に囲まれる長方形が等しいとし，したがって，可述直線 A 上の正方形が切断直

[229] 上で GD : DB = ZK : KE が示されたから，交換されて，GD : ZK = DB : KE(V.16)．そして BD と EK は共測であったから GD と ZK も共測である (X.11)．すると，GD が提示された可述直線に対して共測なら ZK もそうである (X.12)．続く議論も同様である．

[230] 命題番号につけられた角括弧については X.112 の脚注 227 を参照．

線BDの傍らに付置されると，作る幅がKQである〔としよう〕．私は言う，KQは双名直線で，その2つの名前はBDの2つの名前に対して共測であり，同じ比にあり，さらにKQはBDと同じ順番を持つことになる．

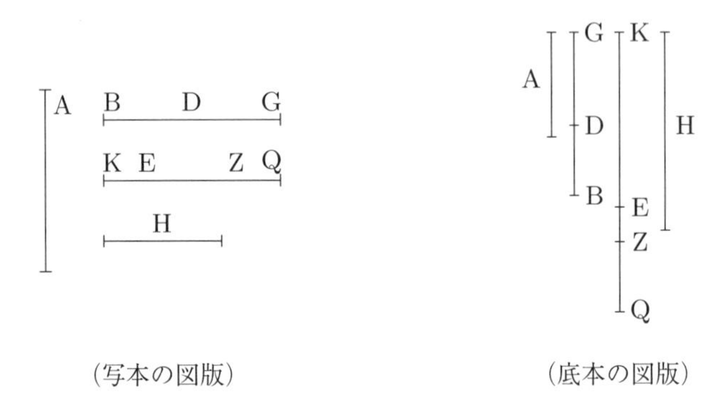

（写本の図版） （底本の図版）

というのは，BDに対する付合直線をDGとしよう．ゆえに，BG, GDは可述直線であり，平方においてのみ共測である **[X.73]**．そしてさらにA上の正方形にBG, Hに囲まれる長方形が等しいとしよう **[I.45]**．またA上の正方形は可述領域である **[X. 定義 4]**．ゆえに，BG, Hに囲まれる長方形も可述領域である．そして可述直線BGの傍らに付置されている．ゆえに，Hは可述直線であり，BGに対して長さにおいて共測である **[X.20]**．すると，BG, Hに囲まれる長方形はBD, KQに囲まれる長方形に等しいから，ゆえに比例し，GBがBDに対するように，KQがHに対する **[VI.16]**．またBGはBDより大きい．ゆえに，KQもHより大きい **[V.14a]**． Hに等しくKEが置かれたとしよう **[I.3]**．ゆえに，KEはBGに対して長さにおいて共測である．そしてGBがBDに対するように，QKがKEに対するから，ゆえに転換されて，BGがGDに対するように，KQがQEに対する **[V.19 系]**．KQがQEに対するように，QZがZEに対するようになっているとしよう **[VI.10]**．ゆえに，残りのKZもZQに対して，KQがQEに対するように対する **[V.19]**，すなわちBGがGDに対するように〔対する〕 **[V.11]**．またBG, GDは平方においてのみ共測である．ゆえに，KZ, ZQも平方においてのみ共測である **[VI.22][X.11]**．そしてKQがQEに対するように，KZがZQに対し，しかし，KQがQEに対するように，QZがZEに対するから，ゆえに，KZがZQ

に対するように，QZ が ZE に対するのでもある [**V.11**]．したがって，第 1 が第 3 に対するように，第 1 上の正方形が第 2 上の正方形に対するのでもある [**VI.19 系**]．ゆえに，KZ が ZE に対するように，KZ 上の正方形が ZQ 上の正方形に対するのでもある．また KZ 上の正方形は ZQ 上の正方形に対して共測である——というのは KZ, ZQ は平方において共測であるから．ゆえに，KZ も ZE に対して長さにおいて共測である [**X.11**]．したがって，KZ は KE に対しても長さにおいて共測である [**X.15**]．また KE は可述直線であり，BG に対して長さにおいて共測である．ゆえに，KZ も可述直線であり，BG に対して長さにおいて共測である [**X.12**]．そして BG が GD に対するように，KZ が ZQ に対するから，交換されて，BG が KZ に対するように，DG が ZQ に対する [**V.16**]．また BG は KZ に対して共測である．ゆえに，ZQ も GD に対して長さにおいて共測である [**X.11**]．また BG, GD は可述直線であり，平方においてのみ共測である．ゆえに，KZ, ZQ も可述直線であり，平方においてのみ共測である [**X. 定義 3**][**X.13**]．ゆえに，KQ は双名直線である [**X.36**]．

すると，まずもし BG が GD よりも，平方において，[それ自身〔BG〕に対して] 共測な直線上の正方形だけ大きいならば，KZ も ZQ よりも，平方において，それ自身〔KZ〕に対して共測な直線上の正方形だけ大きくなる [**X.14**]．そしてまず，もし BG が提示された可述直線に対して長さにおいて共測であるならば，KZ も〔共測であり〕[**X.12**]，また，もし GD が提示された可述直線に対して長さにおいて共測であるならば，ZQ も〔共測であり〕[**X.12**]，また，もし BG, GD のどちらも〔共測で〕ないならば，KZ, ZQ のどちらも〔共測で〕ない [**X.13**]．

また，もし BG が GD よりも，平方において，それ自身〔BG〕に対して非共測な直線上の正方形だけ大きいならば，KZ も ZQ よりも，平方において，それ自身〔KZ〕に対して非共測な直線上の正方形だけ大きくなる [**X.14**]．そしてまず，もし BG が提示された可述直線に対して，長さにおいて共測であるならば，KZ も〔共測であり〕，また，もし GD が〔共測である〕ならば，ZQ も〔共測であり〕，また，もし BG, GD のどちらも〔共測で〕ないならば，KZ, ZQ のどちらも〔共測で〕ない．

したがって，KQ は双名直線であり，その 2 つの名前 KZ, ZQ は，切断直線の 2 つの名前 BG, GD に対して共測で 同じ比にあり，さらに KQ は BG

と同じ順番を持つことになる **[X. 第 2 定義 1 6][X. 第 3 定義 1–6]**．これが証明すべきことであった．

[114[231]]

もし領域が切断直線と双名直線によって囲まれ，双名直線の 2 つの名前が切断直線の 2 つの名前に対して共測で，それらが同じ比にあるならば，その領域に平方において相当する直線は可述直線である．

というのは，AB, GD に囲まれる長方形の領域が切断直線 AB と双名直線 GD によって囲まれるとし，双名直線の大きい方の名前を GE としよう．そして双名直線の 2 つの名前 GE, ED が切断直線の 2 つの名前 AZ, ZB に対して共測で，同じ比にあるとし，AB, GD に囲まれる長方形に，平方において相当する直線を H としよう．私は言う，H は可述直線である．

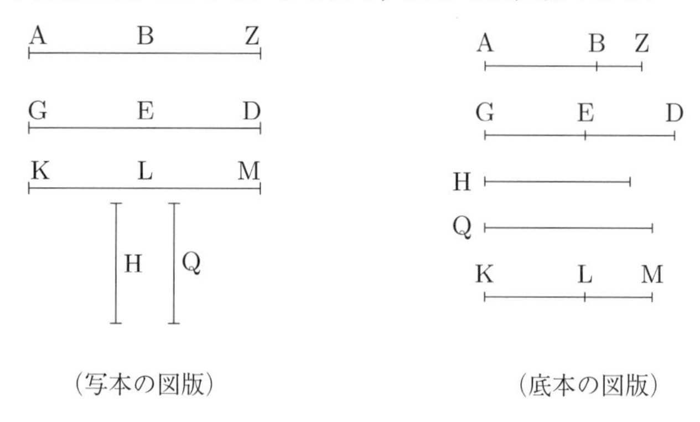

（写本の図版）　（底本の図版）

というのは，可述直線 Q が提示されたとし，Q 上の正方形に等しい領域が GD の傍らに付置されたとし，幅 KL を作るとしよう．ゆえに，KL は切断直線である **[X.112]**．その 2 つの名前を KM, ML としよう．それらは双名直線の 2 つの名前 GE, ED に対して共測であり，同じ比にある **[X.112]**．しかし，GE, ED も AZ, ZB に対して共測であり，同じ比にある．ゆえに，AZ が ZB に対するように，KM が ML に対する **[V.11]**．ゆえに，交換されて AZ が KM に対するように，BZ が LM に対する **[V.16]**．ゆえに，残りの AB も残りの KL に対して，AZ が KM に対するように対する **[V.19]**．また AZ は KM に

[231] 命題番号につけられた角括弧については X.112 の脚注 227 を参照．

対して共測である [**X.12**][232]．ゆえに，AB も KL に対して共測である [**X.11**]．そして AB が KL に対するように，GD, AB に囲まれる長方形が GD, KL に囲まれる長方形に対する [**VI.1**]．ゆえに，GD, AB に囲まれる長方形も GD, KL に囲まれる長方形に対して共測である [**X.11**]．また GD, KL に囲まれる長方形は Q 上の正方形に等しい．ゆえに，GD, AB に囲まれる長方形は Q 上の正方形に対して共測である．また GD, AB に囲まれる長方形に H 上の正方形は等しい．ゆえに，H 上の正方形は Q 上の正方形に対して共測である．また Q 上の正方形は可述領域である．ゆえに，H 上の正方形も可述領域である [**X. 定義 4**]．ゆえに，H は可述直線である [**X. 定義 3, 4**]．そして GD, AB に囲まれる長方形に平方において相当する．

ゆえに，もし領域が切断直線と双名直線によって囲まれ，双名直線の 2 つの名前が切断直線の 2 つの名前に対して共測で，それらが同じ比にあるならば，その領域に平方において相当する直線は可述直線である．

系

そしてこのことにより，我々には次のことが明らかである，可述領域が 2 つの無比直線によって囲まれることが可能である．これが証明すべきことであった．

解　説

X.112 から本命題までの 3 命題は，双名直線と切断直線が囲む領域を題材とし，特定の条件下で，この領域が可述領域となることがあるというのが主要なテーマである．まず X.112 で，可述直線上の正方形（すなわち可述領域）が双名直線上に付置されると幅が切断直線となることが示され，X.113 では同じ領域が切断直線上に付置されると幅が双名直線となることが示される．最後に本命題で，特定の条件を満たす双名直線と可述直線が囲む領域が可述領域となることが示される．これは X.112, 113 を逆の形で述べたものである．

これら 3 命題はアラビア・ラテンの伝承には存在せず，後世の追加と思われるが，議論の水準はかなり高く，これらの命題の著者は第 X 巻の内容をよく理解していたと思われる．

[232] ここまでの議論で KM ∼ GE および GE ∼ AZ が得られているからである．

[115[233]]

中項直線から無数の無比直線が生じ，そのどれもが，以前のどれとも同じではない．

中項直線をAとしよう．私は言う，Aから無数の無比直線が生じ，そのどれもが，以前のどれとも同じではない．

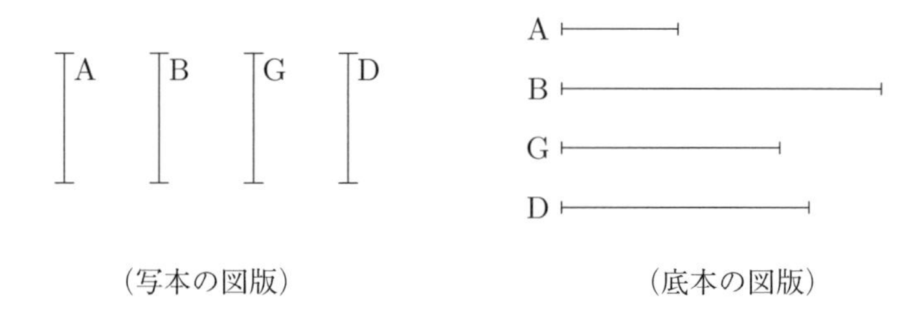

（写本の図版）　（底本の図版）

可述直線Bが提示されたとし，B, Aに囲まれる長方形にG上の正方形が等しいとしよう．ゆえに，Gは無比直線である──というのは無比直線と可述直線に囲まれる長方形は無比領域であるから[234]．そして〔Gは〕以前のどれとも同じではない──というのは可述直線の傍らに，以前のどの直線の上の正方形が付置されても，作る幅は中項直線でないから[235]．そこで今度はB, Gに囲まれる長方形にD上の正方形が等しいとしよう．ゆえに，D上の正方形は無比領域である．ゆえに，Dは無比直線である．そして〔Dは〕以前のどれとも同じではない──というのは可述直線の傍らに，以前のどの直線の上の正方形が付置されても，作る幅はGでないから．そこで，同様にこのような手順を無限に進めていけば，次のことが明らかである，中項直線から無数の無比直線が生じ，そのどれもが，以前のどれとも同じではない．これが

[233] 命題番号につけられた角括弧については X.112 の脚注 227 を参照．

[234] ここで追加的に述べられている理由はもちろん正しいが，これはいわば十分条件であり，2 つの可述直線が囲む領域であっても，その 2 つが共測でなければ，その領域は無比領域である（命題 X.21 が示すように中項領域となる）．

[235] これまで扱われた直線上の正方形が，可述直線上に付置されたときに作る幅は，次のとおりであった．

正方形を作る直線	付置で作る幅	根拠となる命題
可述直線	可述直線（付置される直線と共測）	X.20
中項直線	可述直線（付置される直線と非共測）	X.22
和の形の 6 種の無比直線	双名直線（第 1 から第 6）	X.60–65
差の形の 6 種の無比直線	切断直線（第 1 から第 6）	X.97–102

証明すべきことであった．

解　　説

本命題は，中項直線を作ったのと同様の方法で，異なる無比直線がいくらでも作れることを示している．すなわち，中項直線と可述直線が囲む領域に平方において相当する直線（その領域に等しい正方形の1辺）をとれば，それは新たな無比直線であり，これと可述直線が囲む領域を考えれば，また新たな無比直線が作れる．現代的に表現すれば，4乗根，8乗根，16乗根などを順次作っていくことになる．

この命題はアラビア・ラテンの伝承にも存在するが，別証明のないもの，別証明だけが証明として書かれているもの，ギリシャ語写本と同様に両方のあるものなど，テクストは多様である [Rommevaux-Djebbar-Vitrac 2001, 261].

[別の仕方で[236]]

中項直線を AG としよう．私は言う，AG から無数の無比直線が生じ，そのどれもが，以前のどれとも同じものではない．

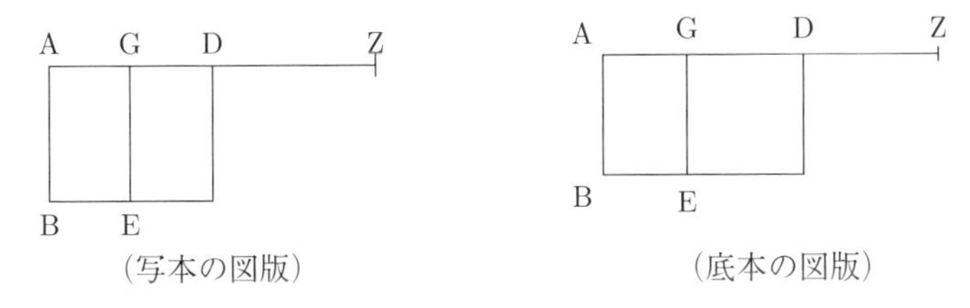

（写本の図版）　（底本の図版）

AG に直角に AB が引かれたとし，AB が可述直線であるとし，BG が完成されたとしよう．ゆえに，BG は無比領域であり，それに平方において相当する直線は無比直線である．それに GD が平方において相当するとしよう．ゆえに，GD は無比直線である．そして以前のどれとも同じものではない——というのは以前のどの直線の上の正方形が可述直線の傍らに付置されても，作る幅は中項直線でないから．今度は ED が完成されたとしよう．ゆえに，ED は無比領域であり，それに平方において相当する直線は無比直線である．それに DZ が平方において相当するとしよう．ゆえに，DZ は無比直線である．そして以前のどれとも同じでない——というのは以前のどの直線の上の正方形が可述直線の傍らに付置されても，作る幅は GD でないから．

ゆえに中項直線から無数の無比直線が生じ，そのどれもが，以前のどれとも同じではない．これが証明すべきことであった．

解　　説

アラビア・ラテンの伝承の一部では，この別証明のみが現れる．

---

[236] P 写本を含む主要写本で，命題の後に置かれている．底本では付録 24.

[〔105 の別証明〕[237]]

劣直線に対して共測な直線は劣直線である.

劣直線を A とし，A に対して B が共測であるとしよう．私は言う，B は劣直線である.

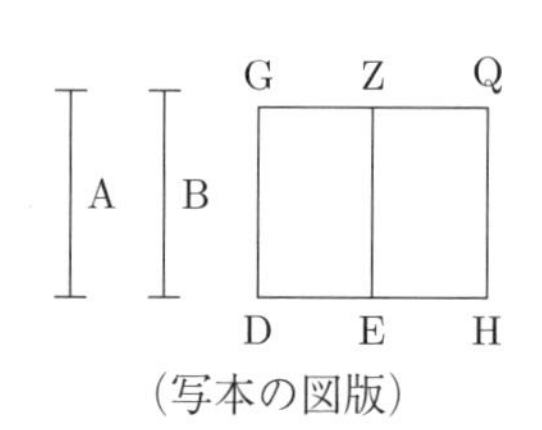

（写本の図版）

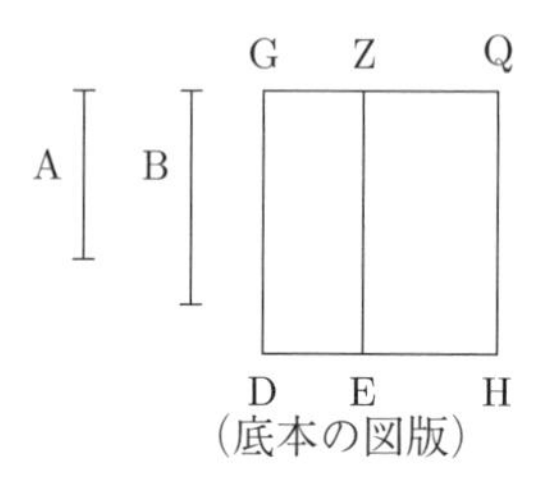

（底本の図版）

可述直線 GD が置かれたとし，A 上の正方形に等しい領域が，GD の傍らに付置されたとし，それが GE であって，幅 GZ を作るとしよう **[I.45]**．ゆえに，GZ は第 4 切断直線である **[X.100]**．また B 上の正方形に等しい領域が，ZE の傍らに付置されたとし，それが ZH であって，幅 ZQ を作るとしよう **[I.45]**．すると，A は B に対して共測であるから，ゆえに，A 上の正方形も B 上の正方形に対して共測である．しかし，まず A 上の正方形に GE が等しく，また B 上の正方形に ZH が等しい．ゆえに，GE は ZH に対して共測である．また GE が ZH に対するように，GZ が ZQ に対する **[VI.1]**．ゆえに，GZ は ZQ に対して長さにおいて共測である **[X.11]**．また GZ は第 4 切断直線である．ゆえに，ZQ も第 4 切断直線である **[X.103]**．ゆえに，HZ は可述直線 ZE と第 4 切断直線 ZQ によって囲まれる．またもし領域が可述直線と第 4 切断直線によって囲まれるならば，その領域に平方において相当する直線は劣直線である **[X.94]**．また，ZH に B が平方において相当する．ゆえに B は劣直線である．これが証明すべきことであった.

[〔106 の別証明〕[238]]

合可述造中項線に対して共測な直線は合可述造中項線である.

合可述造中項線を A とし，またそれに対して B は共測であるとしよう．私は言う，B は合可述造中項線である.

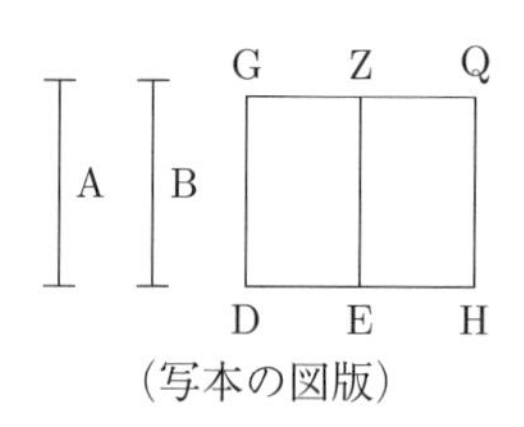

（写本の図版）

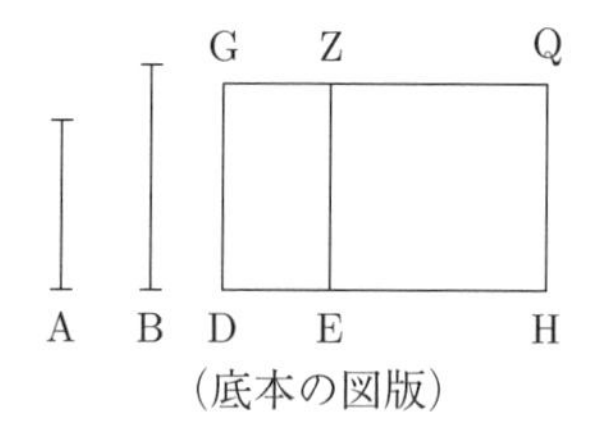

（底本の図版）

[237]命題 X.105 の別証明であるが，写本ではこの位置に置かれている．一部の写本では欄外に追加されている．底本では付録 25.

[238]命題 X.106 の別証明であるが，写本ではこの位置に置かれている．一部の写本では欄外に追加されている．底本では付録 26.

可述直線 GD が提示されたとし，まず A 上の正方形に等しい領域が，GD の傍らに付置されたとし，それが GE であって，幅 GZ を作るとしよう **[I.45]**．ゆえに，GZ は第 5 切断直線である **[X.101]**．また B 上の正方形に等しい領域が，ZE の傍らに付置されたとし，それが ZH であって，幅 ZQ を作るとしよう **[I.45]**．すると，A は B に対して共測であるから，A 上の正方形も B 上の正方形に対して共測である．しかし，まず A 上の正方形に GE が等しく，また B 上の正方形に ZH が等しい．ゆえに，GE は ZH に対して共測である．ゆえに，GZ も ZQ に対して長さにおいて共測である **[VI.1][X.11]**．また GZ は第 5 切断直線である．ゆえに，ZQ も第 5 切断直線である **[X.103]**．また ZE は可述直線である．またもし領域が可述直線と第 5 切断直線によって囲まれるならば，その領域に平方において相当する直線は合可述造中項線である **[X.95]**．また ZH に B が平方において相当する．ゆえに，B は合可述造中項線である．これが証明すべきことであった．

解　　説

第 X 巻のすべての命題が終わった後に，写本ではいくつかの命題が収録されている．これらは明らかに後世の追加である．その最初の 2 つは命題 X.105, 106 の別証明である．これら 2 命題は第 3 部第 6 命題群の 3 番目と 4 番目にあたり，対象となるのは差の無比直線の 4 番目の劣直線と 5 番目の合可述造中項線である[239]．証明は基本的に，第 6 命題群の最初の命題 X.103 の結果を利用するものである．すなわち第 1 切断直線から第 6 切断直線の各々に対して共測な直線は同じタイプの切断直線であることが X.103 で証明されている．そしてここで扱われる 4 番目と 5 番目の無比直線は，その上の正方形を可述直線上に付置すると，その幅がそれぞれ第 4，第 5 切断直線になるので (X.94, 95)，これらと共測な直線に対しても，同じことが言えて，共測な直線が同じ無比直線になることが分かる，というのが証明の骨子である．

アラビア・ラテンの伝承では，この別証明による証明が命題本来の証明として使われている [Rommevaux-Djebbar-Vitrac 2001, 254]．

[*117*[240]]

次のことを証明することが我々に提示されたとしよう．正方形の図形において，径〔対角線〕は辺に対して長さにおいて非共測であること．

正方形を ABGD とし，またその径〔対角線〕を AG としよう．私は言う，GA は AB に対して長さにおいて非共測である．

---

[239] 第 6 命題群では，2 番目の命題 X.104 で，2 番目と 3 番目の無比直線である第 1 中項切断線と第 2 中項切断線がまとめて扱われている．

[240] この命題はすべての主要写本に見られ，底本のハイベア版以前は第 X 巻の最後の命題として，すべての刊本に収められてきた．以前の刊本では命題 13 以降の命題番号が 1 つずつ大きかったので，この直前の命題（底本では最後の命題 115）が，以前は命題 116 であり，したがってこの命題には 117 という番号が与えられてきた（以前の刊本の命題番号については命題 12 の後の「通称命題 13」の解説を参照）．底本としたハイベア版はこれを本文から削除し，付録 27 に収め，命題番号を与えていない．本全集ではこの命題に，伝統的な命題番号である 117 を便宜的に与えることにする．

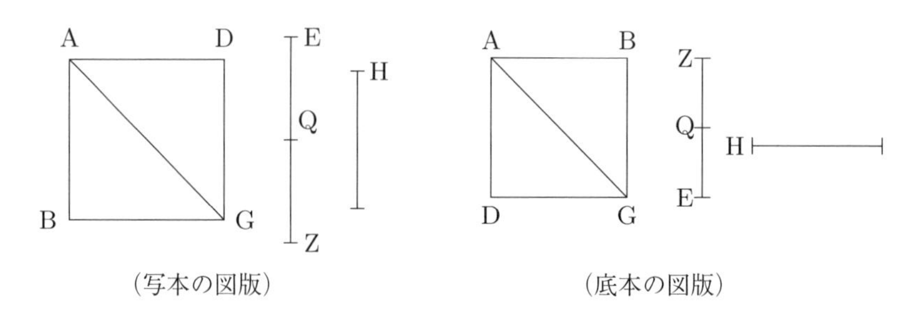

(写本の図版)　(底本の図版)

というのは，もし可能ならば，共測であるとしよう．私は言う，同じ数が偶数でありかつ奇数であることが起こることになる．すると，まず次のことが明らかである，AG 上の正方形は AB 上の正方形の 2 倍である [**I.47**]．そして GA は AB に対して共測であるから，ゆえに，GA が AB に対して持つ比は，数が数に対する比である [**X.5**][241]．〔その〕持つ比が EZ が H に対する比であるとし，EZ, H をそれらと同じ比を持つ数〔の組〕のうちで最小のものとしよう [**VII.33**]．ゆえに，EZ は単位でない——というのは，もし EZ が単位になるならば，また〔EZ が〕H に対して持つ比は，AG が AB に対する比であり，AG は AB より大きい〔から〕，ゆえに，EZ も数 H より大きい [**V.14a**]．これは不合理である．ゆえに，EZ は単位でない．ゆえに，数である．そして GA が AB に対するように，EZ が H に対するから，ゆえに，GA 上の正方形が AB 上の正方形に対するように，EZ 上の正方形数が H 上の正方形数に対するのでもある [**VI.22**][242]．また GA 上の正方形は AB 上の正方形の 2 倍である [**I.47**]．ゆえに，EZ 上の正方形数も H 上の正方形数の 2 倍である．ゆえに，EZ 上の正方形数は偶数である [**VII. 定義 6**]．したがって，EZ 自体も偶数である——というのは仮に奇数であるならば，その上の正方形数も奇数ということになる——なぜならばもし奇数が好きなだけ合わせられて，またそれらの個数が奇数であるならば，全体は奇数であるから [**IX.23**]．ゆえに，EZ は偶数である．Q において 2 等分されたとしよう．そして，EZ, H は [それらと] 同じ比を持つ数の中で最小であるから，互いに素である [**VII.22**][243]．そして EZ は偶数である．ゆえに，H は奇数である——というのは仮に偶数であるならば，2 が EZ, H を測るということになるから——というのはすべての偶数は半分の部分を持つから [**VII. 定義 6**]．

---

[241]底本はここで利用される命題を X.6 としているが，これは適切でない．X.6 はここで用いられる X.5 の逆命題にあたる．

[242]底本はここで利用される命題として VI.20 系と VIII.11 をあげる．これに従うなら，VI.20 系によって A 上の正方形が B 上の正方形に対する比が，A の B に対する比の 2 倍比であり，一方 VIII.11 によって EZ 上の正方形数が H 上の正方形数に対する比が EZ の H に対する比の 2 倍比であるという議論を推定していることになる．しかしこの箇所のような単純な推論で，2 倍比という概念を意識していたという証拠はない．ここでは比例する 4 直線上の相似図形の比例に関する定理 VI.22 を参考としてあげておいた．

一般に，ここでの議論のように，幾何学量（直線）と整数の両方が関係する比例関係を扱う際に，どのような定理が意識されていたのかを推定することは困難である．それは，これが難しいことだからではなく，むしろ簡単すぎるからであろう．幾何学量と数の両方が関係する比例は第 X 巻にのみ現れるが，必要な議論はここでも見られるように単純であり，特別な理論的考察の契機となったとは限らない．

[243]底本はここで利用される命題を VII.21 としているが，これは適切でない．VII.21 はここで用いられる VII.22 の逆命題である．

しかも〔EZ, H は〕互いに素である．これは不可能である **[VII. 定義 13]**．ゆえに，H は偶数でない．ゆえに，奇数である．そして EZ は EQ の 2 倍であるから，ゆえに，EZ 上の正方形数は EQ 上の正方形数の 4 倍である[244]．また EZ 上の正方形数は H 上の正方形数の 2 倍である．ゆえに，H 上の正方形数は EQ 上の正方形数の 2 倍である．ゆえに，H 上の正方形数は偶数である **[VII. 定義 6]**．ゆえに，上述のことによって H は偶数である．しかし，奇数でもある．これは不可能である．ゆえに，GA は AB に対して長さにおいて共測でない．これが証明すべきことであった．

解　　説

正方形の辺と対角線が非共測であることの，広く知られた証明であるが，§4.5.5 でも述べたように，この命題が本来は『原論』に含まれていなかったことは確実である．

証明は現代でもよく紹介される偶数・奇数の区別に基づくものであり，帰謬法による．辺と対角線が共測であると仮定すると，その比を数の比で表せる (X.5)．ここで，この数の比 EZ 対 H を，「同じ比を持つ数の中で最小の」数の組であるようにとることが重要である．すると EZ と H は互いに素であるが (VII.22)，議論を進めていくと，結局 EZ と H の両方が偶数であることになり，仮定に反する．

したがって「同じ数が偶数でありかつ奇数である」という矛盾が得られて，帰謬法による証明が完結する．同じ数が偶数でありかつ奇数であるという表現はアリストテレスが『分析論前書』で次のように述べたことを思い出させる．

> たとえば〔正方形の〕対角線が〔辺と〕非共測であることが，〔仮に〕共測と置かれると，奇数どもが偶数どもと等しくなることによって〔証明される〕(41a26–27)．

アリストテレスが本命題と同様の証明を念頭に置いていたことは確実であろう．しかし現存する本命題は，逆にアリストテレスのこの一節をもとにして，誰かが証明を再構成したと考えられる．実際，この証明には『原論』の他の命題と違って，第 VII 巻や第 IX 巻の命題の表現の引き写しが多く見られる．これは後世の注釈に見られる特徴である．したがってアリストテレスの知っていた証明そのものが伝えられてここに収録されたと考えるわけにはいかない．

[別の仕方で]

[他の仕方でも，正方形の径〔対角線〕が辺に対して非共測であることを証明せねばならない．][245]

---

[244]底本はこの推論の根拠として VIII.11 をあげるが，この簡単な計算がこのような定理を意識していたとは思えない．

[245]この角括弧内の部分は P 写本にはない．

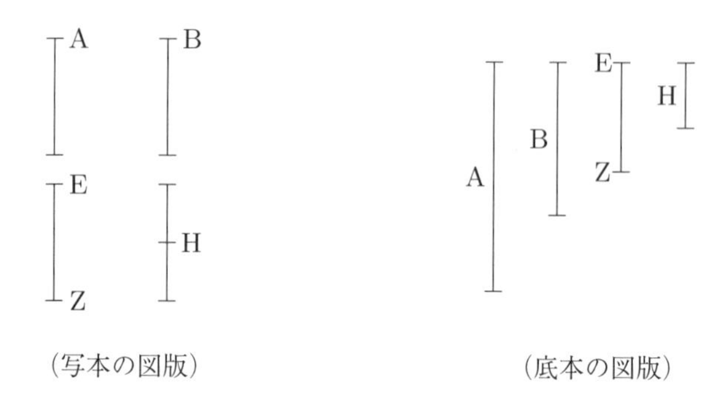

(写本の図版) (底本の図版)

まず径〔対角線〕の代わりに直線 A, また辺の代わりに直線 B としよう. 私は言う, A は B に対して長さにおいて非共測である. というのは, もし可能ならば, [共測であるとし,] 再び A が B に対するように, 数 EZ が数 H に対する [ようになっている] とし, これらと同じ比を持つ数〔の組〕のうちで最小のものを EZ, H としよう. ゆえに, EZ, H は互いに素である **[VII.22]**[246]. 最初に私は言う, H は単位でない. というのは, もし可能ならば, 単位であるとしよう. そして, A が B に対するように, EZ が H に対するから, ゆえに, A 上の正方形が B 上の正方形に対するように, EZ 上の正方形数も H 上の正方形数に対する **[VI.22]**[247]. また A 上の正方形は B 上の正方形の 2 倍である **[I.47]**. ゆえに, EZ 上の正方形数も H 上の正方形数の 2 倍である. そして H は単位である. ゆえに, EZ 上の正方形数は 2 である. これは不可能である. ゆえに, H は単位ではない. ゆえに, 数である. そして, A 上の正方形が B 上の正方形に対するように, EZ 上の正方形数が H 上の正方形数に対するから, 逆転されても, B 上の正方形が A 上の正方形に対するように, H 上の正方形数が EZ 上の正方形数に対し **[V.7 系]**, また B 上の正方形は A 上の正方形を測る. ゆえに, H 上の正方形数も EZ 上の正方形数を測る **[VII. 定義 21]**. したがって, 〔正方形数の〕辺自体の H も EZ を測る **[VIII.14]**. また H 自身をも測る. ゆえに, H は EZ, H を測り, しかもこれらは互いに素である. これは不可能である **[VII. 定義 13]**. ゆえに, A は B に対して長さにおいて共測でない. ゆえに, 非共測である. これが証明すべきことであった.

[注釈[248]]

そこで長さにおいて非共測な 2 直線, たとえば A, B が見出されると, 他の, きわめて数多くの, 2 次元からなる量で——私は平面のことを言っているのだが——, 互いに非共測なものが見出される[249]. というのはもし直線 A, B の比例中項 G を我々がとるならば **[VI.13]**, A が B に対するように, A 上の平面〔図形〕が G 上

[246]底本はここで利用される命題を誤って VII.21 としている. 脚注 243 を参照.

[247]脚注 242 を参照.

[248]この議論はすべての主要写本で第 X 巻の末尾のこの位置にあり, 底本では「注釈」と題されているが, 写本ではそのような標題は与えられていない. 底本では付録 28. なお, 底本には最初の図版しか収録されていない. 2 番目と 3 番目の図版は P 写本に基づく.

[249]ここで「次元」と訳した語ディアスタシス (διάστασις) は, 距離, 隔たり, という意味であるが, アリストテレスは『トピカ』142b25 で物体 (σῶμα) の定義として「3 つのディアスタシスを持つもの」というものを論じている. この注釈の著者もこの種の用例を念頭

の，相似で相似〔な配置〕に描かれた〔図形〕に対することになる [**VI.19 系**]．描かれた図形が正方形であっても，他の相似直線図形であっても，直径 A, G の周りの円であっても〔そうである〕――なぜならば，円は互いに対して，直径上の正方形のように対するから [**XII.2**][250]．ゆえに，互いに非共測な平面の領域も見出されている．これが証明すべきことであった．

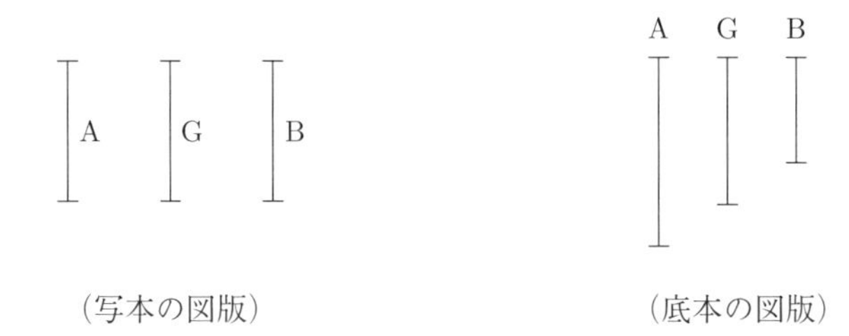

（写本の図版）　（底本の図版）

そこで 2 次元からなる，さまざまな非共測な領域が示されると，我々は立体に関する理論〔＝立体幾何学〕によって，互いに共測な立体も，そして非共測な立体も存在することを証明することになる．というのは，もし A, B 上の正方形，あるいはそれらに等しい直線図形の上に，等しい高さの平行六面体，あるいは角錐，あるいは角柱を，我々が立てるならば，立てられたもの〔立体〕は互いに対して，底面のように対することになる [**XI.32**][**XII.5, 6**]．そしてまず，もし底面が共測であるならば，立体も共測になり，またもし非共測であるならば，非共測になる [**X.11**]．これが証明すべきことであった．

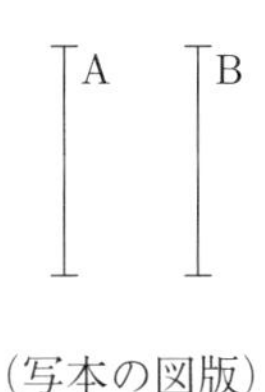

（写本の図版）

しかし，2 円 A, B があるとやはり，もしそれらの上に，等しい高さの円錐，または円柱を我々が立てるならば，それらは互いに対して，底面，すなわち円 A, B のように対することになる [**XII.11**]．そしてまず，もし円が共測であるならば，円錐も円柱も互いに対して共測になり，またもし円が非共測であるならば，円錐も円柱も非共測になる [**X.11**]．そして，次のことが我々には明らかになる．共測性および非共測性は，線や面についてのみあるのでなく，立体図形についてもあるのである．

に置いていると思われる．

[250] この注釈は，第 XI 巻以降で扱われる 2 円の比に関する定理，立体図形の比に関する定理を前提に書かれている．

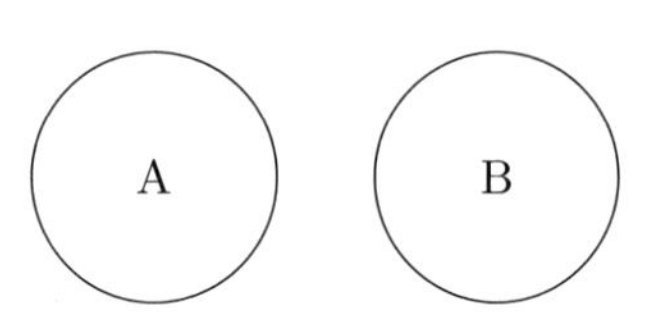

（写本の図版）

参考文献

(1) エウクレイデスの著作

本全集の底本

[Heiberg-Menge 1883–1916] Euclides. 1883–1916. *Euclidis opera omnia.* 8 vols. and a supplement. ed. by Heiberg, Johan L. and Menge, Henricus. Leipzig: Teubner.

[Heiberg-Stamatis 1969–77] Euclides. 1969–77. *Euclidis Elementa.* 5 vols. ed. by Heiberg, Johan L. and Stamatis, Euangelos S. Leipzig: Teubner.（上記全集の『原論』部分の再版）

底本に基づく『原論』の各国語訳

[Euclid 1908] ⇒ [Euclid 1925] の初版

[Euclid 1925] Euclides. 1925. *The Thirteen Books of the Elements.* 3 vols. Translated with Introduction and Commentary by Heath, Thomas L. (Sir). 2nd ed. Cambridge University Press; repr. New York: Dover. 1956. （「英訳」と略称）

[Euclide 1970] Euclides. 1970. *Gli Elementi di Euclide.* A cura di Frajese, Attilio e Maccioni, Lamberto. Torino: UTET. （「伊訳」と略称）

[ユークリッド 1971] Euclides. 1971.『ユークリッド原論』. 中村幸四郎，寺阪英孝，伊東俊太郎，池田美恵訳．共立出版．（「共立版」と略称）

[Euclide 1990–2001] Euclides. 1990–2001. *Les Éléments.* Traduction et commentaires par Vitrac, Bernard. 4 vols. Paris: Press Universitaires de France. （「仏訳」と略称）

[Euclide 2007] Euclide. 2007. *Tutte le opere.* A cura di Fabio Acerbi. Milano: Bompiani.

底本（ハイベア版）以前の刊本（解説で言及したものを年代順にあげた）

[Ratdolt 1482] [Elementa geometriae]. Venice: Erhard Ratdolt. 1482. 最初の印刷本．内容はカンパーヌスのラテン語版．

[Zamberti 1505] Zamberti, Bartolomeo. 1505. *Euclidis Megaresis philosophi platonici: habent in hoc volumine quicuq[uam] ad mathematica substania aspirat.* Venetiis: In edibus Ioannis Tacuini.

[Grynaeus 1533] Simon Grynaeus によるギリシャ語初版．

[Commandinus 1572] Commandinus, Federicus. 1572. *Euclidis elementorum libri XV, una cum scholiis antiquis. A Federico Commandino Urbinate nuper in latinum conversi, commentariisque quibusdam illustrati.* Pisauri: apud Camillum Francischinum. （Pisauri は地名ペーザロ．コンマンディーノによるラテン語訳・注釈）

[Clavius 1574] Clavius, Christoph. 1574. *Euclidis Elementorrum libri XV.... auctore Christophoro Clavio ....* 2 vols. Romae: apud Vincentium Accoltum. （1589 年に多くの注釈を追加して再版．その後 1591, 1603, 1607, 1612 に再版）

[Commandino 1575] Commandino, Federico, 1575. *De gli Elementi d'Euclide libri quindici, con gli scholii antichi, trodotti prima in lingua latina da M. Federico Commandino da urbino & con Commentarii illustrati, et hora d'ordine dell'istesso trasportati nella nostra vulgare, & da lui riveduti.* Urbino: Domenico Frisolino.（コンマンディーノによるイタリア語訳）

[Barrow 1660] Barrow, Isaac. 1660. *Euclide's Elements; The whole Fifteen Books com-*

pendiously Demonstrated By Mr. Isaac Barrow Fellow of Trinity Colledge in Cambridge and Translated out of the Latin. London, 1660.（バロウによる英訳．証明は簡略化されている）

[Gregory 1703] Gregory, David. 1703. *Euclidis quae supersunt omnia ex recensione Davidis Gregorii.* Oxoniae: e Theatro Sheldiniano.

[Peyrard 1814–18] Peyrard, François. 1814–18. *Euclide : Les oeuvres en Grec, en Latin et en Francais par Francois Peyrard.* 3 vols. Paris: chez M. Patris. repr. 2006. Paris: Jacques Gabay.

[August 1826–29] August, Ernst F. 1826–29. *Euclidis Elementa ex optimis libris in usum tironum.* 2 vols. Berlin.

[李善蘭 1865] 李善蘭．1865.『幾何原本十五巻』（同治四年）．九州大学附属図書館所蔵本による．

(2) (1) 以外の古典文献および参考文献

欧文

[Acerbi 2003] Acerbi, Fabio. 2003. "On the shoulders of Hipparchus: A reappraisal of ancient Greek combinatorics." *Archive for History of Exact Sciences* 57: 465–502. DOI:10.1007/s00407-003-0067-0

[Becker 1936] Becker, Oskar. 1936. "Die Lehre vom Geraden und Ungeraden im Neunten Buch der Euklidischen Elemente. (Versuch einer Wiederherstellung in der ursprünglichen Gestalt)." *Quellen und Studien zur Geschichte der Mathematik, Astronomie und Physik.* Band 3: 533–553.

[Boethius 1867] Boethius. 1867. *Anicii Manlii Torquati Severini Boetii de institutione arithmetica libri duo, de institutione musica libri quinque, accedit geometria quae fertur Boetii.* ed. by Friedlein, Gottfried. Leipzig: Teubner.

[Boethius 1989] Boethius. 1989. *Fundamentals of Music.* Translated, with Introduction and Notes, by Bower, Calvin M. ed. by Palisca, Claude V. New Haven & London: Yale University Press.

[Clavius 1574] Clavius, Christoph. 1574. *Euclidis Elementorum libri XV .... auctoreChristophoro Clavio ....* 2 vols. Romae: apud Vincentium Accoltum. （1589年に多くの注釈を追加して再版．その後 1591, 1603, 1607, 1612 に再版）

[De Young 2004] de Young, Gregg. 2004. "The Latin Translation of Euclid's Elements Attributed to Gerard of Cremona in Relation to the Arabic Transmission." Suhayl 4: 311–383.

[Fowler 1992] Fowler, David. 1992. "An invitation to read Book X of Euclid's *Elements*". *Historia Mathematica.* 19: 233–264. DOI: 10.1016/0315-0860(92)90029-B.

[Fowler 1994] Fowler, David. 1994. "Could the Greeks Have Used Mathematical Induction? Did They Use It?" *Physis* 31: 253–265.

[Heath 1921] Heath, Sir Thomas L. 1921. *A History of Greek Mathematics.* 2 vols. Oxford: Clarendon Press. rep. New York: Dover Publications. 1981. なお，この縮約版 *A Manual of Greek Mathematics.* Oxford: Clarendon Press. 1931 には邦訳がある．⇒ [ヒース 1959–60]

[Huffman 1993] Huffman, Carl. A. 1993. *Philolaus of Croton: Pythagorean and Presocratic.* Cambridge.

[Itard 1961] Itard, Jean. 1961. *Les livres arithmétiques d'Euclide.* Paris.

[Knorr 1975] Knorr, Wilbur. 1975. *The Evolution of the Euclidean Elements.* Dordrecht: Reidel.

[Knorr 1985] Knorr, Wilbur R. 1985. "Euclid's Tenth book: An Analytic Survey." *Historia Scientiarum,* 29; 17–35.

[Knorr 1996] Knorr, Wilbur R. 1996. "The Wrong Text of Euclid: On Heiberg's Text and its Alternatives." *Centaurus,* 36: 208–276.

[Mueller 1981] Mueller, Ian. 1981. *Philosophy of Mathematics and Deductive Structure in Euclid's Elements.* Cambridge, Mass.: The MIT Press.

[Murata 1992] Murata, Tamotsu. 1992. "Quelques Remarques sur le Livre X des *Eléments* d'Euclide." *Historia Scientiarum*, Second Series 2: 51–60.

[Nicomachus 1866] Nicomachus. 1866. *Nicomachi geraseni pythagorei introductionis arithmeticae libri II.* recensuit Ricardus Hoche. Leipzig: Teubner.

[Nicomachus 1926] Nicomachus. 1926. *Introduction to Arithmetic.* Translated into English by Martinb Luther D'Ooge, with studies in Greek arithmetic by Robbins, Frank Egleston and Karpinski, Louis Charles. New York. rep. New York: Johnson Reprint Corporation. 1972.

[Pappus 1930] Pappus. 1930. *The Commentary of Pappus on Book X of Euclid's Elements.* Arabic text and translation by Thomson, Willian. Cambridge Mass.: Harvard University Press.

[Rommevaux 2008] Rommevaux, Sabine. 2008. "The transmission of the *Elements* to the Latin West: three case studies." in Robson, Eleanor and Stedall, Jacgueline. eds. *The Oxford Handbook of the History of Mathematics.* Oxford: Oxford University Press: 687–706.

[Rommevaux-Djebbar-Vitrac 2001] Rommevaux, Sabine, Djebbar, Ahmed, et Vitrac, Bernard. 2001. "Remarques sur l'Histoire du Texte des Éléments d'Euclide." *Archive for History of Exact Sciences* 55: 221–295. DOI:10.1007/s004070000027

[Sarina and Wang 2015] Sarina and Wang, Ying. 2015. "A Comparison of the Spread of the English Translation of Euclidean Geometry in 19th Century China and Japan." *Historia Scientiarum*, 2nd ser. 24–2: 88–98.

[Szabó 1969] Szabó, Árpád. 1969. *Die Anfänge der griechischen Mathematik.* München: Oldenbourg.

[Taisbak 1971] Taisbak, Christian Marinus. 1971. *Division and Logos: A Theory of Equivalent Couples and Sets of Integers Propounded by Euclid in the Arithmetical Books of the Elements.* Odense University Press.

[Taisbak 1976] Taisbak, Christian Marinus. 1976. "Perfect Numbers: A Mathematical Pun? An Analysis of the Last Theorem in the Ninth Book of Euclid's Elements." *Centaurus*, 20: 269–275.

[Taisbak 1982] Taisbak, Christian Marinus. 1982. *Coloured Quadrangles: A Guide to the Tenth Book of Euclid's Elements.* Museum Tusculanum Press.

[Unguru 1991] Unguru, Sabetai. 1991. "Greek Mathematics and Mathematical Induction," *Physis* 28: 273–289.

[Unguru 1994] Unguru, Sabetai. 1994. "Fowling After Induction," *Physis* 31: 267–272.

[van der Waerden 1954] van der Waerden, Baetel L. 1954. *Science Awakening I.* English translation by Dresden, Arnold. with additions of the Author. Groningen.（オランダ語初版は 1950 年．日本語訳は 1961 年の英語第 2 版からの翻訳）⇒ [ウァルデン 1984]

[Vitrac 2004] Vitrac, Bernard. 2004. "A Propos des Démonstrations Alternatives et Autres Substitutions de Preuves Dans les Éléments d'Euclide." *Archive for History of Exact Sciences* 59: 1–44. DOI: 10.1007/s00407-004-0087-4.

[Vitrac 2012] Vitrac, Bernard. 2012. "The Euclidean ideal of proof in *The Elements* and philological uncertainties of Heiberg's edition of the text." in Chemla, Karine ed., *The History of Mathematical Proof in Ancient Traditions.* Cambridge University Press: 69–134.

[Xu 2005] Xu, Yibao. 2005. "The First Chinese Translation of the Last Nine Books of Euclid's Elements and Its Source." *Historia Mathematica*, 32: 4–32.

[Zeuthen 1910] Zeuthen, Hieronymus Georg. 1910. "Sur la constitution des livres arithmétiques : des *Éléments* d'Euclide et leur rapport à la question de l'irratioinalité." *Oversigt over det kongelige Danske Videnskabernes Selskabs*

Forhandlinger: 395–495.

和文

[アリストテレス 1968–73] アリストテレス．1968–73.『アリストテレス全集』全 17 巻．出隆監修．山本光雄編．岩波書店．

[ウァルデン 1984] ヴァン・デル・ウァルデン．1984.『数学の黎明：オリエントからギリシアへ』．村田全，佐藤勝造訳．みすず書房． ⇒ [van der Waerden 1954]

[斎藤 1997] 斎藤憲．1997.『ユークリッド『原論』の成立：古代の伝承と現代の神話』東京大学出版会．

[斎藤 2007] 斎藤憲．2007.「計算好きだったアルキメデス」『科学』2007 年 4 月号：412–418.

[佐藤 2013] 佐藤宣明．2013.「『原論』第 9 巻命題 20：「素数は無限にある」の教材研究」『数学教育学会誌』54, No. 3·4: 127–134.

[サボー 1978] サボー，アルパッド．1978.『ギリシア数学の始原』．中村幸四郎，中村清，村田全訳．玉川大学出版部． ⇒ [Szabó 1969]

[銭 1990] 銭宝琮編．1990.『中国数学史』．川原秀城訳．みすず書房．原著：北京・科学出版社，1964，重版 1981.

[ヒース 1959–60] ヒース, T. L. 1959–60. 『ギリシャ数学史』全 2 巻．平田寛，菊池俊彦，大沼正則訳．共立出版．復刻版 1998.（[Heath 1921] の縮約版の翻訳．復刻版は 1 冊に合本）

[プルタルコス 2007] プルタルコス．2007.『英雄伝 1』．柳沼重剛訳．京都大学学術出版会．

[ロムヴォー 2014] ロムヴォー, S. 2014. 「『原論』の西欧ラテン世界への伝播：三つのケース・スタディ」．斎藤憲訳．ロブソン, E., ステッドオール, J. 編．斎藤憲，三浦伸夫，三宅克哉監訳『Oxford 数学史』共立出版：623–641. ⇒ [Rommevaux 2008]

用語索引

・数字はページ数，ローマ数字 + 数字は命題番号を示す．
・ページ数または命題番号が太字のものは，その項目に関して最初に参照すべき個所を示す（多くは語義の説明である）．
・定義や命題の番号に + を付したものは，その語が解説のみに現れることを示す．+ がない場合は，その語が本文または脚注に現れる（解説にも現れることがある）．
・→：参照すべき項目，または関連項目を示す．
・>：親項目 > 子項目の関係を示す．
例：同じ単部分 → 単部分 > 同じ単部分
「同じ単部分」については「単部分」の項目の下にある「同じ単部分」の項目を参照．

ア 行

カ 行

サ　行

タ 行

ナ 行

ハ 行

マ　行

ヤ　行

ラ　行

人名索引

・インターネットで検索する際の利便性を考慮して，古代のギリシャ人名のローマ字表記はギリシャ語の転写ではなく，ラテン語形とする．例：Eudoxos でなく Eudoxus.

ア 行

カ 行

サ 行

タ 行

ナ 行

ハ 行

マ 行

ラ・ワ 行

訳・解説者略歴

斎藤 憲（さいとう・けん）

1958 年生まれ.
1990 年，東京大学大学院理学系研究科博士課程修了.
現在，大阪府立大学学術研究院第 1 学群人文科学系教授.
理学博士.
主要著書：『ユークリッド「原論」の成立』
（東京大学出版会，1997），
『エウクレイデス全集　第 1 巻 「原論」I–VI』
（共著・翻訳，東京大学出版会，2008），
『エウクレイデス全集　第 4 巻 「デドメナ」／
「オプティカ」／「カトプトリカ」』
（共著・翻訳，東京大学出版会，2010），
『アルキメデス「方法」の謎を解く』（岩波書店，
2014）他.

エウクレイデス全集 第 2 巻　『原論』VII–X

2015 年 8 月 31 日　初　版

[検印廃止]

訳・解説者　斎藤 憲
発行所　一般財団法人 東京大学出版会
代表者 古田元夫
153-0041 東京都目黒区駒場 4–5–29
電話 03–6407–1069　Fax 03–6407–1991
振替 00160–6–59964
印刷所　三美印刷株式会社
製本所　牧製本印刷株式会社

ISBN 978–4–13–065302–2 Printed in Japan